suhrkamp taschenbuch
wissenschaft 873

Wenzel 1993

Lange vor der Ökologiebewegung entwickelte sich in Frankreich eine philosophische Diskussion über das Verhältnis von Mensch und Natur in der modernen Industriegesellschaft. Damals, 1968, forderte der Sozialpsychologe und Wissenschaftshistoriker Serge Moscovici in seinem »Essai sur l'histoire humaine de la nature« eine Wissenschaft, die über die traditionelle Erkenntnistheorie und Wissenschaftssoziologie hinausgeht und nicht nur Naturerkenntnis des Menschen, sondern auch die Einflüsse des Menschen auf die Natur erforscht.

Was die Geschichte der Natur für Moscovici »menschlich« macht, ist die Tatsache, daß »der Mensch nicht ›Besitzer‹ oder ›Entdecker‹, sondern Schöpfer und Subjekt seines Naturzustandes ist. Seine Bestimmung ist es nicht, sich ein Universum anzueignen, das ihm fremd wäre und dem er äußerlich bliebe.«

Wer an den Problemen unserer Gesellschaft und der Rolle der Naturwissenschaften interessiert ist, findet in diesem – fachkundig übersetzten – Buch eine differenzierte Diskussion, die fünfzehn Jahre nach Erscheinen der Originalausgabe nichts an Aktualität eingebüßt hat.

(Aus einer Rezension in *Spektrum der Wissenschaft*, April 1983)

Serge Moscovici ist Directeur d'études an der École des hautes études en sciences sociales; er hat zahlreiche Arbeiten zur Wissenschaftsgeschichte, zur Sozialpsychologie und zur politischen Psychologie veröffentlicht.

Serge Moscovici
Versuch über die menschliche Geschichte der Natur

Übersetzt von
Michael Bischoff

Suhrkamp

Titel der Originalausgabe:
Essai sur l'histoire humaine de la nature,
Paris 1968;
dieser Übersetzung liegt die überarbeitete und leicht gekürzte
Fassung zugrunde, die 1977 in der Taschenbuchreihe »Champs« bei
Flammarion, Paris, erschienen ist.
© Flammarion, Paris 1977

CIP-Titelaufnahme der Deutschen Bibliothek
Moscovici, Serge:
Versuch über die menschliche Geschichte der Natur /
Serge Moscovici. Übers. von Michael Bischoff. –
1. Aufl. – Frankfurt am Main :
Suhrkamp, 1990
(Suhrkamp-Taschenbuch Wissenschaft ; 873)
Einheitssacht.: Essai sur l'histoire humaine de la nature <dt.>
ISBN 3-518-28473-8
NE: GT

suhrkamp taschenbuch wissenschaft 873
Erste Auflage 1990
© dieser Ausgabe Suhrkamp Verlag Frankfurt am Main 1982
Suhrkamp Taschenbuch Verlag
Alle Rechte vorbehalten, insbesondere das
des öffentlichen Vortrags, der Übertragung
durch Rundfunk und Fernsehen
sowie der Übersetzung, auch einzelner Teile.
Satz und Druck: Wagner GmbH, Nördlingen
Printed in Germany
Umschlag nach Entwürfen von
Willy Fleckhaus und Rolf Staudt

1 2 3 4 5 6 – 95 94 93 92 91 90

Inhalt

Zweiter Teil:
Die Evolution der natürlichen Kategorien und der Naturdisziplinen

Erster Abschnitt:
Die mechanische Natur und die Struktur der natürlichen Kategorien

Zweiter Abschnitt:
Wissenschaft, Erfindung und Naturfortschritt

DRITTER TEIL:
DIE GESELLSCHAFT UND DIE MENSCHLICHE
GESCHICHTE DER NATUR

Erstes Kapitel: Hand und Kopf. Die sozialen
Äußerungsformen der natürlichen Teilung

Zweites Kapitel: Die Herrschaft über die Gesellschaft und
die Eroberung der Natur

Drittes Kapitel: Die Ausbeutung der Sachen

Das Naturproblem

> Doch die Pest wütet jetzt; was tun,
> wenn sie da ist?
>
> Homer

Jedes Jahrhundert hat sein eigenes Grundproblem, dem es seine ganze Kraft widmet. So kann man sagen, das achtzehnte Jahrhundert sei rundum vom *Problem des Staates* beherrscht gewesen. Die Revolutionen, die sein Gesicht prägten, und die Doktrinen, welche diese Revolutionen proklamierten und rechtfertigten, waren durchdrungen von der Suche nach der besten Regierungsform und nach den Gesetzen, die der Würde des Bürgers und dem Stolz der neu entstandenen Nationen gerecht werden konnten.

Das neunzehnte Jahrhundert gibt dem *Problem der Gesellschaft* den Vorrang. Die bürgerliche Gesellschaft erklärt ihre Unabhängigkeit gegenüber dem Staat. Claude de Saint-Simon stellt sich vor, eine Katastrophe habe mit einem Schlage die ganze Elite der Minister, Parlamentarier und Generäle ausgelöscht; der Reichtum bliebe davon unberührt, die Bedingungen des alltäglichen Lebens erführen keine Veränderung. Verschwände dagegen die Elite der Industriellen und Bankiers, der Ingenieure und Wissenschaftler, fährt er in seinem Gleichnis fort, so müßte dies zur Lähmung der Gesellschaft führen; die Produktion von Gütern geriete ins Stokken, Elend breitete sich aus. Das Aufblühen der Ökonomie im Denken und in der Realität, der Aufweis des geschichtlichen Charakters der Gesellschaften und damit ihres Aufstiegs und Niedergangs folgen aus eben dieser Annahme einer Autonomie der gesellschaftlichen Ordnung. Die sozialen Klassen finden in diesen Theorien ein systematisiertes Echo ihrer Glaubensvorstellungen und eine Anleitung zum Handeln. Der Kampf zwischen Proletariern und Kapitalisten, der Zusammenhang, den man zwischen der schwindelerregenden Enteignung der Arbeit und der triumphalen Akkumulation des Kapitals sieht, inspirieren die praktischen und geistigen Unternehmungen des Jahrhunderts. Wo liegen die Wurzeln für die soziale Ungleichheit? Wie kann man sie bekämpfen? Welche Gesellschaft ist die gerechteste? Das sind die Fragen, auf die man Antwort zu geben versucht.

Heute steht an erster Stelle das Erfordernis, die Menschheit unter den Kräften des materiellen Universums einzuordnen, ihre Fähigkeit zur Anpassung an die beständigen Umwälzungen in diesem Universum zu erweitern und die Verzerrungen, die daraus resultieren, auszugleichen. Hinzu kommt noch jene Bewegung, die den wissenschaftlichen Fortschritt zum Prüfstein für die Beziehungen zwischen den Gesellschaften und in ihrem Inneren zu machen sucht. Beide Bestrebungen fließen zusammen und setzen in unserem Jahrhundert das *Problem der Natur* auf die Tagesordnung. Im Naturproblem finden Originalität und Interessen unseres Jahrhunderts ihren vollkommenen Ausdruck.

Ohne Zweifel gehört die Entwicklung, die durch die Wandlungen in den Wissenschaften – hinsichtlich der Inhalte, der Funktion und der Geschwindigkeit – in Gang gesetzt worden ist, zu den revolutionärsten Ereignissen in der Geschichte des Menschen. Die Konzeptionen von Raum und Zeit, das Gerüst der physikalischen Naturgesetze, die Erkenntnisse über die Struktur der organischen und anorganischen Materie und die Methoden von Beobachtung und Experiment erfahren eine beständige Umwälzung. Kein Anzeichen eines Stillstandes oder einer Verknöcherung zu abgeschlossenen Systemen ist feststellbar, nichts, was ein kühnes Fortschreiten auf den vielfältigen Wegen, die sich uns öffnen, ernstlich beeinträchtigen könnte. Diese Erneuerung betrifft nicht allein die Substanz der Wissenschaften. Der Stellenwert, der ihnen unter den entscheidenden Faktoren in der Organisation unserer sozialen Beziehungen und unserer geistigen Inhalte zukommt, hat keine Parallele in der Vergangenheit. Wissen, das vormals als zweckfrei galt, geht nun aktiv in unsere Produktionsprozesse ein. Die Maschine begnügt sich nicht länger mit der Unterstützung durch den Ingenieur; sie greift auf das Wissen des Philologen, des Logikers und des Philosophen zurück. Die da einstmals die ruhigen Formen am Himmel der Ideen beschauten und sich den unschuldigen Spielen des Geistes hingaben, haben nun das Kommando in den irdischen Geschäften übernommen, ganz so, als erwiesen sich die Bilder aus tausend Träumen plötzlich als weitaus realitätstüchtiger denn die abgewogensten und treffendsten Gedanken.

Es zeigt sich nun, daß der Einfluß der Quantenphysik oder der relativistischen Kosmologie auf unsere Geschichte in nichts dem Male nachsteht, das die Französische Revolution ihr aufgeprägt hat. Die allgemeine Lage ist heute ebensosehr durch die Erfindung der Kybernetik bestimmt wie durch den Übergang Rußlands oder Chinas von einer alten zu einer neuen Gesellschaftsstruktur. Die Rolle, die der Mathematik zukommt, wird man eines Tages vielleicht mit der Ausbreitung der Schrift vergleichen, wenn nicht gar mit der Ausbreitung der menschlichen Sprache überhaupt.

Die Weite der materiellen Möglichkeiten, die sich uns heute bieten, und der Umfang der Anstrengungen, die man in diese Richtung unternimmt, sind ein guter Ausdruck für die neue Dimension unserer Welt:

»In der Beherrschung der Kräfte steht der Mensch kaum noch der Natur nach; die ganze Umwelt steht heute bereits unter seinem Einfluß.«[1]

In der Tat vermögen wir bewußt und methodisch in das biologische Gleichgewicht der meisten Pflanzen- und Tierarten einzugreifen; wir können sie erhalten oder vernichten; wir sind in der Lage, das Klima zu beeinflussen und den Kreislauf der Energieumwandlungen zu verändern. Unser geomorpher Einfluß kennt keine Grenzen mehr.

Zugleich steht die menschliche Gattung vor einer tiefgreifenden Mutation. Nachdem es dem Menschen als einzigem unter allen Lebewesen gelungen ist, den ganzen Planeten zu bevölkern, macht er sich bereit, eine Spezies zu werden, die auf dem Niveau des Sonnensystems zu existieren vermag, macht er sich daran, seine Geographie und seine Astronomie ineins zu setzen. Die Verwendung von Raketen läßt für die Menschheit über die Entdeckung eines neuartigen Fortbewegungs- und Kommunikationsmittels hinaus die Möglichkeit erahnen, daß sie sich einmal in Welten niederlassen wird, die in physikalischer Hinsicht qualitativ anders beschaffen sind. Jahrhundertelang hat das Thema des Vorstoßes in extraterrestrische Bereiche, das von seinen Pionieren so leidenschaftlich gepflegt wurde, skeptische Geister verärgert oder belustigt. Heute kommen wir darauf zurück, nun freilich ausgerüstet mit den Lehren des letzten Jahrhunderts und begierig, das Ausmaß einer so außergewöhnlichen Umwälzung zu erkunden. Was einmal Utopie war, der Überschwang einer unschuldigen Phantasie, fügt sich nun ganz zwanglos in den Rahmen unserer *expandierenden* Naturordnung ein. Alles, was auf der Ebene unseres Planeten gedacht und erprobt worden ist, muß nun einer Revision unterzogen werden. Die Präliminarien liegen vor, sie haben den Wert von Hinweisen. Die Verstärkung unserer Bindungen an die materiellen Mächte, die Ausdehnung unserer Lebensmöglichkeiten über die Erdoberfläche hinaus, eine entsprechende Umwälzung in unserer Intelligenz und in unseren Instrumenten, das sind die Komponenten unserer sichtbaren, unmittelbaren Realität. Um deren Entwicklung zu entziffern und zu bestimmen, sind bereits wichtige Mittel vorhanden; Millionen von Menschen widmen sich dieser Aufgabe. Sicher ist, daß die Zukunft, die sich auf diese Weise vorbereitet, von uns abhängt. Paradoxerweise erscheint sie uns unbekannt und in gewissem Sinne sogar unbegreiflich.

Übrigens wäre es recht weltfremd, wollte man die Bedeutung der sozialen und politischen Umstände unterschätzen, die diese Evolution begleiten und deren treibende Kraft darstellen. An erster Stelle steht die Konfrontation zweier Gesellschaftssysteme, des kapitalistischen und des sozialistischen Systems. Eine wesentliche Rolle in dieser Konfrontation spielt die Fähigkeit, Erfindungen zu machen und die materiellen Ressourcen über Wissenschaft und Technik zu assimilieren. Es herrscht die Ansicht, daß eine Gesellschaft ihre *raison d'être* einbüßt, wenn ihr materielles Herz, das Wissen, das sie besitzt, und die Produktionsprozesse, mittels deren sie ihre Institutionen unterhält und ihre Lebensform bewahrt, von Wissen und Produktionsverfahren überflügelt werden, die sie sich nicht zu beschaffen vermag. Ausstrahlung und Beständigkeit der politischen Macht hängen davon ab.

In die Geheimnisse des Universums eindringen heißt zugleich ganz ohne Geheimnis die Macht und den Sieg der eigenen Nation fördern. Da die Gewalt heute mit unberechenbaren Risiken behaftet ist, ersetzt man den direkten Kampf, in dem man den Gegner unterwirft und ihm die Früchte seiner Arbeit raubt oder das Regime, das er sich gegeben hat, umstürzt, durch Bemühungen, die auf die Vernichtung seiner objektiven Lebensgrundlagen zielen. Statt sich die Güter des anderen ohne Umschweife anzueignen, sucht man die Herrschaft über *seine Natur* zu gewinnen. Das Verfahren erinnert stark an die Technik von Bauern, die, wenn sie eine Pflanzen- oder Tierart nicht direkt ausrotten können, die Flora oder Fauna verändern und so der als Schädling eingestuften Art die Mittel zu ihrer Verteidigung und Reproduktion nehmen. Das Wettrüsten, die Steigerung der Arbeitsproduktivität oder auch der Kampf um Hegemonie haben denselben Sinn.

Vielleicht ist der Friede zwischen den Völkern, wo die Umstände ihn erfordern und herbeiführen, oft nichts anderes als ein Kampf, der stellvertretend auf dem Felde der Natur ausgetragen wird. Heute ist dieser Friede ein offener Krieg, dessen Entscheidungsschlacht auf dem Felde der Kräfte und Gesetze der äußeren Welt, die man zu annektieren trachtet, geschlagen wird. Symptomatisch dafür ist die Tatsache, daß Wert, Angemessenheit und Effizienz der Gesellschaftssysteme nicht an der verwirklichten Gleichheit und Gerechtigkeit gemessen werden, sondern an der Fähigkeit, Einfluß auf die Naturerscheinungen und auf die Entwicklung von Wissenschaft und Technik zu nehmen:

»Die Anwendung der naturwissenschaftlichen Errungenschaften«, schreibt Fedosseiev,[2] »wird zu einem der wichtigsten gesellschaftlichen Probleme der modernen Zeit. Im Wettkampf der Gesellschaftssysteme wird das System den Sieg erringen, das die wissenschaftlichen Errungenschaften am besten, d. h. am wirksamsten im Sinne der menschlichen Interessen anzuwenden und letztlich die höchste Arbeitsproduktivität zu erlangen versteht.«

Die Bedeutung, die der wissenschaftliche Fortschritt im kollektiven Bewußtsein gewonnen hat, spiegelt nicht allein den Antagonismus der Gesellschaftsformen wider. Dieser Fortschritt gilt auch als unfehlbares Mittel, mit dem sich unsere politischen und ökonomischen Probleme lösen lassen, sobald deren Ursachen nur geklärt sind. In diesem Sinne erwartet man, daß er die Rolle einer Ergänzung zu einer Verteilung der Reichtümer übernimmt, welche die soziale Ungleichheit fortbestehen läßt, oder aber daß er an die Stelle des Konflikts zwischen den Klassen einer Gesellschaft tritt. Dieses Problem verdient eine eingehende Erörterung.

Mit Sicherheit sind die angeborenen Begabungen, die Position der Individuen innerhalb der Arbeitsteilung sowie die Aneignung der Produktionsmittel und der produzierten Güter die wichtigsten Kriterien, die für die Hierarchie, den Besitz und die Macht der Gesellschaftsglieder bestimmend sind:

»Der eine Grund der Unterordnung«, schrieb Ferguson,[3] »besteht in der Verschiedenheit der Talente und natürlichen Anlagen, ein anderer in der ungleichen Verteilung des Eigentums, und ein dritter, nicht weniger fühlbarer in den Gewohnheiten, die durch die Ausübung verschiedener Künste erworben werden.«

Die dritte Ungleichheit erhält um so größere Bedeutung, wie die erste, die biologische Ungleichheit, zufällig oder zweitrangig wird und die zweite, der Existenz sozialer Klassen geschuldete Ungleichheit dazu bestimmt ist, schwächer zu werden oder zu verschwinden. In den sozialistischen Gesellschaften sind die Unterschiede, die aus der Disparität des Privateigentums resultieren, weitgehend verschwunden. Die Gleichheit, die diese Gesellschaften schaffen wollten, bleibt indessen so lange unerreicht, wie die Produktionstechniken unter anderem eine Arbeitsteilung zwischen manuellen und geistigen Aufgaben beibehalten. Die Aufteilung in Hand- und Kopfarbeiter, in Ausführende und Leitende, hält eine Distanz aufrecht, die sich zu perpetuieren tendiert. Die Kinder der einzelnen sozialen Kategorien schlagen die Laufbahn ihrer Eltern ein und ernten die Vor- und Nachteile der jeweiligen Position. Um die Konsequenzen dieser Situation zu vermeiden, wäre ein anderer Modus in der Verteilung des Reichtums allerdings wirkungslos. Es bedürfte einer Veränderung der Arbeit selbst, einer Einwirkung auf die Summe und die Struktur des gesamten bis heute geschaffenen Wissens. Letztlich läge die Lösung in der Erfindung neuer Fähigkeiten, eines andersartigen Produktionsapparates und neuer Austauschbeziehungen mit der Materie. Von daher die Überzeugung, daß »der technische Fortschritt die wichtigste Triebkraft für die Annäherung von manueller und geistiger Arbeit« sei.[4] Indem der Fortschritt eine tausendjährige Teilung aufhebt, präsentiert er sich als Zeichen einer neuen Ausrichtung in den Gesellschaften, die es sich zur Aufgabe machen, kollektive, auf der harmonischen Assoziation der menschlichen Gruppen beruhende Beziehungen zu schaffen, also die dritte Form der Ungleichheit, die der Talente und des Wissens, aufzuheben.

Dagegen bildet der wissenschaftliche und technische Fortschritt in den kapitalistischen Gesellschaften mehr und mehr jenen Komplex von Maßstäben heraus, der dazu bestimmt ist, an die Stelle einer radikalen Reorganisation der Gesellschaftsstrukturen zu treten. Produktivität, Wachstum und Entwicklung werden hier die konventionellen Indizes des Vergleichs zwischen Individuen und Kollektiven; sie erstrecken sich also auf die verfügbaren Energiemengen, die Menge der Industrien, die bewohnbare Fläche und auf den Fächer der Maschinen zum öffentlichen und privaten Gebrauch. Folgerichtig gilt die Differenz zwischen den Modalitäten der Verteilung des Reichtums, also die Zusammensetzung der sozialen Klassen, nicht länger als wesentlich und findet sich an die zweite Stelle verwiesen. Eine Gesellschaft ist nicht vor allem sozialistisch oder kapitalistisch, sondern industriell, wissenschaftlich oder technisch.

Nach dieser Lehre bietet die Beherrschung der Naturprozesse den besten Weg, auf dem eine Klasse oder eine Nation die Wohlfahrt aller und jedes einzelnen zu fördern vermag. Der gleichheitlichen Verteilung des Reichtums steht nun die Steigerung des Gütervolumens im allgemeinen gegenüber, ohne daß diese Steigerung für eine Gesellschaftsgruppe notwendig eine Verringerung ihrer Abhängigkeit von einer anderen bedeutete.

»Sobald Eigentum als Alternative zur Neuverteilung der Einkommen akzeptiert wird«, schreibt H. C. Wallich,[5] »wird seine große Überlegenheit in bezug auf die Förderung des Wohlstandes offenbar.«

Der einzelne ist aufgefordert, die Vorteile zu ermessen, die ihm die Vielzahl der ihm zugewiesenen mechanischen Sklaven und die Menge der ihm verfügbaren Waren bieten. Ein Vergleich zwischen den Bedürfnissen, die er hätte befriedigen können, wenn er im letzten Jahrhundert gelebt hätte, und denen, die er mit Sicherheit würde befriedigen können, wenn er im nächsten Jahrhundert lebte, beruhigt ihn hinsichtlich seines derzeitigen und zukünftigen Wohlergehens. Die Bilanz dieser Rechnung ist notwendig positiv. In der Tat stellt man fest, daß das Spektrum unserer stummen Diener heute breiter ist als das Gefolge lebendiger Diener eines christlichen Königs vor eintausend Jahren oder das eines kleineren Potentaten heutzutage. Die fortbestehende Ungleichheit ist dadurch erträglich geworden; der Vergleich mit den heutigen Fürsten in Industrie, Großfinanz und Staat wäre dagegen äußerst schädlich für den wirklichen Fortschritt.[6] Und der, so lädt man uns ein zu schließen, kompensiert die Unsicherheit und die Unfreiheit, die ein Teil der Menschheit der anderen aufbürdet. Überlassen wir es also der Ausbreitung von Wissenschaft und Technik, die unvermeidlichen Unvollkommenheiten auszugleichen, die im Ablauf der sozio-ökonomischen Prozesse zutage treten. Und so lautet die Ansicht, über die Konsens besteht: Der Beherrschung der Gesellschaft müssen wir die Beherrschung der Natur vorziehen. Dürfen wir in diesem Ziel eine Triebkraft sehen, die den Menschen mit seiner Bestimmung zu versöhnen vermag? Können wissenschaftlicher Fortschritt und Wirtschaftswachstum an die Stelle der Suche nach der sozialen Gerechtigkeit treten, die das neunzehnte Jahrhundert – von dessen Gedanken wir heute noch zehren – zu einer unerläßlichen Forderung erhob?

So betrifft das Naturproblem unsere gesamte Wirklichkeit. Das Gewicht des materiellen Universums, das unsere Aufmerksamkeit erregt, herausstellen heißt bei einer seiner Äußerungen stehenbleiben. Der Einsatz, den dies Universum darstellt, kehrt die Reihenfolge der gewohnten Tätigkeiten um und führt zu einer Verschiebung des Ansatzpunktes für die Initiative und die Bemühungen des Menschen. Dies ist um so deutlicher, als die Bedeutung dessen, was es fortan zu verfolgen und zu entdecken gilt, nicht in einem »Buch der Natur« niedergelegt ist, das schwer zu erschließen, aber abgeschlossen wäre und das wir nur zu entziffern bräuchten. Tatsächlich müssen wir einen Rahmen, der uns als gegeben erschien, durch einen Rahmen ersetzen, den wir selbst gestaltet haben. Die Determinierung, die wir vormals im Kosmos fixiert sahen und hinter der nicht wir zu stehen schienen, geht nun von uns aus:

»Nachdem die vorgegebene Naturumwelt der modernen Technik keinen unüberwindbaren Widerstand mehr bieten kann«, schreibt G. H. Schwabe, »und nachdem den Menschen auch keine Scheu mehr hindert, alles Bestehende seinen Zwecken zu unterwerfen, bedarf es eines umfassenden eigenen Aktionsplanes, der den bisher in irgendeiner Form gegebenen Welt- oder Naturplan, wie er z. B. auch in jedem religiösen Glauben enthalten ist, ersetzen muß.«[7]

Diese Feststellung und ihre Folgen sind von erheblicher praktischer Bedeutung, denn sie drängen uns, eine Methode zu schaffen, die diesem Plan entspricht, und die Handlungs- und Verstandesqualitäten zu entwickeln, ohne die eine rationale Koordinierung unserer Austauschprozesse mit den materiellen Mächten nicht möglich ist. Durch den beharrlichen Eifer hindurch, mit dem wir die Probleme einer einzelnen Wissenschaft oder Technik lösen, begreifen wir diesen Plan: Kein bereits konstituiertes Universum enthüllt sich hier; eine Ordnung entsteht. Indessen hat diese aufkommende Möglichkeit, Einfluß auf die Beziehungen und das Gleichgewicht der materiellen Kräfte zu nehmen, auch weitergehende Folgen. Der Verfügung durch die politischen Instanzen überantwortet, bestimmt sie den Kontext ihrer Entscheidungen und die Voraussetzungen ihrer Überlegenheit. Unterstützt von den Strömungen, die in diesen Gesellschaften darauf drängen, die »Ausbeutung des Menschen« durch die »Ausbeutung der Dinge« zu ersetzen, rechtfertigt sie deren Vorgehen. Daß dies unter Umständen erfolgt, wie ich sie eben beschrieben habe, sollte nicht überraschen. Es waren die Existenz zweier rivalisierender Städte, Spartas und Athens, und der Bürgerkrieg, welche die Griechen zwangen, das Wesen der Stadt zu untersuchen und nach den Prinzipien zu forschen, die deren Vervollkommnung ermöglichen sollten. In noch gebieterischerer Weise sind heute alle Bedingungen versammelt, um die Beherrschung der Natur ins Zentrum der Beziehungen zwischen den Menschen und ihres Verhältnisses zur äußeren Welt zu stellen, deren Richtung zu bestimmen und sie zur Notwendigkeit zu erheben.

Um diese Konstellation voll zu erfassen, müssen wir die Natur, die radikale Notwendigkeit, sie zu beherrschen, in ein Denken und eine Vorstellung von der menschlichen Evolution einbringen, die durch das zähe Bemühen gekennzeichnet sind, gerade dies daraus auszuschließen und von der Gesellschaft abzusondern. In unserer näheren Vergangenheit hat ausgerechnet Jean-Jacques Rousseau das Signal für diese Trennung gegeben. Vor ihm konnte man noch die gesellschaftliche Ordnung als eine Phase oder als einen Perfektionsgrad der natürlichen Ordnung begreifen, als eines der Ziele, denen die natürliche Ordnung zustrebte. Ohne jeden Vorbehalt nahm sich Adam Smith die Freiheit, sich eine Zeit vorzustellen, »da die Natur die menschliche Gattung für die Gesellschaft geformt hatte«. Diese Kontinuität stellte der Autor des *Contrat social* – und darin liegt sein Genie – vehement und vollkommen zu Recht in Frage, als er auf den Bruch hinwies, den die Ungleichheit des Reichtums zwischen zwei Perioden der menschlichen Gesellschaft herstellt, und als er den Ursprung dieser Ungleichheit eben in den politischen Verhältnissen begründet sah und nicht in der Konstitution des Universums oder der Gattung. Die zähe Verwechslung des Fortschritts von Wissenschaft und Technik mit moralischem und geistigem Fortschritt, mit dem Verschwinden des Elends der Völker, ist seither nicht deutlicher enthüllt worden. Damit hatte Rousseau jeden Versuch einer naiven Rückkehr zu einem auf immer verlorenen harmonischen Zustand vereitelt. Nach ihm ist die Natur nicht länger der privilegierte Ort, aus dem die Lösungen für die drängenden Menschheitsprobleme fließen. Sie erklärt auch nicht, wie der Mensch dazu kam, sich diese Probleme zu stellen. Und sie rechtfertigt nicht die Gegenwart, deren Ungerechtigkeit und Leid, noch inspiriert sie die zukünftigen Aktivitäten. Alle Notwendigkeit, die praktische ebenso wie die theoretische, konzentrierte sich in der Gesellschaft, und alle Kontingenz zog sich in die Natur zurück; die Gesellschaft schien vollkommen der Herrschaft des Subjekts vorbehalten, die Natur schien allein der Beherrschung des Objekts überlassen. Die Gesellschaft ruhte auf der Natur wie auf einer Leere, die unerläßlich für deren Existenz, aber nutzlos für deren Werden wäre.

Eine ähnliche Zäsur gestattete es der menschlichen Gesellschaft, sich ihrer selbst zu bemächtigen, zu sehen, daß sie zugleich Wahrheit und Macht besaß, daß sie das Werk des Menschen war, geradeso wie die menschlichen Kategorien ihr Werk waren. Individuen und Gruppen wiesen die Prädeterminierung ihrer Akte durch kosmische Vorgänge zurück, desgleichen eine Kausalität, die daraus ihre Substanz bezöge, und fanden damit zur eigenen Verantwortung und Initiative zurück. Sie entdeckten ihre Rolle als Akteure und Subjekte des sozialen Lebens, als Urheber von Beziehungen, die sie in ein wechselseitiges Bindungsgefüge stellte. Der Kapitalist, der seine Vergangenheit, den Feudalismus, bekämpfte, und der Proletarier, der die Barrikaden seiner Zukunft, den Sozialismus, errichtete, hatten gelernt, daß eine kollektive Organisation auf eine andere folgt, daß sie aus einem vergangenen Zustand hervorgeht und nicht aus einer zeitgenössischen natürlichen Ordnung. An die Stelle der Verknüpfung Natur–Gesellschaft tritt die Verknüpfung Gesellschaft–Gesellschaft – das ›Gesellschaft-Werden der Gesellschaft‹, wie Georg Lukács sagt –, die kontinuierliche Bewegung, der lange Marsch, in dessen Verlauf sich jede soziale Form auf den Trümmern einer anderen erhebt. Die Revolutionäre, die unablässig an den Grundfesten der Staaten rüttelten, brauchten nicht mehr zu fürchten, damit die Pfeiler des Universums zu stürzen.[8] Sie führten nur den Sturz dessen herbei, was zu fallen verurteilt war. Das menschliche Denken sah sich mit einer unbekannten Energie ausgestattet, die es über die Grenzen hinaustrug, in die man es eingeschlossen hatte. Die Autonomie der Gesellschaft, die Existenz von Gesetzen und einer Dynamik, die ihr eigentümlich waren, wurden zu Axiomen, die nun eine philosophische und wissenschaftliche Fortsetzung erfuhren. Die Geschichte trat an die Stelle der Natur, und sie zeige klar und deutlich die Genese der gesellschaftlichen Formationen auf, sobald man ihr eine Richtung unterstellte und die sozialen Klassen es sich zur Aufgabe machten, ihr Gesicht durch Reichtum, Arbeit und Kampf zu formen. Ihre Anordnungen erschienen unerbittlich. Wenn Geburt und Tod der menschlichen Ordnungen ihren Charakter einer universellen Katastrophe verloren – da das Soziale vom Sozialen hervorgebracht wurde und nicht länger vom Nicht-Sozialen –, so zeigte sich, daß deren Abfolge der Logik der Tatsachen und den strengen Forderungen der Prinzipien unterworfen war. Freiheit der Gesellschaft war Gehorsam gegen deren historische Notwendigkeit, eine Klasse sah sich mit allen Privilegien ausgestattet, die ihr der Rang des Herrn und die Qualität des historischen Subjekts verliehen, sofern dies nur zu seiner Zeit geschah.

Aufgrund dieses Umsturzes wird Geschichte zur Gegennatur. Inzwischen kann man auf diese Negation verzichten: Sie widerspricht der Erfahrung. Man muß auch sie zu Ende denken, um die Vorstellung zu entdecken, die sie mit der Sentimentalität und der Routine erfüllt, in denen sie steckenbleibt. Ich will diesen Punkt näher erläutern.

In einer kohärenten Beschreibung der Genese der Gesellschaft stellt man an den Anfang eine Menschheit, die von primären Bedürfnissen beherrscht wird. Um der Tyrannei dieser Bedürfnisse zu entgehen, wirkt sie auf die äußere Welt ein. Damit verändert sie diese und wandelt sie zugleich um. Im Verlauf dieses Prozesses schaffen die einzelnen und die Gruppen ökonomische, politische und geistige Verbindungen, welche die Aneignung der Güter, die Kontinuität der Produktion und die Dauerhaftigkeit der Institutionen gewährleisten sollen. Die Gesellschaften, die daraus hervorgehen, unterscheiden sich voneinander sowohl durch ihre jeweilige Übereinstimmung mit einer besonderen Konstellation der materiellen Mächte als auch durch die Art und Weise, wie die sozialen Klassen sich miteinander verbünden oder gegenseitig bekämpfen. Einigkeit besteht über die bestimmende Rolle der technischen Innovationen und der Produktivkräfte – die Ausdruck dieser Mächte sind – in der Abfolge der Gesellschaftsformationen.

Unter diesen Voraussetzungen gibt es keinen Grund mehr, das natürliche Substrat einem passiven und neutralen Bereich zuzuordnen, noch auch, den beständigen Eingriff unserer Gattung in dessen Entwicklung zu leugnen. Die Variationen des Gesellschaftszustandes, die der inhaltlichen und strukturellen Differenzierung der natürlichen Ordnung geschuldet sind, zeigen, daß die natürliche Ordnung eine ebenso wahrnehmbare Evolution besitzt wie die Gesellschaftsordnung. Und mehr noch: die Geschichtlichkeit der kollektiven Unternehmungen, die sich mit einer Erneuerung der materiellen Welt verbindet, bietet einen empirischen Beweis für die Geschichte der natürlichen Ordnungen. Wie sollte auch der Mensch sein Gesellschaftsgebäude in und auf einer Umwelt aufbauen, ohne seinerseits eine konstitutive Rolle im Ablauf der Formen und in der Komposition der Elemente dieser Umwelt zu übernehmen? Weil seine Arbeit in dieser Umwelt gründet und ihr sein Zeichen aufprägt, kann man seinen Einfluß auf die Veränderung der Natur nicht unterschätzen noch auch übersehen, daß der Mensch in die Umwelt eingreift und sich in ihr entfaltet. Und wenn wir abhängig sind, so kann man doch ohne weiteres sagen, daß es unsere eigenen Schöpfungen sind, von denen wir abhängen, daß wir die Bande, in die wir uns begeben, letztlich selbst geknüpft haben.

Angesichts einer abgeschlossenen und nur der Wiederholung fähigen Entität, eines bloßen Behälters von Kräften und Stoffen, könnte es kein Werden geben. Die Geschichte der Gesellschaft müßte in Kontingenz und Endlichkeit zurückfallen. Durch eine schlichte Umkehrung erscheinen die Ungeschichtlichkeit der Natur, der Bruch zwischen ihr und der Menschheit sowie ihre Eroberung als Über-Objekt als ebensoviele Illusionen und Unmöglichkeiten. Eines wissen wir aber gewiß:

>Stets haben wir es mit einer geformten Natur zu tun, die uns aber wegen ihrer Beständigkeit und ihrer mehr oder weniger großen Stabilität vertraut erscheint und uns glauben macht, daß wir allein die Natur vor uns haben. Erst in der geschichtlichen Rückschau erkennen wir, in welch hohem Maße diese Natur kulturell geprägt ist.«[9]

Wer sich dieser Einsicht verschließt, der ergeht sich in Machtphantasien. Der Hinweis auf unsere Überlegenheit, auf die Ausnahmestellung, die wir – aufgrund unseres Verstandes, des Werkzeugs oder der Sprache – unter den übrigen Tierarten einnehmen, scheint uns dazu einzuladen. Wohl akzeptieren wir mit einer gewissen Selbstverständlichkeit und Gleichgültigkeit das Postulat, daß die Menschheit dem Naturreich verhaftet sei, ähnlich den

Steinen, dem Wasser oder den Pflanzen. Aber diese Zuordnung erfolgt gänzlich passiv und über solche Merkmale, die noch am wenigsten spezifisch und am wenigsten menschlich sind. Sobald wir indessen unsere menschliche Besonderheit herausstellen, katapultieren wir uns trunken aus der natürlichen Welt hinaus, die auf diese Weise zu einem Außen wird. Wir sehen in der natürlichen Welt ein großes Reservoir von Stoffen mit ihren Regelmäßigkeiten und Antrieben, die es zu unterwerfen und auszubeuten genügt, um sie zu erkennen und ihre Nützlichkeit zu erhöhen. Als heterogene, trübe Masse ohne jede unmittelbare Kommunikation mit unseren Wünschen und ohne gemeinsame Sprache mit unserem Geist ist die so verstandene Natur der Kreis, aus dem wir beständig zu entkommen suchen und aus dem wir ebenso beständig ausgestoßen werden:

»Wir dürfen niemals aus den Augen verlieren«, schreibt Jean-Paul Sartre, »daß die Exteriorität – das heißt die Quantität und, mit anderen Worten, die Natur – gleichzeitig und für jede Vielheit von Handelnden eine Bedrohung von außen und eine Bedrohung von innen darstellt . . .«[10]

Hartnäckige Verteidigung und erbitterte Aggression ergänzen einander in dieser Hinsicht. Die Menschheit fühlt sich gewachsen, wenn sie einen Sieg in diesem gnadenlosen Kampf erringt. Wenn die Gesellschaft sich von der Natur abhebt, so formiert sie sich vor allem gegen diese. Von der Gewalt erfüllt und der objektiven und harten Bedrückung ausgesetzt, behauptet der Mensch, nachdem er der Namenlosigkeit der Tiere entronnen ist, seine Überlegenheit, seine Einzigartigkeit und seine Unabhängigkeit. Von daher seine Berufung, das Universum zu beherrschen und aus ihm mittels seiner Wissenschaften und Techniken die Macht und das Wissen herauszuziehen, über die er noch nicht zu seinem Schutz verfügt. Der gnadenlose Kampf zwischen den Tieren und das Verhältnis von Herr und Knecht legen dieses gebräuchliche Paradigma nahe. Zum Gegenstück hat es die konkrete Aktivität der Gesellschaften und der Individuen.
Allenthalben beschäftigt man sich vor allem einfach damit, die Ausstattung zu vergrößern, mit der man Erfindungen, Energiequellen, Köpfe, die von den Universitäten, und Hände, die von der Industrie ausgebildet wurden, anzusammeln vermag. Die Menge dieser Köpfe und Hände gilt dann als Maß für den Zugriff auf die äußere Welt. In diesem Inventar bilden Wissenschaft und

Technik flexible, bequeme und ebenso wichtige wie verehrte Vehikel für eine Vielzahl von Interessen und Notwendigkeiten, denen die Kollektive ihre wirkliche Aufmerksamkeit zuwenden. Jeder bemüht sich um die Vergrößerung dieses Wissens als *Mittel*. Um sicherzugehen, fügt man dem noch die Gemeinschaft jener Wissenschaftler hinzu, die in der Lage sind, die Entwicklungstendenzen ihrer Disziplinen im theoretischen wie im experimentellen Bereich vorauszusehen. In den Staatsräten ziehen die humanistischen Funktionäre, die »von den Starken bezahlt werden, damit sie den Schwachen predigen«, und die nach Rousseaus Worten »den Schwachen nur von ihren Pflichten und den Starken nur von ihren Rechten zu sprechen verstehen«, jene Verwalter vor, die in die Schule der Wissenschaft gegangen sind. Deren Aufgabe ist es, die Unvollkommenheiten der Natur festzustellen und Maßnahmen vorzuschlagen, mit denen wir unsere Herrschaft zu sichern vermögen. Ihre Anwesenheit ist Unterpfand der Vernunft, Ausdruck unserer Rechte am Universum und der Pflichten, die es unseren Mängeln und unseren Ambitionen gegenüber zu erfüllen hat. Fortschritt und Aufstieg einer sozialen Gruppe im Vergleich zu anderen bemessen sich an der Zahl der Wissenden bzw. Unwissenden, an der Geschwindigkeit ihrer Raketen oder deren Flughöhe, am Abstand in Wissensjahren, der sie vom Mond trennt. Aus der wachsenden Ausstattung mit allerlei Maschinen und aus der Akkumulation der Publikationen schließt man auf eine entsprechende Beherrschung der Natursphäre. Auf den Vergleich kommt es an. Wie der Geizige beim Anblick seines Goldschatzes das Loblied auf seine Tugend anstimmt, so bejubelt die Menschheit angesichts solcher Versammlung von Wissenschaft die Allmacht ihres Geistes. Wenn auch riesige Gebiete noch nicht in ihrer Gewalt sind, so weiß sie doch, daß nichts ihr zu widerstehen vermag. Ihre Zuversicht beruht auf dem Glauben an den selbstverständlich positiven und unvermeidlichen Charakter des Fortschritts, auf der Gewißheit, daß die Erfindungen des Verstandes nicht schädlich sein können. Man hält es für ausgemacht, daß Wissen Macht ist, daß die treibende Kraft der Wissenschaft und der Technik das Bewußtsein schärft, das eine Gesellschaft von ihren Aktivitäten besitzen kann, und daß diese Aktivitäten aus hohen Idealen schöpfen.

Es braucht kaum gesagt zu werden, wie hinfällig dieser Glaube ist. Die Wissenschaftler geraten noch als erste in Unsicherheit, wenn sie sehen müssen, daß die Ziele ihrer Arbeit oft durch fremde Einmischung eine andere Ausrichtung erfahren. Die Enttäuschung rührt aus den Hoffnungen her, die man genährt hat, ohne die Lektionen der Realität zu beachten. Regelmäßig erinnert man uns daran, daß ein Florieren unserer Wissenschaften uns die »Aussicht auf eine Welt verschafft, in der die Menschen glücklich sein könnten« (Linus Pauling), und vergißt dabei, daß nichts automatisch Eingang ins Gewebe unserer Beziehungen zu den materiellen Kräften findet. Wenn wir unserer Umwelt Gestalt verleihen, so tun wir dies nicht primär, indem wir den Gehalt ihrer Phänomene in chemische und physikalische Gesetze oder Pferdestärken zerlegen, sondern vor allem, indem wir die Voraussetzungen und Folgen dieser Phänomene erkennen und der Bewegung, die sie für uns und mit uns hervorbringt, eine Richtung geben. Schon lange sind wir im Besitz solcher Gesetze und Phänomene, und dennoch ist es uns nicht gelungen, ihnen eine Richtung zu geben, welche die Frucht einer freien Entscheidung wäre. Diese Feststellung illustriert hinreichend deutlich, wie prekär eine Methode und eine Vorstellung sind, die nur den zunehmenden Umfang und die wachsende Breite der Wissenschaften in Betracht ziehen. Der Ruf nach einer Unterwerfung der äußeren Welt, der in hohlen Metaphern widerklingt, verhallt in der Leere eines Diskurses, dessen Gemeinplätze nur schlecht das Fehlen präziser Zielsetzungen verhüllen.

Aber welche Perspektive sollen wir wählen, welchen Weg sollen wir einschlagen? Ein wichtiger Schritt ist getan, wenn wir aufhören, den Menschen als *Produkt* einer kosmischen Kraft, einer tierischen oder pflanzlichen Lebenskraft zu begreifen. Die tausendfach wiederholte Behauptung seiner privilegierten Stellung ist nur das Echo dieses Bruches. Doch hat man dessen Folgen nicht mit der nötigen Strenge untersucht: Der Mensch ist nicht »Besitzer« oder »Entdecker«, sondern *Schöpfer und Subjekt seines Naturzustandes*. Seine Bestimmung ist es nicht, sich ein Universum anzueignen, das ihm fremd wäre und dem er äußerlich bliebe, sondern im Gegenteil, seine Funktion als interner Faktor und Regulator der natürlichen Realität zu erfüllen.

Ist das erstaunlich? Wir halten es schon zu lange für ausgemacht, daß die Kenntnisse und Erfahrungen, die uns die wissenschaftlichen und technischen Disziplinen liefern, bloße Daten seien, Ergebnisse einer äußeren Verfahrensweise, die eine unablässige Arbeit zutage förderte. Der Fortschritt dieser Disziplinen wird als immer vollkommenere Annäherung an etwas Grundlegendes begriffen, während die verschiedenen Realitäten, die wir dabei erfassen, lediglich notwendige Etappen auf dem Wege zur vollständigen Realität darstellen. Eben dies meint man, wenn man von der Unterwerfung und Eroberung des Universums spricht. Wir kommen der Wahrheit jedoch näher und erhalten uns eine gewisse Freiheit der Initiative, wenn wir in diesen Kenntnissen und Erfahrungen die Vorgehensweisen zu sehen bereit sind, mittels deren die Menschheit ihren eigenen Naturzustand hervorbringt. Mit ihrer Hilfe vervielfältigt sie ihre Fähigkeiten, verbessert sie ihre physischen oder geistigen Eigenschaften, gewinnt sie die materiellen Kräfte für sich und verleiht sie ihnen eine Gestalt, die deren Prinzipien und den Kombinationen entspricht, in denen sie sich in den jeweiligen Augenblick der allgemeinen Evolution einfügen.

Die empirische Beobachtung belegt dies, wenn sie sich mit den unablässigen Veränderungen in der psycho-physiologischen Ausstattung der Gattung befaßt. Beständig erneuern sich die Kräfte, die dazu beitragen, den Inhalt der objektiven Welt und unserer Vorstellung von ihr zu markieren. Die Gesetze unseres Verstandes und unseres Wissens lassen sich nach den Bewegungsformen oder den materiellen Quellen datieren, auf die sie bezogen sind, denn beide haben Teil an unserer Natur, sobald sie in den Umkreis unserer Handlungsmöglichkeiten eintreten. Eine strenge Trennung zwischen der Natur des Menschen und der *natura rerum*, der Natur der Dinge, ist nicht möglich, und nichts vermöchte sie auf ein bestimmtes, endgültiges Stadium festzulegen.

Heraklit lehrte: »Wer in denselben Fluß steigt, dem fließt anderes und wieder anderes Wasser zu.« Die Wahrheit ist dramatischer. Das Wasser der Griechen ist das der Töpfer, des Feuchten, der vier Elemente, die sich miteinander verbinden, wie in der qualitativen Physik der Ionier. Im siebzehnten Jahrhundert ist das Wasser das der Mühlen und Pumpen, des Ingenieurs, der Schwere und der quantitativen Mechanik eines Galilei. Für uns kann das Wasser die Erscheinungsform des »schweren Wassers« annehmen, wenn wir die Energien betrachten, die auf dem Niveau des Atomkerns freigesetzt werden können. Jedesmal erfordert dieses »Wasser« den Rückgriff auf ein andersartiges Wissen, auf einen anderen Handlungsmodus, auf ein neues Weltbild, und dies bei Strafe eines Rückfalls ins ursprüngliche Nichts. Hier erkennt man das eigentliche Merkmal des Menschen, das nicht so sehr in der Herstellung von Werkzeugen noch auch in der Vernunft besteht, sondern darin, daß er sich selbst erschafft, daß er sich mit den übrigen Wesen verbindet, kurz, daß er seinen Naturzustand erzeugt.

Wenn die Natur zugleich etwas Gegebenes und ein Werk ist, so sind die Entdeckungen und die Vergrößerung des praktischen Wissens keine Meilensteine auf dem Wege zu einem letzten Grund, sondern Anzeichen für ihre von uns herbeigeführte Erneuerung. Nur als Agenten einer Veränderung, deren aufeinanderfolgende Ordnungen die objektive Realität konstituieren, können wir überhaupt den Anspruch erheben, sie vorauszusehen und zu schaffen. Man wird dieser Ansicht vielleicht vorwerfen, sie sei anthropozentrisch. Dabei vergißt man zu leicht, daß alle unsere Modelle der Natur in irgendeiner Weise anthropozentrisch sind und daß die Natur von menschenähnlichen Wesen oder solchen, die im Begriffe sind, es zu werden, bevölkert ist. Der Ordner des griechischen Kosmos ist ein Demiurg, ein Handwerker: Platon und Aristoteles zeugen dafür. In Newtons Universum bewegen sich die Körper in der Art von Kanonenkugeln oder wie ein Uhrwerk. Gott erfüllt hier seine Aufgabe, wie es ein Mechaniker oder ein Hersteller astronomischer Instrumente täte. Unsere heutige Vorstellung vom Wirken der materiellen Kräfte kommt nicht ohne eine Beschreibung des Beobachters aus. Da diese verschiedenen Modelle sich nicht auf einen konstanten *anthropos* beziehen und sich auch nicht in eine einheitliche Morphologie übersetzen lassen, müssen wir darin den Ausdruck einer Evolution, einer Geschichte sehen. In einer negativen Sprache macht man diesen Momenten den Vorwurf, sie drängten jedes für sich die Grenzen unserer materiellen Umwelt ein Stück weiter zurück. Verzichtet man auf diese Sprache, so kann man sagen, daß es unsere eigenen Grenzen sind, die sich jedesmal dann erweitern, wenn die *entschieden menschliche* Natur eine neue Phase erreicht und eine neue Konstitution zeigt.

Darin liegt durchaus nichts Willkürliches oder Subjektives: Wenn wir diese Etappen durchlaufen, folgen wir stets den Gesetzen der Materie und denen unserer eigenen Verhältnisse. Es wäre auch falsch zu glauben, die Auswirkungen beschränkten sich auf das

Gebiet der Ideen, nur unsere Begriffe hätten sich verändert und durch sukzessive Verbesserungen dem Bilde angenähert, das der wirklichen und letztgültigen Struktur des Universums entspräche. Eine solche Ansicht unterstellt ein allwissendes und allmächtiges Wesen, oder aber sie beschränkt den Nutzen unserer Werke auf den eines Denkens, das von seinen Resultaten geschieden wäre. Dieser Überrest eines religiösen Glaubens geht an der Tatsache vorbei, daß jeder Übergang von einem Naturzustand zum anderen durch eine gewaltige Mühe erkauft wird, die ihrerseits eine Umwälzung unseres Geistes und unserer organischen oder nicht-organischen Instrumente herbeiführt und einen andersartigen Zusammenhang zwischen der Menschheit und der Materie herstellt.

Die Sichtweise des Menschen als des Schöpfers und Subjekts der Natur zwingt uns zu der Erkenntnis, daß es eine *menschliche Geschichte der Natur* gibt, eine Geschichte, die kein Derivat oder Komplement der Geschichte der Gesellschaft ist, sondern Eigenständigkeit besitzt und deren eigenständige Vertiefung darstellt. Das Erscheinen dieser Geschichte als Schlußstein unserer Tätigkeiten und Ort unseres Handelns ist unser wirkliches Naturproblem.

Bisher waren wir geneigt, unsere Geschichte vom Standpunkt der Interessen des Staates und der sozialen Klassen zu betrachten. »Ich spreche von den Klassen, denn sie allein müssen die Geschichtswissenschaft interessieren.« Die Umstände entsprachen dieser begrenzten Sichtweise Alexis de Tocquevilles, der wie seine Zeitgenossen das Beispiel der vom Kapital beherrschten Gesellschaften in der westlichen Hemisphäre vor Augen hatte. Wenn aber die Völker aus ihrer Isolation und aus ihrer Abhängigkeit heraustreten, wenn sämtliche Teile unseres Planeten durch sichtbare Kreisläufe miteinander verbunden sind, wenn die unterschiedlichsten Gesellschaftssysteme einander gegenüberstehen, dann fließt die Erfahrung von mehr als hundert Nationen zu einem einzigen Laboratorium der Universalgeschichte zusammen. Mit einem Male breiten sich die vielfältigen Beziehungen, welche die Menschen mit den objektiven Mächten unterhalten, auf einem vollständigen Tableau aus und zeigen im Raum, was sich in der Zeit herausgebildet hat.

Die Distanz, die zwischen zwei Teilen der Menschheit besteht, erscheint nicht nur als Abstand zwischen zwei gesellschaftlichen

Hüllen, sie bemißt sich auch nach den Unterschieden zwischen ihrer jeweiligen natürlichen Konstitution. Wir wissen heute, daß Aufbau und Gestaltung einer Gesellschaft auch eine Reorganisation ihrer materiellen Grundlagen erfordern. Früher äußerten sich die Strukturen einer Gesellschaft in einer langsamen, unbewußten Bewegung, die ihren Gang nahm, nachdem die Kräfte des Menschen und der materiellen Umwelt ohne bewußte Absicht eine Verbindung eingegangen waren. Heute sind die Gesellschaftsmodelle, die man anstrebt, einander transparenter geworden. Die Wege, die zur Erfindung der diesen Modellen gemäßen Ressourcen und zu den erforderlichen Kenntnissen führen, haben ihre Undurchsichtigkeit verloren und sind unabhängig geworden. Es wird deutlich, daß ihre Einrichtung einer internen Logik folgt, daß ihre Entstehung spezifischen Regeln gehorcht – die Wissenschaft ist in dieser Hinsicht exemplarisch. Darin spiegeln sich für uns die Pflicht und die Verantwortung, in aller Klarheit die Indienstnahme der Natur, ihre Vergangenheit und ihre Zukunft, zu akzeptieren, geradeso wie die Menschen im vergangenen Jahrhundert eben diese Pflicht und diese Verantwortung auf der Ebene der Gesellschaft aufnahmen. Geschieht dies, so kann man die Beherrschung der natürlichen Ordnung nicht mehr als eine Gewalt begreifen, die gegen die Elemente ausgeübt wird, um den unausweichlichen Befehlen der Macht oder der individuellen oder kollektiven Bedürfnisse zu entsprechen. Ihre Reichweite, ihre Rationalität und die Grenzen, denen sie zustrebt, lassen sich nicht vorbehaltlos und ohne Platitüden aufzeigen, wenn sie nicht in den Rahmen der menschlichen Geschichte der Natur gestellt werden.

Gegenstand dieser Studie ist eben diese Geschichte; und das Naturproblem ist ihr treibendes Motiv. Im ersten Teil werde ich zu zeigen versuchen, inwiefern der Mensch Schöpfer und Subjekt seiner Natur ist und welches die Gesetze und Prozesse dieser Schöpfung sind. Die grundlegenden theoretischen Folgerungen aus dem Konzept, das ich vorlege und im vorstehenden kurz skizziert habe, werden dort ihre Bestätigung finden.

Danach werde ich die menschliche Geschichte der Natur analysieren und Belege für die vorgelegte Theorie beibringen. Da sie nichts anderes als die Arbeit der Wirklichkeit an sich selbst, ihrer begrifflichen Komponente an den übrigen Komponenten ist, kann sie keine endgültige Erkennbarkeit beanspruchen, ohne ihre *raison d'être* zu verlieren. *Stricto sensu* ist die Erkenntnis der Ereignisse und der Geschichte, sofern sie die Wahrheit trifft, ein Moment eben dieser Ereignisse und dieser Geschichte. Es wird dann deutlich werden, daß die theoretischen Ableitungen, zu denen ich in diesem zweiten Teil des Buches gelange, einer Phase in der Evolution der menschlichen Mächte entsprechen, die auf die Errichtung ihrer natürlichen Ordnung zielt.

Im dritten Teil werde ich versuchen, die Beziehungen zwischen Gesellschaft und Natur als Beziehungen zwischen zwei Geschichten zu bestimmen, die beide gleichermaßen der menschlichen Beteiligung bedürfen. Unsere Gattung – und darin liegt eines ihrer charakteristischen Merkmale – arbeitet beständig in diesen beiden Bezugssystemen, folgt deren Lauf und reagiert auf die doppelte Anforderung, die sie stellen: »Der Mensch ist ein kosmisches Tier; finden wir uns damit ab.«[11]

Schließlich werde ich ein Forschungsfeld abstecken – das der politischen Technologie –, das all diese heute verstreuten oder gar vernachlässigten Gegenstände methodisch behandeln soll.

Ich kann an dieser Stelle nur einige der Verzweigungen dieses Vorhabens aufzeigen, dem ich mehrere Arbeiten widmen will – deren erste hier vorliegt. Dieses Buch wird seinen Zweck erfüllt haben, wenn es eine Reihe von Phänomenen, die man in der Regel betrachtet, ohne nach den notwendigen Beziehungen zwischen ihnen zu suchen, in einen kohärenten Zusammenhang bringt und wenn es den Widerstand der Sprache und der zugrunde liegenden Bilder hinsichtlich der Natur und des Menschen als deren Subjekt zu brechen vermag.

Erster Teil:
Die Naturprozesse und die Abfolge der Naturzustände

Erstes Kapitel:
Die Natur – eine menschliche Kunst

I. Von der organisierten Materie

Wenn man sich entschließt, den Menschen in die Definition von Natur einzubringen, stößt man auf ganz erhebliche geistige Hindernisse. Wir müssen uns gleich zu Beginn um eine Präzisierung des Sprachgebrauchs bemühen und die Verwirrung beseitigen, die darin weitergetragen wird.

Der Ausdruck »Natur« bezieht sich bald auf die äußere Welt, auf die Kräfte, die in ihr wirksam sind, bald auf das physiologische oder psychische Substrat unserer Gattung. Was umfaßt nun der Begriff der Materie, der etwa in derselben Weise im Sinne von Umwelt ohne den Menschen, vor dem Menschen oder jenseits des Menschen verwendet wird? Entweder sind »Natur« und »Materie« synonym und wir können auf einen der beiden Begriffe verzichten, oder sie haben verschiedene Bedeutungen und wir müssen, um der Vieldeutigkeit und Unbestimmtheit[1] ein Ende zu setzen, ihre wahre Bedeutung wiederherstellen.

Der Ausdruck »Materie« bezeichnet Prozesse, Kräfte – chemische Kräfte, Gravitationskräfte, Kernkräfte usw. – sowie organische oder anorganische Strukturen, die je eigenen Gesetzen folgen. Die Formulierung dieser Gesetze bringt je spezifische Regelmäßigkeiten zum Ausdruck: Das Trägheitsprinzip setzt voraus, daß die Körper sich geradlinig bewegen; Kernenergien sind nur in bestimmten Abständen vom Atomkern spürbar. Des weiteren gestatten es die Geltungsbedingungen dieser theoretischen Sätze, die individuellen, qualitativ bestimmten Systeme hinlänglich zu isolieren. Die Möglichkeit, ein Phänomen in quantitativer Hinsicht zu fassen, erleichtert dessen Integration in eine umfassendere Familie, die durch eine Dimension höherer Allgemeinheit gekennzeichnet ist, durch die Dimensionen des Raumes, der Zeit oder der Energie. Praktisch gesehen, ist »Materie« zugleich die Bezeichnung für eine Klasse von Phänomenen und das Merkmal jedes einzelnen dieser Phänomene für sich betrachtet.

Natur bezieht sich unter einem ganz besonderen Gesichtswinkel auf Materie. »Natur« bezeichnet die Organisation materieller

Kräfte, die Totalität ihrer in einer Konfiguration konkretisierten Beziehungen:

>*Elemente* nenne ich also die verschiedenen heterogenen Stoffe, die für die allgemeine Erzeugung der Naturerscheinungen notwendig sind«, schreibt Diderot in den *Gedanken zur Interpretation der Natur*[2], »und *Natur* das derzeitige allgemeine Ergebnis oder die aufeinanderfolgenden Ergebnisse der Verbindung der Elemente.«

Folglich kann die Reihe der Anordnungen, welche zu einer solchen natürlichen Ordnung führen, in Raum und Zeit variieren. Das Auftreten eines Stoffes oder einer materiellen Entität, die bislang unbekannt waren, verändert den Aufbau der objektiven Welt.

In der gesamten Biosphäre und insbesondere im Bereich jener Prozesse, in denen sich die Stoffe herausbilden, äußern sich wechselseitige Einflüsse zwischen organischen und anorganischen Systemen. Die Entstehung des Lebens auf unserem Planeten hat Folgen gezeitigt, die sich leicht erkennen lassen. Der Umfang der Austauschvorgänge, insbesondere der Photosynthese, hat nicht nur die Entstehung der dichten Sauerstoffhülle ermöglicht, sondern auch deren Erhaltung. Die Kohlenwasserstoffe etwa, die sich vor dem Auftreten von Mikroorganismen über Prozesse nicht-biogener Art herausbildeten, entstehen seither durch Biogenese.

Die Bauelemente der natürlichen Realität variieren von Planet zu Planet, von Stern zu Stern und von Periode zu Periode. Wer eine einheitliche und universelle Verteilung dieser Elemente unterstellt, der abstrahiert von den Unterschieden, die an den verschiedenen Punkten des Raumes und im Verlauf der Geschichte wirksam sind. Wollte man sich eine solche Verteilung vorstellen, wäre man übrigens gezwungen, sich auf jene Kräfte und Strukturen zu beschränken, die der Mehrzahl der heute existierenden Kombinationen gemein sind.

Eine solche Reduktion hätte zur Folge, daß im Bild des Universums nur noch anorganische Entitäten enthalten wären, und seine Funktionsweise käme allein in deren Gesetzen zum Ausdruck. Will man jedoch die unterschiedlichen Konfigurationen identifizieren, die aus den Wechselwirkungen zwischen den Elementen resultieren, so muß man diesen gemeinsamen Nennern die Mehrzahl der Kräfte und Vermögen hinzufügen, die einem je bestimmten Zeitpunkt oder Ort eigen sind, gleich ob diese Kräfte nun biologischen oder sozialen Charakters sind.

»Natur« definiert mithin eine Konstellation von Stoffen, die in simultanen oder aufeinanderfolgenden Reihen organisiert sind. Dies sind ihre Ordnungen oder ihre Zustände. Wir dürfen uns eine begrenzte Zahl von Stoffen oder Bewegungen vorstellen, die eine wirksame und provisorische Einheit neben anderen, analogen Ensembles darstellt. Die Zeit greift hier ein und bezeichnet eine Entwicklung, welche »die aufeinanderfolgenden Ergebnisse der Elemente« hervorbringt. Die Pluralität der natürlichen Ordnungen und ihr Werden entsprechen einander.

Diese Hinweise gestatten es uns, den synonymen Charakter von »Natur« und »Materie«, auf den ich am Anfang des Kapitels hingewiesen habe, aufzulösen: »Materie« bezieht sich auf die Kategorien von Elementen oder Mechanismen, die besonderen Gesetzen gehorchen, und »Natur« auf die Kombination dieser Elemente oder Mechanismen, sofern zwischen ihnen direkte, notwendige und determinierte Beziehungen bestehen. Spontan greift man auf solche Aussagen zurück: die Konvention hat den Vorteil, daß sie deren Inhalt präzisiert und deren Folgen im einzelnen darlegt.

II. Kunst und Technik bilden keine Gegennatur

Wir haben alle Veranlassung, den Menschen zu den materiellen Mächten zu zählen, welche die Organisation der Natur zu einem gegebenen Zeitpunkt mitbestimmen.

Zunächst einmal ist schon die Existenz von Lebewesen – und auch von sehr einfachen – ein bemerkenswerter Umstand. Unter einer Million Sonnen dürfte allenfalls eine sein, die einen Planeten besitzt, auf dem Lebewesen existieren können. Unter diesen Lebewesen hat die Menschheit nicht nur das Privileg, die meisten Gebiete der Erde erobert zu haben, sondern auch den Vorteil, bis auf den heutigen Tag eine seltene Gattung zu sein. Will man die Reichweite dieser Tatsache ermessen, so braucht man sich nur die besonderen Bedingungen zu vergegenwärtigen, die zusammenkommen mußten, damit das Leben sich erhalten und entwickeln konnte, damit es durch Selektion und Mutation zu immer komplexeren biologischen Strukturen führte, die immer besser an eine differenzierte Umwelt angepaßt waren. Diese Bedingungen sind in keinem anderen Teil unseres Sonnensystems gemeinsam verwirklicht, und nichts berechtigt uns zu der Annahme, daß sie in einem anderen Sonnensystem bereits vereinigt seien. Die Natur, die wir kennen, hat zum Unterscheidungsmerkmal den Menschen: Sie ist seine Natur.

Diese Verbundenheit zwischen Mensch und Natur darf jedoch nicht als Gegebenheit verstanden werden.[3] Sie ist durch und durch ein Produkt. Die Menschheit ist Teil des objektiven Universums; sie greift in dieses Universum ein, indem sie Mittel entdeckt, um die materiellen Kreisläufe umzuleiten, und indem sie Intelligenz und die zugehörigen organischen Fähigkeiten erwirbt.

»Der Mensch tritt nicht schon allein deshalb in eine Beziehung zur Natur, weil er selbst Teil der Natur ist«, schrieb A. Gramsci,[4] »sondern aktiv durch Arbeit und Technik.«

Im Verlauf dieser fortschreitenden Umwandlung ihrer Eigenschaften und ihrer Umwelt stellt die Menschheit ihre Identität mit den Tieren und der unbelebten Welt in Frage. Diese Konfrontation führt indessen nicht zu einer Welt, die über oder jenseits der Natur stünde: Sie bedeutet vielmehr eine Umordnung des natürlichen Zustands als solchem. Der Mensch fügt sich der kosmischen Umwelt als einer ihrer Faktoren, als Agens, ein, und die kosmische Umwelt ist ein gewaltiges Feld, das seinen Unternehmungen offensteht. Gleichwohl wird diese seine Agens-Qualität gewöhnlich bestritten. Von dem Augenblick an, da er die Stufe des *homo sapiens* erreicht, verwehrt man ihm die Funktionen, die man allen übrigen Lebewesen zuspricht. Zugleich nimmt man an, daß die Bedeutung, welche die Vervollkommnung der sozialen Organe unter seinen Tätigkeiten erlangt hat, ihn endgültig von der Gemeinschaft der übrigen materiellen Kräfte absondert.

Gewiß haben die biologischen und sozialen Veränderungen die Beziehungen zwischen unserer Gattung und den verschiedenen organischen und anorganischen Mächten modifiziert. Die Ersetzung einer früheren Bindung durch eine qualitativ andersartige berechtigt jedoch nicht zu der Behauptung, eine Bindung bestünde gar nicht. Solche Sprünge ereignen sich in den Evolutionsprozessen aller Lebewesen, sie bezeichnen die Entstehung neuer Aktivitäten und Stoffwechselprozesse. Betrachten wir das Phänomen der Entstehung des Lebens. Organismen, die fähig waren, ohne Sauerstoff zu existieren, bereiteten den Weg für Organismen, die ganz neue Austauschvorgänge mit den chemischen Molekülen einrichteten, indem sie freien Sauerstoff in ausreichender Menge konsumierten und produzierten. Der Übergang von der ersten Beziehungsform zur zweiten stellt einen äußerst wichtigen Schritt in der Herausbildung der materiellen Umwelt unseres Planeten dar. Wäre es berechtigt, wenn wir nur bei der ersten von einer materiellen Form sprächen und der zweiten diesen Charakter bestritten?

Dasselbe gilt für den Menschen. Seine Wechselwirkungen mit der Materie haben sich seit mehr als einer Million Jahren tiefgreifend verändert, und nicht erst seit der Individuation des *homo sapiens*. Aufgrund welchen unfehlbaren Kriteriums können wir behaupten, nur die früheren Interaktionen erlaubten es, den Menschen in die Natur hineinzustellen und ihn aus einer Naturperspektive zu betrachten, während wir angesichts jener Interaktionen, die uns heute vertraut sind, gezwungen seien, die Perspektive zu wechseln? Unter diesem letzten Blickwinkel ist es legitim, von der Biosphäre zu sprechen, jenem Milieu, das von den Bakterien, den Pflanzen und den Tieren in ihrer Arbeit auf der Erdkruste geschaffen wird. Doch diese Bezeichnung ist nicht mehr berechtigt, sobald man die Tätigkeit des Menschen darin ins Auge faßt, der sich alles in allem in einen universellen Kreislauf einfügt, indem er ihn fortsetzt.

Die Fortsetzung der menschlichen Arbeit wäre keine natürliche Ordnung, sondern eine künstliche Welt. Die Alltagserfahrung scheint uns dies zu lehren. Das Holz, dem die Geschicklichkeit des Schreiners hinzugefügt ist, wird zu einem bearbeiteten, gemachten Gegenstand; das Wasser, an dem sich das Wissen des Ingenieurs betätigt hat, wird zu regulierter Energie. Wo immer die Kunstfertigkeit des Menschen und seine Techniken am Werk sind, verändern sie den spontanen Gang der materiellen Prozesse und setzen der Einfachheit ein Ende, die ihrer Gestalt ursprünglich anhaftete. Auf diese Weise entsteht für die Menschen eine zweite Natur, die sich dem übrigen Universum ganz wie eine Gegennatur auferlegt. Aber weder diese Erfahrungen noch diese Beschreibungen und erst recht nicht die Voraussetzungen, auf denen sie beruhen, sind so zwingend, wie man unterstellt.

Die hartnäckigste Täuschung ist die Vorstellung einer zweiten Natur, welche zum unverändert fortbestehenden Substrat einer ersten Natur hinzuträte. Nach dieser Vorstellung wird die organische Konstitution von autonomen und formbaren Antrieben bewegt, und man stülpt ihr die Gußform stereotypisierter Reflexe, abstrakter rationaler Gesetze und der Bewegungen von Maschinen und Werkzeugen über, die den Notwendigkeiten der mechanischen Kräfte unterworfen sind. Der Zwang, der im Verlaufe dieser Hinzufügung spürbar wird, läßt uns diese Konditionierung unseres Körpers und unserer Sinne durch eine Organisation erkennen, die nicht von Anfang an auf sie zugeschnitten ist. Sieht man jedoch genauer hin, so stellt man fest, daß all das, was als primitiv, ursprünglich und rein biologischer Natur unterstellt wird, auf immer unerreichbar bleibt. Auch weit vorangetriebene Analysen und sehr eingehende Vergleiche mit Kindern und mit den Prähominiden gestatten es uns lediglich, Anpassungsvorgänge der zu einem inneren Milieu gewordenen Umwelt an die noch äußere Umwelt zu identifizieren, und diese Adaptationen verlängern stets nur Bildungen, die ihrerseits schon sekundären Charakters sind. Die Gebräuche, in die wir die Werkzeuge einführen, sind lediglich Modifikationen von früheren, zu anderen Zwecken erworbenen Gebräuchen. Soweit wir auch die Kette unserer Abstammung zurückverfolgen, stets finden wir nur sekundäre Naturen, die einander ablösen, und niemals gelangen wir zu einer reinen, ursprünglichen Formation. Die Volumensteigerung des Hirnschädels und der aufrechte Gang gehen der Entstehung der handwerklichen Techniken nicht voraus: sie begleiten diese oder folgen ihr. Hand und Gehirn sind »Apparate«, die im selben Sinne *erfunden* worden sind – und weiterhin erfunden werden – wie das Fernrohr, die Rechenmaschine oder die chemischen Stoffe, die nicht existierten, bevor wir sie herstellten.

Jeder Aufweis eines ursprünglichen biologischen Zustands ist Zweifeln ausgesetzt, die um so ausgeprägter sind, als wir nicht in der Lage sind, in der menschlichen Evolution eine Phase deutlich abzugrenzen, in der die Transformation des organischen Substrats unabhängig von der allgemeinen Transformation der Gattung wäre oder aber abbräche. Der Mensch ohne handwerkliche, geistige oder gestische Technik ist uns unbekannt. Wenn es wirklich eine allem vorangehende biologische Substanz gibt, so ist sie nicht unmittelbar als solche domestiziert. Wir wirken auf einen ihrer Aspekte ein, und dieser Aspekt ist notwendig Produkt; ihr Stoff, wie er sich spontan herausgebildet hat, bleibt für uns im

Bereich des Fiktiven. Der Gegensatz, den man zwischen einer ersten und einer zweiten Natur sehen will, ist bei genauerem Hinsehen keine so unüberwindbare Kluft, daß man im Hinblick darauf von einer radikalen Heterogenität, einer beständigen Abgrenzung unserer Lebensorgane sprechen könnte.

Um so weniger sind wir auch berechtigt, in den menschlichen Kunstfertigkeiten und Techniken eine zutiefst gegennatürliche Struktur zu sehen, die dazu geschaffen ist, dem entgegenzuwirken, was an unserer Spezies spezifisch und dem Zustand angemessen ist, den man für ihren normalen Zustand hält. Je mehr der Mensch, so denkt man, seine Fähigkeiten und Möglichkeiten zur Herstellung entwickelt, desto mehr konkretisiert er seine Absichten in bedeutsamen Werken und desto mehr weicht die Natur zurück, entgeht sie seinem direkten Kontakt und verschwindet.
Nach dieser Ansicht findet der Mensch sich allein in einer kalten, schweigenden Welt und hält darin pathetische Zwiesprache mit den fernen Sternen, stets auf der Suche nach Artgenossen auf verbrannten oder vereisten Planeten und fern von den physikalischen Harmonien, in denen er badete. Dieses Thema der Unverträglichkeit zwischen einer natürlichen und einer künstlichen Existenz, zwischen dem, was der Mensch empfängt oder besitzt, und dem, was er produziert oder anordnet, wird auch auf die Gesellschaft übertragen. Sobald unsere Tätigkeit irgendwo offenbar wird, kommt ein Prozeß in Gang, der das künstliche Werk, die Kette der Gegennaturen ins Licht rückt. Schon Seneca war hingerissen von der Nostalgie der Orte, welche die menschliche Erfindungsgabe noch nicht berührt hatte, der Flüsse, die noch von keinem Kanal gezähmt waren.

Diese Gedanken haben ihre Poesie, und die ist von größerer Inspiration als jene Poesie, welche die Hochöfen, das industrielle Geschick oder die Weltraumrakete besingt. Ihre überzeugende Art vermag das Gefühl anzusprechen und das Gedächtnis der Vergangenheit zu beleben. Sie erhöht jedoch nicht den Wert des zugrunde liegenden Arguments, das zwischen Kunstfertigkeit und Natur eine so strenge Ausschlußbeziehung behauptet, daß der Fortschritt der einen notwendig den Rückschritt der anderen bedeutet. Dieser wechselseitige Ausschluß oder dieser Antagonismus verweist in der Tat auf zwei verbundene oder parallele Situationen: Ein Handwerk oder eine Technik stellt sich in Gegensatz zu einem anderen Handwerk oder einer anderen Technik; und entsprechend stellt sich eine natürliche Ordnung in Gegensatz zu einer anderen natürlichen Ordnung. Unter diesen Bedingungen setzt die Entgegensetzung eine Asymmetrie der Ausdrücke voraus, die man in Beziehung setzt. Wenn man mit großem Geschrei beklagt, die moderne Technik raube uns unsere Natur, so erliegt man einem Fehlurteil. Das einzige Schauspiel, das man betrachten mag, ist das der Raketen, der gewaltigen Apparate, der Produktionsmaschinen und der Städte, die Bäume und Vögel verdrängen und die damit das Maß einer Existenz zerstören, welche vom und für das Individuum gedacht ist. Dabei übersieht man jedoch, daß diese Raketen und diese Maschinen andere materielle Kräfte darstellen, deren Entstehung und Existenz durchaus normal sind. Die natürliche Umwelt wird nicht von Techniken zerstört oder in ihrem Bestand gemindert, sondern von einer anderen natürlichen Umwelt modifiziert, in die sie sich einfügt. Die künstlichen Schöpfungen unserer Zeit bilden eine Komposition von Elementen, Kräften und Gesetzen; sie zeigen eine Architektur des Universums. Ihre Ausbreitung führt bekanntlich dazu, daß nicht nur eingeführte Techniken aufgegeben werden, sondern auch die Elemente und Regeln, die eine vollkommen natürliche Ordnung der Welt definierten. Menschliche Kunst drängt nicht die Natur zurück: vielmehr wird ein Zustand dieser Natur durch das Erscheinen eines anderen Zustands umgestürzt. Das bedeutet jedoch nicht die Umwandlung der natürlichen in eine technische Welt, sondern die Evolution der natürlichen Welt als solcher.

Wohl um dieser logischen Konsequenz zu entgehen, führt man in die Techniken selbst eine Dichotomie ein – wobei dann bestimmte Techniken als natürlicher eingestuft werden –, oder man behält die Qualifizierung als natürliche Techniken der Landwirtschaft, der Jagd oder der Medizin vor.

»In dieser (natürlichen) Umwelt«, schreibt Georges Friedmann,[5] »sind die Werkzeuge direkte Verlängerungen des Körpers. Des weiteren sind die Werkzeuge in dieser natürlichen Umwelt die direkte Fortsetzung handwerklichen Geschicks ... Und schließlich sind diese Werkzeuge mit der Erfahrung und der Kenntnis des Materials verknüpft, das der Handwerker bearbeitet.«

Aber legt man so nicht all das in Trümmer, was man gerade mit solchem Eifer aufgebaut hat? Wenn das Werkzeug an die »natürliche Umwelt«, den Körper und die Hand des Handwerkers angepaßt ist, wenn es das handwerkliche Geschick fortsetzt, ist dann die Maschine nicht auch an die »natürliche Umwelt« des

Gehirns der Ingenieure angepaßt und verlängert sie nicht deren technisches Geschick? Descartes meinte:

»Wenn eine Uhr mittels der Räder, aus denen sie gemacht ist, die Stunden anzeigt, so ist ihr dies nicht weniger natürlich, als es für den Baum ist, Früchte hervorzubringen.«

Doch gibt es eine Schlußfolgerung, die man nicht außer acht lassen darf, nämlich die, daß alle menschliche Tätigkeit aus der bloßen Tatsache heraus, daß sie menschlich ist, nichts Künstliches und keine Gegennatur erzeugt; sie fügt sich bruchlos in die Bewegung des materiellen Universums ein. Anders gesagt: In ein und derselben Handlung erzeugt der Mensch seine Kunst und seine Natur.

Die Technik – daran kann kaum ein Zweifel bestehen – ist eine Art der Herstellung und Aufrechterhaltung unserer Beziehungen zum Universum. Die Tiere bringen uns in Aufzucht, Spiel oder Jagd in Verbindung mit den biologischen Kreisläufen. Die Uhren lehren uns die Gesetze der Schwerkraft und die Sprache der Mathematik. Elektrizität und Gravitation waren, bevor sie als materielle Kräfte erkannt wurden, lediglich technische Effekte. Überall entsprechen und befruchten sich Kunst und Natur wechselseitig. Die Tatsache, daß der Mensch darin vorausgesetzt ist, reicht nicht aus, um zwischen ihnen zu unterscheiden. Es wäre recht schwierig zu entscheiden, was an seinen Praktiken dem Naturprozeß als solchem und was der Kunst geschuldet ist, die ihrerseits nicht nur ein Mittel, sondern auch eine »Weise des Enthüllens«[6] ist.

Das Artefakt ist klar und deutlich erkennbar, wenn die Eigenschaften eines Elements in einem anderen Element und durch ein anderes Element reproduziert werden. Das Denken ist ein künstliches Denken, wenn es einer elektromagnetischen Maschine entspringt und nicht von den grauen Zellen hervorgebracht wird. Das Bild des Malers und die Skulptur des Bildhauers sind analoge Umsetzungen, denn der Künstler schafft auf Leinwand oder in Stein neu, was zuvor im Leben war. Gleichwohl gilt, daß die Kunst durch diese Modifikationen hindurch »einen Sonderfall von Natur bildet«[7] und nicht deren Negation.

Ähnliche Bemühungen, die Eigenschaften einer Gattung oder einer materiellen Struktur zu verbessern, führen nicht notwendig zu künstlichen Ergebnissen. Wenn die Körpergröße der Kinder zunimmt, wenn eine Bevölkerung gleich groß bleibt oder wächst, wenn die intellektuellen Mechanismen sich verfeinern oder vervielfältigen, so stimmen diese Phänomene mit der Definition von Natürlichem überein. Kann man von einer bestimmten Körpergröße, einem Denkgesetz oder einer Bevölkerungsgröße sagen, sie seien *natürlicher* als andere? Sind das Auftreten des Kartoffelkäfers oder der Bisamratte in Europa, die Einschleppung des Kaninchens oder des Feigenkaktus nach Australien im Gefolge menschlicher Wanderungsbewegungen nicht Ereignisse, die im Naturreich häufig vorkommen und ihm eigentümlich sind? Die Teilchen, die im Laboratorium freigesetzt werden, und die Molekülverbindungen, die zu Synthesen ohne »natürliche« Entsprechung führen, können, streng genommen, nicht als Artefakte bezeichnet werden. Die Verfahrensweisen, durch die wir sie hervorbringen, unterscheiden sich im Prinzip nicht von den Verfahren, die andere Gattungen anwenden, wenn sie die Elemente ihrer Umwelt verarbeiten. Die lebenden Organismen haben die oberen Schichten der Erde, die Kohle-, Öl- und Erdgasvorkommen sowie eine Atmosphäre »sekundären« Ursprungs geschaffen, die hauptsächlich aus Sauerstoff und Stickstoff besteht. Anorganische Phänomene – wie die »Analyse« von Wasser und die Freisetzung von Kohlenstoffanhydrid –, die nur bei hohen Temperaturen auftreten, können in großem Umfang von Mikroorganismen realisiert werden, die es »gelernt« haben, diese Prozesse bei gewöhnlichen Temperaturen ablaufen zu lassen.

All diese menschlichen Schöpfungen sind die Schaffung einer neuen Natur, der Natur des Werkes, wie Paul Klee bemerkt. Allein auf diese Weise zugänglich, ist der Naturzustand durch die Kunstfertigkeit, die ihn begründet, hindurch präsent. Gewiß bringt der Mensch durch seinen Eifer die Technik hervor, denn er verleiht der Welt einen anderen Existenzmodus; aber er bringt auch die Natur hervor, denn er erwirbt eine Existenz gegenüber den materiellen Faktoren, und diese fügen sich ihm hinzu, wie er sich ihnen hinzufügt.

Zweifellos sind wir es nicht gewöhnt, uns selbst als Agens unserer Naturordnung zu begreifen. Dennoch ist sie unsere Kunst, wie wir die ihre sind.

Ich werde keine weiteren Argumente hinzufügen, sie alle gingen in dieselbe Richtung. Sie alle brächten zum Ausdruck, daß es nichts Künstliches oder Willkürliches hat, wenn man den sozialen und biologischen Menschen zu den materiellen Kräften rechnet, die sich miteinander kombinieren und eine gemeinsame Organisation schaffen. Marx stellt fest:

»Das praktische Erzeugen einer *gegenständlichen Welt*, die *Bearbeitung* der unorganischen Natur ist die Bewährung des Menschen als eines bewußten Gattungswesens.«[8]

Der Mensch schafft nicht nur seine nichtorganische Natur, er kann sie auch nicht anders begreifen, weder auf praktischer Ebene noch auch unter dem Blickwinkel ihrer Erkennbarkeit. *Die Natur, das ist der Mensch mit der Materie*, und sie kann auch gar nichts anderes sein.[9]

III. Die menschliche Natur: Schwierigkeiten mit einer Idee

Gewiß sind die materiellen Elemente und Prozesse in der Lage, zahlreiche Kombinationen einzugehen und dabei ebensoviele natürliche Ordnungen zu errichten. Nur ihre Ausdrücke können in die reale Koalition eintreten, die uns umfaßt, die einzige Ordnung, die uns zugänglich ist, und erst recht die Ordnung, die wir am besten zu erkennen vermögen. Diese Aussage knüpft an eine Feststellung an und erweitert sie, die von der Entwicklung der Wissenschaften in weitem Maße bestätigt worden ist, die Feststellung nämlich, daß die physikalischen und biologischen Gesetze, ihre Verknüpfung und ihre Anwendung im Verhältnis der akkumulierten Erfahrung,[10] des Grades der Entwicklung unserer Intelligenz und unserer Informationen und der Bedeutung der materiellen Kräfte bestätigt und verifiziert werden, zu denen dauerhafte Verbindungen hergestellt sind. Die Newtonschen Gesetze haben deutlich die Präsenz der Schwerkraft in der manifesten Zusammensetzung unserer Realität aufgezeigt. Alle Ereignisse, die zu ihrer Formulierung geführt haben, heben den »Übergang von einem Typ von Natur zu einem anderen«[11] hervor. In dem Augenblick jedoch, da neue – chemische, elektrische – materielle Phänomene in unsere konkrete Umwelt einzudringen begannen, erfuhr die Bedeutung der Schwerkraft und der Newtonschen Gesetze eine vollständige Umgestaltung. Diese Metamorphose fand ihren Abschluß in der relativistischen Mechanik und in der Elektrodynamik. Die Wahrheiten, die in der Folge entdeckt wurden, liefern uns jedoch kein exakteres Bild von etwas, das unabhängig von unserem Handlungsmodus und von unserer Wahrnehmung fortbestünde. Sie markieren vielmehr die Entwicklung unserer Bindungen an die Eigenschaften der Materie, und es sind diese Bindungen, die sie determinieren. So bemerkt Heisenberg:

»Wenn von einem Naturbild der exakten Naturwissenschaft in unserer Zeit gesprochen werden kann, so handelt es sich also eigentlich nicht mehr um ein Bild der Natur, sondern um ein Bild unserer Beziehungen zur Natur.«[12]

Der Ausdruck wäre noch exakter, wenn man im letzten Teil des Satzes »Natur« durch »Materie« ersetzen würde.

Was die Wissenschaft uns bietet, ist in der Tat ein Tableau der Natur, das heißt eine geordnete Relation zwischen dem Menschen und der Materie. An dieser Sichtweise ist nichts Subjektives. Sie bringt die Modalitäten zum Ausdruck, in denen unsere Gattung die objektive Welt schafft. Die Wissenschaften, die handwerklichen und industriellen Techniken beschränken sich nicht darauf, einen konkreten äußeren Bereich zu reflektieren. Sie haben vielmehr die Funktion, die menschlichen und die nicht-menschlichen Mächte miteinander zu verbinden und die einen in Existenzbedingungen der anderen zu verwandeln. Ebenso wie das Magnetfeld die Wirkungen der Schwerkraft modifiziert und wie die Menge der atmosphärischen Niederschläge den Kreislauf der Pflanzen und Tiere beeinflußt, so erlegt die Menschheit mit ihrem theoretischen oder praktischen Wissen den belebten oder unbelebten Kräften eine Entwicklung auf, die sich mit ihrer eigenen Entwicklung verknüpft. Weil diese Kräfte mit ihr auf verschiedenen Entwicklungsabschnitten in Kontakt treten, sieht man bislang unbekannte Qualitäten, nichtmenschliche Faktoren und neue menschliche Fähigkeiten entstehen. Dabei handelt es sich nicht um eine bloße Enthüllung von Entitäten, die als solche schon vor diesem Eingriff bestanden hätten, nicht um das fortschreitende Eindringen solcher Entitäten in einen vorgängig bestehenden Kreislauf. Ihr Erscheinen hervorrufen heißt unmittelbar auch ihnen eine Struktur beigeben, sie mit Attributen in einem Kontext ausstatten, der bereits der unsere ist. Außerhalb dieser Beziehung, nach außen gewendet, sind sie so gut wie inexistent.

»Als abstrakte Naturkraft«, schrieb A. Gramsci,[13] »gab es die Elektrizität schon, bevor sie zur Produktivkraft wurde, aber sie war nicht in der Geschichte wirksam, und sie war Gegenstand von Hypothesen in der Naturgeschichte (zuvor war sie ein historisches ›Nichts‹, weil niemand sich um sie kümmerte oder, besser noch, niemand sie kannte).«

Aus diesem Nichts lassen wir die materiellen Kräfte heraustreten, indem wir sie in den Kreis der Kräfte und Stoffe einfügen, die bereits zu unserer Natur gehören. Die Beobachtung, die auf die Elektrizität zutrifft, trifft um so mehr noch auf jene Metalle zu, die vorher weder frei noch einzeln existierten, wie Aluminium, Magnesium, Kalzium usw. Und aus folgendem Grunde können alle Elemente als erfunden gelten:

»Wenn man von vornherein seine Bedeutung (die des Wortes ›Materie‹) festgelegt hätte, so hätte man erkannt, daß die Menschen, wenn ich so sagen darf, Schöpfer der Materie sind.« (Helvetius)[14]

So ist der natürliche Zustand nicht so sehr Ergebnis eines intellektuellen Akts der Enthüllung oder der Herstellung einer Beziehung zwischen unbekannten oder gesonderten Entitäten als vielmehr Resultat eines Akts der Schöpfung dieser Entitäten. Einer der am weitesten verbreiteten Irrtümer liegt darin, in diesem Zusammenhang lediglich die quantitative Zunahme des Wissens und der Stoffe zu berücksichtigen, nicht aber die Veränderung der Strukturen und Beziehungen, die dieser Zunahme zugrunde liegt. Dennoch unterscheiden sich die früheste Antike und das zwanzigste Jahrhundert nicht sosehr durch die Anzahl der bekannten Stoffe und Energien als durch die Beziehungen, die sie mit ihnen unterhalten. Ganz allgemein geht die Abfolge der Erfindungen mit dem Übergang von einer Modalität der Verknüpfung der materiellen Kräfte – einschließlich des Menschen – zu einer anderen Modalität einher, und sie wird begleitet von einer Transformation der sinnlichen und intellektuellen Fähigkeiten, die den Individuen abgefordert werden – einer Transformation, die mit der Veränderung des Spektrums ihrer organischen Bedürfnisse in Zusammenhang steht. Was bei dieser Gelegenheit in Frage gestellt wird und was dabei entsteht, ist die Natur in einem starken Sinne. An die Stelle einer bestimmten Organisation der menschlichen und nichtmenschlichen Vermögen tritt eine andersgeartete Organisation; eine bestimmte objektive Welt weicht einer anderen Welt. Ihre zeitliche Abfolge erlaubt es uns, die Gesamtheit dieser natürlichen Ordnungen, zu deren Herausbildung wir beigetragen haben und welche die unseren sind, einem Vergleich zu unterziehen.

Die Möglichkeit dieser historischen Entwicklung stößt jedoch auf ein Hindernis: den Glauben an die Existenz eines Naturzustandes, der dem Menschen eigen wäre. Es ist beruhigend, wenn wir uns vorstellen können, unser inneres Leben, der Rhythmus unserer Wahrnehmungen und unserer Überlegungen, sei an einem Punkt oder in einem bestimmten Augenblick in Übereinstimmung mit dem Maße des Universums. Die quirlende Unruhe der Geschichte endlich aufgehoben oder nur zu einer vorübergehenden Erscheinung gemacht, die Suche beendet, der Triumph der Wahrheit – solcher Art sind einige der Tugenden dieser Ordnung, der man zu Recht bescheinigen dürfte, daß sie dem Menschen »natürlich« sei, weil sie ohne jeden Mißklang seiner inneren Konstitution entspräche. Auch hat diese Ordnung den weiteren Vorzug, daß sie als Norm dienen kann, daß sie es uns gestattet, den Wert unserer Handlungen zu beurteilen und unsere Nähe oder Entfernung vom Ideal abzuschätzen. Die Schwierigkeiten beginnen freilich, sobald man genötigt ist, diese Natur zu bezeichnen und ihren normativen Charakter zu bestimmen. Die beiden vorherrschenden Lehren zu diesem Problem gehen beträchtlich auseinander. Die erste dieser Lehren[15] verlegt diese Ordnung in die goldene Zeit der Anfänge unserer Gattung. Damals fand die Menschheit, in voller Sympathie mit ihrer Umwelt stehend, ohne übergroße Mühe Zugang zu den Dingen, nach denen ihr Trieb sie streben machte. Die pflanzlichen und tierischen Kreaturen, Wasser und Wind standen mit ihr auf einer Ebene, sie erfaßte sie in einer spontanen, intuitiven Kommunikation, vermöge eines Codes, der zwischen ihrer Seele und der Welt präetabliert war. Was immer den Menschen von diesem primären Zustand trennt, bindet ihn fest an den Bereich der künstlichen Hervorbringungen, die so wenig mit dem organischen Substrat der Gattung zusammenstimmen, die es überladen und aus der Bahn bringen. Da allenthalben unbelebte Strukturen, chemische Nahrungsmittel und sonstige Dinge erfunden werden, die auf Manipulationen zurückgehen, denen der Atem des Lebens und die Feinheit des Gefühls fehlen, entsteht eine nicht mehr menschliche, eine entmenschlichte Realität. Unsere Natur erfährt damit notwendig eine tiefgreifende Veränderung. Und genau an diesem Punkt stellt sich die Ungewißheit ein. Der wirkliche, authentische Naturzustand ist stets »anderswo«: Das einfache Sammeln und der Ackerbau, die Pflanzen und die Tiere galten den Alten als Symbole des ursprünglichen Glücks. Handwerk und Stadt markieren den Bruch mit der Natur *(Divina natura dedit agros, ars humana aedificavit urbes)*. In unserer Zeit ist die solcherart bevorzugte natürliche Ordnung jene, in der die Menschen handwerkliche Tätigkeiten ausübten, und selbst noch die des beginnenden Industriezeitalters. Georges Friedmann sieht darin jene

»natürliche Umwelt, jene Umwelt der Zivilisationen und Gemeinschaften vor dem Maschinenzeitalter, in denen der Mensch auf Reize reagierte, die in der Mehrzahl von natürlichen Elementen ausgingen, von der Erde, dem Wasser, den Jahreszeiten oder von den Werken der Lebewesen, ob nun Mensch oder Tier.«[16]

Eben diese Inkonsequenz läßt uns ahnen, daß hier mehrere *gleichermaßen natürliche* Zustände nebeneinander existieren, daß aber nur einem dieser Zustände ein Vorrecht eingeräumt wird und daß dieser Zustand von daher als menschlich qualifiziert wird. Aber obgleich man weiß, daß dieser Zustand der Vergangenheit angehört, gelingt es nicht, ihn präzise zu definieren. Der Ruf nach einem »Zurück zur Natur« ist mächtig. Es fragt sich jedoch, zu welcher Natur hier zurückgekehrt werden soll.

Die zweite Lehre, die eines Glaubens an einen Fortschritt der Natur, beschreibt die Anfänge einer Menschheit, die noch tief in die Tierwelt eingebunden ist, einer Menschheit, deren Existenz noch äußerst ungesichert ist und die der Unwissenheit, den Zufällen der Krankheit, der Jahreszeiten und des Mangels ausgesetzt ist. Entscheidend ist die Überwindung der anfänglichen Erstarrung und Betäubung. Robustheit und Intelligenz unserer Gattung nehmen zu, den Wissenschaften gelingt es schließlich, die Schwächen unserer Konstitution zu beheben. Sofern wir diese Vergangenheit nicht zu dem Zwecke heraufbeschwören, um uns von ihr abzuwenden, werden wir irgendwann in der Zukunft zu einer völligen Beherrschung des Universums gelangen, das dann in uns endlich einen ebenbürtigen Gegner gefunden haben wird. Eine weitere, mit mancherlei Beispielen gestützte These dieser Lehre besagt, daß die Vervollkommnung unserer Instrumente und unseres Wissens uns zu einem durchsichtigen und abgeschlossenen Naturzustand führen wird. Erst dann werden wir das Tierreich verlassen. Bis dahin jedoch werden all unser Wissen, unsere Tätigkeit und unsere Bilder von der Welt nur vorübergehende, unvollkommene Entwürfe einer letzten Etappe sein, die erst im Glanze der Wahrheit erstrahlen und all unser Forschen und unsere Entdeckungen krönen wird. So schrieb Max Planck:

»Das konstante einheitliche Weltbild ist aber gerade, wie ich zu zeigen versucht habe, das feste Ziel, dem sich die wirkliche Naturwissenschaft in allen ihren Wandlungen fortwährend annähert, und in der Physik dürfen wir mit Recht behaupten, daß schon unser gegenwärtiges Weltbild, obwohl es je nach der Individualität des Forschers noch in den verschiedensten Farben schillert, dennoch gewisse Züge enthält, welche durch keine Revolution, weder in der Natur noch im menschlichen Geiste, je mehr verwischt werden können.«[17]

Diese Sicht unserer Neugier auf die Phänomene, unseres Strebens nach Erkenntnis und nach den Mitteln, sie zu erlangen, ist nicht überzeugend. Dürfen wir denn hoffen, daß die Vollendung der wissenschaftlichen und technischen Disziplinen die Menge der bekannten Dinge vergrößern und zugleich die Menge der unbekannten Dinge verkleinern wird? Wir haben keinen Grund zu der Annahme, daß ihre Summe festläge, noch auch zu der Vermutung, daß eine bestimmte Proportionalität in ihren Fluktuationen bestünde. Was könnte uns im übrigen auch die Möglichkeit einer Naturordnung garantieren, welche die ganze Dichte der Stofflichkeit ausgeschöpft hätte? Diese Stofflichkeit ist vielmehr in beständiger Metamorphose begriffen: Neue Stoffe entstehen in der Bewegung des Universums; eine Fülle von Konstellationen taucht auf und versinkt im Kosmos. Zu keinem Zeitpunkt deutet irgendetwas darauf hin, daß die jahrtausendealte Suche an ein Ende gelangt wäre. Die als »letzte« bezeichnete Natur fügt sich zweifellos nicht ihrem Begriff. Müssen wir deshalb darauf verzichten, sie entdecken zu wollen?

Wenn wir uns an die Tatsachen halten, so steht es uns frei zu denken, daß die »Eroberung« und »Vervollkommnung« unseres Naturzustandes, der selbst aus einer Reorganisation dessen resultiert, was bereits assimiliert und integriert worden ist, einen neuen Ausdruck unseres Verhältnisses zu den materiellen Kräften darstellt, der den vorangegangenen Ausdruck zur Entfaltung bringt und ersetzt. Die Evolution – wenn es denn eine gibt, und das wäre zu beweisen – ist ein Prozeß, der von einer gegebenen Struktur der Realität ausgeht und diese transformiert, ersetzt; sie ist jedoch nicht ein Prozeß, der, gelenkt von irgendeinem vorgängig bestehenden Programm, hin zu einer Struktur führte, die allein im

Einklang mit der Menschheit stünde.[18] Zu einem gegebenen Zeitpunkt ist unsere Verbindung zu den Elementen zugleich der Naturzustand, der dem Verstand, den Bedürfnissen und dem Produktionspotential der betreffenden Zeit entspricht. Ausgehend von den Bedingungen, die diesem Zustand eigentümlich sind, können sich andere Elemente, andere Regeln der Entdeckung, andere geistige Fähigkeiten und andere manuelle Fertigkeiten entwickeln: alles in allem eine andere Umwelt, die zugleich auch einen anderen, ebenso natürlichen Zustand darstellen wie der, von dem dieser neue Zustand ausgegangen ist. Nicht der Übergang vom Steinwerkzeug zum Werkzeug aus Eisen oder der Übergang von der handgewebten Kleidung zur maschinengewebten wirft das entscheidende Problem auf, sondern die Transformation des Verhältnisses zwischen dem Menschen und seiner materiellen Umwelt, die Entstehung der jeweils entsprechenden Naturzustände. Die Kluft zwischen Welten je unterschiedlichen Charakters – darin liegt das Resultat, dem wirklich historische Bedeutung zukommt.

Die Möglichkeit dieser historischen Entwicklung hält sich im Bewußtsein der Mehrheit in einem diffusen Zustand. Die da ein »Zurück zur Natur« fordern, verlangen sie nicht in Wirklichkeit die Aufhebung bestimmter Beziehungen zu den materiellen Kräften und die Wiederherstellung von Verbindungen, die einstmals bestanden? Sie geben uns den Rat, wir sollten uns mit den Lebewesen zusammentun und uns von den unbelebten Dingen, den chemischen oder elektrischen Größen, absondern. Wenn ein fortschrittsbesessener Philosoph wie Francis Bacon eine neue Naturordnung anstrebt, was fordert er dann anderes, als daß wir den Pflanzen und Tieren die mechanischen Kräfte zur Seite stellen mögen?

»Ich rechne die Geschichte der Künste ohne Umstände der Naturgeschichte zu«, schrieb er. »Es gibt eine eingefleischte Vorstellung, wonach Kunst etwas anderes ist als Natur und die künstlichen Dinge sich von den natürlichen unterscheiden. So glauben denn leider viele, die über die natürlichen Dinge schreiben, ihr Ziel schon erreicht zu haben, wenn sie eine Geschichte der Tiere, Pflanzen und Mineralien erstellen und die Erfahrungen der mechanischen Künste unberücksichtigt lassen.«

Wenn man einen Teil aus der Natur ausgrenzt und ihn als künstlich qualifiziert[19] oder wenn man diesen Bereich des Künstlichen zu einem Teil der Natur macht und sich die Fähigkeit zuschreibt, diese Verwandlung zu bewirken, so läuft dies implizit darauf hinaus, eine Bewegung der Komposition und Dekomposition der Beziehungen zwischen dem Menschen und der Materie anzuerkennen. Unterschwellig beschreibt diese Bewegung den Übergang von einem Naturzustand zu einem anderen, welcher den ersten wiederherstellt oder umstürzt.

Abstrakt ist dabei auch Umkehrbarkeit denkbar. Das erlaubt es, die Vergangenheit im Gedächtnis zu bewahren und ihr weiterhin Wirksamkeit zu unterstellen oder aber eine fiktive Zukunft auszuspinnen und sie als gewiß auszugeben. Wenn man aber darauf verzichtet – wie es die Wirklichkeit uns auch nahelegt –, sich auf solch eine Umkehrbarkeit einzulassen, so steht man damit nicht vor einem Entwicklungsgang, der jede beliebige Richtung einschlagen könnte, sondern vor einer Geschichte.[20] Sie stellt den Leitfaden all der Einzelgebilde dar, die der Mensch im Universum hervorgebracht hat.

IV. Die menschliche Geschichte der Natur

Das Konzept einer menschlichen Geschichte der Natur stellt kein Ärgernis dar. Da weder ihr materieller noch ihr menschlicher Pol statisch ist, vermöchte auch deren Resultante dies nicht zu sein. Die Prüfung der Tatsachen belegt das. Bevor der Mensch zu einem entscheidenden Faktor seiner eigenen Natur wurde, hat er offensichtlich die Phasen einer Evolution durchlaufen, die allen Arten gemein ist. Die biologische Substanz wurde Anpassungsprozessen unterworfen und erfuhr positive Mutationen, die für das Überleben günstig waren. Der aufrechte Gang, die morphologische Veränderung des Schädels, die Differenzierung der Glieder und die unabhängige Beweglichkeit der Finger markieren die Etappen seiner Individuation. Zahlreiche Versuche waren erforderlich, bis der *homo sapiens* sich entwickelte, bis er sich, wie man annimmt, aus dem gemeinsamen tierischen Bestand herauslöste und als unabhängige Kraft der Mehrheit der Arten gegenübertrat. Seine gesellschaftliche Konstitution gab ihm die Fähigkeit, Regeln einzuführen und sich der biologischen Determinierung, der die übrigen Tiergesellschaften unterworfen sind, zu entziehen. Das soll nicht heißen, daß seine Konstitution nicht länger die allgemeinen organischen Funktionen erfüllte, die allen Konstitutionen derselben Art eigentümlich sind. Wir beachten sie *per analogiam*. Die Menschheit ist indessen nicht vom Reich der Natur ins Reich der Gesellschaft übergetreten, sondern von einem Reich der Natur, in dem die Gegenwart des Menschen keine merklichen Vorteile im Verhältnis zu zahlreichen Gattungen hatte, in ein Reich, wo sie solche Vorteile hat; von einem Reich der Gesellschaft, das sie mit allen Tieren teilte, in ein Reich, in dem die Arbeitsteilung und die Hierarchie von Gruppen und kollektiven Austauschprozessen über Institutionen, gesprochene Sprachen und Symbole hergestellt werden. So ist die Menschheit also, weil und sofern sie eine Entwicklung durchläuft und eine Geschichte mit einer eigenen Triebkraft besitzt, zum Inbegriff eines neuen Typs von Wechselwirkung mit den Elementen geworden. Diese sind freilich keine ungeschichtlichen Entitäten: sie gehören vielmehr einer historischen Entwicklungslinie an, von der wir abgesondert sind *und die wir unsererseits aufnehmen*. Die materiellen Körper gehen auseinander hervor, wobei am Anfang einige einfache Strukturen stehen, etwa die des Wasserstoffs oder die des Kohlenstoffs. Wie man seit dem letzten Jahrhundert weiß, hat das Universum sich in der Zeit zusammengesetzt. Unablässig verändert sich die innere Gestalt des Kosmos und schafft sich neu. Die Kosmologie lehrt uns, was der Kosmos vor Milliarden Jahren war, und sie legt die Vermutung nahe, daß er in Zukunft nicht das bleiben wird, was er heute ist. Die Sonnen und Planeten haben sich im galaktischen Raum zerstreut. Auf zwei oder drei Planeten des Sonnensystems ist Leben entstanden; auf der Erde haben sich in ganz bestimmten, abgrenzbaren Zeiträumen die Pflanzen, die Tiere und die Menschen entwickelt. Umgekehrt gab es auch eine Zeit ohne Menschen, ohne Tiere, ohne Pflanzen, ohne feste Materie und ohne bestimmte Sonnensysteme. Die Radioastronomie macht uns diese vergangenen Perioden zugänglich, indem sie Nachrichten von Galaxien auffängt, wie sie vor mehreren Millionen oder Milliarden Jahren existierten.

Auf dieser Stufenleiter ist die menschliche Geschichte der Natur von kurzer Dauer. Am Anfang verband sich der Mensch mit den höchsten Äußerungen des Lebens. Darauf erkundete er seine eigenen organischen Fähigkeiten und die Eigenschaften der Stoffe. Zug um Zug kamen die unmittelbaren unbelebten Kräfte – Wasser und Wind – und die chemischen, elektrischen, nuklearen Eigenschaften hinzu und ersetzten einander. Versetzen wir uns einen Augenblick in der Phantasie in ein fertiges, statisches Universum, in dem es nur Pflanzen und Tiere gäbe. Man könnte diese Pflanzen- und Tierarten domestizieren, man könnte sie unendlich vervielfachen, doch niemals vermöchte man sie über ein bestimmtes Stadium hinaus zu entwickeln; erst recht aber gelangte man niemals zu einer bewußten Modifikation ihres genetischen Codes. Oder unterstellen wir einen Augenblick – und das ist durchaus kein neuer Gedanke –, alle materiellen Kräfte seien mechanischer Natur. Dann würde sich vor uns eine Anordnung von Körpern ausbreiten, die durch Stöße bewegt, von Hindernissen gebremst und durch Rollen, Hebel und Treibstangen in Bewegung gehalten würden. Wir könnten noch soviel Einsicht in diese Mechanismen erlangen, deren Einzelheiten ausbreiten und ihren Gebrauch entfalten, niemals vermöchten wir auch nur eine Ahnung von der Realität einer Umwandlung der Elemente zu erlangen. Die Schlußfolgerungen aus dieser gar nicht so abstrakten Spekulation liegen auf der Hand: Der Mensch ist nicht nur damit beschäftigt, die gegebenen Ressourcen in ihrer Gleichzeitigkeit zu speichern, *er reproduziert deren Geschichte*. Das Tier reproduziert nur sich selbst, während der Mensch die Natur reproduziert, schrieb Karl Marx. Und nicht zufrieden, sie bloß zu reproduzieren, jagt er auch hinter ihr her, wenn er ausgehend von virtuell existenten Strukturen neue hervorbringt. Bis zu einem gewissen Punkt läuft die Tätigkeit des Menschen darauf hinaus, einen Teil der von der Materie zurückgelegten Geschichte zu durchlaufen – vielleicht in umgekehrter Richtung – und neu zu beginnen.[21] Sie rekapituliert diese Geschichte, assimiliert und erweitert sie.

Wenn es eine Naturgeschichte des Menschen gibt – ich meine des biologischen und sozialen Menschen –, so weil die Materie selbst eine Evolution durchlaufen hat, und wenn es eine menschliche Geschichte der Natur gibt, so weil der Mensch in seiner eigenen Transformation die Fähigkeit erworben hat, diese Evolution zu rekonstruieren und fortzusetzen. Aus diesem Grunde *ist* die menschliche Natur eine Geschichte und *hat* sie eine Geschichte. Sie ist die fortschreitende Umwandlung zweier Bewegungen, die notwendig zu einer unabhängigen und gänzlich neuen Synthese geführt hat. Sie hat ihren Ort in jenem Prozeß, in dem der Mensch sich – in der Rolle eines Agens – die Geschichte der Materie aneignet, und er macht diese Geschichte der Materie zu *seiner*

Geschichte, indem er fortfährt, aus seiner eigenen Geschichte, in einem anderen Modus, die Geschichte der Materie zu machen. Es ist nicht nötig, dafür einen Ursprung oder ein permanentes Ziel ausfindig zu machen: Allein der Prozeß zählt. Um in der wirklichen Welt zu handeln, bedarf es durchaus nicht der Gußform einer Theodizee, die dieses Handeln auf ein vorbestimmtes und unveränderliches Ziel ausrichtete. Weder die Wissenschaften noch die Technik, welche die Bestandteile dieses Handelns bilden, sind auf eine Umwelt gerichtet, in der die Züge des absoluten Gesetzes oder der Wirksamkeit im voraus eingraviert wären. Schon lange hat man es aufgegeben, mit solchen Postulaten an die Erforschung des Lebens und der Gesellschaft heranzugehen. Die Vorstellung einer Entwicklungslinie der Arten, die einen von einem höheren Wesen festgelegten Plan realisierte, ist längst aufgegeben. Die natürliche Selektion, ein allgemeiner Mechanismus, zeigt, wie die Organismen von den einfachsten bis hin zu den komplexesten das Ergebnis eines Phänomens der Eliminierung und Anpassung der Individuen und der Weitergabe der für das Leben unerläßlichen Merkmale ist. Niemand behauptet, die Affen seien entstanden, um dem Menschen den Weg zu bereiten, oder der Australopithekus, um die Geburt des *homo sapiens* vorzubereiten. In den soziologischen und ökonomischen Lehren sieht man dieselben Prinzipien am Werk. Der Übergang von einer Gesellschaft zu einer anderen erfolgt nicht ausschließlich aufgrund irgendeiner äußeren Forderung nach Gerechtigkeit oder Glück noch auch durch den bloßen Ablauf der Zeit, die es wollte, daß jedes Gemeinwesen seinen Frühling und seinen Winter habe. Vielmehr erklären und bestimmen die inneren Bewegungen einer Gesellschaft das Aufblühen einer neuen Gesellschaft. Die gesellschaftliche Evolution findet ihre *raison d'être* nicht in der Apotheose eines Sozialismus, den sie vorbereitete: Der Sozialismus ist nur eine ihrer Äußerungen, und der Kapitalismus ist nicht dessen notwendiger Vorläufer.

Die Natur umfaßt den Menschen nicht nur, insofern dieser mit den materiellen Kräften vereint, insofern er ein Teil dieser Kräfte ist; sie umfaßt ihn, insofern er ein spezifisches Wesen ist, ein spezifisches Wesen im selben Sinne wie jede einzelne dieser Kräfte.

Die Menschheit durchläuft unterschiedliche Naturzustände, eine Mehrzahl von Konfigurationen der menschlichen und nichtmenschlichen Vermögen. Keiner dieser Zustände ist das Ziel oder der vorbestimmte Höhepunkt seiner Entwicklung. Die Einheit dieser Zustände ist historischer – nicht substantieller – Art, sie stellt unsere Geschichte der Natur dar.

Die Probleme, für die es nun Lösungen zu suchen gilt, sind folgende: Wie gibt sich der Mensch seinen natürlichen Zustand? Welches sind die Mechanismen, vermöge deren er sich auf dieses Ergebnis zubewegt? Welchen Gesetzen gehorcht die menschliche Geschichte der Natur?

Zweites Kapitel:
Die Schöpfung der Arbeit

I. Objekte produzieren, Arbeit schaffen

Der Weg, den der Mensch seit Jahrtausenden zurückgelegt hat, ist vom Entstehen und Verschwinden natürlicher Ordnungen markiert. Der entscheidende Akt, durch den diese Ordnungen entstehen und sich entwickeln, ist die Schöpfung der Arbeit. Dies ist der Zentralgedanke meiner Untersuchung, die Idee, von der aus alles übrige sich herleitet.

Um diesen Gedanken genauer zu fassen, müssen wir in der menschlichen Produktion nach deren Zwecken zwei große Klassen von Wirkungen unterscheiden: die Objekte und die Arbeit. Unter *Objekten* sind die materiellen Güter, die Dienstleistungen, die für die Erhaltung des biologischen und sozialen Lebens erforderlich sind, und das Ergebnis von Operationen zu verstehen, die auf gegebene Stoffe im Hinblick auf deren Nützlichkeit und deren Genuß angewendet werden. *Arbeit* bezeichnet hier jede Fähigkeit und jedes Wissen, die den menschlichen Organismus verändern und ihn in die Lage versetzen, mittelbar oder unmittelbar auf die physikalischen Kräfte einzuwirken, sie zu reproduzieren oder zu entfalten. Dabei kann es sich um eine unmittelbare und quasi unbewußte Fähigkeit handeln, wie es etwa für die Jagd typisch ist, oder um ein rationales und formales Wissen, wie es in der Wissenschaft der Fall ist. Der Begriff der Arbeit umfaßt nicht allein die mit Mühe verbundenen Praktiken, sondern auch solche, die eine Verwandtschaft zum Spiel zeigen und in sich deren Regeln und Zielsetzungen einschließen. Um jede Verwirrung auszuschließen, werde ich als *Produktion* jene Aktivitäten bezeichnen, die sich in Gütern und Objekten niederschlagen, und den Ausdruck *Schöpfung* den Operationen vorbehalten, aus denen menschliche Fähigkeiten und Fertigkeiten hervorgehen.

Die Unterscheidung zwischen Produktion und Schöpfung, die schon der Ökonom John Rae vorgeschlagen hat,[1] bezeichnet sehr gut die Originalität des Prozesses, in dem die Arbeit, die notwendig Folge einer anderen Arbeit ist, zugleich auch ihre eigene Vollendung darstellt. Gewiß verbessern auch in der Produktion die

Wiederholung der Verrichtungen und Mittel sowie die Kombination der Stoffe die Fähigkeiten, die hier eingesetzt werden. Dennoch bleibt der Erwerb einer Fähigkeit oder praktischen Wissens eine Aktivität besonderer Art, die auf besondere Ziele ausgerichtet ist.

Sind die neuen Strukturen erst einmal entwickelt, so verlangen sie nach bislang unbekannten Fähigkeiten unserer Intelligenz und bringen neue Qualitäten in den physikalischen Ressourcen hervor. Im Verlaufe dieser Interaktion verwandeln sich die materiellen Kräfte in Teile des menschlichen Organismus, und dieser Organismus transformiert sich in eben diese Kräfte. Das Individuum erwirbt die Fähigkeit, als Pferd, als Wasserfall oder als Maschine zu funktionieren, und lehrt die materiellen Mächte, die chemischen oder elektrischen, zu empfinden, zu denken oder sich fortzubewegen. Der Austausch, der bei dieser Gelegenheit erfolgt, ist von wesentlicher Bedeutung; sein Ziel ist die Arbeit und seine Wirkung der Naturzustand. Es wäre jedoch ungenau, wenn wir in diesem Austauschprozeß den Sinn der von mir aufgestellten Hypothese erblickten. Ihre Bedeutung liegt in Wirklichkeit in folgendem: Die Menschheit gibt sich ein natürliches Fundament, wenn sie sich als *Hauptobjekt* ihrer Tätigkeit die Überführung ihrer Eigenschaften in Materie und umgekehrt vornimmt. *Sie legt dieses Fundament nicht, indem sie arbeitet, sondern indem sie die Arbeit schafft. Oder noch deutlicher gesagt: Der Mensch bestätigt sich als Subjekt der Natur, indem er seine Kräfte und Fähigkeiten dazu benutzt, neue Fähigkeiten, neue Fertigkeiten und neues Wissen hervorzubringen, und nicht schon darin, daß er sie lediglich zur Produktion einsetzt.*

Im gewöhnlichen Kreislauf der Produktion werden die Erfindung und Erforschung der Arbeit als gegeben[2] betrachtet, im Verhältnis zu den Gütern, die es zu erstellen gilt, spielen sie eine untergeordnete Rolle. Sie werden als unproduktiv eingestuft, ganz so, als wäre ihre Verfolgung mit irgendeinem Mangel oder einer Minderwertigkeit behaftet. In allen Gesellschaften sind das Vorhandensein und der Erwerb von Wissen jedoch Vorbedingungen für dessen Funktionieren. Industrie und Regierungen honorieren, sofern ihnen keine andere Wahl bleibt, diejenigen, die neue Wissenschaften oder Techniken erfinden. Man zieht die Spezialisten nicht deshalb ins Land, um die Bevölkerung zu vergrößern oder die Summe des Wissens zu erhöhen, sondern weil man damit über eine Arbeit verfügt, die man in seinem Lande ausführen lassen kann, indem man sie in den Köpfen und in den Muskeln der eigenen Landsleute verankert.

Die wesentliche Qualität der Arbeit liegt darin, daß sie endlos wiederholt werden kann, ohne sich in diesem beständigen Transfer zu verbrauchen. Das unterscheidet sie radikal von den übrigen Dienstleistungen und Konsumgütern und rückt sie in die Nähe der regenerativen Qualitäten der Materie:

>Die neue Idee verfügt über bemerkenswerte Eigenschaften; sie nutzt sich nicht ab; sie ist nicht verloren für den, der sie von sich läßt; sie stellt sich uns nicht wie eine Dienstleistung oder wie ein den übrigen Gütern vergleichbares Gut dar.< (F. Perroux[3])

So verstanden, bringt die Arbeit Stoffe hervor, fügt sie den Individuen neue geistige und physische Qualitäten hinzu, die sie zuvor nicht besaßen, verändert sie deren Verhältnis zur Umwelt und diese Umwelt selbst. Das Objekt ist dann nur noch irgendein Derivat des Wissens, das freilich nicht dessen Wesen zum Ausdruck bringt. Mit denselben Fähigkeiten und demselben Wissen konstruiert der Ingenieur unterschiedslos eine Webmaschine oder eine Maschine zur Herstellung von Maschinen. Die Fähigkeiten, das Geschick, sind die Grundlage, von der aus die verschiedensten Objekte produziert werden: Die Fähigkeit vermag nicht nur die wesentlichen Bedürfnisse zu befriedigen, sie ist auch in der Lage, neue Bedürfnisse hervorzubringen. Arbeit hervorbringen heißt indirekt zugleich ein Gut und ein Erfordernis produzieren, indem man die entsprechenden bio-physiologischen Mechanismen bestimmt.

An der Parallelität zwischen dem – produzierten – Objekt und der – geschaffenen – Arbeit müssen wir im folgenden unbedingt festhalten. Die Realität dieser Zweiteilung ist erst in letzter Zeit zum Vorschein gekommen. Die Entstehung einer Industrie, deren Aufgabe die Entdeckung ist, und die Spezialisierung eines Bereichs der wissenschaftlichen Erfindung haben isoliert, was zuvor vermischt war. Mit einem Schlage trat damit die Autonomie jedes dieser Tätigkeitsbereiche ans Licht. Die Erforschung der menschlichen Geschichte der Natur vermischt sich mit der Erforschung der Geschichte der Schöpfung der Arbeit. Und diese Geschichte, deren Bedeutung nun klar zutage getreten ist, wirft ein deutliches Licht auf die Wirklichkeit, in der wir leben, und nicht nur auf die Merkmale einer Zukunft, die uns noch unbekannt ist, sondern auch auf die Umrisse einer Vergangenheit, die wir zu kennen glaubten.

II. Zwei Naturprozesse: Erfindung und Reproduktion

Konkret erfolgt die Schöpfung der Arbeit, die uns mit den übrigen Elementen verbindet und damit unserem natürlichen Sein Existenz verleiht, durch Vermittlung zweier Prozesse mit je spezifischen Funktionen: Erfindung und Reproduktion. Um sie von der sozialen Erfindung oder Innovation und von der geschlechtlichen oder sozialen Reproduktion zu unterscheiden, sollte man besser von *natürlicher* Erfindung und von *natürlicher* Reproduktion sprechen. Wir werden diese Bezeichnungen an anderer Stelle noch begründen.

Als Erfindung werden jene Methoden bezeichnet, durch die der Mensch Fähigkeiten, Kenntnisse und Reflexe den bereits bestehenden hinzufügt und die Erscheinungen der materiellen Welt zwingt, miteinander und mit seinem Organismus zu interferieren. Systematisch oder in tastenden Schritten wird jeder Ausschnitt der Totalität auf die Probe gestellt, in einen anderen Rahmen übertragen und zur Lösung neuer Probleme herangezogen. Als man die Mühle, die bis dahin von Hand bewegt worden war, durch Wasserkraft antreiben ließ, öffnete man damit den Weg für die Entdeckung der Schwerkraft. Daß seit unvordenklichen Zeiten ein Teil der menschlichen Arbeit mittelbar oder unmittelbar der Erfindung geweiht war, ist ein deutlicher Beleg dafür, daß wir uns durchaus bewußt sind, daß für die Errichtung unserer realen Welt eine besondere Anstrengung unabdingbar ist. In der Tat führt die Erfindung eines Wissens nirgendwo zur Herstellung einer künstlichen Gegennatur oder einer Übernatur: vielmehr ist stets unsere Natur selbst deren Ergebnis. Kenneth Boulding unterstreicht dies:

»Es ist absurd, anzunehmen, wir könnten die Natur als ein System denken, das von der Erkenntnis abgesondert wäre, denn es ist die Erkenntnis, die in wachsendem Maße den Gang der Natur bestimmt.«[4]

Der zweite Prozeß, die Reproduktion, sichert einer menschlichen Gruppe den Zusammenhang zwischen ihren Fähigkeiten und den entsprechenden materiellen Prinzipien; er verleiht dadurch ihrer natürlichen Ordnung Beständigkeit und gewährleistet ihre Ausbreitung im Raum. Zu Anfang tragen die produktiven Tätigkeiten dazu bei. Ihre Wiederholung festigt die Beziehung zu den übrigen Arten und zur Umwelt, und sie konsolidiert die bestehende Organisation. Der Anbau von Pflanzen begünstigt den Fortbestand bestimmter Tierarten geradeso, wie dies die Sicherung der Humusschicht gegen Erosion, die Trassierung der Flüsse oder die Verteilung des Wassers durch Bewässerungssysteme tut. Durch die Tradierung des Wissens und der Techniken von einer Generation zur nächsten erfährt jedes Individuum eine zweite Geburt, die sein biologisches und soziales Sein an die vorherrschende physikalische Umwelt bindet. Ohne den Transfer der Gesten, Haltungen und Denkgesetze, ohne die Perpetuierung der Verfahren sinnlicher Erkenntnis schwinden und verschwinden die Ressourcen, verwandelt sich die Menschheit von Grund auf. Die partielle Unterbrechung des Reproduktionsprozesses ist das wichtigste Mittel, um das »Zurück zur Natur« in die Wege zu leiten, das in Wirklichkeit die Rückkehr zu einer anderen Natur darstellt. Die Kontinuität der menschlichen Gruppen, ihrer Produktionsprozesse und Institutionen hat zur Voraussetzung die Kontinuität der biotischen, chemischen und physikalischen Kreisläufe sowie die Kontinuität der Fähigkeiten, die den Schlüssel zu deren Ablauf bilden. Ein altes chinesisches Sprichwort bringt dies deutlich zum Ausdruck: »Gib einem Manne einen Fisch, und er wird einen Tag zu essen haben. Lehre ihn Fischen, und er wird für den Rest seiner Tage essen.« Was hier weitergegeben wird, ist eine bestimmte dauerhafte Beziehung zwischen dem Menschen und der Materie, die Fähigkeit, den Umgang mit den Mächten des Universums aufrechtzuerhalten, und die Universalität der geeigneten Fähigkeit beim Menschen. Die Struktur der Natur wird hier aufgenommen, bewahrt und für die, die an ihr teilhaben, durchsichtig gemacht.

Weil Erfindung und Reproduktion auf die menschlichen und die nichtmenschlichen Mechanismen einwirken, weil sie die Eigenschaften der einen wie der anderen in einem gemeinsamen Universum hervortreten lassen, sind sie geradeso wie die Mechanismen, auf die sie angewendet werden, Naturprozesse, die zugleich spezifischen und exklusiven Charakter tragen. Durch ihre Vermittlung interferieren die Kraft der Materie und die Konstitution des Menschen, differenzieren sich die Elemente der ersteren und die Eigenschaften der zweiten. Es sind die einzigen Prozesse, in denen die Arbeit – Wissen und Fertigkeit – nicht als Mittel oder Instrument erscheint, sondern *in der Qualität des Zwecks und des Objekts, als ihr eigener Zweck und als ihr eigenes Objekt*. Dadurch unterscheiden sich diese beiden Prozesse von der Produktion und von der Konsumtion, die, weil sie nur den Gebrauch der Attribute der Arbeit kennen, bis zu einem gewissen Punkt Derivate, Transmutationen der inventiven und der reproduktiven Tätigkeit sind.

III. Die Erfindungstätigkeit

1. Praktisches Wissen erfinden

Es kann kein Zweifel bestehen, daß es sich bei der Erfindung um eine weit verbreitete Operation handelt; sie begleitet alle Ausübung der menschlichen Arbeit. Beleg dafür ist die große Menge von Erfindungen, die Tag für Tag in der Produktionstätigkeit erfordert sind, und die Vielzahl der Verbesserungen, die gleichfalls tagtäglich eingebracht wird. Der Arbeiter, der eine Verrichtung oder Operation verbessert, der Maler, der seine Palette um eine einzige Farbe bereichert, der Ingenieur, der die veränderte Version einer Maschine vorschlägt, und der Student, der ein Experiment durchführt, um ein Diplom zu erhalten, sie alle sind Erfinder.

Es ist nicht richtig, wenn man diese bewundernswerten oder auch nur verdienstvollen Schöpfungen für beschränkt hält; man übersieht dabei, daß der Mensch in der Erfindungstätigkeit seiner Natur einen Körper und einen Geist gibt und die Existenzbedingungen der lebenden und unbelebten Wesen umstürzt. Jede Innovation verlangt nach einer Reorganisation unserer Umwelt, nach einer Umgestaltung unserer Fähigkeiten und unserer Sicht, indem sie diese in eine einheitliche Komposition der Realität einfügt. Wir haben uns daran gewöhnt, Erfindung als Herstellung eines Instruments, eines Verfahrens oder einer neuen Kombination äußerer Elemente zu verstehen. So hat Galilei das Teleskop, Brunelleschi die Linearperspektive, Watt die Dampfmaschine und Newton die Infinitesimalrechnung erfunden.

Doch das ist eine zu enge Perspektive. Alle diese großen Geister haben vor allem praktisches Wissen erfunden, ein *know how*, ein reproduzierbares Wissen, ein Verhältnis zur Materie, das dazu bestimmt war, bewahrt zu werden, und nicht zuletzt auch einen Menschentyp. Um beim Beispiel James Watts zu bleiben: Er ist nicht sosehr der Erfinder der Dampfmaschine als der Erfinder eines Verfahrens zur Herstellung der Dampfmaschine und der Wegbereiter eine Reihe von Menschen, die fähig waren, dieses Verfahren anzuwenden. Auch wenn alle Exemplare dieser Maschinen zerstört würden – so wie alle Modelle, die von den großen Mechanikern Alexandrias gebaut wurden, der Zerstörung anheimfielen –, genügten die überdauernden Beschreibungen dieses praktischen Wissens, um eine neue Produktion, die Wiederaufnahme ein und derselben menschlichen Tätigkeit zu ermöglichen.

Die Gesetzgeber sind in diesem Punkt der gängigsten Philosophie voraus. Wenn der Erfinder, um ein Exklusivrecht an seiner Erfindung zu erhalten, eine detaillierte Beschreibung seiner Entdeckung vorlegen muß, so geschieht dies, damit die anderen Menschen daraus die Kunstfertigkeit oder die Wissenschaft erlernen können, die er geschaffen hat. Im Austausch dafür erhält er das Eigentumsrecht an seiner Erfindung, und für eine begrenzte Zeit – genau die Zeit, die erforderlich ist, damit diese Erfindung sich verallgemeinert. So erklärt der englische Richter Buller:

>»In diesem Punkte ist es gesichertes Recht, daß ein Mensch, der das Recht zur Nutzung eines Monopolpatents erwerben will, sein Geheimnis enthüllen und seine Erfindung in solcher Weise spezifizieren muß, daß andere lernen können, die Sache zu machen, für die das Patent gewährt wird; denn Sinn und Zweck der Beschreibung ist es, die Öffentlichkeit, nach Ablauf der Frist, für die das Patent gewährt wurde, zu unterrichten, worin der Kunstgriff besteht.«[5]

In diesem Sinne ist jede Forschungs- und Erfindungsanstrengung eine Produktion von Wissen, von Fähigkeiten und von verfügbaren menschlichen oder nichtmenschlichen Ressourcen, also sehr viel mehr als die bloße Produktion von Instrumenten, Theorien oder Verfahren.

Die Menschen schaffen die *Substanz* ihrer Arbeit, indem sie erfinden. Das bedeutet einerseits, daß ein Gesetz oder eine Eigenschaft der Materie in ein Gesetz oder eine Eigenschaft des Menschen verwandelt wird; das ist es, was wir Geschick, Kunstfertigkeit, Wissen oder Wissenschaft nennen. Andererseits bedeutet es, daß die Qualitäten der Arbeit, die Qualitäten unserer Organe, sich mit der Materie verbinden und ihr damit neue Existenzbereiche eröffnen, ihr bislang unbekannte Formen aufprägen. Wir wissen mit größter Gewißheit, daß jede unserer Fähigkeiten eine Eigenschaft der Materie übersetzt. Obst anbauen heißt bewußt und gewissenhaft den Wachstumsrhythmus der Bäume und den Rhythmus der Jahreszeiten beachten. Der Bauer ist darin Astronom, Biologe und Physiker. Er schafft sich oder besitzt eine wirkungsvolle Theorie der Anbaumethode, die er praktiziert. Lange haben die Wissenschaftler nichts anderes getan, als solche Theorien in eine systematische Sprache zu bringen. Die Anschauung der anderen diente ihnen als Laboratorium. Umgekehrt hat jede materielle Kraft, die in den Kreislauf unserer Praktiken eindringt, am Anfang das Bild einer Arbeit enthüllt. Unsere Rechenmaschine nimmt das Kopfrechnen auf; das erste Webinstrument war der Finger, und die Menschen zogen ihre Lasten selbst, bevor sie Tiere zu diesem Zwecke einspannten.

Jede aktuelle Arbeit ist in gewisser Weise potentielle Materie, und jede potentielle Arbeit ist irgendwo aktuell Materie. Der Prozeß des Erfindens umfaßt auch die beständige Umwandlung der Erfindung; ein *circulus vitiosus*, wenn man so will, sichert unser Leben ganz so, wie die Stange, die der Seiltänzer hält, diesen davor bewahrt, hinunterzufallen. In diesem Strom wechseln die Verbindungen zwischen den beiden Polen – Arbeit und Materie – ebenso wie die Beziehungen zwischen den Menschen. Die Fraktion, die zu einem gegebenen Zeitpunkt über die wesentliche Arbeitskapazität verfügt, wird in materielle Kraft verwandelt, während eine andere Fraktion, die über ein anderes praktisches Wissen verfügt, welches in anderen Hirnen und Händen inkarniert ist, deren Platz im Netz der Austauschbeziehungen mit den materiellen Mächten übernimmt. So hat der Aufstieg der Ingenieure die Handwerker zu bloßen Organen der mechanischen Kraft und der Übertragung ihrer Bewegung degradiert. Wenn die Erfindungen uns in einen neuen Naturzustand versetzen, bleiben die zwischenmenschlichen Beziehungen, soweit sie die Reproduktion der erforderlichen Fähigkeiten betreffen, nicht unberührt. Darin liegt eine der Konstanten in der Geschichte unserer Natur.

Die Erfindung selbst hat einen historischen Charakter. Während des größten Teils des Weges, den unsere Gattung schon zurück-gelegt hat, war sie nur ein sporadischer Prozeß, der keine deutlich ausgeprägte Zielrichtung besaß. Man konnte sie auch schlicht und einfach dem Zufall zuschreiben.

Seit dem neunzehnten Jahrhundert jedoch ist die Bewegung der Entdeckungen kontinuierlich, beständig und intensiv geworden. In noch jüngerer Zeit ging sie vom individuellen in das gesell-schaftliche Stadium über. Ihre Entwicklung zeugt von einer Um-gestaltung der Wege, auf denen die Gesellschaft ihren Naturzu-stand hervorbringt, und sie beschreibt zugleich die Zwänge, wel-che die notwendigen Bedingungen für eine solche Umgestaltung bilden.

2. Entdeckung und Substitution

Man hat vielfach versucht, zwischen Entdeckung und Erfindung nach der »Würde« ihres Gegenstandes zu unterscheiden. Entdek-kung beträfe danach die Wissenschaften, die Theorien und die Gesetze der Erscheinungen, während Erfindung mehr auf Praxis eingeschränkt und ihr näher wäre. Im Artikel »découverte« (Ent-deckung) der *Encyclopédie* kann man lesen: »Die weniger bedeut-samen Entdeckungen werden nur als Erfindungen bezeich-net.«

Die Kontroverse verdankt sich dem Wunsch, die Resultate der Wissenschaften und der Theorien auf der einen Seite, die Ergeb-nisse der handwerklichen Tätigkeiten und Praktiken auf der an-deren Seite unabhängig voneinander zu klassifizieren und gegen-einander abzugrenzen. Offenbar geht er von der Hypothese aus, daß auf der einen Seite Dinge gefunden werden, die bereits exi-stierten, während auf der anderen Seite Objekte geschaffen wer-den, die vorher nicht bestanden. Diese terminologische Dicho-tomie verbirgt eigentlich in übertragener Form die geläufige Vorstellung, wonach man zwischen dem spontanen Charakter der natürlichen Objekte und dem künstlichen Charakter solcher Gegenstände unterscheidet, die sich einem menschlichen Eingriff verdanken – wobei dieser Eingriff im einen Falle ein enthüllender, im anderen ein schöpferischer sei. In jedem Falle aber enthalten Theorie und Wissenschaft Hypothesen, die gleichfalls Erfindun-gen[6] sind, welche sich unserem Geist verdanken, und die Techniken stützen sich auf Elemente, die in unserer Umwelt aufgelesen und entdeckt worden sind. Ganz wie der Autor des Artikels »Invention« (Erfindung) in der *Encyclopaedia Britannica* bemerkt: »Auch die Atome sind Erfindungen«. Dieser Satz läßt sich auf jede beliebige Erkenntnis anwenden, auf jede alte oder moderne Kosmologie, und der Autor schließt seine Untersuchung mit der Feststellung, es lasse sich »keine präzise Unterscheidung zwischen Erfindung und Entdeckung treffen«. Ich schließe mich dieser Meinung an; sie stellt die Einheit eines Prozesses wieder her, für dessen ganz nutzlose Zergliederung nur die Unkenntnis seiner Implikationen oder der Bezug auf die Vielfalt seiner Effekte verantwortlich sein kann.

Deutlicher ausgeprägt in der Entwicklung der Erfindung ist die Verknüpfung zweier Phasen, zweier Konnotationen, deren erste, die Entdeckung, sie eher in einen Zusammenhang mit der Materie stellt, während die zweite, die *Substitution*, sie mit den bereits bestehenden Fertigkeiten und Kenntnissen verbindet. Entdeckung und Substitution, die beide den Rahmen der Erfindungstätigkeit beleben oder fixieren, ersetzen sich jedoch nicht wechselseitig und lassen sich allenfalls in der Gesamtheit, die sie beide umfaßt, differenzieren. Entdecken heißt letztlich dem vorliegenden materiellen Bestand physikalische oder intellektuelle Inhalte hinzufügen, die bislang unbekannt waren; es heißt eine neue Kombination hervorbringen, ohne dabei auf ein Beispiel oder ein Modell zurückzugreifen. Daraus entsteht eine absolut neue Verbindung, ohne daß eine andere Verbindung deshalb hinfällig würde. Im Gegenteil, die neue Verbindung tritt zu den bereits bestehenden hinzu und verstärkt sie, so daß man sie weder gesondert erkennen noch vergessen kann, daß sie auseinander hervorgehen. Die chemischen oder physikalischen Theorien, die neuen Kontinente, die Versuchs- oder Produktionsinstrumente, sie alle sind Kettenglieder, welche die regelmäßige Anwesenheit der materiellen Mächte unseres Lebens und die Übereinstimmung unseres Lebens mit der Intensität dieser Gegenwart sichern. Natürlich kann die Erfindung die Tendenz haben – und dies war auch häufig der Fall –, eine existierende Sache durch eine neue Sache zu ersetzen; sie erhält dadurch eine Richtung.

In der Substitution ist das Bedürfnis nach der betreffenden Erfindung nicht unabhängig von dem, was bekannt ist und bereits existiert; das Ziel ist erreicht, wenn eine neue Struktur an die

Stelle der alten tritt. Der Versuch, die Sonnenenergie aufzufangen, ist von dem Wunsch bestimmt, nicht länger auf andere Energiequellen, die knapper und kostspieliger sind, angewiesen zu sein. Die Chemiker nehmen sich vielfach vor, eine organische Verbindung im Laboratorium herzustellen. Nicht in jedem Falle ist es möglich, ein analoges Substitut ausfindig zu machen. Die Übermittlung von Nachrichten durch Radiowellen reiht sich ein in die Entwicklungslinie der Nachrichtenübermittlung durch Brieftauben, doch handelt es sich hier um eine Abstammung rein hypothetischer Natur und nicht um eine wirkliche Verwandtschaft. Dagegen wurden die synthetischen Stoffe entwickelt, damit sie dieselben Dienste leisten wie die Stoffe aus Wolle oder Baumwolle; die Maschinenoperation ist zunächst nur eine vervielfachte manuelle oder geistige Operation. Zuweilen treten Substitutionen als fragmentarische Erscheinungen in einem bereits existierenden Kontext auf. Das Automobil war anfangs nur eine motorisierte Kutsche und die Dampfmaschine eine modifizierte Pumpe. Ausgehend von diesem neuen Segment verändert sich die Gesamtheit, bis sämtliche Elemente integriert sind. Die Dampfmaschine, die anfangs der einzige Teil des Maschinensystems war, der aus Eisen gefertigt wurde, zwang die Ingenieure, auf Holz zu verzichten und alles aus Gußeisen und Stahl zu fertigen. So wird eine Entdeckung zum Auslöser für eine ganze Kette von Substitutionen.

Entdecken und Substituieren sind die wesentlichen Momente einer wechselseitigen Umwandlung der materiellen Kraft und der menschlichen Tätigkeit. Ihr Gegensatz tritt jedoch nicht im konkreten Prozeß hervor. Die Entdeckung bezeichnet vor allem die Assimilation von Kenntnissen und deren Erweiterung, während die Substitution auf die Verwendung und den Konsum der Fähigkeiten und auf die Möglichkeit ihrer Verjüngung verweist. Ihr Umfang hängt von der Zahl der Individuen ab, die sich mit ihr befassen, und von der Menge des Wissens, das diese Individuen besitzen und anwenden. Gemeinsam mit den korrespondierenden objektiven Kräften bilden diese Kenntnisse die *materiellen oder inventiven Ressourcen*,[7] die es zu vergrößern, zu verringern oder zu revolutionieren gilt.

IV. Die reproduktiven Dimensionen der Arbeit

1. Die natürliche Reproduktion

Der Prozeß der Erneuerung der Beziehungen zur Natur hat die allgemeine Form einer Durchdringung und Weitergabe des praktischen Wissens und der Fähigkeiten im Raum und in der Zeit. Von einer Generation zur anderen tragen der Himmel, die Felderordnung, der Lauf der Flüsse, die Museen, Laboratorien und Fabriken, die Sprachen, die Instrumente und die Bücher zur Kreuzung und zur Ersetzung der Individuen bei. Die Nachahmung von Verrichtungen, Verfahren und Denkweisen oder die Übernahme motorischer Fähigkeiten und Reflexe prägen die Biographie des Initiierenden wie des Initiierten, die sich damit beide in dieselbe Abstammungslinie stellen. In manchen Gesellschaftsordnungen, etwa in den Kastengesellschaften, wird das Kind nicht nur als männliches oder weibliches Wesen, nicht nur reich oder arm geboren, sondern von Anfang an als Handwerker oder Bauer. Der Transfer von Kenntnissen und Fertigkeiten von einem Land ins andere oder von einer Gruppe in die nächste durch Vermittlung von Texten, Werkzeugen, Probestücken oder Einwanderern ist der Kanal, über den sich das Arbeitsvermögen ausbreitet. Wenn eine Gemeinschaft solch eine Fähigkeit aufnimmt, so kommt dies einer Erfindung gleich, welche zur Entstehung einer anderen Umwelt und zur Vermehrung von Individuen führt, deren Verhalten und Denken sich mit neuen Qualitäten in einer erneuerten Welt auflädt.

Den Ausgangspunkt bildet stets die Verknüpfung von menschlichen und nichtmenschlichen Mächten. Ziel ist die Reproduktion einer Fähigkeit, die Fortsetzung der Austauschprozesse mit der Natur. Ob tausend Individuen diese Fähigkeit besitzen oder eine Million, sie wird dadurch nicht größer oder geringer (»Ich kann den Arbeitstag eines Arbeiters konsumieren, nicht aber sein Talent«[8]).

Diese Wiedergeburt der Individuen, die auf die biologische und soziale Geburt folgt, kostet lediglich Energie. Symbol und Wirklichkeit treffen sich in jenem Brauch, wonach der Handwerksmeister seinen Lehrling adoptierte und ihn damit zur natürlichen Tätigkeit des Handwerks bestimmte, nachdem der leibliche Vater ihn zum Leben bestimmt hatte.

Indessen bleibt der Reproduktionsprozeß, der in all dem zum Ausdruck kommt, im Verlaufe der geschichtlichen Evolution nicht unverändert. Wenn er die dreifache Funktion erfüllt, die Arbeit, das Band mit den physikalischen Mächten, zu unterhalten, zu bewahren und zu verbreiten, so erzielt er dieses Ergebnis in den verschiedenen Epochen auf unterschiedliche Weise. Seine quasi unbewußte Existenz im Schoße der Sitten und Gebräuche fand ein Ende, als die Initiation in die Verrichtungen und Operationen mit der Materie sich explizit mit der spezialisierten Arbeit verband, d. h. mit einer als unabhängiger Realität definierten Geschicklichkeit. Den Charakter eines besonderen Prozesses erhielt der Reproduktionsprozeß in den handwerklichen Disziplinen mit ihren präzisen Regeln für die Weitergabe der Verfahren und Methoden. Seither hat sich diese Tendenz beständig verstärkt, und die Arbeit zählt immer deutlicher zu den Gemeinschaftsfunktionen, die zu ihrem Fortbestand der Investitionen und der Aneignung von Wissen bedürfen.

2. Das Reproduktionssystem

Die Reproduktion bereitet den Organismus auf dessen natürliche und produktive Beziehungen vor, trägt zur Organisation der Arbeit bei und äußert sich in der Verteilung der Fähigkeiten und Kenntnisse.
Mit Sicherheit aber wird ihr Einfluß am deutlichsten in der Herausbildung unserer Fähigkeiten und Fertigkeiten spürbar. Eine genauere Analyse läßt das vorgegebene Substrat hervortreten: die *Arbeitskraft*, die den relativ ungeformten und heiklen Stoff bildet, Männer, Frauen und Kinder. Diese Form wird von einer Fertigkeit oder einer Fähigkeit modelliert, von einem Code, der ihr den Spielraum verschafft, in einem gegebenen Rahmen zu funktionieren. Der Code oder die Fähigkeit können sehr einfach sein – sitzen bleiben, ein Geräusch hören – oder sehr komplex – ein Buch schreiben, einen Apparat konstruieren, eine mathematische Gleichung lösen. In dieser Struktur verkörpern das Wissen oder die Fähigkeit die materiellen Prinzipien, die mit einer Ordnung verknüpft sind, welche sie dem Menschen und seinen Absichten zugänglich machen. Die undurchsichtige physikalische Umwelt klärt sich, erhält eine Struktur und kann sich, ist sie erst einmal

nach einem Schema oder irgendwelchen Bezugspunkten inventarisiert und klassifiziert, verinnerlichen und mit unseren Sinnen und unseren Reflexen vereinen, um sie zu erweitern.

Soll diese Synthese gelingen, bedürfen Geschicklichkeit und Arbeitskraft jedoch der Anwesenheit eines dritten, eines materiellen Faktors, soweit dieser in unterschiedlichem Maße menschlichen Charakter gewonnen hat: Werkzeug, Maschine, Instrument usw. Fähigkeit und Geschicklichkeit sind notwendig auf die Organe bezogen, welche die Energie des einzelnen verstärken und dem Menschen Intelligenz oder sensorische Apparate beigeben – Verständnis für Größen, Sinn für Maße und Rhythmen usw. –, sie sind mithin auf die *Reproduktionsorgane* bezogen, die deren Erhaltung und Ausübung gewährleisten. Und in der Tat, betrachtet man sie unter der Perspektive eines Prozesses, der zur Reproduktion der Naturbeziehungen bestimmt ist, so sind ein Werkzeug oder eine Maschine nicht sosehr Prothesen oder Instrumente als eine Art Hand, Nerv oder Auge, ja sogar eine Mehrzahl von Händen, Nerven oder Augen. Grundlage für die Ausbildung des menschlichen Auges oder der Hand ist gerade das gleichzeitige Funktionieren all dieser nichtmenschlichen Organe, welche in mehr oder weniger entfernter Analogie die menschlichen Organe nachahmen. Die Erfindung zieht aus dem entgegengesetzten Umstand Nutzen, das heißt aus der Fähigkeit der anatomischen und physiologischen Systeme des Menschen, sich an ähnlich funktionierende nichtmenschliche Systeme anzupassen. Die Gemeinschaft, welche die biologische Reproduktion zwischen einer gegebenen Menge von sensorischen Apparaten mit einem begrenzten Spektrum von Qualitäten herstellt, wird in der natürlichen Reproduktion um eine weitere Menge von Apparaten vermehrt, deren Spektrum breiter ist und eine Reihe neuer Qualitäten umfaßt. Bezogen auf einen spezialisierten Bereich der Produktion sind diese Reproduktionsorgane lediglich Instrumente, Kriegsgerät oder Laboratoriumsapparaturen. Sie tragen jedoch zur Vervollkommnung des Organismus bei, indem sie dessen Eigenschaften vermehren. Ausbildung im Sinne einer Wissenschaft oder eines Handwerks heißt mithin die biologischen Dispositionen vermittels der Geschicklichkeit, die mit einem Reproduktionsorgan verbunden ist, umwandeln (zusammen bilden sie die *Reproduktionsmittel*) und sie, im präzisen Sinne des Wortes, natürlich, also aktiv machen. Sie können dann in die verschiedenen Zweige der gesellschaftlichen Arbeitsteilung integriert werden, gleich ob es sich dabei um Industrie, Handwerk, Philosophie oder Wissenschaft handelt. Umgekehrt hängen Umfang und Vielfalt dieser Zweige von der bereits gebildeten, konstituierten Arbeit ab.

Wenn man die Arbeit nach den Qualitäten und Quantitäten dieser verfügbaren Arbeit zwischen den unterschiedlichen Teilen einer materiellen und geistigen Produktion aufteilt, so hat das zur Folge, daß man diese Produktion in ein Verhältnis zur Arbeitskraft und zu den Bedürfnissen einer Gesellschaft bringt, und zwar je nach deren relativem Überfluß oder nach deren Knappheit. Die Entwicklung und Diversifizierung der Berufe und der Arbeitsplätze in einer Werkstatt, einer Fabrik, im Laboratorium oder in der Schule verlangen nach solch einer Bezugnahme und Vorbereitung. Folglich *nehmen* die beiden Ausdrücke – Arbeitskraft und Produktionsmittel – *eine Vielzahl von technischen Formen an*, das heißt, sie werden vom Kontext der verschiedenen Produktionen und der gesellschaftlichen Anforderungen bestimmt. Aus der Perspektive der Natur haben die Individuen zu einem gegebenen Zeitpunkt dieselben Fähigkeiten und Kenntnisse. Sie können sie jedoch als Zivil- oder Militäringenieure, als Beschäftigte einer Maschinenfabrik oder einer Baufirma besitzen und mithin ebensoviele technische Versionen ein und derselben Beziehung zu den materiellen Mächten bilden. Dasselbe gilt für die Reproduktionsorgane. Das Fernrohr wurde von Handwerkern erdacht, um besser und weiter sehen zu können, um Schlachtfelder besser zu überblicken und auch um damit Fürsten und Höflinge zu unterhalten. Galilei machte es zu einem astronomischen Instrument. Unabhängig von ihrer technischen Form wirken Reproduktionsorgane und Fertigkeiten in derselben Weise auf die physikalische Welt und auf uns ein, sie bilden die Essenz vielfältiger Varianten, die sie konkretisieren. Natürlich nimmt jeder einzelne nur einen Teil der zur Aufrechterhaltung unserer natürlichen Ordnung erforderlichen Fähigkeiten auf. Keines dieser Teile vermag ohne die anderen zu existieren; nur ihre Vereinigung garantiert die Anwendung jeder einzelnen Fähigkeit und das Funktionieren des Ganzen. Tagtäglich reproduziert jede Fähigkeit eine andere Fähigkeit und reproduziert sich selbst in ihr. Der Architekt entwirft die Proportionen und die Gestalt des Gebäudes unter Berücksichtigung der Materialien, die ihm zur Verfügung stehen. Fehlt ihm eines dieser – vom Ingenieur beherrschten – Materialien oder wird es durch ein anderes, im Laboratorium hergestelltes ersetzt, so wird das Wissen, das er bislang anwendete, unvollkommen, eine Facette in den Fähigkeiten des Architekten bleibt ungenutzt und verfällt. In jedem Augenblick wirken Fähigkeiten zusammen, zerstören oder erneuern sich wechselseitig.

Die Zergliederung der Arbeit hat ein synthetisches Moment: Sie setzt gleichermaßen die Aufteilung der Individuen unter die bestehenden technischen Formen (Arbeiten, Berufe) voraus wie die Zuordnung der erforderlichen Kenntnisse und Fertigkeiten, die der einzelne sich aneignet. Menschen ausbilden heißt bereits sie aufteilen, sie darauf vorbereiten, dies zu sein und nicht das, Bauern zu sein und nicht Jäger, Chemiker und nicht Mathematiker. Aber nur im Rahmen der Organisation der materiellen und geistigen Produktion sind sie wirklich dies oder das, wird die virtuelle Fähigkeit zur wirkenden und technisch bestimmten Größe. Zugunsten dieses Übergangs von einem potentiellen Zustand zu einem aktualen Zustand ist die Summe der Fähigkeiten, die in der aufzuteilenden allgemeinen Arbeit enthalten sind, nicht länger Indiz für eine bloße Ansammlung von Subjekten und Objekten. Sie erweist sich als ein differenziertes und hierarchisiertes Feld, das die Stellung der Individuen regelt, indem sie sich unter sie und die übrigen materiellen Kräfte aufteilt. So wird die Arbeit zu einem Merkmal, an dem sich die Menschen unterscheiden lassen: Diese gliedern sich nach dem Umstand, ob sie eine *Qualifikation*, also besondere Fähigkeiten und Fertigkeiten erworben haben. Obgleich in jedem einzelnen Fall ein Variationsspielraum besteht, liegen die wesentlichen Richtungen fest. Der Bauer, der Handwerker, der Ingenieur oder der Wissenschaftler verfügen jeweils über einen abgegrenzten Bereich. Die Kategorien, die solcherart an ihr jeweiliges praktisches Wissen geknüpft sind, überschneiden einander nicht, wenngleich sie zutiefst interdependent sind, geradeso wie die Sonnen zugleich astronomische Individuen und Elemente eines galaktischen Systems darstellen. Die Notwendigkeit, die den qualitativen Proportionen anhaftet – die Anzahl der Chemiker steht zum Beispiel in einem bestimmten Verhältnis zur Anzahl der Physiker, die der Weber in einem Verhältnis zur Anzahl der Spinner –, ist letztlich nur Ausdruck der Tatsache, daß jede Entität durch eine namentlich bezeichnete Beziehung zu den materiellen Kräften qualifiziert ist.

Die Position der Menschen hängt, wenn sie die Arbeit gestalten, organisieren und aufteilen, von der Qualifikation dieser Arbeit ab und von der Art und Weise, wie die Arbeit die Menschen differenziert und vereint. Mit anderen Worten: Arbeit reproduzieren bedeutet nicht nur die Kontinuität der menschlichen und nichtmenschlichen Ressourcen sichern, sondern auch ein Ensemble von Verbindungen aufrechterhalten, das sie beherrscht und das ein *Reproduktionssystem* bildet. Im Inneren dieses Systems verbindet sich das biologische Potential der Individuen mit den materiellen Kräften, die in nichtmenschlichen Fähigkeiten oder Organen zum Ausdruck kommen, ihrerseits Übersetzungen menschlicher Organe sind und diese befruchten. Die Positionen, die auf diese Weise erlangt werden, sind relativen Charakters. Der Handwerker, der mit einem Bauern oder einem Ingenieur in Verbindung steht, bewegt sich in zwei völlig verschiedenartigen Welten. Das Werkzeug, die sinnlichen Qualitäten der menschlichen Kraft, die organischen Produkte stellen die spezifischen Prinzipien der ersten Realität dar. In der zweiten bestimmen der mathematische Kalkül, die mechanische Kraft und die Maschine den Inhalt der natürlichen Umwelt. Die Systeme, die dasselbe Individuum in beiden Fällen umfassen, sind ohne gemeinsames Maß. Die reziproken Verbindungen, die daraus resultieren, bestimmen die Aufteilung dieser verschiedenen Kategorien auf die Herstellung ihres Naturzustandes.

V. Natürliche und soziale Prozesse

1. Die Naturgrundlage

Alles, was ich gesagt habe, kann nur dann Kohärenz beanspruchen, wenn die Bereiche der Natur und der Gesellschaft nicht deckungsgleich sind, obgleich der Mensch in beiden Fällen der Protagonist ist. Von daher ordne ich dem ersten Bereich die Schöpfung der Arbeit und dem zweiten die Produktion der Objekte zu, untersuche ich Reproduktion und Erfindung als natürliche Prozesse. Hier geht es nun darum, diese Prämissen theoretisch zu begründen.

Das Merkmal, das Natur und Gesellschaft unterscheidet, die Distanz der menschlichen Gruppe zu sich selbst als natürlichem Subjekt einerseits und als sozialem Subjekt andererseits, findet sich in dem, was ich als Schöpfung der Arbeit bezeichne. Die

Ökonomie bietet uns das beste, oder zumindest das am deutlichsten abgegrenzte Feld, um diese Distanz auszuloten und diesen Unterschied zu analysieren. Doch zuvor ist es notwendig, den Naturbegriff, dem ich folge, mit dem Begriff zu vergleichen, den die Sozial- und Wirtschaftswissenschaften verwenden.

Die Wirtschaftswissenschaft geht von der Produktion aus und erkennt darin generell drei Faktoren: Arbeit, Kapital und Natur, wobei Arbeit die zur Produktion verausgabte Mühe, Kapital die Lenkung und Aneignung der Produktionsmittel, und Natur schließlich die Ressourcen bezeichne. Diese Begriffe stehen offenkundig für die gleichzeitige Anwesenheit dreier Größen in einem einzigen System: der Arbeiterklasse, deren Energie das Funktionieren des Produktionsapparates gewährleistet; der Kapitalistenklasse, die über die Investitionen und den Profit entscheidet und dadurch die Gestalt der Industrie prägt; und schließlich der materiellen Grundlagen, ohne die das Bild nicht vollständig und das Eigentum ohne Körper wäre.

Der Begriff der Natur ist nicht frei von Mehrdeutigkeiten verwendet worden, um das Funktionieren der Gesellschaft zu beschreiben, und sein Inhalt hat eine Entwicklung durchgemacht. Die allerersten Philosophen oder Ökonomen identifizierten – dem damaligen Brauch oder der Sachlage folgend – den dritten Produktionsfaktor, die Natur, mit dem Boden. Diese Wahl ist durchaus verständlich, denn die dem Leben nützlichen Elemente sind im Boden gespeichert, und der Reichtum hängt, wenn die Landwirtschaft die wichtigste Tätigkeit darstellt, direkt von der Größe der verfügbaren Fläche ab.

Die Triebfeder der Industrie, die Ausbreitung der mechanischen Kräfte, und die Bedeutung, die den unbelebten Kräften zuwuchs, trugen dazu bei, den konkreten Inhalt des Begriffs des Bodens zu verändern.

»Was ist der Boden? Offensichtlich verstehen wir unter diesem Ausdruck nicht allein den Erdboden, das Feld, welches die Ernte hervorbringt, das Land, das die Wälder trägt oder die Metalle birgt; wir fassen auch den Wind darunter, der die Flügel der Mühlen in Bewegung setzt, den Wasserfall, der die Maschinen in den Fabriken antreibt, die Elektrizität, welche unsere Gedanken überträgt, kurz: all die Kräfte der Natur, die geeignet sind, den Absichten des Lebens zu dienen.« (E. Levasseur[9])

Der Boden, Oberfläche, auf der Pflanzen und Tiere leben, und Behältnis, das die Mineralien birgt, sieht sein Reich beschränkt.

Er stellt sich in die Reihe der übrigen Naturkräfte, ist nur noch eine ihrer besonderen Varietäten. So schreibt Senior:

»Die Ökonomen teilen die Produktionsmittel schon seit langem in drei große Zweige ein: Arbeit, Boden und Kapital. Ich ziehe dem Ausdruck ›Boden‹ die Bezeichnung ›natürliche Faktoren‹ vor, weil ich nicht eine Gattung durch eine ihrer Arten bezeichnen möchte und weil ich nicht den Fehler begehen will, der so vielen unterläuft, die sich dann der übrigen Arten nur selten erinnern oder sie ganz vergessen.«[10]

Wenn man die Verschiedenartigkeit und die Gemeinsamkeit der natürlichen Faktoren behauptet, so stellen sich zwei Folgerungen ein, die sich nicht voneinander trennen lassen. Einerseits gesteht man zu, daß die materiellen Faktoren sich erweitern lassen. *Andererseits räumt man der manuellen und geistigen Arbeit das Recht ein, zu dieser Gruppe von Faktoren zu gehören.* Im Gegenzug wird der Ausdruck »Boden« oder jede andere Bezeichnung, die sich auf einen besonderen, invarianten, substantiellen Inhalt bezieht, beliebig, und das heißt: metaphorisch. Es ist dann lediglich eine andere Art, von Natur zu sprechen. Aber es geht hier nicht um bloße Konvention: Der Begriff selbst steht in Frage.

Negativ bedeutet Natur ein Produktionsmittel, eine objektive Voraussetzung, die weder Kapital noch Arbeit ist und nicht Gegenstand von Aneignung sein kann. Positiv umfaßt sie die Gesamtheit der Kräfte und Fähigkeiten, die an diesem Instrument teilhaben, insbesondere die Arbeit, insofern sie Geschicklichkeit und praktisches Wissen ist. Dies ist die normale Ableitung, die zu diesem Ergebnis führt. Man weiß, daß die Erweiterung der materiellen Mächte, ihr Wachstum, nicht automatisch erfolgt; der Mensch muß sein Wissen über die Regelmäßigkeiten in der physikalischen Welt dazutun – eine Arbeit besonderer Arbeit, deren Ziel darin besteht, diese Regelmäßigkeiten hervorzubringen und zu vervollkommnen. *Der Verstand vermischt sich hier mit der Materie, beide bilden gemeinsam die natürliche Grundlage.* Diese Metamorphose kommt deutlich in folgender Formel zum Ausdruck, die den Ort der dritten Größe – neben Kapital und Arbeit – bestimmen soll:

»Was als Intelligenz bezeichnet wird, unterscheidet sich von den beiden übrigen Größen, insofern sie ihren Beitrag kostenlos liefert, ohne daß dadurch der innere Wert dieser Dienste verringert würde.« (E. Levasseur[11])

An die Stelle von Ausdrücken wie ›natürliche Faktoren‹ oder ›Boden‹ sind mithin in der Reproduktionsgleichung die Bezeichnungen ›Intelligenz‹ oder ›Wissen‹ als deren Äquivalente getreten. John Stuart Mill bestätigt dies, wenn er schreibt:

»Die Produktion von Vermögen ... hat ihre notwendigen Bedingungen. Von diesen sind einige physischer Natur, hängen also mit den Eigenschaften der Rohstoffe und dem Grade der Kenntnisse von diesen Eigenschaften, die nach Zeit und Ort verschieden sind, ab.«[12]

Der Wechsel der Perspektive liegt auf der Hand. Anfangs wird die Natur mit einer einzigartigen materiellen Struktur gleichgesetzt, dem Boden. Sodann entdeckt man, daß es Arten von Natur gibt, Arten von Faktoren, und die Arbeit als Vermögen, als Fähigkeit oder Geschicklichkeit wird diesen Arten zugerechnet. Schließlich sind Wissen und Intelligenz – heute der wissenschaftliche und technische Fortschritt – nicht länger Mittel, sondern werden mit den ursprünglichen Kräften verbunden und treten an die Stelle von Arbeit und Kapital als Faktoren des gesellschaftlichen Reichtums. Ganz allgemein erweist sich die Natur, der letzte unter den Produktionsfaktoren, als Gesamtheit der Fähigkeiten und Vermögen menschlicher und nichtmenschlicher Art, als deren aktive Vereinigung. Darin liegt nichts Erstaunliches, denn gerade dank der Schöpfung von Fähigkeiten und aufgrund der Arbeitsteilung vervielfältigen sich die materiellen Vermögen, bevor sie in die Produktion Eingang finden. In der Gegenüberstellung dieser Beobachtungen mit der Kritik an den gängigen Vorstellungen bin ich zu einer ähnlichen Sicht der natürlichen Ordnung gelangt. Die Konvergenz zwischen der Gesellschafts- und Wirtschaftstheorie auf der einen Seite, der hier skizzierten Theorie auf der anderen, die ich damit angedeutet habe, ist eine Grundvoraussetzung. Wir müssen nun die Schwelle überschreiten, welche den Naturzustand vom Gesellschaftszustand trennt, und diesen Vorgang deutlich machen.

2. Reichtum, Ressourcen und Aneignung

Wenn der Ökonom die Produktionsfaktoren aufzählt, so gelangt er, wie wir gesehen haben, zu einer Dreiteilung: Arbeit, Kapital und Natur. Begriff und Wirklichkeit der Natur gehen in diese

Formel nicht als solche ein. Sie erfüllen vielmehr ein theoretisches und praktisches Bedürfnis: die Arbeit, Agens der Erzeugung von Reichtümern, und das Kapital, die Summe der Reichtümer, als gesellschaftliche Produktionsinstrumente zu setzen. Welches Kriterium trennt nun den dritten Produktionsfaktor von den beiden anderen und begründet damit eine Konvention? Stoffe und Erscheinungen werden dem Naturkreislauf zugeordnet, sobald man sie als unbegrenzt verfügbar und folglich als kostenlos beurteilt.

»Ob also gleich die obern und zarteste Theile der Lufft, die Himmlische Cörper, das grosse Welt-Meer dem Menschlichen Leben ungemein nutzbahr sind, kan doch niemand einen Preiß oder Werth denenselben setzen und bestimmen, weil sie von der eigenthümlich-besitzenden Beherrschung frey sind.« (S. v. Pufendorff[13])

Dem kann man nur zustimmen. Die Menschen können mittels Licht, Wasser, der Erdbewegung oder des Stoffwechsels der Pflanzen weder Güter akkumulieren noch sich in sozialer Hinsicht voneinander unterscheiden. Diese Prozesse könnten niemals Gegenstand von Transaktionen sein, die einen Wert für sie festlegten: Sie bedürfen zu ihrer Existenz keiner Bemühungen unsererseits.

Ihr Platz im anders gearteten Bereich der Gesellschaft setzt eine gewisse Verausgabung von Kräften, eine beständige Investition unserer Kräfte voraus. »Reichtum ist Materie in besonderer Form«, erklärte Torrens lapidar. Was diese Besonderheit des Reichtums ausmacht, ist die Tatsache, daß menschliche Arbeit hinzukommt. Diese Arbeit stellt eine bestimmte Menge Zeit oder Kraft dar, die sein Besitzer auf dem Markt einem Käufer überläßt, welcher über ein in Löhne und Produktionsmittel aufgeteiltes Kapital verfügt, welches seinerseits akkumulierte Arbeit ist:

»Konkret setzt sich das Kapital aus allen Arten von Stoffen zusammen, die auf Märkten verkauft werden können und Arbeit enthalten.« (J. Hobson[14])

In diesem Zusammenhang, dem des Erwerbs und der Verteilung der allgemeinen Arbeit, sind die Elemente der natürlichen Ordnung Teile der gesellschaftlichen Ordnung und gehorchen deren Normen und deren Struktur. In Arbeit oder Kapital umgesetzt, synthetisieren sie den Verbrauch oder den Austausch, die Zirkulation der Arbeitskraft gemäß den Dispositionen des Staates oder einer besonderen Klasse. Die Produktion kombiniert die technischen Mittel und die Energie der Individuen und liefert eine Menge von Gütern, welche unter die Mitglieder der Gesellschaft ihrem Rang entsprechend verteilt werden kann. Die Arbeit spielt die Rolle eines Produktionsfaktors und erweist sich als Indikator und Maß der ökonomischen und sozialen Beziehungen. Die Natur bleibt außerhalb dieser Bewegung, in der die Symbole und Instrumente des Kollektivs, die Gesetze des Eigentums und der Macht hervorgebracht werden. Ihre Besonderheit, ihre Individualität, rührt daher. Weil ihre Gaben nicht zum Gegenstand von Aneignung gemacht werden können, hält man sie für kostenlos. Aus den bisherigen Erörterungen folgt auch, daß sie der Zustand jener Dinge ist, die uns ohne Arbeit zufließen, denn diese Arbeit verwandelt die Ressourcen in Reichtümer und macht ihren Inhalt damit appropriierbar. Das gesuchte Kriterium scheint demnach klar. In der Tat bleibt seine Funktion rein negativ: Es sagt uns, was die natürliche Ordnung *nicht ist*, und gestattet uns lediglich, ihrem angenommenen Gegenteil, der gesellschaftlichen Ordnung, eine Bedeutung zu geben. Ich werde nun versuchen, den positiven Aspekt der natürlichen Ordnung und ihre Implikationen herauszuarbeiten.[15]

3. Entfremdete und nichtentfremdbare Arbeit

Im Sinne einer ursprünglichen Spontaneität, die keinerlei Verausgabung von Mühe und Wissen erforderte, wäre die Naturordnung, wie wir gesehen haben, ein bloßes Nichts. Bei näherer Betrachtung handelt es sich um einen Zustand, dem »eigentumsfähige« Arbeit *und nicht Arbeit schlechthin* abgeht. Im Gegenteil, damit ihre physikalischen Bestandteile jenen Zusatz erfahren können, der sie in Ressourcen verwandelt, ist es unerläßlich, daß sie zunächst entdeckt und unter Gesetze gefaßt werden, daß sie intelligent und intelligibel werden. Betroffen ist hier die natürliche Dimension von Arbeit, während ihre gesellschaftliche Dimension davon ausgenommen bleibt. Damit diese Zweiteilung vorstellbar und möglich wurde, mußte die Arbeit sich verändern. Soweit sie in den Produktionsprozeß in der komplexen Form eines Einsatzes des Körpers oder der Hand – die ihrerseits durch die Ausübung eines Wissens geformt sind – eingebunden blieb, galt sie als gleichermaßen natürlich und gesellschaftlich, d. h. als ein Rohstoff, der den übrigen Rohstoffen vergleichbar ist, und als eine Spielart der Aneignung wirtschaftlicher Güter. In dieser subtilen Zusammensetzung ließ sich nur schwer unterscheiden, was dem Individuum zugehörte – seine Arbeitskraft, seine aktuelle oder akkumulierte Zeit – und was auf die gemeinsame Natur, auf die Gesellschaft als Kollektiv zurückging: die Geschicklichkeit, deren Nutzung dem Individuum überlassen war. Die kapitalistische Gesellschaft hat dieser Zweideutigkeit in dramatischer Weise ein Ende gesetzt, hat sie durchsichtig gemacht. Nachdem sie entdeckt und befunden hatten, daß der wahre Reichtum weder im Gold noch im Boden besteht, sondern im Schweiß, in der Mühe und der Not der Männer, Frauen und Kinder, widmeten sich die revolutionären Adepten der Industrie ihrer gewissenhaften Ausbeutung:

»Es ist ein bemerkenswertes Ergebnis der philosophischen Geschichte der Menschheit«, schrieb H. F. Storch,[16] »daß die Fortschritte der Gesellschaft in Bevölkerung, Industrie und Aufklärung stets auf Kosten der Gesundheit, der Geschicklichkeit und der Bildung der breiten Masse des Volkes ging.«

Tatsächlich wurde die Arbeit der Mehrzahl der Menschen mit einer geradezu stoischen Beharrlichkeit mehr und mehr auf eine sinnlose Abfolge von Verrichtungen reduziert. Jede Geschicklichkeit und jede schöpferische Beziehung zum Produkt wurden beseitigt; es entstand eine vollkommene Gleichgültigkeit gegenüber der ausgeführten Aufgabe. Die Jahrtausende während Evolution, die zu einer Differenzierung von Armen und Beinen, Kopf und Händen geführt hatte, wurde umgestürzt, das Individuum zum Organ einer Folge von Maschinen und Bewegungen gemacht. Die Arbeit, die solcherart zerschnitten und quantifiziert ist, kann nun ein Äquivalent in Geld finden. Zu Recht nannte Karl Marx sie abstrakte Arbeit. Ihr gegenüber machen sich Wissen und Kunstfertigkeit wie Attribute einer anderen Arbeit aus. In der Maschine oder im Buch konkretisiert, bewahrt diese Arbeit ihre erfinderischen und intelligenten Qualitäten wie auch ihr Verhältnis zur Materie. In gesellschaftlicher Hinsicht ist sie nichts anderes als das quantitative Vielfache der gemeinsamen abstrakten Arbeit, so als wögen hundert auf den Zustand von Tieren reduzierte Menschen einen Wissenschaftler auf. Aus der Sicht eines Unternehmers und seines wirtschaftswissenschaftlichen Sprachrohrs kommt es im übrigen auf's selbe heraus, ob er nun einen überragenden Kopf beschäftigt oder die Intelligenz von hundert Erwachsenen zusammenfaßt, wenn nur die Rentabilität dieselbe ist. Die herausgefundene Verdopplung der produktiven Tätigkeit stimmt mit der Realität überein: auf der einen Seite die Möglichkeit der ökonomischen Aneignung, auf der anderen der Eingriff in die materiellen Prozesse. Die »gesellschaftliche« Version und die »natürliche« Version der Arbeit im allgemeinen heben sich symbolisch voneinander ab und stellen sich konkret gegeneinander.[17] Die Theorie trägt dieser Aufteilung Rechnung, wenn sie mit J. B. Say[18] von der *»Arbeit oder den produktiven Diensten der Kapitalien«* und der *»Arbeit oder den produktiven Diensten der Natur«* spricht.

Wir gelangen so zu einer deutlich abgegrenzten Dichotomie. Verschmolzen mit einem Stoff, in dem sie sich verkörpern und den sie mit Wert und Nützlichkeit ausstatten, vermehren die Energie oder die Zeit eines einzelnen oder Tausender unausweichlich das Vermögen eines Unternehmers oder einer partikularen Gruppe. Die wissenschaftliche oder technische Geschicklichkeit, die gleichwohl als Katalysator für diese Transaktion dient, ist darin nicht inbegriffen. Niemand bezahlt sie im ökonomischen Sinne, und niemand eignet sie sich in dauerhafter Weise an. Diese Eigenschaft rückt die menschlichen Fähigkeiten zudem in die Nähe der nichtmenschlichen Vermögen eines Naturzustandes. Die Reflexe, die Körperhaltungen, die Fertigkeiten, die Informationen, die in unsere alltäglichen Tätigkeiten eingehen, die sich seit Jahrtausenden erhalten und in jeder Generation erneuern, sind unmittelbar präsent in unserer Produktionstätigkeit. Ganz wie Wasser, Luft und Licht sind sie überall verteilt. Der aufrechte Gang, das Archimedische Gesetz, das Alphabet, das Urteil, das zwischen zwei Farben unterscheidet, und Tausende anderer Mikrooperationen, die an unseren Organismus gebunden sind, sind Teil des unerschöpflichen Vorrates unserer Natur. Wie könnte man im übrigen auch davon sprechen, daß Wasser, Luft, Mineralien und Boden existieren, wenn die entsprechenden Empfindungen und Wahrnehmungen nicht zuvor ausdifferenziert und dann seit unvordenklichen Zeiten von Mensch zu Mensch weitergegeben worden wären? Ob alt oder neu, das Wissen hat stets denselben Charakter; wenn man es benutzt, wird es nicht weniger, und jedermann kann es besitzen, wenn man ihm die Mittel dazu an die Hand gibt. Die Arbeit, die uns in die materielle Welt integriert und uns durch die Veränderung unserer Fähigkeiten in Verbindung mit den physikalischen Mächten an diese materielle Welt bindet, läßt sich weder tauschen noch im üblichen Sinne verbrauchen.

Wie jeder materielle Faktor ist sie innerhalb gewisser Grenzen unerläßlich für die Gattung als ganze und zugleich ihr gemeinsamer Besitz. Von Isokrates wissen wir, daß »die körperlichen Fähigkeiten, die der Verteidigung und des Laufens, mit dem Körper zugrunde gehen, während die Wissenschaften dazu gemacht sind, für immer zum Nutzen derer dazusein, die sich ihrer bedienen«. Als »produktive Dienste der Natur« wird und wurde diese Arbeit, die es Tausenden von Menschen gestattet, in einer Umwelt zu handeln und diese Umwelt vollkommen zu verändern, stets als außerhalb der ökonomischen Sphäre stehend verstanden.

»Betrachtet man die Sache vom nationalen oder allgemein menschlichen Standpunkt aus, so ist die Arbeit des Gelehrten oder spekulativen Denkers ebenso ein Teil der Produktion im engsten Sinne wie die des Erfinders einer praktischen Fertigkeit; so manche Erfindungen sind nämlich die direkten Folgen theoretischer Entdeckungen gewesen, und jede Erweiterung der Kenntnis über die Naturkräfte ist auch für die Anwendung auf die Zwecke des äußeren Lebens vorteilhaft gewesen. (...) Ebenso wie materielle Früchte wohl das Resultat, aber selten die direkte Veranlassung zu den Forschungen der Denker sind, so wird auch ihre Vergütung im allgemeinen nicht aus der Produktionssteigerung, die zufällig und meistens erst nach langer Zeit infolge dieser Entdeckung entstanden ist, hergeleitet.« (J. S. Mill[19])

Die Theorien und die wissenschaftlichen Erfahrungen gehen ebenso wie die Verfahren, die ein Handwerker oder ein Arbeiter systematisch erfaßt, in den universellen Vorrat der Menschheit ein. Teile dieses Vorrates mögen für kurze Zeit in exklusiver Weise mit Beschlag belegt werden, doch eine solche Vergabe kann stets nur unsicher bleiben und widerspricht dem Wesen dieser Arbeit. Weil sie diese Qualitäten der Dauerhaftigkeit und der Nichtentfremdbarkeit besitzt, gehört sie zu den Ressourcen, in denen die Einheit der schaffenden Menschen und der geschaffenen Materie zum Ausdruck kommt. So schreibt Firey:

»Ein System von Ressourcen ist eine Struktur Mensch–Geist–Erde, die ihren menschlichen Trägern eine Art Zwang oder Notwendigkeit auferlegt.«[20]

Nun scheint klar, weshalb man sagen kann, daß Reproduktion und Erfindung natürliche Prozesse sind. Einerseits schafft sich die

Menschheit durch deren Vermittlung ihre physikalische Grundlage und ihre Kraft in Verbindung mit dieser in einer Gesamtheit, die beide umfaßt. Die Materie, in Verbindung mit der die Schöpfung der Arbeit erfolgt, ist keine *tabula rasa*, kein unterschiedsloses und undifferenziertes Chaos. Im Gegenteil, sie ist bereits geordnet und sogar zweifach geordnet. Zunächst durch ihre inneren Gesetze, die aus der Wechselbeziehung der materiellen Kräfte untereinander resultieren. So sind die Gesetze, denen die Lebewesen gehorchen, Verlängerungen der physikalisch-chemischen Gesetze; sie stellen jedoch vollkommen eigenständige Versionen dieser Gesetze dar. Des weiteren legen die Regeln der menschlichen Tätigkeit den materiellen Mächten eine Konfiguration auf, die diese für andere Tätigkeiten geeignet macht oder sie in die Lage versetzt, diese Tätigkeiten auszuführen. Die mechanischen Bewegungen und Kräfte wurden so in die Webverfahren oder in die Methoden zum Bau von Uhren eingebracht, und die Newtonschen Gravitationsgesetze dienten als Vorbild für die Gesetze der Elektrizität. Die Entdeckung von Fertigkeiten und natürlichen Eigenschaften hängt von dieser zweifachen Prädetermination der objektiven Strukturen ab, und es ist unerläßlich, daß auf diese Vorbestimmungen ein Zugriff besteht. Das heißt, daß der Mensch, indem er auf die Materie einwirkt, zugleich auf sich selbst einwirkt; daß jede Reorganisation der Beziehungen zu den Kräften der materiellen Umwelt zugleich eine Reorganisation seiner Beziehungen zu sich selbst ist. Der Bauer oder der Hirte, die Pflanzen oder Tiere domestizieren, zwingen den Jäger aufzugeben oder sich in andere Gebiete zurückzuziehen. Eine Fülle von Erfindungen ist erforderlich, damit diese Domestikation möglich wird. Parallel dazu ist zur Ernährung der neuen Arten oder zur Erhaltung der neuen Feuchtigkeits-, Fruchtbarkeits- oder Größenbedingungen des Bodens eine genaue Weitergabe der Praktiken und Gebräuche erforderlich. Auf diese Weise entwickelt und wandelt sich die Menschheit und nehmen Teile des Universums Gestalt an.

Auf der anderen Seite sind die Prozesse, in denen wissenschaftliche oder technische Fähigkeiten geschaffen werden, Lieferanten von »kostenlosen Gaben der Natur«. Ihr besonderer Charakter rührt aus diesem Merkmal, das sie in die Nähe der meisten allgemeinen, chemischen, biologischen u. ä. Mechanismen rückt, aus denen organische oder anorganische Wesen oder Erscheinungen hervorgehen – mit dem einen Unterschied, daß sie den Menschen einschließen.

Unter einer gesellschaftlichen Perspektive ist man geneigt, die Originalität von Reproduktion und Erfindung herunterzuspielen. Wir wissen, daß die ökonomischen und industriellen Ergebnisse dieselben sind, daß praktisches Wissen im Bereich einer Nation geschaffen oder daß es in einem fremden Land aufgenommen wird. Die Praxis der Patentvergebung ist in dieser Hinsicht aufschlußreich. Bis ins neunzehnte Jahrhundert hinein wurde in Frankreich und England einer Person ein Patent nicht deshalb gewährt, weil sie eine Entdeckung gemacht hatte, sondern damit sie ihr Wissen den Mitbürgern mitteilte. Ohne jede Achtung vor dem Eigentumsrecht, das in anderen Bereichen so hochgehalten wurde, konnte ein Mensch im achtzehnten Jahrhundert das Recht und die Vorteile des Erfinders erwerben, wenn er eine im Ausland gemachte Erfindung importierte und das heißt reproduzierte. Solche Praktiken gibt es auch heute noch, wo ein paar winzige und oft überflüssige Veränderungen genügen, um dieselben Vorteile zu haben wie jenes Individuum oder jenes Unternehmen, das die betreffenden Forschungen als erstes unternommen oder die Entdeckung gemacht hat. Für die Gesellschaft ist die Reproduktion daher oft eine relative Erfindung; eine neue Möglichkeit, die Ressourcen zu erweitern, die zu den bereits bestehenden hinzutreten – und die Erfindung eine absolute Reproduktion, denn der Erfinder wird nur in dem Maße belohnt, wie er der Öffentlichkeit mitteilt, was er allein weiß. Die Individualität der beiden Prozesse ist unter diesem Blickwinkel weder ein wesentliches noch ein ausschließendes Merkmal. Jedenfalls verändern sie in keiner Weise unmittelbar die Situation oder die Beziehungen, die in einer Gesellschaft herrschen. Entdeckungen von allergrößter Bedeutung – von der Wassermühle bis zu den kompliziertesten chemischen Verbindungen – können sich als solche vermehren, können Massen von Neugierigen anziehen oder in den gelehrten Werken schlummern, bis das Kollektiv sie bemerkt und das Eigentum nach ihnen verlangt. Erst wenn sie in die Kreisläufe der Produktion, des Austauschs und des Verbrauchs eintreten, in denen sie dann absorbiert und umgewandelt werden,[21] erst dann gewinnen Erfindung und Reproduktion einen Einfluß auf die Anatomie und Physiologie einer Gesellschaft. Geradeso wie die physikalisch-chemischen Mechanismen nur in äußerst veränderter Form und unter besonderen Umständen in die Lebensprozesse eingehen, so gewinnen die geschaffenen Fähigkeiten erst dann eine sozioökonomische Bedeutung, wenn ein gewisser Grad der Aufnahmefähigkeit und der Vervollkommnung erreicht ist.

In allen übrigen Aspekten ihrer Geschichte bleiben die Erfindungen ausschließlich Gaben der Natur, »unerschöpfliche Gaben, kostenlose Gaben«, vergleichbar darin den Sternen, den Tieren oder den Mineralien. Wenn sie als solche schon der Gattung etwas geben, so stören sie doch nicht das Gleichgewicht der Güterverteilung zwischen den Klassen einer Gesellschaft. Das Spektrum der Ressourcen, das diesen Reichtum symbolisiert, ist lediglich der stumme Zeuge, ohne den nichts unternommen worden wäre, der jedoch dem Unternehmen selbst keinerlei Sinn verleiht, durch das die Besitztümer erhöht oder verringert werden. Da man sich dieser Tatsache schon lange bewußt ist, ist auch die Heterogenität der Fähigkeit des Erfindens verglichen mit der Fähigkeit zur Reproduktion eine bekannte Tatsache.[22] Wir haben es bereits gesagt: Erfindung und Reproduktion verursachen keine gesonderte Art der Aneignung, noch kennen sie eine Aneignungsweise, wie sie durch Produktion und Austausch tagtäglich herbeigeführt und abgesichert wird. Um den natürlichen Charakter dieser Prozesse herauszustellen, ist es absolut nicht erforderlich, zu behaupten, der Mensch sei darin nicht als gesellschaftliches Wesen präsent und aktiv. Im Gegenteil: Wenn die Techniker, Handwerker oder Wissenschaftler die Eigenschaften der physikalischen Welt hervortreten lassen und die Kollektive veranlassen wollen, sich für ihre Erkenntnisse zu interessieren und sie zu unterstützen, so ist dazu eine enge Kooperation unerläßlich. Die Investitionen erfolgen stets unter Einwilligung der Gesellschaft oder einzelner ihrer Mitglieder, im Verlaufe der Ausübung der Intelligenz oder der Verausgabung biologischer Energien, und zwar auf ganz normale Weise, ganz so wie man atmet oder spricht. Die gesellschaftliche Dimension der Menschheit ist ihrem materiellen Vermögen inhärent.

Wenn man, wie ich es getan habe, eine Grenze zwischen dem natürlichen und dem gesellschaftlichen Zustand aufzeigt, so heißt dies nicht, daß man auch deren Inhalte gesondert benennt. Die Masse der Gesellschaft ist nicht die des Menschen, welcher der Masse der äußeren Mächte gegenübersteht. Die beiden Zustände umfassen dieselben menschlichen und nichtmenschlichen Faktoren; allein die Beziehungen, in die sie eingehen, und die Ziele, denen sie dienen, weisen sie dem ersten oder dem zweiten Zustand zu. Wir können hervorkehren, was Gesellschaft und Natur voneinander abgrenzt und jeweils isoliert; wir müssen jedoch darauf verzichten, sie als hypostasierte Bereiche der Wirklichkeit zu behandeln oder sie wie abgeschlossene stoffliche Wesenheiten gegeneinander zu stellen. Danach ist der Mensch zugleich ihr gemeinsamer Nenner und in beiden Fällen ihr – mit unterschiedlichen Attributen ausgestattetes – Subjekt. Seine soziale Besonderheit tritt im Zusammenhang mit der Entfremdung der Arbeit und der Verteilung der Güter hervor, seine natürliche Besonderheit im Zusammenhang mit der Schöpfung von unerschöpflichen und nicht appropriierbaren Ressourcen und der Verteilung der Fähigkeiten. Durch das Eigentum schafft er eine erste Welt, durch die Geschicklichkeit schafft er eine zweite. Dies ist die Regel, der er folgt; dies ist die Regel, die den Unterschied zwischen den jeweiligen Bewegungen ausmacht.[23]

Drittes Kapitel:
Die Abfolge der Naturzustände

I. Vom Naturzustand

Die Idee eines Naturprozesses und die Form, unter der ich sie hier vorschlage, laden dazu ein, das Bild von der Natur als einem unbewegten Behältnis für Planeten, Pflanzen und Tiere oder als einer geordneten Ansammlung von Kräften und Elementen aufzugeben. An die Stelle dieses Bildes müssen wir eine Vorstellung setzen, die das Verhältnis zwischen den menschlichen und den nichtmenschlichen Kräften herausarbeitet. Dieses Verhältnis stellt sich aufgrund der Tätigkeiten des Reproduzierens und des Erfindens ein. Doch der Ausgangspunkt ist in beiden Fällen nicht derselbe. Wenn man eine Arbeit oder ein Objekt reproduzieren will, so geht man von einer Anfangsmasse von Muskeln und Nerven aus, der man die Reproduktionsmittel hinzufügt. Ergebnis dieses Vorgehens ist der ganze Fächer jener Fähigkeiten, die den Kontakt zur Umwelt aufrechtzuerhalten und all die Dinge zu produzieren vermögen, die für das physische und geistige Leben erforderlich sind. Bei der Erfindung dagegen dienen diese Reproduktionsmittel als Rohstoffe, auf die eine davon unterschiedene Geschicklichkeit oder ein Wissen angewendet werden. Der Ingenieur oder der Wissenschaftler, die mit ihren jeweiligen Methoden ausgerüstet sind, befassen sich mit der Information oder der Fertigkeit, die der Bauer oder der Handwerker oder ein anderer Ingenieur, ein anderer Wissenschaftler besitzen. Das Wissen eines jeden von ihnen erhält dadurch eine neue Bedeutung. Es bringt nicht nur die Effizienz einer Technik oder einer organischen Struktur noch auch die Verfassung eines Menschen zum Ausdruck, es symbolisiert vor allem eine materielle Macht. Die Haltung, die wir einem Individuum unserer Gattung entgegenbringen, vermischt sich hier mit der Haltung gegenüber irgendeiner objektiven Entität. Der Transport von Lasten zieht nicht deshalb das Interesse des Mechanikers auf sich, weil diese Tätigkeit den Körper niederbeugt oder die Intelligenz abstumpft, sondern weil hier der konkrete Fall einer Verschiebung des Gravitationszentrums, der Verausgabung von Energie vorliegt. So kann man ihn dann mit der Klasse der Ortsveränderungen oder der Verausgabungen von Energie im allgemeinen zusammenbringen und die aufgetretenen Wirkungen miteinander vergleichen. Bewegungen, die der Mensch ausführt, um sich auf einer schiefen Ebene zu erheben, die Gesten, die er verrichtet, um sich eines Werkzeugs zu bedienen, werden beobachtet, als wären sie durchsichtig: Die Geschwindigkeiten und die mechanischen Kräfte zeichnen sich hier in reiner Form, gewissermaßen im Profil, ab. Eine Fähigkeit mit bestimmten Produktionsmitteln verbinden, sie diesen überlagern, die Produktionsmittel im Lichte der Fähigkeiten dechiffrieren und ihnen ein physikalisches Gegenstück geben, das heißt eigentlich Erfinden. Und das ist auch der Grund, weshalb man die Erfindung vom »Stand der industriellen Technik« abhängig sieht. Man erkennt darin die Voraussetzung einer Entdeckung mittels einer Einwirkung auf das, was der Reproduktion fähig ist.

Diese wenigen Beispiele genügen, um zu zeigen, daß Wissen und Kenntnisse – ebenso wie Stoffe und Energien, die sie begleiten – das bilden, was man gewöhnlich als *materielle und inventive Ressourcen* bezeichnet. Es handelt sich hier wohlverstanden um die Ressourcen einer menschlichen Gruppe, welche durch deren Fähigkeiten bestimmt sind, wobei diese Fähigkeiten in ihrer Anwendung dahin tendieren, die Ressourcen in neue Ressourcen – und parallel dazu in neue Arbeit – zu verwandeln. Wird diese Arbeit reproduziert, so erleichtert sie den Verbrauch der biologischen Energien und deren Integration in einen neuartigen materiellen Kreislauf. Bei derselben Gelegenheit werden andere Fähigkeiten eliminiert und geraten außer Gebrauch. *Im Verlauf der Erfindung erscheint der Naturzustand unter der Perspektive der materiellen – und inventiven – Ressourcen, d. h. als eine Beziehung zwischen den Regelmäßigkeiten der physikalischen Welt und denen, die im eigentlichen Sinne auf die Fähigkeiten der Menschen zurückgehen.*

Der Reproduktionsprozeß wirft ein etwas anderes Licht auf diesen Zustand. Hier bildet ein erster Faktor der Arbeit, ihre organische Kraft, das Objekt, während ein zweiter Faktor, Wissen und Geschicklichkeit, das Subjekt darstellt, das ihm eine bestimmte Richtung auferlegt. Ihre Vereinigung unter Berücksichtigung der Anforderungen des Kollektivs und der Umwelt vorzubereiten, zu erhalten und zu erweitern ist eine permanente Aufgabe. Auf diese Weise konsolidiert und erweitert sich das Verhältnis der Gattung zu ihrem materiellen Pol. Indessen tritt im Hintergrund des Reproduktionsprozesses eine Differenzierung zwischen den Menschen nach den Fähigkeiten und Ressourcen ein. Es ist ein bekanntes Phänomen, daß die Fähigkeiten einer Gruppe von Menschen einer anderen Gruppe als Mittel dienen können. Ich habe bereits das Beispiel des Handwerkers erwähnt, der in seiner Werkstatt Produktionsprozesse aufnahm, mit denen sich zuvor der Bauer beschäftigt hatte – Weben, Flechten usw. –, und damit eine andere Beziehung zum Bauern herstellte, als er sie zum Ingenieur besitzt, der seinerseits die im Handwerk angesammelten Fertigkeiten auf die Maschine überträgt. Die objektive Welt, die hier die Grundlage bildet, ist einerseits die des menschlichen Körpers mit seinen Sinnen, seinen Muskeln, mit der feinen Koordination der manuellen Verrichtungen, die auf den Widerstand des Bodens oder die Haltung eines Tieres angewendet werden; andererseits herrscht die Verbindung mit den mechanischen Phänomenen, der Schwerkraft oder dem Stoß vor. Die Umwandlung dieser materiellen Inhalte, dieser Austauschvorgänge, führt zur Herausbildung und zur Verbreitung von Fähigkeiten, die jedem der Partner angepaßt sind. *In diesem Sinne ist die natürliche Ordnung das Spektrum, in dem sie angesiedelt sind, das System von Wechselbeziehungen, die durch die jeweiligen Fähigkeiten bestimmt sind, kurz: ist die natürliche Ordnung, eine zwischenmenschliche Ordnung.*

Die Korrespondenz zwischen den inventiven oder materiellen Ressourcen und dem Reproduktionssystem definiert den Naturzustand für den Menschen. Die technischen Formen, welche die Produktionstätigkeit annimmt, und die speziellen Ausbildungsorgane vervollständigen dieses Modell einer Verbindung der menschlichen und nichtmenschlichen Mächte.

Freilich ist dies zunächst einmal nur eine Behauptung, die es nun durch eine – noch intuitive – Beschreibung abzustützen gilt. Wir müssen uns jedoch deutlich vor Augen halten, welches die Voraussetzungen dieser Beschreibung sind: *Die* Gesellschaft und *die* Natur gibt es für uns nicht. Wir erleben, bemerken und begreifen Gesellschaft und Natur stets nur in der Mehrzahl. Wenn man die reale Verknüpfung der Ereignisse und Erscheinungen betrachtet, müssen wir dann nicht zu dem Schluß kommen, daß verschiedene Naturen existieren und daß *Natur* im Singular lediglich deren Werden und Totalität bezeichnet? Ich werde nun die Hauptmerkmale der Naturzustände vorstellen, die man mit den Ausdrücken *organisch, mechanisch* und *kybernetisch* belegen kann.

II. Handwerkliche Arbeit und Stoff

1. Die Identität von Mensch und Geschicklichkeit

Wenn wir den ersten dieser Zustände, die organische Natur, beschreiben wollen, müssen wir von der Arbeit ausgehen, denn sie ist deren im höchsten Maße synthetisches und aktives Element. Die Arbeit erscheint zunächst als mit zahlreichen irreduziblen Anforderungen verbunden. Sie ist eine organisierte Bewegung, der eine autonome Richtung eignet und deren Entwicklung sich der einzelne bewußt und methodisch zu widmen hat. Richtung und Entwicklung gehen über das Individuum hinaus; sie zielen auf stabile Zwecke, die vom willkürlichen Verhalten dessen, der sie verkörpert, unabhängig sind. In jedem Falle lassen sie sich nicht mit ausreichender Klarheit in Theorien objektivieren, die dann getreulich in Büchern oder Lehrsätzen bewahrt werden könnten: durch irgendeine Lücke entgleitet das Wissen stets solcher Objektivierung. Das beste Gedächtnis für dieses Wissen ist immer noch der Mensch, und die beste Sprache, mit der es sich fassen läßt, sind seine Gesten. Das Vorhandensein dieses Wissens ist jedoch nicht identisch mit dem Verhalten des Menschen, es ist vielmehr dessen Voraussetzung. Gleichwohl ist die Arbeit im Menschen: Sobald sie zum Attribut von Fritz oder Franz geworden ist, machen Fritz und Franz ihr Sein aus, drücken sie sich in ihr aus, ganz so, als wäre diese Arbeit immer schon ihre Arbeit gewesen, als hätte sie mit ihnen begonnen. Bildhauerei, Töpferei oder Weberei lassen sich nicht jenseits des Bildhauers, des Töpfers oder des Webers fassen. Die Arbeit steht so im Zentrum der Mittel menschlichen Handelns, in ihr ist die objektive Realität potentiell angelegt. Für den Handwerker ist Arbeiten durch das bestimmt, was er zu machen *versteht*, und nicht sosehr durch das, was er tatsächlich macht. Daher ist alles Äußere – Objekt und Werkzeug – tatsächlich eine Exteriorisierung dessen, was innerlich und vorgängig als Geschicklichkeit im Körper, in der Hand, im Gehirn des Arbeitenden angelegt ist. Subjektives und Objektives fallen ganz wie Arbeit und Arbeitender zusammen. Ein Produkt läßt sich nur in Abhängigkeit von der Geschicklichkeit oder der Fähigkeit einer Gruppe von Menschen, in Abhängigkeit von ihrer Realisierung durch den Menschen denken. »Die Vollkommenheit des Werkes hängt stets von der Vollkommenheit des Arbeiters ab«, lehrt Aristoteles. Die Hand ist der höchste Ausdruck ihrer Spezialisierung. Die Rechte ist kraftvoll, aktiv und männlich, die Linke ruhig, ausgeglichen und markant. Eine unterstützt die Bewegung der anderen und paßt sich ihr an. Die Feinheit des Zusammenspiels, die Geschmeidigkeit der Finger, das Spiel der Muskeln und die Zeichnung der Haut sind Ausdruck des angefügten Werkzeugs und des vollendeten Werkes. Der Körper wird von ihnen umgeformt, seine Aufgabe walzt ihn um, biegt und verwindet ihn. Alles geht von der Hand aus und kehrt zu ihr zurück.

Für das Handwerk sind die materiellen Ressourcen Gegebenheiten, Material – *Rohstoff* (Holz, Stein, Wolle, Ton), auf das die Geschicklichkeit der Menschen angewendet wird; indem die Menschen dem Rohmaterial eine Form geben und dessen Form verändern, machen sie es zum Objekt: Steine behauen, Holz schneiden, Ton formen.

»... wie wir bei den durch Kunst erzeugten Dingen«, bemerkt Giordano Bruno,[1] »wenn aus Holz eine Statue gemacht worden ist, nicht sagen, daß dem Holze ein neues Sein zuteil wird – denn es ist jetzt um nichts mehr oder weniger Holz, als es dies früher war –, sondern was Sein und Wirklichkeit empfängt, ist das, was erst neu hervorgebracht wird, das Zusammengesetzte, d. h. die Statue.«

Bis zu einem gewissen Punkt bildet dieses Material lediglich ein Zubehör zur Fähigkeit, zum Inhalt der Arbeit, und letztlich haben sie nur insoweit Realität, wie sie dem Objekt Halt und Konsistenz verleihen. Der Handwerker tritt mit ihnen in Kontakt, indem er sich über die Sinne und die Werkzeuge auf ihre Eigenschaften einläßt. Sein Universum ist die Welt, in der man Stoffe formt, in der alles im Objekt zusammenfließt und darin eine Form erhält. Freilich kann man auch sagen, »daß die Materie ihre eigene Form der Form aufzwingt«.[2] Die Arbeit folgt den Hinweisen und Vorgaben der Materie, sie triumphiert über deren Zufälle und zieht ihren Nutzen daraus. Die Instrumente sind unerläßliche Vermittler, aber sie sind nicht unabhängig von der Geschicklichkeit und der Kraft dessen, der sie handhabt.[3] In keinem Falle bilden sie ein eigenständiges Ziel; sie verlängern die Geschicklichkeit des einzelnen, sie sind Teil dieser Geschicklichkeit.

Die Beziehung, die sich vor unseren Augen abzeichnet, prägt beide Seiten gleichermaßen:

– Die Arbeit bestimmt sich als *handwerkliche Arbeit*, die vollkommen um die Geschicklichkeit zentriert ist, um die Veränderung der biologischen Fähigkeit, Bewegungen auszuführen, eine bestimmte Körperhaltung einzunehmen und die Organe in einer Weise zu spezialisieren, die bestimmte Modelle der für Leben und Genuß erforderlichen Dinge zu realisieren gestattet.

– Ihr gegenüber steht die Materie, insofern sie *Stoff* oder Rohmaterial ist, d. h. als ein Element, dessen unmittelbare Qualitäten allein für die Arbeit bedeutsam sind.

Die Vereinigung der handwerklichen Arbeit mit der Materie im Sinne von Rohstoff bestimmt die Konturen der organischen Natur.

2. Die organische Natur

Die Voraussetzungen dieses Naturzustandes erscheinen am Ende des Neolithikums. Die Kunst und die Philosophie der Griechen zeigen seine Blüte. In der Renaissance erfahren seine objektiven Grundlagen eine Umwälzung, und ein neuer Naturzustand tritt langsam an die Stelle des alten.

Die materiellen (inventiven) Ressourcen der organischen Natur sind durch die Reproduktion und die Erfindung der handwerklichen Arbeit bestimmt. In dieser Hinsicht genügt es, auf den systematischen Charakter der Reproduktion hinzuweisen, die als autonomer Prozeß entdeckt wird. Vor der Entstehung des Handwerks unterschied sich die Weitergabe der Fertigkeiten nicht von der Tradierung all der Kenntnisse und Reflexe, die für das Leben in der Gesellschaft erforderlich sind.[4] Danach jedoch wird die Geschicklichkeit zum Gegenstand einer besonderen Aufmerksamkeit, ein Bereich, in den geistige und physische Energien investiert werden. Man erkennt, daß die Reproduktion von Wissen eine besondere Art von Tätigkeit darstellt. Arbeiten im eigentlichen Sinne des Wortes bedarf einer Vorbereitung. Fähigkeiten gelten nun als etwas, das unbewußt im Kontakt mit der Materie, durch die detaillierte Aneignung der Techniken, heranreift.

In der handwerklichen Arbeit kommt der Reproduktion weit

größere Bedeutung zu als der Erfindung, und dies ganz unabhängig davon, wie hoch deren Produkte entwickelt sind. Die Erfindung verändert die Reproduktion hier nur unmerklich. In gewisser Weise spielt der Akt des Erfindens nur *am Ursprung*, bei der Entstehung eines Handwerks oder eines Verfahrens eine Rolle. Die Erfindung hat hier zyklischen Charakter; sie tritt nur bei der Reorganisation der Fertigkeitskomplexe – bei deren Teilung – in Erscheinung. Fast instinktiv ordnet sich die Gesamtheit in jedem Handwerk neu und bringt dabei die erforderlichen Anpassungsvorgänge hervor. Die Erfindung ist zwangsläufig der Stabilität, der Struktur des Ganzen untergeordnet, und sie erweitert diese Struktur eher, als daß sie eine Umwälzung herbeiführte.

Das ursprüngliche Reproduktionsorgan ist das Werkzeug, das die Organe des Menschen fortsetzt, verstärkt, zu einer Einheit zusammenfügt und ihnen eine äußere, objektive Form verleiht, die das Ergebnis seines Willens und seiner Tätigkeit ist. Die Werkzeuge ermöglichen es ihm, dort auf die Wirklichkeit einzuwirken, wo ein Eingriff ansonsten unmöglich wäre (die Zange, mit der man rotglühendes Eisen faßt); sie gestatten es ihm, seine Gesten besser zu koordinieren (die Töpferscheibe vereint die Aktivitäten von Hand und Fuß und stimmt sie aufeinander ab); schließlich steigern sie die Muskelkraft und erhöhen deren Wirksamkeit (Rolle, Hebel). Welche Unterschiede auch ansonsten bestehen mögen, eines haben alle diese Hilfsmittel gemein: sie sind dem menschlichen Körper angepaßt, und dieser ist in seiner bewußten und sorgfältigen Modellierung ein Werk, ja, das Hauptwerk des Handwerks. Dieser Gedanke findet auch in der Hippokratischen Schrift *Von der Diät* seine Bestätigung:

»Sie (die Menschen) wissen nicht, daß die Künste, die sie ausüben, ihr Vorbild in der menschlichen Natur haben.«

Der Arbeiter-Künstler steht für die Sensibilität, das Denken und den Mikrokosmos des instrumentellen Bereichs, wie er auch das Denken und die Sensibilität der Werke verkörpert, deren *primum movens* er ist, die allein durch ihn sind und die er als Makrokosmos umfaßt. Wenn ihm eine Technik fehlt oder wenn seine Materialien mangelhaft sind, so werden nicht die Instrumente und Verfahren überprüft und verbessert, sondern unmittelbar die Fähigkeiten des Menschen. Bertrand Gille schreibt über den technischen Fortschritt im Mittelalter:

»Noch sind es weniger das Werkzeug und die Technik, die man zu verbessern trachtet, als die Geschicklichkeit oder die richtige Dosierung beim Mischen von Farbstoffen. Der Fortschritt liegt noch im Menschen und nicht in seinen unbelebten Hilfsmitteln, dem Werkzeug und der Maschine. Selbst im 15. Jahrhundert bemüht man sich mehr darum, gute Steuermänner auszubilden als gute Schiffskonstrukteure.«[5]

Der Mensch steht also im Zentrum von allem, er ist das erste und vollkommenste Subjekt, aber paradoxerweise zugleich auch das bewundernswerteste Objekt. Seine Arbeitskraft – Muskeln, Nerven und Bewegungen – scheint in seinen Werkzeugen materialisiert, während seine Geschicklichkeit im Sinne einer Idee, einer Kraft, einer Struktur in ihm verbleibt. Der fortgesetzte Kontakt mit den Stoffen bereichert seine Sensitivität; sein Horizont erweitert sich durch das Spektrum der unbelebten Hilfsmittel, die er sich schafft, um die Dinge zu manipulieren. Da diese Reproduktionsmittel das Aktionsfeld des Körpers erweitern, sind sie selbst organischen Charakters.

Die Beschreibung, die ich von diesen Mitteln gegeben habe, macht deutlich, daß sie sich auf besondere Weise in die materiellen Ressourcen einfügen. Die Materie ist in der Arbeit, insofern sie Matrix ist, der Stoff der in ihr vorgezeichneten Kunst. Die physikalischen Elemente und der Mensch kommen in einer Beziehung zusammen, die den Menschen zum bevorzugten Akteur, zur zentralen Figur macht, für die das objektive Universum die exakte Entsprechung darstellt, weil sie darin als Einheit und Teil enthalten ist:

»Die griechische Vorstellung von der Natur als einem intelligenten Organismus gründete auf einer Analogie: auf einer Analogie zwischen der Welt der Natur und dem menschlichen Individuum.« (Collingwood[6])

In der Tat ist die Entwicklung der Natur und der Wesen, die sie umfaßt, nicht chaotisch oder dem beständigen Eingriff unbekannter Mächte unterworfen: Sie geht vielmehr in Richtung auf eine Ordnung, auf die sie zielt, weil diese Ordnung bereits in ihr enthalten ist. Die Beziehungen, die man darin beobachtet, sind vielfach qualitativer, intentionaler Art, denn der menschliche Beobachter nähert sich den materiellen Phänomenen auf direkte und sozusagen klinische Weise. Nicht, daß er es unterließe, nach Quantitäten zu suchen; aber er vermag sie nicht zu erfassen, weil er die Welt über Vermittler angehen müßte, die von ihm selbst losgelöst sind, während seine Instrumente doch nur Kopien, Verlängerungen seiner selbst sind. Gelänge ihm dies, so wäre er nicht länger, was er ist: eine Kraft unter anderen vergleichbaren Kräften dieser Welt.

In dieser *organischen* Naturordnung bleibt nichts außerhalb des Kontakts mit dem Menschen, und alles hängt in gewisser Weise davon ab. Es gibt mithin keinen radikalen Bruch zwischen dem Menschen und den Stoffen, denen er eine Form gibt, indem er ihnen den Stempel seines Wissens aufdrückt. Wenn der Handwerker sich zurückzöge, so fielen Werkzeuge und Rohmaterialien, von seiner Kunstfertigkeit entblößt, in die Unterschiedslosigkeit zurück. Und wie diese, verfiele auch das Universum, seines menschlichen Agenten ledig, dem Chaos. Damit es gegen diese Gefahr gefeit ist – um es zu bewegen, zu unterhalten und zu erklären –, sind stets ein handwerklicher Geist und ein handwerkliches Element – Feuer, Wasser oder Luft – am Werk.

III. Das Universum der Kräfte und Bewegungen

1. Die Herrschaft des Instruments und der Kraft

Wenn die Geschicklichkeit des Menschen zur Geschicklichkeit irgendeiner mechanischen Kraft werden kann, so verwischt sich der innere Zusammenhang, der zwischen dem biologischen Substrat der Gattung und der Matrix seiner Geschicklichkeit besteht. Jede der Seiten gewinnt eine relative Autonomie, die deren Veränderung und Ersetzung erleichtert. So nimmt man an, daß ein Produktionsverfahren ein anderes ersetzen kann, wenn es mindestens gleichwertige Ergebnisse erbringt. Zunächst einmal gilt dies für die Antriebskräfte: Menschen, Tiere, Wasserfälle oder die Expansion von Wasserdampf werden in dieser Hinsicht austauschbar; die Unterschiede, die vorher zwischen ihnen bestanden, verschwinden. Sodann findet die Kombination von Geschicklichkeit und Arbeitskraft stets statt, doch wird sie von quantitativen Attributen, von meßbaren Kriterien gelenkt. Um diese Äquivalenzen herzustellen und diese Kriterien festzulegen, muß man die Arbeit meßbar und zugleich unabhängig von den Störungen machen, die aus der Vielfalt der individuellen Begabungen und ihrer psychischen und physiologischen Veränderlichkeit herrühren.

Auf diese Weise löst man sie von allen Besonderheiten, um sie in ihrer Allgemeinheit als Verausgabung von Zeit, Energie usw. zu betrachten. Im Ergebnis läßt sich Arbeit dann als Objekt mit klar bestimmten quantitativen Merkmalen definieren, deren Verwirklichung gewissermaßen außerhalb des Subjekts liegt, das sie ausführt.

»Wenn ein Mensch«, schreibt Cournot,[7] »eine Last trägt, ohne sich von der Stelle zu rühren oder indem er sich auf einer ebenen Straße fortbewegt, so wird er nach der oben gegebenen technischen Definition keine Arbeit leisten; arbeiten würde er aber, wenn die Straße anstiege oder wenn er sich vor die Last spannte und sie über eine ebene Straße zöge.«

In diesem Zusammenhang läßt sich die Arbeit nach geometrischen Regeln oder nach mechanischen Gesetzen manipulieren. Man kann sie vergrößern, beschleunigen, teilen, ihr irgendwelche Zwänge auferlegen. Nichts in der Welt der materiellen Mächte ist ihr fremd. Mehr noch: alles, was der Mensch geistig oder manuell zu tun versucht, setzt sich in Arbeit um. Und diese wiederum läßt sich transformieren, erweitern, transferieren und in das Attribut eines beliebigen Individuums – gleich welchen Alters oder Geschlechts – und eines beliebigen physikalischen Elements verwandeln.

»Der Begriff der Arbeit«, schreibt K. Frohme,[8] »ist auf die Maschinen offenbar nur übertragen worden, indem man ihre mechanischen Verrichtungen mit denen der Menschen und Tiere verglich, zu deren Ersatz sie bestimmt waren.«

Wenn man die Arbeit als *instrumentell* qualifiziert, so liegt das an den Bedingungen, in denen sie sich entwickelt, und an ihrem wesentlichen Ziel. Und dieses Ziel liegt zum Teil in der Anknüpfung an ein mechanisches Instrument, dessen Wirkungen sich in relativ unabhängiger Weise äußern können.
Andererseits ist dieses Instrument das Ziel der schöpferischen Anstrengungen des Mechanikers und des Ingenieurs. Zugleich soll es auch das praktische Wissen strukturieren und organisieren. Ja, mehr noch: eine Geschicklichkeit verliert ihren Wert, wenn sie nicht im Zusammenhang mit irgendeinem mechanischen oder astronomischen Instrument steht – der Uhr, der Pumpe, dem Fernrohr –, zu dessen Vollendung sie beiträgt. Das Objekt als solches – der Tisch, der Stuhl, das Gewebe usw. – gerät gar nicht ins Blickfeld, es bleibt sekundär. Allein das Mittel, das dessen

Herstellung ermöglicht, die Abwandlung der Energien, Geschwindigkeiten und Widerstände erfahren Aufmerksamkeit. Gegenüber der instrumentellen Arbeit erscheint die Materie zunächst als Kraft. Ihre Struktur ist die einer Menge von homogenen Körpern, die mit Kraft begabt und Quelle von Kraft ist:

»Diese Natur im allgemeinen«, schreibt Boyle über die mechanische Natur,[9] »ist das Resultat der universellen Materie oder die körperliche Substanz des Universums, wie sie im gegenwärtigen Aufbau der Welt angeordnet ist, vermöge dessen alle Körper, aus denen sie besteht, in die Lage versetzt werden, gemäß den festen Bewegungsgesetzen aufeinander einzuwirken.«

Erst in der Anordnung der Körper im Blick auf eine bestimmte Tätigkeit oder auf die Übertragung von Kräften stößt man auf die Anwesenheit der materiellen Prinzipien. Die Hervorbringung bestimmter Wirkungen (Stoß, Beschleunigung, Druck) führt zur Aufstellung präziser Gesetze der objektiven Aktivität. Die Kenntnis dieser Gesetze schafft die Möglichkeit, die Bewegung umzuwandeln – etwa die geradlinige Bewegung in kreisförmige Bewegung, Rotation in Stoß usw. Die Körper werden weniger durch ihre Qualitäten definiert als durch die Kraft, die sie darstellen. Elastisch oder starr, in flüssigem oder festem Aggregatzustand – sie kommen allein über diese Eigenschaften ins Spiel und unterscheiden sich ausschließlich durch dynamische Merkmale. Direkt oder indirekt beherrscht das Prinzip der mechanischen Arbeit die Art und Weise, in der die Gesetze formuliert sind, denen die physikalischen Elemente gehorchen. Die Materie erscheint so als Energiequelle, und man versucht, sie in dieser Perspektive umzuwandeln. Ihr stofflicher Charakter, ihr Charakter als Rohmaterial tritt dahinter vollkommen zurück.
Daraus ergeben sich zwei Folgerungen, deren Bedeutung noch klar werden wird. Die erste beruht auf der Verwischung des qualitativen Unterschieds zwischen den materiellen Strukturen: Diese Strukturen werden fortan vor allem im Rahmen der Erzeugung von Bewegung erfaßt, und in diesem Rahmen liegen die Unterschiede in einer dimensionalen Variation. Die zweite Folgerung steht im Zusammenhang mit der Möglichkeit einer fortwährenden Verbesserung eines Modells, eines gegebenen Verfahrens, ohne daß diese selbst verändert würden. Die materiellen Kräfte stellen sich hier ihrerseits als Elemente dar, die in energetischer Hinsicht austauschbar sind, und ihre Ordnung kann sich, besteht

sie erst einmal, fortschreitend enthüllen, ohne daß sie tiefgreifend gestört würde.

2. Die Mechanisierung der Welt

Instrumentelle Arbeit und Materie, im Sinne von Kraft, sind die neuen Ausdrücke des Naturverhältnisses. Die instrumentelle Arbeit vermag eine Vielzahl von Formen anzunehmen, und die Materie ist ihrerseits eine Quelle von Arbeit, ist das Vermögen, eine bestimmte Arbeit zu verrichten. Im Hinblick auf die organische Natur bedeutet dies eine tiefgreifende Umwälzung, deren Auswirkungen wir seit dem sechzehnten Jahrhundert beständig verspüren.

In der mechanischen Natur wird die Arbeit zum Attribut beliebiger – belebter oder unbelebter – materieller Kräfte, und jede dieser Kräfte sehen wir zu einem großen Teil unter der Perspektive der Arbeit. Arbeitskraft und Geschicklichkeit treten deutlich auseinander. Die neuromuskuläre Energie des einzelnen wird als Verausgabung von Antriebskraft begriffen, die durch andere Kräfte ergänzt oder ersetzt werden kann. Die Bewegung wechselt vom organischen in den anorganischen Bereich, und schließlich gelangt der anorganische Bereich an die erste Stelle.

Die Reproduktionsorgane erhöhen nicht nur die Sensibilität, sie verändern sie auch. Das Fernrohr und das Mikroskop verbessern den Gesichtssinn, aber sie eröffnen ihm auch neue Bereiche. Die Wahrnehmung wird um Schätzung und Rechnung ergänzt: das Auge sieht geometrisch. Mechanische Abläufe, der endlose Gang der Uhr etwa, bringen neue Sinne hervor, zum Beispiel den des Messens oder des quantitativen Urteils, der in den Gesten und in den Körperhaltungen angelegt ist. Die Sensibilität löst sich von der unmittelbaren Erfahrung und ist nicht länger Geruch, Blick, Fühlen. Der Bau von Apparaten nach den Gesetzen der Bewegung und der Kraft trägt dazu bei, bestimmte biologische Fähigkeiten zu schärfen, während er andere verkümmern läßt. Die Reproduktionsorgane eröffnen den Sinnen und dem Denken neue Möglichkeiten und führen sie auf neue Wege. Fortan sind es die primären Qualitäten – Bewegung, Volumen, Ausdehnung –, die erfaßt werden, auf Kosten der sekundären Qualitäten – Farbe, Form usw.

Die solcherart gestaltete Welt tendiert zur Identität, die Vielfalt reduziert sich zur Einheitlichkeit, wird zur bloßen Vervielfachung des einen in beliebig viele Exemplare. Die allerersten Organe des Menschen vermehren sich, insofern sie zu Elementen der materiellen Kräfte werden, die sie nachahmen, ersetzen, verändern und integrieren, um sie schließlich in passive Bestandteile einer Kette von festen Körpern zu verwandeln. Pleuel, Fernrohr und Automaten reproduzieren Auge, Fuß und Hand, die nun als Teile in den mechanischen Reproduktionsorganen fungieren. Die Veränderung ist einschneidend: Das Reproduktionsorgan ist nun der Träger von Geschicklichkeit und Arbeitskraft, deren Ausübung es ermöglicht, während die menschliche Sensibilität in diesen Organen nur die Rolle eines Faktors unter vielen spielt.

Auch die Bedingungen, unter denen sich die neuen Fähigkeiten herausbilden, erfahren eine Veränderung. Die Geschicklichkeit hängt nicht länger von einer unmittelbaren Übung, einer langsamen Anpassung des Könnens ans Objekt ab, auch nicht mehr von der Teilung der Arbeit – obgleich alle diese Umstände bestehen bleiben –, sondern von der Gesamtheit der Reproduktionsorgane (Maschinen und Instrumente) und dessen, was sie reproduzieren. So erweitert eine neue Fähigkeit eine bestehende Geschicklichkeit, indem sie diese an einen automatischen Prozeß oder an eine materielle Operation bindet. Das Können des Müllers wird in dem Augenblick zum praktischen Wissen des Mechanikers, wo die Mühle durch eine unbelebte Antriebskraft und einen Transmissionsmechanismus angetrieben wird. Das mechanische Reproduktionsorgan assimiliert die Arbeitskraft und die Geschicklichkeit. Es ist Ergebnis einer Veränderung, welche die Geschicklichkeit transformiert und die Arbeit des Handwerkers absorbiert. Dessen Fähigkeit wird in einem doppelten Sinne mechanisch: Sie kristallisiert sich in den nichtmenschlichen Mechanismen, und alle ihre Operationen werden in Abhängigkeit von mechanischen Kräften begriffen. Dank dieser Vermittlung werden diese Kräfte dem menschlichen Tätigkeitsmodus einverleibt, und dieser wird seinerseits als Tätigkeitsmodus der Materie begriffen. Bevor der Mensch in der Industrie oder im Universum zum Element der Maschine wird, wird er selbst als Mechanismus verstanden:

»Wie der Makrokosmos ein *Automaton* ist, so ist auch der Mikrokosmos (der Mensch) eine Art von Maschine, die sich selbständig fortbewegt und ihre

verschiedenen Bewegungen mittels gewisser Federn und Rädchen vollführt.«
(T. Powell[10])

Die Reproduktion dieser mechanischen Geschicklichkeit verdoppelt sich und erhält ihrerseits bewegenden Charakter. In einem bestimmten Zusammenhang bewahrt sie einen relativ organischen Charakter, aber ihr Inhalt und ihr Gravitationszentrum verschieben sich. Noch lange erfolgt die Ausbildung des Mechanikers und des Ingenieurs in der Werkstatt, eingebettet in die Produktion, wobei dieses Wissen durch Informationen aus den Schulen und aus Lehrbüchern ergänzt wird. Ihre Aufmerksamkeit gilt weit mehr dem Instrument und der Maschine als den übrigen Elementen der Einwirkung auf die Materie. Der Erwerb von Fähigkeiten bleibt nicht länger auf bloße Wiederholung beschränkt, sie wird aktiver.

Der zweite Aspekt der Reproduktion ist die Übertragung des menschlichen Könnens auf die mechanischen Mächte; er steht in engem Zusammenhang mit dem Prozeß des Erfindens. Die Erfindung ist ein *permanenter* und *diffuser* Vorgang. Überall, wo die Arbeit reproduziert und in einen materiellen Agenten verwandelt wird, ist es unerläßlich, neue Beziehungen zur Erfindung herzustellen. Diese Manifestation der Schöpfung von Arbeit wird von der bestehenden Geschicklichkeit, von der Reproduktion beherrscht; ihre Richtung ist im voraus bestimmt. *Sehr oft bedeutet Erfinden Ersetzen.* Aus diesem Grund hat die Erfindung einen relativ diskontinuierlichen Charakter, ihre Triebkräfte liegen außerhalb und sind durch das Bestehende vorgezeichnet.

Der Prozeß der Erfindung wird daher als ein abgeschlossener Vorgang verstanden, der in seinem Ablauf an eine vorbestimmte Grenze stößt, sobald seine Aufgabe erfüllt und das Ideal, nach dem er strebt, verwirklicht ist. Dies gilt in jedem Falle, ganz gleich, auf welche Elemente oder Dimensionen er angewendet wird. Doch welche Freiheit und welche Möglichkeiten sind gleichwohl innerhalb dieses Rahmens gegeben! Der Mechaniker paßt inkommensurable Energien denen des Individuums an; er kombiniert Bewegungen, die reicher in ihren Möglichkeiten sind, als sie der Körper besitzt; er schärft seinen Verstand, um es mit einem Stoff aufzunehmen, den er beständig organisieren und transformieren muß. Sein erfinderisches Genie enthüllt diese als unbewußte Beziehungen seines Verstandes und als Regeln der Tätigkeit seiner Hand, welche die materiellen Kräfte kombinieren oder anleiten. Das Ergebnis der Erfindungstätigkeit liegt auf der Hand. Jeder Weber, jeder Graveur und jeder Töpfer, der auf die Erde zurückkehrte, vermöchte sich in seiner mechanischen Verkörperung wiederzuerkennen, die mit all den Generationen von Webern, Graveuren und Töpfern verknüpft ist. Er würde in einer anderen Welt wiedergeboren, in einer anderen Natur, die so, wie die Wissenschaftler sie bestimmt haben, als *mechanisch* bezeichnet werden kann.

Diese Natur folgt klar umschriebenen Gesetzen mit meßbaren quantitativen Parametern. Und diese Gesetze sind objektiv, sie sind unabhängig vom Eingriff des Menschen, einem Eingriff, der seinerseits auf die Tätigkeit jeder anderen materiellen Kraft zurückführbar ist. Verglichen mit der organischen Natur, kennt diese neue Natur[11] nicht den Menschen als einheitliche innere Kraft, die im Hinblick auf ein Ziel wirksam wird und sich im ganzen Universum widerspiegelt. Die Tätigkeit des Menschen liegt darin, die Gesetze seines Handelns in denen der materiellen Kräfte aufzuspüren, vom eigenen Vorgehen zu abstrahieren, sich mit der materiellen Kraft zu identifizieren und sich außerhalb der inneren Organisation dieser Kraft zu stellen. In eben dieser Weise erscheint die menschliche Arbeit. Der Teil dieser Arbeit, der notwendig auf den Mechanismus übertragen werden muß, und die Steuerung dieses Mechanismus treten deutlich auseinander. Wenn das Individuum das Modell bleibt, so in dem Maße, wie die Bewegung der Körper, der Impuls des Stoßes und die Variation der Schwerkraft ihn widerspiegeln. Die menschlichen und die nichtmenschlichen materiellen Kräfte assimilieren sich wechselseitig und bilden gemeinsam eine einheitliche, homogene Maschine. Vor allem homogen: Jeder qualitative Unterschied und jede strukturelle Hierarchie werden verbannt, weil sie auf einen Unterschied im Volumen, im Gewicht und in der Ausdehnung reduziert werden können und müssen. Dies ist mehr als eine Realität, es ist ein kategorischer Imperativ. Dank der Gleichförmigkeit der Gesetze, unter die man sämtliche Erscheinungen des Universums gestellt sieht, kann man jedes Element für sich betrachten und enthüllt doch unter einem bestimmten Gesichtswinkel stets die Totalität. Und diese Totalität ist letztlich nur die Summe identischer Elemente, deren jedes die Qualitäten des Ganzen bewahrt. Die Teile des Universums unterscheiden sich nur in der Dimension; Mensch und Materie unterscheiden sich nur in der Anzahl der Federn, der Räder- und Hebelwerke und in den Konsequenzen ihrer Anordnung. Die Umwandlungsprozesse, nach denen man sucht, sind insgesamt lediglich Umordnungen, die zu einer meßbaren Verausgabung von Energie führen, deren Kosten es, bei Strafe des Verlusts jener zu erneuernden Kraft, auf ein Minimum zu reduzieren gilt. Das Ganze steht unter einem Erhaltungsgesetz, es ist konstant; die Störungen der Faktoren müssen sich notwendig wechselseitig kompensieren, die Stabilität ist allgemein. Das Gleichgewicht zwischen den materiellen Kräften gilt als überall herstellbar. Der Austausch zwischen dem Menschen und der Maschine ist derselben Regel unterworfen.

Die Dimensionen können ins Unendliche wachsen; wenn diese Unendlichkeit immer mehr Elemente oder solche mit unterschiedlichen Massen und Geschwindigkeiten annimmt, so scheinen doch das Gesetz, das es zum Ausdruck bringt, und die Beziehungen, die ihm zugrunde liegen, im großen und im kleinen invariant zu sein. Die Arbeit der Natur[12] läßt sich stets in Kraft und Bewegung auflösen. Ihre Universalität wird nach der Einfachheit der erwarteten Wirkungen begriffen: bewegen, beschleunigen, eine Kurve beschreiben usw.

Zugleich ist auch die Natur begrenzt und endlich; ihre Grenzen liegen in unserer Reichweite. Die Erfindung bewegt sich auf einen Punkt zu, an dem die Durchsichtigkeit der Maschine Universum sie auf die Reproduktion, auf die Wiederholung und formale Ordnung derselben Daten zurückwerfen wird. Diese Überzeugung, wonach die Möglichkeiten der materiellen Ressourcen unveränderlich und fest umgrenzt sind, wird durch den Existenzmodes der als Kraft und Bewegung begriffenen Materie bestärkt. Die Beherrschung des Mechanismus kann nur zu einer Vervollkommnung dieses Mechanismus führen; die Kraft geht von einem Körper auf den anderen über, ohne uns damit neue Strukturen zu enthüllen. Jenseits bestimmter Grenzen, nachdem die Prinzipien der Natur verwirklicht, die Arbeit geordnet und ihre Formen ausgeschöpft sind, wird der Mensch in seinem Selbstschöpfungsprozeß wieder auf die unbeweglichen Sphären des Parmenides stoßen.

In der organischen Natur produziert der Mensch sich selbst vor allem, indem er reproduziert, was bereits geschaffen ist; in der mechanischen Natur ist das Ganze durch eine beständige und determinierte Erfindungstätigkeit assimiliert und durchsichtig gemacht. Im einen Falle gilt dem Menschen als real nur, was auch als möglich angesehen wird; im anderen gilt ihm als möglich nur, was bereits real ist. Keiner dieser Naturzustände gesteht dem Menschen zu, gleichzeitig und im vollen Sinne des Wortes Schöpfer von Möglichkeiten und von natürlicher Realität zu sein. Erst der dritte Zustand, die kybernetische Natur, eröffnet ihm solche Horizonte.

IV. Die kybernetische Natur

1. Die endgültige Materie

Die Natur, die ich *kybernetisch* zu nennen vorschlage, könnte geradesogut als *synthetische* Natur bezeichnet werden, läge darin nicht ein gewisses Ärgernis für unsere Denkgewohnheiten.

Zum ersten Mal hat es der Mensch unternommen, in großem Umfang Stoffe zu reproduzieren, zu entwickeln und zu schaffen. Nicht in ihrer Rohgestalt, sondern *in ihrer Endform* verkörpern sie sich in Objekten, präsentieren sie sich unseren Sinnen. Die Chemie schafft auf synthetischem Wege neue Stoffe. Generell neigt man dazu, solche Stoffe als künstlich zu bezeichnen, weil sie in *der* Natur keine Entsprechung besäßen. In Wirklichkeit handelt es sich um Stoffe, die *unserer* Natur eigen sind, die unserer Beziehung zur materiellen Welt entspringen und in anderen Kombinationsweisen, anderen Organisationen von Materien, welche andersartigen natürlichen Ordnungen entspringen, nicht vorhanden sind. Einen Abschnitt in der Geschichte unserer Natur stellt diese Produktion von Stoffen dar, die dieser Natur eigen sind; es sind im eigentlichen Sinne Materien, deren Anzahl und Entwicklung wir heute noch gar nicht absehen können.

»Wir haben begonnen«, schreibt Hannah Arendt,[13] »gewissermaßen Naturprozesse selbst zu ›machen‹, d. h. wir haben natürliche Vorgänge losgelassen, die niemals zustande gekommen wären ohne uns . . .«

Die Fülle neuer Stoffe, der Zugriff auf die Modalitäten, mit denen sich die Eigenschaften eines Stoffes im gewünschten Sinne verändern oder auf andere Stoffe übertragen lassen, illustrieren die neu gewonnene Leichtigkeit im Verhältnis des Menschen zur Materie. Wenn der Mensch sie bis dahin zu *formen* verstand – aus Holz wird eine Statue – oder *umzuwandeln* – der Dampf wird zur

Quelle mechanischer Arbeit –, so gelingt es ihm nun, sie zu *entwickeln*, d. h. die Eigenschaften eines Stoffes auf einen anderen zu übertragen, neue Ordnungen einzuführen und den Weg für bisher unbekannte Verbindungen zu öffnen. Die »Chemisierung« der technischen Prozesse verdeutlicht den strukturellen Charakter unseres Eingriffs.[14] An die Stelle von Methoden des »Abtragens« von Stoffen und des Zerschlagens treten Verfahren, die das Material ähnlich wie die Flüssigkeiten behandeln und auf Prozesse der chemischen Zersetzung, der Pulverisierung oder thermischer Aktivität zurückgreifen. In dieser Kette ist die feste Struktur des Objekts lediglich der Zustand, der den aktuellen Gebrauchsweisen entspricht.

Ins Auge fällt sogleich die Revolution im materiellen Bereich. Mit welcher Materie haben wir es zu tun? Es ist weder die Substanz des organischen Universums noch die Kraft des mechanischen Universums – wenngleich es beides auch ist. Die Materie manifestiert sich in der Form materieller *Systeme*, d. h. in der Form von Strukturen oder Ordnungen, die sich durch ihre physikalischen, chemischen oder biologischen Eigenschaften definieren lassen. »Wenn das neunzehnte Jahrhundert den Triumph der Energie erlebt hat, so das zwanzigste Jahrhundert den der Strukturen«, bemerkt Pierre Auger.[15] In der Tat erfolgen die meisten Aktivitäten auf dem Niveau dieser Strukturen, und auf dieser Ebene lernen wir auch das Gegebene zu verändern. Man steuert die wahrnehmbaren Qualitäten und das Energiegleichgewicht, indem man die Verbindungen und Wechselwirkungen innerhalb eines Systems und der Systeme untereinander verändert. Aufgrund einer Analyse der Organisationsformen von Materie werden neue Körper und Verbindungen mit allen gewünschten Eigenschaften geschaffen. Wir produzieren reine oder mit einem berechneten Verunreinigungsgrad versehene Kristalle, wir dosieren die molekularen Faktoren ganz nach den erwünschten Wirkungen. Die Eigenschaften eines materiellen Systems werden durch die eines anderen gewonnen.

Auf dieser Ebene steht die Arbeit; sie ist Permutation der Elemente oder Umgestaltung der Strukturen, ob es nun (a) darum geht, die (Temperatur-, Druck- u. ä.) Grenzen, innerhalb deren die Phänomene hervorgebracht werden können, elastisch zu machen, oder (b) darum, völlig neue Phänomene hervortreten zu lassen.

2. Der Bereich der Regulation

Was ist nun angesichts dieser neuen Materie die Arbeit des Menschen? In prinzipieller Hinsicht läßt sie sich als Steuerungstätigkeit fassen. Ihre wichtigsten Merkmale sind: die Beschaffung von Informationen, mit denen sich ein System von Apparaten oder beherrschbaren physikalisch-chemischen Prozessen kontrollieren läßt; die Herstellung und Sicherung der Bedingungen, die einen ungestörten Ablauf dieser Prozesse gewährleisten; die Festlegung von Normen für das Funktionieren dieser Systeme und die Korrektur der Abweichungen von diesen Normen.

Die Bedeutung der Arbeit wird klar, wenn wir uns zwei Gruppen von Hypothesen vor Augen halten. Die erste Gruppe umfaßt Hypothesen über den Rückzug des Menschen aus den unmittelbaren Produktionsprozessen; die zweite solche über den Funktionsunterschied zwischen Arbeit und Materie.

»Ohne den Menschen!« lautete der begeisterte Ausruf aller Propheten der Maschine. Sie zogen die Kooperation der gelehrigen Mechanismen vor. Die Automatisierung von Verfahren zur Bewegungsübertragung und zur Umwandlung von Rohstoffen entspricht ganz diesem Eifer, die Materie vom Menschen zu befreien und den Arbeiter aus der Fabrik zu verbannen. In der organischen Natur erweist sich der Mensch durch seine Tätigkeit als unmittelbarer Agent, der dem Stoff mittels seiner Werkzeuge die gewünschte Form verleiht. Hauptagent in der mechanischen Natur ist der Übertragungsmechanismus, der als Mittelglied zwischen Werkzeugmaschine und Kraftquelle dient und der Bewegung die gewünschte Richtung, Intensität und Komplexität verleiht. Der Mensch steuert hier seine Sinnesorgane bei; er ist unmittelbar als Teil im Mechanismus präsent, oder er hält sich neben ihm, um ihn zu versorgen und seinen Ausstoß in Empfang zu nehmen.

Die mechanische Transmission bereitet stets eine Fülle von Schwierigkeiten und verbraucht gewaltige Mengen Energie. Von einer zentralen Kraftquelle – der Dampfmaschine – wird die Bewegung über Rollen, Riemen, Getriebe und Hebel auf das mechanische Werkzeug übertragen; dabei geht Energie verloren, gelegentlich wird die Bewegung auch unregelmäßig. Die Entdeckung der Elektrizität machte es möglich, den zentralen Antrieb durch Motoren an jeder Maschine zu ersetzen. Zunächst ließ nichts darauf schließen, daß es sich hier um etwas anderes als eine Energie-art handelte, die sich dem Mechanismus integrieren und weiter perfektionieren ließ. Bald jedoch machte sich das Bedürfnis gel-tend, die Übertragung der Elektrizität selbst zu verändern, und dank der Entdeckung elektronischer Elemente erfuhr diese bald eine Revolutionierung. Heute spielt die Kraftökonomie, die Be-seitigung von Reibung und anderer Ursachen von Bewegungsver-lusten eine weit geringere Rolle. Die Maschine wird nicht mehr in der Werkstatt von einem einfallsreichen Mechaniker verändert: Sie wird direkt im Laboratorium von einem Forscher entworfen. Der Weg vom Naturgesetz zu dessen direkter Anwendung hat sich beträchtlich verkürzt.

Die Automatisierung hat diese Tendenzen – mit Hilfe der Kyber-netik[16] – in einer revolutionären Lösung zusammengefaßt.[17] Die Richtungen, in die sie sich entwickelt hat, lassen sich folgen-dermaßen zusammenfassen: (a) Vereinheitlichung sämtlicher Produktionselemente von der Antriebsenergie bis hin zur Bear-beitung des Gegenstandes; (b) Schaffung von Steuerungs- und Selbststeuerungsprozessen einer Maschine, die mit Wahrneh-mungsorganen für ihre eigene Tätigkeit ausgerüstet ist; (c) voll-ständige Integration der Produktionsschritte. In einem solchen System werden die Unterschiede zwischen den Teilen (Werk-zeugmaschine, Übertragungsmechanismus usw.) vollkommen se-kundär; wesentlich ist allein die Einheit des Ganzen.

Ich verzichte hier auf die Einzelheiten, die in den Spezialabhand-lungen ausgebreitet werden. In diesen Abhandlungen werden auch die bemerkenswertesten Auswirkungen der kybernetischen Technik deutlich: (a) die Verdrängung des Menschen aus dem unmittelbaren Produktionsprozeß; (b) die Kombination ver-schiedener Phänomene (elektrischer, mechanischer, hydropneu-matischer u. ä. Art) zu einem koordinierten Ganzen; (c) der Vor-rang der Kontrolle und Kommunikation von Nachrichten über den energetischen Aspekt der Verwendung von Maschinensyste-men.[18] Fabriken und Laboratorien werden zu integrierten Einhei-ten, die insgesamt als materielle, physikalisch-chemische Systeme behandelt werden können, und dies nicht nur, weil man die Or-gane, die Sinnesleistungen und die manuelle Geschicklichkeit des Menschen außer acht lassen kann, sondern auch, weil der Eingriff in andere materielle Systeme unmittelbarer erfolgt, als es beim Menschen geschieht.

Dennoch ist die Beteiligung des Menschen weiterhin erforderlich: Auf welcher Ebene? Aus welchem Grund?

Zunächst einmal bedarf es des Menschen zur Regulation des automatischen Systems. Bekanntlich wird der Gang eines solchen Systems durch theoretische Normen für Temperatur, Leistung, Geschwindigkeit oder Volumen bestimmt. Diese Normen müssen festgelegt, ihre Einhaltung muß programmiert, den einzelnen Teilen zugewiesen und in wechselseitiger Abstimmung insgesamt berechnet werden. Während seiner Verwendung bedarf der Apparat nicht der wirksamen Anwesenheit des Menschen. Signale auf Anzeigetafeln gestatten es, die Übereinstimmung mit oder die Abweichung von den durch die Normen festgelegten Ablaufplänen festzustellen. Kontrolle, Überwachung und Interpretation dieser Signale und der Regelmäßigkeit im Lauf sind menschliche Arbeiten. Die Nachrichten werden an andere Systeme oder an andere Menschen weitergegeben. Doch das genügt nicht. Diese Einheiten sind komplex und empfindlich; sie »ermüden«, zeigen Schwankungen und legen »neurotische« Verhaltensweisen an den Tag, wenn die Bedingungen sich verändern. Ihre Unterhaltung ist eine Aufgabe, die den Produktionsvorgang ständig begleitet. Der Mensch wacht hier über das materielle Gesetz, das ohne ihn nicht endlos Anwendung fände. Seine Arbeit besteht nicht, wie es in der Vergangenheit der Fall sein konnte, in der Ausführung von Reparaturen bei Pannen: Es handelt sich wirklich darum, das System am Laufen zu halten, die Kontinuität und die Unabhängigkeit des selbststeuernden materiellen Kreislaufs zu gewährleisten. Der Mensch ist also aufgerufen, der »Degradation« der Energie entgegenzuwirken und gegen das Chaos zu kämpfen. Eine Fülle von – mechanischen, elektronischen, physikalischen und chemischen – Kenntnissen sind zusätzlich zu den manuellen Fertigkeiten erforderlich. Die Spezialisierung, das Ideal vergangener Zeiten, weicht der Kombination von Kenntnissen und Fertigkeiten, der direkten Kooperation von Menschen mit unterschiedlichen Qualifikationen. Alain Touraine weist deutlich auf diesen Umstand hin:

»Das wirkliche Organisationsprinzip (der automatischen Fabrik) ist nicht mehr die Befehlslinie, sondern die technische Einrichtung, die eine Kooperation von Menschen der unterschiedlichsten hierarchischen Positionen und technischen Fähigkeiten verlangt.«[19]

Die regulierende Arbeit gehört also einer neuen Gattung an. Ihre Aufgabe ist nicht die Formung von Objekten. Ihre Leistung bemißt sich nicht an der Leistungskraft einer Maschine. Die nichtmenschlichen Produzenten erfüllen diese Aufgabe. Die menschlichen Produzenten behalten sich einen besonderen Bereich vor, das Gebiet nämlich, auf dem es die physikalisch-chemischen Phänomene zu überwachen gilt, wo es um die Organisation ihrer Verknüpfung und insbesondere um die Aufrechterhaltung dieser Phänomene geht, sobald sie erst einmal in Systemen organisiert sind.

Regulierend ist die Arbeit auch noch unter einer weiteren Perspektive. In der mechanischen Natur (um nur diese zu erwähnen) manifestieren sich Geschicklichkeit und Arbeitskraft in Bewegung und Kraft. Wenn die Geschicklichkeit des Menschen zu einem Vermögen der Materie wird, gewinnt sie neue Qualitäten – die des Mechanismus – und einen größeren Wirkungsbereich. Die Maschinen reproduzieren in einem gewissen Sinne die Muskeln des Menschen, seine Verrichtungen. Die mechanische Kraft ersetzt die menschliche Kraft, verlängert sie und »lernt« von ihr. Dies ändert sich, wenn die materiellen Kräfte voneinander »lernen«, sich gegenseitig ersetzen und einander reproduzieren. Der Wasserfall ersetzt die Muskeln; die wassergetriebene Turbine und der Kernreaktor ersetzen sich wechselseitig oder die Dampfmaschine. Die Transmissionsmechanismen mit ihren Hebeln und Getrieben sind ein Spiegelbild der menschlichen Geschicklichkeit. Die Übertragung von Elektrizität hat es mit der »Geschicklichkeit« einer mechanischen Maschine zu tun. Mit etwas Übertreibung, jedoch nicht ohne Grund, kann man sagen, daß eine neue materielle Kraft, sobald sie einmal organisiert ist, die allgemeine Geschicklichkeit der Arbeit enthält, gleich ob diese Arbeit menschlich oder nichtmenschlich ist. Die Reproduktionsorgane verlängern und entfalten noch unsere eigenen Organe; in einem gewissen Grade reproduzieren sie jedoch die Organe aller materiellen Kräfte überhaupt.

Diese Überlegungen führen uns zu folgender Schlußfolgerung: Jede menschliche Arbeit kann heute in einer materiellen Gestalt erscheinen, und jedes materielle Element vermag eine relativ differenzierte *produktive* Arbeit zu leisten.

3. Die Dominanz der Erfindung

Die Erweiterung des praktischen Wissens und seine technische und wissenschaftliche Organisation haben die Grundlage für ein methodisches Vorgehen auf dem Gebiet der materiellen Kräfte gelegt, dessen Ziel in einer tiefgreifenden Veränderung der Struktur und in einer Ausnutzung der Energien dieser Kräfte besteht. Der Mensch greift in die »Geschichte« der Materie ein, oder er gibt ihr erst eine Geschichte. Daß die natürliche Evolution immer deutlicher zutage tritt, hängt eng mit den Umständen der Schöpfung der Arbeit zusammen. Und die Schöpfung der Arbeit erweist sich als etwas, das im Leben jedes einzelnen entwickelbar und umsetzbar ist; mehr noch, sie zeigt einen autonomen und methodischen Charakter. Autonom, weil die Schöpfung der Arbeit zum erstenmal zu einem spezifischen Prozeß wird, dessen Ausbreitung, Veränderung und Beschaffenheit nicht länger Komplemente anderer Prozesse (insbesondere der Produktion oder der Ausbildung) sind. Die Erfindung ist nicht mehr ein Aspekt der Tätigkeit des Ingenieurs, und ihre theoretischen Ergebnisse dienen nicht mehr vor allem der Bestätigung eines Weltbildes. Als methodischer Vorgang ergibt sie sich aus der Schaffung von Geschicklichkeit und folgt Prinzipien, die von Wissenschaft und Technik eindeutig aufgestellt wurden. Die Unterscheidung zwischen »künstlich Geschaffenem« und »Natur«, den beiden Bereichen unserer Wirklichkeit, verliert an Strenge, und die Anwesenheit oder Abwesenheit des Menschen, die lange als unfehlbares Kriterium galt, erweist sich als unbrauchbar. In einer tieferen Schicht kommt die Kontinuität zwischen den natürlichen und den sogenannten »nichtnatürlichen« Prozessen zum Vorschein, und dies durch die Fähigkeit, neue Stoffe zu schaffen, deren Eigenschaften systematisch zu erweitern, und zwar nicht nur als Wiederholung ihrer Geschichte, sondern als Fortsetzung dieser Geschichte bis in unsere Tage. Weil wir unsere objektive Geschichte in dieser Perspektive aufnehmen können, d. h. in der systematischen Erforschung der menschlichen und der physikalischen Fähigkeiten, erweist sich der entsprechende Naturzustand selbst als geschichtlich.

4. Eine geschichtliche Natur

In der kybernetischen Natur ist die Zeit keine äußerliche allgemeine Kategorie mehr, sie ist zu einer inneren Dimension geworden. Wir identifizieren sie nicht länger mit einer einzelnen materiellen Kraft, wie dies in der mechanischen Natur der Fall war. Im Gegenteil: die Vielzahl der materiellen Kräfte, das Netz ihrer Verbindungen, der Einfluß, den sie aufeinander ausüben, bringen die natürliche Ordnung zum Ausdruck. Von der Kernkraft oder von der Massenanziehungskraft wissen wir, daß sie in bestimmten physikalischen Zuständen einer Sonne oder eines Planeten aktiv sind, während sie in anderen Zuständen passiv und stabilisiert bleiben. Zwischen ihnen suchen wir nach einer – im übrigen gänzlich relativen – Hierarchie, die von der gewählten Variablen abhängt: der Freisetzung von Energie, dem Abstand vom Kern, der Geschwindigkeit usw. Geht man von einem Bereich in den anderen über, so wechseln die Gesetze und können sich auch ineinander umwandeln. So bleiben wir für relativ geringe Geschwindigkeiten im herkömmlichen Bereich der newtonschen Mechanik, dem geradlinigen, dreidimensionalen Raum. Hat man es jedoch mit sehr schnell bewegten Massen zu tun, so gelten andere Gesetze.[20] Der Determinismus ist keine gleichförmige Erscheinung, d. h., er gilt nicht für alle Bereiche in derselben Weise. Im strengen klassischen Sinne gilt er für Maschinen oder Pflanzen; auf dem Niveau der Atome dagegen wird unser Urteil und unser praktisches Handeln von der Wahrscheinlichkeit beherrscht. Die kybernetische Naturordnung ist nach Ebenen gegliedert, nach Ebenen, die ganz von der Stufe abhängen, auf der man sie betrachtet.

Wenngleich diese Ordnung eine Gliederung von gleichzeitig vorhandenen Körpern und Phänomenen ist, so wird sie doch als Resultat einer fortlaufenden Evolution begriffen, als Ergebnis einer Mobilität von kosmischem Niveau. Jede Tatsache ist zugleich ein Ereignis, und jedes synchrone Verhältnis hat sein diachrones Gegenstück. Der Unterschied zwischen Kohle und Erdöl liegt bekanntlich sowohl in ihren jeweiligen Eigenschaften als auch in der geologischen Dauer ihrer Entwicklung. Das Universum bringt Zeit hervor, es bringt sich selbst in der Zeit hervor und badet darin. Die Idee einer an zeitliche Zyklen gebundenen Geometrie,[21] einer variablen Krümmung des Raumes – variabel in

Abhängigkeit vom Zeitpunkt, da die Krümmung gemessen wird –, ist der fortgeschrittenste Ausdruck dieser Temporalisierung der materiellen Phänomene. Wir wissen noch nicht, ob diese Vorstellung endgültigen Charakter hat. Die Tatsache, daß man sie ernsthaft hat vorbringen können, ohne daß sie eindeutig widerlegt worden wäre, deutet auf eine gewisse Wahrscheinlichkeit hin. Aber auch die Sterne, die wir für ewig hielten, für Sonnen, die auf die imaginären Himmelsbahnen gesetzt waren, sprechen uns von der Evolution der Materie,[22] ganz wie die verschiedenen biologischen Arten uns die Evolution der Lebewesen lehren. Ihre Farbe oder Helligkeit geben uns Hinweise auf ihr Alter, Hinweise, die auf je spezifischen Oberflächentemperaturen und Energieabgaben beruhen.[23] Die Atomphysik hat bewiesen, daß die Atomkerne sich ineinander umwandeln. Sie hat auch die Möglichkeit geschaffen, die Reorganisation der Materiestrukturen der Sonne und der übrigen Sterne in vergleichender Perspektive zu untersuchen. Die Vorgänge, in denen sich Wasserstoffatome in Heliumatome verwandeln, und die Geschwindigkeit, mit der die Reaktionen in den einzelnen Sternen ablaufen, liefern uns Informationen über deren Alter; die zurückgelegten Etappen gestatten es uns, die Geschichte des uns zugänglichen Ausschnitts des Universums zu schreiben. Eine hypothetische Geschichte, gewiß, aber welche Geschichte ist das nicht?

Was uns im Raum gegeben ist, läßt sich entsprechend auch in die Zeit übersetzen. Wenn wir den Sirius oder den Andromedanebel betrachten, so sehen wir durch acht oder zehn Millionen Lichtjahre.[24] Die Unterschiede zwischen der Sonne, der Erde und den übrigen Planeten sind ebensosehr solche der Position wie der Entwicklung und der Stellung unter den Himmelskörpern. Und so stellt heute auch jeder chemische Körper einen Entwicklungsschritt gegenüber einem anderen Körper dar; das Blei die Zukunft des Radiums und das Radium die Vergangenheit des Bleis.

Die Wirklichkeit der Natur scheint uns so auf quantitativer Ebene durch Vielfalt, auf zeitlicher Ebene durch eine Entwicklung gekennzeichnet. Der Gegenstand der Biologie, das Lebendige, ist von dieser Kette nicht ausgeschlossen, ihm wird kein grundsätzlich andersartiger Status zugesprochen. In der Praxis repräsentieren die automatischen Systeme die intelligenzbegabte Materie; in zunehmendem Maße nehmen sie die Phänomene des Lebens in sich auf. Ein besonderes Fachgebiet, die Bionik, befaßt sich mit solchen Fragen. Doch das ist nur ein erster Schritt. Die wachsende Bedeutung der biologischen Prozesse und ihre Interaktion mit den physikalisch-chemischen Prozessen führen uns stetig auf den Weg eines Zugriffs auf die Materie, der auf lange Sicht revolutionären Charakter hat. Die Vereinigung der organischen und anorganischen materiellen Kräfte erfolgt in einer deutlich genetischen Perspektive, wobei jeder dieser Bereiche als Ziel und Ergebnis der Umwandlung des jeweils anderen Bereichs erscheint. Um die Kette dieser Transformationen in Gang zu setzen, muß man die Ereignisse in Betracht ziehen, die parallel zu den Vorgängen auf der Erde auf anderen Planeten und in anderen Galaxien ablaufen. Es wird uns kaum erstaunen, wenn wir eines Tages irgendwo im Raum einen Stoff finden sollten, den wir vorausgesehen oder produziert haben – falls er dort nicht schon existierte.

Die kybernetische Natur beginnt gerade erst sich abzuzeichnen. Zu der Aufgabe, die ich mir hier gestellt habe, ist es nicht erforderlich, ihre Beschreibung weiter voranzutreiben. Schon jetzt ist deutlich, daß die Grundlagen einer neuen Naturordnung Gestalt annehmen und daß diese Grundlagen neuartig sind. Ihre Voraussetzungen gehen bis auf den Anfang des Jahrhunderts zurück, und ihre Folgen werden auch am Ende dieses Jahrhunderts noch nicht alle absehbar sein. Der Zeitraum ist relativ begrenzt. Neue Praktiken und Beziehungen sind am Werke, vermengt mit einem Wirbel von Visionen, der an die Zeit der Vorsokratiker erinnert. Die Ungewißheit, mit der sie behaftet sind, ist der Preis ihrer Unfertigkeit. Dagegen steht außer Zweifel, daß die Menschheit in eine neue Ära ihrer Naturgeschichte eingetreten ist.

V. Der Inhalt der Naturzustände und die Funktion der Naturdisziplinen

Seit langem schon teilen die Archäologen und Anthropologen die Epochen nach den verwendeten Materialien ein. So lehren sie uns, daß auf die Steinzeit die Bronzezeit, und auf die Bronzezeit die Eisenzeit folgt; danach müßten wir uns heute im Kunststoffzeitalter befinden. In einem ganz ähnlichen Sinne zählt man auch die Substitutionszyklen auf: Die Schwerkraft folgt der Muskelkraft, die Elektrizität der Schwerkraft, die Atomenergie der Elektrizität usw. Parallel dazu zeigt man die schrittweise Zunahme der menschlichen Intelligenz und die Erweiterung ihrer biologischen Grundlage auf. Ein direktes Anzeichen dafür sieht man in der Vergrößerung des Hirnvolumens, in der Vermehrung der Verbindungen zwischen den Hirnteilen und in der Fähigkeit der Gattung zum Überleben. Die äußere, materielle Komponente des Menschen und seine innere, biosoziale Komponente spiegeln so gesondert eine lineare Entwicklung, die in der Aneinanderreihung von Zeitaltern oder Stadien auch eine Geschichte wäre. Diese Vorstellung – die in operativer Hinsicht gewiß ihren Nutzen hat – erreicht jedoch nicht die Höhe der mythischen Intuition, die ganz zu Recht nicht zwischen der Ordnung der Dinge und der menschlichen Ordnung zu unterscheiden verstand. Wenn sie dennoch soviel Beifall findet, so weil der Gedanke einer unveränderlichen Natur, die dank der entwickelten Mittel zunehmend vom Menschen beherrscht wird, tief in den Köpfen verankert ist. Selbst wenn die Erfahrung oder allein schon logische Überlegungen die Erkenntnis aufdrängen, daß wir es mit einer Abfolge verschiedener Naturen zu tun haben, beschreibt man sie als Abfolge von Konzepten. So schreibt der Wissenschaftshistoriker A. C. Crombie:

»In der Geschichte der europäischen Wissenschaft lassen sich drei Naturkonzepte unterscheiden: die Natur als aus Dingen bestehend, deren Wesen ein aktives, operatives Prinzip ist (substantielle Formen, sekundäre Ursachen); die Natur als Mechanismus, in der allein die nahen Ursachen Gegenstand von Wissenschaft sind, und die Natur als Prozeß, ein Konzept, das einmal mehr die Frage nach den letzten Ursachen aufwirft. Das erste Konzept beherrschte das Denken der Menschen von den Anfängen der griechischen Wissenschaft bis ins siebzehnte Jahrhundert hinein; das zweite von Galilei und Newton bis ans Ende des neunzehnten Jahrhunderts; seither teilt es seine Herrschaft mit dem dritten Konzept.«[25]

Man könnte auch sagen: organische Natur, mechanische Natur, kybernetische Natur. Aber man sagt es nicht, weil das den Abstraktionen konkrete Existenz zu verleihen hieße. So blendend und furchtlos der Idealismus ist, solange er sich auf den Bereich des Geistigen beschränkt, so verschämt und ängstlich wird er, wenn es gilt, die Postulate bis in ihre letzten Konsequenzen zu verfolgen, bis dorthin, wo er sich mit seinem Gegenteil träfe. Sind diese sorgfältig isolierten Konzepte nicht die Filter, über die jeder

Austausch mit den Mächten der materiellen Welt erfolgt, die Hilfsmittel, deren man sich bedient, wenn man verstehen will? Und gelangen diese Konzepte nicht nur als Vorstellungen und Bilder zu uns, sondern auch als etwas, das Teil am Vorgestellten hat und sich mit der Realität verbindet, von der es ausgeht und der wir unser Zeichen aufprägen?

Wir müssen also einen Schritt nach vorn tun. Die Möglichkeit, die Geschichte der Naturzustände in eine Geschichte ihrer Konzepte aufzulösen oder sie darin zu verbergen, erwächst aus der Ungewißheit, in der man sich hinsichtlich des Inhalts dieser Zustände befindet. Will man in die Bedeutung dieses Inhalts eindringen, so muß man sich klarmachen, daß die Ressourcen sich bei ihrer Erfindung oder Reproduktion in einem strengen Rahmen von Wissen kristallisieren, das bestimmten Randbedingungen und vorgegebenen Regeln unterworfen ist. Von diesem Rahmen hängen die Eigenschaften einer natürlichen Entität ab, und mit ihnen auch die Instrumente und Normen, mit denen sie sich erfassen lassen. Er bildet notwendig eine *Disziplin*; diese verknüpft die Sinnesapparate mit den Bereichen des Verstandes, welche die über die reale Welt gesammelten Informationen selegieren, und eint *ipso facto* die menschlichen und nichtmenschlichen Komponenten der objektiven Entitäten. Die Disziplinen – Handwerkssparten, Wissenschaften, Philosophien, Techniken – sind gewaltige Synthesen, welche die Arbeit mit der Materie und unsere Fähigkeiten mit den physikalischen Elementen, auf die sie angewendet werden, verknüpfen. Sie bilden das Inventar der von der Gattung geschaffenen Fähigkeiten und zugleich eine besondere Weise, die Attribute der materiellen Kräfte wie auch die Prozesse der Erfindung und Reproduktion zu erfassen. Vermöge ihrer Handwerkskunst, ihrer Wissenschaft und allen Wissens, das ihnen zugänglich ist, richten die Menschen Fausts Worte an das Universum: »Hier ist es Zeit, durch Taten zu beweisen, daß Manneswürde nicht der Götterhöhe weicht.«

Natürlich könnte man die Disziplinen der quasiphysiologischen Ausstattung der Gattung zurechnen, einer ihrer großen Funktionen, der Vernunft oder der Einbildungskraft. Ihre Diversität wäre dann die Fortsetzung der Spezialisierung von Körper und Geist: Wissenschaft, wissenschaftliches Denken; Technik, technisches Denken; Handwerk, Koordinierung der Sinnesapparate; usw. Echte organische, aus diesem Anlaß – *homo sapiens* und *homo*

faber – geschaffene Entitäten sollten ihnen entsprechen und ihre
Evolution erhellen:

»Vor allem dem Pythagoräismus«, schreibt Brunschvicg,[26] »verdankten die
Hellenen die Schöpfung der mathematischen Methodologie, d. h. dem Erscheinen des *homo sapiens*, hier jedoch nicht im Sinne der Anthropologie als
Gegensatz zum Tier verstanden, sondern in der vollen Bedeutung, die ihn
dem *homo faber* der östlichen Gesellschaften entgegensetzt.«

Das bekannte Schema sieht so aus: Die langsame Erarbeitung des
mathematischen Wissens bis zu seiner Zusammenfassung in einer
unabhängigen Disziplin – ein Werk der Griechen – erfährt eine
Dramatisierung durch den Kontrast zwischen dem spekulativen
Denken der Griechen und der praktischen Anschauung der
Orientalen. Der beschriebene Entwicklungsgang wird nicht als
ein Vorgang verstanden, bei dem neue Probleme an die Stelle alter
Probleme treten, er wird vielmehr insgesamt für die großartige
Entfaltung der Intelligenz vereinnahmt. Entstehung und Entwicklung der Disziplinen illustrieren den Fortschritt der differenzierten psychischen Fähigkeiten; sie treiben die ihnen innewohnenden Prinzipien bis zur Perfektion voran. Wenn dieses Prinzip,
wie Emile Meyerson glaubte, in der Suche nach Identität im Fluß
der Ereignisse und Beobachtungen besteht, so entsprechen die
Wissenschaften, Philosophien und Mythen diesem Ideal getreulich. Welches Paradigma man dem menschlichen Geist unterstellt,
hängt von der gewählten Perspektive ab. Das Postulat, das seine
Anwendung rechtfertigt, variiert kaum: Die Geschichte einer
Disziplin ist die Geschichte der Verwirklichung der als unveränderlich geltenden Canones von Vernunft oder Einbildungskraft.
Der Abstand, der uns von diesem Punkte trennt, ist ein Maß für
die Vollendung des Wissens und bildet den wichtigsten Antrieb
für dessen Umwandlung.
Gewiß läßt sich eine Gruppe von Disziplinen auch als Zusammenfassung der Regelmäßigkeiten und Eigenschaften der Materie
oder unserer biologischen Struktur fassen. Sie wäre dann der
Kommentar, den der Mensch zu den Existenzbedingungen der
außerhalb seiner selbst liegenden Phänomene abgibt. Die Chemie
hat es mit den chemischen Erscheinungen zu tun, die Elektrizitätslehre mit den elektrischen Phänomenen usw. Die Vermehrung
und der Fortschritt der Wissenschaften zeichnen einerseits nur
die Abfolge der von der Menschheit gezähmten Energien und

Stoffe nach. Andererseits zeigen die Verringerung der Irrtümer und die entsprechende Vermehrung der Wahrheiten die Richtung *ihres Aufstiegs* an und *liefern den Gradmesser* ihrer Objektivität und den Maßstab für die Feinheit unserer Instrumente. Man versichert, diese Wissenschaften oder diese Techniken seien Wissenschaften oder Techniken *der Materie, der Natur.* Als getreue Abzüge einer äußeren Konfiguration macht man sie zu Privatsprachen von Subjekten, zu Abbildern, die weder – ohne uns – von der Welt noch – mit uns – in der Welt sind.

Ob man die Disziplinen nun zu Projektionen einer mentalen Struktur oder zu Reflexen einer eiweißförmigen Realität macht, in jedem Falle scheinen sie dazu bestimmt, die Signale, die von uns selbst ausgehen, und jene, die von den physikalischen Entitäten unserer Umwelt stammen, gesondert zu erfassen. Die Wahrheit, die sie vermitteln, bleibt zu jedem Zeitpunkt eine bloße Annäherung an eine vollkommenere Wahrheit, die in der Vernunft oder in den Dingen steckt. Der Mensch, der diese Wahrheiten ordnet, erscheint einmal als Digitalrechner, der die vorgelegten Informationen nach einem Programm verarbeitete, das dem Geist eigen wäre, einmal als Analogrechner, der natürliche Dispositionen und Dynamiken künstlich simulieren müßte, deren Dimensionen er verändert hätte.

Geht man von den entgegengesetzten Prämissen aus, so verfehlen beide Konzeptionen das Wesentliche: das unauslöschliche Zeichen, das die Schöpfung unserer Fähigkeiten den Wissenschaften, Techniken und Philosophien aufprägt. Der regelmäßig übertriebene Wert, den man auf die *Ergebnisse* von Erfindung und Reproduktion legt, und zwar auf Kosten dieser Prozesse als solcher, führt zu einer Trennung zwischen den im Laufe der Geschichte wechselnden Prinzipien, denen die Herausbildung unserer Fähigkeiten und Ressourcen folgt, und der inneren Struktur dieser Disziplinen. Da man sie nicht von diesen natürlichen Prozessen herleitet, unterstellt man ihre Organisation und Entwicklung manchmal dem Einfluß des umgebenden Universums, manchmal dem eines autonomen Milieus der Erkenntniskategorien. Und da man die wirkliche Reichweite der Disziplinen nicht wahrnehmen will, nimmt man der Geschichte der Menschheit schließlich ihre Natur und der Natur ihre menschliche Geschichte.

Offensichtlich gehorchen die unmittelbaren Motive wie auch die letzten Ziele der Künste oder der Wissenschaften den Imperativen einer erfolgreichen Pädagogik: Imperativen, wie sie die Entdek-kung und Verbreitung der Fähigkeiten und des Zusammenhangs von Wissenschaften und Techniken diktieren, vermöge deren die Menschen am authentischen Leben der Welt teilhaben. Betrachtet man den Weg, den die Erfindung und Weitervermittlung von Kenntnissen nimmt, und verfolgt ihn bis zu dem Punkt, da sie sich zu Disziplinen zusammenfügen, so stellt man fest, daß dieser Weg eine bestürzende Ausfallquote aufweist, daß er mit zahllosen Verlusten und Abfällen behaftet ist. Wieviele »Geheimnisse«, wieviele Handgriffe und Theorien sind verlorengegangen, und wieviele von ihnen sind nicht wiederentdeckt worden? Wieviele Versuche, die in Sackgassen endeten, waren nötig, damit es zu einer einzigen bewahrenswerten Erfindung kam? Die Liste der Pseudowissenschaften oder Pseudotechniken – Alchemie, Astro-logie, Zahlenmystik usw. –, die wir gerne vernachlässigen und für vernachlässigenswert halten, gehört dennoch zur eindrucksvollen Bilanz unserer Forschungen, unserer wirklichen Geschichte. Die Hartnäckigkeit so vieler unfruchtbarer neben einigen wenigen er-folgreichen Bemühungen und die Fülle wahnhafter Diskurse ne-ben einigen wenigen, die von Genie zeugen, verdeutlichen das beharrliche, nicht zu unterdrückende Bedürfnis der Menschen, mit den anderen Menschen und mit den unerforschten Bereichen des materiellen Universums in Kontakt zu kommen. Wir haben uns seit kurzem darauf eingestellt, die Disziplinen vornehmlich über ihre Fachbücher wahrzunehmen, sie in Schulen einzuschlie-ßen. Jahrtausendelang indessen bestanden sie nur in Gestalt von Tätigkeiten, von geistigen Reflexen, von Bindungen zwischen einzelnen; in Gestalt von Haltungen und Beispielen, die in Wer-ken, Pflanzen oder Tieren konkretisiert waren. Sie verliehen der Atmosphäre, welche die Menschen umgab und in der sie sich entwickelten, eine Ordnung. Die Rezepte, die Handbücher und Bräuche waren Zeichen der Originalität einer natürlichen Ganz-heit, ganz wie die Regelmäßigkeit in den Werkzeugen und das Vorhandensein von Rohstoffen deren Möglichkeit bezeichnete. Die Folge der Entdeckungen und deren unablässige Wiederho-lung durch die Generationen hindurch verleihen dem Leben der Disziplinen Farbe und vereinen das menschliche und das nicht-menschliche Universum in einer einzigen Feier. Der zurückge-legte Weg hat die ursprünglichen Funktionen verändert, nicht aber aufgehoben.

Wissenschaften, Handwerk, Techniken und Philosophien zielen also auf unsere Vereinigung mit der Materie. Solange eine menschliche Fähigkeit oder eine Eigenschaft der Elemente nicht in Zusammenhang mit einer Disziplinengruppe steht, ist sie ein »historisches Nichts«. Daß Disziplinen dazu beitragen, einen Naturzustand zu *konstituieren*, ist der entscheidende Gesichtspunkt, unter dem wir sie wahrnehmen müssen, und nicht die Tatsache, daß sie ihn enthüllen oder sich in ihm enthüllen. So konnte denn auch ein Wissenschaftler, W. I. Vernandsky, schreiben:

»In seinem Wesen entspricht das ›System der Natur‹ im weiteren Sinne dem, was ich als *corpus scientiarum* bezeichne.«[27]

Diese Bemerkungen knüpfen an eine Vorstellung an, die zu Beginn der Moderne verbreitet war: an die Vorstellung einer Koinzidenz der Künste und Philosophien mit der Geschichte der Natur. In aller Deutlichkeit fordert Francis Bacon, alle unsere Aktivitäten in das Studium der naturgeschichtlichen Realität einzubeziehen, sofern sie nur zur Grundlage von Realität werden. Auf diesem Wege, glaubt er, werde die Menschheit ihre Macht vergrößern – Wissen ist Macht – und ihr Wesen erweitern. Die Entwicklung der Wissenschaften und der Künste ist nicht die Entwicklung einer Wissenschaft für sich, sondern die der Natur selbst. Auf diesem Wege folgten ihm auch die Enzyklopädisten, die dem Bereich der Naturgeschichte sowohl die Gesetze der Materie (des Himmels, der Erde, der Kräfte usw.) als auch deren Anwendung (Kunst, Handwerk, Manufaktur) zurechneten.

Wenn diese Vorstellung es verdient, wiederaufgenommen zu werden, so wegen der Bedeutung, die sie der Geschichte beimaß. In ihren Anfängen nahm die Geschichtswissenschaft die Gestalt einer Chronologie der gewohnten oder seltsamen Ereignisse an, die Gestalt einer Ansammlung von individuellen Handlungen, die sich dem Willen zur Rekonstruktion der Vergangenheit verdankte. Zwei Jahrhunderte haben hier eine entscheidende Wandlung gebracht. Heute erwarten wir von der Geschichte weniger die Rechtfertigung der gegenwärtigen Hoffnungen als die Entdeckung der Fermente unserer Zukunft in eben dieser Gegenwart. Wir verfolgen in der Geschichte keinen Weg, dessen Ziel und Krönung unsere eigene Zeit wäre. Wir bewegen uns in ihr vielmehr im Gedanken an den Weg, den wir vor uns zu haben meinen. Das oberste Ziel der Geschichtswissenschaft liegt nicht darin, eine Ordnung unter all den unwiederbringlich vergangenen Episoden zu schaffen, sie will vielmehr eine Vorstellung von der Rationalität einer Zukunft geben, die uns vor allem anderen betrifft. Aus diesem Grunde ist der narrative und enzyklopädische Charakter der ersten Versuche zu einer menschlichen Geschichte der Natur heute eindeutig nebensächlich geworden.

Überall, wo wir uns zum Werk zusammenfinden, erkennen wir uns in den natürlichen Disziplinen wieder. Eine Rose ist nicht nur eine Pflanze, die blüht; sie ist auch eine bestimmte Art, sie zum Blühen zu bringen, ein Wissen. Vor zweihundert Jahren war dieselbe Rose für uns mit anderen Verrichtungen, anderen Böden, anderen Farb- und Duftnuancen verbunden. Ein physischer oder mentaler Reflex ist nicht nur ein Reflex: Der Vorgang, mit dem er sich auslösen läßt, ist mit ihm verknüpft, der Name seines Entdeckers ist mit ihm verbunden. Auf dem Mond trägt jeder Berg und jeder Krater einen Namen und ein Datum. Gleiches gilt für die physikalischen, chemischen und biologischen Phänomene. Diese Feststellung führt uns zu einer wichtigen Schlußfolgerung: Die Erforschung der menschlichen Geschichte der Natur ist zugleich auch eine Untersuchung über die Geschichte des Handwerks, der Wissenschaften, der Technik und der Philosophie, die deren Inhalt bilden. Wir können nicht hoffen, die Geschichte unserer Natur zu verstehen, wenn wir uns nicht auf die Tatsachen stützen, die es uns ermöglichen, über ihre Wahrheit zu entscheiden und sie zu beweisen, auf Tatsachen, die in diesen Disziplinen enthalten sind. Umgekehrt beraubt sich die Geschichte der Technik und der Wissenschaften usw. ihrer universellen Bedeutung, wenn sie ihren Naturinhalt unbeachtet läßt. Genauer geht es um ein Verständnis der Frage, warum die Disziplinengruppen sich entwickeln und gemeinsam mit den natürlichen Ordnungen wandeln, warum eine bestimmte Gruppe – ob Handwerk oder Technik – einer bestimmten natürlichen Ordnung entspricht, und schließlich, warum die Bewegung, die wir darin zum Ausdruck kommen sehen, notwendig ist.[28]

Das Bild, das ich auf den letzten Seiten entworfen und dem Urteil des Lesers überantwortet habe, ist vorläufig. Ich werde es nun durch die Untersuchung jener Prozesse vervollständigen, die der Abfolge der Naturzustände zugrunde liegen.

Viertes Kapitel:
Die natürliche Teilung

I. Einige Vorfragen

Will man die treibende Kraft hinter der Aufeinanderfolge der Naturzustände aufdecken, so muß man zwei Fragen beantworten: Was ist das bestimmte Subjekt eines Naturzustandes? Welches Prinzip beherrscht den Übergang von einem Naturzustand zum anderen?

Durch die ganze menschliche Geschichte hindurch differenzieren sich die menschlichen Gruppen nach ihren Fähigkeiten, ihrem jeweiligen Können und nach der Art und Weise, wie sie Fähigkeiten und Fertigkeiten hervorbringen, d. h. sich aneignen, indem sie die Attribute der materiellen Faktoren ihrem Wesen einverleiben. Als Korrelat dazu erfährt auch die Gestalt der physikalischen Umwelt eine Diversifizierung. Bei der Darstellung der organischen Natur habe ich die Angleichung der handwerklichen Tätigkeit an die als Substanz verstandene Materie hervorgehoben. Andererseits habe ich, als ich auf die Bedeutung der instrumentellen Arbeit in der mechanischen Natur hinwies, den Akzent auf den Kraftcharakter gelegt, den die materiellen Ressourcen darin annehmen. In jedem Falle sehen wir, daß im Herzen dieser Entitäten – der organischen Arbeit, der Substanz, der Kraft, der instrumentellen Arbeit – verkörperte und manifestierte Agenten stehen: die Handwerker in der einen, die Ingenieure in der anderen Natur. Jedes dieser Kollektive stellt eine Form und einen Teil der unbelebten Mächte dar, und jede besitzt, an das Gehirn und den Körper seiner Glieder geknüpft, die Regelmäßigkeiten und Gesetze dieser Mächte. Unter diesem Blickwinkel betrachtet, bilden die menschlichen Gruppen *natürliche Kategorien*. Bis auf den heutigen Tag erfinden und reproduzieren die Menschen ihre Ressourcen im Rahmen der Kategorie, der sie angehören; und wenn sie einander gegenüberstehen, so ist dies stets noch durch den Abstand geprägt, der zwischen diesen Kategorien besteht. Eine vollständigere Liste enthielte neben dem Handwerker und dem Ingenieur den Jäger, den Bauern – gewiß auch den Hirten – und schließlich den Wissenschaftler.

Die Existenz der natürlichen Kategorien ist eine Tatsache. Ihr Inhalt und ihre Bedeutung lassen sich ermessen, wenn man die menschliche Geschichte der Natur und insbesondere die Bewegung untersucht, von der sie beherrscht wird. Will man diese Bewegung erfassen, so muß man vor allem das Problem der Herausbildung dieser Kategorien und die Rolle verstehen, die sie zu verschiedenen Zeitpunkten der Geschichte in der Reproduktion und Erfindung unserer Fähigkeiten und Fertigkeiten gespielt haben. Marc Bloch hatte dies vor Augen, als er hinsichtlich der technischen Umwälzungen feststellte:

»Die erste Frage, die es zu beantworten gilt, lautet: Welche Gruppen sind in einer gegebenen Gesellschaft die Träger der Erfindung?«[1]

Diese Gruppen – welcher Historiker wüßte das nicht? – haben gewechselt:

»In manchen Gesellschaften war die Erfindung vor allem Sache der Handwerker.«[2]

Anläßlich der Situation in der zweiten Hälfte des siebzehnten Jahrhunderts fragt sich Marc Bloch,

»warum die Handwerker keine Erfindungen mehr machen und warum die Wissenschaftler noch nicht erfinden«.[3]

Legionen von Forschern haben zu klären versucht, warum eine gesellschaftliche Institution oder eine soziale Klasse in einer Epoche die Vorherrschaft haben, in einer anderen aber nicht mehr. Niemand hat jedoch auf diese Fragen reagiert noch auch eine Antwort versucht, die deutlich gemacht hätte, wer diese »Träger der Erfindung« sind. Die Frage nach der Genese und nach dem historischen Charakter ihrer Tätigkeit ist freilich von größter Bedeutung. Wenn Marc Bloch danach fragt, »warum die Handwerker nicht mehr erfinden«, so fordert er uns auf – und er hätte dies auch hinsichtlich der Bauern, der Ingenieure usw. tun können –, den Vorgang zu erforschen, der den Bestand und die wechselseitigen Beziehungen der natürlichen Kategorien steuert.

Im Vorgriff lassen sich im Augenblick einige Merkmale dieses Prozesses bestimmen, wie er sich uns in den Gruppen von Individuen darstellt, die sich nach ihren Fähigkeiten und nach den jeweils benutzten inventiven und materiellen Ressourcen gliedern: in der Aufteilung zwischen dem Bauern und dem Handwerker, zwischen dem Handwerker und dem Ingenieur, dem Ingenieur und dem Wissenschaftler usw. Hinsichtlich seiner Wirkungen läßt sich sagen, daß der Handwerker-Demiurg die Hauptrolle in der Organisation des antiken Kosmos spielte, der Mechaniker-Ingenieur der kluge Erbauer des mechanischen Universums war und der Wissenschaftler heute allenthalben das Reich der kybernetischen Natur errichtet. Die großen Umwälzungen, die in unserer Geschichte der Natur an diesen Bruchstellen eintraten, zwingen uns, die Beziehungen zwischen den Menschen rückschauend zu betrachten und insbesondere die Beziehungen zur materiellen Welt um eine neue herrschende Gruppe von »Trägern der Erfindung« zu zentrieren. Die Substitution, die sich so einstellt, macht diese Gruppe für Jahrhunderte oder Jahrtausende zum Träger von »Geheimnissen« um die Tätigkeit des Menschen und den Umgang mit den Stoffen. Im wesentlichen *ist ein einziges Prinzip in all den aufeinanderfolgenden Veränderungen am Werk: das Prinzip der natürlichen Teilung.* Ich werde später begründen, warum ich es so bezeichne und warum es unter ähnlichen Phänomenen eine besondere Stelle beanspruchen kann. Zunächst jedoch möchte ich es deutlicher herausarbeiten und dabei aufzeigen, daß es gleichermaßen bedeutsam für den menschlichen wie auch den materiellen Pol der Natur ist.

II. Natürliche Kategorien, biologische Arten und soziale Klassen

Der Begriff einer natürlichen Kategorie hat durchaus nichts Ungewöhnliches an sich. Er verknüpft in verkürzter Form die Idee des Menschen im allgemeinen mit der eines besonderen Könnens. Der Handwerker zum Beispiel ist ein Teil unserer Gattung, der mit der handwerklichen Arbeit identifiziert wird. Zwei weitere Bemerkungen rechtfertigen die Wahl dieses Ausdrucks. Die erste besagt, daß die menschlichen Kollektive bei der Umgestaltung des Wissens und des Umgangs mit dem materiellen Universum Differenzen untereinander hervorbringen und geeignete Beziehungen zu den Teilen dieses materiellen Universums herstellen. Die zweite bestimmt den Ursprung dieser Differenzen genauer; sie führt sie auf die Fähigkeit des Umgangs mit Natur zurück, d. h.

auf das Vermögen der Gruppen, die biologische und geistige Organisation zu erzeugen und zu bewahren, die einem Zustand der nichtmenschlichen Mächte entspricht. Die Erfindungs- und Reproduktionsweise ist eine wesentliche Dimension ihrer Besonderheit und ein Kriterium für die Hierarchie unter ihnen:

»Die sichere Klassifikation der *Menschheiten* (Hervorhebung von mir, S. M.) gibt es, es ist die ihrer Techniken, ihrer Maschinen, ihrer Industrien und ihrer Erfindungen«,

bemerkt Marcel Mauss.[4] Diese »Menschheiten«, deren Herausbildung wir noch zu erklären haben werden, deuten bereits auf die natürlichen Kategorien hin, von denen ich hier spreche. Dem Begriff der *Kategorie* hätte man den der *Klasse* oder den der *Art* vorziehen können. Die Physiokraten sprachen in einem ähnlichen Sinne von der Klasse der Bauern oder der Klasse der Handwerker. Der Ausdruck *Klasse* hat heute jedoch eine rein soziale Konnotation. Er bezeichnet ausschließlich die Aufteilung des Eigentums und der Macht und die Verteilung der Güter in einer Gesellschaft. Der Begriff der *Art* ist dagegen vollkommen durch biologische Konnotationen bestimmt. Der Begriff der *natürlichen Kategorie* verschwindet dagegen nicht hinter seinen sozialen oder organischen Komponenten, noch vermengt er sich mit diesen.

Man gelangt ins Zentrum dieses Begriffs, wenn man sich vor Augen hält, daß keine Abstraktion eine Kluft zwischen unserer biologischen Grundlage und den materiellen Kräften aufzureißen vermöchte. Erstere ist nicht mit der menschlichen Art identisch, und letztere sind keine bloßen Anhängsel, die zu den organischen Elementen hinzuträten: beider Existenz ist vielmehr eine eng verwachsene Einheit. Die Künste zeigen uns dies, wenn sie Kentauren oder Automaten ausdenken. Die Evolution lehrt es uns, falls dies überhaupt nötig ist. Die Gattung *homo* unterscheidet sich in den anatomischen Merkmalen kaum zureichend von den übrigen Primaten. Allein das Werkzeug, das man bei den Fossilien findet, dient als Unterscheidungsmerkmal und gilt als bemerkenswertes Ereignis. Aber ist das Werkzeug nun Wirkung oder Ursache unserer Trennung von den anderen höheren Tierarten? Die Entdeckung einer reichhaltigen und sehr alten Fundstätte in der Olduwai-Schlucht in Tanganjika durch L.S.B. Leakey und seine Frau[5] hat gezeigt, daß bereits die anthropoiden Affen den Gebrauch und wahrscheinlich auch die Herstellung von Werkzeugen kannten. Darin liegt ein schlagender Beweis für die These, daß die Vervollkommnung des Gehirns in gewisser Weise die Entwicklung der manuellen Geschicklichkeit zur Voraussetzung hatte. In klaren Worten hat J. Napier die Ergebnisse dieser Entdeckung zusammengefaßt:

»Des weiteren müssen wir uns fragen, ob der Übergang von der Anwendung der Werkzeuge zu deren Herstellung und der schrittweise Fortschritt in den Techniken der Werkzeugherstellung allein als Ergebnis der Expansion des Gehirns und der Verfeinerung der peripheren neuromuskulären Mechanismen erklärt werden kann oder ob ein peripherer Faktor, die Veränderung der Hand, eine ebenso bedeutsame Rolle in der Evolution der menschlichen Gattung gespielt hat.«[6]

Vom Oreopithekus über den Pithekanthropus und die Paläanthropinen bis hin zur heutigen Art gehen bedeutsame biologische Veränderungen jeder Verbesserung der Instrumente und ihrer Anwendung voraus oder folgen ihr nach. Über nahezu zwei Millionen Jahre menschlicher Geschichte hinweg – müßten wir die Vorstellung einer Vorgeschichte nicht aufgeben? – haben wir es hier mit einer beständigen Tatsache zu tun. Alles spricht für dieses Wechselverhältnis zwischen dem Herstellungsvermögen des Menschen und der Veränderung seiner biologischen Konstitution. Jedenfalls sollten wir nicht bloß von der Hand, dem Gehirn oder den Werkzeugen sprechen. Für sich allein genommen, sind sie kaum in der Lage, den Menschen zu definieren. Sie treten auch niemals allein auf. Ihre Bedeutung zeigt sich erst innerhalb einer Kette von Operationen, deren Teil sie sind, und in bezug auf eine Wirkung, im Blick auf die sie erdacht worden sind. Kurz: Es handelt sich bei ihnen um die Manifestationen einer Struktur und um die Organe einer Funktion: Artefakte für die Jäger, Maschinen für die Ingenieure usw. Ihre Entwicklung beruht auf einer Handlungsgesamtheit, welche die natürliche und soziale Umwelt des Menschen formt; »Menschheiten« und Umwelten differenzieren sich parallel zueinander.

»Wir müssen annehmen«, schreibt W. Etkin,[7] »daß die Ökologie des Menschen sich grundlegend verändert hat, wenn wir die Einzigartigkeit seiner Evolution erklären wollen. Damit bestreiten wir jedoch nicht, daß der Werkzeuggebrauch einen beträchtlichen Beitrag zur Entwicklung der intellektuellen Ausstattung des Menschen geleistet hat.«

Es wird behauptet, daß diese Ausstattung unsere zweite Natur darstellt, die zur organischen Natur der Gattung hinzukommt. Inzwischen haben wir dank zahlreicher genauer Forschungen den Beweis für diese These; diese Struktur ist selbst ein Ergebnis, zu dem die »intellektuelle Ausstattung« – ebenso wie die materielle – in erheblichem Maße beigetragen hat. Man räumt es für die vergangenen Epochen ein, indem man zugesteht, daß »das erste Kapitel der menschlichen Geschichte (. . .) noch mit der Naturgeschichte verwoben« ist.[8] Dieser Ansicht kann ich mich nicht anschließen. Da man »das erste Kapitel der menschlichen Geschichte« nicht ohne Bezug auf die Werkzeuge abgrenzen kann, wie soll man es da von den nachfolgenden unterscheiden? Und warum sollten diese nun nicht mehr »mit der Naturgeschichte verwoben« sein?

Die natürlichen Kategorien sind in dem Sinne, wie ich sie hier beschrieben habe, »natürlich« wegen ihrer Beziehungen zur Materie, wegen des – in der Hervorbringung von »kostenlosen Gaben« – schöpferischen Charakters der Aktivität, die sie darstellen. Dazu bedürfen sie einer biologischen Disposition der Gattung. Aber sie sind darum nicht ihrem Wesen nach und ursprünglich biologischen Charakters. Wahrscheinlich gehörten nicht alle Jäger der Spezies *homo sapiens* an. Für die Ackerbauer und für die Handwerker ist diese Zugehörigkeit ein Faktum; aber sie ist nicht entscheidend.

Sobald man von der menschlichen Evolution in der Natur zur menschlichen Geschichte der Natur übergeht, verlieren die an Gattung, Rasse und an die biologische Variation geknüpften Aspekte ihre Eigenständigkeit. Charles Darwins Frage: »Besteht die menschliche Gattung aus einer oder mehreren Spezies?«, findet auf der Ebene der Geschichte eine andere Antwort als auf der Ebene der Evolution. Auf historischer Ebene kann man den *homo habilis* oder den Neandertaler nicht ausschließen und sich auf den *homo sapiens* beschränken. Ihre Spezifität – sofern man dieses biologische Kriterium auswählt – steht außer Frage. Auch ihre Gemeinsamkeiten hinsichtlich Werkzeugherstellung, Jagd und Sammeln sind bis zu einem gewissen Punkt gesichert. Der entscheidende, effektive Unterschied hinsichtlich der Ursachen ihrer Ausbreitung und hinsichtlich ihrer Ressourcen ist die Aufteilung in natürliche Kategorien. Dies gilt in globalen Zeiträumen für jede Gattung, in der eine solche Aufteilung erfolgt. Die Abstufung der

Kategorien umfaßt die Strukturunterschiede der Organismen, ohne freilich davon abzuhängen.

Wenn ich den biologischen Partikularismus als Ursache für die natürliche Differenzierung *im oben skizzierten Sinne* ablehne, so teile ich dennoch nicht jene stille Ansicht, die seit ihrem Sieg im achtzehnten Jahrhundert die indolente Existenz inaktiver Prinzipien behauptet und damit Vorurteil und Glauben in den Rang theoretischer Begründungen erhebt. Ich meine jene Vorstellung, wonach der Mensch stets und überall derselbe ist und die einzigen Veränderungen, die ihn berühren – der Wandel der Instrumente, der geistigen Inhalte und des Wissens –, ihm gewissermaßen äußerlich bleiben. Nach dieser Vorstellung schöben sich die Fortschritte all dieser Techniken und Wissenschaften und die Assimilation all dieser materiellen Kräfte über unser ursprüngliches organisches Kapital, ohne darin irgendwelche Spuren zu hinterlassen. Hat sich *homo sapiens*, der letzte unter den Hominiden, nicht schon vor dreißigtausend Jahren endgültig stabilisiert? Die Zeit der anatomischen und physiologischen Veränderungen des *homo sapiens* ist vorüber: nur der Überbau der künstlichen Mittel und der Fertigkeiten bleibt offen für Veränderungen. In Wirklichkeit besteht diese Stabilität *erst* seit dreißigtausend Jahren – eine Zeitspanne also, die etwa ein Sechstel unserer gesamten Evolution ausmacht –, und wir sind noch nicht im Begriff, als Spezies zu verschwinden. Nichts berechtigt uns zu der Annahme, diese technischen und geistigen Umwälzungen wären uns nur äußerlich. Die anthropologische Forschung beweist das Gegenteil: Sie stehen vielmehr in einem engen Zusammenhang mit unserer biologischen Grundlage und bestimmen unser Sein und unsere Handlungsmöglichkeiten. Auch wenn wir nur die letzten fünf- oder sechstausend Jahre einigermaßen gut *kennen*, so müssen wir doch annehmen, daß wir seit gut zwei Millionen Jahren existieren. Dies Mißverhältnis in den zeitlichen Dimensionen macht deutlich, welche Zukunftsperspektive sich angesichts dieser langen unbekannten Vergangenheit ergibt. Die geschichtlich gedachte Geschichte und die entfernteste Vergangenheit geben uns klare Auskunft. Der Mensch ist nicht derselbe geblieben; seit dem Zeitpunkt, da er begann, seine eigenen Naturzustände zu *machen* und zu organisieren, hat er als organische und materielle Entität nicht durchweg dieselbe menschliche Natur – gleich ob erste oder zweite – durchgehalten. Dieses Machen hatte die Entstehung neuer Kategorien von »Trägern der Erfindung« zum Ergebnis, deren Individualität nicht auch die Individualität der Arten, Rassen oder Ethnien voraussetzte, noch auf einen bloß zufälligen Besitz von materiellen oder geistigen Instrumenten zurückging. Aus dem zuletzt genannten Grunde lassen sich die Grenzen seines Einflusses nicht im voraus und per Dekret festlegen.

Es stellt sich nun die Frage, welche Beziehung zwischen den natürlichen Kategorien und den sozialen Klassen besteht, und zwar vor allem aufgrund folgender Tatsachen: (a) Die Mitglieder der unbedeutendsten Kategorien werden ökonomisch ausgebeutet und an den unteren Rand der sozialen Hierarchie verwiesen. (b) Auch die Verteilung der Fähigkeiten ist ein sozialer Vorgang. Anders gefragt: Hat die Aufteilung in natürliche Kategorien eine eigenständige Bedeutung, oder ist sie nur ein verkleideter Ausdruck der Klassentrennung in der Gesellschaft?

Mit Sicherheit ist die zweite Ansicht zurückzuweisen. Der Unterschied zwischen zwei sozialen Klassen wird durch das Gesetz der Verteilung des Reichtums bestimmt; dagegen liegt das unterscheidende Merkmal bei den natürlichen Kategorien im Grad der Qualifikation und in der Art der geschaffenen Arbeit. In ökonomischer und sozialer Hinsicht ist der Unterschied zwischen dem Ingenieur und dem Landarbeiter nur quantitativer Natur. Beide sind Repräsentanten der Lohnarbeit. Weder das Fehlen von Kenntnissen noch die Rolle in der Produktion machen den Proletarier oder den Sklaven aus. Was zählt, ist allein ihre Position in der sozialen Organisation. Dort, in Produktion und Austausch, eingebettet und unter dem Blickwinkel ihrer Produkte betrachtet, erscheinen diese Kategorien als soziale Instrumente, nur dort werden sie als Berufe beschrieben. Umgekehrt hat die Position einer Gruppe in einer Hierarchie nichts mit deren Einordnung in den natürlichen und technischen Zustand zu tun. Ein reicher Eigentümer oder ein höchst aktiver Industrieller übertreffen – das braucht kaum gesagt zu werden – in ihren Fähigkeiten nicht notwendig den proletarischen Handwerker, den die Maschine seiner wertvollsten Fähigkeiten beraubt hat, um ihn zu zwingen, sich zwölf Stunden hintereinander auf den Beinen zu halten.

S. Clegg, einer der Pioniere des Maschinenbaus, hat darauf hingewiesen:

»Man muß bedenken, daß die Mehrzahl derer, für die die Maschinen konstruiert werden, den Nutzen ihrer Tätigkeit oder ihrer jeweiligen Verrichtungen nicht zu überschauen vermag. Da sie aber auf ein Urteil nicht verzichten wollen, urteilen sie nach der äußeren Erscheinung, ganz wie sie es bei einem Bild oder einer Plastik täten, deren einziger Zweck darin besteht, dem Blick zu gefallen und angenehme geistige Eindrücke durch die Darstellung der Natur in ihren sublimen Wirkungen hervorzurufen. Doch nur von denen, die durch ihre Bildung qualifiziert sind, den inneren Wert zu beurteilen, kann man sagen, daß Natur oder Kunst die richtigen Eindrücke in ihnen auslösen.«[9]

Hier wird in aller Deutlichkeit die – gerne unterschätzte – Grenze markiert, die zwischen dem Individuum als Besitzer von Arbeitsmittel oder Arbeitskraft und dem Individuum besteht, das in der Lage ist, diese Mittel oder diese Arbeitskraft zu erfinden oder zu handhaben. Die sozialen Klassen sind durch den unterschiedlichen Anteil am gesellschaftlichen Reichtum gekennzeichnet, die natürlichen Kategorien dagegen durch die Reproduktion der Ressourcen und durch die Art der geschaffenen Arbeit.

Aus diesem Grunde können sich die Mitglieder einer sozialen Gruppe auf eine oder mehrere natürliche Kategorien verteilen; zwar mögen zwischen diesen Mitgliedern gewisse Unterschiede bestehen, doch kommt diesen Unterschieden auf der Ebene der Gesellschaft keine wesentliche Rolle zu. Die Sklaven der Antike bildeten sowohl das »menschliche Vieh«,[10] dessen Leiden und Erniedrigung alle Vorstellungskraft übersteigen, als auch das organische Rohmaterial, aus dem man gerne Töpfer, Ärzte oder Philosophen machte. Wenn auch das Los der Sklaven unter solchen Umständen nicht stets dasselbe war, so war ihnen doch allen gleichermaßen der Stempel der Sklaverei aufgeprägt.

Gleich, ob es sich um Sklaven, Leibeigene oder Proletarier handelt, die natürlichen Unterschiede haben es vor allem mit der direkten oder indirekten Einfügung in die Schöpfung der Fähigkeiten oder Kenntnisse zu tun. Umgekehrt erhalten sich diese Unterschiede unabhängig von der Diversität der Gesellschaftssysteme, in denen sie auftreten. Charakteristisch für den Kapitalisten, den Sklavenhalter oder den Proletarier ist deren Position im Inneren einer besonderen Gesellschaft. Wenn die Gesellschaft verschwindet, ist der einzelne nicht länger Proletarier oder Sklave, aber er bleibt stets Ingenieur oder Handwerker. Die Beispiele sind grob geschnitten, und diese Wahrheiten liegen auf der Hand. Doch man vergißt sie leicht und vermengt die Ungleichheit zwischen den Klassen mit den Unterschieden, die auf die Teilung in natürliche Kategorien zurückgehen.

Verglichen mit den sozialen Klassen bilden die natürlichen Kategorien – so jedenfalls die stillschweigend geteilte Ansicht – keine grundlegende Klassifikation. Solange man das ökonomische und politische Kriterium für das entscheidende und letztlich einzige Kriterium hält, kann diese Hierarchie gerechtfertigt erscheinen; betrachtet man aber die Geschichte unserer Natur, so kommt man nicht umhin, den natürlichen Kategorien die Priorität einzuräumen. Im Zusammenhang dieser Geschichte erscheinen umgekehrt die sozialen Klassen als abgeleitet und sekundär.

Ich weiß, daß es Mißfallen erregt, wenn man heute von den Menschen in Naturbegriffen spricht und sie nach Kategorien ordnet, die man als natürliche ausweist. Sofort denkt man dabei an biologische Konnotationen. Doch wir haben gesehen, daß auch sie nur sekundär sind. Zudem bedeutet »natürlich« für die meisten von uns etwas Angeborenes, Ewiges, Unveränderliches, etwas Nichtsoziales. Im Lichte der vorgebrachten Argumente wird man jedoch begreifen, daß es sich ganz im Gegenteil um etwas Veränderliches handelt, um etwas, das sich im Verlaufe des Selbstschöpfungsprozesses jener »Menschheiten«, von denen Marcel Mauss sprach, und im Rahmen ihrer Beziehungen herausbildet.

III. Die Teilung der natürlichen Kategorien – Voraussetzungen und Folgen

Die natürlichen Kategorien bilden und individualisieren sich durch Teilung. Die Beobachtung bestätigt die Bedeutung des Phänomens und drängt es uns als Ausgangspunkt für die theoretische Analyse auf. Zunächst müssen wir uns seiner Spezifität versichern. Die soziale Teilung, welche die unterschiedlichsten Arbeiten – von der politischen oder militärischen Verwaltung der Menschen bis hin zur technischen und geistigen Beherrschung der physikalischen Welt – unter derselben Rubrik vereint, bestätigt vor allem die objektive Notwendigkeit für eine Aufteilung der den Mitgliedern des Gesellschaftskörpers übertragenen Aufgaben. Sie enthält keinen besonderen Bezug auf die Verteilung der produktiven Fähigkeiten, noch auf die Erkenntnisse. Die Arbeitsteilung umfaßt nun ihrerseits die Methoden, die zur Entwicklung der praktischen Fertigkeiten einer Gemeinschaft, eines Produktionskreislaufs angewandt werden. Die Entstehung dieses Kreislaufs oder dieser praktischen Fertigkeiten darf man nicht zu den Wirkungen der Arbeitsteilung rechnen, sie sind notwendige Voraussetzungen für die gesuchte Spezialisierung unter den Individuen. *Der Aktionsraum der natürlichen Teilung ist dagegen die Schöpfung der Arbeit; sie betrifft die Bande, die zwischen den menschlichen Gruppen bestehen, insofern sie ihre Fähigkeiten reproduzieren und erfinden.* Was den Bauern vom Handwerker oder vom Wissenschaftler trennt, muß unter diesem Blickwinkel gesehen werden. Die soziale Teilung entspricht den Anforderungen, die aus der Organisation der Staaten und der Austauschprozesse sowie aus der Steuerung der verschiedenen Sektoren der Gesellschaft entspringen. Die Arbeitsteilung entspringt der unabweisbaren Notwendigkeit, die Handarbeit in den Werkstätten, Manufakturen oder Industrien zu ökonomisieren. Die natürliche Teilung nun war niemals so deutlich wie in unserer Zeit. Die Prozesse der Schöpfung von Wissen trennen sich von denen der Produktion von Gegenständen. Die Rolle, die der fortwährenden Erfindung neuer Arten von Arbeit zukommt, und die zunehmende Aufmerksamkeit, die man dieser Vervielfältigung der Arbeitsarten und nicht ihrer Effizienz zukommen läßt, zeugen von der Bedeutung dieser Prozesse. Das deutlich formulierte Bedürfnis, die Erzeugung von Ressourcen an materiellen Kräften und Fähigkeiten zu kennen und zu steuern, erfordert die Suche nach einer allgemeinen Regel. Die herkömmlichen, ungenauen Vokabeln wie Wachstum, Entwicklung oder Fortschritt helfen hier für den Augenblick nicht weiter. Jede der Teilungen, die eine Facette der Arbeit reflektieren – Verteilung in der Gesellschaft, technische Produktivität, Umwandlung in eine andere Arbeit –, sind zu ihrer Zeit zur Würde von Begriffen aufgestiegen. Die Teilung, welche die menschliche Geschichte der Natur beherrscht, erhält diese Würde durch die Analyse (a) der Differenzierung der natürlichen Kategorien und (b) der Klassifizierung der materiellen Ressourcen sowie der Organisation der Systeme zur Reproduktion der Fähigkeiten, in denen der Fortbestand dieser Ressourcen gesichert wird.

Die natürlichen Kategorien unterscheiden sich als Ensembles von Individuen, die in bestimmten Gegenstandsbereichen entsprechende Fähigkeiten zur Anwendung bringen – als Ensembles, die in biologischer und sozialer Perspektive nahezu identisch sind, sich jedoch im Hinblick auf ihre Symbiose mit den Kräften der physikalischen Umwelt unterscheiden. Die Entdeckungen der Wissenschaftler verdanken sich einer bewußten und systematischen Anstrengung; sie fallen unmittelbar in den Bereich der Organisation von Materie. Die Entdeckungen der Ingenieure bewahren die Spuren eines geduldigen und zuweilen ihres Ziels nicht bewußten Tastens im Bereich der Maschinen und Energiequellen. Die Beziehungen zwischen den Menschen zeichnen überhaupt in der Regel entsprechende Beziehungen zwischen nichtmenschlichen Entitäten nach. Der Bauer verhält sich zum Hirten wie das Pflanzenreich zum Tierreich; der Ingenieur steht als Repräsentant der unbelebten, mechanischen Materie dem Handwerker als dem Repräsentanten der belebten, organischen Materie gegenüber. Die Stellung der Menschen zueinander beschreibt und reflektiert die Stellung materieller Mächte zueinander. Solcherart in die Menschheit eingebrachte Ordnung entspricht der im Laufe der Geschichte variierenden Ordnung unter den Teilen der materiellen Welt.

Die Vorrangstellung einer Äußerungsform der Materie und der Primat eines Teils der Menschheit sind simultan. Natürlich wissen wir, daß die Fähigkeiten und Kräfte sich sukzessive und aufbauend auf jenen Fähigkeiten entfalten, die vor Hunderttausenden von Jahren geschaffen wurden. Die Gesamtheit dieser Bewegung bliebe für uns jedoch so dunkel wie Platons Höhle, wenn nicht regelmäßig eine materielle Macht, ein Ausschnitt des Universums, die vorherrschende und differenzierende Rolle erhielte. So ist denn diese materielle Macht nicht nur Ressource, sondern wird auch zum Kriterium, nach dem sich die objektiven Prozesse ordnen lassen. Zug um Zug erhöhten das Pflanzenreich und der Bauer, das sensomotorische Vermögen und der Handwerker, die mechanische Kraft und der Ingenieur, die elektrochemische Energie und der Wissenschaftler die Gipfel der Natur und erdachten deren letzte Grundlagen. Die Kette dieser sogenannten »letzten« Realitäten steht deutlich vor uns. Sie konkretisiert zugleich die Abfolge und die Hierarchie, die man in die Ausschnitte der kosmischen Ordnung einbrachte. Wenn einer dieser Ausschnitte sich deutlich abhebt, so kündigt er damit die Herausbildung einer natürlichen Kategorie an und markiert deren Grad an praktischer Existenz zu einem gegebenen Zeitpunkt. Die enge Verwandtschaft, die zwischen ihnen besteht, läßt sich nicht auf eine bloße Analogie zurückführen. Im Gegenteil, sie verweist auf die Gemeinsamkeit der Lagen derer, welche die physikalische Umwelt reorganisieren, der wir gegenüberstehen, und derer, welche die Kenntnisse verteilen, zwischen denen wir uns aufteilen.

Im übrigen – und zur Vervollständigung des bereits Gesagten – erfordert die Verbreitung des Wissens eine entsprechende Definition derselben Elemente der materiellen Umwelt. Dem Bauern ist die Erde der nährende Boden für Pflanzen und Tiere, ein Ort des Lebens und des Wachstums. Die Abfolge der Jahreszeiten, die fruchtbare Vereinigung der Männchen und Weibchen, die Kreuzung und die Erhaltung der Arten, die Bewässerung und der Schutz des Bodens prägen seine Sicht der Realität und lenken seine konkrete Existenz. Eine weitergehende Lösung erscheint mit dem Handwerk und dem Handwerker. Aus dem Schoß der Erde, die, wie jeder Stoff, gekocht, gebrannt oder gemahlen werden kann, kommen nun nicht mehr nur Blumen und Getreide, sondern auch Backsteine und Edelsteine, Metalle, Farbstoffe usw. Die Tiere leben ihrer Wolle, ihrer Haut, ihres Horns, die Bäume ihres Holzes wegen. Die Komplementarität der natürlichen Kategorien und ihre enge Zusammenbindung in einem Reproduktionssystem, das einer jeden von ihnen die Anwendung ihrer Fähigkeiten und die Materialien, an denen diese Fähigkeiten sich betätigen, sichert, stammen aus der Verknüpfung ihrer Ressourcen. In der Entwicklung ihrer Beziehungen kommt freilich auch ein heftiger Gegensatz zum Ausdruck. Auf die eigene Unabhängigkeit bedacht und durch die natürlichen Prozesse bestimmt, die ihr eigentümlich sind und in die sie eingebunden ist, gefährdet jede Kategorie Fülle und Bestand der anderen. Der Gegensatz zweier Fraktionen der Menschheit nimmt hier die Gestalt eines Gegensatzes zwischen den beiden Ausschnitten ihrer materiellen Grundlage an. Diese Grundlage steht jeweils für einen Korpus von Wissen, für ein Energiereservoir, für die Vitalität einer Gemeinschaft, die den Zugang zu einem Aspekt des Universums eröffnet. In diesem Sinne kann eine natürliche Kategorie zur Ressource für eine andere Kategorie werden. Letztere verkörpert in deren Augen die Undurchsichtigkeit des materiellen Poles, den sie auflösen muß, um sich selbst als menschlichen Pol eines Naturzustandes zu bestätigen.

Wenn ein Teil der Menschen sich behauptet, indem er sich die Eigenschaften der Materie als Fähigkeiten und Wissen aneignet, verschwindet damit ein anderer Teil der Menschheit in der Materie; was dieser Teil sich als Intelligenz gegeben hat, wird nun Nichtintelligenz; was er als menschliche Besonderheit erworben hat, wird nun seine nichtmenschliche Allgemeinheit. Der Menschheit, die sich als schöpferische begreifen kann, weil sie die Merkmale eines Naturzustandes synthetisiert, steht die nichtmenschliche Menschheit gegenüber, die irgendeine materielle Kraft dieses Zustandes darstellt.

Der Unterschied zwischen den verschiedenen Klassen von Menschen ist der Abstand, der zu einem bestimmten geschichtlichen Zeitpunkt zwischen den Menschen und der Materie besteht. Wir müssen darin das Ergebnis einer Entwicklung sehen, in der die Beziehungen zwischen den Menschen zunächst Beziehungen zwischen zwei unterschiedlichen Arrangements von spezifischen materiellen Kräften waren – etwa als der Ingenieur oder der mechanische Philosoph, dieser Neugierige und dieser Virtuose, in den Händen, Verrichtungen und Werkzeugen des Handwerkers eine Geschicklichkeit und eine Energie, eine Veränderung biologischer und geistiger Möglichkeiten entdeckten, die auf eine von allen übrigen gänzlich unterschiedene materielle Macht hinwiesen. Die nächste Stufe bestand nun darin, ihn in Materie zu verwandeln, in eine mechanische Materie, die einer ganz neuen Kategorie angehörte. Der Mensch sucht und fixiert in der Materie nicht nur das andere des Menschen, sondern auch das Wesen eines anderen Menschen.

Der Prozeß war nie frei von Zwiespältigkeit. Man hat in ihm die universelle Substitution von menschlichen durch nichtmenschlichen Operationen sehen wollen oder die Befreiung der menschlichen Sklaven durch mechanische Sklaven. Ich bestreite nicht, daß solch ein Ersatz stattgefunden hat, aber ich halte ihn für sekundär. Die fundamentale Tatsache scheint mir dagegen in folgendem zu liegen: Nicht *die* Materie tritt hier an die Stelle des Menschen, sondern eine Materie tritt an die Stelle einer anderen Materie, ein Mensch an die Stelle eines anderen Menschen. Der Ingenieur ersetzt den Handwerker, die Vielfalt der Stoffe und ihrer Qualitäten wird der mechanischen Kraft untergeordnet. Auf diese Weise entstehen neue Bande – und neue Arten von Banden – zwischen den Menschen sowie zwischen ihnen und der physikalischen Welt. Doch die notwendige Bedingung für die Entstehung von etwas Neuem ist die Metamorphose des Menschen in Materie – und die gleichzeitige Metamorphose der Materie in den Menschen. Dies jedenfalls war bis heute die Regel. Die Herausbildung einer neuen natürlichen Kategorie und die Umwandlung einer anderen natürlichen Kategorie in deren materielle und inventive Ressource resultieren aus dieser Bedingung; sie sind Ausdruck für das Menschwerden der Materie und für das Materiewerden des Menschen.

Und dieses Werden erfolgt über eine Trennung der Kollektive; dabei werden die einen dem menschlichen Pol und die anderen dem materiellen Pol eines besonderen Naturzustandes zugeordnet. Auf diese Weise verlieren, wie Marc Bloch bemerkte, bestimmte Gruppen die Fähigkeit zur Erfindung. Alle ihre physischen und geistigen Fähigkeiten verbrauchen sich in der Produktion von Gegenständen, während ihre Talente zu den Reproduktionsmitteln jener Gruppe zählen, die ihr gegenüber von sich behaupten kann, der »Träger der Erfindung«, der Schöpfer von Wissen zu sein. Dies gilt zwar gewiß nicht exklusiv, wohl aber in hinreichendem Maße, um einen Unterschied zu bezeichnen, der einen Unterschied der Situationen zwischen den Menschen herstellt und eine Differenz ähnlich jener, die zwischen einer spezifischen Kategorie und ihrer wichtigsten materiellen Kraft besteht. Mit Sicherheit verändert die natürliche Teilung die Beziehungen unserer Gattung zu den verschiedenen belebten oder unbelebten Spezies. Ihr historischer Charakter kommt vor allem in der Tatsache zum Ausdruck, daß sie die Beziehungen des Menschen zum Menschen berührt, indem sie diese um eine Beziehung der Materie zur Materie vermehrt.

IV. Der notwendige Charakter der natürlichen Teilung

Warum erfolgt die Umwandlung der Austauschprozesse zwischen dem Menschen und dem materiellen Universum durch Teilung? Warum erfolgt die Umwandlung einer natürlichen Kategorie nicht unmittelbar durch die Aneignung der geschaffenen Fähigkeiten und der zugehörigen materiellen Kräfte, sondern durch die Hervorbringung einer neuen und von ihr unterschiedenen natürlichen Kategorie?

Ich verweise an erster Stelle auf die Notwendigkeit, die dieser Teilung für die Struktur der allgemeinen produktiven Arbeit und für die Rolle, die ihr in der Anwendung unserer physischen und geistigen Mittel zukommt. Die Menschheit fügt sich in die produktive Arbeit als Teil der nichtmenschlichen Materie ein, sei es als bloße Muskelkraft, sei es als Sensorium, das geeignet ist, irgendeiner Antriebskraft, gleich ob Wasser oder Tier, Wind oder Dampf, zu dienen und sie zu ergänzen. Das biologische Potential der Organe und der menschlichen Muskeln war bisher die Hauptquelle der produktiven Arbeit und ist es auch weiterhin.

Desgleichen war – und ist – unser Körper der Speicher für die meisten Informationen und Fähigkeiten, die gesammelt und geschaffen wurden, um die Arbeit produktiv zu machen. Wir dürfen nicht vergessen, daß auch diese Fähigkeiten Theorien der materiellen Phänomene sind, Bücher, deren Text nicht auf Papier gedruckt ist und in Bibliotheken aufbewahrt wird, sondern in das Gehirn, die Körperhaltungen und die Gebräuche der Individuen eingeschrieben sind. Wendet man sich der Vergangenheit zu, so bemerkt man, daß die Wissensbestände, auf denen ein handwerklicher oder technischer Komplex beruhte, vor allem in der Gattung niedergelegt waren und mit den Individuen oder Verbänden untergingen, an die sie gebunden waren. Desgleichen, daß der Brand der Bibliothek von Alexandria einen bedeutenden Teil der griechischen Werke und Zeugnisse für immer zerstörte, und schließlich, daß der Tod, die langsame Umwandlung oder Vernichtung von Generationen von Produzenten und Schöpfern uns dieser Theorien, dieser Begriffe und ihrer Verfahrensweisen hinsichtlich der Materie beraubt haben. Erhalten geblieben sind nur noch die leeren Hülsen, die Instrumente, die Sprache, Werke, denen unsere haltlose Vorstellungskraft zwar etwas Leben einzuhauchen vermag – jedoch um den Preis welcher Anachronismen!

Diese enge wechselseitige Abhängigkeit zwischen den organischen und den nichtorganischen Elementen führt umgekehrt zu einer Festlegung der Fähigkeiten und der Objekteigenschaften, zu einer strikten Angleichung der einen an die anderen. Ganz allgemein muß ein bedeutender Teil der biologischen und geistigen Mittel rein motorischen Aufgaben gewidmet werden. Da der Mensch Bestandteil jeder produktiven Arbeit ist, hängt die Produktivität weitgehend von der Unterteilung und von der Spezialisierung ab. Diese Spezialisierung bedeutet – jenseits ihres ökonomischen Gehalts – auch eine enge Fusion des Individuums mit seiner Tätigkeit. Sie reduziert seine Freiheitsgrade, verstärkt noch die Enge seines Bereiches und begrenzt seinen Horizont. Die Wiederholung derselben Verfahren und Operationen über mehrere Generationen hinweg, die Beachtung der einzuhaltenden Vorschriften und die Einhaltung der bereits bestehenden Klassifikation der Fähigkeiten und Merkmale hinsichtlich der Umwelt führen zu einem engen Rahmen. Die Routine, die auf das Funktionieren des Körpers und des Geistes und auf deren produktive Koordinierung ausgedehnt wird, bewahrt vor der jedem Anfang innewohnenden Kontingenz und verstärkt die Widerstände, die in einem Ausschnitt des praktischen Wissens entstehen, um jene Widerstände, die in einem anderen Ausschnitt am Werk sind, so daß die Stabilität des Ganzen erhalten bleibt. Die Rigidität und die rigorose Aufteilung, welche die Unterteilung der Arbeit zur Steigerung der Produktivität hervorbringt, machen die gegenseitige Absonderung der »Träger der Erfindung« zu einem unverzichtbaren praktischen Vorgehen. Die sozialen Regeln und die biologischen Unverträglichkeiten besorgen den Rest.[11]

In jedem Fall führen die Anforderungen, welche die Schöpfung der Fähigkeiten und Kenntnisse stellt, zu einem größeren Druck und schaffen einen Bruch, aus dem die natürliche Teilung hervorgeht. Die Struktur der Fähigkeiten und ihre subjektive Fixierung in den menschlichen Organen verhindern, daß ein und derselbe Mensch oder ein und dieselbe menschliche Gruppe mit gegensätzlichen Eigenschaften ausgestattete Arten von Arbeit aufnehmen und praktizieren. Wieviel Zeit der neolithische Bauer auch gehabt haben mag, um Metalle zu bearbeiten, der allgemeine Rahmen, in dem er seine Fähigkeit ausübte, gestattete es ihm kaum, über einen gewissen Perfektionsgrad hinauszukommen. In der Tat finden sich die verfügbaren Rohstoffe in einem begrenzten Gebiet; die Unmöglichkeit größerer Wanderungen läßt keine fruchtbaren Austauschbeziehungen zu; die Form, in der das Wissen in der Landwirtschaft weitergegeben wurde, ermutigt nicht sonderlich zur Selektion und Erfindung besonderer Methoden, und dies gilt für alle Aspekte des sozialen und natürlichen Lebens, es bleibt nicht nur auf das Lernen beschränkt. Töpferin und Weberin befinden sich in einer ähnlichen Situation. Der Ackerbau entwickelt einen Geist der Abhängigkeit vom Kreislauf der Jahreszeiten, von den spontanen Erscheinungen des Lebens, von den Rhythmen, die es vor allem zu beachten gilt. Dagegen geht der Handwerker an die Materie als ein Objekt heran, dem er bewußt verschiedene Formen geben kann. Man denke auch an die ganz unterschiedlichen Beziehungen, die der Jäger und der Hirte zum Tierreich unterhalten. Der Jäger stellt dem Tier nach, er lockt es, er lauert ihm auf, er stellt ihm Fallen, um es zu töten. Der Hirte dagegen sucht es am Leben zu halten, ihm geht es vor allem um dessen Wachstum, um seine enge Verbindung zu den übrigen Tieren und zu den Menschen. Oder man vergleiche den Ingenieur mit dem Handwerker. Der Ingenieur entwickelt seine Fähigkeiten und löst die Probleme, mit denen er konfrontiert wird, durch die Anwendung von Meßinstrumenten und durch die Erfindung von Mechanismen; der Handwerker dagegen verbessert seine manuelle Geschicklichkeit, er koordiniert seine Gesten, kombiniert die von seinen Sinnen aufgenommenen Informationen und interessiert sich ausschließlich für die wahrnehmbaren Qualitäten der Rohstoffe, um sein Ziel zu erreichen. Um ihre besonderen Fähigkeiten zu entwickeln und zu erhalten, muß also jede dieser Gruppen sie gesondert reproduzieren und ihre Unabhängigkeit stärken. *Wegen des organischen und subjektiven Charakters allen Wissens müssen die Träger dieses Wissens sich vom Kreislauf jener Kenntnisse und Fähigkeiten abkoppeln, die der inneren Logik ihrer eigenen Entwicklung widersprächen.*

Infolge dieser Disjunktion eignen sich die *lebendigen* Werke, welche die Repertoires der Fähigkeiten und der Ressourcen bildeten, für eine Retranskription in der Form anderer lebendiger Werke. Damit dies möglich wird, d. h., um eine erste Geschicklichkeit, ein in biologischen Individuen eingeschriebenes Gesetz des materiellen Universums zu transformieren, muß man es als *Objekt* einer zweiten Geschicklichkeit begreifen. Der moderne Gelehrte kann sich über die physikalischen oder chemischen Eigenschaften der Materie durch ein systematisches Studium der Spezialliteratur informieren. Der Handwerker konnte nur bei der Bäuerin, die webte oder töpferte, Wissen über Webverfahren oder über die Auswahl der Erden erhalten. Der Architekt-Ingenieur der Renaissance konnte schon in Grenzen auf das Buch zurückgreifen, doch vor allem eröffnete ihm die aufmerksame Beobachtung der Tätigkeiten des Zimmermanns oder des Schmieds den Weg zur mechanischen Kraft und Bewegung. Oft bedeutete Erfindung nichts anderes als die Reproduktion einer Arbeit in einem anderen Zusammenhang, außerhalb ihrer üblichen Verknüpfungen mit der Materie. Auch ist eine Trennung unerläßlich: Wenn man dieses organische Arrangement nicht von außen betrachtet, ist es ganz vergeblich, sie verändern zu wollen. Nur so kann man diese materiellen Kräfte in einer neuen Welt zu kombinieren versuchen.

Die natürliche Teilung hat ihre *raison d'être* in jenem Phänomen, auf das ich bereits hingewiesen habe: Die Herstellung der Beziehung des Menschen zur Materie geht unmittelbar über einen anderen Menschen. Der Antagonismus, der daraus resultiert, ist aufschlußreich und fruchtbar, denn die beiden Varianten ein und desselben Wissens stehen sich einen Augenblick lang konkret gegenüber: der Bauer und häusliche Produzent auf der einen Seite und der Handwerker auf der anderen, der Maurermeister hier und der Architekt-Ingenieur dort. Wer darin nur eine Unterteilung der Totalität, eine Aufgliederung der bestehenden Fähigkeiten erblickt, durch die die Anstrengungen jeder produktiven Schicht erleichtert werden, übersieht jenes wesentliche Phänomen, das in der neuerlichen Kombinierung von Fähigkeiten einmal in ihrer ursprünglichen Form, das andere Mal in einer veränderten Gestalt besteht. Der Grund für diese Fehleinschätzung liegt darin, daß man sich an das Endstadium hält, ohne die wirkliche Genese zu betrachten.

Jede natürliche Kategorie ist in gewisser Weise die mehr oder weniger erweiterte Transposition einer ursprünglichen Kategorie; sie ist diese Kategorie in transponierter Form. Der Handwerker ist die verwandelte Version eines Ausschnitts der bäuerlichen Tätigkeit, der Ingenieur ist die neue Gestalt einer Fraktion der handwerklichen Arbeit, ganz wie der neolithische Bauer oder, genauer, die neolithische Frau eine revolutionäre Variante des primitiven Jägers und Sammlers ist. Diese Veränderungen stellen Anpassungsversuche der Gattung an die veränderte materielle Umwelt dar; unter Berücksichtigung der Modalitäten der Schöpfung der Arbeit, die in weitem Maße biologischen Charakter hat, erfordern sie einen Schnitt, einen Bruch. Die Reproduktion und die Erfindung des Wissens und der Fertigkeiten erfordern eine Distanzierung, eine Heterogenität der menschlichen Gruppen, damit ihre Möglichkeiten sich entfalten und die Ressourcen, über die sie verfügen, sich aktualisieren können. Freilich – und darin kommt der Totalitätscharakter des historischen Prozesses zum Ausdruck – bleibt die zur Erfindung und Reproduktion bestimmte Arbeitsmenge relativ klein. Die Mehrzahl der Menschen verwendet ihre Anstrengungen und ihre Fertigkeiten darauf, Objekte zu produzieren, Werkzeuge zu handhaben und das Rohmaterial unmittelbar zu bearbeiten oder zu transportieren. Darüber hinaus ist die erfinderische Tätigkeit oft den alltäglichen Praktiken untergeordnet, wird von ihnen überschwemmt. Allein eine Reihe außergewöhnlicher Ereignisse, eine äußere Intervention, reißt sie aus den gewohnten Routinen heraus, plaziert sie in einem anderen Zyklus und verschafft ihr damit eine sichere Individualität.[12]

Im Ergebnis führt die geringe Menge der im eigentlichen Sinne erfinderischen Arbeit zusammen mit der engen Verschachtelung des Erfindungsprozesses und des Produktionsprozesses zu einer langsamen und disparaten Herausbildung der Ressourcen und des Wissens. Die Verbreitung der Entdeckungen hängt stark von den Wanderungen der Bevölkerungen ab – sind sie doch an die Nerven und Muskeln der einzelnen gebunden.

»Erst seit etwas mehr als zweihundert Jahren werden die technischen Kenntnisse auf anderem Wege als über Geste und Sprache weitervermittelt.«[13]

Daumas' Schätzung ist noch optimistisch. Ich denke eher, daß der Mensch kaum länger als seit einem Jahrhundert nicht mehr von einem anderen Menschen in den Umgang mit der Materie und deren Eigenschaften in einer quasibiologischen Initiation eingeführt wird.

Die Kontakte zwischen den Menschen beschleunigen diesen Prozeß. Sie ermöglichen es auch, die Erfindungen, die zu den endlos wiederholten Tätigkeiten der Individuen gezählt wurden, zu kombinieren und zu vervollständigen. Das Wachstum der Kollektive und die Mobilität ihrer Mitglieder sind entscheidende Faktoren: Sie erhöhen die Wahrscheinlichkeit und die Geschwindigkeit, mit der disparate Teile des Wissens zusammenfließen. Botschaften aus Fleisch und Blut, die aus ihrem Zusammenhang losgelöst sind, Berufe und Fähigkeiten zirkulieren, treten zusammen oder auseinander, bis sie einen neuen Diskurs bilden, sich zu einem neuen Code vereinen. Unter diesen Bedingungen ist es ganz ausgeschlossen, daß man die Kette der noch zu entdeckenden oder zu ersetzenden Fähigkeiten und Materialien antizipiert, daß die mögliche Veränderung vorausgesehen oder systematisch auf die Gesamtheit der Produktionen oder Fertigkeiten angewendet wird. Im Gegenteil, alles scheint aus einer Reihe von Zufällen hervorzugehen: das Auftreten unbekannter materieller Phänomene, die Umgruppierung neuer Fähigkeiten, die Erfindung eines Verfahrens usw. Eine bewußte und umfassende Umgestaltung des gesamten Systems der Reproduktion und des Austauschs mit der Materie ist äußerst schwierig. Dementsprechend kann die Anpassung einer natürlichen Kategorie an die neuentstehenden objektiven Kräfte nur langsam, unvollständig, fragmentarisch, in Zeit und Raum insgesamt diskontinuierlich erfolgen. Eine Neuerung, die in einem Ausschnitt des Wissens, der Techniken oder der Verfahrensregeln auftritt, verbreitet sich nur äußerst zögernd in anderen Bereichen, die seit Jahrhunderten, ja, seit Jahrtausenden erstarrt sind und immer weiter verknöchern. Die Initiativen, aus denen diese Erneuerung hervorgeht, sind nicht sonderlich energisch noch besonders zielbewußt noch auch sonderlich gut in ein Handlungsgefüge integriert. Wenn sich hundert Menschen gleichzeitig an eine Aufgabe machen, so wird ihre Arbeit sehr viel ertragreicher sein als die Arbeit von hundert Menschen, deren Bemühungen sich auf mehrere Jahrhunderte verteilen – und letzteres war in der Geschichte die Regel. Infolgedessen haben die Erfindungen zuwenig Durchschlagskraft, um die in einer bestimmten Kategorie bestehenden Beziehungen umzustürzen und andere an deren Stelle zu setzen, ohne dabei durch eine Phase der Absonderung und des Gegensatzes zu gehen, welche das Gesicht der Menschheit verwandelt.

Jedenfalls erfahren die Bedingungen, unter denen unsere Fähigkeiten reproduziert werden, derzeit eine tiefgreifende Umwandlung. Die Ersetzung der menschlichen Energien und ihres Funktionierens, das nun nicht länger von unseren Sinnesorganen abhängt, durch nichtmenschliche Kräfte führt zu einer grundlegenden Veränderung in der Struktur der produktiven Arbeit. Die zunehmende Verwendung nichtbiologischer Verfahren zur Aufzeichnung von Informationen aus der Außenwelt (Bücher, Dokumentationssysteme, maschinelle Gedächtnisse, audiovisuelle Mittel usw.) beschleunigt und erleichtert die Sammlung und Verarbeitung der unterschiedlichsten Fähigkeiten und Kenntnisse. Bevor diese Entwicklung ihre volle Breite erreicht, entspricht das Prinzip der natürlichen Teilung – in den Grenzen der angegebenen Formulierung – den Anforderungen, die während der Entfaltung der Dimensionen und Fähigkeiten unserer Gattung im Verlaufe ihrer Einordnung unter die übrigen Kräfte bestanden.

V. Die indirekten Formulierungen des Prozesses der natürlichen Teilung

Die Bedeutung der natürlichen Teilung stellt sich nun auf realer wie auf theoretischer Ebene klar heraus.

Auf realer Ebene grenzt sie ein Handlungsfeld ab, dessen Probleme klar definiert sind. Diese Probleme betreffen die Metamorphose der Arbeits- und Wissensarten und erhellen die Notwendigkeit, die Entwicklung unserer Fähigkeiten und der Umwelt, an der sie teilhaben, zu erklären und zu steuern.

Auf theoretischer Ebene scheint das Phänomen der Teilung, soweit Existenz und Entwicklung der natürlichen Kategorien damit verbunden sind, zugleich auch die Transformation der menschlichen Fähigkeiten und der materiellen Mächte in ihren jeweiligen Bereichen sowie die Qualität ihrer Beziehungen zu berühren. Ich habe an anderer Stelle auf die Verkettung und die Entsprechung hingewiesen, die zwischen der Ordnung der Teile der Materie und der Ordnung der Teile der Menschheit bestehen. Gemeinsam tragen sie zum geschichtlichen Leben unserer Natur bei. Daraus folgt nun, daß dieses Leben nicht, wie man gerne annimmt, ein unbekanntes und chaotisches Schicksal, ein langer Marsch ohne Gesetz noch Ziel, sondern das genaue Maß unserer Handlungen und unserer Beziehungen ist.

Die wirklich natürliche Sicht des Teilungsprozesses sieht folgendermaßen aus: Er beeinflußt zugleich sämtliche Faktoren, aus denen die menschliche Natur besteht, und interveniert vor allem auf dem Niveau der Verbindungen, welche diese Faktoren darstellen, im Übergang von einem dieser Zustände zum anderen. Ich habe diese Merkmale ein wenig vergröbert, und zwar, um zu zeigen, daß es sich bei der natürlichen Teilung um einen ursprünglichen und allgemeinen Prozeß handelt. Gleichwohl hatte diese Teilung über den größten Teil unserer Geschichte hinweg den Charakter einer Teilung der Geschlechter und zu einem geringeren Grad den einer Teilung der Generationen. Die Festlegung der Individuen auf bestimmte Aufgaben scheint eine Tendenz zu verlängern, die den meisten Tierarten einschließlich der unsrigen gemeinsam ist. Dies Erscheinungsbild ist die Ursache für das, was man »die ›natürliche‹, auf Geschlecht und Alter beruhende Arbeitsteilung«[14] nennt. Soweit dies eine Zeit betrifft, in der man über keinen Überschuß an Arbeit und Reichtum verfügte und die Bevölkerungsdichte nur gering war, läßt sie sich kaum als soziale Teilung beschreiben oder als Ergebnis eines Unterschiedes in der sozialen Position von Männern und Frauen. Es wäre eine ungerechtfertigte Extrapolation, wenn man die eigentliche Arbeitsteilung auf eine Produktion bezöge, die nicht bewußt auf eine Steigerung der Produktivität ausgerichtet war, weder im Sinne einer Steigerung der technischen Effizienz noch in dem einer systematischen Perfektionierung der Fähigkeiten oder des Produktes. Wir sehen darin – für diese Zeiten, die uns rauh und mythisch vorkommen – das Modell einer Menschheit, für die die sexuelle und soziale Reproduktion unmittelbar mit der natürlichen Reproduktion verknüpft war und für die Beziehungen zwischen Männern und Frauen eine explizite Entsprechung in den jeweiligen Ressourcen der Gruppen fanden. Die sozialen und technischen Differenzierungen lösen sich nicht von ihrer natürlichen Grundlage, um dann zu jenen komplexen und autonomen Vermittlern zu werden, die wir kennen, ebensowenig wie der Schirm deutlich wird, der ihren Ursprung verdeckt. Der Entstehungszustand, in dem wir ihn antreffen, läßt per Kontrast die Spur der entscheidenden Teilung erkennen, von der sie ausgehen.

Müssen wir annehmen, daß dem Geschlecht die bloße Rolle eines Indikators für die Verbreitung der Fähigkeiten in einer Gemeinschaft zukommt? In diesem Falle müßten wir uns die Situation vor Augen führen, die im achtzehnten oder selbst noch im neunzehnten Jahrhundert in den Manufakturen herrschte, wo die Frauen und Kinder für ganz bestimmte Arbeiten beschäftigt wurden. Nun ist die »auf Alter und Geschlecht basierende Arbeitsteilung« bekanntlich in ihrer Besonderheit nur bis zur Herausbildung des Handwerks und der auf Privateigentum gründenden Gesellschaften anzutreffen. Dieser Schnitt ist durchaus nicht willkürlich, er bildet vielmehr die Grenze eines Stadiums unserer Evolution, in dem die Zugehörigkeit zum männlichen oder zum weiblichen Geschlecht nicht nur die Vorbereitung auf die Ausübung eines bestimmten Teils derselben Arbeit nach sich zog, sondern auch notwendig die Zugehörigkeit zu einer bestimmten Gruppe von Besitzern von Fähigkeiten und Ressourcen. Die Männer waren Jäger oder Hirten, die Frauen widmeten sich dem Sammeln und zumindest zu Beginn der Jungsteinzeit dem Ackerbau. Die Geschlechtszugehörigkeit war nicht nur das Zeichen einer beschränkten Tätigkeit, sie brachte vielmehr eine jeweils besondere, vorherrschende Interaktion mit der materiellen Umwelt zum Ausdruck.

Eine Zäsur tritt dort ein, wo die natürliche Klassifikation nicht länger mit einer biologischen Klassifikation der Individuen zusammenfällt. Die sozialen und technischen Untergliederungen nahmen eine bis dahin unbekannte Gestalt an und rückten die Trennung von Männern und Frauen, die Besonderheit ihrer Attribute in der Interaktion mit den Bestandteilen des materiellen Bereiches in den Hintergrund. Aber die natürliche Teilung, Ergebnis von biologischen Schnitten und Umorganisationen der Fähigkeiten, verschwindet nicht. Ihr Gehalt erneuert sich am Ende dessen, was man die Vorgeschichte zu nennen beliebt. Wenn die sogenannte »natürliche Arbeitsteilung« nicht länger auf Alter und Geschlecht basiert, so scheint nun die Spezialisierung von Hand und Gehirn an deren Stelle getreten zu sein. Auf die eine Seite stellt man die Männer und Frauen, die regelmäßig im wesentlichen ihre Muskelkraft, die Geschicklichkeit ihrer Glieder und die Feinheit ihrer Sinne beitragen. Unbewußte Koordinationsschemata leiten ihre Arbeitsverrichtungen und erleichtern die Ausführung der vorgeschriebenen Aufgaben. Auf die andere Seite stellt man die Gruppen, deren Fähigkeiten und Interessen ausschließlich auf dem Niveau des Denkens und der globalen Wahrnehmung der realen Phänomene liegen. Die intellektuellen Methoden sind die Frucht ihrer Anstrengungen und das Mittel, mit dem sie an die Fragen herangehen, die ihnen die Gemeinschaft stellt. Diese manuelle und geistige Arbeitsteilung ist sicherlich in einen sozialen Kontext eingebettet. Sie hat dennoch zum Ziel, die Organisation der Menschen hinsichtlich ihrer Fähigkeiten und ihrer Beziehungen in einer materiellen Welt und mit ihr zu steuern. Ihre besonderen Auswirkungen kommen im Raum der Naturdisziplinen – Wissenschaften, Techniken, Handwerk, Philosophien – zum Ausdruck und werden besonders dort deutlich, wo es darum geht, das Wissen und die Fertigkeiten zu erfinden oder zu reproduzieren. Ihr ist ein gesonderter, nicht auf die soziale oder technische Teilung rückführbarer Platz vorbehalten. Aber in welchen durchgängigen Zusammenhang könnte man sie stellen?

Im Vergleich zum Handwerker, der die körperliche Arbeit und die Geschicklichkeit der Finger verkörpert, bringen der Ingenieur und der Mechaniker die Intelligenz der Mathematik und die Feinheit ihrer Instrumente zur Geltung. Die reflexhafte Tätigkeit der Hände auf der einen Seite und das klarsichtige Vorgehen des Verstandes auf der anderen, die Kunst der Wiederholung auf der einen und die der Erfindung auf der anderen unterscheiden sie und ordnen sie jeweils der manuellen oder der geistigen Arbeit zu. Seit der moderne Wissenschaftler den Platz eingenommen hat, auf dem wir ihn heute wissen, und seit die Wissenschaften zur Grundlage jeder Entdeckung geworden sind, hat der Ingenieur, der Erbe Leonardo da Vincis, Brunelleschis, Stevins oder Huygens', das Reich der Techniken und der quasimanuellen Operationen reintegriert. Wir müssen wohl kaum auf den pseudobiologischen Charakter dieser Unterscheidungen oder zumindest auf den unhistorischen Charakter des gewählten Kriteriums hinweisen. Nichts berechtigt dazu, der Überlagerung einer Arbeitsart durch eine andere und den exklusiven Merkmalen der anatomischen oder physiologischen Systeme eine allzu wörtliche Bedeutung beizulegen.

Wir stellen in dieser Hinsicht eine Vorliebe für die biologische Qualifizierung ähnlicher Aufteilungen der Menschheit fest. Sie alle haben eine Antriebsfunktion in der Herausbildung der sozialen und natürlichen Verhältnisse erhalten. Doch kann man weder dem Geschlecht noch der Beständigkeit des *homo faber* oder des *homo sapiens* und ihren rein organischen Qualitäten zu Recht eine ähnliche Funktion zuweisen. Die Dynamik der Geschichte geht vielmehr auf die Beziehung zwischen dem Jäger und dem Bauern, zwischen dem Handwerker und dem Ingenieur usw., also auf die Beziehungen zwischen den natürlichen Kategorien zurück. Wenn man sie nur verschoben in Gestalt der Trennung der Geschlechter oder in Gestalt der Individuation von Hand und Gehirn wahrnimmt, so liegt das an der Vorstellung, die man sich von der Natur macht. Wenn sich die natürliche Ordnung mit unserer biologischen Realität oder mit der außer uns gestellten und unabhängig von unserem Eingriff existierenden Realität vermengt, so werden die daraus resultierenden Unterschiede notwendig in einer organischen Perspektive und ohne Bezug auf die Hierarchie der materiellen Kräfte gedacht.

Dies gilt nicht mehr, wenn diese Ordnung einen menschlichen und einen materiellen Pol enthält, die beide gemeinsam an einer bestimmten geschichtlichen Bewegung teilhaben. Die gegenseitige Abschließung dieser beiden Pole, der Rückgriff auf Begriffe, die man der Biologie entnommen hat, und die Unkenntnis über die autonomen Prozesse der natürlichen Ordnung sind ebensoviele Hindernisse für deren Wahrnehmung. Im Gegenteil drängt uns alles, sie aus einem spezifischen Blickwinkel heraus zu betrachten. Genauer noch: So wie die durch unbelebte Kräfte bestimmte Natur einem oder mehreren Prinzipien gehorcht – der Schwerkraft, den Kernkräften usw. – und wie die aus der Interaktion der Lebewesen hervorgegangene Natur einem allgemeinen Prinzip folgt, dem der natürlichen Selektion, so gehorcht die durch die biosozialen Kräfte des Menschen gebildete Natur einem bestimmten Prinzip: der natürlichen Teilung. Wenn die natürliche Teilung zu den Phänomenen gehören soll, von denen man die Kraft zur Erklärung und Steuerung der menschlichen Existenz erwartet, so wäre es wünschenswert, daß die weitere Forschung alle für deren Erkenntnis nötigen Elemente herausarbeitete. Nur dann könnte, was sich heute noch als weit gefaßte Hypothese darstellt, zu einem präzisen heuristischen Analyseinstrument werden.

Fünftes Kapitel:
Die Transformation der Ressourcen

Die Differenzierung in der Menschheit und die Untergliederung der Menschen haben den Zweck, deren Beziehungen zur materiellen Welt zu stärken. Aber es genügt nicht, diese Tatsache festzustellen, wir müssen den Prozeß noch analysieren. Um die Tatsache zu erklären, daß der Handwerker, der Ingenieur oder der Wissenschaftler sich von einem primitiveren oder globaleren Wissens- und Produktionskreislauf ablösen, hat man auf die Existenz eines Güterüberschusses hingewiesen, der die Möglichkeit einer Vervielfältigung und einer Spezialisierung der gesellschaftlichen Funktionen eröffnete. Nach dieser Ansicht trüge der gewiß vorhandene Vorteil einer Unterteilung der Tätigkeiten oder Arbeiten, der Vorteil der Einführung spezieller Methoden in einem begrenzten Wissensbereich, dazu bei, die Unabhängigkeit der Künste und der Wissenschaften zu gewährleisten, und führte zur Herausbildung neuer Künste und neuer Wissenschaften. Die soziale Teilung oder die technische Untergliederung der Arbeit wären dann die Antwort auf die Frage, die ich oben gestellt habe. Wenn dies zuträfe, wäre die natürliche Teilung kein eigenständiges Phänomen. Um diese Konzeptionen zurückzuweisen, genügt es, die theoretischen Voraussetzungen, auf denen die ersten beiden Teilungsformen basieren, den Phänomenen gegenüberzustellen, die sie erklären sollen.

I. Die Verteilung des Reichtums und die explosionsartige Entwicklung der praktischen Fähigkeiten

1. Die Akkumulation gesellschaftlicher Überschüsse

Die soziale Teilung der Arbeit beschreibt die Verteilung der Mitglieder einer Gesellschaft nach den – produktiven, kommerziellen, politischen, administrativen – Funktionen, die sie ausüben, die Hierarchie der Macht – in Anleitung und Ausführung –, die sie ausüben, und ihre besonderen Verpflichtungen gegenüber Familie oder Staat. Emile Durkheim hat in seinem berühmten Buch *La Division du travail social*[1] das umfassendste Bild dieses universellen Phänomens gezeichnet und wertvolle Schlüsse daraus gezogen.

Unter den Gründen für diese Teilung wurden besonders hervorgehoben: (a) Das Wachstum der sozialen Gruppe, das jeden einzelnen dazu zwingt, sich auf einen Bereich der gemeinsamen Arbeit zu beschränken, einen Bereich, der mit zunehmender Gruppengröße kleiner wird, und (b) das Entstehen eines Güterüberschusses, der es einer Fraktion der sozialen Gruppe gestattet, sich von gewissen Aufgaben zu befreien und spezialisierten Tätigkeiten zuzuwenden, deren materielle oder immaterielle Produkte dann gegen den bestehenden Güterüberschuß ausgetauscht werden. Die erste Ursache findet ihre Illustration im Übergang vom Landleben zum Stadtleben, die zweite in der Trennung von Ackerbau und Handwerk.

Der enge Rahmen der Dorfgemeinschaft zwang deren Mitglieder, mehrere Berufe oder mehrere Funktionen auszuüben, um der Nachfrage zu entsprechen und die Knappheit der Arbeitskräfte auszugleichen. Die Dimensionsveränderung, die in der Vereinigung einer großen Zahl von Menschen im Rahmen der Stadt zum Ausdruck kommt, die Akkumulation der Reichtümer und die Erweiterung des Marktes zwingen den einzelnen, sich auf einen streng begrenzten Bereich zu beschränken. Der Maurermeister hört auf, zugleich Architekt zu sein, der Bildhauer und der Maler sind nicht zugleich Künstler und Händler. Sollen diese Veränderungen möglich werden, muß es in der Gesellschaft auch eine Fraktion geben, die über einen Überschuß verfügt, d. h. über eine Gütermenge, welche die zur Befriedigung ihrer Bedürfnisse unerläßliche Lebensmittelmenge übersteigt. Dann kann sie diese Überschußproduktion anderen Fraktionen der Gesellschaft überlassen oder bestimmte ihrer Mitglieder von der Feldarbeit freistellen. Eine vom Marxismus inspirierte Konzeption sieht im Vorhandensein eines Überschusses an Konsumgütern die Voraussetzung für die Herausbildung einer neuen Produzentenklasse und für deren Bruch mit der alten. Die Steigerung der Produktivität und die Verfügbarkeit von Nahrungsmitteln scheinen den Kern der Trennung von Bauern und Handwerkern zu bilden. Der große Spezialist der Vorgeschichte, Gordon Childe, hat diese Theorie mit großer Autorität und Kohärenz entfaltet:

»In der neolithischen Wirtschaft wurde jedes erwachsene Mitglied einer Gemeinschaft in erster Linie von der Beschaffung der Nahrung für sich selbst und seine Kinder in Anspruch genommen. Die regelmäßige Verwendung von Kupfer und Bronze setzte dagegen das Vorhandensein einer kleinen Schar von vollbeschäftigten Spezialisten voraus, die befreit waren von aller Arbeit in Landwirtschaft, Fischerei und Jagd ... Das Fördern, Schmelzen, Gießen stellten bei weitem feinere, schwierigere und exaktere Arbeiten dar als irgendeines der gewöhnlichen, von neolithischen Bauern verrichteten häuslichen Geschäfte ... Es war ein den ganzen Menschen in Anspruch nehmender Hauptberuf. Die so Beschäftigten konnten nur unter der Voraussetzung ihre Tätigkeit ausüben, daß sie mit Nahrungsmitteln versorgt wurden, welche die Bauern und Fischer erzeugten, von denen sie selbst herkamen. Ja, sie mußten sogar eines großzügigen Entgelts sicher sein, wollte man sie dazu verlocken, die Sicherheit der Selbstversorgung mit dem zum Leben Notwendigen aufzugeben.«[2]

Bevölkerungswachstum und Güterüberschuß liefern in der Tat die Elemente eines Modells, dem niemand Kohärenz bestreiten könnte. Berücksichtigt es auch die Entstehung der natürlichen Kategorien, der großen Berufsgruppen? Ich glaube es nicht. Untersuchen wir einmal zur Überprüfung meines Vorschlags diese Theorie des Überschusses.

Die Herausbildung eines überschüssigen Reichtums bedeutet dreierlei: Sie erhöht die Wohlfahrt, sie gestattet es einer Gruppe, sich zu spezialisieren und ihre Produkte gegen die einer anderen Gruppe auszutauschen, und sie ermutigt eine Gruppe oder eine Klasse, von der Arbeit einer anderen Gruppe oder einer anderen Klasse zu leben. Was nun die beiden ersten Fälle betrifft, so erklärt der Überschuß lediglich die Möglichkeit einer Aufteilung der sozialen Gruppe: Für sich allein genommen, führt er ebensowenig zur Entstehung neuer Produzenten wie zur Entstehung neuer Nichtproduzenten. Er erleichtert lediglich die Konsumtion einer Fraktion der Gesellschaft auf Kosten der Konsumtion einer anderen Fraktion. Die Akkumulation von Gütern an einem Ort stimuliert die Liebe zum Reichtum und den Kult der Armut, das Raffinement der Vergnügungen und die Tugend der Arbeit. Ein notwendiger Einfluß auf die Ausbreitung des Handwerks und auf die Unabhängigkeit der Handwerkerklasse besteht jedoch nicht. Lassen sich auf ein und dieselbe Ursache, die Existenz eines Überschusses, so unterschiedliche Wirkungen wie die Trennung der natürlichen Kategorien und die Entstehung sozialer Klassen zurückführen?

Im übrigen ist der Überschuß eine relative «Größe». Der Bauer kann, wenn er die Wahl hat, den Bereich der Güter erweitern, die für ihn eine absolute Notwendigkeit darstellen, er kann deren Menge vergrößern und sich friedlich an seiner Produktion erfreuen. Erst die Macht der Gesellschaft oder die der Herren zwingt ihn, die Früchte seiner Arbeit aufzugeben und sie – erst jetzt als »Überschuß« – abzuliefern. Und was den Handwerker betrifft, so sind es die Perfektionierung seines Könnens und die höhere Geschicklichkeit, mit der er das herstellt, was der Bauer und seine Frau gewöhnlich produzierten, die diese veranlassen, ihm einen bestimmten Teil der zur Ernährung, zur Bekleidung, zur Fortentwicklung des Werkzeugs oder zur Bodenbearbeitung gedachten Güter zu überlassen. Diese Beobachtungen führen alle zu einem Schluß: Die Existenz eines Überschusses, der aus erhöhter Produktivität resultiert, ist durchaus nicht die *Ursache* für die Entstehung einer neuen Gruppe von Produzenten, im Gegenteil, das Vorhandensein dieser unabhängigen und besonderen Gruppe kann die Entstehung eines Überschusses zur *Folge* haben. Das Verhältnis zwischen Notwendigem und Verfügbarem verändert sich hier.

Wir dürfen nicht vergessen, daß »Überschuß« ein ökonomischer Begriff ist. Er bezeichnet einmal einen Überschuß an Gütern, die nicht zur Weiterführung einer bestimmten Produktion verwendet werden, und zum anderen die Voraussetzung für die Verteilung dieser Güter auf die verschiedenen produktiven und nichtproduktiven Schichten der Gesellschaft. In diesem Sinne kann der Überschuß *auch* zu einer Vergrößerung der Möglichkeiten für die Schöpfung von Arbeit beitragen und dadurch auch zur Herausbildung neuer Kategorien von Schöpfern von Arbeit. Die Geschichte lehrt uns aber, daß dieser Vorgang nicht an die Existenz eines solchen Überschusses gebunden ist. In diesem Bereich gibt es eine Fülle einschlägiger Beobachtungen. Bis heute haben nur wenige Gesellschaften bewußt und mit Sinn für die Folgen Güter darauf verwendet, Reproduktion und Erfindung von Fähigkeiten anzuregen. In einer Untersuchung zur theoretischen Verwendung des Begriffs des »ökonomischen Überschusses« schreibt Charles Bettelheim:

»Wie ich bereits bemerkt habe, kann es geschehen, daß der Fortschritt des Wissens und eine bessere Diffusion der Kenntnisse in gewissen Grenzen ohne eine Verwendung des Überschusses erfolgen können.«[3]

Dies veranlaßt ihn, die Existenz eines »autonomen Wachstums« ins Auge zu fassen, das nicht an den ökonomischen Überschuß gebunden ist:

»Gleichwohl können in der Praxis (selbst wenn der zur Entwicklung einge-setzte Überschuß gleich Null ist) gewisse Veränderungen in der Organisation des Produktionsprozesses und in der Arbeitsproduktivität eintreten, die ein gewisses Wachstum des verfügbaren Sozialprodukts ermöglichen. Solche Ver-änderungen können auf die Initiative der Produzenten oder auf die anderer sozialer Schichten zurückgehen. Auf diese Weise war es möglich, daß manche primitive Gesellschaften, die praktisch über keinerlei Überschuß verfügten, dennoch in einem bestimmten Maße Fortschritte machten. Wegen dieser Wachstumsmöglichkeit müssen wir die Existenz eines Faktors ›autonomen Wachstums‹ anerkennen.«[4]

Gilt dies nur für die primitiven Gesellschaften? Nein. Das Phä-nomen läßt sich auch in den feudalen Gesellschaften beobach-ten:

»Die (feudalen) Klassen verwenden nur einen ganz geringfügigen Teil des Überschusses für die Entwicklung; das verfügbare Sozialprodukt wächst da-her nur äußerst langsam, und zwar im wesentlichen unter dem Einfluß des ›autonomen Wachstumsfaktors‹.«[5]

Gerade in den sozialistischen Gesellschaften muß dieser Faktor eine bedeutsame Neubelebung erfahren:

»Man kann sich vorstellen, daß dieser autonome Wachstumsfaktor mit der Verlängerung der Freizeit (d. h. mit der Verkürzung der Arbeitszeit) mögli-cherweise wieder eine größere Rolle spielen kann.«[6]

Wir müssen also feststellen, daß es sich beim »autonomen Wachs-tum« um einen allgemeinen Prozeß handelt und daß er nicht un-mittelbar an die Existenz eines Überschusses gebunden ist. So dürfen wir uns denn auch nicht an ihn halten, um die Genese der natürlichen Kategorien zu begreifen, sondern an die Existenz von Fähigkeiten, seien sie nun *aktuell* im häuslichen oder gesellschaft-lichen Bereich vorhanden oder *potentiell* in den Berufsgeheimnis-sen, den Theorien, den Erfindungshandbüchern oder in den Er-fahrungen enthalten, die mündlich übermittelt oder in Büchern und Zeitschriften usw. veröffentlicht werden – Fähigkeiten, die ihrerseits zu echten Triebkräften für die Herausbildung eines ökonomischen Überschusses werden und dessen Investition ka-nalisieren.

Der Rückgriff auf den Begriff des Überschusses zur Erklärung der Differenzierung zwischen Klassen von Produzenten oder von Schöpfern der Arbeit stößt auf unauflösbare Schwierigkeiten. Die soziale Teilung, die dadurch erhellt werden soll, ist ein klassifikatorisches, kein genetisches Prinzip. Sie reflektiert den »Nullzustand« der Allokation von Fähigkeiten und Individuen in den als solche wahrgenommenen Abteilungen einer Gesellschaft: Landwirtschaft, Industrie, Polizei, Verwaltung, Armee, Ausbildung usw. Geht man von ihrer Definition aus, so ist es absolut unmöglich, die wesentlichen Faktoren dieser Allokation und deren sekundäre Äußerungsformen zu isolieren. Unter gesamtgesellschaftlicher Perspektive verkörpern etwa die ausführende Arbeit des Arbeiters und die leitende Arbeit des Kapitalisten gewiß eine Aufteilung lebenswichtiger Funktionen. Aber diese Aufteilungen sind nicht historisch aktiv oder grundlegend. Hinter den Beziehungen des Proletariers zum Kapitalisten, hinter den Unterscheidungsmerkmalen ihrer jeweiligen gesellschaftlichen Position steht der Unterschied des Reichtums. Verläßt man jedoch diese präzise Bezeichnung, um sich auf die Auswirkungen der Teilung zu beschränken, so vermengen sich die Distribution der Arbeit und die Distribution der Früchte der Arbeit, die Muße des Kapitalisten und die Überarbeit des Arbeiters und werden austauschbar:

»Die niedrigen Klassen sind nicht oder nicht mehr mit der Rolle zufrieden«, schreibt Emile Durkheim,[7] »die ihnen durch die Tradition oder durch das Gesetz zugefallen sind, und sie begehren die Funktionen, die ihnen verboten sind, und versuchen die auszubooten, die sie ausüben. Daher die inneren Kämpfe, die aus der Art kommen, wie die Arbeit verteilt ist.«

Tatsächlich haben die inneren Kämpfe eine gewisse Verbindung zur Art der Arbeitsteilung zwischen den oberen und den unteren Klassen; jedoch liegt darin nicht ihre unmittelbare Ursache. Die Klassengegensätze entstehen vor allem und ganz wesentlich – das wissen wir seit Aristoteles – aus dem Interessengegensatz, aus dem Kontrast zwischen Reichtum und Armut. In dieser Hinsicht ist die soziale Teilung ein formaler, sekundärer Aspekt und die Folge eines tiefgreifenden Widerspruchs, der den Nerv der Sozialgeschichte bildet. Dieselbe formale und abgeleitete Rolle spielt sie bezüglich der menschlichen Geschichte der Natur.
Als Resultante dieser beiden Geschichten ist der Prozeß der sozialen Arbeitsteilung ihr gemeinsamer Nenner, eher eine zusam-

mengesetzte Wirkung als eine treibende Ursache, ein *quid proprium* für beide. Dieser Prozeß beschreibt eine wichtige Seite der Realität, aber erfaßt nicht deren Originalität.

2. Die Teilung oder Untergliederung der Arbeit

Die Arbeitsteilung – von den Wissenschaftlern zur Würde einer universellen Regel erhoben, von den Rhapsoden besungen, von den klarsichtigen Geistern kritisiert und von den Propheten der sozialen Gleichheit verurteilt – wurde zum Instrument *par excellence* des Reichtums der Nationen erhoben. Heute weckt das Thema keine Leidenschaften mehr. Wir haben uns im selben Maße an sie gewöhnt, wie ihre Bedeutung schwand. Die Verfahren dieser Teilung sind generell: Eine Arbeit, ein Berufsstand oder eine Wissenschaft werden nach der Anzahl variabler Operationen, aus denen sie bestehen, oder nach der Menge der Objekte, mit denen sie es zu tun haben, aufgeteilt. Gleich ob die Aufteilung der Aufgaben jedem Arbeiter die Zeit gibt, sich besser mit der seinen zu befassen, oder ob die Ausgliederung vorbereitender Arbeiten es ermöglicht, den Gegenstand in kürzerer Zeit herzustellen, der erwartete Effekt ist stets eine Vergrößerung der produzierten Menge sowie eine Vermehrung der Produzenten. Der Schneider, der nicht zugleich Weber ist, und der Metallverarbeiter, der nicht zugleich auch als Bergarbeiter tätig ist, können ihr Werkzeug vervollkommnen, die Qualität der Güter verbessern und eine größere Gütermenge herstellen. Durch diese Methode erhöht sich die Produktivität, und das Spektrum der Berufe erweitert sich. Die Erweiterung erfolgt kontinuierlich: Die *Encyclopédie* nennt 250 Berufe; 1825 zählt man bereits 846, und heute erreicht ihre Zahl schon mehrere Tausend. Die Individuation der Handwerker, Ingenieure und Wissenschaftler wäre danach nichts anderes als das Ergebnis einer dieser vielfältigen Unterteilungen der Arbeit. Doch diese Schlußfolgerung dürfte kaum zutreffen.

Wenn der Maler sich vom Bildhauer absondert oder der Architekt vom Maurer, so erhöhen sie die Effizienz ihrer Arbeit und verfeinern ihre Produkte; sie entwickeln ihre Beziehungen zum materiellen Universum, aber sie stürzen diese nicht um. Die Handwerkssparten vervielfältigen sich, das praktische Wissen und

Können wird reicher, die Gesamtzahl der Praktiker erhöht sich, die Verfahren zur Schöpfung der Arbeit finden ihre Vertiefung, ohne daß deren materielle Grundlage sich deshalb radikal veränderte. Die Unterteilung der Berufe führt zur Verbesserung der Geschicklichkeit und öffnet den Weg für eine gesellschaftliche Organisation der Produktion. Als diese Unterteilung im Rahmen der Manufaktur vorgenommen wurde, reduzierte sie die Fähigkeiten des Handwerkers auf einen engen Bereich und kombinierte sie in quantitativer Weise; aber dies bedeutete nicht das Ende ihres Fortschritts.

Was ich über den Handwerker gesagt habe, gilt auch für den Ingenieur, den Bauer oder den Wissenschaftler. Weit davon entfernt, eine Modalität der Herausbildung neuer natürlicher Kategorien und origineller Talente zu sein, begünstigt die Arbeitsteilung lediglich deren Ausdehnung. Sie hat keinen bloß quantitativen Charakter. Sie kann aus der Teilung einer neuen Arbeit oder aus der neuerlichen Teilung der gewöhnlichen Arbeit hervorgehen und dabei heterogene Tendenzen zusammenfassen. Die Teilung zwischen Bauern und Handwerkern ist erster Ordnung, die Teilung zwischen Handwerkern in der Zunft und in der Manufaktur ist zweiter Ordnung. Sie zu verschmelzen ist unmöglich. Zunächst hat die Ablösung, die zur Herausbildung einer natürlichen Kategorie führt, das Verschwinden einer Art von Geschicklichkeit und deren Ersetzung durch eine andere zur Folge. Wenn die Frau sich den häuslichen handwerklichen Tätigkeiten widmet (Weben, Töpfern) und der Mann der Bodenbearbeitung, so gewinnt die Gesamtheit ihres Könnens an Weite. Die Abgrenzung des Handwerkers vom Bauern begrenzte dagegen das Können des Bauern. Und wenn die Handwerkssparten des Malers, des Bildhauers, des Maurers, des Töpfers, des Webers oder des Schmiedes ihre Autonomie gewinnen, so profitiert davon die Gesamtheit des Handwerks. Umgekehrt aber hatte die Ablösung der einen mechanischen Kunst, der des Ingenieurs, von der Familie der übrigen Handwerkssparten die Umwandlung eines Teils dieser Handwerkstätigkeiten in Techniken zur Folge, die in der Maschine verkörpert sind. In der Folge differenzierten sich dann der Töpfer, der Maler oder Bildhauer, der Zivilingenieur, der Maschinenbauingenieur oder der Militäringenieur nach den Objekten, dem konkreten Inhalt ihrer Tätigkeit, was den Fortschritt ihrer Geschicklichkeit und die Produktivität ihrer Arbeit begünstigte.

Gleichwohl werden Töpfer, Bildhauer oder Maler ihr Handwerk nach denselben Regeln reproduzieren; sie gestatten es ihnen, die Qualitäten der Stoffe zu erfassen, die Bewegung ihrer Hände zu verfeinern, ihre Geschicklichkeit oder die Präzision ihrer Sinne zu vervollkommnen. Demgegenüber wird der Ingenieur, wenn er Maschinen, optische Instrumente oder Festungsanlagen konstruiert, ein besonderes Gewicht auf die Erfindungen, auf die Reproduktion seiner Kenntnisse durch die Beherrschung der manuellen Geschicklichkeit und der mathematisch-physikalischen Gesetze legen, denen die materiellen Erscheinungen gehorchen.

Dürfen wir es damit bewenden lassen, zwischen den beiden Serien von Teilungen nur einen Unterschied in der Allgemeinheit zu sehen? Friedrich Engels schreibt, daß das Handwerk sich während der »zweiten großen Arbeitsteilung« von der Landwirtschaft löste, ganz so, als wären die zwischen den verschiedenen handwerklichen oder bäuerlichen Spezialitäten eingetretenen Trennungen »kleine Teilungen« gewesen, während der zugrunde liegende Prozeß derselbe geblieben wäre. Nichts scheint zu belegen, daß diese Vorstellung der qualitativen Bedeutung dieser Unterschiede und der Bestimmtheit der darin implizierten Totalitäten gerecht würde.

Können wir die Arbeitsteilung überhaupt noch als einheitliches Phänomen ansehen, ohne diesen Gegensatz bis an die Grenze zu treiben und die Übergänge in der Realität zu verkennen? Dieses Konzept versucht die Vervielfältigung der Spezialitäten aus der Perspektive des Produkts und der Produktion zu erklären, vernachlässigt es dabei aber, die Erneuerung der natürlichen Kategorien in der Perspektive der Geschicklichkeit und ihrer Erfindung zu betrachten.

»Fügen wir noch hinzu«, schrieb bereits Bouglé,[8] »daß Berufe entstehen, die nicht vorauszusehen waren und denen nichts Analoges in den vorangegangenen Wirtschaftsformen entsprach. Sie resultieren nicht aus einer Aufteilung; vielmehr verdanken sie sich der Entstehung neuer Güterarten, die bis dahin unbekannt waren. Hier handelt es sich genau genommen nicht um eine Teilung (von Arbeit), sondern um eine echte Schöpfung.«

Die Teilungen sind nicht »klein« oder »groß«, sie sind vor allem unterschiedlich und führen zu widersprüchlichen Konsequenzen. Einerseits bringen sie die Dimension der Gesellschaft zum Ausdruck, die Ströme des Marktes, die Erhöhung der Gesamtsumme aller Fähigkeiten, die Steigerung der Effizienz dieser Fähigkeiten und die Vertiefung der Beziehungen zur Materie. Andererseits reflektieren sie das Altern eines Wissenstyps, die Entstehung neuer Fähigkeiten, die Transformation einer Arbeit in eine andere und die Modifikation dieser zwischen den Menschen und der materiellen Umwelt eingerichteten Kreisläufe. Wenn man eine Teilungsform, die vor allem um die Besonderheit des Objekts, die Disziplinen oder Berufe – Mechaniker, Geometer, Landwirt oder Weinbauer – zentriert ist, mit einer Teilungsform zusammenwirft, die durch die vielfältigen Modalitäten der Schöpfung von Arbeit geleitet wird und für die nur die allgemeinen Klassen des Wissenschaftlers, des Handwerkers usw. bestehen, so gefährdet man damit die Geschlossenheit des Begriffs und verhindert die klare Wahrnehmung der beteiligten Mechanismen.

Ganz gewiß kann eine natürliche Kategorie die Gestalt irgendeiner Untergliederung von Arbeiten annehmen. In der Renaissance sahen sich die Ingenieure noch als Untergruppe der Handwerker, als Untergruppe »höherer Handwerker«, wie es Zilsel ausdrückt,[9] die

»für ihre Arbeit mehr Kenntnisse als ihre Kollegen benötigte und deshalb eine bessere Ausbildung erhielt«.

Daran ist nichts Erstaunliches. Zu Anfang ist auch eine neue biologische Art die Varietät einer bestehenden Art. Aber daraus schließt man nicht, daß die Gesetze, nach denen die Entwicklung *einer* bestimmten Art abläuft, auch für die Evolution sämtlicher Arten Geltung besäßen. Auch die Arbeitsteilung, welche Bedeutung ihr auch immer als Gesetz der internen Differenzierung einer natürlichen Kategorie zukommen mag, darf nicht als historisches Bildungsprinzip für die Gesamtheit der natürlichen Kategorien angesehen werden. In der Extrapolation läuft man Gefahr, einen konkreten Vorgang zur bloßen Metapher zu machen und Realitäten miteinander zu vermischen, die im wissenschaftlichen Interesse unterschieden werden sollten.

II. Die Substitution der materiellen oder inventiven Ressourcen

1. Der Gleichgewichtszustand

Das aufgeworfene Problem bleibt bestehen. Um den Ablauf der sukzessiven natürlichen Teilungen zu verstehen, ist es unerläßlich, zuvor den stets gesuchten und nie realisierten Idealfall zu beschreiben. Dieser Idealfall setzt die Konkordanz zweier Gleichgewichtslagen voraus:

1. Eine Verbindung des Systems der Reproduktion der Talente mit den materiellen oder inventiven Ressourcen, und zwar solcherart, daß in der Organisation des ersten in quantitativer wie qualitativer Hinsicht nichts auf Elemente Bezug nimmt, die im zweiten Bereich nicht vorhanden sind, und umgekehrt.

2. Eine enge Beziehung zwischen der Anzahl der Individuen, also dem Umfang der verfügbaren Arbeitskraft, die produktiv werden *muß*, und der Anzahl von Individuen, d. h. dem Umfang der Arbeitskraft, die produktiv werden *kann*. Anders gesagt, die Imperative der biosozialen Reproduktion fallen mit den Imperativen der natürlichen Reproduktion zusammen.

Das erste Gleichgewicht, das sich auf die Faktoren des Naturzustandes bezieht, bedeutet die Stabilität der Austauschbeziehungen zwischen dem Menschen und der Materie einerseits und die Gleichheit der Bindungen zwischen den natürlichen Kategorien andererseits. Die Schöpfung der Fähigkeiten hält sich in den bestehenden Grenzen, und die zugehörigen materiellen Mächte fügen sich in einen vorbestimmten Kontext ein. Keine Erfindung führt zu einer vollständigen Veraltung dessen, wovon sie ausgeht. Jede Reproduktion hat einen präzise beschriebenen Weg vor sich. Jedes entdeckte Phänomen bestätigt das Tableau, in dem sämtliche Erscheinungen ihren Ort haben. Die Unterteilung der Fähigkeiten und der Sektoren der physikalischen Welt festigt und verfeinert die bekannten Möglichkeiten, ohne die Harmonie und Ruhe der sie umfassenden Ordnung zu stören.

Das zweite Gleichgewicht regelt die Intervention der sozialen Formen und ihrer natürlichen Grundlagen, die vollkommene Deckungsgleichheit beider. Sie impliziert die Überlagerung der Dimension der Gesellschaft und des Feldes der Natur. Jeder Unterschied wird entweder durch die Eliminierung der Bevölkerung und ihrer »überflüssigen« Bedürfnisse beseitigt – ob diese Eliminierung nun durch Auswanderung oder Tötung usw. geschieht – oder durch das Verbot der Verwendung bestimmter Ressourcen oder der Benutzung neuer Fähigkeiten. Das Kastensystem war der am weitesten elaborierte Versuch einer Identifizierung der natürlichen Ordnung mit der Gesellschaftsordnung, der sozialen und der biologischen Reproduktion mit der natürlichen Reproduktion, kurz: einer Herstellung des vollkommenen Gleichgewichts.

Was stellt nun diese ausgeglichenen Bilanzen in Frage? Eine Erklärung ist erforderlich, die zugleich auch die Folgen dieser Infragestellung bezeichnet. Ich werde eine sehr allgemeine Skizze geben, die notwendig diesseits und jenseits des besonderen realen Ereignisses bleibt; ich werde die Einzelheiten außer acht lassen und lediglich die ausgeprägtesten Merkmale der natürlichen Teilung aufzeigen.

2. Die Herausbildung der Komplementärressourcen

In der Reproduktion der theoretischen oder praktischen Arbeit und in ihrer Ausübung bringen die aktiven, produktiven menschlichen Gemeinschaften beständig neue Fähigkeiten hervor, entwickeln sie neuartige Verfahren und perfektionieren sie die bestehenden Operationen. Diese Schöpfung kann angeregt oder gebremst werden, sie kann inmitten allgemeiner Gleichgültigkeit stattfinden oder von vielfältigen Vorsichtsmaßnahmen umgeben sein. Niemals jedoch kann sie völlig zum Stillstand kommen. Im übrigen ist es wahrscheinlich leichter, den Fortschritt der Fähigkeiten zu unterstützen als ihn vollkommen anzuhalten.

Die geläufige Wahrnehmung des kontinuierlichen Fortschreitens der Produktivkräfte und der Erfindungen beruht auf diesem wichtigen Umstand, der unablässigen Herausbildung von Fähigkeiten und Kenntnissen im Verlaufe der Anwendung. Haben wir hier nicht eine Besonderheit vor uns, die mit der Diskontinuität der Wirkungen kontrastiert, den Veränderungen, die sie auf gesellschaftlicher Ebene auslöst? »Die Chronologie der Erfindungen ist kontinuierlich, die ihrer Anwendung ist diskontinuierlich«, bemerkt Bertrand Gille.[10]

Parallel zu neuen Fähigkeiten erscheinen auch neue Eigenschaften und neue Vermögen der Materie, d. h. materielle und inventive Ressourcen. Jedoch gewinnen diese Ressourcen weder direkt noch unter irgendwelchen Umständen eine eigene Individualität; sie kennzeichnen nicht den zentralen Kommunikationsstrom einer gegebenen natürlichen Kategorie mit der Materie, und aus diesem Grunde drücken sie sich auch nicht sichtbar im Reproduktionssystem aus. Sie sind zugleich *komplementär* und *sekun-*

där, denn sie greifen nur marginal und akzidentiell in den Verlauf der auf die physikalische Welt gerichteten Aktion ein, und das zugehörige Wissen wird nicht spezifisch als solches und für es reproduziert. Im Vergleich zu den Ressourcen, die den wichtigsten Beitrag zum Leben der Menschen leisten und in bezug auf die die Fähigkeiten der Menschen verteilt sind und unterhalten werden, bleiben diese materiellen und geistigen Reichtümer peripher. Wir nennen sie Quasiressourcen. Das galt etwa für die Fähigkeit der Frauen zu weben, zu kochen und zu töpfern oder für den Gebrauch von Eisen, das in der »Bronzezeit«, bevor es zu einem notwendigen Rohstoff für die handwerkliche Produktion wurde, zur Herstellung von Schmuck diente. Über viele Jahrhunderte hinweg blieb die Wasser- oder Dampfkraft, die bereits den Griechen und Römern bekannt war, sekundär, wenn sie nicht gar nahezu inexistent war. Die Werkstätten der Handwerker im Mittelalter waren voll von großen und kleinen Erfindungen, von praktischem Wissen, das manchmal weitergegeben wurde, manchmal mit seinem Urheber verschwand.

Damit solche marginalen Ressourcen entstehen und bestehen können, muß eine komplementäre oder marginale Arbeit verfügbar sein. Ihre Möglichkeit beruht auf den gewaltigen biologischen und geistigen Kapazitäten, die in jeder Epoche existieren und die nur zum Teil ausgeschöpft werden. Die Fähigkeiten eines Professors oder eines Ingenieurs, eines Bauern oder eines Arztes gestatten es diesen, ihren Beruf in Ehren auszuüben und den Anforderungen ihrer Arbeitgeber oder ihrer Kunden zu entsprechen. Sie gehen jedoch gewöhnlich über das Feld der Routinetätigkeiten hinaus und, durch ein Problem oder durch die Aussicht auf einen Gewinn angestachelt, von der Sonderbarkeit eines Phänomens oder von der Notwendigkeit, den Kreislauf bestimmter gewohnter Produktionsgänge zu vervollkommnen, angeregt, können sie auf den Weg der Forschung geleitet werden. Der Zwang oder die Leidenschaft, die daraus resultieren, richten die Zeit, welche die Routinetätigkeiten freiließen, hin auf eine Einwirkung auf die materiellen Erscheinungen, auf die Kombination von Ideen oder die Entwicklung eines Werkzeugs.[11] Ein verfügbar gewordener Teil des Lebens von Millionen einzelner wurde und wird in Aktivitäten verausgabt, die keinen unmittelbaren Bezug zu einer etablierten Produktion oder zu einem bekannten Wissen haben. Ohne der Gesellschaft ein Stück der von ihr beanspruchten Zeit vorzuenthalten, dem Zwang einer beruflichen oder wissenschaftlichen Untergruppe unterworfen und bewegt von dem Bedürfnis, ihr Sein zu erweitern, bringen diese Menschen gewissermaßen eine andere Zeit hervor, in der sich ihre Virtuosität nach anderen Regeln entfaltet, auf Erfolge hofft und Mißerfolge erlebt. In den Augen der Mehrzahl mögen sie als Amateure gelten. Gelegentlich haben sie auch einen Namen wie Fermat, Descartes, Boyle, Cavendish, doch meistens bleiben sie anonym. Vermögen spielt keine Rolle, ob reich oder arm, sie setzen sich dem Risiko zahlreicher und oft zufälliger Versuche aus. Der individuelle Antrieb und der Druck eines Teils der Gemeinschaft treffen hier zusammen und setzen die für die zusätzliche Anwendung der Fähigkeiten erforderliche Zeit frei. J. Bellers[12] apostrophiert die Handwerker mit folgenden Worten:

»Denn wie ein Mechaniker mit dreißig Jahren in der Lage ist, jeden beliebigen bereits bekannten Ausschnitt seines Berufes zu erlernen, so muß er schon sehr begriffsstutzig sein, wenn er in weiteren dreißig Jahren seiner Kunst nicht irgendetwas hinzufügen könnte, sofern die Bedürfnisse seiner Familie es ihm gestatten, einen Teil seiner Zeit und seines Geldes jenseits der ausgetretenen Pfade seines Berufsstandes zu verausgaben.«

Dieser Appell wurde in jeder Epoche der Industrie erneuert, und selbst heute, wo die Erfindung selbst zu einer Industrie geworden ist, lebt er fort in Gestalt dieses Rates eines Ökonomen:

»Eine ›freiwillige‹ Umwandlung der Freizeit hieße, daß einige qualifizierte Personen mit etwas Ermunterung bereit sind, mehr Zeit auf eine erfinderische Tätigkeit zu verwenden, und zwar nicht auf Kosten einer anderen, produktiven Tätigkeit, sondern auf Kosten eines Teils ihrer Freizeit.« (F. Machlup[13])

Von der einen Gruppe ermutigt, von der anderen gehemmt – man denke nur an die Zünfte im Mittelalter –, ist die Bewegung, welche die Menschen veranlaßt, sich der Vervollkommnung ihres Wissens zu widmen und mancherlei Versuche zu unternehmen, um ein Problem zu entdecken oder zu lösen, niemals abgebrochen. Hinter der Arbeit, die allein der Gesellschaft wegen ihrer Bedeutung oder ihrer Solidität diese Bezeichnung zu verdienen scheint, verblaßt die außerordentliche Arbeit als nutzlose und unproduktive Nichtarbeit. Ja, sie gilt gar als überflüssig, denn sie findet ihre Fortsetzung in Bereichen, die jenseits der erwarteten alltäglichen Produktion, Reproduktion oder Unterhaltung einer Arbeitskraft liegen. Aber was hier als überflüssig gilt, rührt aus eben den Bedingungen, unter denen die Fähigkeiten funktionieren und die dazu drängen, eine Aufgabe über jenen willkürlichen Schnitt, über eine legitimierte Norm hinaus zu verfolgen. Diese, wenn man will, freiwillige Tätigkeit oder, so man dies vorzieht, arbeitsame Freizeit, ist bald grundlos, bald notwendig, in jedem Falle trägt sie ihre Früchte erst langfristig. Man denkt natürlich an die Anspannung des Schaffenden und an die Veränderung der Werte, an den Tag, da die nächtliche Arbeit zur Tagesbeschäftigung wird, an das Aufscheinen zukünftiger profitabler Arbeiten, wo das, was Spiel oder Nachahmung des Lebens war, zur ernsthaften Beschäftigung und zur Lebensgrundlage wird. Im Kreislauf der gewohnten Produktionsvorgänge werden die neuen Verfahren und die neuen Stoffe, welche die zum Teil im Verlaufe dieser zusätzlichen Arbeit geschaffenen Quasiressourcen bilden, im Verhältnis zu den vorherrschenden Ressourcen und zu dem Inhalt des vorherrschenden Wissens beurteilt. Ihre Ausbeutung bleibt also diesem Kontext untergeordnet. Aber die Quasiressourcen entwickeln sich unter der Einwirkung der Konzentration und der fortschreitenden Entwicklung der bestehenden Produktionsprozesse. Ihre wechselseitige Annäherung, die Assoziation dessen, was unabhängig und verstreut entdeckt wurde, führt zur Herstellung einer Gemeinschaft jener Menschen, die sich mit dem marginalen Wissen befassen und aus dem festen Kreislauf des produktiven Lebens ausgeschlossen sind. Gerade dadurch sind sie in der Lage, das Vielfältige in eine neue Einheit zu fassen. Die Breite der Ressourcen und der Rhythmus der Reproduktion der bestehenden, kodifizierten Fähigkeiten verstärken die Bedeutung der komplementären Ressourcen; Fähigkeiten treten als Hilfsfähigkeiten zu den grundlegenden und als solche reproduzierten Fähigkeiten hinzu. So bildete bekanntlich das Wissen des Ingenieurs lange Zeit ein Komplement zum Wissen des Malers, des Architekten und des Zimmermanns.

Das Vorhandensein solcher Quasiressourcen bringt eine Unangemessenheit in die Beziehungen des Reproduktionssystems zu den materiellen Ressourcen, in jenes Verhältnis, das die wichtigsten menschlichen Eigenschaften mit den materiellen Kräften verbindet. Die reproduzierte Arbeit zeigt ihre Grenzen, weil sie sich weder auf die Anforderungen der materiellen Faktoren anwenden läßt, noch ihnen genügen kann; die Einheit, die sie darstellt, setzt

sich in Gegensatz zur neu entstehenden Einheit. Das daraus resultierende Ungleichgewicht zeigt sich in der Tatsache, daß die
Komplementärressourcen, die sich beständig herausbilden, verlo-
rengehen oder veralten, noch bevor sie ihre volle Kraft haben
entfalten können, noch bevor sie wirksam zur Vollendung jener
Initiativen haben beitragen können, die ihre Entstehung begünstigt hatten.

3. Der Kampf für die Natur

Dieses Ungleichgewicht bezieht sich auf das Verhältnis der Erfindung zur Reproduktion und zur Konsumtion oder zum Austausch. Im ersten Fall wird das Gleichgewicht wiederhergestellt,
wenn das Reproduktionssystem verändert wird – wobei die Quasiressourcen in Ressourcen verwandelt werden –, wenn man also
die grundlegenden Produktionsprozesse umwälzt. Im zweiten
Fall reduziert man den Unterschied in einem gegebenen System,
indem man die Ressourcen so verteilt, daß eine größere Zahl von
Produzenten konzentriert wird, d. h. die Produktivität einer gegebenen Gesamtheit erhöht wird. Die Grenzlinie zwischen der
natürlichen Teilung und der Arbeitsteilung zeigt sich dann noch
deutlicher: Auf der einen Seite ist die Aufteilung an das Aufblühen der komplementären Ressourcen gebunden, auf der anderen
Seite hängt das Gleichgewicht von einer effektiven Redistribution
von Ressourcen derselben Art ab. Gewiß darf man diesen Klassifikationen keine strenge Bedeutung beimessen, noch darf man
annehmen, daß ihnen allzu spezifische Realitäten entsprechen.
Gleichwohl spielen gelegentlich andere komplementäre Ressourcen eine Rolle, z. B. ein Überschuß an menschlicher Arbeitskraft,
der auf ein Ungleichgewicht zwischen der sexuellen und sozialen
Reproduktion und der natürlichen Reproduktion zurückgeht.
Der demographische Faktor ist wichtig, und M. Daumas hatte
recht, als er auf diesem Gebiet einen Mangel konstatierte: »Der
zahlenmäßige Einfluß der Protagonisten auf den technischen
Fortschritt ist stets übersehen worden.«[14] Tatsächlich sehen wir
diesen Faktor stets und überall am Werk. In allen bekannten Gesellschaften und in allen bekannten Produktionsweisen kommt es
nach und nach zu Abweichungen zwischen der Anzahl der ver-

fügbaren lebenden Individuen und den Möglichkeiten, ihnen den Eintritt in den Produktionszyklus, wenn nicht gar ihre Subsistenz zu ermöglichen. Man darf die Ursachen dieser Abweichung nicht losgelöst betrachten, und dies um so mehr, als sie nicht mit gleichbleibender Intensität in unsere Geschichte eingreifen. Eine dieser biologischen Ursachen ist uns recht vertraut: Sie hängt mit dem Rhythmus zusammen, in dem sich die Individuen einer menschlichen Gruppe erneuern. Das Verhältnis von Geburten- und Sterberate ist auf lange Sicht selten ausgeglichen. Nur der Platonische Gesetzgeber oder der Dichter können daran glauben, wie Charles Babbage, der geniale englische Erfinder, an Tennyson schrieb:

»In Ihrem ansonsten wunderschönen Gedicht gibt es einen Vers:
›In jedem Augenblick stirbt ein Mensch,
In jedem Augenblick wird ein Mensch geboren.‹
Es liegt auf der Hand, daß die Weltbevölkerung, wenn dies zuträfe, konstant bliebe. In Wirklichkeit liegt die Geburtenrate leicht über der Sterberate. Ich schlage deshalb für eine Neuausgabe Ihres Gedichts folgende Veränderung vor:
›In jedem Augenblick stirbt ein Mensch,
In jedem Augenblick wird eineinsechzehntel Mensch geboren.‹
Streng genommen, ist auch das nicht ganz korrekt, doch die genaue Zahl ist so lang, daß sie kaum in ein Gedicht passen würde. Ich glaube aber, daß die Zahl $1^1/_{16}$ hinreichend präzise für ein Gedicht sein dürfte.«

Die Hypothese eines Wachstums der Weltbevölkerung setzt auch ein Wachstum der Fähigkeiten und Ressourcen, die ihr zur Verfügung stehen, und einen Gleichklang zwischen den menschlichen und den nichtmenschlichen materiellen Kräften voraus. Wenn dies nicht der Fall ist, besteht eine mangelnde Anpassung zwischen der natürlichen Reproduktion und den realen Bedingungen. Für solch einen Zustand können soziale Ursachen verantwortlich sein. Manchmal beansprucht der Herr einen zu großen Teil des Produkts für sich und läßt den Sklaven, die ihn ernähren, zuwenig Lebensmittel für sich und für die Aufzucht ihrer Kinder, um die auf ein und derselben Arbeit basierende Sklaverei zu perpetuieren. In anderen Fällen führen Gebräuche, insbesondere in der Landwirtschaft, zu einer allzu weitgehenden Aufteilung des Bodens, wodurch es einem Teil der Kinder einer Familie unmöglich wird, die ererbten Tätigkeiten, zu denen sie bestimmt waren, auszuüben. Ausbeutung, Krieg und Störungen des sozialen Systems führten immer wieder zur Erschöpfung und Vernichtung der Ressourcen an Boden, Holz und Metallen und raubten dem Bauern oder dem Handwerker seine Felder oder seine Rohstoffe. Und schließlich kann die Arbeitsproduktivität – und auch dies ist, *sit venia verbo*, eine natürliche Ursache – eine Form der natürlichen Reproduktion sozial und biologisch unangemessen machen. In der extensiven Waldbrandwirtschaft gibt es ein optimales Verhältnis zwischen der kultivierten Fläche und der kultivierbaren Fläche, das eine bestimmte Bodenfruchtbarkeit und eine effektive Produktion ermöglicht. Wird dieses Verhältnis nicht beachtet und werden die kultivierten Flächen über das Maß hinaus erweitert, so erschöpfen sich die Böden, Unkräuter nisten sich ein, die Bodenqualität verschlechtert sich, und die Fruchtbarkeit der Felder nimmt ab. Das Funktionieren dieses Produktionssystems ist unvereinbar mit dem Rhythmus eines Bevölkerungswachstums, denn je stärker die Bevölkerung wächst, desto extensiver wird die Landwirtschaft; zur selben Zeit aber gehen deren Erträge zurück. Dadurch wird das Gesamtgleichgewicht bedroht und die Reproduktion der Bauern gefährdet. So kann derselbe Faktor, der zu einer Zeit eine Entwicklung der Bevölkerung über das durch Jagd und Sammeln gegebene Niveau hinaus ermöglicht hatte, zu einer anderen Zeit aufhören, diese Möglichkeit zu bieten.[15] Ebenso hatte die Vervollkommnung der Jagdtechniken die allzu schnelle Ausrottung einiger Wildarten – zum Beispiel des Pferdes in Nordamerika[16] – zur Folge und damit die Unmöglichkeit oder Nutzlosigkeit der Ausübung dieser Techniken für einen Teil der Gruppe.

All diese Umstände schaffen eine Masse überzähliger Individuen – die sogenannte Überbevölkerung –, eine Arbeitskraftreserve, die nach Betätigung sucht und der eine Beschäftigung gegeben werden muß. Armee, Krieg, Hungersnot und systematische kollektive Opfer waren lokale Lösungen, zu denen man Zuflucht nahm, ohne darin auch immer ein endgültiges Heilmittel zu finden. Die Erweiterung der natürlichen Reproduktion und der gesellschaftlichen Produktion scheinen notwendig den Vorrang gehabt zu haben. Dies gilt im Durchschnitt und aus allgemeiner Perspektive, wie ich sie hier einnehme; allein eine konkrete historische Studie – gestützt auf eine Bevölkerungstheorie, die wir heute noch nicht besitzen – könnte uns Auskunft über die Wege geben, die in den verschiedenen Gesellschaften zu verschiedenen Zeitpunkten ihrer Geschichte eingeschlagen worden sind. Wie dem auch sei, eines ist gewiß: Diese Erweiterung der natürlichen Reproduktion, welche die überzähligen Individuen umfaßt, findet entweder in Richtung der vorherrschenden Fähigkeiten und der gewöhnlichen materiellen Kräfte statt, die sie vermehrt, oder in der Richtung einer Aneignung der Quasiressourcen und eines Umsturzes der materiellen Grundlagen des kollektiven Lebens.

In demographischer oder sozialer Hinsicht sind die beiden Richtungen äquivalent: Die komplementären Ressourcen an Arbeitskraft werden genutzt; die Anzahl der Produzenten steigt, und die allgemeine Substistenz ist gesichert. Aus der Perspektive der Natur dagegen stellt sich nur im zweiten Falle ein neues Verhältnis zur materiellen Welt her: Statt daß eine bereits aktualisierte Realität sich ausbreitet, wird hier eine latente Realität aktuell. Die Zunahme der Bauernbevölkerung durch Urbarmachung neuen Landes oder durch Kolonienbildung ist eine Sache, die Reproduktion der überzähligen bäuerlichen Bevölkerung in Gestalt von Handwerkern ist offensichtlich eine andere. Im ersten Fall bleibt die Menschheit in Kontakt mit denselben materiellen Kräften, sie verbleibt also im selben Naturzustand; im zweiten Fall vertieft sie den Kontakt zu anderen materiellen Kräften und macht sich daran, sich in einer neuen Natur einzurichten. Der griechische Bauer, der sein Vaterland verläßt und sich in fernen Kolonien niederläßt, nimmt das Universum des Hesiod und der Schöpfungsmythen mit sich und setzt es dort fort; sein Genosse aber, der aus seiner Arbeit verjagt wird, sich den Künsten oder dem Handwerk zuwendet und diese Initiation weitergibt, bereitet die Heraufkunft der Philosophie vor und die Einrichtung der organischen Natur.

Hier haben wir es mit einer Erfahrungstatsache zu tun: Die Herausbildung neuer Produktionszweige und neuer Arten von Produzenten geht auf einen Bevölkerungsdruck zurück und erfolgt in Zeiten und Regionen, in denen eine Arbeitskraftreserve besteht. Man denke an das siebte und sechste Jahrhundert vor Christus in Griechenland, an das zehnte, elfte und zwölfte Jahrhundert unserer Zeit oder auch an die Bevölkerungssituation in der Renaissance und ihrem unmittelbaren zeitlichen Umfeld. Aber das Vorhandensein einer solchen Menschenreserve reicht nicht aus: Sie muß auch auf andere Ressourcen an Fähigkeiten treffen, sie muß sich mit den Keimen eines Wissens verbinden und an einen

Aspekt der materiellen Welt Anschluß finden, der reif genug ist, um sich auf dem so bereiteten Boden auszubreiten. Was immer der Inhalt dieser »Keime« und der Charakter dieser aufkommenden Varietäten der Menschheit sein mögen, stets sehen wir sie in diffusen Gruppen verkörpert, die in der Gesellschaft oder in der Produktion eine Minderheit darstellen und praktisch die marginalen Ressourcen bilden. Lange blieben die Handwerker Ausgestoßene, als Stammesfremde stigmatisiert, heilig und gefürchtet, Mitglieder nomadisierender Stämme, die in einer ungewissen und von der Gesamtgesellschaft nur schlecht definierten Situation standen. Die abenteuerliche Mobilität des Ingenieurs, die Unsicherheit seiner Integration in eine ständische Gemeinschaft, die wirren und ungenauen Merkmale seiner Tätigkeit lassen sich aus allen Biographien großer Ingenieure und Architekten ablesen, die uns aus den Anfängen des modernen Europa überkommen sind. Am Rande der Gesellschaft gehalten, sind diese potentiellen Produzenten auch »Hilfskräfte«, deren Schicksal eng an den Krieg, an die Todesindustrie, an die Zerstörung und an den Konsum des Sozialprodukts gebunden sind. Die Armeen machten von diesen spezialisierten »Hilfskräften« Gebrauch, und diese konnten ihre Fähigkeiten in den Dienst vorausschauender Regierungen stellen oder sich bei Haudegen und ehrgeizigen Fürsten verdingen, in einem Milieu also, wo die Hemmnisse der bürgerlichen Gesellschaft nicht direkt wirksam waren. Auch andere Anforderungen der Gesellschaft, insbesondere solche der Macht und des Unterhalts der Gemeinschaftseinrichtungen, trugen zur Erhaltung dieser Menschen und ihrer Talente bei und machten ihr Wissen unerläßlich. Die Bewässerungssysteme des Ostens, wie sie in riesigen Gebieten und bei zahlreichen bäuerlichen Gemeinschaften vorkamen, erforderten Fähigkeiten und setzten Initiativen voraus, die den Rahmen der Routinen, der in jeder betroffenen Einheit verbreiteten Kenntnisse, weit überstieg. Die Herbeiführung von Wasser, die Konstruktion von Festungen und die Errichtung der öffentlichen Gebäude war keine individuelle Aufgabe mehr, sondern Sache der Gemeinschaft. Vor der modernen Fabrik oder der klassischen Manufaktur faßten die Kriegsarsenale Handwerker zusammen, zu deren Koordinierung schon ein Mechaniker erforderlich war. Die Arbeit der Handwerker in den Anfängen der großen Reiche des Ostens und die Arbeit des Ingenieurs in neuerer Zeit waren oft in unmittelbarem Sinne gesellschaftlich, in dem Sinne, daß sie sich in den Ordnungen einer Gemeinschaft fanden und von deren Großzügigkeit lebten, wenn sie nicht in der Abhängigkeit eines Potentaten standen als dessen Bedienstete oder Höflinge.

In jedem Falle stehen diese Hilfskräfte außerhalb des herrschenden Kreislaufs der gesellschaftlichen Produktion; sie können diesen Kreislauf von außen, als Objekt, betrachten, denn er ist ihnen zugleich *versagt* und *vertraut* als Stoff, auf den sie sich beziehen und dem sie Hilfsdienste leisten. Dieser Abstand bringt ein Ausschluß- und Substitutionsverhältnis zum Ausdruck; er schließt Komplementarität und Kooperation aus.

Die Assoziation der komplementären menschlichen Ressourcen und der Quasiressourcen ist großen Fluktuationen unterworfen, und man kann keine Richtung noch ein Gesetz für sie angeben. Manchmal ziehen die marginalen Ressourcen an Fähigkeiten und Stoffen eine ungenutzte Arbeitskraft an sich, manchmal wiederum löst die Existenz dieses Arbeitskraftpotentials die Entwicklung der Fähigkeiten aus, die bereitliegen, um sich soweit wie nötig zu vermehren. Die Zirkulation der Menschen und die Ausbreitung der Fähigkeiten sind komplementär und haben zwei Auswirkungen: einerseits das Überleben einer Fraktion der Bevölkerung, die eigentlich zum Untergang verurteilt war, und andererseits die Verwurzelung und Vervielfachung des Versuchs einer neuen Art von Menschheit, die ein neues Verhältnis zur Umwelt einnimmt. Das Phänomen ist so fundamental, daß detaillierte Forschungen nötig wären, die der verbreiteten These des sogenannten Diffusionismus gerecht würden. Doch ist es wünschenswert – und dies kann nicht genügend betont werden –, sie in einer doppelten Perspektive zu betrachten: Die demographischen, sozialen und geologischen Bedingungen bilden ein Feld, das die Ausdehnung der Quasiressourcen, die Metamorphose eines bloßen Ansatzes in eine voll entfaltete und wirksame natürliche Kategorie begünstigt. Diese Bedingungen sind freilich noch keine hinreichenden: Sie werden dies aber, wenn die Schöpfung der Fähigkeiten, die komplementären Ressourcen und die klimatischen Bedingungen, die sie stärken und ihnen Wirksamkeit verleihen, ein gewisses Stadium erreicht haben. Man denke nur an die Entstehung des Ackerbaus und der Bauern. Die Erwärmung, die im achten Jahrtausend vor Christus erfolgte, begünstigte ohne Zweifel den Anbau von Pflanzen. Ähnliche Erwärmungsphasen waren schon mehrfach vorgekommen. Man darf annehmen, daß der letzten Warmzeit diese privilegierte Rolle zufiel, weil sie mit der Konzentration gewisser Kenntnisse über die Bodenbearbeitung und das Wachstum der Pflanzen sowie mit einer Sättigung der Reproduktionsmöglichkeiten der Jägerpopulationen zusammenfiel.[17] Substantiell sind auch der biosoziale und der natürliche Prozeß determinierend, wobei sogar der erste als Teil des zweiten erscheint, denn:

»Nicht jede Transformation von Naturstoff in menschlichen Gebrauchswert führt zur Erschließung neuer Naturkräfte, macht neue Seiten der Natur für den Arbeitsprozeß aktuell. Zwar ohne den gesellschaftlichen Produktionsprozeß, auf welcher Stufe immer, findet keine Aktualisierung statt. Aber die Arbeit allein genügt nicht. Die Arbeit muß die Möglichkeit einer entsprechenden neuartigen Betätigung erhalten. Wo das nicht der Fall ist, tritt der Produktionsprozeß ›auf der Stelle‹. Es findet dann keine Entwicklung statt, sondern lediglich Wiederholung. Geschichtlich gesehen: Stagnation.« (K. A. Wittfogel[18])

Anziehungskraft und Sicherheit der Wiederholung werden durch die Verschachtelung verschiedener Komplementärressourcen gestört – Menschen, Fähigkeiten, Stoffe –, aus der eine neue Menschheit hervorgeht (und auch neue Grundlagen für die Gesellschaft), eine Menschheit, die mit besonderen Qualitäten ausgestattet und auf andere Weise mit den Dimensionen des Universums verbunden ist. Möglich wird ihre Entstehung, weil sie sich, wenn sie sich diesen Ressourcen zuwendet, von der bestehenden menschlichen Ordnung löst; sie modifiziert diese Ordnung, indem sie die geistigen und materiellen Kräfte, die ihr eigentümlich sind, generalisiert. Von da an perpetuiert sich die menschliche Gemeinschaft nicht mehr als bereits bestehende natürliche Kategorie, sondern in einer anderen Gestalt; sie reproduziert sich zu einem gewissen Zeitpunkt nicht als Bauer, sondern als Handwerker; oder zu einem anderen Zeitpunkt vermehrt sie sich nicht mehr als Handwerker, sondern als Ingenieur.

Die Generalisierung erfolgt in zwei Richtungen. Die eine Richtung besteht darin, eine eigenständige Reproduktionsweise einzurichten und zu konsolidieren. Der Handwerker bringt neue Normen für den Erwerb von praktischem Wissen zur Geltung, der Ingenieur revoltiert gegen die Tyrannei des Meisters über den Gesellen und predigt die Veröffentlichung von Werken, die Schaffung von Schulen, Akademien und Technischen Hochschulen, die seinen Bedürfnissen entsprechen. Die zweite und nicht weniger bedeutsame Entwicklungsrichtung zwingt die gewöhnlichen Produzenten, die etablierten Kategorien, in einen beständigen und organischen Kontakt zu den Gruppen zu treten, die an der Peripherie des Reproduktionssystems entstanden sind. Um ihren Fähigkeiten, ihren Ressourcen und dem Spektrum ihrer Produkte einen Zugang zu verschaffen und die übrigen Fraktionen des Kollektivs zu zwingen, ihnen die für ihre Tätigkeit erforderlichen Elemente zu liefern, müssen die marginalen Gruppen die Gesamtarbeit und deren materielle Grundlage verändern. Um diesen Preis, durch die methodische Förderung der neuen Fähigkeiten, Kenntnisse und Ressourcen, die den vorherrschenden Kenntnissen, Fähigkeiten und Ressourcen entgegengestellt werden, erlangt eine Kategorie Zugang zum Bereich und zur Arbeit einer etablierten Kategorie: Der Handwerker erlangt Zugang zur manuellen Arbeit des Bauern und der Bäuerin, der Ingenieur zur Geschicklichkeit des Handwerkers usw. Durch dieses Eindringen in zuvor geschlossene Produktionszweige werden die Verbindungslinien deutlich, und neue Abhängigkeitsbeziehungen treten an die Stelle der alten. Der Imperativ der Kooperation siegt über den des Ausschlusses, die natürliche Teilung wird zur Grundlage für eine wirkliche soziale Teilung der Arbeit.

Dies Ergebnis stellt sich für jede natürliche Kategorie auf einem anderen Wege ein. Überall jedoch bleibt die Transformation der materiellen Grundlagen deutlich, desgleichen die Transformation der Menschheit, ihrer physischen und geistigen Qualitäten, der Quantität und Qualität ihrer Bedürfnisse. Nun wird es für mehrere Gruppen, die sich in ihren Fähigkeiten unterscheiden, möglich, auf ein und demselben Territorium zu leben, weil sie sich mit unterschiedlichen Stoffen befassen; ganz wie biologische Arten auf einem gemeinsamen Gebiet miteinander leben können, wenn sie unterschiedliche Ressourcen haben. Zugleich gestattet dies der Menschheit, sich auszubreiten, und zwar nicht, weil eine größere Ressourcenmenge die Subsistenz einer größeren Bevölkerung ermöglichte, sondern vor allem, weil das Vorhandensein eines breiteren Spektrums von Fähigkeiten die Überlebenschancen jeder Gruppe erhöht. Die Vervielfachung bedeutet in diesem Fall den Übergang von einer materiellen Kraft zu einer anderen, die fortschreitende Substitution einer materiellen Kraft durch eine andere und deren Kombination in einem angemessenen Reproduktionssystem. Das Paar Handwerker – Bauer tritt die Nachfolge des Paars Bauer – Jäger oder Hirte an, und das Paar Handwerker – Ingenieur folgt dem Paar Handwerker – Bauer.

Gewöhnlich sagt man, unsere Gattung stehe im Kampf *gegen* die Kräfte der Natur: gegen Wasser, Wind, Flüsse, Tiere usw. Dieser Kampf – wenn es überhaupt ein Kampf ist – wurde ihm jedoch nicht einfach aufgezwungen. Die Menschheit selbst ist dessen Anstifter. Die Bauern mußten die Überschwemmungen beherrschen, aber sie hatten ihr Leben von diesen Überschwemmungen abhängig gemacht und ihnen eine menschliche Bedeutung verliehen. Die Wissenschaftler bemühen sich, die Schwerkraft zu besiegen, weil sie für sie einen Teil ihres Faches bildet, Grund und Gelegenheit, ihr Talent zu zeigen. Der Kampf ist durchaus kein permanenter, der Gegner hat keine unveränderliche Gestalt. Die Menschen haben sich nicht den »Kräften der Natur« entgegengestellt, um einen physiologischen oder geistigen Mangel auszugleichen, noch auch, um es der Vollkommenheit des Gleichklangs der Tiere mit ihrer Umwelt nachzutun. Sie taten es, wann immer sie sich eine Wirklichkeit zu schaffen hatten, wann immer sie für ihre Gegenwart eine Umwelt einzurichten und dadurch einen bereits bestehenden Zustand zu überwinden hatten. *Für* die Natur und nicht *gegen* sie kämpfen ist der wirkliche Sinn ihrer Anstrengung. Wenn auch kein Teil der Menschheit jemals *der* natürlichen Ordnung angepaßt ist, so ist doch jeder Teil *seinem* natürlichen Zustand angemessen, in dem er seine Fähigkeiten zu vervollkommnen und die zugehörigen materiellen Eigenschaften hervorzubringen sucht. Dort erreichen seine Fähigkeiten ihre Reife, dort hat sein Suchen und die Drohung eines Rückfalls in Gleichgültigkeit oder ins Nichts ein Ende. Die Unterteilung in natürliche Kategorien ist zugleich der Weg, den die Menschheit einschlägt, und ihre Reaktion auf das Ungleichgewicht zwischen ihrer Reproduktionsweise und ihren Erfindungen, die Lösung, die sie für den Konflikt zwischen diesen Prozessen und ihrer gesellschaftlichen Organisation findet.

4. Schluß

Als Immanuel Kant unsere Gattung ins Zentrum der Erkenntnis und Karl Marx sie ins Zentrum des Gesellschaftssystems stellte,

vollbrachten sie damit eine Revolution, die man zu Recht koper-
nikanisch genannt hat. Aber ganz wie bei der eigentlichen koper-
nikanischen Revolution, die hier Modell steht, genügt es nicht,
das wirkliche Zentrum des Universums zu entdecken, um dessen
getreues Abbild herzustellen; es ist auch noch erforderlich, das
Universum selbst umzustürzen, um die Position des Hauptagen-
ten, der darin am Werk ist, zu bestimmen, um die Gesetze zu
bezeichnen, die seiner Tätigkeit angemessen sind, und um es ihm
zu ermöglichen, die begonnene Aufgabe zu erfüllen. Zu einer
ähnlichen – und diesmal Kepplerschen – Revolution lädt die Einfügung der menschlichen Geschichte der Natur in unser Bild der
Realität ein, indem sie den Ort der Erkenntnis und die Funktion
der Gesellschaft in dem durch diesen Umsturz geöffneten Raum
bestimmt.

Ich habe hier den Versuch gemacht, das theoretische Modell dieser Geschichte und der Natur, mit der sie es zu tun hat, zu
begründen. Es vereint in einem abgegrenzten und kohärenten Bereich eine Reihe von Aspekten der Realität – Erfindung, Naturdisziplinen, Evolution des materiellen Universums und der
menschlichen Gruppen usw. –, die man bisher vernachlässigt oder
gesondert betrachtet hat.

Die Theorie, auf der dies Modell beruht, bemüht sich dagegen,
die in diesem Bereich wirksamen Widersprüche zu analysieren. In
erster Linie hebt es den Widerspruch auf, der zwischen der Tatsache, daß kein Teil der materiellen Welt uns zugänglich ist, bevor
er nicht mit einem Wissen oder einem menschlichen Instrument
verknüpft ist, und der Tendenz besteht, in der natürlichen Ordnung eine kompakte, homogene und vollkommen äußerliche
Masse von materiellen Elementen zu sehen. Die Informationen
und Prinzipien, die wir hinsichtlich eines Stoffes oder eines Phänomens sammeln oder aufstellen, sind an unsere Handlungsfähig-
keit, an unsere geistige Organisation gebunden. Wir wissen nicht,
wie die Axiome lauten, welche die mechanische Bewegung an sich
– wenn das überhaupt einen Sinn hat – beherrschen; wir wissen
auch nicht, wie ein vollkommen chemisches oder elektrisches
Wesen diese Axiome formulieren würde. Eine vergleichende
Astronomie, die das Planetensystem aus der Perspektive jedes
seiner Planeten beschreibt, haben wir bereits. Eine vergleichende
Epistemologie, welche die Facetten des physikalischen Universums aus der Perspektive jeder einzelnen seiner Größen be-

schriebe, fehlt bislang. Von all diesen Größen ist bis heute das menschliche Subjekt der einzige Bezugspunkt, auf den alles übrige bezogen wird. Es ist unvorstellbar, daß man es außerhalb eines Beziehungsgeflechts denken und stellen könnte, dem es erst einen Sinn verleiht und das es konstituiert.

»Die Götter haben dem Menschen Verstand und Hände gegeben und ihn nach ihrem Bilde geschaffen«, schrieb Giordano Bruno,[19] »sie haben ihm eine den Tieren überlegene Fähigkeit geschenkt, durch die er nicht nur nach der gewöhnlichen Natur, sondern auch jenseits ihrer Gesetze zu handeln vermag, auf daß er vermöge seines Geistes und seiner Freiheit, ohne die ihm solche Gott-Ähnlichkeit nicht zukäme, neue Naturen, neue Abläufe und neue Ordnungen schaffe oder zu schaffen verstehe und sich so als Gott auf Erden betrage.«

In zweiter Linie besteht eine Unverträglichkeit zwischen der Tendenz, den Menschen in der Natur durch das, was er biologisch und psychisch *ist,* zu erkennen, und dem Willen, ihn aufgrund dessen, was er individuell und sozial *tut,* daraus auszuschließen. Die Mehrzahl der nervösen und anatomischen menschlichen Fähigkeiten in ihrem heutigen Zustand geht auf die Entdeckung und Benutzung von Artefakten zurück. Wir sehen sie an einem Prozeß teilhaben, dessen Ergebnis eine natürliche Ordnung ist und nicht, wie man sagt, eine humanisierte Natur. Die humanisierte Natur wäre eine durch menschliche Arbeit transformierte Natur, eine Realität, die in einem anderen Modus und unter anderen Bedingungen existierte und eine neue Gestalt erhalten hätte, einzig und allein, um den Erfordernissen eines stets äußeren Agenten zu genügen. Wesentlich ist hier jedoch nicht der Transformationsakt, sondern der Konstitutionsakt, die besondere Organisation der Eigenschaften der Materie und unserer Fähigkeiten. Jeder Versuch, der uns unter einem ersten Aspekt mit der Natur verbinden und uns unter einem zweiten Aspekt von ihr trennen wollte, wird am Fehlen eines Kriteriums scheitern, das hinreichend gesichert wäre, um eine Verwirrung der Postulate und die Inkohärenz der Konsequenzen zu vermeiden.

In dritter Linie wird die Ansicht, wonach die Tätigkeit des Menschen in der materiellen Welt einem höheren Imperativ gehorcht, einer nicht zu unterdrückenden Neigung, die Natur zu erobern, ihr wirkliches Gesicht zu enthüllen, von der Wirklichkeit dieser Tätigkeit widerlegt, die den Zustand einer besonderen (mechanischen, organischen usw.) Natur vervollkommnet, sie verteidigt oder allem widersteht, was sie in Frage stellen könnte. Aus diesem Grunde ist es illusorisch zu behaupten, wir besäßen die Natur als autonome, abgeschlossene oder letzte Entität. Im Gegenteil, wir arbeiten ständig an ihr und organisieren sie periodisch neu. Es ist auch nicht präzise, wenn man sagt, es handle sich dabei um die Annexion eines in Raum und Zeit abgegrenzten Gebiets: Was wir beherrschen, ist eine Bewegung, eine Transformation der Beziehungen, in denen wir eine Seite darstellen.

Schließlich *erscheint ebenso deutlich der Widerspruch zwischen der Anerkennung des historischen Charakters des Menschen und der Materie und dem Vorurteil einer Ungeschichtlichkeit der Natur.* In diesem Punkte mußte ich, um Theorien und Ergebnisse, die sich gegenseitig ausschließen, einander gegenüberzustellen, an ein Denken anknüpfen, das andere zwar naiver, aber mit ebensolcher Präzision, wie es heute geschieht, in überraschenden und dauerhaften Formulierungen dargestellt haben. Diese Männer verkündeten in günstigen Augenblicken und mit beachtlicher Beharrlichkeit, daß die göttlichen Wesen, die das Werk des Universums schufen, Bauern oder Hirten, Demiurgen oder Ingenieure waren, und daß sie denselben Weg verfolgten, den jedes menschliche Wesen in seinem Kontakt mit nichtmenschlichen Wesen einschlägt. Hier handelt es sich nicht, wie man gewöhnlich glaubt, um eine entfremdete Projektion in einen fremden Himmel. Die Welt wird geistlos, wird zum toten Stern, sie leugnet den Sinn ihrer eigenen Existenz, wenn man in ihrer Entstehung nicht die Arbeit des Hirten oder Bauern, des Handwerkers oder Uhrmachers verkörpert sieht; ich füge dieser Gesellschaft noch alle Arten von Wissenschaftlern hinzu. Der Geist, der in diesen Visionen liegt, ist der einer bewegten, heftigen, spontanen Erkenntnis des natürlichen Subjekts durch sich selbst.

Ich habe die Sätze, die aus der angestrebten Erhellung dieser Widersprüche folgen, zu einer Synthese zusammengefaßt und dabei die Begriffe und die Beziehungen oder Prinzipien bezeichnet, die im Zusammenhang einer bestimmten Konzeption stehen. Für den Augenblick mögen sie sich als meine Konstruktion darstellen. Deshalb ist nun zu zeigen, daß sie auch die Wirklichkeit widerspiegeln.

Zweiter Teil:
Die Evolution der natürlichen Kategorien und der Naturdisziplinen

Erster Abschnitt:
Die mechanische Natur und die Struktur der natürlichen Kategorien

Erstes Kapitel:
Die Bildung der natürlichen Kategorien und die Einheit der Geschichte ihrer Disziplinen

I. Die zwei Funktionen einer natürlichen Kategorie

1. Offenkundige Abstammungslinien

Im Prozeß der natürlichen Teilung entstehen neue Gruppen von Menschen, und wir sehen, wie sie ihrem Wissen, ihren Werken und ihren objektiven Grundlagen einen Weg bahnen. Jedem Naturzustand – dem organischen, dem mechanischen oder dem kybernetischen, um nur die zu betrachten, mit denen ich mich befaßt habe – entspricht eine spezielle Kategorie von »Trägern der Erfindung« – der Handwerker, der Ingenieur, der Wissenschaftler. Aber dürfen wir den beiden ersten Kategorien jene dritte, die Klasse der Intellektuellen und Wissenschaftler, hinzufügen? Ist eine solche Zusammenstellung gerechtfertigt? Sind alle drei Gruppen Teile einer Einheit, auf die sich mit gleicher Strenge das Prinzip der menschlichen Geschichte der Natur anwenden läßt? Wenn dem nicht so sein sollte, wenn das Wissen dieser Epochen ausschließlich Sache der Geistlichen und der Ideologen gewesen sein sollte, dann litte die Allgemeingültigkeit der vorangegangenen Analysen erheblich Schaden. Aber die Frage läßt sich entscheiden, indem man gewisse Tatsachen herausstellt und die Aktionsbedingungen sowie die Funktion der natürlichen Kategorien ans Licht bringt.

Zweifellos stehen die Philosophen der Antike durch ihre Interessen und oft auch durch ihre Herkunft in einem Zusammenhang mit der Handwerkerklasse, denn eines steht fest: Die Philosophen entstanden im Kontakt mit der Handwerkerschaft oder, indem sie diese zum Modell nahmen, gewissermaßen im Schoße des Handwerks und als dessen Fortsetzung. Natürlich gilt dies nicht absolut. Wenn eine neue Gruppe von Trägern eigenständiger Fähigkeiten sich herausbildet, so strömen hier Menschen aus den verschiedensten Bereichen zusammen, weil sie in dieser neuen Gruppe ein unverhofftes Tätigkeitsfeld für ihr Genie, für ihre Erwartungen und für ihre berechtigten Ambitionen finden. In einem anderen Bereich der Wirklichkeit gibt es ein ähnliches Phänomen: Oft standen an der Spitze der sozialen Klasse Menschen, die nicht aus dieser Klasse selbst stammten. Nicht immer wurden die revolutionären Lehren von Individuen erdacht, die diesen Klassen angehörten, und ebensowenig haben diese Klassen alle ihre politischen Köpfe hervorgebracht. Das gilt für die antike Welt genauso wie für die modernen sozialistischen Revolutionen. Und dennoch bestreitet niemand, daß diese Menschen teilhatten an der Gemütsverfassung der Klassen, mit denen sie ihr Los verbanden. Warum sollte dies nicht auch für die Entwicklung und Zusammensetzung der natürlichen Kategorien gelten? Was Griechenland angeht, um auf das gewählte Beispiel zurückzukommen, so ist die Nähe zwischen dem Philosophen und dem Handwerker eine offenkundige Tatsache. Jedenfalls sofern man beim Philosophen nicht ausschließlich an Heraklit und Platon, und beim Handwerker nicht nur an den Bäcker oder Schuster denkt. Nach den Kriterien des siebten und sechsten Jahrhunderts vor Christus waren Thales, der Kunstwerke schuf, Anaximander, der Gnomone herstellte, und Empedokles, der sich der Heilkunst widmete, Handwerker. Xenophanes ist sogar direkter Vertreter eines Handwerkszweiges, den Homer in seiner Liste der Berufsstände aufführt: der Sänger. Pythagoras und Sokrates kamen aus Familien, in denen man ein Handwerk ausübte. Aristoteles war der Sohn eines Arztes. Bekanntlich gehörte der Arzt zu den *technitai*, den Handwerkern also.[1]

Will man diese Assoziationen beurteilen, so braucht man sich nur daran zu erinnern, daß »*sophos*« soviel wie »Meister einer Kunst« bedeutet und daß er das letzte Glied in einer leicht zu identifizierenden Abstammungslinie ist, die beim Handwerker beginnt – beim Architekten, beim Töpfer oder beim Metallurgen – und auch den Künstler im modernen Sinne des Wortes umfaßt – den Maler, Bildhauer oder Musiker –, das heißt die Schöpfer oder *poietai*, aber auch den Arzt und den visionären, prophetischen Weisen. W. Nestle schreibt über den *sophos*:

»Die bisher genannten Typen des griechischen *sophos* entsprechen im wesentlichen den Berufsständen, die Homer als ›Volksarbeiter‹ (*demiurgoi*) bezeichnet . . .«[2]

Und er fügt dieser Kategorie jene Menschen hinzu, die über Weisheit und Wort gebieten, und auch einen Denker wie Thales, den alle Welt als den ersten »Meister einer bewundernswerten Kunst« anerkennt.

Aus dieser Annäherung folgt nun freilich nicht, daß man im Philosophen einen Techniker zu sehen habe oder daß man in seiner Zugehörigkeit zur Familie der Handwerker und Künstler das einzige Motiv für sein Auftreten erblicken müsse. Es geht allein darum, den Kreis abzustecken, in dem er sich bewegt, und die Wurzeln aufzuzeigen, von denen her er sich differenziert. Auch darf man nicht in das gegenteilige Extrem verfallen und im Handwerker jemanden sehen, der über keinerlei intellektuelle Kenntnisse verfügte; das hieße vergessen, daß in Griechenland bedeutende wissenschaftliche Leistungen von solchen Handwerkern erbracht wurden. Die hippokratischen Schriften bleiben ein unerreichbares Monument. Polykleitos, der Rivale des Pheidias, und als Bildhauer hauptsächlich auf der Suche nach einem System der idealen Proportionen, schrieb ein Buch – den Kanon –, als er mit dem Doryphoros (dem Speerwerfer) das ersehnte Ziel erreicht zu haben glaubte. Wir wissen, daß Themanthes, Pamphilos, Apelles und Melanthios die Theorie ihrer Kunst, der Geometrie und der Malerei, aufstellten und niederschrieben.[3] Und über den Architekten Hippodamus von Milet sagt Aristoteles (*Politik*, 1267b):

»Hippodamus (...), der dann aber auch noch die Schwachheit hatte, als gründlicher Naturforscher gelten zu wollen, dieser Hippodamus also war der erste, der, ohne praktischer Staatsmann zu sein, es unternahm, etwas über die beste Staatsverfassung zu sagen.«

Die enge, den Zeitgenossen des Sokrates durchaus bekannte Verbindung zwischen dem Philosophen und all den übrigen Menschen, die eine *techne* gemein hatten, ist bezeugt.[4] Rechnet nicht Aristoteles den Hippodamus, von dem gerade die Rede war, zu den Vorläufern Platons,[5] und stellt nicht Platon selbst einen Zusammenhang zu Thales von Anacharsis[6] her, der für seine Verbesserung des Ankers und der Töpferscheibe berühmt ist? Das geschah nicht nur, weil der Naturphilosoph dem Handwerker nahezustehen schien, sondern auch, weil der Handwerker bis zu einem gewissen Punkt dem Philosophen verwandt war:

»Auch für Platon«, schreibt Snell[7], »hatte der enge Zusammenhang von *sophia* und *episteme* mit *techne* und *demiurgia* tiefere Bedeutung; seine Anschauung vom Wissen des Handwerkers ist gewissermaßen das noch unverarbeitete Material für sein philosophisches Denken. Im Handwerker verkörpert sich für ihn der Begriff *episteme* mit der in ihm liegenden Problematik, die darin besteht, daß das Wort auf der einen Seite die Gewißheit, auf der anderen Seite die Richtung auf ein Ziel forderte.«

Der griechische Philosoph geht also von der Handwerkerschaft aus, ganz wie die Philosophie von der *techne*, der Kunst, ausgeht, deren Gehalt sie herausarbeitet, untersucht und reorganisiert. Ebensoleicht läßt sich zeigen, daß der mechanische Philosoph in enger Beziehung zum höheren Handwerk steht, zum Ingenieur, wenn er nicht sogar selbst dazu gehört.[8] Im übrigen stellt er selbst beständig diese Beziehung heraus. Torricelli, Galilei, Tartaglia, Baliani, Stevin und viele andere waren zugleich Gelehrte, Ingenieure und Konstrukteure astronomischer Instrumente. Einige von ihnen besaßen Werkstätten, beschäftigten einen oder mehrere Arbeiter und verkauften die Produkte ihrer Ingeniosität. Nur wenige der großen Genies aus dieser großartigen Zeit können als Berufsphilosophen im modernen Sinne bezeichnet werden.

Die mechanische Philosophie ist das Werk von »Amateuren«, von »virtuosi« oder Ingenieuren.

»Selbst die Bezeichnung Wissenschaftler (scientist) war damals noch nicht gebildet, und die Menschen, die in diesem Bereich des Wissens arbeiteten, wurden Feuerwerker, Gelehrte, Mechaniker, Praktiker, Experimentatoren, Secretarii der Kunst und der Natur genannt – manchmal auch Ingenieure (...), Mathematiker und Astronomen –, aber vor allem und ganz allgemein *Philosophen*.« (K. Maynard[9])

Wir wissen jedenfalls, daß diese Philosophen und Mechaniker Menschen waren, die aus den unterschiedlichsten Milieus kamen, aber an denselben Problemen, denen der Mechanik, interessiert und von demselben Ideal erfüllt waren: der Erfindung. Ihr Interesse konzentrierte sich auf die Arbeit oder die Geschicklichkeit des Mechanikers und des Ingenieurs, auf die Notwendigkeit des Experimentierens und Messens, die dieser so deutlich an den Tag gebracht hatte.

Der griechische Philosoph und der mechanische Philosoph oder Gelehrte – die angeführten Tatsachen belegen dies – stammen also beide aus einer natürlichen Kategorie, der sie verbunden sind und die ihnen entspricht. Die Untersuchung ihrer Funktionen und der tiefgreifenden Unterschiede zwischen ihnen wird diese Feststellung noch erweitern.

2. Die produktive und die selbstschöpferische Funktion

Eine natürliche Kategorie gewinnt eigene Konturen und hebt sich von anderen Kategorien ab, wenn und soweit sie neue, in Objekten konkretisierte Ressourcen und Fähigkeiten von einer bislang unbekannten Qualität oder Quantität bereitstellt. Sie wird dann auch zu einer Produktivkraft, aus der vielfältige ökonomische Aktivitäten und soziale Beziehungen hervorgehen. In all diesen Fällen bleiben die Schöpfung der Arbeit und ihre produktive Anwendung praktisch undifferenziert. Das Handwerk entsteht im Schoße der Landwirtschaft, und die Vermehrung seiner Fertigkeiten geht mit den Bedürfnissen einher, die es hervorzubringen versteht oder die nach ihm verlangen. Die Technik des Ingenieurs kommt langsam im Rahmen des Handwerks auf, wo sie dazu aufgerufen ist, begrenzte Probleme aus dem Bereich von Architektur und Krieg zu lösen. Aber der Ingenieur formuliert diese Probleme auf neue Weise. Während einer ganzen Periode ihrer Evolution bleibt die Arbeit vollkommen und permanent in den Bereich ihrer *produktiven Funktion* eingebunden. Die Geschicklichkeit, die Arbeitskraft und deren Reproduktionsorgane werden nicht als solche gesehen, sondern einzig in der Beziehung zu ihrem Objekt, und die Imperative, denen sie gehorchen, unterscheiden sich nicht von den Anforderungen der Produktion.

Auf der anderen Seite kann die Arbeit auch als eine Größe erscheinen, die von den unmittelbaren Umständen des Produktionskreislaufs abgehoben, differenziert und ihnen äußerlich ist. Die Initiation der Lehrlinge, also die Pädagogik der Handwerkskünste und -techniken, oder die Erfindung geben ihr eine eigene Zielrichtung, machen sie zum Objekt einer anderen Arbeit, in denen die Wechselbeziehungen zwischen den Dispositionen der Menschen und den materiellen Kräften eine andere Gestalt annehmen. Hier ist die Arbeit selbst ein Werk, das es zu vervollkommnen gilt, eine – biologische oder nichtbiologische – Materie, deren Eigenschaften man kennen muß, wenn man Nutzen aus ihr ziehen will. Alle Unterschiede, die sie ansonsten hinsichtlich ihrer Wirkungen zeigt – Gebrauchswerte, alle Produktionsmittel –, erweisen sich als Abwandlungen allgemeiner Beziehungen oder Operationen. Die Arbeit enthüllt ihre Einheit, sie bringt ihr Wesen zum Ausdruck: die Teilhabe der materiellen Umwelt am menschlichen Organismus und umgekehrt. So oder so ist es die

Kombination dieser beiden Größen – des Menschen und der Materie –, die sich der Aufmerksamkeit aufdrängt. Konstitution oder Erfassung dieser Arbeit unter diesem Blickwinkel, aus der Perspektive ihrer Reproduktion und ihrer Erfindung, was immer die Produkte sein mögen, auf die sie angewendet wird, und die sukzessiven Ziele, denen sie dient – Konstitution oder Erfassung dieser Arbeit unter diesem Blickwinkel bilden die *selbstschöpferische Funktion.*

Jede natürliche Kategorie erfüllt eine produktive und eine selbstschöpferische Funktion, sie sieht ihre Arbeit im Zusammenhang der einen wie der anderen. Historisch gesehen, zeigte sich die produktive Funktion zuerst. Die Herstellung von Gefäßen, die Extraktion von Metallen, die Aufzucht von Tieren und der Bau von Maschinen oder Uhrwerken binden die Handwerker, Bauern und Ingenieure in eine tägliche, quasi instinktive Tätigkeit ein, bevor sie ihnen die Möglichkeit geben, die volle Bedeutung ihres Handelns zu entdecken. Diese Bedeutung kann übrigens erst hervortreten, wenn die Produktion ein gewisses Stadium erreicht hat, wenn die Produzenten zahlreich genug sind, um eine Konfrontation einzugehen und eine Erweiterung ihres Bereiches anzustreben, um dessen Individualität und ihre eigene herzustellen. Sobald sie sich als gesonderte Gruppe behaupten und die Notwendigkeit einer Organisation und einer geregelten Ausbildung erkennen, schafft sie die Bedingungen für einen beständigen Erfahrungsaustausch und für die systematische Weitergabe ihres Wissens, und dies nicht allein, um es auf die Produktion anzuwenden, sondern auch, um es zu vermehren und zu verbessern. Auf diese Weise schält sich die selbstschöpferische Funktion heraus.

Wenn das Stadium, in dem es notwendig ist, Arbeit auf die Schöpfung der Arbeit zu verwenden, erreicht ist, wird eine Untergliederung innerhalb der natürlichen Kategorie unerläßlich. Die eine Gruppe umfaßt jene Individuen, die zu einer produktiven Anwendung der Fähigkeiten bestimmt sind, die andere jene, die diese Fähigkeiten im Hinblick auf die Reproduktion oder die Erfindung erlernen; für die einen sind die Fähigkeiten Mittel, für die anderen Zwecke. Die zweite Gruppe bildet die Embryonalform der unproduktiven Schicht oder, genauer, der Intellektuellen- und Gelehrtenschicht. Die Distanz zwischen den beiden Gruppen nimmt im Verlauf der geschichtlichen Entwicklung zu. Die Indizien dafür sind bekannt. Den ionischen Städten spricht man gewöhnlich die Ehre zu, die philosophische Entwicklung in Gang gebracht und den entscheidenden Anstoß für die griechische Kunst gegeben zu haben. Nach dem Vorbild der Rhapsoden-, Bildhauer- oder Ärzteschulen entstanden auch Schulen, in denen man sich, wahrscheinlich neben anderen Künsten, in besonderem Maße mit den materiellen Erscheinungen befaßte.[10] In diesen Schulen – der von Milet zum Beispiel – ging die Ausbildung von Materialien aus, die aus verschiedenen Quellen stammten: von dem Wissensbestand, den die Dichter, die Töpfer, die Metallurgen oder die Ärzte erarbeitet hatten, von den Beobachtungen, Rezepten und Begriffen, die sich auf diese Berufszweige beziehen wie auch auf die verschiedenen Operationen, die diese Berufe je nach dem verwendeten Rohstoff mit sich bringen.[11] Nichts fällt aus dem Rahmen der soliden handwerklichen Traditionen. Die Schulen bezeichnen in gewisser Weise das Ende des Nomadentums, den Bruch mit dem Demiurgentum in Griechenland. Geradeso wie das ganze Handwerk vom Nomadentum zum stabilen Leben der Werkstatt übergeht, so wartet auch der Schüler nicht mehr auf den Zufall, der ihn mit dem Menschen zusammenbringt, welcher das Wissen besitzt; vielmehr besucht er fortan die Schule. Das Auftreten des Naturphilosophen als einer eigenständigen Größe ist eine Folge dieses Prozesses der Herausbildung von Ausbildungszentren, der relativen Stabilisierung einerseits und der Ausbreitung der Künste, des Handwerks und der Handwerker andererseits. Die Funktionen des Naturphilosophen sind polyvalent, und seine im eigentlichen Sinne technische Rolle läßt sich nicht von seiner politischen oder religiösen Rolle trennen. Er hat die Hauptaufgabe, die Weitergabe von Bräuchen zu verbessern, den Zusammenhalt der Kollektive um ein gemeinsames Wissen zu stärken und die Kompetenz jedes einzelnen zu vergrößern. Ergebnis sind die *technai* oder die *mathemata* – die beiden Ausdrücke sind gelegentlich synonym –, das heißt, was gelehrt werden kann, der Lehrstoff. So werden die Handwerkssparten, die in der agrarischen Welt und in den Reichen des Nahen Ostens auf einem »Geheimnis« gründeten, das noch durch die Rezepte und durch den offensichtlichen Erfolg verstärkt wurde, fortan von den Prinzipien beherrscht, die ihre Grundlage bilden, und dadurch legitimiert, daß sie »die Natur der Dinge« zum Ausdruck bringen. Dies war also die Hauptfunktion der ersten Philosophen. Bis ins fünfte Jahrhundert hinein scheinen sie sich nicht radikal von der Familie jener Menschen getrennt zu haben, die irgendein Handwerk ausübten. Wie M. N. Tod bei der Untersuchung griechischer Epigramme feststellte, kommt das Wort »*philosophos*« darin selten vor; »*sophos*« oder »*sophia*« sind weit häufiger und gebräuchlicher

»in Ausdrücken, bei denen man oft nicht mit Sicherheit entscheiden kann, ob es sich um Philosophie handelt oder um Medizin oder um einen anderen Zweig des Wissens oder des Könnens«.[12]

Die Entwicklung und Untergliederung des Handwerks, die wachsende Zahl der Handwerker, die Anerkennung ihrer Stellung in der Stadt und die Diversifizierung der Schulen schließlich bezeichnen im Griechenland des fünften Jahrhunderts den Beginn einer neuen Epoche.[13] Alle diese Tatsachen verleihen der Übermittlung der Fähigkeiten im Schoße des Berufsstandes eine neue Bedeutung. Einerseits nimmt die Arbeit, die man der Reproduktion, der Ausbildung von Lehrlingen widmen muß, zu. Handwerker wird man, indem man bei einem anderen Handwerker lernt. So heißt es in Platons *Protagoras*:

»›Sage mir, Hippokrates, was denkst du denn in dem Hippokrates zu finden, wofür du ihm Lehrgeld zahlen willst?‹ – was würdest du dann wohl antworten? Ich würde sagen, erwiderte er, ›einen Arzt‹. Und um was zu werden? Ein Arzt, sprach er.«[14]

So finden also bestimmte Handwerker nicht in der Anwendung ihres handwerklichen Könnens ihr Auskommen, sondern in der Reproduktion dieses Könnens bei anderen Menschen. Andererseits tendiert die Ausbildung neuer Handwerker dahin, zu einer speziellen Tätigkeit zu werden, und da das Geld das Verhältnis zwischen Meister und Schüler reguliert, nimmt auch der öffentliche Charakter dessen, was gelehrt wird, zu. Wenn, wie behauptet wird, der Handel das Schicksal der Philosophie bestimmt hat, so ist es nicht der Handel mit Getreide oder Gefäßen, der diese Wirkung gehabt hat, sondern der Handel mit den menschlichen Fähigkeiten. Anstelle von Produkten vertreibt hier ein Teil des mit Handwerk befaßten Kollektivs seine Talente. Dank dieser Spezialisierung, deren erster konkreter Ausdruck die Sophisten sind, erreicht das in allen Berufszweigen bereits fortgeschrittene Werk der Kodifizierung und Organisation eine neue Stufe:

»Denn es begann sich jetzt, angeregt von der Sophistik«, schreibt W. Nestle,[15] »eine fachwissenschaftliche Literatur über alle möglichen einzelnen Wissenschaften, Künste und Fertigkeiten, angefangen von der Politik bis hinab zur Ring- und Kochkunst, zu entfalten.«

Mit dieser Strömung bezeichnet sich der Philosoph als Fachmann in einer speziellen Kunst: der Lehre.[16] Das ist kaum verwunderlich. Schon für den Handwerker ist die Geschicklichkeit Gegenstand von Ausbildung. Das Handwerk wird als Können verstanden, und dessen Übermittlung ist Ausdruck eines der wichtigsten Momente der Berufspraxis. Der Naturphilosoph macht es sich zur Aufgabe, diesen reproduktiven Aspekt der Arbeit zu begreifen und den Inhalt, den Zweck wie auch die Modalitäten der Lehre herauszuarbeiten. Damit stellt sich eine Trennung zwischen den Handwerksdisziplinen und den Ausbildungsdisziplinen her, die für sich von außerordentlicher Bedeutung ist. Darin kommt eine historische Tatsache zum Vorschein: Die produktiven Disziplinen trennen sich von den Disziplinen, die nicht die Produktion zum Gegenstand haben. Die Distanz zwischen dem griechischen Handwerker und dem griechischen Philosophen, die aus den obengenannten Gründen zutage trat, kommt in der Kluft zwischen der Verwendung der Arbeit zu produktiven Zwecken und ihrer Verwendung zur Reproduktion der Fähigkeiten zum Ausdruck, wobei der Philosoph mit größerer Stetigkeit als der Handwerker ein Ziel verfolgt, das beiden gleichwohl gemein ist.

Die Inspiration des mechanischen Philosophen der Renaissance oder des siebzehnten Jahrhunderts ist, wie wir noch sehen werden, radikal verschieden von der des Naturphilosophen. Ganz wie der Ingenieur, der seinem Wesen nach Erfinder ist – oder sein will –, ein Erfinder, dessen Arbeit und Geschicklichkeit ganz auf die Entdeckung ausgerichtet sind, wird auch er von dem Wunsch beherrscht, Erfindungen zu machen und den Akt des Erfindens zu begreifen. In den Schriften der mechanischen Philosophen geht es hauptsächlich darum, die Erfindungen bekannt zu machen und sichere Methoden oder Erfindungen zu machen oder vorzuschlagen, weit weniger jedoch darum, ein bereits bestehendes Wissen zu organisieren. Aber auch dort gibt es Übergänge. Bei Leonardo, Stevin, Benedetti oder Tartaglia wissen wir nicht so recht, ob wir sie zu den Ingenieuren oder zu den mechanischen Philosophen zählen sollen; keine Zweifel haben wir dagegen bei Galilei – obwohl er noch den Titel eines Ingenieurs trug –, bei Huygens oder bei Descartes.

In Wirklichkeit ist das Bild mit Sicherheit weit komplexer, was jedoch die hier aufgezeigten allgemeinen Linien nicht beeinträchtigt. Es zeigt die Absichten der gelehrten Schicht einer natürlichen Kategorie, Absichten, die zwei Klassen angehören. Einmal verfolgt und kanalisiert diese Schicht die Schöpfung von Fähigkeiten über deren spezifische Existenz im Bereich der Produktion hinaus. Das Beispiel der Erfindung des Fernrohrs illustriert diese Tendenz. Im sechzehnten Jahrhundert kam der Gedanke auf, daß man durch eine geeignete Anordnung von Linsen weiter sehen und dadurch die Bewegung der Truppen besser überwachen oder vielleicht auch die Wirkungen eines Kanonenschusses beobachten könne. Die Handwerker hegten daher die Hoffnung, daß ein solches Instrument auf großes Interesse stoßen werde. Wie es auch um diese Motive bestellt sein mag, und sie sind durchaus nicht die einzigen, feststeht, daß italienische und holländische Handwerker dieses Fernrohr erfanden. Daß sie es gerade im sechzehnten Jahrhundert erfanden, resultiert zugleich aus der Entwicklung des Geschicks in der Herstellung mechanischer oder astronomischer Instrumente wie aus der erweiterten Verwendung von Gläsern höherer Qualität. Wenn dieses Fernrohr in der Folgezeit Galileis Fernrohr wurde, so weil der Florentiner Gelehrte, der sich im Gegensatz zu anderen Philosophen seiner Zeit lange mit der Herstellung und Verbesserung von Instrumenten befaßt hatte, sogleich sah, welche Ergebnisse dieses Instrument liefern konnte: Er löste es aus der Familie der beliebigen Gegenstände und erkannte das Spektrum seiner Anwendungsmöglichkeiten wie auch die Verbesserungen, die man daran vornehmen konnte. Er richtete es gegen den Himmel und entdeckte so das astronomische Fernrohr. Damit wurde dieses Produkt handwerklicher Geschicklichkeit zur Inkarnation der optischen Gesetze und zu einer impliziten Kenntnis dieser Gesetze.

Das Beispiel des Fernrohrs ist durchaus kein außergewöhnliches. Es zeigt, wie die Aktivität beschaffen ist, welche die Produktionsprozesse in einem Kontext reproduziert, in dem sie nur noch Objekte der Analyse sind und die damit verbundene Geschicklichkeit vervollkommnet wird.

»Wie wir schon gesehen haben«, schreibt Voltaire (*XXIVe Lettre anglaise*), »sind in den barbarischen Jahrhunderten die nützlichsten Erfindungen gemacht worden. Es scheint, als hätten die aufgeklärtesten Zeiten und die gelehrtesten Gesellschaften nur noch über die Dinge zu räsonieren, die von den Unwissenden erfunden worden sind.«

So unwissend waren die »Unwissenden« nie. Sie formten die materiellen Elemente, um dies oder jenes herzustellen, indem sie beständig neue *Geschicklichkeit* zu dem Arbeitsvermögen hinzufügten, das für die Erfüllung dieser Aufgaben erforderlich war. Außerhalb ihrer produktiven Anwendung, wenn sie gelehrt, verbreitet oder vergrößert werden muß, erweist sich die Geschicklichkeit als Intelligenz, als Fähigkeit, sich dem materiellen Universum zu nähern, in es einzudringen, kurz, als *Wissen*. Diese zweite Facette ein und derselben Fähigkeit zu rekonstruieren war eine der Aufgaben »der aufgeklärtesten Zeit und der gelehrtesten Gesellschaften«.

Die zweite Absicht der gelehrten Schicht – der Wissenschaftler für sich genommen – bestand darin, die Artefakte in der Natur zu gründen. Was heißt das? Zunächst sind die Beziehungen zur Materie in die Produktion eingebunden. Von daher erhalten sie einen technischen Ausdruck. Die Schicht, die mit der Produktion befaßt ist, nimmt sie unter diesem Blickwinkel wahr. Die Erweiterung ihrer Fähigkeiten, die Vergrößerung der Gruppe, auf die diese Fähigkeiten verteilt sind, und die parallele Ausbreitung der entsprechenden Ressourcen machen es erforderlich, daß man dieser technischen Form des Verhältnisses zum Universum eine Grundlage und eine Rechtfertigung in der natürlichen Ordnung gibt, indem man die unbelebten Mächte in den Artefakten ans Licht bringt. Das Erfordernis ist zunächst ein internes. Ein handwerkliches Können etwa, das in den Naturzustand des Bauern eingebunden ist, kann sich nicht voll entfalten. Der Gegensatz zwischen seiner Tätigkeit und den Zwängen, die ihm allenthalben entgegentreten, bildet zugleich ein intellektuelles und ein konkretes Hindernis. Der Handwerker sieht und weiß seine Operationen in der Perfektion der Körperbewegungen, in der Beweglichkeit seiner Finger oder in der Feinheit seiner Sinne begründet; die Stoffe, mit denen er umgeht, gehören oft zu den unbelebten Stoffen, sein Boden ist Ton oder Stein und nicht der Humus der Pflanzen. Nun gehören diese zur lebendigen Natur der Pflanzen und Tiere, in der die Fruchtbarkeit und die biologische Vereinigung der Geschlechter die treibenden Prinzipien sind. Des weiteren hat der Produktionsprozeß des Handwerkers ein Ziel, das er auf gewollten und geregelten Wegen angeht, und er führt zu Objekten oder Werkzeugen, was wiederum als Gegennatur erscheint und nicht im Einklang mit den Wahrnehmungen und Gegebenheiten jenes Milieus steht, in dem alles Spontaneität, Schöpfung, rituelle Wiederkehr derselben Phänomene, Geburt oder Wiedergeburt zu sein scheint. Deshalb stellen die handwerklichen Fähigkeiten auch keine normalen, bekannten Eigenschaften der menschlichen oder nichtmenschlichen Realität dar, und ihre Instrumente gelten nicht als sekundärer Ausdruck der Naturbeziehung. Die Auflösung dieser Widersprüche zwischen Herstellungstechniken und natürlicher Ordnung, der Ersatz der herrschenden Naturordnung durch eine neue – diese Aufgaben stellen sich jeder natürlichen Kategorie. Und eine Fraktion der Kategorie widmet sich dieser Aufgabe. Wenn sie die Bindung des Menschen an die Materie dort enthüllt, wo diese Bindung diversifiziert, in unterschiedlichen Objekten oder Künsten realisiert scheint, so vermehrt sie das Artefakt um die ihm zugrunde liegende Natur, trägt zur Stärkung der produktiven Funktion durch die selbstschöpferische Funktion bei und macht diese zu einer Gemeinschaftsaufgabe.

Die Herstellung eines Naturzustandes ist unter diesen Umständen hauptsächlich deshalb möglich, weil dieser Zustand in einem technischen Effekt manifestiert und organisiert ist, geradeso wie die zugehörige Reproduktion und Erfindung eine Stärkung erfährt, wenn die Produzenten, die sie entworfen haben, einen Durchbruch erringen können. Auf diese Weise geht das Künstliche dem Natürlichen voraus und wird natürlich, das Artefakt verlängert sich in die Natur hinein; was ausschließlich oder vor allem produktiver Eingriff einer Gruppe von Menschen zu sein schien, erweitert sich zum höchsten Ausdruck der Realität aller Menschen. In diesem Lichte ist alle Wissenschaft und alle Philosophie zugleich die Disziplin der zum Ziel erhobenen Fähigkeiten und die Ideologie einer besonderen Kategorie, die der gesamten Menschheit vorgeschlagen wird.

Natürlich erfüllen die Philosophen und Wissenschaftler noch andere Funktionen in der Gesellschaft. Soweit es jedoch die menschliche Geschichte der Natur betrifft, sind die hier genannten Funktionen die wesentlichen. Sie bezeichnen auch das Verhältnis zwischen den produktiven und den nichtproduktiven Schichten, ihre Aufteilung hinsichtlich der produktiven und der selbstschöpferischen Funktion der Träger der Erfindung. So sind es nicht *dieselben* Philosophen und *dieselben* Gelehrten, die sich an eine neue Situation anpassen, vielmehr bringen hier hinsichtlich ihres Ursprungs und einer bestimmten Epoche *neue* Philosophen und *neue* Gelehrte die Umgestaltung der Menschheit und ihrer Integration in die Wirkkräfte des Universums zum Ausdruck.

II. Zwei Konsequenzen der natürlichen Teilung

1. Argumente gegen eine von Wissenschaft, Kunst, Philosophie und Technik losgelöste Universalgeschichte

Eine Bestätigung für diese Ausführungen läßt sich finden, wenn man die Entwicklung der Terminologie verfolgt.[17] Der heutige Wissenschaftler hat kein Gegenstück im antiken Griechenland, und der griechische Philosoph unterscheidet sich von unserem Philosophen ebensosehr, wie er sich vom philosophischen Mechaniker der Renaissance unterschied. Eine solche Annäherungsmethode hätte indessen den Nachteil, daß sie gerade das unangetastet ließe, was ich zu bekämpfen versuche: die Idee einer grundlegenden Kontinuität dieser Klassen durch unsere ganze Geschichte hindurch. Man hat geglaubt, und glaubt es noch, daß es ehrenwerter und weniger entwürdigend sei, wenn man die Gemeinschaft der »Wissenden« nicht mit den Künstlern oder Handwerkern in Verbindung bringt, sondern mit der Priesterklasse. Das stimmt, hört man sagen. Sehen wir nicht allenthalben, daß die sozialen Klassen sich eine Genealogie zurechtmachen und in den entferntesten Zeiten nach der Rechtfertigung für eine Permanenz und eine Einheit suchen, deren einzige Realität zum Beispiel die Zugehörigkeit zum Clan derer ist, die über Reichtum oder Macht verfügen? Aber handelt es sich um denselben Reichtum und um dieselbe Macht? Gewiß nicht. Der Unterschied zwischen einem Feudalherrn und einem Kapitalherrn ist weit größer als die Ähnlichkeit, die sie für sich beanspruchen können. Zwischen einem antiken Philosophen und einem mechanischen Gelehrten besteht ebensoviel Übereinstimmung wie zwischen einem Baron aus der Frankenzeit und einem Baron aus der Kaiserzeit. Zwar tragen beide denselben Titel, aber sie sind Ergebnis und Symbol völlig andersartiger sozialer Prozesse.

Und wenn die Evolution des Inhalts und der Organisation der Disziplinen nicht auch die Zugehörigkeit ihrer Träger zu einer einzigen historischen Abstammungslinie voraussetzt, so hätte eine übermäßige Betonung der innerhalb einer natürlichen Kategorie – zum Beispiel zwischen dem Ingenieur und dem mechanischen Philosophen – bestehenden Beziehungen zur Folge, daß man eine geschichtliche Beziehung von ihrer eigenen Geschichte abschnitte. Und dies wiederum hieße, der Produktion und der Technik eine unangemessene Vorrangstellung hinsichtlich dessen einzuräumen, was sich im Kreis der natürlichen Disziplinen, der Erfindung und der Reproduktion des Wissens, abspielt. Doch das entspricht nicht der Realität. Wenn Technik und Handwerk Korrelate der Wissenschaft und der Philosophie sind, wenn die Menschen, die sich mit Handwerk und Technik befassen, solche Menschen zu Verbündeten und Nachfolgern haben, die Wissenschaften und Philosophie hervorbringen, so hat diese Bewegung nichts Irreversibles und Einseitiges. Zu keiner Zeit gab es eine Praxis, die nicht von einer intellektuellen Konstruktion, und sei sie auch magischer Natur, begleitet gewesen wäre. Die ionische Philosophie, die hier zur Illustration dient, geht ebensosehr von Handwerk und Künsten aus wie von den Mythen, die ihr vorausgehen. Empedokles ist ebensosehr Schüler und Erbe des Töpfers, des Arztes und des Musikers wie Homers und Hesiods. Die mechanistische Philosophie eignet sich bekanntlich das Erbe der Aristotelischen Philosophie und die Produkte des Ingenieurwissens an.

Beide Dimensionen sind zugleich vorhanden. Die eine betont die Spezifität einer natürlichen Kategorie und der Disziplinen, die ihr entsprechen, die Verschränkung ihrer produktiven und nichtproduktiven Schichten. Die andere stellt die Perspektive wieder her: Diese Disziplinen, diese produktiven und nichtproduktiven Schichten sind Momente ein und derselben Geschichte, sind Metamorphosen der Formen, die ihnen vorangegangen sind. Daraus schließe ich freilich nicht auf deren Äquivalenz: Die wesentlichen Merkmale der Spezifität einer natürlichen Kategorie – der mechanische Philosoph hat sehr viel mehr den Ingenieur im Blick als einen anderen Philosophen der Vergangenheit – sind selektiver und dominanter Art. Dadurch lege ich den Akzent auf die Gemeinsamkeit im Prinzip, das sie beherrscht und sie erklärt, sobald man sie im Strom der menschlichen Geschichte der Natur betrachtet. Doch mehr noch: Die so stark herausgestellte Diskontinuität impliziert auch eine Diskontinuität ihrer Disziplinen. Das Wissen scheint stärker durch einen Transformationsprozeß als durch einen Akkumulationsprozeß charakterisiert.[18] Welches sind nun die Auswirkungen dieser Sichtweise der Disziplinenkomplexe – Technik, Handwerk, Philosophie, Wissenschaft – und ihrer Geschichte?

Die erste Auswirkung ist natürlich der historische Charakter der Entstehung dieser Disziplinen. Für sich genommen, scheint diese Aussage nur der pedantische Ausdruck einer gebräuchlichen Formel zu sein. Doch dem ist nicht so. In Wirklichkeit widerspricht sie einerseits dem allgemein akzeptierten Postulat der Autonomie und der Universalität von Kunst, Technik, Philosophie oder Wissenschaft und andererseits dem Verständnis ihrer Geschichte als einer Evolution und nicht als einer Neuordnung definierter Strukturen. In den heute gängigen Konzeptionen hält man an dieser Autonomie und an dieser Universalität auf Kosten der realen historischen Perspektive und aufgrund einer willkürlichen Festlegung des Gegenstands jedes historischen Bereiches fest. Diese Konzeptionen stellen in allen Perioden der Menschheitsentwicklung dieselben Untergliederungen der geistigen oder praktischen Tätigkeiten nebeneinander; sie unterstellen dabei quasi die Unveränderlichkeit ihrer Organisation, die Fortexistenz ihrer Ideale und die Permanenz des sie determinierenden Substrates. Die Disziplinen werden so behandelt, als differenzierten sie sich in den verschiedenen Epochen im Hinblick auf konstante Kriterien und als würden sie stets in derselben Weise verstanden. Da ihre Individualität gesichert ist, grenzen sie sich nicht voneinander und gegen den realen Kontext ihrer Umgebung ab, und eine jede eröffnet die Möglichkeit einer gesonderten Geschichte.

Wenn man diese Blickweise auf das Studium der Sprachen übertrüge, so liefe dies auf die Behauptung hinaus, daß die Worte im Verlaufe der Sprachentwicklung, deren Bestandteil sie sind, stets dieselbe Bedeutung behielten. Oder, wenn man mehrere zeitgenössische Sprachen miteinander vergliche, daß jedem Wort der einen Sprache ein und nur ein Wort in der anderen Sprache entspräche, das dieselbe Bedeutung hätte. Wert und Bedeutung jedes sprachlichen Zeichens wären danach eindeutig und invariant. Auf den Zustand bloßer Kontingenz reduziert, wie man es mit den Disziplinengruppen tut, blieben von den zeitlichen Veränderungen nichts als Permutationen von Ausdrücken, die durch ihre Stabilität charakterisiert wären, ohne daß ihre Integrität dadurch berührt oder ihr Bedeutungsgehalt erweitert würde. Eine lebendige Sprache, deren Träger sprechende Subjekte und deren Referent veränderliche Realitäten sind, fügt sich nicht in dieses Schema. Worte, die zu einer bestimmten Zeit mit einer bestimmten Bedeutung verknüpft sind, beziehen sich zu anderen Zeiten auf ganz andere, ja sogar auf antagonistische Realitäten. Bis vor zwei- oder dreihundert Jahren waren die Ausdrücke Industrie, Kunst, Geschicklichkeit synonym und bedeuteten etwa das, was im Englischen mit dem *skill* des Arbeiters gemeint ist. Aufgrund einer Entwicklung, deren Etappen hier nachzuzeichnen nicht nötig ist, haben diese Worte unterschiedliche und sogar entgegengesetzte Bedeutungen erlangt, so daß keines von ihnen mehr genau auf jenen gemeinsamen Bereich bezogen werden kann, den sie einstmals bezeichneten. Diese Erscheinung findet sich in jedem Vokabular, einschließlich jenem, das es mit den Disziplinen zu tun hat:

»In unseren (französischen) Universitäten«, schreibt P. Frank, »gibt es sogenannte *cours d'arts et de sciences* ... Es ist klar, das hier mit Wissenschaft die Naturwissenschaften und mit den Künsten die Geisteswissenschaften gemeint sind. Wenn wir diese Ausdrücke aber ins Altgriechische übersetzen wollten, so wäre Wissenschaft *episteme*, was Philosophie bedeutet, und Kunst würde zu *techne*, was Technik bedeutet; folglich kann die Unterscheidung zwischen Künsten und Wissenschaften genau die entgegengesetzte Bedeutung annehmen, als wir sie gewohnt sind.«[19]

Die Bedeutung einer Vokabel in einer Sprache hängt von der Bedeutung der übrigen Vokabeln dieser Sprache ab, und jede sprachliche Einheit kennt mehrere semantische Werte, wie auch jedes semantische Feld sich in mehreren sprachlichen Einheiten konkretisiert. Wenn man einen Gegenstand absolut bezeichnen will, so gelten dafür äußerst strenge Voraussetzungen, die allenfalls in einer formalen Sprache oder in einer Ereignissprache erfüllt sind. Doch hat man solche Ansprüche auch an Wissenschaft, Philosophie und Künste gestellt, wodurch man ihre wirkliche Entwicklung aus den Augen verlor. Auf der Ebene der historischen Analyse machte man damit Aufeinanderfolgendes zu Gleichzeitigem, führte Heterogenität an Stellen ein, wo organisch homogene Ganzheiten bestanden, und schnitt in Teile, was offenkundig eine Einheit bildete. Doch kommen wir zu den Tatsachen.

Es ist eine gängige Praxis, die Geschichte der Wissenschaften von der babylonischen oder griechischen Antike an zu rekonstruieren und sie bis in unsere Tage hinein zu verfolgen. Die zugrunde liegende Hypothese ist die eines ununterbrochenen Wachstums, einer einzigen Abstammungslinie der Wissenschaften. Verbunden damit definiert und hypostasiert man den wissenschaftlichen Korpus, dem man genaue Umrisse und gemeinsame Merkmale verleiht, insbesondere die Verwendung der Mathematik und den Rückgriff auf Beobachtung oder Experiment. Auf den ersten Blick erscheint das Unternehmen gerechtfertigt. Sieht man jedoch genauer hin, so stellt man fest, daß dieser Korpus disparate Elemente zusammenfaßt, die sich je nach den betrachteten Perioden zugleich in der Geschichte der Philosophie und in der Geschichte der Technik finden. Eine solche Aufteilung unterschiedlicher Disziplinen, welche die Analyse ihrer Unterschiede und der variablen Beziehungen zwischen »Theorie« und »Erfahrung« vernachlässigt, hat die Herausbildung falscher Gesamtheiten und redundanter Überschneidungen zur Folge.

So besteht eines der gängigen Verfahren, das Material der Wissenschaftsgeschichte in Zeiten zu beschreiben, da die Wissenschaft, wie wir noch sehen werden, keine wirksame Existenz besaß, darin, sie künstlich zu isolieren. René Dugas weist schon zu Beginn seiner Monographie über die Mechanik des siebzehnten Jahrhunderts darauf hin:

»Gewiß gehören diese Klassiker (der Mechanik) fast alle vornehmlich zur Geschichte der Philosophie . . . Aber alle haben sie auf dem Gebiet der Mechanik gearbeitet, und alle haben sie zu der Entwicklung beigetragen, die zur Herausbildung einer Wissenschaft führte, welche auf der Erfahrung gründete und rational organisiert war, und genau in diesem Sinne interessieren wir uns hier für sie.«[20]

Aber mit welchem Recht gehören diese Klassiker nun ausgerechnet zur Geschichte der Philosophie? Macht nicht gerade ihr Einsatz für ein mathematisches und experimentelles Wissen die Originalität eines Descartes, eines Leibniz und eines Galilei im Verhältnis zu Aristoteles, Platon oder Demokrit aus? War die Mechanik nur ein Seitenzweig ihrer philosophischen Aktivität? Nein, sie bildete das Herzstück, die Grundlage und den gemeinsamen Zug ihrer Philosophie. Welchen Sinn hat es dann, ihr philosophisches Werk von ihrer Arbeit im Bereich der Mechanik zu trennen? Macht man Descartes' Philosophie nicht völlig unverständlich, wenn man ihr die Mechanik nimmt, wenn man den berühmten *Discours* von den drei Essays trennt, die ihm folgen? Sind denn die Raum- und Bewegungsvorstellungen und die Rolle der Gravitation bei Newton wirklich unabhängig von seinen metaphysischen Arbeiten oder seiner Erkenntnistheorie? Nur wenn man eine Geschichte der Mechanik in jener Form, die sie im zwanzigsten Jahrhundert erhalten hat, rekonstruieren will, ist es nötig, auf solch eine Amputation zu verfallen und Disziplinen, die sich in ihrer Struktur unterscheiden, für gleichwertig zu erachten.

Das zweite Verfahren beruht auf einer willkürlichen Aufteilung des Inhalts innerhalb der Wissenschaftsgeschichte. So stellt man denn fest, daß immer, wenn es die »griechische Wissenschaft« fortzusetzen und zu studieren gilt, die zitierten Gelehrten, die analysierten Theorien und die vorgeschlagenen Klassifikationen eben jene sind, die gerade zur Geschichte der Philosophie gehören. Eine Aufteilung in gesonderte Bereiche der griechischen »Philosophie« und der griechischen »Wissenschaft« hätte für die Menschen, die sie aufgebaut und betrieben haben sollen, überhaupt keinen Sinn gehabt.

»Die Griechen haben den Ausdruck ›Philosophie‹ erfunden«, bemerkt Lloyd-Jones,[21] »aber es ist nicht leicht, eine einfache und konzise Antwort auf die Frage, was sie darunter verstanden, zu geben. In der Tat umfaßte dieser Ausdruck eine beträchtliche Menge geistiger Aktivitäten, von denen wir einige nicht zur Philosophie zählen würden. Kapitel VI (des Buches von Lloyd-Jones) behandelt die griechische Wissenschaft, aber wenn ein antiker Philosoph dieses Kapitel gelesen hätte, so hätte er gesagt, es handle von der Philosophie, und es wäre ihm ganz abwegig vorgekommen, daß wir beide voneinander trennen wollen.«

Der griechische Philosoph hätte eine solche Trennung der wissenschaftlichen Disziplinen von den philosophischen Disziplinen nicht nur bedauert, er hätte auch nicht verstanden, warum wir sie vornehmen wollen. Das Dilemma war ihm fremd, es war überhaupt unbekannt in der Antike: Man kannte keinen Gegensatz zwischen dem Philosophen und dem Wissenschaftler.[22]

»In der Antike hatte man keinen Ausdruck zur Bezeichnung des *Wissenschaftlers*, man nannte ihn *Philosoph*.« (J. R. Forbes[23])

Für diese Zeit sind die Geschichte der Wissenschaft und die Geschichte der Philosophie vollkommen deckungsgleich. Denn was findet man, wenn man die verschiedenen Entwicklungsstufen der »griechischen Wissenschaft« einteilen will? Die Entwicklungsstufen der griechischen Philosophie. So etwa stellt Marshall Clagett sie dar:

»Am besten unterteilt man die Periode der griechischen Wissenschaft in vier chronologische Hauptteile. Die erste Periode, die der Entstehung, wird von den Philosophiehistorikern allgemein als vorsokratische Periode bezeichnet, sie reicht von etwa 600 v. Chr. bis etwa 400 v. Chr. Die zweite ist das Jahrhundert Platons und Aristoteles' . . .« usw.[24]

Ich habe hier nicht vor, für die Einheit von Wissenschaft und Philosophie zu plädieren, noch will ich die Behauptung aufstellen, die Griechen seien universal gebildete, enzyklopädische, in Wissenschaft und Philosophie bewanderte Menschen gewesen. Das wäre nicht korrekt. Ich möchte lediglich etwas mehr Gewicht auf eine bekannte Tatsache legen: Die Griechen besaßen keine Wissenschaft im präzisen Sinne des Wortes. Auch M. Clagett ist bei seiner chronologischen Einteilung der Entwicklung jener Disziplinen gezwungen, die Einteilung der Philosophie aufzunehmen. Die Arbeiten, die er beschreibt und analysiert, sind wohlverstanden solche von Demokrit, Heraklit, Empedokles, Platon, Eudoxos und Aristoteles.

Die Folgen dieses Vorgehens sind auf wissenschaftlicher Ebene verheerend. Einerseits betrachtet man die verschiedenen behandelten Aspekte außerhalb des geistigen und praktischen Zusammenhangs, von dem sie abhängig sind. Die Kriterien, die man auf sie anwendet, sind völlig äußerlich. Andererseits will man – unter dem Vorwand, einer Konvention zu folgen – nicht sehen, wie disparat die Daten sind, die man hier in einer Geschichte der »Wissenschaften« oder der »Philosophie« zusammenfaßt, und wie synkretistisch die Bedeutung ist, die man dieser Geschichte beilegt. Kurz, man verzichtet darauf, die Grenzen des historischen Unternehmens zu bezeichnen, weil der Stoff, mit dem man sich zu befassen meint, nicht klar bestimmt werden kann:

»Die Wissenschaft hat im Laufe der menschlichen Geschichte ihren Charakter so sehr verändert, daß keine treffende Definition zu geben ist«, schreibt J. D. Bernal.[25]

Mit Sicherheit reduziert sie sich in der Antike auf die Naturphilosophie[26] und in einer späteren Zeit auf die mechanische Philosophie. Will man die Fiktion ihrer Existenz durch die *ganze* menschliche Geschichte hindurch aufrechterhalten, so muß man darauf verzichten, sie zu definieren. Die Wahl ist einfach: Entweder verlangen wir eine strenge Aufzählung der Kriterien von Wissenschaft; dann ist ihre Geschichte nicht länger unabhängig und universal, denn sie vermengt sich mit anderen Disziplinen; oder wir halten gegen alle Einwände an der Unabhängigkeit und Universalität dieser Geschichte fest; dann müssen wir darauf verzichten, strenge Kriterien für die von ihr umfaßte Realität zu verlangen.

Dasselbe gilt für die Geschichte der Kunst und der Technik. Der Bereich der Technik wird durch zwei Bedingungen bestimmt: durch die Verwendung von Instrumenten und physikalisch-mechanischen Vorrichtungen in der Einwirkung auf die Materie und durch die Ausdehnung des Messens auf diese Instrumente und auf diese Einwirkung. Der Bereich der Kunst hat seine Einheit wesentlich in der Anwendung einer erworbenen Geschicklichkeit im Bereich manueller und sensorischer Fähigkeiten, zu denen noch, je nach Bedarf, ein Werkzeug hinzukommt. Heute bezeichnen wir als Kunst die Malerei, die Bildhauerei und die Architektur, Wissensbereiche also, in denen man der Imagination freien Lauf läßt und nach dem Ideal der Schönheit strebt. Hier haben wir es also eigentlich mit den »schönen Künsten« zu tun. Mehr als vier Jahrtausende lang unterschieden sich diese Künste freilich weder in ihren Prinzipien noch in ihren Methoden von den übrigen »mechanischen« oder »nützlichen« Künsten, denen des Schuhmachers, des Schmieds, des Webers, des Arztes usw. Es ist also nicht richtig, wenn man sich in der Kunstgeschichte ausschließlich für die Malerei, für die Bildhauerei, die Töpferei, die Architektur und für andere Arten der Herstellung von sakralen Objekten oder Schmuckgegenständen interessiert. Das hieße eine Unterscheidung in die Vergangenheit projizieren, die erst vor sehr kurzer Zeit entstanden ist. P. O. Kristeller stellt dies für alle Interpretationen fest, mit denen man die Kunst bedacht hat:

»Während die moderne Ästhetik betont, daß Kunst nicht lernbar sei, und sich gleichwohl oft in dem merkwürdigen Versuch ergeht, zu lehren, was nicht zu lehren ist, verstanden die Alten unter Kunst stets etwas, das gelehrt und gelernt werden konnte. Die Äußerungen der Alten über die Kunst und die Künste wurden oft so gelesen und verstanden, als müßte man sie im modernen Sinne von ›schöne Künste‹ nehmen.«[27]

Und mehr noch: Bestimmte Künste werden im modernen Sinne von Technik verstanden. Doch eine solche Sichtweise ist durch nichts gerechtfertigt, selbst wenn es sich um Werkzeugherstellung oder Metallurgie handelt, denn es gibt darin keine bewußte Anwendung eines geometrischen Verfahrens, keine Verwendung von Meßinstrumenten und auch keine mechanische Kombination, die zur Verfolgung bewußt gewählter Zwecke führt. Als diese drei Elemente in den Rahmen der gesamten Handwerkskünste eingebracht wurden, in der Renaissance, sehen wir sie nicht nur in der Konstruktion von Mühlen und Festungen am Werk, sondern auch in Malerei, Architektur, Medizin usw. Der gesamte Bereich macht hier einen radikalen Wandel durch.

Wie wir gesehen haben, ist das griechische Wort *techne* eigentlich nicht in eine moderne Sprache zu übersetzen. Es bedeutet nicht »Technik«, weil es sehr viel weniger mit einer Koordinierung von Instrumenten zu tun hat als mit einer Geschicklichkeit oder einem Talent, die derjenige, der sie besitzt, ausübt. *Techne* ist ebensogut die Geschicklichkeit des Arztes wie die Handfertigkeit des Schuhmachers, es ist das Wissen des Architekten und das Können des Musikers. Wer diese Bedeutungen außer acht läßt, läuft Gefahr, in historische Irrtümer zu verfallen. Feingeister sehen etwas ganz Besonderes und Göttliches in der Tatsache, daß Pythagoras sich für die edle Kunst der Musik interessierte und daraus seine Vorstellung von der kosmischen Harmonie bezog. Doch für einen Griechen war dies ebenso normal, ebenso zwingend, wie es für einen Wissenschaftler des siebzehnten Jahrhunderts zwingend war, sich für Linsen, für Uhrwerke, für die Regulierung von Wasserläufen, für Ballistik und für den Festungsbau zu interessieren. Das als Uhrwerk gedachte und das nach den Prinzipien der Musik gedachte Universum haben beide an derselben Würde teil. Umgekehrt zeigen technophile Denker Erstaunen und äußern Unwillen, weil Ingenieure aus der hellenistischen Zeit, die sich in der Hydraulik hervorgetan hatten, sich dazu herabließen, Musikinstrumente zu erfinden. Dabei entsprachen sie damit lediglich den Ansprüchen ihres Berufes:

»Ein Mann, der sich mit Theorie und Praxis der Hydraulik befaßt hatte«, schreibt Drachmann,[28] »konnte seine Zeit kaum besser verwenden als zur Erfindung eines höchst komplizierten Musikinstruments.«

Man könnte noch hinzufügen: Die Tradition eines Pythagoras oder Archytas lud ihn dazu ein.

Der Unterschied zwischen schönen Künsten und mechanischen – oder technischen – Künsten ist erst neueren Datums. Er bezieht sich weder auf den symbolischen Gehalt noch auf den Zweck, den wir ihnen beilegen, sondern ausschließlich auf die Methode und auf die Effekte. Unsere modernen Künste sind ebenso weit von den klassischen Künsten entfernt, wie es die Techniken dieser modernen Künste von ihren Entsprechungen in der Vergangenheit sind. Es gibt keine je besondere historische Entwicklung für die Künste hier – lies: schöne Künste – und die Technik dort, sofern man sie im strengen Sinne versteht. Vielmehr führte ein und dieselbe Entwicklung einer Klasse von Disziplinen, die es mit Artefakten zu tun hat, sowohl zur Kunst als auch zur Technik und zu deren Reorganisation. Wer die Geschichte in zwei unterschiedliche, will sagen: entgegengesetzte Bahnen teilt, indem er sich von den vagen Kriterien des Schönen und des Nützlichen leiten läßt, der nimmt der Einheit ihre Realität und der Realität ihre Einheit. Haben wir es hier nicht mit einer jener Versuchungen des Anachronismus zu tun, der uns dazu verleitet, zu archaisieren oder zu modernisieren, die Unterschiede zu eliminieren, wo es darum ginge, sie zu erklären? Dieser Anachronismus drängt uns, die Klassifikation und die Normen, welche die Wissenschaft, die Technik oder die Philosophie lediglich in einem Augenblick dieser Bewegung beherrschen, auf die gesamte historische Bewegung zu übertragen.

Es werden dann Unterscheidungen, die in einer Epoche ihr Recht hatten, in eine andere Epoche eingeführt, in der sie sinnlos und unverständlich sind. Damit ergibt sich dann folgender Widerspruch: Man will die Geschichte einer Disziplin oder eines Sektors der menschlichen Tätigkeit schreiben, aber weder diese Disziplin noch dieser Sektor werden historisch verstanden. Der Philosoph befaßt sich mit der Geschichte der Philosophie *seiner* Zeit, der Techniker mit der Geschichte der Technik *seiner* Zeit usw. Die Vergangenheit gilt als Vorform und als Rechtfertigung der Gegenwart, sie soll ihr als Vorwand und als Gedächtnis dienen. Form, Antriebskräfte und Struktur einer Disziplinengruppe gelten als durchgängige Größe für die gesamte Evolution: Nur der Inhalt scheint Wandlungen unterworfen und sich hin zu größerer Vollkommenheit und zu größerem Reichtum zu entwickeln. Aus diesem Grunde gelten auch die Wissensbereiche, in denen die größten Fortschritte erzielt werden, als die im höchsten

Maße kumulativen, auch wenn das Gegenteil der Fall ist. Die Geschichte beschreibt, was notwendig eintreten mußte, und nicht, was mit Notwendigkeit eintritt. Über ihre wirkliche Mission kann kein Zweifel bestehen: Sie soll dem, was ist, den Adelsbrief erteilen, sie soll die Apologie dessen betreiben, was erfolgreich war und überlebt hat. Doch das kann nur zur Zerrüttung unserer Urteilskraft und unserer Achtung vor der historischen Wahrheit führen.

2. Disziplinengruppen und Naturzustände

Die zweite Folge aus der hier vorgeschlagenen Perspektive ist die Integration der Disziplinengruppen in eine einzige Geschichte, in die Geschichte unserer Natur. Die autonome Existenz und die Pluralität ihrer *gesonderten* Geschichten – Geschichte der Wissenschaft, Geschichte der Kunst, Geschichte der Philosophie, Geschichte der Technik – waren nur möglich, weil wir die realen Bindungen zwischen ihnen außer acht ließen. In dem Maße aber, in dem ein und dasselbe Prinzip, das der natürlichen Teilung, ihnen gemeinsam zu sein scheint, schält sich die Einsicht heraus, daß die Disziplinen untereinander in Wechselwirkung stehen und sich ineinander transformieren. So müssen wir denn, um den Vergleich mit der Sprache wiederaufzunehmen, die Tatsache akzeptieren, daß eine Disziplinengruppe ganz wie eine Vokabel mehrere Bedeutungen haben kann, die einander ergänzen, wenn andere Gruppierungen entstehen und die bestehende sich wandelt. Doch von diesen Bedeutungen kann man nicht behaupten, sie seien real oder potentiell schon vorhanden oder vorbestimmt gewesen, als die Gruppierung zustande kam. Die Naturphilosophie der Antike kann zur Zeit ihrer Entstehung und Durchsetzung *auch* die Bedeutung von Wissenschaft haben, ohne daß sie deshalb wirklich eine Wissenschaft gewesen sein muß oder irgendeine gesonderte, anerkannte Wissenschaft notwendig mit ihr koinzidierte. Genauso kann die Kunst, die *techne* der Antike, die Bedeutung von Technik oder angewandter Wissenschaft annehmen, ohne daß man in ihr Teile ausmachen müßte, die diesen Bedeutungen wirklich entsprächen. Die Kategorien einer historischen Ganzheit müssen nicht die Kategorien einer anderen Ganzheit ersetzen, wenn sie begreifbar werden sollen: Sie sind vollkommen zugänglich, wenn die Beziehungen zwischen diesen Kategorien geklärt sind.

Zu diesem Zweck müssen wir natürlich auch die Veränderlichkeit der Gliederungen anerkennen, die eine Disziplin im Laufe ihrer Entwicklung umfaßt, und folglich auch die Vielfalt ihrer Bedeutungen. In formaler Hinsicht finden wir diese Gliederungen in den Klassifikationen und Unterteilungen der Wissenschaften und der Künste, wie sie sich herausgebildet haben. Wie in der Sprache entspräche jede Wissenschaft, jede Kunst oder jede Technik einer lexikalischen Einheit, und die Klassifikationssysteme der Wissenschaften, Künste und Techniken ihrem allgemeinen Code. Die lexikalische Einheit kann weder ihre Position noch ihren semantischen Wert verändern, ohne daß das System sich veränderte, und umgekehrt. Es ist nicht Aufgabe der Geschichtswissenschaft, all diese Klassifikationssysteme auf ein einziges zu reduzieren, noch auch, die Überlegenheit eines Systems über die anderen zu beweisen, sie hat vielmehr die Regelmäßigkeiten dieser Systeme und ihr Transformationsprinzip aufzudecken. Das hat schon vor langer Zeit P. Tannery erkannt, ohne daß man ihn verstanden hätte:

»Ich für meinen Teil . . . bin überzeugt, daß die Klassifikation der Wissenschaften ein historisches Problem ist und daß man, wenn man Aufschluß über den wissenschaftlichen Geist irgendeiner Epoche finden will, die Gegenstände unter den Rubriken klassifizieren muß, unter die man sie damals stellte, und in der Ordnung, wie man sie lehrte. Selbst für Descartes gilt: Wollte man seine Vorstellungen aus dem Bereich der Mechanik, der Astronomie, der Physik und der Chemie jeweils gesondert betrachten und auf diese Weise die einzigartige Einheit auflösen, die in den *Prinzipien der Philosophie* herrscht, so widerspräche dieses Unterfangen ganz wesentlich der wirklichen historischen Sichtweise.«[29]

Die reale Basis und der objektive Rahmen, denen ein solches Klassifikationssystem der Disziplinen entspricht, ist der Naturzustand, während die Reorganisation dieser Systeme, die Übersetzung des einen in die Ausdrücke und Normen des anderen, die Geschichte dieser Naturzustände bildet. So können und müssen jede Disziplin und jede Gesamtheit von Disziplinen in einer Differenzbeziehung und in einer Äquivalenzbeziehung zu einer anderen Gesamtheit von Disziplinen bestimmt werden, einmal aus der Perspektive der Gleichzeitigkeit und einmal aus der Perspektive der Abfolge. Die Vermengung dieser beiden Perspektiven führt zur Zerstörung der betrachteten Klassifikationssysteme und zu einer Ungewißheit hinsichtlich der Identität der untersuchten Disziplinen.

Ordnet man die Disziplinengruppen und die jeweiligen Naturzustände, wie ich sie aufgeführt habe, in einer Tabelle, so ergibt sich folgendes Bild:

Organische Natur	Künste:	Naturphilosophien
Mechanische Natur	Techniken:	Mechanische Philosophien
Kybernetische Natur	Angewandte Wissenschaften:	Naturwissenschaften[30]

Die Besonderheit einer Disziplin beruht vor allem auf der Besonderheit des Naturzustandes, dem sie zugehört. Die unterscheidenden Merkmale der Reproduktion und der Erfindung der Fähigkeiten und des Wissens hängen von den Austauschbeziehungen des Menschen zur Materie ab und stehen im Einklang mit den besonderen Merkmalen dieser Austauschprozesse. Dies gilt ebenso für die Prozesse der Schöpfung von Fähigkeiten und Talenten, die unmittelbar auf die materiellen Kräfte ausgerichtet sind, wie für den Transfer, die Anwendung dieser Fähigkeiten in der Produktion und für die Erfindung der Arbeitsmittel und der Artefakte. Die natürlichen Grundlagen und die technischen Formen gehorchen ähnlichen Anforderungen und kontrastieren mit anderen, unter ähnlichen Kriterien stehenden Grundlagen.

Der Unterschied zwischen den natürlichen und den technischen Disziplinen liegt nicht auf dieser Ebene, sondern im Inneren jedes Naturzustandes. Aus diesem Grunde kann etwas, das in einem Naturzustand eine Naturdisziplin darstellt, in einem anderen Naturzustand sehr wohl eine technische Disziplin sein und umgekehrt. Die moderne Wissenschaft kann in der Antike durchaus ein Tätigkeitsfeld zum Gegenstück haben, das zugleich Philosophie und Künste abdeckt. Implizit ist dies schon gesehen worden:

»Es ist schwierig«, schreibt L. Edelstein,[31] für die Antike »die Grenzlinie zwischen den Wissenschaften und den Künsten und Handwerken zu ziehen, ebenso zwischen der Wissenschaft und der Philosophie«.

Und wenn man die Wissenschaftler aufzählt, so fügt man ihnen auch solche hinzu, die bei den Griechen als Handwerker – Hippokrates, Galen – und als Philosophen bezeichnet worden wären:

»Auf dem Gipfel der wissenschaftlichen Welt standen Genies wie Hippokrates, Demokrit, Eudoxos, Euklid, Aristarch von Samos, Archimedes, Eratostenes, Apollonius von Perge, Hipparch, Herophil, Erasistratos, Ptolemäus und Galen, Männer von außergewöhnlichem Talent, denen es gelang, ihre Zeit zu einer der entscheidenden Zeiten in der Geschichte der Wissenschaften zu machen.« (W. H. Stahl[32])

Aus dieser relativen Definition der natürlichen und technischen Disziplinen folgt, daß wir zwischen ihnen kein Identitätsverhältnis suchen dürfen, sondern Äquivalenzbeziehungen hinsichtlich der Rollen, die sie spielen, und hinsichtlich der Unterschiede, die ihnen in einem besonderen Naturzustand zukommen, aufsuchen müssen. »Die sicherste Definition eines Gottes«, schreibt Dumézil,[33] »ist differentieller und klassifikatorischer Art.« Das gilt auch für eine Disziplinengruppe.

Es ist nun klarer, weshalb es keine gesonderte Geschichte der Wissenschaften, der Künste, der Philosophien und der Techniken geben kann, sondern nur die unabhängige Geschichte einer Folge von technischen oder natürlichen Disziplinen. Ihre Grenzen verschieben sich beständig, und ihre Struktur ist permanenten Wandlungen unterworfen. Wir werden dies noch sehen, wenn wir die Herausbildung der mechanischen Natur und die Transformation der organischen Natur untersuchen. In der Renaissance wurde die Gesamtheit der Künste neu geordnet und für die Familie der Techniken Platz geschaffen. Zugleich wandelte sich die Naturphilosophie, eine Erfindung der Griechen, und paßte sich den neuen menschlichen Fähigkeiten, den neuen Beziehungen zur materiellen Welt an. Diese Veränderung brachte auch eine Revision der Hierarchie und der Bedeutung der philosophischen Disziplinen mit sich, deren Zentrum nun von der Mechanik eingenommen wird. Die Mathematik hört auf, eine gewöhnliche Disziplin zu sein, und ersetzt nun die Logik als gemeinsames »Organon« von Technik und Philosophie. Will man sich dieses reale Leben bewußt machen, das die Wissenschaften und die Künste, Techniken und Philosophien, die Art und Weise, wie sie sich zu organischen Gesamtheiten zusammenschließen und sich von vorgängigen Einheiten her diversifizieren, eint und trennt, so muß man davon ausgehen, daß sie eine enge Einheit bilden in jener Geschichte, deren Inhalt und Organisation sie darstellen in der Geschichte unserer Natur.

So gelangen wir zu einer weiteren Beobachtung: Nicht alle geistigen und praktischen Tätigkeiten sind Teil der Disziplinengruppen. Ganz wie die »Menschheiten«, deren Ausdruck sie sind, hören sie zu einem bestimmten Augenblick auf, unsere Beziehungen zur materiellen Welt zu beeinflussen und umzusetzen. Die »schönen Künste« sind bis ins achtzehnte Jahrhundert hinein Teil dieser Gruppe, werden in der Folgezeit jedoch davon ausgeschlossen. Und ohne Zweifel ist die Trennung der Wissenschaft vom Gesamtkorpus der Philosophie bis hin zu jener als kopernikanische Wende bezeichneten Revolution Kants, bis zu den elektrischen und chemischen Erfindungen des neunzehnten Jahrhunderts ebenso unmöglich wie undenkbar. Von da an spezialisieren sich die philosophischen Disziplinen in Erkenntnistheorie und in die Produktion ideologischer Systeme. Die Laisierung der Gesellschaften begünstigte diesen Übergang, die Transformation des Austauschs mit den materiellen Kräften konsolidierte das von den Wissenschaften gewonnene Terrain. Wir mussen diese Entwicklungen mit Gelassenheit betrachten. Es ist absolut unnötig, sie zu bestreiten und nach den üblichen Waffen zu greifen, diesen Terror zu beginnen, der die Technik gegen die Kunst, die Wissenschaft gegen die Philosophie und umgekehrt ins Feld führt. Warum sollten sich Wissenschaft oder Technik durch ein »Begleichen alter Rechnungen« den methodischen Niedergang einer Vergangenheit bestätigen, die ihr Ursprung und ihre Negation ist? Warum sollten Kunst und Philosophie in etwas, das doch ihr Ziel und ihre heutige Umsetzung darstellt, eine Minderung oder Begrenzung ihres ursprünglichen Seins sehen? Die Funktion der historischen Analyse ist es nicht, diese Reaktionen zu entfalten, sondern ihnen eine Richtung zu geben und sie in einer allgemeinen Entwicklungsbewegung zu situieren. In dieser Hinsicht hat sie bisher freilich versagt.

Man hat die Wissenschaften und die Künste zu den herausragenden Ereignissen der Kultur gezählt und aus diesem Übermaß an Ehre scheint man sich das Recht genommen zu haben, sie für sekundäre Erscheinungen zu halten, wenn es um den Bedingungszusammenhang der materiellen Welt und der zugehörigen menschlichen Angelegenheiten geht. Die Möglichkeit solcher

Sublimierung ist in der Trennung zwischen den geistigen Produkten und der unbestreitbar konkreten und positiven Intention angelegt, die für das Leben jeder Gemeinschaft unerläßlichen Fähigkeiten zu reproduzieren und zu erfinden. Wir haben allen Grund, diese Trennung aufzuheben, wie wir auch allen Grund haben, den Wissenschaftler der Hypostase des Geistlichen und des Ideologen zu entziehen und ihn mit seiner besonderen Arbeit zu den Elementen der natürlichen Kategorien zu zählen. Gewiß sind die Beziehungen, welche diese Elemente vereinen, sind deren jeweilige Disziplinen und die produktiven beziehungsweise selbstschöpferischen Funktionen, die sie erfüllen, ihrerseits historischer Natur. Bis zum neunzehnten Jahrhundert entstand wissenschaftliches Wissen aus der Umwandlung von Geschicklichkeit zu Zwecken der Lehre oder der Entdeckung. Die natürlichen Bedingungen unserer Tätigkeit, die Qualitäten der materiellen Mächte und die intellektuellen Köpfe erfahren ihre Weihe zunächst im Schmelztiegel der Produktion. Der Denker löst sie heraus und löst sich von ihnen: Er trennt sie ab und findet ihr Wesen und ihre Einheit. Von dem Augenblick an, da die Wissenschaft – diese Tatsache werde ich noch erklären – direkten Zugriff auf unsere Fähigkeiten und auf die materiellen Kräfte erlangt und zu deren Kombination beiträgt, kehrt sich der Vorgang um und die Produktion wird zur Verlängerung der Wissenschaft. Die späteren Unterteilungen gehen vom Wissenschaftler aus und nicht mehr vom Produzenten; es geht da nicht mehr darum, die natürlichen Grundlagen des Artefakts zu entdecken, sondern im Gegenteil darum, die künstlichen Metamorphosen der natürlichen Beziehungen zu vermehren. Der Unterschied zwischen dem, was man seit dem neunzehnten Jahrhundert zu Recht Wissenschaft nennt, und der Philosophie, die seit dem sechsten Jahrhundert vor Christus existiert, ist ein in der Geschichte der menschlichen Natur revolutionärer Unterschied.

Will man diese und die vorangegangenen Revolutionen verstehen, so muß man sich von bestimmten Assoziationen freimachen, die das, was historisch voller Enthusiasmus und Unschuld geschehen ist, seiner Substanz entleeren. Von jenen Formeln befreit, die ihre Kraft verloren haben, können wir in die Definition einer natürlichen Kategorie die »Wissenschaftler« neben den »Produzenten« aufnehmen, Sokrates neben den Handwerkern, Galilei neben den Ingenieuren. Parallel dazu verschiebt die Kontinuität, die man für eine besondere Disziplinengruppierung aufzuzeigen sucht, den gewohnten Anhaltspunkt für Diskontinuität: Statt Trennung und Aufteilung im Raum zu sein, stellt sie sich als Folge von Sprüngen, von Erschütterungen in der Zeit dar. Vergehen und Werden sind hier die alternativen Ausdrücke, die dem der Beständigkeit vorzuziehen sind. Sie ermutigen uns, die zahlreichen Neuanfänge als Resultate herauszuarbeiten, statt die aufeinanderfolgenden Varianten einer unveränderlichen Gegebenheit aufzulisten.[34]

In diesem Kapitel habe ich meine Vorstellungen und Absichten zu diesem Thema illustriert. Aber eine Theorie läßt sich nicht durch Illustrationen begründen. Theorie bezieht ihre Kraft vielmehr ebenso aus der eingehenden Demonstration des vorgeschlagenen Modells wie aus treffenden Tatsachen und aus der heuristischen Rekonstruktion ihrer Entwicklung. Ich verfolge sie dennoch nicht bis ins letzte. Gewißheit über die Ergebnisse läßt sich nämlich nur durch neue Forschungen erreichen, nicht aber dadurch, daß man den Formeln, die sie inspiriert haben, anhängt. Wenn dies nicht so wäre, blieben die Vorstellungen, auf die ich mich stütze, ein Gebäude, in dem alles ineinandergreift, aber nichts paßt, in dem das Leben vor der Realität geflohen ist, ganz wie jene genial erdachten und minuziös ausgeführten Bauwerke, die dennoch hartnäckig unbewohnbar bleiben.

Zweites Kapitel:
Die Originalität des Ingenieurs

Die Technik ist das Werk des Ingenieurs, in ihr stellt er sich dar, sie ist der Beweggrund seines Handelns. Das Gefühl für seine Sonderstellung, die Achtung und die Furcht, die man ihm entgegenbringt, dauern nun bereits seit mehreren Jahrhunderten an. Wie Pierre Francastel erinnert, wird der Ingenieur in Phantasie und Überzeugung hypostasiert, man macht ihn zum Herrscher über das materielle Leben und sieht ihn in der Rolle eines Schöpfers:

»Heute gibt es ein sehr populäres Schema, das recht gut der Vorstellung entspricht, die sich der moderne Mensch überall auf unserem Planeten von der allgemeinen Entwicklung der Menschheit macht, und das die Arbeit des stets ein wenig geheimnisvoll wirkenden Ingenieurs zu hypostasieren neigt.«[1]

Zeitpunkt und Modus seiner Entstehung hängen von bestimmten Umständen ab. Nichts berechtigt uns, ihn an den Beginn der Zivilisation zu stellen, noch darf man annehmen, daß alles, was seither geschaffen wurde, sein Werk wäre. Dieser Hang zur Apologie läuft Gefahr, gerade das Spezifische an ihm auszulöschen. Was nun die Bedeutung angeht, deren Träger er ist, das Geheimnis, das ihn umgibt, so liegt es doch weit offener vor uns, wenn wir uns daran erinnern wollen, daß er zu einem ganz bestimmten Augenblick entstand und daß er sich vom Handwerker oder Künstler (Ausdrücke, die zu dieser Zeit synonym waren) ablöst, um sich schließlich an deren Stelle zu setzen. Die Technik ist mit Sicherheit lediglich eine geschichtliche Gestalt der Künste, und zwar bestimmter Künste. Der Ingenieur transformierte und synthetisierte einen Teil der handwerklichen Fähigkeiten. Daraus resultierten eine eigenständige Haltung gegenüber der materiellen Welt und die Herausbildung einer menschlichen Gruppe, die diese Haltung übernahm und sich in ihr spiegelte. Drei Hauptphasen markieren diesen Vorgang mit aller Deutlichkeit:
– Die erste Phase ist durch die Entstehung einer Gruppe von Spezialisten auf dem Gebiet der Mühlen und der Kriegsmaschinen gekennzeichnet, denen ein Können eigen ist, das sich von den Fähigkeiten der übrigen unterscheidet.

– In der zweiten Phase wird die Maschine zum allgemeinen Mittel der Transformation materieller Kräfte und der Schöpfung von Fähigkeiten, und der Ingenieur, der zugleich andere Funktionen erfüllt – er kann daneben auch Maler, Bildhauer, Architekt usw. sein –, ist ein Handwerker, der sowohl in seiner Besonderheit als auch in seiner Universalität anerkannt ist.[2] Zur Vervollkommnung seiner Fähigkeiten und zur Verbesserung der Maschinen greift er auf mathematisches oder mechanisches Wissen sowie auf Entwurf und Planung zurück und bemüht sich, Unabhängigkeit und Kohärenz einer ihm eigenen technischen Disziplin zu sichern.

– In einer dritten Phase schließlich sieht man den Aufstieg des Mechanikers, der in wichtige Produktionszweige eindringt – Textilherstellung, Bergbau, Metallurgie –, und die Schöpfung eines neuen Zweiges, des Maschinenbaus. Der Ingenieur wird zum sozialen Agenten der Produktion und die Technik zu deren allgemeinem Ausdruck. Systematisch verwandelt er die Geschicklichkeit des Handwerkers in die der Maschine. Mehr und mehr erscheint der Handwerker als Teil der Maschine, der Künstler tritt aus dem technischen Bereich heraus, während der Ingenieur alle Subtilität und Intelligenz der Arbeit der Mechanismen und den ganzen Reichtum der neuen Materialien, deren Verwendung er anregt, in sich konzentriert. Die gesellschaftliche Reproduktion wandelt sich ihrerseits. Es bildet sich ein Produktionsmittelsektor heraus, ein autonomer und revolutionärer Sektor, der freilich *par excellence* der Sektor der Geschicklichkeit und des erfinderischen Genies der Mechaniker bleibt.

In jeder Epoche integriert die Gesellschaft den Ingenieur auf andere Weise und unterwirft ihn ihren je besonderen Anforderungen. Die Könige und Fürsten verlangen von ihm vor allem einen Beitrag im militärischen Bereich und im Bereich der Unterhaltung. Die Städte beauftragen ihn mit der Lösung von Problemen der Verteidigung und der Gestaltung des städtischen Lebens. Die Kapitalisten nehmen eine der Perspektiven wieder auf, die er bereits hat voraussahen lassen, die der »Arbeitsökonomie«, und machen diese zu einer ausschließlichen Forderung, die, so könnte man sagen, ihnen als Devise gilt. Nachdem sie sich die Arbeitsmittel des Handwerkers angeeignet haben, sehen sie hier nun eine Möglichkeit, auch seine Geschicklichkeit überflüssig zu machen.

Die beständige Veränderung der sozialen Bedingungen ist nicht ohne Einfluß auf die Entwicklung – den Rhythmus und die Ausrichtung – der natürlichen Kategorie und auf die Rekrutierung ihrer Mitglieder. Dennoch ist eine erstaunliche Kontinuität in der Entwicklung ihrer Geschicklichkeit und der Entdeckungen, die sie macht, festzustellen, einer Entwicklung, welche den entscheidenden Einfluß des Ingenieurs auf die Umwälzung unserer ökonomischen Grundlagen und auf die Gestaltung des Austauschs mit der Umwelt mit sich bringt.

I. Die neuen Komplementärressourcen

1. Die Renaissance des Handwerks

Die Periode, die auf den Niedergang Athens folgt, ist durch eine Art Wiederkehr, freilich auf einem viel höheren Niveau, der Lebensformen jener Reiche gekennzeichnet, die sich lange Zeit in Asien hielten. Das Ägypten des Ptolemäus bietet das grandiose Modell eines solchen Hybriden, Alexandria zeugt von der Perfektion sämtlicher Künste. Dort lebte eine große Gruppe von Mechanikern, die im Bereich des Kriegswesens oder der Religion, des Schleusen- oder Schiffsbaus erhebliche Verbesserungen an den bekannten Maschinen und Vorrichtungen vornahmen und wahrscheinlich auch neue Vorrichtungen erfanden. An den Küsten des Mittelmeers, insbesondere in Syrakus, verfolgte man ähnliche Aktivitäten. In der römischen Welt bereitet sich eine politische und gesellschaftliche Synthese vor, die weit ursprünglicher ist als die Ägyptens. In angepaßter Form verbreitet sie die geistigen und materiellen Errungenschaften Griechenlands, Alexandrias und Asiens. Es ist bekannt, welche Etappen darauf folgten: der Niedergang des römischen Reiches, die Invasion der Barbaren, das »dunkle Zeitalter«. Europa wird zu einem agrarischen Kontinent, in dem sich die soziale Herrschaft der Feudalherren ausbreitet. Die Künste verschwinden, oder vielmehr, ihre Bedeutung verringert sich. Deutlich kommt es zur Wiedereinführung des häuslichen Handwerks. Zwischen dem achten und dem zehnten Jahrhundert nach Christus ist eine Verbesserung der landwirtschaftlichen Methoden und eine Vergrößerung der gesamten agrarischen Produktion festzustellen. Für diese Zeit muß man auch das Wiedererscheinen der Handwerker als bemerkenswerten Faktor des produktiven Lebens datieren.

Fast überall in Europa nimmt die Zahl der Handwerker zu, die handwerklichen Werkstätten vervielfachen sich. Ein englischer Historiker hat für das elfte Jahrhundert die Zahl von 31 Handwerkszentren oder -gemeinschaften ausgemacht und für das zwölfte Jahrhundert bereits 89; im dreizehnten Jahrhundert sind in England für 277 Zentren Handwerker bekannt. Diese Zahlen zeigen, daß die handwerkliche Arbeit und die landwirtschaftliche Arbeit sich in einem Zeitraum von vierhundert Jahren voneinander trennten – ein Trennungsvorgang, der in vielem an den entsprechenden Prozeß in Griechenland erinnert. Mit Sicherheit aber hat die Geschicklichkeit, die der Handwerker für sich hat loslösen können, vielfältige Veränderungen erfahren. Die Diskontinuität, die der Zusammenbruch des römischen Reiches in die europäische Geschichte brachte, kontrastiert mit der kontinuierlichen Schöpfung neuen Wissens und dessen relativer Verbreitung.

Das kommt vor allem in der Verwendung von Tierkraft und unbelebten Kräften zum Ausdruck. Man setzt nun die Kraft der Tiere effizienter ein; parallel dazu verbessert sich die Qualität der in der Landwirtschaft verwendeten Werkzeuge. Die Benutzung der Wasserkraft in den Mühlen breitet sich langsam aber regelmäßig aus. Für das vierte und sechste Jahrhundert nach Christus ist seine Benutzung belegt; im fünften Jahrhundert erscheint die Mühle als gewohntes Element in der Landschaft. Die Verwendung der Wasserkraft ist zwar noch kein allgemeines Phänomen, beginnt sich aber als technische Lösung durchzusetzen.

Eine Reihe von Dokumenten macht das deutlich. Wassergetriebene Hammerwerke sind seit dem achten Jahrhundert bekannt. Sie werden ohne jeden sonstigen Eingriff durch Wasserkraft angetrieben. In diesem Sinne haben wir es hier mit einem halbautomatischen Instrument zu tun. Der Stiel des Hammers dreht sich um eine Achse. Andererseits wird ein mit Nocken besetztes Rad am Mühlbaum befestigt. Die Nocken drücken das Ende des Hammerstiels hinunter und heben den Hammer dadurch an, der dann dank seines Eigengewichtes niederfällt. Dazu versucht man, die Stärke des Effekts zu regulieren. Die Nocken sind auf einem Ring angebracht, der seinerseits mittels eines Keils mit dem Mühlbaum verbunden ist. Indem man nun die Anzahl der Nocken variiert,[3] vermag man die gewünschte Stärke des Schlages zu verändern. Im Skizzenbuch des Villard de Honnecourt findet sich auch die Skizze einer wassergetriebenen Säge, und in Trient gab es 1214 Blasebälge, die auf dieselbe Weise angetrieben wurden.

Diese technologischen Koordinaten sind bedeutsam. Wenn das Handwerk des Mittelalters sich partiell mechanisiert und wenn es bei der Loslösung von der Landwirtschaft bestimmte mechanische Fähigkeiten aufnimmt,[4] so erfährt es als Ganzes jedoch keine Innovation:

> »Es gibt«, bemerkt P. Usher, »keinen augenfälligen Unterschied in den industriellen Formen zwischen der klassischen und der mittelalterlichen Industrie.«[5]

Dennoch ist es unerläßlich, die neuen Umstände ins Auge zu fassen. In dem stark organisierten städtischen Leben erlangen die Handwerker ein Gewicht, das es ihnen ermöglicht, ihr Schicksal selbst zu gestalten und die Verwirklichung ihrer Ziele zu sichern. Das Zunftwesen wird zur Regel. Wenn sich die gehobenen sozialen Kategorien in der Antike auf die Landwirtschaft beriefen, so ist in der mittelalterlichen Stadt jedermann, ob Adel oder Bürger, mit Ausnahme der Bettler oder Vagabunden Mitglied einer Bruderschaft. Die Ausübung eines Handwerks steht bis zu einem gewissen Punkt in hoher Achtung und wird jedermann empfohlen. In seiner *Doctrina pueril* rät Raymundus Lullus den Bürgern, den Fürsten und selbst den Prälaten, irgendeine handwerkliche Fertigkeit zu erlernen; so wären sie dann, sollten sie einmal ihr Vermögen verlieren, in der Lage, ihren Unterhalt zu sichern. Das Handwerk erreicht einen sehr hohen Grad der Perfektion. Gliederung, Organisation und Verbreitung der Arbeit sind streng geregelt. Ja, noch die Geschicklichkeit ist reglementiert, und die Arbeit erhält eine ausgeprägte Würde und Individualität. Auch die Bedingungen für die Nutzung und Ausbeutung der inventiven oder materiellen Ressourcen und die Verhältnisse derer, die damit zu tun haben, sind streng festgelegt. Noch wichtiger jedoch ist die Tatsache, daß die korporativ verfaßten Städte sich einen stabilen Absatzmarkt im umliegenden Land zu sichern vermögen und sich, indem sie jede Ausübung eines Handwerks verbieten, das praktische Wissen der Bauern noch bewußter aneignen:

> »Vor allem aber«, schreibt Max Weber,[6] »erstrebte die Stadt den Ausschluß des ihrer Herrschaft unterworfenen flachen Landes von der gewerblichen Konkurrenz, suchte also den ländlichen Gewerbebetrieb zu unterdrücken und den Bauern im städtischen Produzenteninteresse zum Einkauf seines Bedarfs in der Stadt zu zwingen.«

So schafft sich der Handwerker, im Unterschied zu seinem Gegenstück in der Antike, eine stabile und machtvolle Position in einem sozialen Universum, das ihm zu Anfang durchaus nicht günstig gesonnen war. Er erlangt ein deutlicheres Bewußtsein von seiner Lage und von seinen Aussichten. Er nimmt das Geschick und die Fähigkeiten der agrarischen Welt seinerseits auf und reproduziert sie mit größerer Zähigkeit und mit mehr Sinn für die Folgen. Das System der Reproduktion von Fähigkeiten, das sich im Übergang von der Landwirtschaft zum Handwerk zu deutlich ausgewiesenen Berufen auskristallisiert, wird nun klar definiert und streng reglementiert. Die Stadt ist die Domäne des Handwerks, das Land die Domäne der Landwirtschaft. So jedenfalls die Theorie, die man aus der Praxis der Zeit ziehen kann. Sie sanktioniert sozial und drückt ökonomisch die natürliche Teilung aus, die sich nun geradezu rigide durchsetzt. Solche Rigidität konnte nicht ohne Spannungen abgehen. Die Grenzen zwischen den verschiedenen Berufen konnten nicht so klar gezogen sein, wie man es wünschte, und die Traditionen – die des Landes vor allem – beugten sich nicht umstandslos den Interessen der Gemeinschaften. Wenn diese Gemeinschaften Druck auf die politische Gewalt ausübten, so hatten sie die Tendenz, den Gang der Ereignisse aufzuhalten, ohne daß sie freilich vollen Erfolg hatten. Trotz der Reibereien, trotz erlittener Niederlagen und trotz der aufgezwungenen Veränderungen hielt sich die handwerkliche Ordnung, die ich hier vereinfacht dargestellt habe, bis ins achtzehnte Jahrhundert hinein.

Doch die Verwirklichung des hier in großen Linien aufgezeigten Schemas war in Europa niemals vollständig oder gleichförmig. Gleichwohl können wir daraus ersehen, wie der Teilungsprozeß, durch den eine natürliche Kategorie entsteht, Vorgänge wiederholen kann, die sich in einem anderen geographischen und sozialen Milieu ereignet haben. Die am Ende der Neusteinzeit begonnene Entwicklung brauchte mehrere Jahrhunderte, bis sie ihren Kulminationspunkt in den griechischen Städten fand, in denen die Demiurgen als Träger der »Geheimnisse« des Handwerks sich in *technitai* verwandelten. Es gab lediglich nicht mehr die Sklaverei, die sie bremsen konnte, und die Araber lieferten wie die Byzantiner die notwendigen Übergänge. In diesen kontinuierlichen Wiederaufnahmen liegt wahrscheinlich die Objektivität der Geschichte und die Gewißheit, daß sie allgemeine Prinzipien hat.

2. Die Konvergenz zwischen dem Handwerk und den unbelebten Faktoren

Die Installierung des Handwerks im städtischen Leben bedeutet einen Wandel in der Dimension. Einerseits erweitern sich die Arbeiten, die zur Gestaltung und zur Verteidigung der Städte notwendig sind. Andererseits führt die Beteiligung des Handwerks zu einer wachsenden Kooperation zwischen den mit diesen Arbeiten befaßten Menschen. Diese wechselseitige Abhängigkeit ist überall dort sehr empfindlich, wo die Kooperation wegen des Umfangs und der Komplexität des Werkes (Bauwesen, Entwässerung, Wasserversorgung) unerläßlich ist, und ihre massive Anwesenheit erfordert Energiequellen – zum Beispiel Wasser –, die in ihrer Ergiebigkeit zumindest denen an menschlicher und tierischer Energie gleichkommen. Aus dieser kollektiven Anstrengung erwächst eine neue Funktion, die Anleitung und Kontrolle der für die Ausführung erforderlichen Spezialisten. Diese Funktion übernimmt zunächst der Architekt und später der Ingenieur:

»Eure Aufgabe wird es sein, Maurer, Bildhauer, Maler, Steinmetze, Bronzegießer, Gipser und Mosaikleger anzuleiten. Ihr werdet sie lehren, was sie nicht wissen. Ihr werdet an deren Stelle die Schwierigkeiten lösen, auf die sie in ihrer Arbeit stoßen. Welch ein vielfältiges Wissen müßt Ihr also haben, um solcherart Handwerker aller Art anzuleiten.«

Mit diesen Worten wendet sich Theoderich, der König der Ostgoten, an seinen ersten Architekten Aloysius. Eine Leitungsaufgabe, die in der Tat großes Wissen erfordert, aber es ist nicht nötig, jedes Handwerk von Grund auf zu kennen, es reicht schon die Fähigkeit, jeweils den Grundgedanken zu erfassen, um die Handwerker an die besonderen Bedingungen der gemeinsamen Arbeit anzupassen und ihre Arbeit zu koordinieren. Die handwerkliche Geschicklichkeit, ihr aus Regeln und Rezepten bestehender Gehalt und ihre Instrumente erscheinen dem Baumeister in objektiver Weise und in ihren wechselseitigen Beziehungen. Er muß diese Fertigkeiten und diese handwerklichen Werkzeuge aufnehmen und im Maße des Möglichen, im Maße des je besonderen Gegenstandes auflösen. Er muß sie in gewisser Weise zu seinen eigenen Erkenntnissen machen, um die verschiedenen Handwerksgruppen anleiten und instruieren zu können.

In der solcherart ausgeführten Leitungsfunktion trägt die instrumentelle Seite ganz entscheidend zur Herausbildung der Geschicklichkeit des Ingenieurs bei. Auf den Baustellen, in den Kriegsarsenalen, in den Bergwerken oder bei den Befestigungsarbeiten, überall, wo eine große Zahl von Handwerkern zusammenkommt, sind bestimmte besondere Mechanismen für das Zusammenspiel aller Beteiligten erforderlich. Bei einer bestimmten Größe des zu transportierenden Materials und einer bestimmten Höhe oder Tiefe, auf denen man gewöhnlich arbeitet, kommt den Hebewerkzeugen eine relativ wichtige Rolle zu. Für die Ausbeutung der Bergwerke, deren Stollen und Gänge vom Wasser bedroht sind, sind Pumpen eine absolute Notwendigkeit, und sie werden dies um so mehr, je tiefer man in die Erde vorstößt, in Tiefen, in denen man keine Zugtiere mehr benutzen kann. Der erforderliche Wirkungsgrad dieser Maschinen und Pumpen stellt das Problem einer Verbesserung ihrer Mechanismen und ihrer Anpassung an wechselnde Umstände. Auch Präzisionsinstrumente erhalten eine wichtige Rolle, sei es in der Unterstützung von Meßoperationen, sei es zur Herstellung exakterer Pläne, zur genaueren Ausführung von Modellen, die dann in größeren Proportionen nachgebaut werden.

Dieser doppelte Zwang, die verschiedensten Arbeiten zu koordinieren und ihnen die entsprechenden Mittel an Energie oder Maschinen und Vorrichtungen zu liefern, stimuliert die Entdeckung der entsprechenden Fähigkeiten und Ressourcen. In diesem Zusammenhang hört die Mühle auf, ein *Werkzeug* zu sein, das Antriebskraft und Mahlvorgang kombiniert, das heißt eine Mühle im strengen Sinne zu sein, und wird nun zum allgemeinen Ausdruck für die Verwendung von Antriebskraft. Parallel dazu entsteht ein neues Problem: das der Steuerung der unbelebten Kraft und der Anpassung ihres Übertragungsmechanismus. So gelangt man zu einer verfeinerten Nutzung der Muskelkraft des Menschen oder des Tieres und zur Verbesserung der Bewegung, die ein Werkzeug ausführt.[7] Daraus ergeben sich wichtige Entdeckungen, insbesondere die Verwendung der Kurbel für die Umwandlung einer linearen in eine kreisförmige Bewegung. Die Verbesserung der Getriebe, die Aufmerksamkeit, die man auf die Zahnräder verwandte, der Rückgriff auf Nockenräder und Nockenwellen gestatteten eine beträchtliche Diversifizierung der Bewegungen, die man erhalten konnte. Die Umwandlung von Kreisbewegung in geradlinige Bewegung erfuhr eine erste Lösung mit der Entdeckung des Pleuel-Kurbel-Systems um das fünfzehnte Jahrhundert. Zwischen dem zehnten und dem sechzehnten Jahrhundert wächst die Zahl der mechanischen Vorrichtungen und »Maschinen«, und es kommt zu ganz neuen Arten ihrer Kombination. Parallel dazu löst sich der »Müller« mehr und mehr von seiner ursprünglichen Spezialtätigkeit und widmet sich den verschiedenen Anwendungsmöglichkeiten der Mühle, die nun zum Antriebsteil einer technischen Ganzheit geworden ist. Die Hersteller von Maschinen aller Art nennen sich in England »Mühlbauer«, obgleich die Müllerei das einzige ist, mit dem sie sich nicht befassen. Überdies bezeichnet der Ausdruck Mühle alle Arten von Maschinen; so bezeichnet man im Deutschen auch solche Mühlen als Wasser- oder Windmühlen, die nicht zum Kornmahlen dienen, sondern Pumpen oder andere Mechanismen antreiben. Die Drehbank heißt Drehmühle, und unter Bandmühle versteht man einen Webstuhl, auf dem mehrere Bänder zugleich gewebt werden können. Diese Veränderungen in der Nomenklatur spiegeln freilich tieferliegende Veränderungen wider: Die »Männer der Maschine« stellen sich mit ihren Schöpfungen neben die Handwerker, neben die Männer des Werkzeugs«.[8]

Es ist nicht nötig, diese Erfindungen weiter auszubreiten, insbesondere die der Energiemaschine im Reinzustand – der Kanone –, die viele Talente absorbiert und zahlreiche Veränderungen in der sozialen und materiellen Umwelt herbeiführt. Die Mehrzahl dieser Erfindungen erfolgt zwischen dem Ende des zehnten und dem Beginn des fünfzehnten Jahrhunderts. Freilich beherrschten sie nicht den Vordergrund der mittelalterlichen Szene. Arbeit und Werke, die das Leben dieser Epoche bestimmten, sind die des Bauern und insbesondere die des Handwerkers, des Meisters seiner Geschicklichkeit, der die Rohstoffe mit seinem vielfältigen und hochentwickelten Werkzeug umwandelte und der so sehr bewundert und so oft auf Bildern dargestellt wurde. Dort liegen die wichtigsten Ressourcen der mittelalterlichen Menschheit. Unter dieser Perspektive sind Wasser und Wind und die ihnen entsprechenden Maschinen lediglich Quasiressourcen, denen nur marginale Bedeutung zukommt. Bemerkenswert ist der Umstand, daß in den Künsten des Krieges im Gegensatz zu den Künsten des Friedens, in denen der Zerstörung und nicht in denen der Produktion, der Unterschied zwischen den komplementären und den voll wirksamen Ressourcen am deutlichsten ist. Auf der einen Seite stehen materielle Reichtümer, die nur langsam in den produktiven Kreislauf der zur Verbreitung bestimmten Fähigkeiten und der Materie eindringen; auf der anderen Seite offensichtliche und aktive materielle Reichtümer und Fähigkeiten, deren Rolle in der Fülle einer fraglosen Wechselwirkung zwischen dem menschlichen und dem materiellen Pol der Natur gesichert ist. Auch das praktische Können, das die Quasiressourcen begleitet, verhält sich zur Ausübung der gängigen Berufe komplementär. Es ist reine Fähigkeit der Organisation und der Anleitung fremder Arbeit aus beliebigen Handwerkszweigen. Daher der verwirrende Charakter der Fähigkeit des Ingenieurs, seines *ingenium*: Er ist zugleich universell, das heißt undifferenziert, zur Anleitung aller möglichen Berufe bestimmt, und besonders, das heißt, es besteht eine Tendenz, sich auf die Konstruktion von Maschinen zu spezialisieren. In diesem Sinne ist niemand nur Ingenieur, er erfüllt vielmehr daneben auch die Aufgaben eines Malers, Bildhauers, Zimmermanns oder Architekten. Die mechanischen Fähigkeiten entwickeln sich an der Peripherie oder im Schatten der etablierten Handwerkssparten. Dies verleiht dem Mittelalter jenen *doppelgesichtigen* Januscharakter; es ist eine Epoche ruhigen, traditionsverhafteten Auf-der-Stelle-Tretens, majestätischer Dunkelheit, festgefügter Ordnung und zugleich eine Zeit, die von heftigen Blitzen, erfinderischen Strömungen, von Genußstreben und von Gewalt durchdrungen ist; erst die Renaissance wird ihre Wahrheit zum Ausdruck bringen.

II. Eine unabhängige natürliche Kategorie: der Ingenieur

1. Der Maschinenmeister, ein höherer Handwerker

Im siebzehnten Jahrhundert unserer Zeitrechnung, als die Bezeichnung Ingenieur eine technische Bedeutung und terminologische Besonderheit erlangt, ist damit stets ein Berufsstand gemeint, dessen Wirklichkeit zwischen der des Handwerkers und der eines Anleiters von Handwerkern schwankt. Domingo Gundisalvo, ein Autor dieser Zeit, spricht von der *scientia de ingeniis* und von dem, der sie ausführt, als *ingeniator*, *architector* oder *geometricus et carpentarius*. Eine interessante Vielfalt übrigens, die belegt, daß diese Wissenschaft von den Maschinen, oder sagen wir besser, dieses Handwerk, sich auf den Militäringenieur, auf den Architekten,[9] auf den Geometer und auf den Zimmermann bezieht. Beim ersten geht es um die Vervollkommnung von militärischen Mitteln aller Art, beim zweiten um den Bereich des Baus und um die Organisation mehrerer Berufsstände – des Bildhauers, des Maurers –; beim dritten um die Herstellung astronomischer Instrumente und beim vierten schließlich um die Einrichtung von Maschinen, deren Rohstoff hauptsächlich Holz ist; und sie alle greifen dabei auf die *scientia de ingeniis* zurück und verbinden sie mit dem Wissen, das sie bereits besitzen.

Aber die Funktionen dieser Menschengruppe sind noch lange nicht konsolidiert, ihre Autonomie ist noch nicht voll anerkannt. Im Mittelalter erscheint der Ausdruck Architekt nur selten; man spricht hier vielmehr von *artifex*, *operarius* und *cementarius*. Die lexikalische Struktur der Bezeichnung Architekt ist ungewiß: Bald nennt man ihn *architectus*, bald *architector* und bald *architectarius*. Nichts deutet darauf hin, daß seine Position weit von der eines Maurers entfernt wäre, allenfalls noch jene nüchterne Wertschätzung als Verwalter:

»Die Maurermeister halten Lineal und Zirkel in der Hand und sagen den anderen: ›Hau ihn mir so so‹, und arbeiten nichts; aber sie erhalten einen größeren Lohn als die heutigen Prälaten.«[10]

Wir besitzen mehrere Zeugnisse wie dieses eines Architekten, der sich im dreizehnten Jahrhundert rühmt, »ein großer Geometer und Zimmermann« zu sein, und das sei mehr als ein Maurer, aber es handelt sich hier um einen Unterschied zwischen zwei Handwerkern und nicht um einen Mann, der sich gegenüber anderen Handwerkern als Ingenieur bezeichnet. Mit Sicherheit legten die Maurermeister schon lange großes Gewicht auf die Geometrie und auf Instrumente wie den Winkel, den Zirkel und den mit Gradeinteilungen versehenen Maßstab. Auf einem Gebiet sind wir etwas sicherer mit jenem Ailnoth, einem Maurer und Zimmermann vielleicht, der, wie es scheint, Hebewerkzeug einsetzte; als Verantwortlicher für den Bau der Westminster-Abtei wird er in den Rechnungen als *ingeniator* bezeichnet. Andererseits erwähnt eine Genueser Chronik (1195) in lapidaren Hinweisen einen *encignerius*. Überliefert sind auch die Bezeichnung des Calamandinus (1238) als bester *insignerius* von Brescia oder des Jocelin de Cornant-Français als *maistre engigniere*.

Diese Dokumente markieren die Entstehungsgeschichte des Ingenieurs. Man kann kaum behaupten, sein Einfluß und seine Anforderungen seien damit deutlich erkennbar. Widmet er sich ausschließlich seinem Beruf? Handelt es sich nicht vielmehr um einen Menschen, den sein Beruf als Maurer, Schmied, Müller, Zimmermann oder mit Kriegsproduktion beschäftigter Handwerker dazu zwingt, die Konstruktion und Unterhaltung von Maschinen sowie die Anwendung der Wasserkraft zu beherrschen? Villard de Honnecourt, dessen Skizzenbuch uns erhalten geblieben ist, repräsentiert diesen Zwischentyp zwischen dem Handwerksmeister des Mittelalters und dem Ingenieur der Renaissance. Der Bruch mit der Vergangenheit und die Ablösung von der geistigen und sozialen Autorität sind zweifellos noch nicht erfolgt. Die Fähigkeiten im Bereich der Mechanik und die Rolle des Ingenieurs bleiben vor allem im Bereich von Hilfsfunktionen für die bereits bestehenden Fähigkeiten.

Der Übergang zeichnet sich im sechzehnten Jahrhundert ab, das durch eine Fülle anonymer technischer Erfindungen und durch die Erschütterung der institutionellen Grundlage des Handwerks gekennzeichnet ist. Das Handwerk erfährt die Symptome einer zweifachen ökonomischen und technischen Niederlage, die sich noch verstärkt. Auf ökonomischer Ebene ist der Händler, der anfangs lediglich als Vermittler zwischen Stadt und Land fungierte oder nur ein Abenteurer war, der neue Konsumgegenstände, Gewebe und Gewürze, aus fernen Ländern brachte, zu Reichtum gelangt und sucht sich nun zum Herrn über die Produktion zu machen. Er schafft ein sekundäres Handwerkertum unter den Bauern, die in ihrer überschüssigen Zeit für ihn arbeiten, und wird damit zu einer Konkurrenz für das städtische Handwerk. Die übliche Reaktion der Handwerksverbände ist die unnachgiebige Verteidigung ihrer Interessen und die Verstärkung des reglementierten Bereichs.

Auf technischer Ebene erweist das Zunftwesen seine Unfähigkeit, die alltäglichen, von ihren Mitgliedern geschaffenen Fähigkeiten zu befruchten:[11] »Niemand soll die brüderliche Liebe verraten, indem er irgendetwas Neues erdenkt, erfindet oder anwendet«, proklamieren die Zünfte von Torum. Das heißt nicht nur Unmögliches verlangen, sondern auch Unwahrscheinliches wünschen. Und dennoch versuchen alle Zünfte, unter gewandelten Bedingungen eine ähnliche Linie zu verfolgen. Das Eindringen der Maschinen, der Mühlen, in den handwerklichen Bereich war ein Faktor, der zur Auflösung der Macht der Bruderschaften beitrug. Denn aus mancherlei Gründen arbeiteten zahlreiche Handwerker an der Konstruktion und am Funktionieren der mechanischen Antriebsaggregate und Instrumente, sobald sie auftauchten. Mehr noch: Als sich im fünfzehnten Jahrhundert ein ökonomischer Aufschwung abzeichnet, nimmt die Bevölkerung zu, und es entsteht eine Arbeitskraftreserve; in dieser Situation sind die Zünfte unfähig, diesen Überschuß zu absorbieren, und sie sind nicht einmal in der Lage, den bestehenden Bedürfnissen zu entsprechen. Meister und Gesellen emigrieren.[12] Es entsteht eine gewaltige Masse von Geschicklichkeit, die bereit ist, sich in nichttraditionelle Formen zu ergießen und an neue Arten von Arbeit anzupassen. Mit den Menschen zirkuliert auch das Wissen; und die Bestimmungen, mit denen man sie zu stoppen sucht, wie die Verbote, durch die man sie festhalten zu können glaubt, verdecken nur die Unangemessenheit einer überholten Form von Arbeit, die Machtlosigkeit einer Produzentenklasse, deren Zeit abgelaufen ist. Die Grenzen, in denen die handwerkliche »Bruderschaft«, die Zunft, diese Menge von Talenten zu halten meint, denen sie gleichwohl kein Betätigungsfeld eröffnet, und die Notwendigkeit, die erworbenen Fähigkeiten auch anzuwenden, lassen den Trägern dieser Geschicklichkeit keine andere Wahl, als die Gelegenheiten zur Schöpfung der neuen Künste zu vermehren und sich für die vernachlässigten Aspekte der alten Künste zu interessieren. Ein großer Teil der auf die Erfindung verwandten Anstrengung wendet sich diesem Ziel zu. Die Kriege, auf die sich die Städte und Reiche des fünfzehnten und sechzehnten Jahrhunderts mit solcher Begierde stürzen, besorgen den Rest.

Es ist die Zeit der Renaissance, die Zeit der Akkumulation von Reichtum, der Expansion der Kontinente und des Aufschwungs des städtischen Lebens, des Aufbruchs der politischen Widersprüche und der kriegerischen Unternehmungen. Während eine alte Ordnung zusammenbricht, ohne daß eine neue an deren Stelle träte, öffnen sich gewaltige Möglichkeiten für die mechanischen Entdeckungen, die sich noch nicht konsolidiert haben. In gewisser Weise sind sie der aktive Faktor und der Vorläufer der Epoche, die sich nun ankündigt.

Der höhere Handwerker oder der Handwerker-Ingenieur ist das Produkt dieser Gärung. In seiner Person fließen zwei Strömungen zusammen: einerseits die Menschen jener Berufsstände, die sich bis dahin am Rande oder außerhalb der traditionellen handwerklichen Organisation bewegt haben, und andererseits die Menschen im Bereich der Kunst, die mehr und mehr von der mechanischen Technik absorbiert wird.

Architekt, Maschinenmeister und Militäringenieur hatten sich von jeher aufgrund ihrer Aufgabe freihalten können von den Reglementierungen und von der Routine, von der geographischen Beschränkung und von der geistigen Isolierung. Regelmäßig wurde der Bau der Städte, Kathedralen und Schlösser solchen Handwerkern anvertraut, die sich wegen ihrer Mobilität und wegen der Komplexität ihrer Aufgaben nicht in die Zünfte und ins Ständesystem integriert hatten. Vom mittelalterlichen Maurer konnte man wirklich sagen, er sei »Freimaurer«. Die Maurerzunft oder Maurerloge war im Mittelalter die ständische Einheit, in der zwei oder drei wichtige Aufgaben, die des Baumeisters, des Maurermeisters (oder Architekten) oder auch des Meisters der Steinmetze in einer einzigen Person zusammenkamen. Die besten unter ihnen, die leidenschaftlichsten Vertreter ihrer Kunst, konnten um so leichter über die gewohnten Arbeitsformen nachdenken und die Augen für die aus Ballistik und Mechanik stammenden Veränderungen öffnen. Stets auf der Wanderschaft und um so besser entlohnt, als ihre Arbeit Erfolg hatte, drängte all ihre geistige Energie und ihr menschlicher Ehrgeiz sie dazu, zu lernen, ihr Wissen zu erweitern und von dem erworbenen Wissen in fruchtbarem Austausch Gebrauch zu machen. Villard de Honnecourt war einer dieser Männer. Sein berühmtes Skizzenbuch, das *Album*, zeugt mit seinen Zeichnungen und selbst noch mit seiner Ungeschicklichkeit von dieser Freiheit und von seinem Verständnis für die großen Werke, deren Zuschauer er gewesen war.

Der Mühlenbauer konnte nur für die großen Domänen arbeiten oder aber beständig weiterwandern. Seine Aufgabe war es, eine solide Installation zu liefern und das verfügbare Wasser sinnvoll zu nutzen. Um seine Geschicklichkeit zu vergrößern und seine Möglichkeiten zu verwirklichen, baute er alle Arten von Mühlen, die ihn mit der Dynamik von Wasser, Wind usw. vertraut machten. Die Renaissance der Städte und der Umstand, daß zahlreiche Agglomerationen entlang den Wasserläufen entstanden, machten diese abhängig von der Geschicklichkeit der Mechaniker und stellten jene vor ganz neue Probleme: Wasserversorgung, Bau von stärkeren Mühlen, Anpassung der bestehenden Mühlen an die Ergiebigkeit und die wechselnde Wasserführung der Flüsse. Andererseits mußte er die verschiedenen bestehenden Werkzeuge an die unbelebte Antriebskraft und deren Bewegung anpassen. Auch die Bergwerke gehören zu jenem Bereich, der dem Einfluß der Zünfte in gewissem Maße entging – vielleicht allein schon deshalb, weil sie außerhalb der Stadtmauern lagen –, und die Einführung von Pumpen, deren Verbesserung und die Beherrschung des Grubenwassers machten die Suche nach neuen Lösungen erforderlich – eine langsame und tastende, aber kontinuierliche Suche.

Die Militäringenieure oder die Männer, die ihre Dienste den Fürsten zu diesem Zwecke anboten, kannten für sich nur einen Lohn: den Erfolg für sie selbst und den Sieg für ihre Auftraggeber. Folgt man den Aussagen der Techniker vom Beginn des fünfzehnten Jahrhunderts, so blühte die Phantasie auf diesem Tätigkeitsfeld am üppigsten. Alle Maschinen, die für uns Wirklichkeit wurden, sind dort als Chimären vorgebildet. Die Gedankenexperimente, von denen die Werke der mechanischen Philosophie kurze Zeit später überfließen, sind in diesen Abhandlungen zur praktischen Mechanik, die in den meisten Fällen nur als Manuskripte bestanden, bereits antizipiert. Der Mensch lernt hier nicht nur, die Wirklichkeit zu überschreiten – die eigentümliche Leistung der Kunst –, sondern das Unmögliche zu denken, und dies ist der ureigenste Bereich der Technik. Die Erfolge liegen auf der Hand: Pumpen, Pleuel-Kurbel-Systeme, mechanische Metallurgie, Drehbänke, Kanonen usw.

Die Entwicklung der Metallurgie und der Artillerie ziehen alsbald auch die Bildhauer an: Ist er nicht in der Tat dazu prädestiniert, da er ja Metall zu schmelzen versteht? So nähert er sich hier dem Architekten und dem Militäringenieur. Florenz beauftragt angesehene Bildhauer – Simone dal Colle, Maso di Bartolomeo, Michelozzo – mit dem Guß seiner Kanonen. Ist es da verwunderlich, wenn einer der berühmtesten Ingenieure der Renaissance, Francesco di Giorgio Martini, auch Bildhauer war? Gleich welche Biographie eines großen Ingenieurs aus dem fünfzehnten Jahrhundert man heranzieht, stets wird man feststellen, daß er irgendeine künstlerische Lehre absolviert hat oder selbst in einer der verschiedenen Künste brillierte: in der Goldschmiedekunst, der Malerei, der Bildhauerei usw.[13] Leonardo da Vinci ist keine Ausnahme, sondern die Regel.

Wesentlich ist hier nicht das zufällige Zusammentreffen mehrerer Talente in ein und derselben Person. Die Kunst des Ingenieurs ist nicht mehr, wie zuvor, ein *Komplement*: Sie breitet sich vielmehr aus und hinterläßt ihre Spuren in den Künsten, die sie an sich zieht; sie ist zu deren Seele geworden. Eine enge inhaltliche Verwandtschaft stellt sich zwischen ihr und der mechanischen Fähig-

keit her, zwischen der Geschicklichkeit der Hand und der Feinheit des Mechanismus. Eine Osmose erfolgt hier. Es wäre völlig falsch und willkürlich, Kunst und Technik dieser Zeit als äußerliche Elemente einander gegenüberzustellen. Der Umgang mit den Maschinen bringt eine neue Inspiration, und zwar
– aufgrund ihrer Beziehungen zu den unbelebten materiellen Kräften und der Möglichkeit, sie umzuformen;
– aufgrund der Art von Verstand, die hier erforderlich ist und die im wesentlichen mit der Entwicklung und dem Bau von Mechanismen beschäftigt ist – eine Geschicklichkeit, die sich nach und nach in ihrer Originalität bestätigt;
– aufgrund des Werts, der dem physikalischen und mathematischen Wissen und den Mitteln zukommt, mit denen dieses Wissen sich in die Wirklichkeit umsetzen läßt, das heißt den Instrumenten.[14] Das geometrische und mechanische Instrument tritt fortan an die Stelle der Maschine als Symbol des Künstler-Ingenieurs, und seine Devise wird das Messen.

»Die Malerei«, sagt Piero della Francesca, »umfaßt drei Hauptteile: Zeichnung, Messung und Farbgebung.«[15]

Die ersten wirklich mechanisierten Künste – das wird allzuleicht vergessen – waren nicht die Weberei oder die Schuhmacherei, sondern Malerei, Bildhauerei und Architektur.[16] Wo die Geschicklichkeit des Handwerker-Ingenieurs in dessen Werken eine Rolle spielt, da hat sie nicht die Funktion einer Konstitution ihres Gegenstandes. Der Ingenieur baut keine Mühlen, wie ein Töpfer Gefäße töpfert; weder die Geschicklichkeit seiner Hand noch seine Muskelkraft, so wichtig sie auch sein mögen, leisten den entscheidenden Beitrag in den Operationen des Werkzeugs. Seine Kunst liegt vielmehr darin, die materiellen Kräfte zu kontrollieren, damit sie ohne seinen beständigen Eingriff fortwirken, und sie zu lenken, das heißt vorauszusehen und zu berechnen:

»Und dennoch besteht die Tätigkeit des Mechanikers«, schreibt B. Lorini, »der die ausführenden Arbeiter anleiten muß, zu einem großen Teil darin, die Schwierigkeiten vorauszusehen, die ihm die vielfältigen Materialien, mit denen er umgehen muß, bereiten.«[17]

Er muß also zwischen den Materialien, Mechanismen, Antriebskräften und den ausführenden Menschen objektive Beziehungen einrichten, die ohne das Korrektiv der Sensibilität und der Agilität auskommen. Wie es Alexandre Koyré in einer berühmten Formel festgehalten hat, muß an die Stelle des *in etwa* die Präzision treten. Das mathematische Instrument, die Mühle oder das Uhrwerk sind keine Verlängerungen eines Organs, sie sind vielmehr selbst Organismen oder besser Mechanismen, die nur im Einklang mit den Gesetzen und Regeln funktionieren, die hier am Werk sind, und die verifiziert und beherrscht werden können. Im Gegensatz zum Werkzeug und anders als dieses wirkt das Instrument nicht auf die Stoffe ein: Es ist ein Modell und ein Modus der Kontrolle. Das Instrument ist das Hilfsmittel des Handwerker-Ingenieurs, und dieser legt Wert darauf, sich mit seiner Hilfe abzugrenzen. L. B. Alberti bringt dies mit einer gewissen Emphase zum Ausdruck:

»Ich will hier nicht die Fehler der Maurer aufzählen, ich studiere den Architekten, der mit Waage, Lot und Winkel arbeitet«.[18]

Das Instrument auf der einen Seite, die Maschinen auf der anderen, das sind die Elemente, die es dem Architekten ermöglichen, eine nützliche Arbeit zu versehen, in der er Verausgabung und Mühe der Menschen spart. Wer anders vorgeht, ist kein Neuerer, sondern ein Routinier, der sich keine Gedanken über die Sonderfälle macht und sich nicht mit dem nötigen Rat versieht. Mit dem Instrument erstarken der Geist der Methode und der Geist der Erfindung. Zwischen dem Handwerker, dem Zimmermann, Schmied, Maurer, die sich in die Geheimnisse der Maschinen einweihten, und dem Künstler-Ingenieur, der vom Wunsch nach Erfindung und vom Willen, die Überlegenheit der Instrumentenkunst zu beweisen, getrieben war, zwischen dem hochspezialisierten Handwerker und dem höheren Handwerker mit seinem enzyklopädischen Wissen liegt eine tiefgreifende Metamorphose. Mit großer Gewalt kommt es in der Renaissance zum lange vorbereiteten Bruch zwischen dem Handwerker und dem *höheren Handwerker*[19], und diese Epoche erlebt die Entstehung eines neuen Typs von Handwerker, einer qualitativ neuen Kunst. Die natürliche Teilung vollendet ihr Werk, als die komplementäre Geschicklichkeit des Ingenieurs, die bis dahin diffus oder informell geblieben war, sich konzentriert und formalisiert, um sich in ihrer ganzen Autonomie darzutun. Die Anerkennung eines eigenständigen Verstandes, die blendende Entdeckung eines unbekannten Verhältnisses zum materiellen Universum, das tiefe Gefühl für seine Distanz zu den übrigen Handwerkern, denen er doch zugehörte – zu seiner natürlichen Kategorie: all dies trennt den Ingenieur von seiner überkommenen Umgebung. Die verbleibenden Bindungen sind rein künstlich. Gewiß, als Leonardo da Vinci nach Florenz zurückkehrt, schreibt er sich in die Gilde der Maler ein: Und doch ist es der Ingenieur, der hier nach einer Tätigkeit, die seinen Talenten würdig ist, sucht.

2. Die großen Konfrontationen

Die Differenzen werden nun zu wirklichen historischen Gegensätzen. Ihren Ausdruck finden sie in der Reproduktionsweise des praktischen Wissens – der Lehre – und in der Art und Weise, wie man die praktischen Probleme löst. Es wäre noch die Forderung nach Erfindung hinzuzufügen, das besondere Merkmal des Ingenieurs und der Gegenstand seiner besonderen Aufmerksamkeit, wenn der Antagonismus zum Handwerker in dieser Hinsicht nicht auf einer anderen Ebene läge. Ich werde mich deshalb an zwei Beispiele halten.

Erstes Beispiel: Paggis Antwort

Eines der wichtigsten Motive für die Eigenständigkeit des höheren Handwerkers ist die Tatsache, daß er im Verhältnis zur Teilung der handwerklichen Arbeit, zur Abschließung der Kompetenzen, ein Nichtspezialist ist, oder besser noch, daß sein Gebiet als nicht spezialisiert erscheint. Die Gründe liegen auf der Hand. Wer eine Maschine konstruieren will, muß wissen, wie man Holz, Glas, Metall usw. verarbeitet. Andererseits müssen viele Mechanismen sowohl den Bedürfnissen des Krieges als auch denen recht unterschiedlicher Berufe angepaßt sein, die nicht die des Ingenieurs sind und die er gleichwohl nicht ignorieren darf. Zu den manuellen Fertigkeiten treten notwendig noch Kenntnisse mechanischer oder geometrischer Art hinzu, ohne die insbesondere im Bereich der Konstruktion keine Berechnung und kein Plan möglich sind.[20]
Als Beispiel nehme man diesen Auszug aus dem Vorwort zur »Mechanik« des Guidobaldo del Monte.[21]

»Hier ist es nötig, jene Lehre von den zwei Arten des Tuns zu betrachten: die eine ist Sache des Nachdenkens und des Argumentierens über die Dinge, die zu tun sind, indem man sich der Arithmetik, der Geometrie, der Astronomie und der Naturphilosophie bedient; die andere führt dies aus und bedarf der Übung und der Arbeit der Hände; sie bedient sich der Architektur, der Malerei, des Zeichnens, der Kunst des Schmieds, des Zimmermanns, des Maurers und anderer ähnlicher Berufe, so daß sie zum Teil zu einem *mixtum compositum* aus Naturphilosophie, Mathematik und handwerklichen Künsten wird. So kann denn jeder, der einen wachen Geist besitzt und von Kindheit an diese Wissenschaften erlernt hat, der zu zeichnen und seine Hände zu gebrauchen versteht, ein guter Mechaniker und Erfinder werden und in bewundernswürdigen Arbeiten erfolgreich sein.«

Ich werde noch auf einige der in diesem Vorwort hervorgehobenen Merkmale zurückkommen. Halten wir für den Augenblick hier nur als bedeutsam fest, wie nachdrücklich er diese aus mehreren Berufen schöpfende Bildung empfiehlt, die zum Rüstzeug des Mechanikers und Künstler-Ingenieurs gehört. Denkt man an Ridolfo Foiravante in der Renaissance, der den Beinamen Aristoteles trug und Architekt, Ingenieur, Gießer, Medailleur, Hydrauliker und Pyrotechniker war, an Leonardo, an Francesco di Giorgio Martini, an Ghiberti, an Brunelleschi, so sieht man, daß diese Bildung durchaus nicht ungewöhnlich ist. Doch wie lassen sich die für die Lehre und Übermittlung eines solchen Wissens notwendigen Voraussetzungen mit den Umständen vereinbaren, die in der Welt der Handwerker herrschten? Aus materiellen und sozialen Gründen ist es unausbleiblich, daß die Arbeit des höheren Handwerkers eine Neuerung erfährt und zur Herausbildung einer eigenständigen Geschicklichkeit führt. Nur so vermag sie den bestehenden Arbeitskräften einen Ausweg zu weisen und den Erfordernissen zu entsprechen, denen diese neue Klasse von Handwerkern gehorcht. Alles, was nicht in ihren Rahmen paßt, ist zugleich unangemessen und verschlossen. Die traditionelle handwerkliche Arbeit und ihre Reproduktion sind nicht nur begrenzt und reglementiert, sie passen auch nicht zu der neuen Arbeit, die zur Konstruktion und Erfindung der Maschinen und zur Anwendung der Instrumente erforderlich ist. In der Tat schöpft der Ingenieur nur wenig aus der Tradition, denn diese Instrumente sind nach Modellen entworfen, deren Prinzipien keinen Bezug zu den Prinzipien der alten Modelle besitzen. Die beim Handwerker übliche Ingeniosität reichte nicht aus, um zum Beispiel Diopter oder Diopterlineale oder Maßstäbe mit präzisen Einteilungen herzustellen. Woher sollte man diese Ingeniosität und diese Geschicklichkeit nehmen? Man mußte auf eine weiterreichende Instruktion zurückgreifen. Daher die Bedeutung der Fähigkeit, auf sich selbst gestellt und aus eigenen Mitteln zu lernen. Neben dem Meister, dem wirklichen beruflichen Vater des Handwerkers, erscheint eine andere Quelle des Wissens, das Buch, und daneben auch der geistige Austausch. Als das gedruckte Buch an die Stelle des Manuskripts trat, entsprach es einem offenkundigen Bedürfnis.

Insofern die Geschicklichkeit des Ingenieurs und des Instrumentenbauers weder fixiert noch fixierbar ist, werden geistiger Austausch, Erprobung und die Suche nach Lösungen, die auf unterschiedliche Praktiken zurückgreift, zur Regel. Die Reproduktion der Arbeit wandelt sich: Die bloße Initiation durch zunehmende Gewöhnung und Beobachtung, die zur Wiederholung des Gelernten führen[22], werden unmöglich, kostspielig und ineffizient. Die Lehre bei einem Meister ist zwar noch in der Lage, eine gewisse Verfügbarkeit und eine gewisse Gewöhnung an die manuelle Arbeit zu liefern, bleibt aber nicht länger das bestimmende Element. Im übrigen ist es zumindest im Prinzip nicht die Aufgabe des Ingenieurs, genau das zu tun, was andere oder sein Meister vor ihm getan haben, sondern seine Kenntnisse anzuwenden und dieses Wissen zugleich zu bereichern und zu vervielfältigen.

Diese Unangemessenheit zwischen der bestehenden Reproduktion und den neuen Qualitäten der Arbeit kommt zur Zeit der Renaissance in der Aufforderung zum Ausdruck, sich den Lektionen der Natur zu öffnen. Der herkömmliche Handwerker bildet sich am *exemplum*, das heißt an dem, was sein Meister lehrt und tut, ohne sich auf andere Vorgehensweisen einzulassen; dieses *exemplum* ist es, das er sein ganzes Leben lang wiederholt. Wenn die höheren Handwerker betonen, daß es zur Natur zurückzukehren und bei der Natur zu lernen gelte, so stellen sie sich damit gegen diese Form der Lehre, gegen diese Begrenzung ihrer neuen Fähigkeiten. Ihre Lehre hat noch nichts mit der Einweihung in eine wissenschaftliche Forschung gemein, sie verlangt lediglich eine andere Art des Erlernens der Künste. Ihre Natur, das sind die Alten, die Bücher der alexandrinischen Mechaniker und auch die Maschinen und durch sie hindurch das erneuerte

Verhältnis zum Universum. Das ist der Sinn dieser Feststellung Leonardo da Vincis:

»Glücklich die, die ihr Ohr den Worten leihen; gute Bücher lesen und sie in die Praxis umsetzen.«

Die Werkstätten dieser Künstler-Ingenieure verwandelten sich in einen Ort der Begegnung und der Diskussion, an dem man sich in Malerei, Bildhauerei und Goldschmiedekunst einführte, ohne sich indessen gegen Dinge zu verschließen, die mit der Uhrmacherei, dem Brückenbau oder gar dem Wasserbau zu tun hatten.[23] Die Mathematikprofessoren verschafften sich Eingang, falls es nicht die Schüler waren, die sie dazu drängten. Nichts konnte dem Interesse und dem Geist der Gilden stärker widersprechen. Zu Recht sahen sie darin neben der Bedrohung ihrer eigenen Privilegien die flagrante Negation ihrer Vorstellung von Kunst und Künstler. Sie kämpften gegen die Umstürzung der an die Reproduktionsweise der Fertigkeiten geknüpften Regeln und lehnten eine Anerkennung der neuen Konzeption ab. Das jahrtausendealte Band zwischen dem Lehrling und seinem Meister verändern, der stummen Übermittlung der Gesten, der Blicke und Handbewegungen ein Ende setzen, das hieß ihre Fähigkeit der lebendigen Substanz berauben, ihrer Intelligenz und ihrer Tätigkeit jede objektive Basis nehmen. Was ja dann auch tatsächlich geschah. Als Paggi nach einem Exil von mehreren Jahren nach Genua zurückkehrte und seine Arbeit als Maler wiederaufnehmen wollte, sah er sich dem Verbot durch die Stände ausgesetzt. Darauf erwiderte er unter anderem,

»daß man die Kunst sehr wohl ohne Meister erlernen kann, weil ihr Studium vor allem eine Kenntnis der Theorie erfordert, die auf der Mathematik, der Geometrie, der Arithmetik, der Philosophie und anderen ehrwürdigen Wissenschaften beruht, welche man aus den Büchern lernen kann«.[24]

Und auf lange Sicht trug diese Antwort den Sieg davon.

Zweites Beispiel: Der Bau des Mailänder Doms

Ausgehend von diesen schwungvollen neuen Kenntnissen entwickelt sich ein neues Konzept von Beruf und beruflichem Können. Dieses Konzept findet eine gute Illustration in der Episode des Baus des Mailänder Doms, die Paul Frankel und James S. Ackerman in zwei Artikeln meisterhaft analysiert haben.[25]

Die Maurermeister verstanden es, ihre Baupläne zu entwerfen; sie bedienten sich der Verschiebung ebener Figuren, um die Relationen vorauszusehen, und stellten die Aufrisse in visueller Weise aufgrund der Flächenverhältnisse zwischen den Figuren her. Das Verfahren war gänzlich empirischer Art und erforderte weder geometrische Zeichnungen noch quantitative Berechnung. Da es weder Standardmaße noch quantitative Schätzungen gab, bildete die Proportion eine Art »Berufsgeheimnis« rein praktischer Natur. Auch scheinen die Baumaßnahmen keinem im voraus festgelegten Programm gefolgt zu sein, das über die bloße routinemäßige Aneinanderreihung hinausgegangen wäre. Da es keinen Gesamtüberblick gab, tastete man sich voran und baute Teil nach Teil, wodurch freilich eine Reihe von Problemen und Kontroversen entstand, die zu einer beständigen Revision der anfänglichen Pläne führte.

So geschah es auch beim Mailänder Dom. Zunächst hatte man vorgehabt, ein Gebäude zu errichten, das ebenso hoch wie breit sein sollte, ein Gebäude *ad quadratum*. Dann wählte man eine andere Formel, *ad triangulum*. Nach dieser Konzeption hätte der First des Gebäudes die Spitze eines gleichseitigen Dreiecks sein müssen, dessen Basis die Breite der Kirche bildete. Als nun die Frage, wie der Querschnitt des Schiffes aussehen sollte, auf die Tagesordnung kam, sah man sich vor einer komplizierten Situation. Wie sollte man in dem *ad triangulum* gezeichneten Schnitt die mit der Basis inkommensurable Höhe herausfinden? Die Antwort überstieg die Kompetenz eines Maurermeisters. Also wandte man sich an einen Mathematiker, Gabriele Stornaloco.[26] Hier zeigt sich in aller Deutlichkeit die Verbindung, die aus objektiven Gründen zwischen Mathematik und Architektur besteht, und der Gedanke, auf einen Experten zurückzugreifen,

»der sich in der Kunst der Geometrie auskennt..., um mit den Ingenieuren *(inzignerii)* besagten Bauwerks die Zweifel zu besprechen, die man hinsichtlich der Höhe hegte, sowie auch andere Fragen, über die unter besagten Ingenieuren Unsicherheit herrschte.«

Als die Ergebnisse aus der Konsultation Stornalocos vorlagen, machte man sich auf die Suche – das war am Ende des vierzehnten Jahrhunderts – nach einem *maximus inzignerius*, der sie anwenden sollte.

Es war Brauch, daß dieser *maximus inzignerius* den Meistern und übrigen Ingenieuren seine Pläne für den Abschluß des Dombaus vortrug, Pläne, die erst angenommen werden mußten, bevor sie ausgeführt werden konnten. In den Berichten über diese Treffen heißt es: *»Non sopradicti inzignerii e operarii masonariae«* (wir oben genannten Ingenieure und Maurerarbeiter) oder auch *»le magistri e inzignerii«* (die Meister und Ingenieure), Ausdrücke, die zeigen, daß der Ingenieur als eine Person mit einer eigenen Individualität und eigenen Funktionen anerkannt war. Der beauftragte Ingenieur, Jean Mignot, legt seine Vorschläge vor, die er als begründet und detailliert bezeichnet, und kritisiert die Opposition der Mailänder Maurermeister abschließend mit den Worten: »Ars sine scientia nihil est« (ohne Wissenschaft ist die Kunst nichts). Er gründet seine Argumente auf geometrische Erwägungen. Das ist seine Antwort auf ihre Behauptung, daß man die Geometrie nicht mit der Kunst und der Architektur vermengen dürfe. Gewiß erscheinen uns die Theorien dieser Baumeister recht bizarr. Sie sind der Meinung, weder das Gewicht noch die Größe der Türme, noch die Zahl oder die Masse ihrer Spitzen habe die Bedeutung, die man ihnen beimesse. Und sie halten die »Kunst« für durchaus fähig, ohne »Wissenschaft« auszukommen, womit sie zum Ausdruck bringen wollen, daß der Wert des Plans nur sekundäre Bedeutung habe und allein die gute praktische Ausführung zähle: Diese Lombarden sind zu Recht stolz auf ihre Geschicklichkeit. Aus den erhalten gebliebenen Dokumenten geht hervor, daß die Mailänder Meister in der Tat nicht sonderlich viel von den Argumenten Jean Mignots begriffen.
Gleichwohl versuchen sie, zur Begründung ihrer Haltung und dem Druck der Situation weichend ihrerseits eine gelehrte Rechtfertigung zu liefern.

»Mignot«, schreibt J. S. Ackerman,[27] »zwingt die verschämten Mailänder, sich auf ein wissenschaftliches Streitgespräch einzulassen, das ihre Fähigkeiten weit übersteigt. Um nun die eigene Unzulänglichkeit auszugleichen, verschanzen sich die Meister hinter ungeeigneten Aristoteleszitaten, wohl in der Meinung, sie könnten durch diesen schlichten Bezug ihren Vorstellungen Autorität verleihen. Der erste dieser ›geometrischen‹ Beweise ist einer Passage der *Physik* entnommen, in der es um fortwährende Bewegung geht – ausgewählt wurde sie, weil sie sich mit Geraden und Kurven befaßt. Sie interpretieren sie freilich mißbräuchlich als eine Rationalisierung der geraden Linien und der Bögen des Doms ... Die Meister sind derart darum bemüht, wissenschaftlich zu erscheinen, daß sie unangemessene Passagen auswählen und Autoritäten falsch oder verquer zitieren, um ihre Arbeit *a posteriori* zu rationalisieren. Nachdem sie solcherart groben Mißbrauch mit Aristoteles getrieben haben, wenden sie nun das gleiche Verfahren auf Mignot an; sie verkehren seine Behauptung, um sie an ihre Philosophie anzupassen, und schließen mit folgendem mißbräuchlichen Zitat: ›Ohne die Kunst ist die Wissenschaft nichts‹.«

Will man die Debatte richtig einordnen, muß man sich zunächst an die Tatsachen halten. Die Kenntnisse des Jean Mignot sind nicht sonderlich weit, und wenn sein Vorgehen auch im Verhältnis zu der schlichten Rechtfertigung von Rezepten ein systematisches sein will, so hat es doch kaum die Möglichkeit, dies zu sein. Die Kunst, der er nun die Wissenschaft hinzufügen will, ist die Handwerkskunst, die der Maurer und nicht jene, die wir mit diesem Namen belegen, oder die der Technik. Was nun die »Wissenschaft« angeht, so handelt es sich hier mehr um ein von der Geometrie inspiriertes praktisches Wissen, um ein methodisches und auf Instrumente zurückgreifendes Verfahren, das den beruflichen Bräuchen ein Schema zu bieten vermag, nicht aber um einen Wissenskorpus, der in der Lage wäre, ein Problem zu lösen und *an die Stelle* der bestehenden Verfahren zu treten. Auf der anderen Seite stützen sich die lombardischen Meister auf ihre Tradition, auf die Beispiele, die sie kennen. Der Dom, den wir heute sehen, ist ihr Meisterwerk, ein Meisterwerk, das Bestand hat. Sein ursprünglicher Plan unterscheidet sich deutlich von dem, was in Wirklichkeit gebaut wurde. Ihr Werk nahm seinen Fortgang ganz, wie die Pfeiler und Strebebögen einem nicht vorausgesehenen First entgegenstrebten, und die erste Frage – die nach der Form des Gewölbes – wurde als letzte gelöst. Der Streit ging also nicht um Probleme der Verwirklichung, sondern um die Berufskonzeption, um den Inhalt der Arbeit des Handwerkers. Der Ingenieur Jean Mignot will den Normen der Geometrie gehorchen, eine Systematik einführen und den Bau als individuelles Werk betrachten, nicht aber als nur lokal unterschiedene Wiederholung von Vorgehensweisen, die an anderem Ort bereits erfolgreich gewesen und deshalb vom Meister auf den Lehrling weitergegeben worden waren. Dies ist der Sinn, den er der Vereinigung von Kunst und Wissenschaft beilegt. Die Mailänder dagegen verteidigen das handwerkliche Vorgehen, das die empirischen Regeln auf die Totalität der Fälle ausdehnt, ohne sich um eine Ana-

lyse der physikalischen und mechanischen Bedingungen zu kümmern; sie proklamieren ihr Vertrauen in die konventionell vermit-
telten Fähigkeiten. Wenn sie sagen, daß die Wissenschaft nichts
ohne die Kunst sei, so lehnen sie damit die Wissenschaft selbst ab.
Wenn sie gezwungenermaßen auf sie zurückgreifen, so tun sie
dies in willkürlicher Weise und eher zur Rechtfertigung des Bestehenden als zur Überprüfung und zum Verständnis des
Neuen.

Der Bezug auf Aristoteles ist aufschlußreich, denn um diesen
Dom herum sehen wir, wie die pflichtgemäßen Verteidiger seiner
Philosophie und jene Männer miteinander streiten, die sich mit
einem an der Mathematik geschulten Wissen ausgestattet sehen.
Hinter diesem Streit zwischen den Maurermeistern und einem
Ingenieur, der beauftragt worden war, die Formeln des Geome-
ters anzuwenden, zeichnet sich bereits jener Streit ab, der ein
wenig später, im siebzehnten Jahrhundert, zwischen den Schola-
stikern und Galilei, Benedetti, Descartes und ihresgleichen ent-
brannte. Man kann diese Ähnlichkeit gar nicht genug hervorheben, denn sie enthüllt die Richtung einer Bewegung, die sich noch
verbreitern wird, einer gemeinsamen Anforderung an den Ingenieur und an den mechanischen Philosophen, die zugleich die
Tradition und deren Korrelat, die Autorität im Denken und das
simple Rezept in der Kunst bekämpfen.

Die Geschicklichkeit, auf die der »Meister der Maschinen«, der
Ingenieur, verweist, ist nicht länger die des »Mannes des Werkzeugs«, des Handwerkers. Auch unterscheidet sich ihre Arbeit
nicht nur durch den Gegenstand, sondern auch durch die innere
Ordnung, die hier am Werke ist. Am Ende des vierzehnten und
zu Beginn des fünfzehnten Jahrhunderts erfahren die Reproduk-
tionsverhältnisse der Arbeit eine Neuorientierung: Der Handwerker steht nun nicht mehr dem Bauern gegenüber, sondern
dem Ingenieur.

Die beiden Beispiele, die ich soeben analysiert habe, bringen mit
aller Deutlichkeit die Konsequenzen jener natürlichen Teilung
zum Ausdruck, die erfolgte, als die Kategorie der Ingenieure sich
von der Kategorie der Handwerker entfernte. Die neue Kategorie
unternimmt es, die handwerklichen Fähigkeiten dort, wo sie auftreten, zu transformieren, deren Wesen herauszuarbeiten und sie
zu den ihren zu machen. Folgendes verdient Erwähnung: Der
Handwerker sondert sich in seiner Entwicklung vom Bauern

hauptsächlich im häuslichen Bereich, der Ingenieur unterscheidet sich vom Handwerker dagegen auf sozialem Gebiet; sein Ziel ist es, die Kooperation der verschiedenen Berufe zu gewährleisten und die Mittel bereitzustellen, die für eine abgestimmte Ausübung sämtlicher Fähigkeiten erforderlich sind. Zur Grundlage der hier erforderten Fähigkeiten macht er die Regeln und das Konzept, Meßregeln und Meßkonzepte, Rechenregeln und Rechenkonzepte, wie sie in den mit der Welt der mechanischen Artefakte verbundenen Instrumenten verkörpert sind.

»Die Wissenschaft der Instrumente oder die mechanische Wissenschaft«, sagt Leonardo da Vinci, »ist eine sehr edle Wissenschaft und steht durch ihre Nützlichkeit über allen anderen.«

Die rein manuelle Geschicklichkeit, die durch ein Rezeptwissen angeleitet wird, deren Warum man nicht kennt, deren Wirkung sich aber in der Vollkommenheit des Werks und in der Vervollkommnung des Künstlers erweist, erfährt nun keine Würdigung mehr, ja sie wird gar getadelt. Das Modell ist nicht mehr der Meister, bei dem man die ersten rudimentären Grundlagen in seiner Jugend erlernte. Archimedes hat seinen Platz eingenommen, er repräsentiert nun die Jugend der Menschheit. Welch ein schöner Titel für einen Künstler-Ingenieur, mit Archimedes verglichen zu werden oder den Beinamen »der Archimedes von Sienna oder Florenz« zu erhalten. Doch breitet sich bald die Gewißheit aus, daß diese fernen alexandrinischen, römischen, arabischen oder byzantinischen Meister im Willen zur Erfindung und in der Weite des Blicks noch von ihren Schülern übertroffen werden. Gewiß, die Techniker der Renaissance waren nicht die ersten, die Festungen und Brücken bauten, die Fürsten berieten, Instrumente herstellten und bestehende Instrumente für die Musik, die Astronomie, die Navigation und die Feldvermessung perfektionierten. Doch wer hatte diese Instrumente vor ihnen mit solcher Zähigkeit, ja Meisterschaft, an die Zähmung der materiellen Kräfte anzupassen gewußt? Eine völlig neue Einstellung entstand in dieser Zeit. Alexandre Koyré hat dies zwingend dargelegt: Die Römer ließen das Wasser in ihren Aquädukten *fließen*. Das war die Lösung eines Architekten.[28] Die Lösung des Ingenieurs, wie sie im fünfzehnten und sechzehnten Jahrhundert heranreifte, besteht darin, das Wasser zu pumpen und zu heben, es wie jedes beliebige Gewicht zu behandeln. In den Pumpen, den Mühlen, den Kanälen, im Raum einer nach den Regeln der Perspektive geschaffenen Malerei entdeckten die Ingenieure jene Natur, jenes Band des Menschen zur materiellen Welt, die nicht zu sehen und nicht zur Quelle ihrer Inspiration zu machen sie ihren Zeitgenossen – Handwerkern und Philosophen – vorwarfen.

Das – komplementäre – Wissen des Ingenieurs und die Ressourcen, mit denen dieses Wissen umgeht – Wasserkraft, Schwerkraft usw. –, nehmen nun Gestalt an und betreten das *theatrum mundi* nach dem Vorbild ihrer Erfindungen in den so zahlreichen *theatra machinarum*. Die Untersuchung dieses Wissens wird uns noch eine Zeitlang beschäftigen.

Drittes Kapitel:
Die Ursprünge der Technik

I. Die Methode des Ingenieurs

Die mechanische Kunst oder vielmehr die Kunst der mechanischen Instrumente ist nicht länger eine Kunst unter anderen, sie beginnt sich vielmehr von dem Augenblick an als eigenständige Organisation der Fertigkeiten durchzusetzen, da der Architekt-Ingenieur sowohl seine Methoden als auch den Bereich seiner Techniken bestimmt. Über das Verhalten derer, die sich vor dieser Zeit – dem fünfzehnten Jahrhundert – mit Ingenieurarbeiten befaßten, und über ihre Vorstellungen von dieser Arbeit besitzen wir nur wenige Hinweise.[1] Der Chronist Domingo Gundisalvo teilt uns mit:

»Die Wissenschaft von den Maschinen lehrt uns, einen Weg zu ersinnen und zu erfinden, wie die natürlichen Körper durch ein Kunstwerk eingerichtet werden, das *ad hoc* mit einem Kalkül übereinstimmt, so daß wir daraus den gewünschten Gebrauch ziehen können.«

Die Formel ist gewiß recht elaboriert und die Betonung des Kalküls vorausahnend. Gleichwohl ist es nicht die Formel eines Praktikers, denn sie entspricht nicht den Tatsachen. Niemand verfügt zu dieser Zeit über Regeln, die es ihm gestatten, zu numerischen Vergleichen und zu einer zahlenmäßigen Voraussicht zu gelangen. Zumindest besitzen wir keinerlei Spuren davon, und der Kalkül findet erst sehr viel später Eingang in den Bereich der Mechanismen.

Näher an der Realität dieses Berufs sind wir, wenn wir die Manuskripte und Skizzenbücher betrachten. Darin stoßen wir auf den Versuch, eine besondere Klasse von Objekten: Maschinen[2] und Instrumente, und eine besondere Art von Antriebskraft, Wasser- und Windkraft, systematisch zu beobachten. Die Zeichnungen erfüllen noch schlecht ihren Zweck: die Darstellung des Aufbaus der Maschinen; aber die Arbeit einer detaillierten Beobachtung der technischen Mittel erweist sich doch als ein geläufiges Verfahren. Die Skizzen und Anmerkungen markieren den Beginn eines neuen Zeitalters. Sie zeigen uns den Künstler aufmerksam für die verschiedenen Werkzeuge und für die unterschiedlichen Anwendungsweisen von Maschinen, die er sammelt, um sie zu untersuchen und schließlich seinen Nutzen aus ihnen zu ziehen. In diese Reihe stellt sich auch das berühmte längliche Heft L des Leonardo da Vinci, in dem dieser als Ingenieur im Gefolge des Cesare Borgia Informationen jeglicher Art sammelt. Darunter befindet sich ebenso die Zeichnung der Küstenbastionen von Cesenatico wie Skizzen von Maschinen aus der Bibliothek von Pesaro oder Studien über die Brunnen von Rimini und das Wasserversorgungssystem. Diese Art von Notizbüchern, in denen aus Büchern gewonnene Informationen neben Beobachtungen stehen, die im Verlaufe der Realisierung eigener Arbeiten oder auf beruflichen Reisen gemacht wurden, haben jene Sammlungen des vierzehnten Jahrhunderts inspiriert, von denen wir noch einige Zeugnisse besitzen.

Unter diesen in Form von Manuskripten vorliegenden Abhandlungen hat der *Bellifortes* von Konrad Keyser (1366) eine sehr große Verbreitung gefunden. Kriegsmaschinen, Mühlen und Maschinen zum Ausheben von Gräben nehmen hier einen besonderen Platz ein. Jacomo Fontana, ein Arzt aus dem fünfzehnten Jahrhundert, redigiert ein *Bellicorum instrumentorum liber*, das eher als Werk eines Amateurs denn als das eines Praktikers erscheint. Ein deutsches Manuskript, das etwa aus derselben Zeit stammt und in München aufbewahrt wird, beschreibt Winden mit Rollenuntersetzungen, Bohrmaschinen, Flügelmühlen, Göpelwerke und ein Tauchgerät. Die *De maschinis libri X* des Marianus Jacobus Taccola sind eine Sammlung, die auf einen großen Ingenieur zurückgehen, dessen Beiname, der Archimedes von Sienna, uns sein Ansehen ermessen läßt.[3] Neben Kriegsmaschinen finden sich darin Zeichnungen von Vorrichtungen zum Heben von Gewichten, zum Schöpfen von Wasser usw. Die Erfindungen und Artefakte oder die Rezepte der Handwerker sind so Gegenstand einer systematischen Aufmerksamkeit. Langsam schält sich aus dem übrigen Wissen ein besonderes, auf Maschinen bezogenes Wissen heraus; dessen Konturen werden klarer, als die Richtungen einer kohärenten Ganzheit von Weisen der Einwirkung auf die materielle Welt sich entwickeln und abzeichnen. Dies entspricht den Erfordernissen der Übermittlung und Reproduktion der dem Ingenieur eigenen Fähigkeiten und zugleich dem Imperativ seiner Bestätigung als gesonderte Klasse von Handwerkern.

Doch erst mit der Renaissance beginnt man, die wesentlichen Prinzipien dieser Klasse deutlich zu benennen. Zunächst bemerken wir die Bedeutung, die der Vertrautheit mit den Mechanismen in der Anwendung seiner Fähigkeiten zukommt. Antonio

Manetti, der Biograph Brunelleschis, teilt uns mit, dieser habe die Herstellung von Uhrwerken erlernt und darin eine recht große Geschicklichkeit erworben. Dieses Können muß es ihm ermöglicht haben, jene verschiedenen Treidel- und Hebemaschinen zu erfinden, die für den Bau der Kuppel von Santa Maria di Fiori in Florenz erforderlich waren. Darin präsentierte sich das mechanische Genie zum ersten Mal der Welt; bekanntlich liegt die bemerkenswerte Tatsache nicht im Stil oder in der Form dieser Kuppel, sondern in der Art, wie man sie mit eigens zu diesem Zweck erfundenen Maschinen errichtete. Und es läßt sich kaum vorstellen, daß ein Architekt eine Lösung für Schwierigkeiten findet, mit denen Generationen von Handwerkern gekämpft haben, wenn er nicht mit der Praxis der mechanischen Instrumente vertraut wäre.

Doch darf man keine allzu gelehrten Kenntnisse voraussetzen; es handelt sich vor allem um rudimentäre Grundlagen von Geometrie und Arithmetik, die es ermöglichen, den Plan genauer zu fassen und die Dimensionen des Bauwerks abzuschätzen. Es ist durchaus einsehbar, warum eine solche Quantifizierung erforderlich war: Angesichts der Autonomie der Maschinen ist es unerläßlich, die Gewichte, die Proportionen und die Formen zu kennen, und sei es nur in grober Annäherung. Doch sehr bald schon wird die Fähigkeit zum Umgang mit mathematischen Begriffen das Unterscheidungsmerkmal der neuen Kunst und derer, die sie ausüben.

»Eupompio von Mazedonien«, schreibt Francesco di Giorgio Martini im Prolog zu seinem *Tratato*,[4] »der ein bemerkenswerter Mathematiker war, (sagt, daß) bei Menschen, die weder Arithmetik noch Geometrie kannten, keine Kunst vollkommen ausgebildet gewesen sei.«

Freilich beschränkte sich die Anwendung von Arithmetik und Geometrie zu Anfang nur auf eine bessere Beschreibung der Maschinen und auf die präzisere Gestaltung der Konstruktionszeichnungen. In einer späteren Phase nimmt ihre Bedeutung zu, und sie werden zu Mitteln des Studiums und der Berechnung. So setzt Leonardo da Vinci die Geometrie zur Analyse der Auslegung von Zahnrädern, Kegelrad- und Schraubengetrieben mit geringerer Reibung ein. In seinen aerodynamischen Untersuchungen verwendet er die Mathematik zu Zwecken der Berechnung. Nachdem er zu dem Schluß gekommen war, daß die Flügel der Fledermaus für eine künstliche Nachbildung besser geeignet seien als die von Vögeln, *berechnet* er die Tragflächengröße, die zum Tragen eines bestimmten Gewichts erforderlich ist. Die Funktion, die der Mathematik in allen Bereichen zukam, in denen der Künstler-Ingenieur gefordert war, ist bekannt. Auch Alberti bringt dies zum Ausdruck:

>Aber die Künste, die alle brauchen und aus denen der Architekt Nutzen zieht, das sind Malerei und Mathematik. Mir kommt es nicht darauf an, ob er auch andere Disziplinen beherrscht oder nicht.«[5]

Wie ein Echo auf diese Erklärung klingt es, wenn der Militäringenieur B. Lorini etwas später über die Kunst des Festungsbaus sagt:

>Dies ist ohne jeden Zweifel eine Wissenschaft, denn sie hat ihre Grundlagen und die ganze formale Perfektion der Mathematik, die für ihre sicheren Beweise bekannt ist.«[6]

Die Mathematik in ihrer einfachsten Form findet ihre Verbreitung im praktischen Wissen des Ingenieurs und wird bald als konstitutives Element dieses Wissens geschätzt.
Ein weiteres Element bilden die Modelle und die Experimente, die einer offensichtlichen Notwendigkeit entsprechen: Wenn es darum geht, Bauwerke größeren Umfangs zu errichten, eine Maschine zu konstruieren oder zu verbessern oder einen Plan zur Lösung eines technischen Problems zu erstellen, so ist es unerläßlich, Versuche und Experimente anzustellen. Dadurch wird es möglich, unter mehreren konkurrierenden Lösungen auszuwählen. Leonardo da Vinci bringt dies deutlich zum Ausdruck:

>Bevor man einen Fall zu einer allgemeinen Regel macht, muß man das Experiment zwei- oder dreimal wiederholen und sehen, ob sich jedes Mal dieselben Wirkungen einstellen.«

Beim Bau der berühmten Kuppel von Florenz mußten die beiden konkurrierenden Architekten Ghiberti und Brunelleschi zur Konkretisierung ihrer Pläne und ihres Wissens zwei Modelle erstellen, in denen Teilaspekte der zukünftigen Konstruktion dargestellt waren. Auf diese Weise konnte ein jeder von ihnen die Überlegenheit seines Vorgehens vor Augen führen, und sie ermöglichten es der Kaufmannsgilde, die das Bauwerk finanzierte, sich in voller Kenntnis der Gründe zu entscheiden. In *La fortification du Sieur Antoine de Ville ou l'ingenieur parfait* heißt es:

»Alle Künste haben gemein, daß der Künstler vor Beginn des Werkes zunächst ein Modell herstellt, an dem man die Vorzüge oder Nachteile seines Planes erkennt und die Mängel, sofern vorhanden, behebt; er arbeitet so lange an ihm, bis es Vollkommenheit erreicht hat, und bedient sich seiner nun als Beispiel, das ihn bis zur Vollendung seines Werkes anleitet.«[7]

Auf allen Gebieten tritt die Methode an die Stelle der Bräuche; in der Tat reproduziert der Künstler-Ingenieur nicht das Wissen, das ihm von einem Meister übermittelt wurde, sondern die Lehren aus der eigenen und aus fremder Erfahrung. Der Rückgriff auf die Mathematik und auf die Praxis des Experiments, *deren Entdecker er ist*, sind die Grundlagen dieser Methode, deren Verdienst es ist, die Operationen zu systematisieren, ihre Nützlichkeit zu prüfen und auf die wesentlichen Teile des geplanten Werkes zu beschränken. Die Theorie ist ein unerläßliches Element dieses Vorgehens, denn sie dient dazu, überflüssige und zum Scheitern verurteilte Arbeit und selbst noch unnötige Experimente zu vermeiden. Sie stellt eine Art *Arbeitsökonomie* dar, die ein Tasten und Wiederholen verhindert und die Veränderung der Gebräuche, deren Gefangener der gewöhnliche Handwerker allzuoft war, beschleunigt. Für den Ingenieur ist die Theorie praktisch, sie ist Praxis. Leonardo da Vinci sagt in einem Aphorismus:

»In der Natur gibt es keine Wirkungen ohne Ursache; ergreife die Ursache und kümmere dich nicht um die Erfahrung.«

Diese Äußerung mag mysteriös erscheinen, ja, sie scheint im Widerspruch zur generellen Konzeption Leonardos zu stehen. Ihr Sinn wird jedoch klar, wenn man sie im Zusammenhang mit folgendem Beispiel sieht, das Simon Stevin anführt:

»Es ist schon mehrfach vorgekommen, daß man gewisse Schiffe zu bauen wünschte, in deren Inneren Leitern von etwa zwanzig Fuß Höhe senkrecht angebracht werden sollten, auf denen die Soldaten hinaufklettern konnten. Aber da man sich fragte, ob dies nicht zu einem Übergewicht führen müßte mit dem Ergebnis, daß die Schiffe kenterten und die Soldaten ins Wasser fielen, baute man ein Schiff mit solchen Leitern und allem Zubehör, um sich dessen zu vergewissern. Anschließend wurde das Schiff dann praktisch erprobt. Das brachte mich auf den Gedanken, ob es nicht möglich wäre, das Ergebnis durch statische Berechnungen, durch die Berechnung der angenommenen Kräfte und Gewichte zu erfahren, ohne es zuvor in großem Maßstab zu bauen und praktisch zu erproben.«[8]

Diese Überlegung brachte Stevin dazu, eine kleine Abhandlung um das Theorem der übergewichtigen Schiffsladung zu schreiben, in der es ihm gerade darum ging, die Ursache der gesamten Konstruktion zu erfassen, bevor es sich um die »Erfahrung« kümmerte.

Theorie und Erfahrung werden so zu integrierten Bestandteilen der Geschicklichkeit und der Arbeit des Ingenieurs. Sie sind Bestandteil seiner Methode, ganz wie Instrument und Mathematik seine Mittel sind. Dazu kommt noch die Zeichnung als Technik des Sammelns und Festhaltens von Beobachtungen, des Studiums von Sonderfällen[9] und als Sprache,[10] die zur Übermittlung der Resultate seiner Arbeit bestimmt ist. So sagt Francesco di Giorgio Martini:

»Auch war nicht nur er (Eupompio von Mazedonien), sondern auch viele andere Experimentatoren der Ansicht, daß die Kunst des Zeichnens für jede praktische Wissenschaft ebenso notwendig ist wie die bereits genannten Künste.«[11]

Zunehmend gelangt der Ingenieur dahin, seine Kunst als ein Ensemble von quantitativen Regeln und von Maßen zu betrachten. Sowohl in den Maschinen als auch in den Experimenten zur Bearbeitung oder zur Festigkeit der Stoffe werden die Verhältnisse als quantitativ und allgemein erachtet. Sie ersetzen die Rezepte und Regeln der Handwerker. Wenn Leonardo die Festigkeit von Balken untersucht, so schlägt er (übrigens aufgrund recht unzulänglicher Berechnungen) Normen für die Widerstandsfähigkeit von Balken mit zylindrischem oder quadratischem Querschnitt bei einseitiger oder beidseitiger Auflage und für unterschiedliche Belastungen vor. Er formuliert sogar Regeln: Im Falle horizontaler, beidseitig gestützter Balken mit rechteckigem Querschnitt verändert sich die Widerstandsfähigkeit mit dem Quadrat der Seitenlänge und im umgekehrten Verhältnis zur Länge. All diese Regeln stammen aus Experimenten oder können Experimente anregen. Die Messung wird zur unverzichtbaren Operation. Sie vereint in sich mathematische Größen und Erfahrungen, die von Regeln, geometrisierten Skizzen und von instrumentell verifizierbaren Berechnungen angeleitet sind. Die Messung scheint ausnahmslos alle Künste zu beherrschen. Piero della Francesca erteilt allen Malern eine entschiedene Rüge, welche

»sich an der Perspektive stören, weil sie nichts von der Kraft der Linien und Winkel verstehen, durch die sie zustande kommt; recht *bemessen* (Unterstreichung von mir), dienen sie der Beschreibung jedes Umrisses und jedes Zuges; es scheint mir nötig aufzuzeigen, daß diese Wissenschaft für die Malerei absolut notwendig ist«.[12]

Das bedeutet freilich nicht, daß die Kunst des Ingenieurs eine gelehrte Kunst wäre, noch auch, daß in allen Arbeiten und Werken des vom Ingenieur beeinflußten Künstlers oder des Ingenieurs selbst ein philosophischer Geist im Sinne dieser Zeit wirksam wäre. Verglichen mit dem Gelehrten ist der Ingenieur doch zumeist ein Mann »ohne Bildung«, ein Praktiker, der von dem Willen beherrscht ist, sich die für die Ausübung seines Berufes nötigen Fähigkeiten anzueignen, und der darauf bedacht ist, sich die Mittel zu seinem Lebensunterhalt zu verschaffen. Fransesco di Giorgio Martini, der in seiner Bedeutung durchaus mit Leonardo da Vinci vergleichbar ist, hat dies ganz schlicht zum Ausdruck gebracht:

»Mehrfach wollte ich mich aus Gründen, die nicht physischen Neigungen entsprachen, in anderen mechanischen Künsten versuchen, weil ich hoffte, darin meinen Lebensunterhalt mit geringerer seelischer, wenn nicht körperlicher Belastung zu verdienen.«[13]

Und dennoch unterscheidet er sich vom Handwerker, denn alle Elemente, die ich beschrieben habe: der Gebrauch von Instrumenten, Skizzen und mathematischem Kalkül, der Rückgriff auf die theoretische Reflexion, die zu Experimenten führte (welche Stevin zur »festen Grundlage, auf der alle Künste errichtet werden müssen« machte) und zu Messungen, auch wenn sie noch so elementar und einfach waren, all diese Elemente wirken in neuartiger Weise zusammen und bilden Inhalt und Ausrichtung seiner instrumentellen Arbeit.

II. Die Schöpfung der mechanischen Fähigkeiten

1. Ein neuer Modus der natürlichen Reproduktion

In dem oben erwähnten Streit um den Bau des Mailänder Doms sieht man, wie zwei bereits getrennte Welten erscheinen, die des Handwerkers und die des Künstler-Ingenieurs. Zwischen beiden Welten liegt eine Entwicklung, die zuweilen brüsk und manchmal sogar brutal verlief. In seinem bewundernswerten Werk über Albrecht Dürer zeigt Erwin Panofsky,[14] wie im Leben eines einzelnen der Bruch mit dem alten und der Übergang von einer natürlichen Kategorie zu einer anderen erfolgt, wie ein Maler, der im mittelalterlichen Sinne »Bilder malt, wie ein Schneider Umhänge und Kleider näht«, zu einem »höheren Handwerker« wird, der die Mathematik beherrscht und sie zur Grundlage seiner Kunst macht – ein »universeller Geist« aufgrund seines Wissens und der Anwendung seiner Fähigkeiten, der Bücher über praktische Geometrie oder Abhandlungen zum Befestigungswesen schreibt und in seinem Werk durchscheinen läßt, was er sich im Kontakt mit den Errungenschaften der großen italienischen Meister angeeignet hat. Zurück in seiner Heimat, macht Dürer es sich zur Aufgabe zu zeigen, wie sehr die Verwendung mathematischer Instrumente, die Übung des Messens und die intelligenten Verfahren der Geometrie den Künsten zu nützen vermögen:

»Dieweil aber die (Geometrie) der recht Grund ist aller Malerei, hab ich mir fürgenommen, allen kunstbegierigen Jungen ein Anfang zu stellen und Ursach zu geben, damit sie sich der Messunge Zirkels und Richtscheit(s) unterwinden... Demnach hoff ich, dies mein Fürnehmen und Unterweisung werde kein Verständiger tadeln, dieweil es aus einer guten Meinung und allen Kunstbegierigen zu Güt geschicht und auch nicht allein den Maleren, sonder Goldschmieden, Bildhaueren, Steinmetzen, Schreineren und allen den, so sich des Mass gebrauchen, dienstlich sein mag.«[14a]

Das neue Verständnis von Kunst und ihrer Erfordernisse scheint in allen Bereichen zu triumphieren. Alsbald entsteht ein System von Beziehungen, Institutionen und Kommunikationskanälen,[15] deren Zweck es ist, die Fähigkeiten der Künstler-Ingenieure zu erweitern. Die Reproduktion dieser Fähigkeiten bewegt sich vollkommen im Rahmen der quasi-allgemeinen Tätigkeiten. Der Zyklus von Lehren und Lernen, der sich an der handwerklichen Arbeit orientiert, bildet hier nur einen Teil, und seine Bedeutung wandelt sich mit dem bereits beschriebenen Inhalt der Ingenieurskunst. In den Abakus-Schulen werden in rudimentärer Gestalt Geometrie und Arithmetik gelehrt. Hier vermitteln Mathematiker (Recorde, Dee, Toscanelli) den Ingenieuren die Elemente des Euklid und den arithmetischen Kalkül, und gelegentlich geschieht es, daß sich Künstler-Ingenieure zu Lehrern der Mathematiker machen; man denke an Luca Paccioli, den Schüler des Piero della Francesca. Die Baustelle des Architekten, die Arsenale der Militäringenieure, die Ateliers der Maler und Bildhauer, die Werkstätten der Goldschmiede und Uhrmacher werden zu Orten des Wissensaustauschs, der Forschung und der Lehre, werden zu wirklichen Ausbildungszentren, in denen die Welt und das Curriculum der Zünfte zerschlagen werden. Die bloß manuelle Ausbildung wird nutzlos, ja schädlich. Die Ausbildung des Ingenieurs, des höheren Handwerkers, und seine Arbeitsorganisation – und mithin seine Reproduktion – wandeln sich und verlassen die Grenzen der Werkstatt, sie treten aus dem unmittelbaren Horizont des Handwerks heraus.

Diese neuen Bedingungen führen zur Entstehung einer technischen Literatur, sie führen zu intensiven Bemühungen um die Übersetzung der alten Abhandlungen, sie sind aber auch dafür verantwortlich, daß diese Künstler-Ingenieure sich zunehmend zu ihren eigenen Lehrern entwickeln. Die meisten Schriften Simon Stevins befassen sich mit der Verbreitung einer »Kunst«, sie haben das Ziel, Menschen zu bewegen, diese Kunst kennenzulernen, zu begreifen und zu erlernen. Der gewaltige Schatz der *Notizbücher* Leonardo da Vincis besteht aus einer Sammlung von Notizen, Überlegungen und Experimenten, die als Vorarbeiten zu Abhandlungen über den Stoß, über die Widerstandsfähigkeit von Materialien, über Hydraulik und Aerodynamik gedacht waren. Zum Ziel hatte dies alles die Erweiterung des Ingenieurswissens und die Ausbreitung und Anwendung dieses Wissens.

»Wenn du deine Notizen zur Wissenschaft der Bewegung des Wassers zusammenfaßt«, schreibt Leonardo zu Beginn von Heft F, »denke daran, über jeden Satz dessen Verwendungsmöglichkeiten zu schreiben, damit diese Wissenschaft nicht ohne Anwendung bleibe.«

Bekanntlich brachte Leonardo da Vinci keine dieser Abhandlungen zu einem Abschluß. Er steht nicht allein da. Lorenzo Ghiberti kompilierte die Schriften der alexandrinischen und byzantinischen Ingenieure, er machte wahrscheinlich auch eigene experimentelle Beobachtungen, er sammelte Informationen über Optik und Perspektive und nahm sich vor, ein Werk über Architektur[16] zu schreiben, das er jedoch nie vollendete. Sein Neffe Zibaldone hinterließ eine Sammlung von Notizen über Metallurgie, Architektur und Gießereiwesen, zwischen die auch kurze Bemerkungen über Arithmetik und Geometrie gestreut sind. Das Symptom ist verbreitet genug, um es nicht zu übersehen. Die Künstler-Ingenieure sind sämtlich von dem Wunsch beseelt, ihre Kunst zu organisieren und deren Verbreitung zu erleichtern, aber es gelingt ihnen nicht: einmal, weil sie nicht genügend vorbereitet sind, zum anderen, weil ihr Wissen noch in einem unvollkommenen Zustand verharrt. Eines ist gewiß: Das Modell für ihre Abhandlungen entnahmen sie der Mathematik, und die Argumentationen, die man den Fragestellungen vielfach hinzufügt, sind in Stil und Aufbau deutlich an der Mathematik orientiert. Wieder ist es Leonardo da Vinci, der uns in dieser Hinsicht das deutlichste Zeugnis hinterlassen hat:

»Wenn eine Kanone unterschiedliche Reichweiten mit unterschiedlichen Flugbahnen hat, so frage ich, in welchem Teil der Reichweite der Gipfel des Bogens liegt.«

Diese Abhandlungen waren nach der Vorstellung ihrer Autoren dazu bestimmt, den Ingenieuren neben dieser Argumentationsweise die Theorie der Bewegung in den Maschinen, die sie beschrieben und klassifizierten, zu vermitteln und darüber hinaus auch die Verfahrensregeln, die an die Stelle der alten Rezepte treten und mit denen sich Mögliches und Unmögliches voneinander unterscheiden lassen sollten.

»Wenn ihr mich fragt«, sagt Leonardo da Vinci, »wozu diese Regeln taugen und was sie sollen, so antworte ich, daß sie den Ingenieur und den Forscher mahnen, sich selbst und anderen nichts Unmögliches zu versprechen, auf daß sie nicht als Verrückte oder Betrüger gelten.«

Zwar mußte man noch zwei Jahrhunderte warten, bis dieses ehrgeizige Unternehmen Wirklichkeit wurde und der Ingenieur sein Wissen in Handbüchern niederlegte oder daraus erlernte, die so vollkommen waren wie die Manesson-Mallets,[17] Blondels[18] oder Belidors,[19] aber immerhin gelangten bescheidenere Werke zur Veröffentlichung. Der Buchdruck, die erste auf der mechanischen Technik basierende Industrie, erleichterte nun seinerseits die Verbreitung technischer Literatur[20] und die Übersetzung der alten Werke.[21] Ob Übersetzung oder Originale wie die damals so zahlreichen *Theatra machinarum* – diese Bücher führen uns weit weg von dem *Album* des Villard de Honnecourt und den vielfältigen Handschriften, die zu Beginn des dreizehnten und des vierzehnten Jahrhunderts im Umlauf waren. Damit die Kunst des Ingenieurs überhaupt reproduktionsfähig und fixierbar wurde, entfaltete sie eine gewaltige literarische Aktivität und suchte die verschiedenen Wissenszweige, auf die sie sich stützte, zu einem kohärenten Ganzen zusammenzuschließen: Architektur und Mathematik, die Maschinen-Inventarien und die mechanischen Theorien, die Ergebnisse ihrer eigenen Arbeit und die Werke der Männer, in denen sie ihre antiken Vorbilder und Meister erblickte.

2. Die Erfordernisse der Erfindung

Wenn die Reproduktionsweise der Arbeit sich verändert, so geschieht dies nicht, weil eine völlig neuartige Besonderheit aufträte oder ein bislang nicht beachteter Inhalt zum Vorschein käme, sondern auch weil der Akzent nun auf einen Prozeß gesetzt wird, der bis dahin nur subsidiären Charakter hatte: auf die Erfindung.[22]

Die Erfindung erhält nun eine außerordentliche historische Bedeutsamkeit und verleiht den Fähigkeiten des Ingenieurs einen Großteil ihrer Originalität.[23] Die Erfindung muß zunächst im Gegensatz zu jener Vorstellung gedacht werden, die bei den Gilden und Handwerkern vorherrschte. Was in der täglichen Ausübung des handwerklichen Geschicks entsteht, führt gewiß zu einer Verbesserung dieser Geschicklichkeit, ist aber nicht Gegenstand einer besonderen Aufmerksamkeit. Der Ingenieur dagegen, der sich seiner Geschicklichkeit nur insofern versichert, als er sie in äußeren Operationen objektiviert, ist gerade an deren Besonderheit interessiert. Für ihn ist dies eine Notwendigkeit, weil sein Beruf niemals im üblichen handwerklichen Sinne abgeschlossen sein kann.

Des weiteren entspricht die Erfindung »neuer Künste« auch der marginalen Position des Ingenieurs zum Handwerk. Wie anders sollte er seiner Fähigkeit Anerkennung verschaffen, wie sollte er seinem Beruf gegenüber den übrigen Handwerksberufen Geltung verschaffen, wie anders könnte er Kunden und Kommanditisten dazu bringen, sich für seine Arbeit zu interessieren, wenn diese Arbeit nicht eigenständig, wenn sie nicht seine eigene Erfindung wäre? Dies zeigt auch die bekannte Briefpassage, in der Leonardo da Vinci Ludovico Sforza seine Dienste anbietet:

»Nachdem ich, durchlauchtigster Herr, die Erfahrungen all jener gesehen und betrachtet habe, die sich als Meister in der Kunst des Erfindens von Kriegsmaschinen bezeichnen, und nachdem ich befunden habe, daß sich ihre Geräte nicht wesentlich von den allgemein gebräuchlichen unterscheiden, wage ich es, ohne damit irgend jemanden beleidigen zu wollen, Eurer Hoheit einige meiner Geheimnisse zur Kenntnis zu bringen . . .«

In der Renaissance bildet die Erfindung den Gegenstand einer Kunst, ja sie ist eine Kunst. In dieser Kunst will der Künstler-Ingenieur als Meister gelten, und er schafft um sie herum eine Aura von Leidenschaft und Größe. Genau betrachtet, handelt es sich beim Erfinden nicht immer um eine Entdeckung, gelegentlich gibt man bestehenden Praktiken lediglich eine neue Gestalt oder wendet sie in andersartigen Zusammenhängen an. Man schmälert keineswegs die Größe Leonardos, wenn man feststellt, daß seine Notizbücher vielfach lediglich eine neue Zusammenstellung oder eine neue Anordnung oder eine systematischere Beobachtung bestehender Verfahren enthalten. Wenn das Bildungsziel des Ingenieurs im Erfinden liegt, so bedeutet dies in der Tat, daß er den Geist kritischer Beobachtung auf sein eigenes und auf fremdes Tun anzuwenden gelernt hat, daß er die Fähigkeit erworben hat, Instrumente oder Mechanismen in andere Berufszweige oder in die Lösung von Problemen, die man ihm unterbreitet, einzuführen. Brunelleschi[24] war einer der ersten, die diesen Weg gingen, und er war einer der ersten, die Patente erwarben, das heißt hier, Verträge zwischen ihm selbst und seinen Kommanditisten. Das Beispiel fand bald Nachahmung in Venedig, in den deutschen Städten und dann auch in Frankreich und Holland. Langsam wird die Arbeit des Ingenieurs zu einer »privilegierten Arbeit«, das heißt, sie stützt sich auf ein Privileg im Bereich der Erfindung. So gelangt man nicht nur zu einer neuen Sicht der Kunst im allgemeinen, sondern auch dazu, der Kunst des Ingenieurs ein besonderes Merkmal zuzubilligen, das des Erfindergeistes. Nun gelten die Berufe nicht länger als stabil und festgelegt, man beginnt zu erkennen, daß sie sich entwickeln und umwandeln. L. B. Alberti bringt dies folgendermaßen zum Ausdruck:

»Es wird sich niemand finden (weil er durch seine Fähigkeiten dazu in die Lage versetzt ist), der nicht nur allzu begierig wäre zu bauen und durch seinen Fleiß nicht schon etwelche neue Wege in der Baukunst gefunden hätte und sie nur allzu gern ins Werk setzte; und als dränge ihn die Natur dazu, wird er sie dem Nutzen der Menschheit zuführen.«

Offenheit gegenüber Wachstum und Erneuerung in der Kunst und Bereitschaft zur Anwendung der Neuerungen stellen sich nun der Unwissenheit und der Ablehnung alles Neuen entgegen –

eben dies macht den Geist der Erfindung an seinen Anfängen aus. Man bemüht sich nicht nur, die Fortbildung der Geschicklichkeit in der Anwendung der produktiven Fähigkeiten nicht zu behindern, man kämpft auch unmittelbar gegen den Verlust jener kleinen Entdeckungen, zu denen es fast täglich im Werkstattleben kommt. Der Handwerker weist sie als überflüssig oder gefährlich zurück. Der Ingenieur dagegen – und darin liegt ein Kennzeichen dieser neuen Klasse – macht Jagd auf diese kleinen Erfindungen, auf die – wenn auch für den Augenblick noch komplementären – Ressourcen, die darin schlummern. Erfindungen machen, abwandeln oder weiterdenken ist ein Wesensmerkmal der Arbeit des Architekten oder Mechanikers, ja in diesem Verständnis ein Wesensmerkmal jeder Arbeit, und es gilt, seine Aufmerksamkeit auf sie zu richten, sie zu benutzen und zum Wohl der Menschen einzusetzen. In dieser Sicht kann niemand den Anspruch erheben, die Künste vollständig zu besitzen oder sie ein für allemal abzugrenzen; mehr noch, die Unwissenheit ist das Gegenstück des Wissens, und die Erfindung bildet die Lösung dieses Konfliktes.

Daraus folgt, daß die Kunst keine Pfründe für wenige ist, sondern daß sie sich über die Anstrengungen all der Menschen herausbildet, die sie voneinander übernehmen; und in diesem Prozeß wird sie im Laufe der Zeit immer reicher. Wenn also die Abhängigkeit eines Handwerkers von seinem Berufsgenossen und von allen vorausgegangenen Generationen am besten auf der Ebene der Reproduktion zutage tritt, so erscheint diese Abhängigkeit in den Augen des Ingenieurs am deutlichsten auf der Ebene der Erfindung.[26]

Diese Erweiterung in der Bedeutung von Arbeit und in der Definition des Ingenieurs führt zu einer Aufteilung der Künste in zwei Gruppen. Der Unterschied zwischen den Künsten, die man *durch Erfindung schafft und erlernt*, und den Künsten, die man *durch Nachahmung schafft und erlernt*,[27] mithin auch zwischen den verschiedenen Zwecken, zu denen man die Arbeit reproduziert, wird deutlich gesehen:

»So wird denn verständlich«, schreibt Daniele Barbaro,[28] »daß es zwei Arten von Erfahrung gibt: eine, die der Kunst vorausgeht, das heißt, die man macht, bevor man die Kunst erlernt, wie wenn man sagt: Ich mache eine Erfahrung, und ich will sehen, ob ich irgendein Ergebnis finde; und diese Erfahrung ist gleichsam Quelle und Fluß der Kunst. Die andere Art von Erfahrung ist jene, die von der Kunst selbst ausgelöst und angeleitet wird, die wir in uns finden, und wir üben sie je nach den Zweigen der Kunst auf ganz unterschiedliche Weise aus. Aus dem Gesagten folgt, daß die Erfahrungen weit mehr den Künsten dienen, die man durch Erfindung erlernt, als jenen, die man durch Nachahmung erwirbt.«

Die hier vorgetragenen Argumente bringen die Unterscheidung deutlich zum Ausdruck, die man zwischen nachahmenden und erfindenden Handwerkern trifft, zwischen den *Qualitäten* der Kunst der ersten und den *Qualitäten* der Kunst der zweiten, und dies nicht nur hinsichtlich des Gegenstandes, auf die sie angewendet werden, sondern auch hinsichtlich der Geschicklichkeit und ihres Inhaltes.

Daraus resultieren auch in der Organisation der typischen Ingenieursdisziplinen Antriebe und Faktoren, die der Erfindungstätigkeit eigen sind. Nicht nur die Erfahrung ist in diesem Sinne ausgerichtet, auch Zuschnitt, Begründungsmuster und Struktur der technischen Theorie werden entsprechend beeinflußt. Denn wenn es eine *ars inveniendi* gibt, so ist es ihr Zweck, die Bemühungen der Praktiker, die sie anwenden, zu verbessern und – zumindest ist dies ihr Ideal – dem Zufallscharakter der Entdeckungen ein Ende zu setzen. Der Rückgriff auf intellektuelle Konzepte und Regeln in der mechanischen Technik ist zu einem Großteil diesem Bedürfnis nach erhöhter Effizienz im Bereich der Erfindung geschuldet. Kosten und Mühen, die dem Handwerker entstehen, zwingen ihn, sich nicht mit einem blinden Vorgehen zu begnügen. Der Wunsch nach einer methodischeren Ausnutzung der Möglichkeiten und das Bedürfnis nach klareren Prinzipien ist selbst bei den weniger gelehrten spürbar. Zur Illustration verweise ich nur auf die Abhandlung *Tre discorsi sopra il modo d'alzar acqua da'luoghi bassi* (Drei Unterredungen über das Verfahren, Wasser aus einer Niederung zu heben), die G. Ceredi 1567 in Parma veröffentlichte. Diese kleine Abhandlung erhebt keinerlei gelehrte Ansprüche. Sinn dieser Veröffentlichung war es, ihrem Autor den Nutzen einer vorgeblichen Erfindung zu sichern, und Ceredi läßt hier auch den Patentbrief abdrucken, der eine Geltung von fünfundzwanzig Jahren für den Staat Piacenza und Parma bescheinigt und ihm das Eigentum daran bestätigt. Mit dieser Veröffentlichung will er zeigen, daß die Arbeit der Entwicklung und Konstruktion einer Maschine einen systematischen »Diskurs« und geeignetes Wissen erfordert. Ohne solche

Hilfe bliebe den Unwissenden lediglich zielloses, zufallsbestimmtes Umhertasten:

»Weil erfinderische Menschen ohne Gelehrsamkeit nichts Rechtes zustandebringen, es sei denn durch Zufall und weil sie die Gründe für die Irrtümer, die ihnen in ihrer Arbeit unterlaufen, nicht zu entdecken vermögen und schließlich, weil sie sich von den Schwierigkeiten und Zufällen abschrecken lassen, geben sie ihr Unternehmen auf und erfinden tausenderlei Geschichten und Lügen, um sich zu entschuldigen.«[29]

Auch die Philosophen und Mathematiker werden nachdrücklich eingeladen, diesen Unzulänglichkeiten abzuhelfen und ihren Beitrag zu leisten, die mechanischen Entdeckungen ans Licht zu bringen, denn ohne Regeln läßt sich nichts realisieren und das Genie des Erfinders bleibt unvollkommen. Um seiner Unterredung noch größere Überzeugungskraft zu verleihen, sichert G. Ceredi den Mathematikern materiellen Nutzen zu:

»Ich hoffe, es wird auch manche, die heute mit mathematischen Werken beschäftigt sind, überzeugen, wenn ich ihnen eröffne, daß die Gelehrten, unter denen ich nur einer der geringsten zu sein bekenne, so sie ihre Gedanken anwenden und ihr Wissen klug einsetzen wollten, einen beträchtlichen Gewinn für sich selbst und großen Nutzen für die anderen aus der Praxis der Wissenschaft ziehen würden.«[30]

Die Erfindungstätigkeit weist der Mathematik eine Hauptrolle zu; sie soll die Routineprozesse, die den Fortschritt der Kunst hemmen, umwandeln und beschleunigen. Später wird auch Descartes jene Abneigung teilen, die Erfindungen dem Zufall zu überlassen und nicht als Ergebnis einer bewußten und rationalen Initiative herbeizuführen.

Die geistigen und materiellen Instrumente, die – neben den Mitteln zur Reproduktion der Fähigkeiten des Ingenieurs – erforderlich sind, erweitern diese »Wissenschaft des Ingenieurs« um eine wichtige Dimension. Neben den Enzyklopädien, die einen Überblick über das Leben der Berufe geben und die bereits erfundenen Maschinen präsentieren, neben den Handbüchern, in denen nützliche Informationen zur Lösung der verschiedensten Probleme gesammelt sind, bringen die Erfindungen selbst auch eine spezielle Literatur hervor, einen Schatz von verfügbaren Komplementärressourcen und Informationen über die objektiven Phänomene. Die Bedingungen, unter denen man ein Privileg auf eine Entdeckung, eine Pseudoentdeckung oder eine wirklich originelle

Entdeckung erhält, stimulieren die gewaltige Zunahme technischer Schriften.

Die Kommunikation der Erfindungen, des praktischen wie des theoretischen Wissens, wird zu einem allgemeinen Phänomen, wenngleich sie noch Restriktionen unterworfen ist, die freilich nichts mehr mit der Situation und den Routinen des Handwerks gemein haben, in der sie eine ganz andere Rolle spielten. Ein revolutionäres Element tritt in die Konstitution der Arbeit ein, beseelt den Geist der Produzenten und diktiert ihnen ihr Interesse. Diese Handwerker eines gänzlich neuen Typs wagen sich an das Abenteuer, Bücher über Gegenstände aus ihrem eigenen Beruf, die ihnen am Herzen liegen, zu schreiben; sie verlangen von der Welt der Gelehrten, daß sie ihnen diene und sich mit ihren Idealen verbinde; sie verlangen, daß man sein Wissen mit ihnen teilt und ihre Verdienste im Bereich der Entdeckung und der Beherrschung materieller Energiequellen anerkennt. Berufe ausübend, für die sie einen Gelehrtenstatus reklamieren (der folglich frei von Zunftprivilegien ist), verschaffen sie sich andere Privilegien. Und diese zu Recht, denn sie haben durch ihre Arbeit einen neuen Stil im Verhältnis zwischen Mensch und Materie geschaffen.

>Mechaniker und Ingenieur sein wie jene bemerkenswerten Männer«, teilt Guidobaldo seinen Lesern mit, »ist eine Betätigung, die ehrenwerter Menschen würdig ist, und Mechanik ist ein griechisches Wort mit der Bedeutung, eine Sache durch Kunstfertigkeit zu tun, wie etwa ein großes Gewicht, das jenseits menschlicher Kräfte steht, wie durch ein Wunder mit Hilfe kleiner Kräfte zu bewegen. Ganz allgemein umfaßt die Mechanik sämtliche Werkzeuge, Instrumente, Maschinen, Winden, Wurfgeschütze, kurz: alles, was auf meisterliche und geschickte Weise zu solchen und vielen anderen Zwecken erfunden wird, in denen man Wissenschaft, Kunst und Erfahrung am Werk sieht.«[31]

Vier Jahrhunderte haben uns weit von der Definition des Domingo Gundisalvo entfernt, der in der Ingenieurskunst wohl mehr seine eigene Neigung zur Arithmetik sah. Die Komplementärressourcen an Energie, Mechanismen und Fähigkeiten haben ihre Position gefestigt, vor allem aber haben die Modalitäten der Schöpfung der Arbeit einen so tiefgreifenden Wandel erfahren, daß man nun vor zwei radikal unterschiedlichen und deutlich antagonistischen Formen der Schöpfung steht. Was zuvor lediglich die rudimentäre Form einer Kunst unter anderen Künsten war, die zu diesen Künsten hinzutrat und ihnen als Hilfsmittel diente, ist nun zu einer eigenständigen Gattung geworden. Die Aufteilung in zwei natürliche Kategorien, deren Existenz im sechzehnten Jahrhundert allgemein akzeptiert war, führt nicht zu einer Distanz zwischen dem »höheren Handwerker« und dem Handwerker schlechthin wie zwischen zwei Handwerkern, von denen der erste zusätzlich auch noch über mathematische Kenntnisse verfügte: sie macht den zweiten vielmehr zu einer Ressource des ersten, macht die Geschicklichkeit des ersten zum Gegenstand der Fähigkeiten des zweiten und stellt die in der Hand symbolisierte Arbeit und die im Instrument symbolisierte Arbeit, die künstlerische Arbeit und die instrumentelle Arbeit in Konkurrenz zueinander.

Dies gilt zunächst vor allem für den Bereich der Reproduktion. Die Kombination der für den Bau von Maschinen bedeutsamen Entdeckungen, ihre Klassifizierung und ihr Vergleich ermöglichten einen schnelleren Transfer von einem Gebiet ins andere: von der Herstellung von Uhren in den Bereich des Maschinen- und Werkzeugbaus, von der Kriegsproduktion in den Bereich der Anwendung von Wasserkraft, von dort wieder in die Metallurgie usw. Zugleich entwickelte sich ein Rahmen für die Rezeption der bereits von den alexandrinischen oder byzantinischen Mechanikern erworbenen Kenntnisse. Organisation und Weitergabe dieses Wissens beschleunigten den Rückgriff auf Geometrie, auf exakte zeichnerische Erfassung und schließlich auf die Meßinstrumente. Der Horizont der Lehre und des Erwerbs der Fähigkeiten ist weit größer als die Werkstatt. Das Verhältnis zwischen Meister und Schüler wird gesprengt, denn der Meister ist gezwungen, mehrere Arten von Wissen zu vermitteln, und der Schüler muß sich bei mehreren Meistern auf mehreren Gebieten ausbilden lassen. In jedem Falle muß ein Ingenieur wegen seiner Aufgaben mehrere Künste beherrschen: gerade darin liegt seine Besonderheit.

Schließlich erweist sich in einer späteren Phase der Erfindungsprozeß als Determinante der Schöpfung der Arbeit in der Mechanik; er wird zum Zentrum der Experimentiertätigkeit; er präzisiert die Methode, ermutigt die Formulierung quantitativer Regeln und stimuliert die Herausbildung von Theorien, aufgrund deren man Pläne aufstellen und sich auf den Weg der Entdeckung begeben kann. Hier findet sich auch der Ursprung für die Kritik an zahlreichen Doktrinen oder Konventionen, die ebensoviele geistige Hindernisse darstellten und verhängnisvolle praktische Auswirkungen für den Mechaniker und den Ingenieur besaßen, deren Ansehen und Berufschancen gerade von ihrer Fähigkeit abhing, originelle Lösungen vorzuschlagen.

Dennoch bleibt die Produktion auch in dem Augenblick, da die natürliche Teilung diese revolutionäre Wendung nimmt, gleich ob in der Werkstatt oder in der Manufaktur, vom Handwerk beherrscht, und dies sollte auch noch bis zur Schaffung der Groß-industrie der Fall sein. Der Sektor, den sich die Ingenieure erobert haben, liegt relativ deutlich außerhalb der eigentlichen Produktion, im unmittelbar sozialen Bereich, ob auf dem Gebiet des Krieges oder auf dem des Baus oder auch dort, wo die Mechanismen nicht so sehr als Arbeitswerkzeug ins Spiel kommen, sondern als Arbeitsgegenstände: im Bereich der astronomischen Instrumente, der Uhren usw. Auf dem Gebiet des Uhrenbaus läßt sich eine gewisse Integration in den handwerklichen Rahmen feststellen. In Deutschland und Frankreich bilden die Hersteller von astronomischen Instrumenten, die Uhrmacher, Zünfte. In Frankreich scheinen größere Schwierigkeiten bestanden zu haben, diesen Weg zu gehen; einige dieser Mechaniker schlossen sich schließlich, wie Maurice Daumas es in einem hochgelehrten und tiefgründigen Buch beschrieben hat, der Gesellschaft der Gießer an.

Aber:

»Gegen Ende des siebzehnten Jahrhunderts nahmen einige Konstrukteure (von astronomischen Instrumenten) die Bezeichnung Ingenieur an; im acht-zehnten Jahrhundert breitete sich die Verwendung dieses Ausdrucks dann aus und wurde schließlich allgemein.«

Die wechselseitige Ausschließung der Tätigkeitsfelder von Ingenieur und Handwerker ist nicht das einzige historisch bemerkenswerte Faktum. Die Entstehung einer Welt von Kräften, Mechanismen und Instrumenten im Angesicht einer Welt von Rohmaterialien, Formen und Werkzeugen *verweist auf die neue Natur, auf die neue Mechanik.* G. Ceredi bringt dies deutlich zum Ausdruck, wenn er schreibt:

»Die Natur selbst, die gewissermaßen selbst zur Mechanikerin geworden ist, scheint so mit einem Erfindergeist begabt, der in jedem Augenblick neue kunstvolle Organe und alle möglichen Formen von Dingen in der Werkstatt-welt hervorbringt.«[33]

Sie wird sichtbar in der Kunst des Ingenieurs, die den Charakter seines Austauschs mit den materiellen oder inventiven Ressourcen und die Methode der Schöpfung der Arbeit, die individualisierte Reproduktion und die Vorherrschaft der Erfindung zusammenfaßt. Was für uns heute zu Unrecht einen pejorativen Beigeschmack hat, drückte damals ein Gefühl der Exaltation aus, den Eintritt in das volle Leben einer eigenständigen Gestalt der Menschheit und einer Realität, die ihr angemessen schien. Der Ingenieur erweitert die Grundlagen dieser Realität und will auf sie einwirken. In seinem Verhältnis zur materiellen Ordnung will er die Kräfte und Bewegungen beherrschen, statt nur deren fertige Ergebnisse zu imitieren. Diese Einstellung, die dem Fortschritt seines Wissens dient, macht zu einem großen Teil seine historische Bedeutung aus.

III. Von der »ars mechanica« zur Technik

Die ursprüngliche Bedeutung der mechanischen Künste ist rein sozialer Natur. Gemeint ist eine Klasse von Aktivitäten, in denen der Mensch seine physische Energie zur Produktion einsetzt, wobei mitgedacht ist, daß allein Angehörige der unteren Gesellschaftsschichten sich mit diesen Tätigkeiten befassen. In diesem Sinne sind Medizin und Ackerbau, Bildhauerei und Konstruktion von Maschinen, Mathematik und Malerei darin eingeschlossen. In diesem Stadium meint der Ausdruck »mechanisch« einen gesellschaftlichen Status. Zu einem Bedeutungswandel kommt es erst, als der Ausdruck sich auf einen spezifischeren Inhalt bezieht, auf eine Disziplin oder eine Familie von Praktiken, die alle mehr oder weniger mit der Maschine und mit dem Erfinden zusammenhängen. Zu einer sozialen Bedeutung tritt also – und ersetzt sie schließlich – eine gewissermaßen natürliche Bedeutung, die einen besonderen Modus des Austauschs mit den materiellen Kräften, eine spezifische Schöpfung der zugehörigen Fähigkeiten zum Ausdruck bringt. Die Mehrzahl dieser Kriterien wird auch in den Definitionen angeführt, die man seit dem siebzehnten Jahrhundert in den Enzyklopädien der mechanischen Künste zu geben versuchte:

»Man nennt sie mechanische Künste«, schreibt J. Alsted, »weil sie sich zum Ziel setzen, Nutzen und Annehmlichkeit des alltäglichen Lebens der Menschen durch die Anwendung der Erfindungsgabe zu mehren; auch weil jene, die Geschick und Können in der Optik besitzen, ihren Namen davon haben, auch wenn man anderswo den Handwerker nach der Arbeit benennt, die er verrichtet. Andere Bezeichnungen sind auch manuelle, häusliche und nichtliberale Künste; wobei letzterer Ausdruck im Sinne eines Vergleichs zu verstehen ist. Tatsächlich sagt Zwinger in seinem *Theatrum*, daß man unter den *artibus mechanicis* die einen als *liberales* und frei und die anderen als *serviles* und niedrig bezeichnen kann. Und die mechanischen Künste werden auch als *artes illiberales* bezeichnet, weil sie früher nur von Sklaven ausgeführt wurden, während die freien Männer sich von diesen Berufen fernhielten und sie verachteten.«[34]

Dies mindert freilich nicht die Individualität des Ingenieurs und seiner Kunst. Die verschiedenen Länder haben ihn in unterschiedlicher Weise integriert. In Frankreich haben das Militärsystem und die königliche Macht dazu beigetragen, ihm einen gesonderten institutionellen Status zu verleihen, und beide haben auf seine Herausbildung Einfluß genommen. In England dauerte es dagegen länger, bis er sich aus dem handwerklichen Milieu herauslöste. Die Entwicklung der mechanischen Philosophie und die Erfindungen Galileis, Descartes', Pascals, Huygens' oder Newtons waren seiner Tätigkeit durchaus förderlich, nicht allein, weil sie sein soziales Ansehen erhöhten, sondern auch, weil sie seiner Arbeit eine solidere Grundlage gaben und – ein nicht zu vernachlässigender Umstand – weil sie den Markt, das heißt das Spektrum der Produkte wie auch die Zahl der Verbraucher, erweiterten. Die astronomischen Instrumente erlebten einen großen Aufschwung, der die Eröffnung zahlreicher Werkstätten und die Vervollkommnung der Verfahren ermöglichte. Auch die Artillerie geht nun weit intensiver in die Schule der Mechanik; die Verbesserung der *ars inveniendi* gibt den Projekten neuen Auftrieb, während immer mehr Handwerker ihren Lebensunterhalt daraus zu ziehen suchen. Die Talente und Menschen, die im Gefolge der tiefgreifenden sozialen Krise in den Zünften überflüssig geworden und aus der Produktion ausgeschieden sind, suchen nach einem Betätigungsfeld in dem gewaltigen Bereich, der von den mechanischen Konstruktionen eröffnet worden ist. Umgekehrt verändern auch die mechanischen Ressourcen und Fähigkeiten die handwerklichen Arbeitsmethoden, wo die Kooperation sich aus objektiven Gründen als notwendig erweist – in den Arsenalen, in Bergwerken und im Bauwesen –, und entwickeln sich in einer bis dahin ungekannten Größenordnung. Die Rationalisierung der Produktion, die Verbesserung und die Mechanisierung der Arbeitsmittel, die Uniformisierung der Produkte, all dies läuft in demselben Rahmen zusammen. Die Erforschung neuer Antriebskräfte – des Dampfes zum Beispiel –, die durch die Artillerie und die Ideen der alexandrinischen Mechaniker inspiriert wurde, die wachsenden Dimensionen der Pumpen, der Wissensfortschritt im Bereich des Uhrenbaus, des Baus von Getrieben und Automatiken aller Art werden angeregt.

Die Idee der mechanischen Produktion geht ihren Weg, auch wenn ihre Realisierung häufig auf Ablehnung stößt. Thomas Powell berichtet:

»Zu Danzig, in Polen, hat man einen Apparat erfunden, der vier oder fünf Tücher zugleich und ohne jede menschliche Hilfe weben konnte; es war ein Automat oder eine Maschine, die sich gänzlich von allein bewegte und Tag und Nacht arbeitete; die Erfindung wurde zerstört, weil sie den Armen der Stadt Schaden zufügte, und man ließ den Erfinder heimlich verschwinden.«[35]

Man mag durchaus daran zweifeln, daß die Erfindung die Effizienz gehabt habe, die man ihr beilegte, aber es wird doch deutlich, daß die Mechaniker bereits die Produktionsweise der Zukunft klar vor Augen sahen.

Der Fall steht nicht allein da. Die mechanischen Erfindungen konnten diesem Schicksal gar nicht entgehen,[36] bevor nicht die Bedingungen, die in einigen Tätigkeitsbereichen wie im Bauwesen oder im Kriegswesen bereits herrschten, sich nicht auch im Bereich der wichtigsten Produktionskreisläufe eingestellt hatten, nämlich die Sozialisation der handwerklichen Arbeit und die Entwicklung der Kooperation zwischen den Handwerkern in einem einheitlichen Rahmen. Erst die Verallgemeinerung der Manufaktur und die technische Arbeitsteilung, die sie mit sich brachte, bereiten den Weg für das Eindringen des Mechanismus auch dort, wo bislang die manuelle Geschicklichkeit vorherrschte. Und dies ist das Werk der Handwerker-Ingenieure oder der Hersteller von astronomischen Instrumenten, und sie waren die einzigen, die dies überhaupt leisten konnten.

Auch wenn die »industrielle Revolution« erst im achtzehnten Jahrhundert stattfand, so existierten ihre Voraussetzungen doch schon seit der Renaissance. Ihre Funktion lag darin, den Strukturwandel der Produktivkräfte und den Einsatz der Produktivkraft des Ingenieurs und seiner bis dahin komplementären Ressourcen zu ermöglichen. Durch die systematische Übertragung der handwerklichen Geschicklichkeit auf die Maschine erweitern die Ingenieure ihre eigenen »mechanischen Fähigkeiten«. In zunehmendem Maße lassen sie den Handwerker und seine Kunst in den Teilen der Maschine erstehen und eignen sich für ihre Kunst die Feinheit und die Regeln der Mechanismen an. Auch die soziale Reproduktion erfährt entsprechende Veränderungen. Die Industrie des Ingenieurs, ein Sektor der Produktionsmittel, erlangt ihre Unabhängigkeit, indem sie die Fähigkeiten und das Geschick des Erfinders konzentriert, und stürzt den bislang üblichen Rhythmus der Arbeit um.

Die Historiker der industriellen Revolution scheinen deren wirkliche Rolle noch nicht richtig erkannt zu haben; auch scheinen sie noch nicht bemerkt zu haben, daß sie im Hinblick auf den natürlichen wie auch den technischen Zustand keine wirkliche Revolution darstellt. Zudem verfallen sie einer verzerrten Optik, wenn sie allein die Ausbeutung des Proletariats durch den Kapitalisten, die Enteignung des einen und die Bereicherung des anderen in den Blick fassen. Sie haben wohl parallel dazu durchaus den beständigen Niedergang des handwerklichen Geschicks zugunsten der mechanischen Industrie bemerkt, dahinter ist ihnen aber der Mensch verborgen geblieben, der sich in dieser Industrie verkörpert und sie als sein Handlungsfeld und als Ort der Ausübung seines Geschicks schafft. Hätten sie dies getan, so hätten sie auch die Entwicklung dieser Transformation der Künste erfassen können, die Verlagerung der Geschicklichkeit vom Handwerker zum Ingenieur, den Ausdruck der Dynamik des Reproduktionssystems, das zwischen zwei natürlichen Kategorien besteht. Die handwerkliche Arbeit verliert ihre Rolle als Produktivkraft, und die instrumentelle Arbeit tritt an ihre Stelle. Und während einerseits unter dramatischen neuen sozialen Bedingungen die handwerklichen Fähigkeiten abnehmen, entwickeln sich andererseits die mechanischen Fähigkeiten unablässig weiter. Die Historiker der industriellen Revolution haben jener Gruppe zu wenig Aufmerksamkeit geschenkt, die sich mit ungewöhnlicher Zähigkeit darum bemühte, ihre Talente zu erweitern und sich im Hinblick auf dieses Ziel zu organisieren. Dabei handelt es sich nicht um Wissenschaftler, denn sie betreiben keine angewandte Wissenschaft.[37] Ihre Fähigkeit gilt den Maschinen und Apparaten, die sie durch und durch kennen und die sie mit bewundernswertem Geschick entwerfen und konstruieren. Übrigens könnte man sie hinsichtlich Bildung und Ausbildung als »hommes sans lettres«, als »Ungebildete« bezeichnen. Es sind Autodidakten – und dieser Name hat nichts Pejoratives –, die ihre Bildung weit mehr in der Gesellschaft der Maschinen denn in der Gesellschaft der Philosophen-Mathematiker erwerben. Der Uhrenbau ist die erste Industrie, die aus diesen Bemühungen Nutzen zieht und das theoretische Wissen der Physik und der Mechanik anwendet. Doch im allgemeinen besitzt der Großteil der mechanischen Arbeit keine so engen Bindungen zur theoretischen Mathematik.

»Die Maschinen und Apparate, die 1851 auf der Weltausstellung in London ausgestellt wurden«, schreibt Tom Burns,[38] »waren zu einem großen Teil das Werk von Mechanikern und Meistern, die dank der in der Lehre erworbenen Grundkenntnisse, dank ihres autodidaktisch erworbenen mathematischen Wissens und dank einer klaren Vorstellung von den Prinzipien des neuen Genies die Gelegenheiten ergriffen hatten, die sich ihnen allenthalben boten.«

Was für die Mitte des neunzehnten Jahrhunderts gilt, trifft noch in stärkerem Maße für das achtzehnte Jahrhundert zu. Die berühmte Maschine Marlys, eine Tochter der Kunst und der Mechanik, die so gute Dienste als Wasserpumpe leistete, war das Werk eines solchen Mechanikers. Diese Mechaniker mauern sich freilich nicht in den engen Bereich ihrer handwerklichen Kenntnisse ein, sondern bemühen sich vordringlich um die Erweiterung ihrer Fähigkeiten und ihres Tätigkeitsfeldes.[39] Sie sind es, die sich mit unterschiedlichem Erfolg um die Ausweitung des »nützlichen Wissens« bemühen. Männer wie John Harris, John Bird und John Harrison, Erfinder, Schmiede, Hersteller von Instrumenten, die Bücher im Bereich der Optik, der Astronomie, der Mathematik und der Navigation veröffentlichten, sind eher die Regel denn die Ausnahme in der Fülle jener Menschen, die diesen Geist förderten. Die *Mechanic Institutions* des neunzehnten Jahrhunderts setzen nur die Tradition der Handwerkerbibliotheken, der »Sonntagsgesellschaften«, der Sekten der »Gußeisenphilosophen« nach dem Vorbild der *Spittfields Mathematical Society* fort, in denen die Handwerker-Ingenieure ihre Ideen einander vortrugen und ihr Wissen mehrten. Sobald sie zu den wichtigsten Agenten der

Produktion, zum Herz und Verstand der Produktivkräfte wurden, erscheint nun das, was zuvor langsam und ungewiß ablief, deutlich als Ergebnis einer Absicht. Während das alte Handwerk zur unqualifizierten Handarbeit absinkt und nach und nach verschwindet, gewinnen die Ingenieure zunehmend an Statur und Anzahl. Das allgemeine Produktivitätswachstum, das sich proportional zur Zahl der Ingenieure und umgekehrt proportional zur Zahl der übrigen Produzenten verhält, bringt diese Substitution der handwerklichen Fähigkeiten durch die Fähigkeiten des Ingenieurs, die natürliche Reproduktion letzteren an Stelle ersteren zum Ausdruck. Das Gesetz der modernen Produktivität ist in der Tat nichts als die besondere Form der natürlichen Arbeitsteilung, die dem für die mechanische Natur typischen Reproduktionssystem eigen ist. Es bringt folgende Tatsache zum Ausdruck: Im Maße, wie das handwerkliche Geschick vom Mechanismus reproduziert wird, wächst das instrumentelle Geschick, das Geschick des Ingenieurs, und vervollkommnet sich. In diesem Transfer nimmt die Geschicklichkeit des Ingenieurs die Fähigkeiten des Handwerkers auf, wobei diese freilich neu strukturiert werden. Man sagt zu Unrecht, *die* Maschine ersetze *den* Menschen; in Wirklichkeit ersetzt *ein* Mensch *einen anderen* Menschen, eine menschliche Fähigkeit eine andere.

Die Bedeutung der industriellen Technik wird also unter dem Gesichtspunkt der Teilung der natürlichen Kategorien vom Eintritt des Ingenieurs und seiner materiellen oder inventiven Ressourcen in den Produktionskreislauf markiert. Das instrumentelle Wissen ist nicht länger ein Wissen unter anderen Formen, vielmehr ist es die Quintessenz, und die besonderen Wissensformen sind lediglich noch deren Anwendungs- oder Erscheinungsformen. Von da an ist dieses Wissen *technisch* in dem Sinne, den wir diesem Wort seit dem achtzehnten Jahrhundert geben; es bezeichnet ein Ensemble von Techniken. Ganz bewußt schafft J. Beckmann[40] den Ausdruck »Technologie«, um damit jene Disziplin zu bezeichnen, in der die bestehenden Berufe und Industrien beschrieben und geordnet werden.[41] Der Ausdruck »Technologie« soll sich von dem der »Geschichte« und der »Enzyklopädie der Künste«, wie sie zuvor begriffen und klassifiziert wurden, unterscheiden und an deren Stelle treten.

Diese Veränderungen in der Terminologie sind Ausdruck einer weit tiefergehenden Realität. Sie kommen zu einem Zeitpunkt auf, da die Technik in ihr Reifestadium eintritt, aber sie beziehen sich auf deren Ursprung. Und dieser Ursprung liegt bei den ersten Versuchen, durch die Kombination von Bewegungen und Instrumenten ohne einen weiteren Beitrag an menschlicher Arbeit oder menschlicher Geschicklichkeit eine unabhängige Wirkung zu erzielen. Der menschliche Agent ist ja allenfalls noch als Quelle tierischer Energie präsent. Die Mühle mahlt, die Presse preßt, der Automat amüsiert und die Uhr zeigt die Zeit aufgrund eines inneren Mechanismus, der gewiß einen Antrieb braucht, aber durchaus nicht die beständige Gegenwart des Menschen. Diese Instrumente oder Maschinen, die zunächst zögernd in Alexandria oder Syrakus aufkamen und dann im fünfzehnten Jahrhundert relativ massiv auftraten, erforderten von Anbeginn an ein gewisses Maß an Experiment und Regeln für Größen und Proportionen, um ihren Lauf vorherzubestimmen. Wollte man die Definition der Technik dadurch erweitern, daß man auch Arbeiten wie den Ackerbau, die Jagd oder die Kunst mit einbezieht, in denen das Endprodukt von der beständigen Sorgfalt des Menschen abhängt und in denen seine Hand und seine Geschicklichkeit nicht aus dem materiellen Produktionsprozeß wegzudenken sind, so hieße das, die strukturellen und historischen Besonderheiten jeder dieser großen Tätigkeitsbereiche zu verkennen und zu verwischen. Geradeso, wie es irrig wäre, überall dort auf die Existenz von Handel zu schließen, wo es Austausch gibt – das hieße eine allgemeine Funktion mit einer ihrer spezifischen Formen vermengen –, so kann man auch nicht behaupten, überall dort sei Technik präsent, wo es zu einer positiven und praktischen Interaktion des Menschen mit der Materie kommt. Ein solcher Irrtum hätte zur Folge, daß jede der besonderen Interaktionsmodalitäten ihrer eigenen Substanz beraubt würde.

In diesem Geiste habe ich hier den Ursprung der mechanischen Künste als einer besonderen Klasse von Künsten untersucht und die Technik als ihren allgemeinen Ausdruck und Zielpunkt. Der Ingenieur ist ihr menschliches Gegenstück und ihr Schöpfer; mit seinem Können ist er zugleich der Ausgangspunkt und Inspirator einer natürlichen Ordnung.

Viertes Kapitel:
Die philosophische Revolution

I. Die Hierarchie der Naturdisziplinen

Im sechzehnten und siebzehnten Jahrhundert entstand eine neue Gruppe von Disziplinen, die von ihren Autoren gern mit dem Namen »mechanische Philosophie« belegt wurde. Wie bei allen neu geschaffenen Gebilden handelt es sich um eine Umbildung, das heißt um die Transformation der Naturphilosophie, die von den Griechen geschaffen und vom Mittelalter wiederaufgenommen worden war, in eine mechanische Philosophie oder um die Metamorphose einer Philosophie, die sich um die logische Begründung und Klassifizierung von Beobachtungen und um die qualitative Erfassung von Substanzen in einem geschlossenen Universum bemüht,[1] zu einer entschieden deduktiven Philosophie, die bestrebt ist, Experiment und Erfahrung anzuregen und die Bewegung von Körpern in einem unendlichen Universum zu quantifizieren.

Welche Merkmale besitzt nun dieser Übergang im Bereich der Naturdisziplinen?

In erster Linie gilt es festzuhalten, daß die Revolution des siebzehnten Jahrhunderts *keine wissenschaftliche*, sondern eine *philosophische Revolution* ist.[2] Das heißt, daß die Philosophie die Bühne für eine radikale Mutation darstellt, während die Wissenschaft im präzisen, heutigen und technischen Sinne des Ausdrucks die Frucht einer Entwicklung ist, die dieses Ergebnis erst im neunzehnten Jahrhundert zeitigt. Die Naturphilosophie ist eine Organisation von Wissen, deren wesentliche Züge mehr als tausend Jahre zuvor definiert wurden. Die Umstände dieser Ordnungsleistung sind bekannt. Die alten Philosophen waren bestrebt, ihre Besonderheit zu bestimmen und ihr Tätigkeitsfeld abzugrenzen. Das Modell, an dem sie sich dabei orientierten, war ihnen in den Künsten gegeben, die dem Gesetz der Unterteilung folgten. Diese Gegebenheit machten sie zum Prinzip der Aufteilung sämtlichen Wissens und aller menschlichen Anwendungsformen. Wie sich dieses Prinzip allenthalben niederschlug, läßt sich leicht verfolgen. Die Materie einer Kunst organisiert sich um ein Projekt herum, und der Künstler sichert seine Individualität dank dieses Objekts und seiner Kunst. Warum sollte der Philosoph hier eine Ausnahme machen? Ist er nicht wie jedermann, wie jeder Handwerker – Maler oder Bildhauer, Geometer oder Arzt – gehalten, den Bereich seines Wissens, die Fähigkeit, die er erwerben und vermitteln muß, abzugrenzen? Aristoteles schlägt eine Kodifizierung der Disziplinen, der Künste wie der Philosophie, vor, die diesem Anspruch genügt und die vorausgegangenen Versuche Platons oder der Sophisten krönt. Zu diesem Zweck grenzt er das philosophische Wissen *(episteme)* deutlich von der handwerklichen Geschicklichkeit *(techne)* ab: Dieses Wissen kann gelehrt werden, es befaßt sich mit den Ursachen, und da es allein auf geistige Erkenntnis aus ist, beherrscht es die übrigen Disziplinen. Da es von wahren Prinzipien *(archai)* geleitet ist, führt seine innerste Bewegung es zum Aufweis der Ordnung der Erscheinungen, der Gründe ihrer Existenz, kurz: zur Erkenntnis des Warum. Die Erkenntnis des »Warum« gestattet es, das Wahre in klarer und kohärenter Form zu lehren. Nachdem nun die philosophische Disziplin im allgemeinen definiert ist, müht man sich, die Objekte jeder ihrer Disziplinen zu bestimmen.

Die Metaphysik ist der Suche nach dem Sein gewidmet: »Was ist das Sein, insofern es ist?« – losgelöst von allen besonderen und kontingenten Bedingungen; die zweite Philosophie oder Physik untersucht die Realität der Bewegung, das Verhältnis von Form und Materie, die Ursachen der Erscheinungen und ihr inneres Prinzip in der Natur. Die Mathematik und andere Teilbereiche des Wissens werden nur unvollkommen qualifiziert und definiert. Ihre Vereinigung und Klassifizierung formte so, wie sie sich aufdrängten, nahezu definitiv die disziplinäre Gestalt der Naturphilosophie. An erster Stelle stehen die theoretischen Philosophien: die erste Philosophie – seither Metaphysik oder Theologie genannt –, die zweite Philosophie oder Physik und die mathematische Philosophie. An zweiter Stelle rangieren die praktischen Philosophien, deren Gegenstand das politische und soziale Verhalten sind. An dritter Stelle stehen die *technai* – die produktiven Wissensformen der Philosophie und nicht die poetischen, wie man oft gern sagt –, welche die Mittel zur Bewältigung des Lebens bereitstellen.

Die Klassifikation des Aristoteles erscheint auf den ersten Blick als klar und linear. Im Maße, wie die Reflexion fortschreitet, treten jedoch neue Themen hinzu, die das anfängliche Schema verändern. Wie etwa kann man das theoretische Wissen absolut vom produktiven Wissen scheiden, wenn Aristoteles in seiner *Nikomachischen Ethik* erklärt:

»Der Handwerker oder Künstler, dessen Arbeit Ergebnis der Geschicklichkeit ist, die er im Dienste wahrer Ideen zur Anwendung bringt, und der Produzent, der weiß, was er produzieren soll und wie es herzustellen ist, und in dessen Verrichtungen Wissen lebendig ist, sind Wissenschaftler im Gegensatz zu dem Produzenten, der nur durch Zufall Erfolg hat oder dank eines gänzlich irrationalen Handgriffs.«

Obwohl die Physik zur theoretischen Philosophie gezählt wird, ordnet er sie auch gelegentlich der Kategorie der produktiven Disziplinen zu:

»Beweisführung und Notwendigkeit sind in der Physik von ganz anderer Art als in den theoretischen Wissenschaften.«

Eine Behauptung, die J. M. Le Blanc folgendermaßen kommentiert:

»Er (Aristoteles) legt diesem Vorgehen (der Künste) soviel Bedeutung bei, daß er sogar vergißt, darauf hinzuweisen, daß die Physik eher eine poietische Wissenschaft, also eine Kunst, denn eine theoretische Wissenschaft ist.«[3]

Es ist durchaus keine Schwäche der Klassifikation, auf die Le Blanc hier hinweist, sondern die enge wechselseitige Verschränkung ihrer Teile. Im siebzehnten Jahrhundert beginnt die Mechanik, diese Klassifikation in Frage zu stellen und versucht, die Physik nach und nach von dem Platz, den sie bis dahin innehatte, aus der Rolle einer Theorie der Veränderung der Körper im allgemeinen, zu verdrängen. In dieser Neuordnung der Philosophie um die neu etablierte Disziplin der Mechanik herum liegt die ganze philosophische Revolution.

In zweiter Linie handelt es sich um eine Umwandlung in den Zielen der Naturdisziplinen. Ihr Zweck liegt nun nicht mehr darin, zu lehren, das heißt das Wissen und die Phänomene zu interpretieren, und einen vollständigen Kanon der jeweils verfügbaren Informationen aufzustellen, sondern vielmehr darin, Erfindungen zu erleichtern und vorzubereiten.

Drittens erfordert diese von der »Wissenschaft des Ingenieurs«, von der Mechanik, inspirierte Philosophie Messung und Meßinstrumente; sie setzt also die Anwendung der experimentellen Methode und quantifizierter Gesetze voraus. Auf diese Weise erwirbt sie eine festgefügte Einheit, ein Korpus von Theorien und Realitäten, auf die sie sich bezieht. Die Naturphilosophie umfaßte nach damaliger Ansicht eine Fülle äußerst unterschiedlicher Phänomene: biologische, chemische und physikalische Erscheinungen, denn, wie bereits bemerkt, stand sie den »praktischen Künsten« nahe, die sich sowohl mit der Heilung von Kranken als auch mit der Herstellung von Gegenständen, sowohl mit der »Nachahmung der Natur« (Malerei, Bildhauerei) als auch mit deren Erfassung (Perspektive, Statik usw.) befaßte. Dem mechanischen Philosophen geht es lediglich um Prozesse, die einer einzigen Ordnung angehören, während der »physikalische« Philosoph es mit materiellen Prozessen aus mehreren Ordnungen zu tun hatte.

Viertens sind die mechanischen Instrumente das Ergebnis einer Kombination aus Kraft und Bewegung; sämtliche qualitativen Aspekte der Substanzen und Rohstoffe werden sekundär. Dies gestattet einerseits die Mathematisierung und andererseits die Reduktion sämtlicher physikalischer Veränderungen auf raum-zeitliche Bewegung, das heißt, es gestattet eine Mechanisierung. Nun handeln die Abhandlungen nicht mehr von der »Natur der Dinge«, *de natura rerum*, sondern von der Bewegung, *de motu*. Die Titel der veröffentlichten Bücher bringen diesen Perspektivenwechsel deutlich zum Ausdruck.[4]

Der Aufstieg der Mechanik, die Erweiterung der Fähigkeiten des Ingenieurs, das Interesse an der Erfindung, die Begrenzung der Forschung auf Kräfte und Mechanismen, dies sind die Merkmale einer Neuerung, deren Ausdruck die mechanische Philosophie ist.[5]

II. Die Mechanik im Zentrum der Philosophie

1. Das historische Problem

Arthur C. Crombie hat das historische Problem folgendermaßen formuliert: »Warum standen in der zweiten Hälfte der wissenschaftlichen Revolution (im siebzehnten Jahrhundert) Mathematik und Mechanik und insbesondere die Erforschung der Bewegungsgesetze im Mittelpunkt?«[6] Warum diese Frage sich aufdrängt, liegt auf der Hand. Jedem unvoreingenommenen

Beobachter fällt ins Auge, daß der geistige und technische Aufschwung vom fünfzehnten Jahrhundert an nicht auf einzelne Bereiche beschränkt bleibt, sondern allgemein wird. Alle Bereiche, die mechanischen Künste, die chemischen Künste, die Medizin, die Zoologie, erleben einen beispiellosen Aufschwung. Dennoch kommt es allein in der Mechanik und in der Mathematik zu Veränderungen,[7] die radikal und bemerkenswert genug sind, um sie als revolutionär zu bezeichnen.

Wenn wir die Ursachen dieser Entwicklung begreifen wollen, müssen wir sie in Zusammenhang mit dem durch Teilung erfolgenden Wandlungsprozeß der natürlichen Kategorien bringen. In der Zeit, mit der wir uns hier befassen, kommt es (wie bereits beschrieben) zu einer Trennung des Handwerker-Ingenieurs vom übrigen Korpus des bestehenden Handwerks. Auch seine Bindungen zur übrigen materiellen Welt und zu seinen spezifischen Disziplinen, zur Mathematik und zur Mechanik, erhält einen eigenen Ausdruck. Daraus resultiert notwendig eine Reorganisation der ganzen Ordnung der Naturdisziplinen. Das Wissen und die Fähigkeiten, die nicht im unmittelbaren Bezug zu dieser natürlichen Kategorie stehen, und die komplementären Ressourcen, mit denen sie verknüpft sind, verbleiben in einem embryonalen Zustand und nehmen nicht an der Grundlegung des zugehörigen Naturzustandes, der mechanischen Natur, teil. Daher – trotz ihrer Bedeutung – die festgestellte Diskrepanz.

Durchaus folgerichtig fügen sich die Gelehrtengemeinschaften, die das Wissen und die Erfindungen, welche diese Zeit geprägt haben, zur Blüte brachten, in das Kontinuum des Ingenieurs und Mechanikers und bilden eine Unterabteilung der natürlichen Kategorie. In der Schöpfung ihrer Arbeit und in der Struktur der Fähigkeiten, die zum Bau der Instrumente, für die Pumpwerke, die Hebewerke und für die Ballistik erforderlich sind, entsteht auch das Erfordernis eines experimentellen und quantitativen Verfahrens und die Notwendigkeit mathematischer Gesetze. P. O. Kristeller bemerkt:

»Die Künstler der Renaissance waren in erster Linie Handwerker; zu Wissenschaftlern wurden sie nicht nur, weil ihr überragendes Genie die Bedeutung der modernen Wissenschaft vorwegnahm, sondern weil sie in bestimmten Zweigen des wissenschaftlichen Wissens wie der Anatomie, der Perspektive oder der Mechanik notwendige Voraussetzungen für die Entwicklung ihres Berufes sahen.«[8]

Diese innere Bewegung drängt die Mechaniker zur Verbesserung ihres Könnens, und so entwickeln sie ein großes Interesse für das bereits existierende Wissen, insbesondere wie es sich ihnen in den Schriften des Archimedes, Herons oder Vitruvs darbietet. Sie bemühen sich, Anschluß an die Antike zu gewinnen, aber diese Bemühung gilt nur einem Teil des antiken Wissens, jenem Teil, der in Alexandria oder Syrakus die ersten für das Talent des Künstler-Ingenieurs unerläßlichen Methoden und Begriffe schuf. Im fünfzehnten und sechzehnten Jahrhundert ergreifen sie, die über das wesentliche Wissen verfügen, die Initiative und entwickeln eine eigenständige Art des Umgangs mit der Realität.

»Brunelleschi scheint es gewesen zu sein«, schreibt Giorgio de Santillana,[9] »der den Weg der Wissenschaft für seine Generation bestimmte.«

Und er zeigt mit überzeugenden Argumenten, in welch hohem Maße das experimentelle Verfahren und die Mathematisierung der Künste *in nuce* die entscheidenden Elemente für die Erneuerung der Philosophie enthalten.

»Hinter seinem (Galileis) Denken waren ganz verschiedene Faktoren am Werk: die Arbeit des Ingenieurs und die archimedische Denkweise zum Beispiel.«[10]

Leonardo da Vinci, Cardano, Tartaglia, Benedetti und Stevin, Ingenieure und Erfinder, bringen diesen beständigen Fortschritt der wissenschaftlichen Aktivität hervor, bevor Galilei, Descartes und Huygens sie zu einem Spezialbereich machen, der zwar in enger Verbindung zur *ars mechanica* steht, aber doch deutlich von ihr abgegrenzt bleibt.[11] Das Jahrhundert der mechanischen Revolution ist, strenggenommen, auch das Jahrhundert der Aufteilung dieser natürlichen Kategorien in eine produktive und eine wissenschaftliche Schicht, eine Aufteilung, die zur Entstehung zweier unterschiedlicher Disziplinengruppen führte. Im fünfzehnten und sechzehnten Jahrhundert grenzen sich Mathematik und systematisches Experimentieren aus der Ingenieurskunst aus, sie entwickeln einen eigenständigen Impuls und werden unabhängig. Erfindung und Entwicklung von Fähigkeiten spielen hier eine entscheidende Rolle; davon können wir uns in den Notizen Leonardo da Vincis und in den Schriften Benedettis überzeugen. Die sozialen Schichten, für die die Tätigkeit des Ingenieurs zu den Mitteln gehört, aus denen sie ihren Reichtum auf sozialer Ebene und ihre politische Macht schöpfen, unterstützen diese Entwicklung nachhaltig mit dem Ziel, die materielle Welt, auf der ihre Herrschaft beruht, intelligibel zu machen und ihrer Herrschaft zu unterwerfen.

Daraus schöpft die mechanische Philosophie ihren Impuls, und die unmittelbare Ursache für den Bruch mit der Quintessenz der Naturphilosophie liegt in der Situation dieser »höheren Handwerker« zu einem Zeitpunkt, da der Naturprozeß ein bestimmtes Entwicklungsstadium erreicht.

2. Die Krise der Disziplinenhierarchie in der Naturphilosophie

Die Mechanik tritt, wie gesagt, an die Stelle der Physik; darin liegt das Neue. In der Architektonik der Naturphilosophie, der Aristoteles eine dauerhafte Form verliehen hatte, werden die Disziplinen oder »*epistemai*« nach theoretischen, praktischen und produktiven Disziplinen klassifiziert. Unter den theoretischen Disziplinen bilden jene, die es mit den »physikalischen« Erscheinungen zu tun haben, den Schlußstein. Sie beschreiben und erklären sämtliche Arten von Veränderung, einschließlich der Bewegung, und das allgemeine Verhältnis von Form und Materie; sie bereiten damit der Metaphysik den Weg, die in gewisser Hinsicht einen höheren Grad von Physik, deren abstraktesten Kern darstellt. Die Mechanik zählt nicht zu jenen Stoffgebieten, die in der Physik enthalten sind. Weder in der Antike noch im Mittelalter[12] werden die optischen Phänomene, die Statik und die einfachen Maschinen im Rahmen der wichtigsten theoretischen Disziplin behandelt. Und das ist durchaus kein Zufall. Bei Aristoteles ist die Mechanik ein untergeordnetes Wissen, das auf dem Niveau der »τόι« verbleibt, und erreicht nicht den höheren Grad der »ςιότι«. Dennoch haben sich auch in der aristotelischen Schule Gelehrte mit ihr beschäftigt; die Frucht ihrer Studien ist eine kleine Sammlung, eine kleine Schrift im Korpus der Philosophie mit dem Titel *Mechanische Probleme*. Diese mit Kommentaren versehene Schrift blieb lange unbeachtet und erscheint erstmals im sechzehnten Jahrhundert wieder. Ihre Publikation entspricht zweifellos der Bedeutung, die der Mechaniker inzwischen erlangt hat, und der Fülle der Texte, die nun der Mechanik gewidmet werden. Darin zeigt sich, daß hier ein eigenständiger Interessenschwerpunkt aufblüht, ein Wille zur »Modernisierung« des aristotelischen Denkens oder zumindest der Wunsch, den Akzent nun dort zu setzen, wo die Epoche es erfordert. Aber haben wir hier nicht auch ein Indiz für das Bedürfnis vor uns, die Architektur des Systems der philosophischen Disziplinen zu reorganisieren und ihre Klassifikation zu revidieren? Diese Frage drängt sich jedem auf, der das Vorwort des Kommentators eines dieser Werke mit dem Titel *In mechanicas questiones Aristotelis*[13] liest.

Der Autor sieht hier die Bedeutung des Instruments und der Erfindung und den Aufstieg des Mechanikers. Wenn der aristotelische Gelehrte davon Kenntnis nimmt, so liegt dies an der inzwischen erreichten Größe dieser neuen Klasse, die vor ihm Werke über Maschinen und Instrumente »für die Werkstatt und für den Krieg« produziert hat.

Nachdem der Kommentator diese Tendenz aufgezeigt und festgehalten hat, führt er uns tiefer in den Gegenstand ein und legt den Inhalt der aristotelischen Schrift auseinander. Manchmal handelt es sich um eine Paraphrase, manchmal um eine Übersetzung des griechischen Werks und zuweilen auch um eine abweichende Behandlung derselben Fragen, wobei er bestimmte außerhalb der Tradition stehende Arbeiten aufnimmt, etwa die Guidobaldos, Tartaglias und Cardanos. Alle möglichen Kombinationen, von Piccolomini bis Bernardino Baldi, treffen in diesen Werken zusammen. Doch ihr Geist ist nicht wirklich neu. So spricht Piccolomini von der »Würde der Kreisfigur«, um auf die Eigenschaften der einfachen Maschinen aufmerksam zu machen. Stets bringt er die unvergleichliche Effizienz des Hebels mit den Eigenschaften des Kreises zusammen, das heißt mit der Möglichkeit, zugleich von etwas Bewegtem und etwas in Ruhe Befindlichem erzeugt zu werden. Gegen diese Vorstellung argumentiert Simon Stevin, ausgerüstet mit den Prinzipien der Statik, aufs heftigste. Nirgends bemerkt man beim Kommentator den Wunsch, einen eigenständigen Beitrag zu leisten, zu messen oder zu erfinden, ein Gesetz oder eine Erfindung zu erläutern. Ihm scheint es allein um die Ordnung, Diskussion und Weitergabe eines feststehenden Wissens zu gehen. Darin leistet er gute Arbeit. Die Ergebnisse der Schule des Stagiriten, derer von Pappus und der modernen Mechaniker werden hier zusammengestellt, das heißt miteinander konfrontiert und zu einem Korpus von Arbeiten über die Mechanik vereinigt. Der Kommentator liefert nicht nur Randbemerkungen zu Aristoteles, er stellt dem Leser vielmehr die unterschiedlichen Lösungen, die zu einzelnen Problemen gefunden wurden, vor und fügt, freilich seltener, wenn Platz dazu ist, einige Beobachtungen an.

Unterzieht man die Werke dieser Kommentatoren einer aufmerksamen Analyse, so zeigt sich, daß ihnen ein dreifacher Verdienst zukommt: Sie systematisierten die Informationen hinsichtlich der Mechanik, sie brachten einige Hypothesen bezüglich bestimmter Äußerungsformen der Bewegung vor, und schließlich machten sie deutlich, daß es im *Innern* der Naturphilosophie eine Wende, eine Anpassungsbemühung gab. Das Ziel ihrer Studien ist klar: *Sie wollten die Mechanik philosophisch machen.*

»Was ist die Mechanik?« fragt Monantholius. »Es ist die Summe all dessen, was in diesem ersten Kapitel, freilich nicht ganz vollkommen, erklärt wird; denn eigentlich zeigen wir hier nicht die Mechanik auf, sondern den Grund, weshalb sie eine bewundernswerte Kunst ist und den Kreis all der bewundernswerten Dinge, aus denen sie besteht; darüber hinaus zeigen wir auch, daß die Probleme der Mechanik zum Teil physikalischer, zum Teil mathematischer Natur sind.«[14]

Doch so einfach sind die Dinge nicht. Nach der aristotelischen Klassifizierung der Disziplinen ist die Mechanik wie alle produktiven Künste eine produktive und sozial untergeordnete Wissenschaft. Mit Sicherheit gibt es enge Bezüge zur Mathematik und zur Physik, doch welchen Platz nimmt sie zwischen diesen beiden philosophischen und theoretischen Wissenschaften ein? Die Notwendigkeit, die Mechanik in den Kreis der natürlichen Disziplinen aufzunehmen, zu dem sie bislang nicht gehörte, ist unabweisbar. Aber die Schwierigkeiten liegen gleichfalls auf der Hand, davon zeugt unter anderen G. de Guevara in der ausführlichen Einleitung zu seinem Werk: *In Aristotelis mechanicas Commentarii.* Er verweist auf einige interessante Merkmale der neuen Situation, die sich aus der Tatsache ergeben hat, daß die Mechanik zu einer wichtigen Disziplin herangewachsen ist.

Er meint, man müsse erst einmal klar die *facultas mechanica* definieren, die da ihre Besonderheit behauptet, bevor man feststellen kann,

»ob eine solche Einstellung oder Fähigkeit wirklich für sich besteht und zu Recht als Kunst oder als Wissenschaft bezeichnet werden kann«.[15]

Anders gesagt, es gilt zu klären, ob man sie zu den philosophischen oder zu den produktiven Disziplinen rechnen soll. Die Aristoteles-Texte, auf die sich der Kommentator stützt, sind in dieser Frage nicht eindeutig, und nach der hier eingenommenen Perspektive läßt sich die *facultas mechanica* beiden Disziplinengruppen zuordnen. Guevara billigt der Mechanik nicht den Status einer Kunst, sondern den einer praktischen Disziplin zu:

»Die *facultas mechanica* ist keine theoretische, sondern eine praktische Wissenschaft . . . Denn kein Satz der Mechanik ist für sich genommen theoretisch in dem Sinne, daß sie allein für sich als Wahrheit bestehen könnten; wegen ihrer vielen Verbindungen zu anderen praktischen Disziplinen und wegen der Bedeutung, die in ihr der Praxis zukommt, ist sie in Wirklichkeit eine ganz und gar praktische Wissenschaft.«[16]

Da die Mechanik keine theoretische Disziplin ist, kann sie auch im Vergleich zur Logik und zur Moralphilosophie keinen hohen Rang einnehmen. In der bestehenden Klassifizierung wird sie nicht der Physik, sondern der Mathematik untergeordnet.

Die Entwicklung einer besonderen Fähigkeit und die Herausbildung einer »Wissenschaft des Ingenieurs« stellt daher für das Gebäude der Naturphilosophie einen *Krisen*faktor dar. Früher war sie weder eine Kunst noch eine philosophische Disziplin, jetzt scheint sie beides zu sein.

Wie sollte es auch möglich sein, ihr einen Platz unter den natürlichen Disziplinen zuzuweisen? In der Perspektive der organischen Natur und der Philosophie, die deren Gehalt entwickelt, hat die Mechanik es nicht mit Natürlichem, sondern mit Künstlichem zu tun.

»Und deshalb geht man an die Probleme der Mechanik nicht in derselben Weise heran wie an natürliche oder physikalische Probleme, sie folgen nicht derselben Logik.«[17]

Der Unterschied ist wichtig: für den Gelehrten, der sicheren Prinzipien folgt, hat das Wissen der Mechanik nichts mit materiellen Prozessen zu tun; es gehört vielmehr in den Bereich der erfundenen Instrumente. Dieses Wissen der Physik zuzuordnen hieße, die Grundlagen der natürlichen Ordnung, ja die Struktur der Disziplinengruppe in Frage zu stellen und ein asymmetrisches Verhältnis zwischen dem Menschen und dem objektiven Universum zu akzeptieren. Kurz, es hieße, dieser neuen natürlichen Kategorie eine Bedeutung beizumessen, die sie in den Augen jenes großen Philosophen nicht besaß, und ihr die Fähigkeit zuzumessen, Wahres über die Gesetze der Welt auszusagen.

3. Der Platz der Mechanik

Dieser Anspruch, wahre Aussagen zu machen und sie durch ihre Werke zu beweisen, war allen Mechanikern und mechanischen Philosophen gemeinsam. Sie warfen ihren Gegnern vor, sie kehrten der Natur den Rücken und vertrauten allein der Autorität der Bücher. Grund dafür war die Tatsache, daß der Naturzustand, von dem diese Bücher sprachen, in ihrem Handlungsfeld bereits den Halt zu verlieren begann und mit ihren Erfahrungen, ihren intellektuellen Gewohnheiten und mit den materiellen und inventiven Ressourcen, die ihnen vertraut waren, nicht mehr übereinstimmte. Die Notizbücher, Manuskripte und Abhandlungen über Festungsbau, Maschinen, Architektur und Perspektive hatten ihnen bereits eine Sicht des Raumes und der Materie vermittelt, die nicht mehr zu den überkommenen Rezepten paßte.

Wie die Mühle die Mechanik in die Welt einbrachte, in der allein Kraft und Beweglichkeit herrschte, so brachte die Kanone die Dynamik in die Mechanik ein, und das Uhrwerk verschaffte Instrument und Messung einen universellen Anwendungsbereich. Die Mathematik folgte dieser Bewegung. Aber alles, was irgendwie mit diesem weitläufigen Interessengebiet zusammenhing, wurde als »mechanisch« eingestuft und daher als etwas der Philosophie Fremdes oder aus ihr Ausgeschlossenes. Die Ingenieure wurden zu echten Mathematikern, und manchmal kam es auch zum umgekehrten Vorgang. Jemanden als Mathematiker oder als Ingenieur zu bezeichnen lief beinahe auf dasselbe hinaus. In den vorangegangenen Jahrhunderten war die Mathematik ein nebensächlicher Studieninhalt gewesen, und nirgendwo hatte man ihre Ausübung ermutigt. Ihr einziger Verdienst lag darin, die Mußestunden der Studenten sinnvoll zu füllen, und die Universität von Vienne (und das ist nur ein Beispiel) empfahl sie zur Bekämpfung von Ausschweifung und Liederlichkeit:

»Wir halten es für besser«, sagt ein Dekret, »wenn unsere Studenten an ihren freien Tagen die Schulen besuchen statt die Schenken und mit Worten disputieren, statt mit ihrem Degen zu streiten; wir wünschen deshalb, daß die Studenten unserer Universität an den freien Tagen nach dem Mittagessen um keinen anderen Lohn als die Liebe Gottes über den *computus* und andere Zweige der Mathematik disputieren und sich darin unterrichten und dabei stets im Auge haben, was der katholischen Kirche dienlich ist.«

Doch die »hommes sans lettres« hatten drängendere Probleme, sie mußten die Probleme ihres Berufsstandes lösen und ihre Erfindungskunst verbessern, um ihren Lebensunterhalt zu sichern und ihren Ruhm zu mehren. Auf diesem Wege machten sie große Entdeckungen. Die Gesetze der Natur begannen aus ihren Regeln hervorzutreten, und einige von diesen Regeln waren dazu bestimmt, zu Grundprinzipien zu werden. Weil sie alltäglich diese Erfahrung machten, wußten sie, daß die Kunstwerke ihnen das Tor zu unbekannten Wirklichkeiten öffneten. Galilei war der erste, der das Fernrohr auf den Himmel richtete, aber schon vor ihm hatte Leonardo da Vinci an diese Entdeckungsmöglichkeit gedacht, als er sich nach der Verwendung einfacher Linsen fragte.[18]

Die Mechaniker versuchten nicht wie die gelehrten Kommentatoren herauszufinden, ob die Mechanik es mit natürlichen oder künstlichen Phänomenen zu tun hatte oder ob man ein theoretisches Wissen auf der Mathematik aufbauen konnte, beide teilten dasselbe Schicksal. Sie scheinen vielmehr von der Notwendigkeit überzeugt gewesen zu sein, *die Philosophie mechanisch zu machen*, das heißt sie auf Berechnung, Messung und Gesetzesaussagen zu gründen und eine, wie Benedetti es ausdrückt, »mathematische Philosophie« zu schaffen. Sie hatten nicht die Absicht, die *mechanischen Probleme* zu »kommentieren« – eine Vorstellung von Lehrern, nicht von Erfindern –, sie kritisierten diese Probleme und wollten sie durch die Probleme einer anderen Mechanik ersetzen.

Das Hauptwerk J. B. Benedettis, *Diversarum speculationum mathematicarum et physicarum liber*, erschienen 1585, beginnt nicht mit einer »Verteidigung« der Mechanik, mit einer Rechtfertigung ihres Anspruchs auf einen Platz unter den Disziplinen. J. B. Benedetti sagt uns, wie er, ohne die Schulen besucht zu haben – ist er nicht in erster Linie Mathematiker und Ingenieur? –, zu dem Wissen gelangt ist, das er besitzt, und bei wem er Mathematik und Mechanik gelernt hat. Er scheint es nicht eilig zu haben, uns seine Philosophie vorzustellen. Sein Werk hat die Form einer Sammlung von Fragen und Antworten mathematischer und mechanischer Art. Es beginnt mit der Darstellung einiger arithmetischer

Sätze. Es folgt eine Abhandlung *De rationibus operationum perspectivae*. Die Schrift *De mechanicis*, die darauf folgt, faßt das Wissen der Zeit zusammen und präsentiert eine Kritik an Tartaglia, dem Benedetti einige Irrtümer nachweist. Über Aristoteles sagt er: »Er hat sich geirrt«, und spart nicht mit Sarkasmen. Bleibende Bedeutung und historisches Gewicht erlangt das Werk aber erst durch die *Disputationes de quibusdam placitis Aristotelis*. Der Tenor der Argumente ist bekannt.

Sie beginnen mit einer Widerlegung der Aristotelischen These von der Unmöglichkeit des Leeren: »Volens Aristotelis probare vacuum non esse in rerum natura« (Aristoteles wollte beweisen, daß in der Natur nichts Leeres sei . . .). Keinerlei Umweg, keine Umschreibungen. Der Satz geht aufs Wesentliche. Nachdem die Existenz des Leeren erst einmal theoretisch – das heißt geometrisch – bewiesen und noch bevor sie experimentell belegt ist, lassen sich so sämtliche Aristotelischen Vorstellungen über den Charakter der Bewegung bequem in Frage stellen. Benedettis Kritik ist nicht physikalischer, sondern mechanischer und mathematischer Natur. In der Tat zielt sie nicht auf alle Bewegungen und alle Veränderungen, die in der Physik des Aristoteles in kohärenter Form untersucht werden. Ihm geht es nur um die *Ortsveränderung*. Der Irrtum, den er Aristoteles in dieser Frage nachweisen kann, genügt, um das Ganze zu diskreditieren.

Fortan ist der Fortschritt der Mechanik von dieser Kritik bestimmt: ihre Ergebnisse zu bekräftigen ist die Aufgabe der Zukunft. Eines ist gewiß: Die *corsi e ricorsi* der voraufgegangenen Jahrhunderte sind nicht mehr möglich. Hat man Benedetti nicht entgegengehalten, daß diese »mechanischen Wissenschaften«, die sich auf Berechnung und auf Begriffe, welche an den Artefakten orientiert sind, gründen, keinerlei Geltungsanspruch auf der Ebene der Theorie und der Philosophie erheben könnten? Darauf erwidert er in einem Brief an Pisano,[19] sie könnten diesen Anspruch durchaus erheben; es sei ein Irrtum, ihnen die philosophische Bedeutung abzusprechen und den Mathematiker aus dem Kreis der Philosophen auszuschließen, denn er sei ein Philosoph und seine Philosophie verspreche ein hohes Maß an Gewißheit:

»Es erstaunt mich, daß Du, der Du doch Aristoteles so gut kennst, den Philosophen vom Mathematiker sonderst, als wäre der Mathematiker nicht so sehr Naturphilosoph (Physiker) und Metaphysiker, daß er es weit mehr noch als dieser verdiente, den Namen Philosoph zu tragen, wenn wir die Wahrheit seiner Schlußfolgerungen betrachten. Es ist wahr, daß nicht Du allein in diesem Irrtum befangen bist; aber dein Irrtum wiegt um so schwerer, als Du, obgleich Du selbst die Dinge der Moral unter den Namen der Philosophie stellst, nicht bemerkst, daß auch die göttliche Mathematik mit dem Namen Philosophie geehrt werden muß. Wenn wir diesen Namen genauer betrachteten, würden wir finden, daß er dem Mathematiker geradesogut zukommt wie irgend jemand anderem ...«

J. B. Benedetti erhebt Anspruch auf die Würde, die man ihm verwehrt, und proklamiert, daß sein Wissen, das Wissen des Mathematikers und Mechanikers, die *wirkliche* Grundlage, der wirkliche Grundstoff der Philosophie sei. Gestützt auf ihn und auf die ganze Heerschar der neuen Philosophen unternimmt Descartes sein Werk der Revolutionierung der Philosophie:

»Ganz besonders gefielen mir die mathematischen Disziplinen«, berichtet Descartes im *Discours de la méthode*,[20] »wegen der Sicherheit und Evidenz ihrer Beweisgründe, aber noch sah ich ihren wahren Nutzen nicht. Ich glaubte nämlich, daß sie nur in der Technik Verwendung fänden, und war erstaunt, daß man bei so sicheren und vertrauenswürdigen Fundamenten nichts Erhabeneres darauf gebaut hatte ...«

Benedetti und Descartes sind sich im wesentlichen einig. Benedetti verlangt Aufmerksamkeit für die Früchte seiner geistigen Erfindungen, seiner eigenen wie der seinesgleichen, und Descartes wirft der Philosophie vor, gerade das vernachlässigt zu haben, was in den mechanischen Künsten so fruchtbar war, und sich nicht offen an diese angelehnt und sich derselben Mittel versichert zu haben. Wenn der eine den philosophischen Charakter seiner Kunst behauptet und der andere die Notwendigkeit sieht, eine Philosophie gerade auf dieser Kunst und nicht auf einer anderen aufzubauen, so sind dies zwei Momente der Entwicklung eines gemeinsamen Bewußtseins.

In der vereinten Welt der Artefakte und des Kalküls sehen sie zugleich die Welt der Natur und die der Vernunft. Der Weg dahin war bereits von Nicolo Tartaglia eröffnet worden, der in seiner *Neuen Wissenschaft* bereits den theoretischen und philosophischen Charakter von Artillerie und Kanone aufgezeigt hatte. Vor ihm hatten die Ingenieure Maschinen und Wurfgeschosse beschrieben oder Vorschriften für deren Verwendung formuliert. Die Naturphilosophen sahen in der Flugbahn einer Kugel ein *Beispiel*, einen Fall unter anderen. Generell bildeten die Maschinen eine Welt für sich, sei es als technische Aktivität, sei es als

Gegenstand für die Betrachtungen des Philosophen. Man zählte ihre Wirkungen auf und stellte ihre Unvereinbarkeit mit den geläufigen Lehren der aristotelischen Physik fest. Niemand suchte in diesen Kunstprodukten, und nicht nur in ihnen, nach den Gesetzen der natürlichen Ordnung. Dann schreibt Nicolo Tartaglia seine *Neue Wissenschaft* ausgehend von einer Analyse der Bewegung und ihrer Erzeugung, deren Mittel ihm gerade die Kanone zu sein scheint, die Maschine und Meßinstrument in einem ist – denn dies ist die Kanone in der Tat. Damit inaugurierte er eine Denkströmung, deren Ziel es war, die Gesetze des Universums in den Mechanismen aufzuspüren und diese Mechanismen gewissermaßen natürlich zu machen. Die Folgen dieser Homogenisierung sind deutlich: der Unterschied zwischen den verschiedenen Formen von Veränderung und den raum-zeitlichen Bewegungen verschwindet. Erstere vereinigen sich mit letzteren, und die Physik wird Mechanik. Die räumliche Bewegung, das heißt die Ortsveränderung im Raum, bislang in der Naturphilosophie nur eine besondere Art von Bewegung, wird nun zur Bewegung schlechthin.

Descartes zieht daraus die Konsequenzen, und im Gegensatz zu jenen, die die Mechanik aus Gründen, die ich weiter oben untersucht habe, ausschließen, stellt er sie mitten ins Zentrum der Philosophie, an die Stelle der Physik, deren Inhalt damit eine radikale Umwälzung erfährt.

»Aber damit«, schreibt er am 30. April 1639 an De Beaune, »ist meine ganze Physik nichts anderes als Mechanik . . .«

Nichts hinderte ihn, in der Mechanik den Ausdruck des Naturzustandes zu erblicken. Er konnte und wollte sich nicht mehr die Einwände eines Guevara zu eigen machen. Von einem Gegensatz zwischen den Artefakten mit ihren Prinzipien und den Gesetzen der Natur ist ebensowenig die Rede wie von einer Abgrenzung der Kunst der Mechanismen vom Bereich der Physik:

»Denn es gibt in der Mechanik keine Gesetze«, heißt es in einer nachgerade berühmten Passage in den *Prinzipien der Philosophie*,[21] »die nicht auch in der Physik gälten, von der sie nur ein Teil oder eine Unterart ist, und es ist daher der aus diesen und jenen Rädern zusammengesetzten Uhr ebenso natürlich, die Stunden anzuzeigen, als es dem aus diesem oder jenem Samen aufgewachsenen Baum natürlich ist, diese Früchte zu tragen.«

Mechanik statt Physik, das ist der Ausgangspunkt einer Kontroverse, die durchaus nichts Theoretisches hatte. Der Kampf eines Jean Mignot oder eines Brunelleschi gegen die Arbeitsmethoden und den Geist der handwerklichen Maurermeister unterscheidet sich nicht vom Kampf eines Galilei oder Descartes gegen die Schulphilosophen. Wenn der Kampf der ersteren sich an einer Kathedrale entzündete, so hat der Kampf der letzteren das Universum zum Rahmen. Der Erfolg des ersten Kampfes hat eine neue Grenzziehung zwischen den Künsten zur Folge; der Ausbruch des zweiten Kampfes führt zu einer Umbildung der Naturdisziplinen insgesamt.

In unseren Lehrbüchern heißt es, daß die Technik einen Einfluß auf die Philosophie ausgeübt hat. Eine Ausdrucksweise, die zugleich arm und irrig ist. Wie wir gezeigt haben, handelt es sich um eine echte Transformation. Die reale Person des Ingenieurs führt zur Entstehung des mechanischen Philosophen. Als diese Gelehrten erscheinen, trennen sie sich von ihrem früheren Milieu und bemühen sich um die Schöpfung einer Arbeit, die um die nichtmenschlichen materiellen Kräfte, um Instrumente und Mechanismen zentriert ist. Es fällt ihnen nicht schwer, in der Fähigkeit, die hier am Werk ist, eine natürliche Fähigkeit zu erblicken, und es ist ihre Aufgabe, den Beweis dafür anzutreten und die Konsequenzen daraus zu ziehen.

Fünftes Kapitel:
Vom Universum der Maschine zur Maschine des Universums

Erste Abteilung: Der mechanische Philosoph

I. Der Philosoph als Konstrukteur astronomischer Instrumente und als Lehrmeister der »ars inveniendi«

1. Das Ziel des mechanischen Philosophen

Es ist bekannt, worin die philosophische Revolution bestand: Die Mechanik gelangte ins Zentrum der philosophischen Disziplinen, und die Mathematik, auf die sie sich stützte, trat an die Stelle der Logik als des gemeinsamen *Organons* »der Wissenschaften und der Künste«. Dabei darf man jedoch nicht übersehen, daß diese Revolution die Bedeutung der gesamten Philosophie berührt und daß deren Zielsetzung neu definiert wird. Wieder ist es Descartes, der uns in einer seiner knappen Formeln, deren Geheimnis er besitzt, mitteilt, daß

»das Wort Philosophie das Studium der Weisheit bedeutet und daß man unter Weisheit nicht nur die Klugheit im täglichen Leben versteht, sondern ein vollkommenes Wissen all der Dinge, die der Mensch erkennen kann, sowohl um eine Regel für sein Leben zu haben, wie um seine Gesundheit zu erhalten, wie um alle Künste zu erfinden.«[1]

Der Philosoph schreibt also nicht, um ein bestehendes Wissen zu lehren oder zu systematisieren. Sein größter Verdienst besteht darin, die Kette der Entdeckungen zu eröffnen und die Entdeckungen der nachfolgenden Generationen zu ermöglichen. Die Art, wie Descartes seine *Geometrie* beschließt, ist ein wertvoller Hinweis darauf. Nachdem er die Elemente geliefert hat, die zur Entdeckung führen können, wie die Instruktionen und Regeln, die er in der Dioptrik gegeben hat, schließt er:

»... wie es ja überhaupt in der Mathematik gewöhnlich nicht schwer ist, wenn man erst die zwei oder drei ersten Glieder einer Kette kennt, auch alle übrigen zu finden. Und ich hoffe, daß unsere Enkel mir nicht nur für die Dinge Dank wissen werden, die ich hier auseinandergesetzt habe, sondern auch für diejenigen, die ich absichtlich übergangen habe, um ihnen das Vergnügen zu überlassen, sie zu erfinden.«[2]

Alle Philosophen praktizieren die *ars inveniendi* und preisen deren Wohltaten. Sie verlangen Privilegien für ihre Erfindungen und bemühen sich um die Anerkennung der Priorität. Das Zeitalter des Schulenstreits in der Philosophie geht, wie es Leibniz gewünscht hatte, seinem Ende zu. Das Zeitalter der Konkurrenz unter den Wissenschaftlern beginnt. Prioritätsstreitigkeiten, Herausforderungen und Wettkämpfe, deren Sieger durch die Anerkennung der Kollegen bestimmt wird, treten an die Stelle der alten Dispute. Pascal gibt einem kleinen Werk den Titel: *Lettres de A. Dettonville contenant quelques-unes de ses Inventions de Géométrie* (Paris 1659), und widmet es denen, die diese »geometrischen Erfindungen« wiederfinden könnten. Solche Äußerungen einer Philosophie, die sich der Erfindung verschreibt, sind durchaus nicht oberflächlich, sondern bringen eine tiefliegende Tendenz zum Ausdruck, während der Philosoph sich vor der Welt als Erfinder darstellt. Als Galilei aus dem Dienst der Republik Venedig ausscheiden und in den Dienst des Hofes von Florenz treten will, brüstet er sich mit dieser Eigenschaft:

»Ich möchte jedoch nicht, gnädiger Herr, daß meine Worte Sie zu dem Gedanken verleiten möchten, ich erhöbe unvernünftige Ansprüche, indem ich einen Sold beanspruchte, den ich nicht verdiente, oder ohne dafür einen Dienst zu erbringen, denn dies ist nicht meine Absicht. Im Gegenteil, was den Verdienst anlangt, so verfüge ich über eine Fülle von Erfindungen, von denen schon eine allein genügte, mich mein Leben lang vor jeglichem Elend zu behüten, wenn sie in die Hände eines großen Fürsten gelangte, der daran Freude fände. Denn die Erfahrung zeigt mir, daß Dinge, die vielleicht weit weniger erhaltenswert waren, ihren Urhebern zu großen Vorteilen verholfen haben; und es lag mir stets im Sinn, sie eher meinem Fürsten und rechtmäßigen Souverän anzubieten, damit er über sie und ihren Erfinder nach seinem Gutdünken verfüge und, sofern er es für gut befände, nicht nur das Mineral nähme, sondern gleich die ganze Mine; denn alle Tage entdecke ich neue Dinge, und ich fände noch weit mehr, wenn ich mehr Muße und mehr Hilfskräfte zu meiner Verfügung hätte, die mir bei den verschiedenen Experimenten dienlich sein könnten.«[3]

An welche Erfindungen denkt der Mechaniker-Philosoph, von welchen Erfindungen geht er bei der Vollendung seines philosophischen Werkes aus? Es handelt sich um Instrumente und um Mechanismen.

Wenn die meisten Gelehrten von Galilei bis Descartes, von Pascal bis Leibniz, von Huygens bis Newton mechanische Instrumente entdeckt und deren Theorie formuliert haben, so ist das kein Zufall. Newtons Theorie des Lichts und seine mathematische Farbenlehre stehen in einem Zusammenhang mit der Erfindung eines verbesserten Fernrohrs. Und die astronomischen Entdeckungen Galileis illustrieren seinen Beitrag zum Bau des Fernrohrs, das seinen Namen trägt. Ist es nicht kennzeichnend, daß die Folge von Schriften, zu denen der *Discours de la méthode* die Einleitung bildet, die erste Schrift dem Fernrohr gewidmet ist und sich an die Handwerker wendet? Es handelt sich dabei tatsächlich um eine Abhandlung über den Bau eines optischen Instrumentes, in der die Arbeitsverfahren und Rezepte beschrieben werden, die den Erfolg des handwerklichen Fleißes sicherstellen sollen. Descartes scheut keine Mühe, um die Maschinen, die Eigenschaften des Glases und die Operationen zu beschreiben, die ihm für den Bau eines Fernrohrs nach seinen Vorstellungen erforderlich erscheinen:

»Und da die Ausführung der hier beschriebenen Dinge vom Geschick der Handwerker abhängt, die gewöhnlich kein Studium absolviert haben, werde ich mich bemühen, mich jedermann verständlich zu machen und nichts vorauszusetzen, was man von den übrigen Wissenschaften gelernt haben müßte.«[4]

Ein Programm, das er peinlich genau ausführt, indem er Erfindung an Erfindung reiht – so jedenfalls erscheinen sie ihm –, um den Handwerker, der ein solches Instrument baut, von der Nützlichkeit seines Vorgehens zu überzeugen.

»Da aber die Handwerker vielleicht zu dem Urteil gelangen, daß es sehr schwierig sei, das Glas genau in diese hyperbolische Form zu bringen, will ich ihnen hier noch eine Erfindung mitteilen, mit deren Hilfe sie dieses Ziel nach meiner Überzeugung bequem erreichen werden.«[5]

Die Entdeckung des Fernrohrs selbst spricht Descartes Jakob Metius, einem Mathematiker, zu; er stellt sich also in die Nachfolge eines »höheren Handwerkers«, und dieser Gruppe widmet er auch sein Werk. Auch seine Geometrie scheint teilweise im Zusammenhang mit dieser Suche nach der Verbesserung des Fernrohrs zu stehen. Die Kurven, aus denen sich die Form der Gläser ergibt – die Ovale Descartes' –, die in der *Dioptrik* das Ziel der Bemühungen des Optikers und in der *Geometrie* den Gegenstand der Beweisführung des Mathematikers bilden, sind zugleich der erste Fall einer Lösung für das Problem der umgekehrten Tangenten.

Ohne Zweifel stellt das *Horologium oscillatorium*[6] des Christian Huygens, erschienen 1673, den vollkommensten Prototyp einer Abhandlung dar, die um ein Instrument organisiert ist,[7] hier um die Pendeluhr. Zwischen 1655 und 1658 hatte Huygens seine Uhr entwickelt, deren Gang durch ein Pendel reguliert wird. Diese Uhr ist seine Erfindung, und er erhält ein Privileg, das er darstellen und verteidigen will. Er verweist selbst auf den Doppelcharakter seines Werkes:

»Zum Teil ist es eine mechanische Erfindung, zum Teil eine anders geartete; zum einen beruht diese bemerkenswerte Empfindung auf geometrischen Prinzipien; was den anderen Teil anlangt, so verdankt sie sich schwierigen Forschungen in den verborgenen Teilen der Kunst.«[8]

Darauf stellt er seinen »Automaten« vor und beschreibt dessen Anwendung bei der Zeitmessung, bei der Bestimmung der geographischen Länge auf dem Meer sowie die Experimente, mit denen sich seine Eigenschaften beweisen lassen. Es folgt eine Abhandlung über die Mechanik, in der die verschiedenen Bewegungen des Pendels – ihre Prinzipien und Gesetze – theoretisch erklärt werden. Die Kurven, die das Pendel bei seiner Oszillation beschreibt, werden analysiert und geometrisch beschrieben. Die Bestimmung der Länge des Pendels und die Untersuchung des Schwingungszentrums bilden einen weiteren wichtigen Teil des Werkes. Es erübrigt sich eigentlich, darauf hinzuweisen, daß jedes Kapitel dieser Abhandlung eine originelle Leistung darstellt und einen unvergänglichen Beitrag zur Mathematik und zur Mechanik bildet. Ihr gemeinsames Thema und ihr Fixpunkt ist das Instrument, das eine entscheidende Rolle in der theoretischen und praktischen Entwicklung der Mechanik gespielt hat: die Uhr. Die Naturphilosophie – das belegt das Werk des Aristoteles – stellte ins Zentrum ihrer Erforschung der physikalischen Welt den Künstler-Handwerker, seine Geschicklichkeit, seine Verfahren und deren Produkt. Für den mechanischen Philosophen liegt das Ziel in der Analyse und Anwendung des Instruments, seiner Funktionsweise und Wirkungen. Der Mensch – das heißt der Mechaniker – greift in den Kreislauf der materiellen Kräfte ein und setzt ihnen ein Ziel, das zu erreichen sie sich als fähig erweisen. Er ist nicht länger ein Glied in der Kette der materiellen Phänomene noch in der Kette ihrer kausalen Verknüpfung, denn diese materiellen Phänomene *müssen* sämtlich von Vernunft entkleidet werden. Das Instrument und der Mechanismus bringen das neue Verhältnis zu den materiellen Kräften zum Ausdruck, und indem der Philosoph die Instrumente und Mechanismen erfindet, beweist er, daß er die materiellen Kräfte erkannt hat.

2. Die philosophische Methode und die *ars inveniendi*

Im Vorwort zu seiner Schrift über die *Mechanik* (die sich mit den mechanischen Instrumenten befaßt) teilt Galilei uns seine Absichten in folgenden Worten mit:

»Es schien mir des Interesses wert, uns erst einmal allgemein die Vorteile vor Augen zu führen, die man aus den Instrumenten ziehen kann, bevor wir zur Theorie der mechanischen Instrumente kommen. Dies schien mir um so notwendiger, als mir aufgefallen ist, daß, wenn ich es richtig sehe, die meisten Mechaniker enttäuscht wurden, als sie versuchten, die Maschinen zu zahlreichen Operationen zu verwenden, zu denen sie ihrer Natur nach gar nicht geeignet sind, mit dem Ergebnis, daß sie im Irrtum befangen blieben, während andere gleichermaßen in ihren Hoffnungen enttäuscht wurden, die sie sich aufgrund der Versprechungen gemacht hatten. Mir scheint, daß solche Enttäuschungen vor allem auf die Leichtgläubigkeit dieser Handwerker und auf den Glauben zurückgehen, man könne sehr große Gewichte mit Hilfe einer kleinen Kraft heben, als könnten sie mit ihren Maschinen der Natur Zwang antun, in deren Instinkt und mehr noch in deren Konstitution es doch liegt, daß sich jeder Widerstand nur durch eine Kraft brechen läßt, die größer ist als dieser.«[9]

Die Bedeutung der Frage liegt auf der Hand. Die Entwicklung einer Maschine setzte in der Tat voraus, daß man ein gewisses Verhältnis zwischen Ursache und Wirkung respektierte. Der Konstrukteur einer Mühle konnte nicht behaupten oder hoffen, Maschinen herzustellen, deren Räder sich unbegrenzt lange oder mit einer Geschwindigkeit bewegen könnten, die keinerlei Rücksicht auf die verfügbare Energie nähme. Während indessen die Mehrzahl der Mechaniker diese Regel noch nicht kannte, wurde sie von einigen bereits entdeckt. Leonardo da Vinci und Cardano weisen auf sie hin und bestreiten die Möglichkeit einer »endlosen Bewegung«, während Varro behauptet:

»Die Natur duldet es nicht, daß in alledem eine Kraft entsteht; und wenn sich dies Verhältnis durch irgendein Mittel brechen ließe, so gäbe es in der Tat eine ›ewige Bewegung‹ oder, wie man es nennt, eine ›ewige Bewegung in der ewigen Materie‹.«[10]

Galilei formuliert diese Regel noch entschiedener, die er seinem Werk über die mechanischen Instrumente voranstellt, und macht sie zu einem universellen Axiom. Der Philosoph geht über die bloße Feststellung hinaus und sieht darin ein Postulat, das für die Funktionsweise von Maschinen wie auch für den Gang der materiellen Welt gilt. Die Ingenieure gehen in die Irre, wenn sie sich auf den entgegengesetzten Weg einlassen, und es ist die Aufgabe der Philosophie, ihnen dies klarzumachen. Christian Huygens geht ausdrücklich darauf ein:

»Wenn die Erfinder neuer Maschinen, die sich vergeblich darum bemühen, eine ewige Bewegung zu realisieren, von dieser Hypothese Gebrauch zu machen verstünden, so würden sie ihre Irrtümer selbst einsehen und begreifen, daß sich eine solche Bewegung durch kein mechanisches Mittel verwirklichen läßt.«[11]

Und so wird eine mögliche Berufsnorm, eine Verhaltensregel für den Erfinder, zu einem Naturgesetz, das den mechanischen Vorgängen zugrunde liegt. Ja mehr noch, im Maße wie die Regel von der Unmöglichkeit des *perpetuum mobile* zu einem Erhaltungsprinzip wird, das dem Entdecker von Mechanismen als Anhaltspunkt dient, wird dieses Prinzip auch zur Quelle der theoretischen Analyse von Bewegung und dringt in die gesamte Mechanik ein. Es ermöglicht nicht nur die Definition eines Systems, sondern zeigt auch, daß die Existenz des Systems ein quantitatives Gleichgewicht des Ensembles Kraft – Bewegung voraussetzt, sofern kein äußeres Element hinzutritt. Damit wird auch der Zugang zur Dynamik erleichtert. Die Formulierung des Trägheitsprinzips, die Untersuchung der Stoßgesetze sowie der Bewegung der Schwerpunkte und die Idee der Kausalität (in der Form: Ursache gleich Wirkung) ergeben sich aus der Erforschung und Rechtfertigung einer Regel, die ursprünglich im Bereich der Erfindung und der Funktionsweise von Maschinen zu Hause war.

Alle mechanischen Philosophen betreiben eine Werkstatt und ziehen mit unterschiedlichem Erfolg Nutzen aus ihren Produkten. Wenn sie Regeln dafür aufstellen, was in der Technik möglich oder unmöglich, wünschenswert oder nicht wünschenswert ist, so organisieren sie damit das Wissen und die Fähigkeiten des Ingenieurs. Freilich reicht das nicht aus, um den Kern der philosophischen Methode zu bilden, denn wenn diese zu ihrer Blüte gelangen und ihre Funktion erfüllen sollte, mußte sie den Erfindungsprozeß in seiner Gesamtheit aufnehmen und lenken. Die entdeckten Instrumente und die bewiesenen Theoreme waren ebensoviele Bestätigungen eines Vorgehens, das sich selbst freilich als tiefgreifender und universeller verstand.

»In diesen Jahrhunderten spricht man beständig und mit einer an Monotonie grenzenden Beharrlichkeit von einer Logik der Erfindung«, bemerkt ein Historiker.[12]

Wie sollte man auch nicht davon sprechen, handelt es sich doch um einen der Hauptzüge der »neuen Philosophie«, der mechanischen Philosophie. Die Philosophie und die Philosophen widmen sich nicht mehr der Lehre, und auch die Gestalt ihrer Werke ist nicht länger daran orientiert. Wenn man sich an den Handwerker-Mechaniker wendet, wie es oft geschieht, so um ihm Möglichkeiten aufzuzeigen, wie er seine mechanischen Fähigkeiten verbessern kann. Leibniz stellt den Unterschied zwischen den beiden Prozessen eigens heraus:

»Übrigens gebe ich zu, daß es oft einen Unterschied gibt zwischen der Methode, deren man sich bedient, um die Wissenschaft zu lehren, und jener, auf Grund deren man sie findet ... Manchmal hat der Zufall Anlaß zu Entdeckungen gegeben (wie ich schon bemerkt habe). Wenn man diese Anlässe festgestellt und sie für die Nachwelt im Gedächtnis bewahrt hätte (was sehr nützlich gewesen wäre), so würden diese Einzelheiten einen sehr beachtlichen Teil der Geschichte der Wissenschaften ausmachen, wären aber nicht geeignet gewesen, wissenschaftliche Systeme daraus zu entwickeln.«[13]

Und Descartes erklärt in einem Brief an Mersenne vom 27. Februar 1637: »Es ist nicht meine Absicht, sie (die Methode) zu lehren«, und im *Discours de la méthode* stellt er tatsächlich nur die Geschichte seines Denkens und seiner Entdeckungen vor:

»Es ist also nicht meine Absicht, hier die Methode zu lehren, die jeder befolgen muß, um seinen Verstand richtig zu leiten, sondern nur aufzuzeigen, wie ich versucht habe, den meinen zu leiten.«[14]

Hier zeigt sich der rote Faden, der sich durch die meisten methodologischen Forschungen zieht. Deren Ziel ist es, Mittel zu finden, mit denen sich genauere Beobachtungen und Entdeckungen, die keinen Zufallscharakter tragen, machen lassen. Weshalb sollte Descartes dem *Discours de la méthode* drei kleinere Werke haben folgen lassen – in denen er sich mit der Optik, der Geometrie und mit der Meteorologie befaßte –, wenn nicht, um den Wert der Regeln zu belegen, denen er so große Bedeutung beimaß? Ist das Ziel dieses *Discours* nicht letztlich die Ausbildung von Erfindern? Leibniz hat seinerseits einen *Discours touchant à la méthode de la certitude et l'art d'inventer pour finir les disputes et pour faire en peu de temps de grands progrés* verfaßt. Darin sucht er uns zu überzeugen, daß zwischen Beweis und Erfindung kein wesentlicher Unterschied besteht:

»Denn die Wahrheiten, die erst noch gesichert werden müssen, sind von zweierlei Art; die einen sind erst ungenau und unvollkommen bekannt, die anderen sind noch gar nicht bekannt. Bei den ersten ist nun die Methode der Gewißheit oder die Kunst des Beweisens anzuwenden, die anderen bedürfen der Kunst des Erfindens, auch wenn beide Methoden sich nicht so sehr voneinander unterscheiden, wie man glaubt.«[15]

Wo Descartes an den einzelnen Erfinder dachte,[16] da geht es Leibniz um die *ars inveniendi* in ihrer ganzen Breite und Tiefe. Im Vergleich dazu hinterläßt die Baconsche Induktionslehre, deren Einfluß auf die Vorstellungen immerhin groß genug war, nur wenig Spuren in der Struktur der neuen Philosophie. Die »ars combinatoria« Leibnizens ist ihr, was die Weite der Perspektive und der eingesetzten Verstandesmittel angeht, weit überlegen. Es handelt sich um ein ganzes System, das dazu bestimmt ist, die Erfinder anzuleiten und ihren Versuchen eine Grundlage zu geben. Das Programm ist gewaltig: Einerseits entwickelt Leibniz den Plan zu einer enzyklopädischen Bestandsaufnahme, mit der sich die »Wissenschaften und Künste« ordnen und jene Bereiche aufspüren ließen, die als Grundlage für die Erforschung neuer Erfindungen dienen könnten; andererseits benennt er die Grundlagendisziplin, mit deren Hilfe sich die einzelnen Entdeckungen in den verschiedenen »Wissenschaften« oder »Künsten« ausbreiten ließen. In dieser Hinsicht ist die *ars inveniendi* zugleich das Organisationsprinzip seiner Logik und seiner Mathematik. Ihr Anwendungsbereich erstreckt sich zugleich auch auf die Erforschung der Mechanismen. Auf diese Weise hofft Leibniz die Cartesische Methode vervollständigen zu können. Das Loblied, das er auf diese Kunst singt, und die Hoffnungen, die er mit ihr verbindet, zeugen von dem gewaltigen Eindruck, den sie auf das Denken des Jahrhunderts machte, und auf die wichtige Stelle, die sie im Werk dieses großen Philosophen einnahm, der an Herzog Ernst August schrieb:

> »Es geht mir nicht um einzelne Entdeckungen; ich will vielmehr die Kunst des Erfindens verbessern; ich möchte eher Methoden als Lösungen von Problemen angeben.«[17]

So zeigt sich denn die wirkliche Bedeutung dieser »philosophischen Betrachtungen«, die die Historiker so schnell abtaten, um von der neuen Philosophie nur die Rolle der Mathematik und des Experiments zurückzubehalten. Sie bilden gewissermaßen den Hintergrund, denn Mathematik und Experiment sind dazu bestimmt, Entdeckungen zu ermöglichen. Das Vorgehen des Geistes, die Verstandesprozesse, die ins Spiel gebracht werden, und die Vorstellung von Erkenntnis, die dadurch gestärkt wird, erhalten ihre Lebendigkeit aus dem Genie des Erfinders. Die bestehenden Methoden und die bestehende Logik, die von einem anderen Geist erfüllt sind, die platonische Dialektik und die analytische – schlußfolgernde oder syllogistische – Logik des Aristoteles werden ersetzt durch Descartes' Regeln der Methode und durch Leibnizens *ars combinatoria*[18] oder *ars inveniendi (logicae inventionis semina)*. Beide sind von der Praxis des Mechanikers[19] inspiriert, sind von dieser Praxis abgezogen, in der Leibniz zu Recht einen Ausdruck der Theorie sieht. Dadurch hofft er, jenen zu helfen, die durch ihren Stand dazu verpflichtet sind, technische Schwierigkeiten zu lösen und ihre Unwissenheit zu beheben.

> »Daher kommt es, daß die Mechaniker ihre Beobachtungen nicht anzuwenden verstehen und daß die belehrten nicht wissen, daß ihre Wünsche durch die Arbeit der Mechaniker bereits erfüllt sein könnten. Die *ars combinatoria* könnte gerade Neues hervorbringen, indem sie unterschiedliche Dinge miteinander vergleicht, die solche, die nur wenig forschen, kaum in den Sinn kämen.«[20]

Deshalb versucht er auch ganz folgerichtig, eine Brücke zwischen dem Gelehrten und dem Mechaniker, zwischen den produktiven und den philosophischen Disziplinen zu schlagen.

Ich habe hier in äußerster Kürze eine sehr lange Geschichte dargelegt; aber selbst in dieser Knappheit wird deutlich, wie sehr Leibnizens Programm Ausdruck neuer Gewohnheiten im Leben der Kunst und der Philosophie war. Einerseits stellt er mit Hilfe theoretischer Analysen die Prinzipien der Mechanik auf und macht die Mathematik zum vorrangigen Instrument der Analyse, das er als Leitfaden für Einzelentdeckungen empfiehlt; andererseits geht er unmittelbar die Frage der Verbesserung der erfinderischen Fähigkeiten, des einzelnen und seiner Kunst an und schlägt die Lehre vor, die ihm am fruchtbarsten erscheint. Die beiden »Instrumente« ergänzen einander; während das eine jeder Disziplin seinen Stempel aufdrückt, bestimmt das andere den gesamten Korpus der mechanischen Philosophie. Das erste steuert das Resultat, das zweite den Erfindungsakt als ganzen.

Die experimentelle Methode übersetzt diese Doppelbewegung nur auf eine andere Ebene. Wie wir gesehen haben, ist der mechanische Philosoph ein Erfinder. Was er bei den Handwerkern oder bei anderen Gelehrten aufgreift, will er nicht nur verstehen und untersuchen, sondern auch verbessern, er will geometrische Lehrsätze formulieren und ein nur unvollkommen bekanntes Instrument verbessern. Er kann sich daher nicht mit indirekten Erfahrungen begnügen, er führt selbst Experimente durch, und zwar nicht so sehr, um das Bestehende zu bestätigen, sondern um neue Konsequenzen vorzuschlagen. Insofern die experimentelle Methode Erfindung, Anwendung von Instrumenten zur Produktion bislang unbekannter Wirkungen ist, bedeutet sie im Rahmen der mechanischen Philosophie etwas ganz anderes, als sie es im Rahmen der Naturphilosophie hätte sein können. Auf zwei verschiedenen Ebenen wirksam, durchtrennt sie die theoretischen Knoten und führt zu neuen Entdeckungen.

Das berühmte Experiment, das Torricelli ersann[21] und das als »Vakuumexperiment« bezeichnet wird, sollte klären, ob der Raum mit einer »subtilen Materie« gefüllt oder frei von solcher Materie sei. Es führte sowohl zur Entdeckung des Barometers als auch zur Erfindung der Vakuumpumpe. Doch war dies durchaus keine unvorhergesehene Wirkung. Mit Sicherheit hatte Torricelli an diese beiden Konsequenzen gedacht. Sein Brief an Ricci vom 11. Juni 1644 belegt dies eindeutig:

»Ich habe bereits auf einige philosophische Experimente hingewiesen, die ich zur Frage des leeren Raums angestellt habe; und zwar nicht nur, um ein Vakuum herzustellen, sondern auch um ein Instrument zu schaffen, das die Veränderungen der Luft, die bald schwer und dick, bald leicht und subtil ist, aufzeigt.«[22]

Dieser Schluß ist der Anfänge würdig. Die ersten Versuche finden sich bei den Brunnenbauern, bei den Ingenieuren, die sich mit der Entwässerung von Bergwerken befaßten, oder bei jenen, die im Bereich der Wasserversorgung arbeiteten. Ihnen bereitete es große Schwierigkeiten, das Wasser über ein bestimmtes Niveau hinaus zu heben. Vergeblich bemühten sie sich, bessere Pumpen zu konstruieren, die erwarteten Wirkungen stellten sich nicht ein. Daraufhin unterbreiteten sie ihre Probleme einigen mechanischen Philosophen wie Galilei und Baliani. Letzterer schloß, nachdem er das Problem untersucht hatte,[23] die Unmöglichkeit, Wasser über ein bestimmtes Niveau hinaus zu heben, gehe auf den atmosphärischen Druck zurück. Die Lösung besteht darin, nicht stärkere Pumpen zu bauen, sondern Pumpen, in denen man ein Vakuum aufbauen kann, das stark genug ist, um das Wasser anzuziehen. Bekanntlich macht Torricelli dieses Experiment und belegt damit, daß Balianis Gedanke richtig war.

Im übrigen erfordert jede Erfindung eine Vielzahl von Experimenten zu den Phänomenen, die mit dem angestrebten Instrument zu tun haben. Der Bau eines Pendels, das genau eine Sekunde pro Schwingung benötigte, stellte den Scharfsinn zweier Generationen von Experimentatoren auf die Probe, bevor Huygens die Schwierigkeiten mit seiner Uhr löste und das Werk vollendete. Die Experimente Newtons, die zur Aufstellung der klassischen Lichttheorie führten, stehen in einem direkten Zusammenhang zu den Arbeiten an der Verbesserung des Fernrohrs. Wenn man die Schriften und Experimentalforschungen dieser großen Philosophen nicht chronologisch, sondern nach den Instrumenten – Fernrohr, Uhr, Pumpen, Mühlen – ordnete, so erhielte man eine ebenso zufriedenstellende Ordnung, denn ihre Eingebungen und die Abfolge ihrer Entdeckungen kommen getreulich in diesen Instrumenten zum Ausdruck.

II. Die Geschicklichkeit des Mechanikers und die philosophische Erkenntnis

1. Das Experiment als analytische Methode

Zu Beginn der philosophischen Revolution galt der Rückgriff aufs Experiment zu Recht als vehementer Protest gegen die Autorität. Mit besonderer Vorliebe und großer Überzeugung stellte man gegen die Faszination der Bücher die gebieterische Macht der Fakten. Es entsprach dem Zeitgeist, wenn man die Tugenden der Natur gegen die Laster der Schullehren stellte. Durch diese Konfrontation von Theorie und Erfahrung hoffte man die allgemein akzeptierten Lehren über die Bewegung der irdischen und himmlischen Körper und deren Ursachen und Formen in nichts zu verwandeln. Man glaubte, das unfehlbare Mittel gefunden zu haben, um zwischen gegensätzlichen Meinungen zu unterscheiden, indem man an die Stelle der ewigen *disputationes* die Gewalt der Wirklichkeit setzte.

Freilich läßt sich nicht behaupten, daß all diese vom Protest durchdrungenen Experimente von höchster Qualität gewesen wären, noch daß sie der Religion, auf die sie sich beriefen, Ehre gemacht hätten. Denn manche von ihnen gingen in die Irre, weil sie auf alten Prinzipien beruhten und letztlich das Ziel verfehlten, das sie sich gesetzt hatten. Zudem muß man zur Ehrenrettung der Naturphilosophie eingestehen, daß sie nicht so sehr vom Leben abgeschnitten war, wie man es ihr vorwarf, noch auch, daß sie der Feind von Beobachtung war, den man in ihr sah. Ja man könnte sogar mit einigem Recht sagen, daß ihr ein Hang zum Mißbrauch der Beobachtung eignete.

In der Tat ordnet die Naturphilosophie ihr Wissen auf Grundlage von Beobachtungen, indem sie Informationen über eine größtmögliche Zahl von Fällen sammelt; sie versucht, diese Informationen in einen Zusammenhang zu bringen, ist geradezu versessen auf Zeugnisse aller Art und stützt sich darauf. Dieses Vorgehen erscheint ihr dabei durchaus nicht als Begrenzung, sondern im Gegenteil als eine Möglichkeit, besser in die Wirklichkeit einzudringen, mit der sie es zu tun hat. Wenn sich der Philosoph auf Zeugnisse beruft, so um sich der Gewißheit dessen, was er gesehen und gelernt hat, zu versichern. Sein Vorbild ist darin eher der Arzt oder der Handwerker, die vor allem ihren Sinnen, ihrer Wahrnehmung der Dinge und den Mitteilungen ihrer Kollegen vertrauen. Dem Philosophen geht es darum, sich mit einem Gegenstand vertraut zu machen und die regelmäßig daran geknüpften Eigenschaften sowie die bei identischen Operationen regelmäßig auftretenden Wirkungen zu entdecken. Die vielfältigen Versuche und Vergleiche haben den Zweck, die Richtigkeit dieser Feststellungen zu bestätigen; Irrtümer, die sich einschleichen, können in der Folge behoben werden. Der aristotelische *Habitus*, auf dem dieses ganze Wissen gründet, ist nichts anderes als die langsame Anreicherung und Verschmelzung von Erinnerungen um irgendein berichtetes oder festgestelltes Phänomen. Der Rückgriff auf die experimentelle Reproduktion der Vorgänge hat keine entscheidende Bedeutung für die Theorie. Betrachten wir einmal zur Illustration die Erforschung der Töne. Der Ton dient dem Schmied zur Kontrolle der Qualität eines Metalls, dem Musiker zur Abschätzung der korrekten Stimmung eines Instruments. Archytas schlägt eine Theorie vor, wonach der Ton durch das Anstoßen der Luft entsteht, wobei seine Höhe von der Geschwindigkeit der erzeugenden Bewegung abhängt, und zwar nach einem Proportionalitätsverhältnis, das sich in ganzen Zahlen ausdrücken läßt. Die Anwendungen, die er daraus zieht, zeigen, daß der Philosoph sich der Realität der beobachteten Phänomene versichert hat. Sind sie völlig neu? Bringen sie irgendetwas gänzlich Andersartiges im Verhältnis zu dem, was jeder sehen und wissen kann? Durchaus nicht. Karl von Fritz schreibt dazu:

»Die Argumente, mit denen diese Theorien begründet werden, stützen sich auf Beobachtungen, die man im alltäglichen Leben ohne jegliche Experimente machen *kann*; aber die Art, wie diese Beobachtungen eingeführt werden, legt doch den Schluß nahe, daß sie, wenngleich ursprünglich nur zufälliger Natur, doch zumindest der Kontrolle einer Wiederholung experimenteller Art unterworfen wurden.«[24]

Wenngleich dieser experimentelle Charakter nach den Bestimmungen dieser Philosophie nichts Zwingendes hat, so glaubt man doch, den Wert der Konzepte und Interpretationen um so besser begründet zu haben, je mehr Beobachtungen man gemacht und je mehr Beispiele man beigebracht hat. Das Kriterium der Häufigkeit hat primäre Bedeutung, denn eine Theorie wird nach der Anzahl der Fälle, die sie umgreift, beurteilt, und die vollständige Induktion ist das Endstadium der Exploration. In diesem Prozeß der Ergreifung des Wirklichen ist die Verwendung des Instruments nicht obligatorisch, nicht institutionalisiert. Die Kontrolle der menschlichen Organe, der Augen oder der Hand, über den Ablauf der Phänomene muß vollständig bleiben.

Das Experiment, wie es sich in der neuen Philosophie herausbildet, bricht mit diesen Vorstellungen. Zudem lehnt die neue Philosophie es ab, eine erschöpfende Sammlung von Beispielen beizubringen oder diese Beispiele in einem Inventar zu ordnen, *aus dem* sich dann ein Kòrpus gemeinsamen Wissens extrahieren läßt. Auch überschätzt sie nicht die Bedeutung, welche die alte Philosophie einer Vielfalt von Darstellungen materieller Phänomene beimaß. Aus diesem Grunde kritisiert sie auch die Zeugnisse und Beobachtungen, die sie weder kontrollieren noch – und vor allem – reproduzieren kann. Der statischen Allgemeinheit der Fakten zieht sie die Gewißheit ihrer Universalität vor. Aus dieser Universalität erwächst der einzig wünschbare Konsensus, sie schafft den Rahmen für eine strenge Deduktion und entscheidet in Kontroversen, die auf die willkürliche Auswahl von Indizien zurückgehen, indem sie jedem die Möglichkeit gibt, die in Frage stehenden Wirkungen aufzufinden, sofern er es wünscht. Im *Experimentator* nennt Galilei diese ausdrückliche Bedingung, als sein Kontrahent Sarsi sich auf Beobachtungen und Zeugnisse beruft.

»Wenn Sarsi wünscht, daß ich glaube, was Suidas glaubte, nämlich daß die Babylonier Eier kochten, indem sie sie kräftig in einer Schleuder herumwirbelten, so will ich das gerne glauben, aber ich sage, daß die Ursache dieses Effekts weit von der unterstellten liegt, und um die wahre Ursache zu entdecken, will ich folgendermaßen argumentieren: Wenn ein Effekt, der zu einer anderen Zeit bei anderen eintrat, sich bei uns nicht einstellen will, so folgt daraus notwendig, daß in unserem Experiment etwas fehlt, das die Ursache für den Erfolg der früheren Versuche darstellt; und wenn uns nur eine einzige Sache fehlt, so ist eben diese Sache die wahre Ursache. Nun gebricht es uns heute weder an Eiern noch an Schleudern noch auch an kräftigen Männern, die die Eier herumzuwirbeln vermögen, und dennoch wollen sie nicht kochen; und da alles beisammen ist – außer, daß wir Babylonier wären –, so folgt daraus, daß die Tatsache, Babylonier zu sein, und nicht die Reibung der Luft die Ursache für das Kochen der Eier ist – was zu beweisen war.«[25]

Die Ironie dieses Textes ist tödlich. In Frage gestellt wird hier nicht der Wille des Naturphilosophen, die Phänomene zu berücksichtigen, sondern die Art und Weise, wie er sie betrachtet und sich auf sie bezieht.

Wir haben bereits gesehen, wie die Technik des Experimentierens bei Leonardo da Vinci aufkommt; sie war allen gemeinsam, die sich in der Kunst des Ingenieurs betätigten. Man sucht mit allem Scharfsinn nach einem Modell, einer einzelnen Maschine, die so konstruiert ist, daß sie bestimmten Erfordernissen der Wirksamkeit oder der Dimension entspricht. Das Produkt, der Automat, ist unabhängig von seinem Schöpfer und benötigt für seine Bewegung keinerlei Verstandeskraft. Die Meßinstrumente, denen er sich anvertrauen muß, gestatten lediglich einen Eingriff, der die Teile in ihren Proportionen festlegt und die Kräfte in ihren Wirkungen reguliert. Der mechanische Philosoph setzte ein absolutes Vertrauen in die Messungen, in die Informationen, die ihm die Kombination von Instrumenten bot. Darin zeigt sich eine Einstellungsveränderung, die eine notwendige Voraussetzung für den Triumph der experimentellen Methode darstellt, wie uns das Beispiel der Erfindung des astronomischen Fernrohrs belegt. Als Galilei das Fernrohr auf den Himmel richtete, sah er Planeten und Flecken auf der Sonne, deren Größe sich veränderte und die niemand mit bloßem Auge beobachten konnte. Die Linsen schienen nur ein deformiertes Bild zu geben, also etwas, das nach gemeinem philosophischen Verständnis als »optische Täuschung« galt. Die Gelehrten verurteilten den Gebrauch des Instruments und zogen die Phänomene in Zweifel, denn »man kann Wissenschaft nicht alleine aus dem Gesichtssinn betreiben« (Non potest fieri scientia per visum solum). Die Verurteilung wog schwer: Das Fernrohr schien den täuschenden Schein eher zu vermehren, als den Weg zur Wahrheit zu öffnen.

Galilei dagegen ist es wie die Ingenieure gewohnt, mit Instrumenten und mechanischen Geräten oder Prozessen umzugehen, und akzeptiert die Idee, den Sinnen ein Artefakt entgegenzustellen, um seine Vorstellungen von der Struktur des Universums zu stützen. Mit diesem Schritt eröffnet er eine neue Epoche der Astronomie.

Erfahrung und Beobachtung des Technikers besaßen noch andere Eigenschaften als das Vertrauen aufs Instrument. Um Modelle oder Automaten zu bauen, ist es unerläßlich, die wesentlichen Teile und Phänomene zu isolieren, die Störeinflüsse in einer Reihe von Versuchen zu beseitigen und die Funktionsfähigkeit an den erwarteten Ergebnissen zu überprüfen. Diese Ergebnisse konnte man entweder aus einer Regel ableiten oder aus dem Vergleich mit den von einer vergleichbaren Maschine hervorgebrachten Wirkungen. In beiden Fällen hat die Messung entscheidende Bedeutung für ein abschließendes Urteil. Mit der Messung und mit der vorgängigen Auswahl der Eigenschaften, die den Operationen des Mechanismus zukommen müssen, zeigt sich auch die Notwendigkeit von Theorie. Die Beobachtung ist ein Moment in der Organisation der Theorie und erweist sich als richtig, wenn diese Organisation zu klaren Alternativen führt:

»Was die Beobachtungen betrifft, so fiel mir sogar auf, daß sie um so notwendiger sind, je weiter man in der Erkenntnis fortgeschritten ist. Denn für den Anfang ist es besser, nur solche zugrunde zu legen, die sich unseren Sinnen von selbst anbieten.«[26]

Die Beobachtung ist also nicht das erste Moment, die Quelle der Erkenntnis. Sie hat vielmehr – wir haben es nicht vergessen – eine zweifache Bedeutung als Technik der Erfindung und als Methode, mit der sich die Eigenschaften der Realität erfassen lassen. Die Erfahrungen, die sich nach den Worten Descartes' »von selbst ergeben«, sind die Entdeckungen: das Fernrohr, die Uhr, die Pumpen, und sie sind es, die dann eine ganze Reihe von Analysen geometrischer, optischer, mechanischer Natur auslösen, die dann umständliche Verifikationsbemühungen erfordern und es ermöglichen, das Unbekannte zu verstehen und das Unerwartete zu greifen. Die experimentelle Methode kommt in dieser Reifephase der Theorie und ihrer Möglichkeit, Neues vorauszusagen, ins Spiel. Die Maschine oder das Instrument, von denen man ausgegangen ist, werden verbessert, und zugleich werden einige Gesetze der Optik oder der Bewegung aufgestellt. Die Arbeiten Newtons im Bereich der Optik bieten eine reichhaltige Illustration dieser Vorgehensweise. Die ersten Arbeiten, die er zu diesem Thema veröffentlichte, galten der Verbesserung des Fernrohrs. Bei dieser Gelegenheit macht er seine berühmte Entdeckung hinsichtlich der Zerlegung des weißen Lichts in die sieben Grundfarben. Einerseits belegt er sie mit einer Reihe von Experimenten, andererseits verwendet er den Kalkül, um die Theorie zu formulieren. Die Art, wie er seine Entdeckung bekanntgibt, ist charakteristisch für den generellen Stil; sie muß überraschen.

»Heute werde ich Ihnen eine weitere, noch bemerkenswertere Difformität mitteilen, in welcher der *Ursprung der Farben* beschlossen liegt. Ein Naturforscher wird kaum erwarten, daß die Wissenschaft von den Farben mathematisch wird, und dennoch wage ich zu behaupten, daß darin ebensoviel Gewißheit liegt wie in jedem anderen Teil der Optik.«[27]

Woher diese Gewißheit? Nicht aus der Vermehrung der Erscheinungen noch aus einem Schluß, den er aus dem Fehlen von Beispielen, die seinen Behauptungen widersprächen, zöge, sondern aus dem Experiment, das die Effekte eindeutig belegt, aus denen er einige interessante Dinge ableitet:

»Denn was ich über sie (die Farben) gesagt habe, ist keine Hypothese, keine bloße Vermutung, sondern eine sehr strenge Schlußfolgerung: Auch ist es durchaus nicht so, weil es nicht anders wäre oder weil es auf alle Phänomene zuträfe (ein beliebtes Argument der Philosophen), es ist vielmehr durch direkten Schluß durch Vermittlung der Beobachtung ohne den Schatten eines Zweifels bewiesen.«[28]

Als Newton seine Lehre vom Licht und die zugehörigen Experimente bekannt gemacht hatte, bemühten sich einige Naturphilosophen, diese Lehre auf die Probe zu stellen, und erdachten allerlei Experimente, die zum Teil nichts mit der Sache zu tun hatten, um ihn in Verlegenheit zu bringen. Von all diesen Philosophen war Lucas der fleißigste. Hier nun, was Newton dazu an Oldenburg schrieb:

»So kann ich denn annehmen, daß er (Lucas) wirklich wissen will, welche Wahrheit in diesen Dingen liegt. Und doch wird er viel schneller zum Ziel kommen, wenn er ein wenig die Methode verändert, die er vorschlägt, und statt einer Fülle von Dingen nur das *experimentum crucis* durchführt. Denn nicht die Zahl der Experimente zählt, sondern ihr Gewicht; und was sollen viele Experimente, wo eines genügt?«[29]

Der springende Punkt in dieser Kontroverse ist deutlich: Genügt ein Experiment, oder sind mehrere nötig? Wenn ein einziges Experiment bereits die gestellte theoretische Frage beantwortet, so genügt dieses eine. Nicht die Zahl der Experimente ist wichtig, sondern ihr Gewicht, das heißt ihre Bedeutung für die Theorie der untersuchten Phänomene, also ihr Beweiswert. Wenn das *experimentum crucis* negativ ausfällt, ist es nutzlos, weiter in diese Richtung zu forschen. Wenn es positiv ausfällt, ist jedes weitere Experiment überflüssig. Newton sagt: Man muß vor allem die Brechungsunterschiede untersuchen.

»Ich habe es im *experimentum crucis* gezeigt. Wenn der Beweis gut ist, braucht man die Sache nicht weiter zu untersuchen; ist er nicht gut, so muß man den Fehler aufzeigen, denn der einzige Weg, um einen bewiesenen Satz zu überprüfen, besteht darin, den Beweis zu prüfen.«[30]

Das Experiment gleicht einem mathematischen Satz: Die Verkettung, die es aufzeigt, ist das Ergebnis, das man erwarten kann. Und darin liegt eine Neuerung: Experimente diskutiert man nach dem Vorbild einer Theorie. Newtons indirekte Antwort an Lucas gibt Auskunft über *seine* Methode:

»Ich habe Ihren Brief vom 23. mit der Antwort Herrn Newtons auf meine experimentellen Einwände gegen seine neue Theorie gelesen . . . Dennoch bin ich nicht der Meinung, daß ohne weitere Experimente ein endgültiger Beweis der neuen Theorie vorläge. Ich glaube, daß man diese Tatsachen nach einer streng syllogistischen Methode aus der neuen Theorie ableiten kann«, und er teilt mit, er wolle »eine *gewisse Anzahl* Experimente in mehreren brechenden *Medien* durchführen.«[31]

Sprache und Gedankenwelt könnten gar nicht weiter von denen Newtons und der neuen Philosophie entfernt sein. Lucas bringt Einwände gegen die Experimente vor, das heißt Einzelfälle, die sich von den Regeln entfernen könnten. Um sich davon zu überzeugen, will er möglichst viele Experimente in verschiedenen physikalischen Bereichen durchführen, das heißt die Allgemeinheit der Theorie durch die Häufigkeit der Beobachtungen belegen. Das scheint ihm der »syllogistischen Methode« gemäß. Newton kann das nicht akzeptieren. Ein Experiment genügt, um eine Theorie zu bestätigen oder zu widerlegen.

»Die volle Wahrheit dessen, was ich in meinem ersten Brief über die Farben hinsichtlich der Unmöglichkeit einer erheblichen Verbesserung des katadioptrischen Fernrohrs gesagt habe, hängt von der Länge des Bildes ab, und es hat große Bedeutung für die Frage, ob die Theorie richtig oder falsch ist.«[32]

Lucas sah also die Erfahrungen außerhalb ihres Kontextes und ihres Ziels: des Baus des katadioptrischen Fernrohrs. Der Wahrheitsgehalt der Theorie bot sich ihm nicht in der zugespitzten Form dar, wie es für Newton der Fall war, der ja über diese Theorie eine bestimmte Leistungsfähigkeit des Instruments erreichen wollte. Aus diesem Ziel läßt sich auch die neue Bedeutung der Mathematik ersehen. Es geht nicht einfach darum, Zahlen zu setzen und irgendwelche Größen arithmetisch auszudrücken. Im Experiment wird *gemessen*, und das Instrument, um das es bei diesem Experiment geht, ist seinerseits ein Meßinstrument. Was Lucas – und viele andere – nicht begriffen.

»Im letzten Satz des Briefes von Herrn Lucas, wo er sagt, ich hätte *die Länge des Spektrums mit Hilfe verschiedener Prismen berechnet*, ist das Wort *berechnen* eine irreleitende Darstellung dessen, was ich ihm geschrieben habe, denn entscheidend ist gerade, daß sie nicht berechnet, sondern gemessen wurde.«[33]

Maßvoll, aber entschieden macht Isaac Newton deutlich, daß das Experiment Beziehungen beweist, welche die Theorie zwischen den Phänomenen wahrnimmt. Hat man diese Beziehungen gefunden, so genügt eine geringe Anzahl von Experimenten oder sogar ein einziges, das in einem direkten Zusammenhang zu der zentralen Behauptung steht, um sämtliche Ableitungen aus der Theorie zu beweisen, denn diese bezeichnen die Ursache, das Unbekannte. Die Instrumente sollen diese Phänomene, das heißt die Ursache, ans Licht bringen und sie durch die Messung der erwarteten Wirkungen verifizieren. Die Berechnung stellt dabei keine nebensächliche oder autonome Operation, kein Indiz unter anderen dar, sondern ist in die Meßoperation integriert. Was nun die verschiedenen Experimente angeht, so sind sie untereinander *verbunden*, und es wäre ausgeschlossen, daß die einen wahr, die anderen aber falsch wären. Entweder sind sie alle wahr oder keines. Der Wert ihrer Verknüpfung bemißt sich an der Geschlossenheit der Konzeption und an der Qualität des Instruments, an dessen Verbesserung der Wissenschaftler arbeitet. Wegen dieses engen Zusammenhangs ist es nicht erforderlich, alle denkbaren Experimente durchzuführen. Lucas weist diese methodologische Vorstellung Newtons, die der seinen so sehr widerspricht, zurück:

»Er (Newton) sagt uns, *er wolle eines oder zwei von meinen Experimenten näher prüfen, die ich ihm als die besten empfehlen möge*; und wenn sich zeige, daß sie ohne Bedeutung sind, so sollten andere urteilen, was an der *Menge der restlichen* daran sei. Doch ich muß mich gegen diese Antwort verwahren und sie als unrechtmäßig zurückweisen, solange nicht gezeigt ist, daß ein Versagen dieser zwei Experimente auch die restlichen erledigt. Denn sonst wird die große Zahl der Experimente weiterhin gegen sein *experimentum crucis* stehen und, soweit ich sehe, ebensoviel Gewicht haben.«[34]

Nein, die übergroße Zahl dieser Experimente hatte keinen Bestand, aber das *zentrale* Experiment Isaac Newtons wird heute noch in aller Welt den Kindern vorgeführt. Der Naturphilosoph hatte kein Verständnis für den Geist des Experiments, den wir hier in äußerster Reinheit beobachten können.

Das Experiment, das »gute Experiment«, wie die Künstler-Ingenieure sagten, ist zu einer präzisen und kodifizierten Kunst geworden, und das mathematische und mechanische Wissen trägt dazu bei, es zu formulieren und ihm einen hohen Grad an Gewißheit zu sichern. Die experimentelle *Technik*, die Brunelleschi als erster auf die Untersuchung des Lichts anwendete (wodurch er die Perspektive revolutionierte), verwandelt sich nun in den Händen Galileis, Descartes' und Newtons zur experimentellen *Methode* und verleiht der Optik ihre klassische Gestalt. Dasselbe gilt für die übrigen Bereiche der mechanischen Philosophie.

Es geht nicht primär darum, die innere Struktur der Materie zu erfassen oder auf sie einzuwirken. Der wesentliche Punkt ist die Produktion und Quantifizierung der Wirkungen, die von den verschiedenen mechanischen Vorrichtungen hervorgebracht werden. Aufgrund von Messungen und mit Hilfe mathematischer Ausdrücke formuliert man Regeln und Gesetze. Konzept und Praxis der Messung bilden eine Einheit, denn sie verknüpfen das experimentelle mit dem mathematischen Vorgehen, die Quantität mit dem Gesetz. Die Phänomene, die man dabei erhält, und die Theorie, die diesen Phänomenen entspricht, sind quantitativer Natur, dimensioniert und expliziten Prinzipien unterworfen, aus denen sich wiederum besondere Regeln ableiten lassen. Die entscheidenden Experimente werden fast immer von Instrumenten angeregt und von der Notwendigkeit, sie durch geeignete Erfindungen zu verbessern. Das Neue an dieser »neuen Philosophie« wird verfehlt, wenn man sie nur als mathematisch und experimentell bezeichnet. Wenn man der historischen Realität näherkommen will, muß man von einer *messenden* und *instrumentellen* Philosophie sprechen, nur so wird man den Vorstellungen ihrer Erfinder und den Interessen der Gruppen, die sie aufnahmen, gerecht. Anderenfalls vergißt man, daß sie ihren Ursprung in der Mechanik hat, und es wird unmöglich, sie von den Naturdisziplinen, die ihr vorausgingen, und von jenen, die ihr folgten, zu unterscheiden. Nur als solche erlangte sie den Gipfel des Wissens und Macht über die Wirklichkeit.

2. Messung und Einheit des Wissens

Glückliche Formeln sind oft ungenau: Sie treffen, ohne das Ziel zu erreichen.

»Die ganze Logik des Empirismus«, schrieb Léon Brunschvicg, »brach in dem Augenblick zusammen, als klar wurde, daß Erkennen Messen heißt.«

Ist der Empirismus, dem die mechanische Philosophie den Gnadenstoß zu geben hoffte, nicht in Wirklichkeit eine höchst partikulare Art, an die Phänomene heranzugehen, die historisch genau datiert und an einen bestimmten Kontext gebunden ist? Wir wollen einen Augenblick bei dieser Frage verweilen. Der Erkenntnisakt mußte in erster Linie die Naturphilosophie interessieren, die sich in diesem siebzehnten Jahrhundert zerschlagen sieht. Wie könnte es auch anders sein, bilden doch die Sinne, die Fähigkeit, die Gegebenheiten der Umwelt zu kombinieren und die von anderen geäußerten Meinungen zu organisieren, für diese Philosophie ein privilegiertes Instrument, die Welt zu erfassen; und dieses Instrument ist der menschliche Organismus. Die alten philosophischen Disziplinen kannten keine anderen Instrumente. Daher die Notwendigkeit, das Vorgehen des erkennenden Menschen genauestens zu bestimmen. Allerdings betrachtet sie kein beliebiges Individuum, kein beliebiges Verhalten, bei dem Sinne und Verstand ins Spiel kommen. Die naive Anschauung und die bloße Beschreibung der Farben und Klangharmonien, die Fülle der Eindrücke und Gefühle, die einen jeden im Angesicht der vielfältigen Gegenstände überfallen, diese Phänomenologie, die das spontane Werk eines jeden sein kann – all dem gilt freilich nicht ihr Interesse. Mit Entschiedenheit bestreitet sie den Wert von Auskünften und Feststellungen, die der schlichten Betätigung der Sinnesapparate geschuldet sind. Die Gewohnheit, die aus der bloßen Wiederholung von Gesten oder Beobachtungen folgt, und die zufällige Erfahrung, die einer Praxis ohne Führung oder Anleitung entspringt – *tribe* und *melete* –, sind keine geeigneten Wege zur Erkenntnis. Allein der Mensch, der ein Wissen erwirbt und besitzt, der klar bestimmte und beglaubigte Fähigkeiten hat und dessen Urteil und Wahrnehmung von diesen Fähigkeiten geleitet sind, kann die Wahrheit erkennen. In diesem Sinne kann man von ihm erwarten, daß er uns tiefer in das Gewebe der realen Welt eindringen läßt, denn die Regeln, die ihn leiten, bieten ihm eine Orientierung und gestatten es ihm, allen Nutzen aus dem, was ihm zufällt, zu ziehen. Da praktische und geistige Tätigkeit durch die Methode gelenkt und nicht vom Zufall bestimmt sind – wie Platon es uns von Hippokrates, dem Arzt, bezeugt –, gründet die Untersuchung ihres Erfolgs auf einem Raster und geht von einer Disziplin aus, die es ermöglichen, dem Beobachtbaren und Erkennbaren Sinn und Zusammenhang zu geben. Dann sagt man auch, dieses Individuum, das Subjekt der Erkenntnis, sei im Besitz der Kunst oder der *techne* oder, was auf dasselbe hinausläuft, der philosophischen Disziplin, der *episteme*. Die Regeln der verschiedenen Künste bieten dem Menschen einen sicheren Halt angesichts der Welt der Erscheinungen und Objekte. Wenn der Naturphilosoph das erkennende Subjekt betrachtet und theoretisch zu erfassen sucht, so denkt er nicht an irgendeinen Organismus, der fähig zu Wahrnehmung und zur Reflexion ist, er denkt vielmehr an eine Person, die eine Kompetenz erworben hat, welche auf einer durch Erfahrung und Wirksamkeit bestätigten Norm beruht. Auf dieser Kompetenz beruht der Geltungs- und Universalitätsanspruch der Verfahrensweisen und Schlüsse.

Wenn der Mensch Träger des Wissens ist und man nur durch seine Vermittlung in die Ordnung der Dinge eindringt, so verweist dies die Werkzeuge und Instrumente in die direkte Abhängigkeit der Sinnestätigkeit, und die Bedeutung exakter quantitativer Messung wird sekundär. Damit verliert das Argument, wonach die alten Philosophen nicht den Weg exakten Experimentierens eingeschlagen haben, weil sie sich der Spekulation verschrieben und den Tatsachen wie der Praxis den Rücken kehrten, die Überzeugungskraft, die ihm gewöhnlich beigemessen wird. Man könnte leicht zeigen, auf welch tönernen Beinen es steht. Auf den ersten Blick, aber auch nur auf den ersten Blick, besser begründet erscheint die These, wonach der Grund für den Empirismus oder die Unfähigkeit der meisten griechischen Philosophen, zu einer »wissenschaftlicheren« Erforschung der Erscheinungen zu gelangen, im Fehlen von Instrumenten zu suchen ist. W. Heide hat diese These in aller wünschbaren Klarheit formuliert:

»Dennoch steht fest, daß die Mittel, derer sich die großen Künstler bedienten, äußerst einfach waren, obgleich geschickte Hände sie zu ihren Zwecken gut geeignet fanden. Tatsache ist, daß die griechische Zivilisation ihre Ergebnisse mit dem denkbar geringsten mechanischen Aufwand erzielte. Insbesondere gab es überhaupt keine Präzisionsinstrumente.«[35]

Aber trifft das zu?

Die Vertreter dieser These scheinen die Tatsache übersehen zu haben, daß die instrumentelle Ausstattung der ersten von Galilei, Baliani, Mersenne, Torricelli oder Pascal durchgeführten Experimente kaum über die Möglichkeiten der Alten hinausging. Zur Bestimmung der Länge eines Sekundenpendels benötigte der Mechaniker des siebzehnten Jahrhunderts lediglich eine Rolle, eine

Schnur und Gewichte.[36] Das Fallgesetz ließ sich, wie Galilei behauptet, mit Hilfe einer schiefen Ebene und eines Wasserbehälters beweisen, an dem ein Kran mit der geeigneten Ausflußmenge angebracht war. Das berühmte Barometerexperiment hätte auch im Bereich des Genies und der Möglichkeiten eines Empedokles gelegen, wenn man von der Qualität der Materialien absieht, aus denen die Röhren hergestellt waren. Dasselbe gilt für die Experimente Leonardos oder Stevins. In Wirklichkeit hat eben vor dem Ingenieur niemand experimentiert, und niemand hat sich der Autorität der quantitativen Regeln anvertraut. Der Ingenieur konnte dies tun, weil die Maschine als Instrument für ihn Autonomie besaß, weil sie ein Automat war, der es ermöglichte, auf die nichtmenschlichen materiellen Kräfte einzuwirken und sie wirken zu lassen. Dagegen vertraute der Handwerker allein seiner Geschicklichkeit, und Werkzeug sowie Meßgenauigkeit spielten im Vergleich zu seinem eigenen Umgang mit dem Rohstoff nur eine untergeordnete Rolle. Entscheidend ist hier also nicht das Fehlen oder Vorhandensein von Instrumenten, ihr Präzisionsgrad oder ihr Verhältnis zur Mathematik, sondern der Kontext der Fähigkeit mit der es verknüpft wird. Der Naturphilosoph bewegt sich im Rahmen der Künste, und seine Aufgabe ist es, der Beobachtung eine systematischere Gestalt zu verleihen und seine Methode zu verbessern, die ihrerseits vom Handwerker stammt. Die Idee der Messung hebt diesen Empirismus auf, aber sie beseitigt nicht jeden Empirismus, insbesondere nicht den, aus dem sie selbst hervorgegangen ist, den einzigen Empirismus, den der Mechaniker und der Hersteller von Meßinstrumenten für ihr Wissen und ihre Industrie anerkennen.

»Der Bau von Kanonen«, schreibt Galilei, »hängt von deren Unterschieden, Abmessungen und Proportionen ab.«[37]

Was nun die Erfindungen angeht, so mußten sie von »Maß« oder »Vernunft« begleitet sein, wie es aus dem Titel eines Werkes von Nicolo Tartaglia hervorgeht, in dem er Möglichkeiten beschreibt, die Ladung untergegangener Schiffe zu bergen: *Einige Erfindungen, die zu dem Zweck gemacht sind, jedes gesunkene Schiff mit Maß und Vernunft zu heben* (Venedig 1550).

Die Ausbreitung mechanischer Vorrichtungen aller Art veränderten auch die Gewohnheiten in vielen Künsten, indem sie den mechanischen Kalkül und die Geometrie,[38] die Beachtung räumlicher Verhältnisse, die Aufzeichnung von Bewegungsbahnen und Verfahren zur Abschätzung von Zeit und Gewichten usw. einführten. Hat nicht Albrecht Dürer die Künste neu definiert als auf Messung gründende Künste? Die mechanische Philosophie mußte einen langen und ungewissen Weg zurücklegen, bevor ihr der Durchbruch gelang und sie in Erkenntnis, Erfahrung und Universum durchsetzte, was in den Künsten ans Licht getreten war. Zu diesem Zwecke schließt sie zunächst einmal das Subjekt, seine Tätigkeit und seine Sinnesorgane, als Bestandteil oder Mittel der Beschreibung und Wahrnehmung der Phänomene aus. Für sie ist die Welt Materie und Quantität, jeden anderen Aspekt hält sie für sekundär oder reduzierbar. Das mag unvollständig erscheinen, und dennoch rechnet Descartes es sich als Ruhmestitel an, daß er einer solchen Vorstellung anhängt:

»Wenn meine Philosophie ihm (Froidmont) allzu grob erscheint, weil sie, wie die Mechanik, nur Größen, Figuren und Bewegungen berücksichtigt, so verdammt er, was an ihr gerade über die Maßen zu schätzen ist und worauf ich besonders stolz bin, nämlich eine Art zu philosophieren, in der alle meine Argumentationen mathematische Evidenz besitzen und sämtliche Schlüsse durch wirkliche Erfahrungen bestätigt werden.«[19]

Die Anziehungskraft dieser Evidenz ist so groß, daß alle Elemente der früheren Evidenz dahinter verblassen und zu Quellen von Irrtümern und Sinnestäuschungen werden. Die Naturphilosophen hielten für Täuschung, was sie durch das Fernrohr sahen, und leugneten die zugrunde liegende Realität. Umgekehrt verweist der mechanische Philosoph das Zeugnis der Sinne ins Reich der Phantasmagorien. So ist der feste Boden, auf dem der eine sich zu bewegen meint, für den anderen nur luftiges Gewölk.

»In Wirklichkeit«, schreibt Galilei, »bin ich gezwungen, sobald ich ein Stück Materie oder einen Körper wahrnehme, ihn mir mit Ausdehnung und Gestalt begabt vorzustellen, so daß er im Verhältnis zu anderen Körpern groß oder klein ist und sich zu einem gegebenen Zeitpunkt an einem bestimmten Ort befindet; daß er in Ruhe oder in Bewegung befindlich ist, daß er gegen andere Körper stößt oder nicht, daß er einfach oder zusammengesetzt ist; kurz, es ist unmöglich, sich einen Körper vorzustellen, der diesen Bedingungen nicht genügte. Daß aber dieses Stück Materie weiß oder rot, bitter oder süß oder mit irgendeinem Klang oder Geruch behaftet sei – ihm solche Qualitäten beizulegen, zwingt nichts meinen Geist; und wenn die Sinne hier nicht als Vermittler aufträten, so gelängen Vernunft oder Einbildungskraft niemals dorthin. Woraus ich schließe, daß Geschmack, Geruch und Farbe hinsichtlich eines

Gegenstandes, an dem sie zu existieren scheinen, nichts als bloße Namen sind und ihren Sitz in den Sinnen des Beobachters haben; sähe man von diesem Beobachter ab, so würden alle Qualitäten dieser Art zu nichts.«[40]

Was soll man davon halten? Lange Zeit hatte man den Farben, Gerüchen, Tönen und Formen derart große Aufmerksamkeit geschenkt, daß der Beobachter sich selbst in souveräner Präsenz glaubte und all seine Mittel einsetzte, um die Phänomene, die Materie zu durchschauen; und plötzlich behauptet man, es sei möglich, all diese Qualitäten zu vernachlässigen, das heißt aufzulösen, und die Realität anders vorzustellen, nämlich als Maschine, von der man all das abzieht, was vom Urteil und der Willkür des Menschen abhängt. Berücksichtigt werden nur noch jene Eigenschaften der unbelebten Materie, die gemessen und quantifiziert werden können. Wo die sinnlich wahrgenommenen Eigenschaften solchen Operationen nicht unterworfen werden können, hat man immerhin das Recht, sie in analoger Weise zu bewerten:

»Obwohl man von einem Ding sagen kann, es sei mehr oder weniger weiß«, fährt Galilei fort, »oder ein Ton sei mehr oder weniger hoch usw., können wir dennoch nicht exakt bestimmen, ob dieses Mehr oder Weniger nun ein Doppeltes oder Dreifaches ausmacht, es sei denn durch eine gewisse Analogie mit der Ausdehnung des dargestellten Körpers.«[41]

Erfahrung und Theorie beziehen sich beide auf Größen, auf Kräfte, die in den verschiedenen Bewegungen angelegt sind, ohne daß man bei den sinnlichen Manifestationen haltmachen dürfte, die den Zufällen einer subjektiven Beobachtung und der daraus fließenden Konventionen unterworfen sind.

Der Rückgriff auf das Werkzeug der Mathematik und die Eigenschaften dieses Werkzeugs sind durch diese Umstände bestimmt. In diesem Bereich blieb für die mechanische Philosophie alles erst noch zu tun. Die von den Griechen entwickelte Geometrie war in dieser Form weder zur Erklärung eines Universums verwendbar, in dem alles auf Zahl, Gestalt und Bewegung zurückführbar ist, noch zur Beschreibung von Instrumenten, die durch die Angabe ihrer Dimensionen, ihrer Proportionen und ihres Gewichts bestimmt sind. Die Idee einer quantitativen Geometrie, die aus den Arbeiten der Mechaniker erwächst, stößt auf Widerstand. Die Ausweitung geometrischer Beweisführungen auf Strecken und Gewichte, die sich nur als Bruchteile oder Vielfache von Einheiten ausdrücken lassen, läßt Zweifel an Kohärenz und Qualität der

Beweise aufkommen. Simon Stevin sieht sich veranlaßt, diese Ausweitung und das damit verbundene Rechenverfahren zu verteidigen:

»Wenn jemand hinsichtlich der Beweise im ersten Buch der Elemente der Wägekunst und auch der Hydrostatik, in dem die Gewichte durch Zahlen und durch bekannte Gewichtseinheiten wie das Pfund bezeichnet sind, behaupten sollte, es handele sich hier nicht um mathematische Beweise, daß etwa im ersten Beispiel des ersten Satzes im ersten Buch der Gehalt des Satzes zunächst mit Hilfe von Zahlen und bekannten Gewichten aufgezeigt, daß er aber im zweiten streng mathematisch bewiesen wird, und das gilt auch für die übrigen Beispiele. So wurde gelegentlich der mathematische Beweis durch einen praktischen ergänzt, damit größere Klarheit entstehe.«[42]

Zwischen mathematischen Beweisen und solchen, an denen räumliche und mathematische Größen beteiligt sind, besteht eine enge Parallelität. Die herrschende Rationalität muß durch eine neue ersetzt werden, und die Bedeutung der Mathematik muß sich verändern. Die Qualifizierung ist die Quelle dieser Veränderung; aus ihr fließt die Gewißheit, die man aus diesen Disziplinen beziehen kann. Für sie ist Quantität keine bloße Zahl in einem Proportionsverhältnis, sondern der Ausdruck einer Größe, die man messen will und die eine bestimmte Eigenschaft des Gegenstandes repräsentiert. Daher die Bedeutung des Konzepts der Dimension. Die Verwendung der Mathematik im Bereich der Mechanik führt zu einer Vermehrung der Dimensionen; zu den Raumdimensionen treten solche der Bewegung hinzu.

»Unter Dimension verstehen wir nichts anderes als die Bestimmung und Beziehung, in der ein Gegenstand als meßbar betrachtet wird, so daß nicht nur Länge, Breite und Tiefe Dimensionen eines Körpers sind, sondern auch die Schwere eine Dimension, gemäß der Gegenstände gewogen werden, und Geschwindigkeit eine Dimension der Bewegung und unendlich vieles andere dergleichen.«[43]

Das ist kein Einzelfall. Um eine Dimension mit einer anderen zu vergleichen, bedarf es einer konventionellen oder »übernommenen« Einheit.

»Nicht aber erkenne ich, welches Größenverhältnis zwischen zwei und drei besteht, wenn ich nicht etwas drittes berücksichtigt habe, nämlich die Einheit, die das gemeinsame Maß für beide ist.«[44]

Aber während es leichtfällt, solche Einheiten zu bestimmen, wenn die Größe diskontinuierlich ist, bildet die geometrische

Kontinuität ein Hindernis. Sie läßt sich aber mit der numerischen Diskontinuität in Einklang bringen, wenn die »übernommene« Einheit zu ihrer näheren Bestimmung geeignet ist:

»Dazu muß man noch wissen, daß die kontinuierlichen Größen vermittels einer angenommenen Einheit manchmal ganz auf eine Vielheit zurückgeführt werden können und immer wenigstens zum Teil, und daß die Vielheit der Einheiten hinterher in einer solchen Ordnung verteilt werden kann, daß die Schwierigkeit, die die Erkenntnis eines Maßes betrifft, schließlich nur noch von der Einsicht in eine Ordnung abhängt.«[45]

Damit ist eine Brücke zwischen Geometrie und Algebra geschlagen, und die Quantität kann nun beiden Bereichen angehören, ohne daß deren Strenge und Prinzipien Gewalt angetan wird. Indessen verdanken sich Notwendigkeit und Möglichkeit dieser Brücke dem Maß – das wird auf jeder Stufe des Descartes'schen Denkens deutlich. Das Maß ist nicht nur ein Mittel, sondern das charakteristische Merkmal der mathematischen Wissenschaften, ihre neue Bedeutung und ihr Wesen. In Descartes' Augen ist die Universalmathematik alles,

»was bezüglich Ordnung und Maß, noch ohne einem besonderen Gegenstand zugesprochen zu sein, zum Problem gemacht werden kann«.[46]

Die mechanische Philosophie kann den Weg der mathematischen Analyse einschlagen, weil sie das Maß zum Kriterium und zur Leitlinie erhebt. Ist der Autor des *Discours de la méthode* nicht der erste, der die Geometrie zu einer Meßtheorie macht? Und steht nicht die Geometrie im Zentrum seiner Methode und seiner Philosophie? Setzt sie nicht an die Stelle der Logik ein anderes »Organon« der Philosophie, das es ermöglicht, die Dimensionen – Geschwindigkeit und Gewicht, Raum und Zeit – miteinander zu kombinieren und von der Theorie zur Erfahrung überzugehen, indem man zunächst quantitative Indikatoren festlegt und dann Gesetzmäßigkeiten und strenge Beziehungen feststellt? Aus diesem Grunde ist die Mathematik in den Augen Descartes' eine »Universal«disziplin, die unabhängig von jeder »besonderen Materie« ist, weil sie einen eigenen – all diesen Materien gemeinsamen – Gegenstand hat, »die Ordnung des Maßes«. Auf diese Weise wird die Physik – oder besser die Mechanik – mathematisch. Aber nur, weil die Mathematik selbst mechanisch geworden ist. Das Mittelglied zwischen den beiden Ausdrücken ist die Regel. Die *ars mechanica* ist voll von solchen Regeln. Sie bestimmen das Verhältnis zwischen dem Neigungswinkel des Kanonenrohrs und der Aufschlagskraft der Kugel, beschreiben das Verhältnis zwischen dem Öffnungswinkel eines Zirkels und dem Kreis, den er zeichnet, zwischen der Konvergenz der Geraden in der Perspektive und dem Eindruck, der dadurch geschaffen werden soll, usw. Von einem Mechaniker zum anderen weitergegeben und mit Verstand angewendet, helfen sie, unmögliche Versuche zu unterlassen und die Ergebnisse vorauszusagen, die zu erreichen man hoffen kann.

»Wenn du mich fragst: Was leisten diese Regeln? Wozu dienen sie? so antworte ich«, bemerkt Leonardo da Vinci in einem seiner berühmten Aphorismen, »daß sie den Ingenieur und den Forscher zügeln und es nicht zulassen, daß sie oder andere unmögliche Dinge tun und als nutzlose Irre angesehen werden.«[47]

Vom Philosophen in die Maschine des Universums projiziert,[47] werden diese Regeln zu Gesetzen und Prinzipien. Die Prinzipien dienen der Erfassung der Ursachen, die Gesetze der Ableitung von Wirkungen. Die Gesetze haben es mit Größen zu tun, und ihr Realitätsgehalt kann durch Erfahrung bestätigt oder widerlegt werden. Nicht durch jede beliebige Erfahrung, sondern nur durch solche, in denen durch Instrumente meßbare Informationen anfallen. Nur dadurch erlangt man Gewißheit. Um dieses Privileg zu erlangen, eignet sich die Philosophie sowohl die Sprache der Mathematik an, die neben dem Maß auch Relation, und das heißt Regel und Gesetz, bedeutet als auch die Kunst der Instrumente, die neben der Präzision und Exaktheit auch das Modell der Natur reproduziert.

Ich habe all diese Umstände aufgezählt, um zu zeigen, daß die mechanische Philosophie gleichsam durch die Bewegung der Erfindung geschaffen wurde. Diesem wirklich revolutionären Element, das ihren Inhalt und ihre geistigen Techniken – Mathematik und Experiment – betrifft, habe ich den Vorzug vor allen übrigen Tendenzen gegeben, die mir sekundär erscheinen.

Schon Cardano antwortet Scaliger, als dieser ihm vorwirft: »Du hast einem bloßen Handwerker (Archimedes) den Vorzug vor Aristoteles gegeben«, mit folgenden Worten:

»Ohne Zweifel haben sie (Wilhelm von Ockham und Wilhelm von Heytesbury) genial und klar geschrieben; aber erfunden haben sie nichts.«

Noch ein Jahrhundert später war Unfruchtbarkeit in dieser Hinsicht ein entscheidendes Argument gegen die »aristotelische Philosophie«, der vorgeworfen wurde, »unfähig zu neuen Entdeckungen« zu sein.

Die mechanische Philosophie dagegen müht sich unablässig, Entdeckungen zu machen und die Methoden zu verbessern, die dahin führen können. Um ihr Programm abzurunden, sucht sie freilich auch ein Gesamtgebäude zu errichten, das den Menschen und die Welt einschließt. Ziel der Erkenntnis ist es, die Gesetze der Natur zu formulieren, die Architektur der Natur und ihrer Disziplinen zu errichten und die Wege anzugeben, auf denen man dahin gelangt: und dies alles in einem System zusammengefaßt. Die Erfindung, um die sie sich bemüht und auf die sie allenthalben stößt, ist letztlich nichts anderes als die Maschine des Universums.

Sechstes Kapitel:
Vom Universum der Maschine zur Maschine des Universums

Zweite Abteilung: Die mechanische Natur

I. Die Welt – in Frage gestellt

1. Form und Materie

Niemals läßt sich das materielle und geistige Instrument, das es den Menschen ermöglicht, die Welt zu erkennen, von der Welt trennen, die sie in diesem Erkenntnisakt schaffen. In der Zeit, die dem Aufblühen der Technik und der mechanischen Philosophie unmittelbar vorausgeht, herrscht der Eindruck einer Unangemessenheit, einer Auflösung[1] jenes Naturzustandes vor, der die Tätigkeit und die Wahrnehmung der menschlichen Kollektive bis dahin mit solcher Kraft und Kohärenz bestimmt hatte. In einem vielzitierten Gedicht läßt John Donne diese Trauer über das Verschwinden einer harmonischen und vertrauten Ordnung aufscheinen:

»Das Feuerelement ist gänzlich erloschen.
Die Sonne ist verloren wie die Erde; und niemand
Weiß mehr, wohin sich wenden, sie zu finden,
Und jedermann gesteht frei, daß diese Welt verloren,
Während man in den Planeten und am Firmament
Allenthalben nach so viel Neuem sucht.«[2]

Welche Wirklichkeit ist es, deren Struktur hier zerfällt und deren Elemente verschwinden? Es ist der abgeschlossene, hierarchisch gegliederte und qualitativ diversifizierte Kosmos, dessen Modell die Griechen entdeckt und bestimmt haben: die organische Natur. Von der Naturphilosophie in ihrer scholastischen oder nominalistischen Ausprägung vielfach kodifiziert, umgemodelt und ohne entscheidende Veränderungen wieder ans Licht gebracht, war dieses Modell aus der Antike überkommen. Bevor wir das Universum, das die Mechanik – Ingenieure oder Philosophen – erfanden, indem sie es schufen, in seinen Grundzügen darstellen, ist es sinnvoll, die Grundlinien jenes Universums zu skizzieren, das sie damit hinfällig machten.

Den meisten Gelehrten der Antike fiel zunächst einmal das Verhältnis zwischen den Vorgängen, die sie in der Welt der vom Menschen geschaffenen Dinge wahrnahmen *(techne onta)*, und jenen Prozessen, die in der Welt der den Menschen gegebenen Dinge *(physei onta)* am Werk waren, ins Auge. Aristoteles, dessen Werk die Krönung all dieser Bemühungen darstellt, verweist gleichfalls auf die handwerkliche Intelligenz, aufs Handwerk mit seinen Rezepten, seiner Arbeit und der Gesamtheit seiner Verfahren. Zwischen dem, was geschieht, wenn man einen künstlichen Gegenstand formt, und dem, was geschieht, wenn die Natur am Werk ist, sieht er keinen wesentlichen Unterschied; im Gegenteil, alles drängt ihn, im ersten Vorgang einen expliziteren Ausdruck des zweiten zu suchen:

»Wäre beispielshalber ein Haus ein Naturprodukt, es käme dann genau auf demselben Wege zustande, wie es faktisch durch die menschliche Arbeit hergestellt wird. Würden umgekehrt die Naturgebilde auch durch Menschenarbeit zustandekommen können, sie würden in derselben Weise dabei zustandekommen, wie sie in der Natur sich bilden.« *(Physik*, II, 8, 199a, zit. n. *Werke* Bd. 11, hrsg. v. H. Flashar, Darmstadt 1979, S. 52 f.)

Wenn er die menschliche Kunst und die Natur, die vom Menschen hergestellten und die von der Natur geschaffenen Dinge, einander so sehr annähert, so kann es nicht erstaunen, wenn er sich im weiteren sehr darum bemüht, sie zu differenzieren. Den wesentlichen Unterschied sieht Aristoteles in ihrem Ursprung. Die Dinge der Natur *(physei)* enthalten die Quelle ihres Wachstums, ihrer Bewegung und ihrer Organisation in sich selbst. Die Natur gleicht dem Arzt, der sich selbst heilt. Mit anderen Worten, sie gleicht dem Handwerker, der sein Wissen nicht auf etwas Äußeres anwendet, sondern auf sich selbst. Hergestelltes dagegen setzt den Eingriff eines äußeren Agenten voraus. Die Produkte der verschiedenen Handwerksarten, die sich der Bearbeitung eines Rohstoffs verdanken, bieten zahllose Beispiele. Die Unterscheidung ist freilich zerbrechlich, das Argument, auf das sie sich stützt, ließe sich leicht umkehren. Wenn der Boden austrocknet, so tut er dies nicht spontan und aus sich heraus. Vielmehr ist hier ein äußeres Ereignis, ein äußerer Faktor – der Wind, die Sonne – am Werk. Die Tätigkeit der Elemente wäre danach *techne* und nicht *physei*, künstlich und nicht natürlich. Die Klassifizierung, die Aristoteles hier anstrebt, ist eher intuitiv denn streng, und er scheint sich dessen vollkommen bewußt gewesen zu sein (*Physik*, II, 8, 199b). Im übrigen hat er stets die grundlegende Einheit von menschlichem Herstellen und Naturproduktion betont, weil beide zu einem Ziel führen und menschliches Herstellen das Ziel verwirklicht, das die Natur »zu erreichen nicht imstande ist«.

Doch bevor man den Gedanken der Finalität in die Ordnung der Welt einführen kann, muß man ihr Sein beschreiben. (Was ist sie, insofern sie *ist*?) Die Begriffe, mit denen diese Beschreibung erfolgt, sind »Materie« und »Form«. Sie reproduzieren im Innern der Natur die Dualität von Naturprodukt und Kunstprodukt. Die Materie wäre dann gewissermaßen das Gegebene, was aus sich selbst heraus existiert, Holz, Erz, Stein, und die Form wäre das Modell, die Organisation, welche die Materie erhält und die ihren inneren Möglichkeiten entspricht. Der Unterschied zwischen Materie und Form läßt sich *in praxi* nur schwer bestimmen. Eine klare Definition der Form gibt Aristoteles für hergestellte Gegenstände, nicht aber für Naturdinge, wie er sie versteht. Daher der beständige Wechsel zwischen zwei Naturvorstellungen, die beständig zugleich präsent sind. Einerseits ist die Natur Tätigkeit, Veränderung, Bewegung, ist sie die den materiellen Prozessen eigene Spontaneität; und andererseits ist sie die Konjunktion von Materie und Form, die kohärente Strukturierung beider, die von einem Zweck geleitet ist. Freilich bleibt die zweite Naturvorstellung stets die wichtigere. Der Grund dafür ist die Vorstellung, die Aristoteles von Prozessen aller Art hat. Er geht von einer Materie aus, die eine Form annehmen oder sich frei von dieser Form präsentieren kann. Das Werden jeden Wesens ist jener Vorgang, in dem das materielle Subjekt (*hyle*) ans Licht der Form (*eidos*) tritt, wobei es von einem ins andere verwandelt wird, vom Holz in das Bett, vom Kind in das Erwachsenen, und damit einer Zweckbestimmung nachkommt.

»Wie die Bezeichnung ›Handwerksstück‹ (nur) dasjenige erhält, was nach den Gesetzen des Handwerks hergestellt und ein Handwerksprodukt ist, so heißt auch (nur) dasjenige ein Naturstück, was den Naturbedingungen gehorcht und ein Naturprodukt ist: Wir werden noch nicht von einem Handwerksstück sprechen, wenn etwas bloß im Modus der Möglichkeit ein Bett ist, aber die Gestalt eines Bettes noch nicht hat; wir werden es im gleichen Fall auch bei den Naturgebilden nicht tun. Denn was nur im Modus der Möglichkeit Fleisch oder Knochen ist, hat seine Natur noch nicht erreicht, bevor es nicht die Gestalt erhalten hat, die jenem Begriff entspricht, welcher das Fleisch beziehungsweise den Knochen definiert, und es ist noch kein Naturprodukt.« (*Physik*, IV, 193a-b, *Werke*, Bd. 11, a.a.O., S. 34.)

Der Gegensatz von Materie und Form in dieser dynamischen Verknüpfung ist zugleich Gegensatz zwischen Möglichkeit und Wirklichkeit, denn im Prozeß des Machens wie des Wachsens existiert alles, was ist, im Hinblick auf seine Vollendung. Was der Möglichkeit nach existiert, erhält sein volles und wahres Wesen erst in der aktuellen Organisation. Gilt das nicht auch für das Erz, das in das Atelier des Bildhauers, und für das Holz, das in die Werkstatt des Tischlers kommt? Aber das zeigt auch, daß alle Materie stets in Bewegung und Veränderung begriffen ist, daß es im eigentlichen Sinne keine »tote« Materie geben kann, eine Materie, die an sich und ohne Bezug zu dem, was sie werden soll, bestünde. Es gibt kein Sein ohne Werden, und darum ist alles Sein ein Vermögen, eine Energie, ganz wie die Geschicklichkeit der Hand und der Verstand des Handwerkers.
Die Parallelität zwischen dem Handwerksstück und dem sinnlich Faßbaren wird ohne Umschweife ausgesprochen: desgleichen die Gemeinsamkeit ihrer Zweckbezogenheit. Das Handwerksmodell oder die »handwerkliche Ursache« werden in den Kreislauf der Natur und in die syllogistische Beweisführung,[3] ihre philosophische Umsetzung, übertragen. Die Logik setzt sich so in die Physik hinein fort. Doch ist das ausreichend? Wir sehen in der Tat, daß diese Theorie der Kausalität eine historische Abfolge zum Ausdruck bringt und synthetisiert, die Abfolge der Fragen, welche die Naturphilosophie zu beantworten suchte, und diese Fragen stellen sich zunächst in der Welt des Handwerks und werden dann auf die Welt der Natur übertragen.
Die ersten ionischen Philosophen fragten zunächst, woraus die Dinge gemacht sind, und setzten damit an die Stelle des Tierprinzips das Substanz- oder Materieprinzip. Im Mythos stießen sie sich in der Tat an der bäuerlichen Welt, an der zyklischen Welt, in der der Wechsel von Tag und Nacht, die geschlechtliche Vereinigung, Wachstum und Absterben der Pflanzen und Tiere die Abfolge und den Sinn der Erscheinungen bestimmten. Für die Handwerker dagegen waren die Gegenstände und die Stoffe, aus denen sie hergestellt wurden, bedeutsam. Und daraus stammt

denn auch die wirkliche Bedeutung der Natur als Material, aus dem die Geschicklichkeit Gegenstände schafft, als Ursprung und Gesamtheit der Ressourcen und ihrer Eigenschaften. Sie wird nun nicht länger durch ein tierisches Prinzip bestimmt, sondern durch ein stoffliches Prinzip – Wasser, Erde, Luft, Feuer –, das man fortan suchen und finden muß und kann.

Mit den Pythagoräern und insbesondere seit Parmenides suchte man nach der Organisation, nach den Proportionen, die in allen Phänomenen aufscheinen. Insbesondere stellte man fest, daß es die Eigenschaften jener Bewegung zu erkennen galt, der diese Organisation oder diese regelmäßige Ordnung sich verdankt. In dieser Phase zumindest muß man sie einem Agenten beilegen, ob es nun das Handwerkselement selbst war – das Feuer Heraklids – oder der Handwerker, zum Element gemacht – der *nous* des Anaxagoras. Der *nous* hat zwei Aspekte: Er ist bewegende Ursache und regulierender Verstand, eine Energie, die am Werk ist, und ein Geist, der weiß. Mithin ist er ein Wesen, eine Substanz für sich, die nicht mit anderen vermischt ist.

»Die anderen Dinge haben an jedem (Stoff) Anteil; der Geist aber ist etwas Unendliches und Selbstherrliches, und er ist mit keinem Dinge vermischt, denn wenn er nicht für sich (allein), sondern mit irgendetwas Anderem vermischt wäre, dann hätte er an allen Dingen Anteil, wenn er nämlich mit etwas vermischt wäre. Denn in jedem Ding ist ein Teil von ihm enthalten, wie ich vorhin ausgeführt habe. Und es würden ihn die mit ihm vermischten Stoffe (nur) hindern, so daß er über kein Ding in derselben Weise herrschte, wie wenn er allein für sich selbst wäre. Denn er ist das feinste und reinste von allen Dingen, und er besitzt von jedem Dinge jede Erkenntnis, und er hat die größte Kraft. Und alles, was Seele hat, Größeres und Kleineres, über all dies hat der Geist Gewalt.« (Diels, fr. 12)

Offenbar ist der *nous* kein göttliches Wesen. Er ist kein Urstoff: dennoch ist er wesentlich. Seine Anwesenheit in einer materiellen Organisation hängt von deren Platz in der Kette der Wesen ab. Beim Menschen ist er in der Hand verkörpert, denn, wie Anaxagoras sagt, die Hand ist das Zeichen der Überlegenheit unserer Art. Kurz, der *nous* ist ein handwerklicher Verstand, und mit ihm *geht der handwerkliche Faktor offen in den Bau der Welt und in den Ablauf der Phänomene ein.*[4]

Um den Anforderungen einer Definition gerecht zu werden, das heißt, um letztlich begründen zu können, warum die Dinge so sind und nicht anders, warum etwas eine Statue ist und kein Haus,

Gesundheit und nicht Krankheit, schien schließlich die Einführung einer letzten Ursache im Sinne einer Kunst oder eines Modells erforderlich, die in dem, was zu der Statue oder zur Gesundheit führt, vorgängig existent sind. Die Übereinstimmung zwischen Kausalität und handwerklichem Herstellungsprozeß, die Aristoteles so klar ausspricht, erhellt Sinn und Substrat der Antworten, nach denen die Philosophen suchten, und der Fragen, die sie hinsichtlich des Naturzustandes stellten. Und das war seine große Leistung, das Postulat, mit dessen Hilfe er das Vorangegangene aufnahm, das Postulat nämlich, »dieses Spektrum von Produktionsbedingungen auf die Natur anzuwenden und ihr einen metaphysischen Wert zu verleihen«. So wird die handwerkliche Arbeit zum philosophischen Wissen, so mündet, was in der Werkstatt *gemacht* wird, in das, was im Universum *ist*.

2. Die Einheit der Bewegungsformen

Das Universum ist in zwei Bereiche aufgeteilt, den himmlischen und den irdischen. Der himmlische Bereich umfaßt Kreisbewegungen, die als einfach und ewig gelten. Die geradlinige Bewegung gilt dagegen als unvollkommen und vergänglich. Jeder dieser beiden Bewegungsformen entsprechen besondere stoffliche Prinzipien. Der Stoff, der in der Lage ist, sich im Kreise zu bewegen, ist der Äther; in gewissem Sinne ist er das fünfte Element, das edelste und feinste, er bildet den obersten Bereich, den ersten Himmel, der die Fixsterne umfaßt und sich bis zur lunaren Ebene erstreckt. Dieser Bereich steht dem ersten Beweger, dem unbewegten Beweger am nächsten, der weder Anfang noch Ende kennt, dem beseelten Körper und materiellen *nous*. Die Sphäre der Sterne hat ähnliche Vorzüge, wenngleich sie in der Stufenleiter der Vollkommenheit nicht so hoch steht. Jeder Stern hat eine feste, kristallische Kreisbahn, ein Erbe des gläsernen Firmaments des Empedokles, und um deren Bewegungen zu erfassen, zählt Aristoteles insgesamt fünfundfünfzig solcher Kreisbahnen auf. Damit rechtfertigt er physikalisch das Planetensystem, das der Philosoph und Geometer Eudoxos vorgeschlagen hatte, und übernimmt die Beobachtungen des Gallipos von Cysike. Der Aufbau entspricht den astronomischen Hypothesen der Zeit, die auf eine bestimmte Vorstellung von Substanz und Bewegung beruhen. Die Erde befindet sich danach bekanntlich im Zentrum. Sie ist insgesamt der Bereich mit der geringsten Ausdehnung. Umgeben ist sie von den Regionen des Wassers, der Luft und des Feuers, die ihren je eigenen Ort haben. Ein entscheidendes Merkmal dieses Universums ist seine Fülle – Aristoteles kritisiert beständig die Vorstellung einer Leere – und seine Ordnung – jeder Elementarkörper hat seinen Ort, das heißt seinen natürlichen Ort, und wo immer ein Körper aus seinem natürlichen Ort, aus seinem Zentrum entfernt wird, kommt es zu einer nicht natürlichen, gewaltsamen Wirkung. In diesem Rahmen ist geradlinige Bewegung stets durch ihre Richtung bestimmt, »sie bewegt sich vom Zentrum fort« und »sie bewegt sich auf das Zentrum zu«. Schweres und Leichtes unterscheiden sich darin, daß ersteres sich nach unten, zum Zentrum hin bewegt, während letzteres nach oben, vom Zentrum weg strebt. Diese Bestimmung der Qualitäten wird auch auf die Elemente ausgedehnt. Erde und Wasser, die eine Kombination aus den Attributen des Kalten und des Trockenen einerseits, des Kalten und des Feuchten andererseits darstellen, haben ihren natürlichen Ort, da sie schwer sind, stets unten. Das Heiße und das Feuchte, welche die Luft bilden, und das Heiße und das Trockene, welche das Feuer bilden, stehen für das Leichte und haben ihren natürlichen Ort oben. So gibt es also eine kontinuierliche Kette von Äquivalenzen, die von den sinnlichen Qualitäten über die Materialien oder Stoffe, an denen oder mit denen man gewöhnlich arbeitet, bis hin zu den beobachtbaren Bewegungen reichen.

Im sublunaren Bereich, auf der Erde, stoßen wir auf jene Elemente, auf welche die Naturphilosophie sich stets bezieht, wenn sie die Eigenschaften der realen Welt erklären will, und die Empedokles in ihrer endgültigen Form bestimmt hat. Aristoteles, der Anaxagoras und insbesondere Platon nähersteht, beschreibt sie als Resultanten eines Grundstoffes, einer *protehyle*, die je nach den einwirkenden Qualitäten unterschiedliche stoffliche Formen annimmt. Diese stofflichen Formen verdanken sich einem äußeren, aber untrennbaren Prinzip, das die Möglichkeiten dieses Stoffes geradeso bestimmt, wie das Modell eines Werkes in einem Handwerk die Qualitäten des Rohstoffes bestimmt, an dem es sich betätigt. Die Umgestaltung und Kombination der Qualitäten ist ein Permutationsphänomen, und der Philosoph verzeichnet die vollständige Tabelle dieser Permutationen und bestimmt deren Modalitäten.

Die Operationen, die es mit zusammengesetzten Körpern zu tun haben, sind dieselben, die schon den alten Philosophen und den Praktikern vertraut waren, das heißt Mischung, Verbindung und Lösung – sämtlich Operationen, die allen Künsten gemeinsam waren und die wir heute als physikalisch-chemisch bezeichnen würden. Jede dieser Operationen ist mit einer bestimmten Bewegungsart verbunden. Mit Ausnahme der Atomisten – eine Aussage, die nicht ganz gesichert ist – sahen die Naturphilosophen in der Bewegung nicht nur eine Ortsveränderung. Die Ortsveränderung ist lediglich ein Sonderfall der Bewegung. Zu diesem Sonderfall kommen drei weitere Bewegungsarten hinzu: die Substanzveränderung des Körpers, die zu dessen Verfall oder zur Entstehung eines neuen Körpers führt, die Vergrößerung oder Verkleinerung eines Körpers durch Dilatation oder Kontraktion und die Veränderung der Qualität. All diese Veränderungen hängen untereinander zusammen. Der Grund für diesen beständigen Zusammenhang zwischen den Veränderungsmodalitäten scheint in den Operationen zu liegen, die der Philosoph zu untersuchen trachtet. Natürlich läßt sich die Bewegung nur dann von den übrigen Veränderungen unterscheiden, wenn man die Ortsveränderung des Instruments oder der Antriebskraft in einer Tätigkeitsfolge festhält. Aber für den Töpfer, der seine Töpferscheibe in Bewegung hält, bilden seine eigene Bewegung, die Wirkung, die diese Bewegung auf die Form der Vase haben kann, und die Abhängigkeit dieser Form von der Konsistenz des Tons und von dessen zunehmender Austrocknung eine enge Einheit. Der Philosoph vermöchte diese Kette kaum zu sprengen, ohne sich von dem Axiom zu lösen, wonach »Folgen und Bedingungen bei natürlichen Dingen und Artefakten im selben Verhältnis stehen«. Deshalb kann man ihm auch, wie es zuweilen geschieht, keinen Vorwurf machen, noch darf man in seiner Theorie den Ausdruck eines nur klassifizierenden Verstandes erblicken, wir sehen vielmehr, daß der Naturphilosoph einen strengen Maßstab an die Tatsachen anlegte und daß er sie in seine Begriffe übersetzen und aus der Perspektive der Natur erklären mußte.

Aristoteles bewahrt nicht nur die erwähnte Einheit, er rahmt sie gewissermaßen auch durch zwei Größen ein, die aus der Kunst und ihren Möglichkeiten stammen und nun alle materiellen Phänomene charakterisieren: Qualität und Finalität. Jeder Punkt der Folge wird durch Kombinationen gekennzeichnet oder erklärt, die Ausdruck von qualitativen Verhältnissen oder von Qualitäten sind. Luft, Wasser und alle Elemente werden durch qualitative Merkmale wie warm, feucht usw. begriffen. Vom Rohstoff bis zum fertigen Gegenstand sind allein die Daten der sinnlichen Wahrnehmung verwendbar, werden nur sie herangezogen. Letztlich erscheint damit auch die Ortsveränderung als eine Qualität; so fallen dann Flüssigkeiten oder feste Körper, weil sie Flüssigkeiten oder feste Körper sind. Doch die Vorstellung von Bewegung und Veränderung wird noch stärker von der Idee einer Finalität, einer Zielsetzung eingerahmt. Jeder Körper strebt seinem natürlichen Ort zu, jede Veränderung eines Stoffes entfernt ihn von seiner Form oder bringt ihn ihr näher. Das Ordnungsprinzip des Universums ist ein finales; es garantiert dessen Einheit und bildet den privilegierten Zugang zu dessen Erkenntnis.

II. Die Naturalisierung der Artefakte

1. Spielen und Machen

Noch während es den Anschein hatte, daß diese natürliche Ordnung der tiefgründige Ausdruck der Realität sei, entfernten sich die Landschaft des alltäglichen Lebens und die Vorstellungen der Menschen bereits von ihr. Wer immer willens und fähig war, die Augen aufzumachen, der sah, zumindest seit der Renaissance, allenthalben Pumpen, Mühlen, militärische oder zivile Maschinen aller Art und Uhren. Die Bücher, die man damals druckte und die nun in immer größerer Zahl auftauchten, brachten Abbildungen von diesen Instrumenten und Maschinen und boten ihren Lesern weniger im – meist recht knappen – Text als im Bild das Schauspiel der unablässig wiederholten Erfindungen. Sie wandten sich eher ans Auge als an den Verstand und halfen so, eine Optik zu etablieren, die einer stetig wachsenden Zahl von Menschen gemein war.

Theatrum machinarum, so hießen bekanntlich diese »kurzweiligen und delektierlichen« Zusammenstellungen von gewagten Erfindungen und Vorrichtungen, die zum guten Teil nie realisiert wurden und oft auch gar nicht realisierbar waren. Eine ernsthafte

Sache war das noch nicht, doch diese Ernsthaftigkeit zeichnete sich bereits im Leben eines jeden durch die Anziehungskraft des Ungewohnten und durch die Veränderung des Gewohnten ab. So bereitete dieses Spiel das Verschwinden seit langem verankerter Reflexe und die Ausbildung neuer Reflexe vor. Es erleichterte auch die Gewöhnung an eine anders geartete Ordnung der Dinge, weil es als Spiel nicht mit dem in Konflikt geriet, was als Wirklichkeit galt und Gewicht hatte. Es breitete die Gesetze des Universums auf einem Theater aus und machte dadurch das Befremdende akzeptabel; die Freude an Merkwürdigkeiten hielt darin respektvollen Abstand von den Prämissen und Prinzipien der organischen Natur, die allenthalben noch geteilt wurden. Gleichwohl wurde deren Solidität in Frage gestellt, auch wenn der direkte Angriff noch aufgeschoben blieb.

Spiel und Schauspiel sind übrigens Ausdruck der latenten Bewegung der Geschichte, die ihre Akteure zwar in die Richtung drängt, die sie eingeschlagen hat, aber noch nicht zum Bewußtsein gelangt ist und diese Richtung noch nicht zum Imperativ erhoben hat. Zugleich sichern Spiel und Schauspiel die Kommunikation einer Menschheit, die zu etwas Neuem erwacht ist, mit der Welt des Machens und der Artefakte. Die Artefakte sind dem gemeinsamen Naturzustand nicht nur fern und fremd, sondern diametral entgegengesetzt. Damit stellt sich der Mechaniker mit seinem Tun und stellen sich seine Mechanismen gegen die Natur, insofern sie Unnatur und unvereinbar mit den Grundlagen der natürlichen Ordnung sind. In den *arti del disegno* – den Zeichenkünsten –, die sich mit Eifer auf Mathematik und Experiment beriefen, verdanken die Spitzenleistungen sich der »Kunst der Maschinen«, die »eine hervorragende Bedeutung in der Architektur«[5] besaß; und die Einheit stammt aus der Perspektive, die eine Veränderung des Raumes vornahm. Vor der Erfindung der Perspektive wurden die Größen durch die *Blickwinkel* bestimmt, und die Stellung eines beobachteten Gegenstandes auf einer geordneten Fläche drückte nicht dessen Abstand vom Beobachter aus. Die Künstler-Ingenieure dagegen setzten den Akzent gerade auf diesen Abstand, und die Darstellung von Körpern erfolgt, wie Piero della Francesca sagt, »unter Berücksichtigung ihrer Verkleinerung oder Vergrößerung«. Der Raum, dessen Struktur zuvor geschlossen und der Willkür des Beobachters überlassen war, ordnet sich nun nach dem Abstand von beweglichen oder fixen

Punkten. Alles, was nicht direkt sichtbar ist, kann durch ein geeignet konstruiertes Instrument, das die Lichtstrahlen zum menschlichen Auge leitet, sichtbar gemacht werden. Dadurch ist es möglich, die materiellen Gegenstände wie den unsichtbaren Raum, nahe wie ferne Elemente, in dasselbe System zu integrieren und gemeinsam zu messen. Zudem setzen sich einzelne Konstruktionen oder Formen in den umgebenden Raum fort. Die Körperoberflächen sind nicht länger abgeschlossen: sie werden durch die Schnittlinie von Ebenen bestimmt, die an einer Stelle des Raumes zusammentreffen. Kalkül und Geometrie finden so Eingang in die Bestimmung der räumlichen Beziehungen, und die Körper erscheinen auf Würfel und Pyramiden mit meßbaren Dimensionen reduzierbar.[6] Brunelleschi und Alberti erfinden Geräte, die zeigen sollen, daß diese Beschreibung im Raum richtig ist und den Bahnen der Lichtstrahlen entspricht. Aus den Kunstwerken entsteht so der homogene Charakter des Raumes und seine Unendlichkeit, oder besser: seine Unbegrenztheit. Bevor Descartes die Theorie dieses Raumes entwickelte, bestand er bereits bei Architekten und Malern.[7]

Doch der Gebrauch der Perspektive beschränkt sich nicht allein auf diesen Bereich: sie wird auch beim Entwurf von Festungen und Kathedralen sowie bei der Entwicklung von optischen und mechanischen Geräten verwendet, und Galilei hält es für unerläßlich, sie zu lehren:

»So kann man einige Regeln vor Augen führen, mit denen man jede gesehene oder vorgestellte Sache perspektivisch zeichnen kann, darunter Festungen und all ihre Teile und sogar Kriegsmaschinen und Kriegsgerät.«[8]

Angeregt durch die Verwendung der Instrumente, schreibt diese geistige und künstlerische Technik ihrerseits Mechanismen und Bewegungen in einen dimensionierten Raum ein, der eine geometrische Gestalt hat und Größen- und Mengenveränderungen anzeigen soll. Die Artefakte gehören einem künstlichen Raum an, das heißt dem Raum, den die »künstliche Perspektive«[9] schafft und dem man die »gemeine« oder »natürliche Perspektive« entgegenstellte, die von den Künstlern der Antike erdacht und von deren mittelalterlichen Nachfolgern bewahrt worden war.

An dieser Geometrisierung – denn darum handelt es sich – bemißt sich der Grad der Vollkommenheit, den die Fähigkeiten der »höheren Handwerker« erreicht haben, an ihr zeigt sich auch, wie sehr sie die Welt verändert hatten, bevor sie als Schöpfer dieser neuen Welt anerkannt wurden. Die Probleme, die der Bau von Mühlen, Pumpen, Uhrwerken, Kompassen, Festungen und Geschützen mit sich brachte, erfuhren eine gänzlich eigenständige Formulierung und schufen eine neue Praxis. All diese Maschinen sind Beispiele für Systeme, mit denen man angestrebte Wirkungen erzielen konnte und die zum Teil in der Lage waren, sich relativ autonom selbst zu steuern. Die Automaten bestehen aus einem Rahmen und aus beweglichen Teilen, die jeweils eine bestimmte Festigkeit besitzen müssen, um den daran ansetzenden Kräften standzuhalten. Daher die Notwendigkeit, über die *Verbindung* von Kräften Bescheid zu wissen; wie man sich dieser Notwendigkeit stellt, zeigt deutlich, daß man das Niveau der antiken Ingenieure bereits hinter sich gelassen hatte.

»Wenn zwei Kräfte wirksam sind«, schreibt Varro,[10] »und das Zentrum ist nicht fixiert, so wird die Maschine selbst eine Bewegung vollziehen. Deswegen wird sie sich von der Stelle bewegen, und deshalb ist auch die Forderung des Archimedes: ›Gebe mir einen festen Punkt, und ich hebe die Erde aus den Angeln‹, nicht ausreichend, denn er verlangt, daß man ihm einen Punkt gebe, während er doch dazu auch verlangen müßte, daß man ihm die Verbindungen dazu liefere.«

Überall in diesen Mechanismen sieht man Kräfte am Werk, die *forza*, welche die Texte oft zu einem überschwenglichen Lyrismus inspiriert. Sie symbolisiert die Ressourcen des Universums und das Reich der Ursachen, die nicht im Blick auf ein Ziel, sondern auf eine Wirkung existieren. Bei der Materie denkt man nicht mehr an ein Rezeptakulum für Formen, sondern an ein Energiereservoir. Ist es übertrieben, wenn ich behaupte, daß diese Materie sich mit einer hydrodynamischen Substanz vermengt, daß diese Welt eine hydraulische Welt ist? Das wäre gewiß nicht abwegig, und Leonardo da Vinci ruft aus: »Wasser, du Lebenssaft der irdischen Maschine!« Holz, Eisen usw. werden nicht mehr um ihrer Formbarkeit, ihres Gefüges und ihrer Fügsamkeit für die Zwecke des Handwerkers willen betrachtet, behandelt und untersucht. Die Eigenschaft nach der man vor allem sucht, ist die Widerstandsfähigkeit. Neben dem Gewicht sind vor allem Stoß und Reibung die Äußerungen der Kraft, mit denen der Mechaniker sich unablässig beschäftigt und vermittels deren er sie betrachtet. Sie ist dann zunächst die Stoßkraft, welche die Bewegung hervorbringt und begleitet. Im Gegensatz jedoch zum schwer-kraftbedingten Stoß, der als »natürlich« gilt, scheint sie auf die Maschinen beschränkt zu sein und wird als »künstlich« einge-stuft. Selbst Torricelli akzeptiert diese Unterscheidung:

»Unter Stoß versteht man das Zusammentreffen zweier Körper, wobei der eine seine Geschwindigkeit aus einer äußeren Ursache erhält, dem Wind, einer tierischen Kraft, dem Feuer, dem Bogen und ähnlichen Dingen. Unter *künst-lichem* Stoß versteht man den Abschuß von Kanonenkugeln und sonstigen Projektilen sowie Hammerschläge, insbesondere wenn sie horizontal oder nach oben geführt werden, in welchem Falle die Schwerkraft keine Rolle spielen kann.«[11]

Die Kraftübertragung, durch die ein Körper in den meisten me-chanischen Vorrichtungen in Bewegung gesetzt wird, gehört also nicht zu den »natürlichen« Prozessen.

Ob es sich nun um die Konstruktion des Raumes oder um die Erzeugung von Bewegung handelt, der Bereich der als künstlich eingestuften Phänomene, der zunächst auf Artefakte einge-schränkt war, erweitert sich beständig und wird schließlich um-fangsgleich mit der ganzen Wirklichkeit. Es reicht nicht mehr, das Vermögen des Menschen und seiner Produktion darin wahrzu-nehmen: auch das Mittel, das zur Ordnung der Welt führt, muß erkannt werden. Sind doch diese Mittel für den, der sie hervor-bringt und entdeckt, Antrieb und Nahrung seines Verstandes, der Schlüssel für sein Verhältnis zu den materiellen Kräften, die si-cherste Schule und Ausblick auf unbekannte Horizonte. Alles, was existiert, muß im Lichte der Erfindungen betrachtet werden, mit denen man jeden Teil der Realität vergleicht – ein Vergleich, den man sich nicht als einen nur bildlichen vorstellen darf.

Noch die Lebewesen erscheinen als Mechanismen:

»Ein Vogel«, schreibt Leonardo da Vinci, »ist ein Instrument, das nach einem mathematischen Gesetz funktioniert und das der Mensch mit all seinen Be-wegungen reproduzieren kann, auch wenn er es nicht mit der entsprechenden Kraft zu tun vermag, weil ihm die Kraft fehlt, sich im Gleichgewicht zu halten.«

Eine Feststellung, die auch Descartes teilt, wenn er an den Her-zog von Newcastle schreibt:

»Wenn die Nachtigallen im Frühjahr kommen, so tun sie dies ganz zweifellos wie Uhren.«[12]

Nicht nur die Lebewesen, sondern die gesamte Ordnung des Universums scheinen in diesen Instrumenten vorgeprägt zu sein. Welche Faszination geht etwa vom Uhrwerk aus! Und wie befreiend wirkte es hinsichtlich der herrschenden Bilder und Begriffe![13] Mit der ihm eigenen Begeisterung schreibt Kepler in einem Brief aus dem Jahre 1605 an Herman von Hohenburg:

»Ich befasse mich sehr mit der physikalischen Ursache. Mein Ziel ist es, zu beweisen, daß die himmlische Maschine nicht mit einem göttlichen Wesen, sondern eher mit der Bewegung eines Uhrwerks verglichen werden muß.«

Aus diesem Grunde wendet er sich von einer organischen Sicht der Natur ab und gelangt als erster zu einer kausalen Astronomie, in der Mathematik und Physik aufs engste miteinander verknüpft sind. Nachdem er so in die Schule der Artefakte gegangen ist, kann Kepler mit seinen alten Meistern und mit ihrer Sicht der Wirklichkeit brechen.[14]

»Von Scaligers Lehre über den bewegenden Geist durchdrungen, glaubte ich, die Ursache für die Bewegung der Planeten sei eine Seele. Ich möchte zeigen, daß die Maschine des Universums nicht mit einem beseelten göttlichen Wesen, sondern mit einem Uhrwerk zu vergleichen ist (wer ein Uhrwerk für beseelt hält, der gibt dem Werk die Ehre, die nur dessen Schöpfer zukommt) und daß all die verschiedenen Bewegungen darin von einer materiellen Triebkraft abhängen, ganz wie die Bewegungen im Uhrwerk allein auf das Pendel zurückgehen.«[15]

Aufschluß über das Wesen der Dinge und über das Universum erwartet man nun gerade von der Gegennatur, von den Ergebnissen menschlichen Tuns. Die Bühne, auf der man seine Maschinen und Instrumente mit Inbrunst betrachtet, hat sich verändert, und die Analogien, die man daraus bezieht, sind effektiv geworden und haben allgemeinen Nutzen. Freilich fehlt dem allem noch die Grundlage. Doch ob nun die Natur mechanisiert wird oder das Mechanische sich naturalisiert, die Illusionen, die diesen Mangel zunächst genährt hatten, gleichen ihn bald mit ihrer Wahrheit aus.

2. Die letzte Realität

Der hierarchische Aufbau des Universums wurde ernsthaft getroffen, wenngleich nicht erschüttert, als Nikolaus Kopernikus die These aufstellte, daß die Sonne kein Stern sei, der sich um unseren Planeten drehte, sondern im Gegenteil ein fester Punkt, um den herum wir uns bewegen. Damit verschwand auch das Himmelsgewölbe, der Raum erweiterte sich, und die Unbeweglichkeit gehörte nicht länger zu den Merkmalen der Erde.

Trotz der Bedeutung dieser Revolution kam die wirkliche Erschütterung, mit der die Mechanismen zu Verwirklichungen der natürlichen Ordnung wurden, mit der *Neuen Wissenschaft* des Nicolo Tartaglia. Vor ihm gaben die Ingenieure und Kanonengießer allenfalls Rezepte, Handlungsanweisungen, und bemühten sich in ihren Schriften, die Grundsätze ihrer Kunst darzulegen, nicht aber, sie in eine allgemeinere Konzeption der Wirklichkeit einzubinden. Die Philosophen wiederum sahen in der Wirkungsweise dieser Maschinen, in den Flugbahnen der Kanonenkugeln lediglich *Beispiele*, Effekte unter anderen Effekten. Sie maßen ihnen keinerlei Vorzugsstellung bei und machten sie nicht zum Ausgangspunkt ihrer Reflexion. Keiner von ihnen suchte in diesen *Mechanismen* ausschließlich nach den Gesetzen der Natur. Tartaglia nun macht in seiner *Neuen Wissenschaft* das Instrument zum Mittel der mathematischen und empirischen Analyse der Bewegung, mit dessen Hilfe sich beschreiben läßt, wie sie entsteht. Damit markiert und – in gewissem Sinne – inauguriert er für die Moderne eine Forschungsströmung, deren Ziel es ist, die Prinzipien des Universums in den mechanischen Artefakten zu entdecken und diese mechanischen Artefakte zum Gefüge und Rahmen der Natur und des Universums zu machen. Von dem Augenblick an, da die Gesetze der Bewegung in dieser Familie von Instrumenten realisiert sind und diese Instrumente nicht mehr als autonome technische Objekte gesehen werden, sondern als Ausdruck der Bewegung und der Kräfte, geht es nicht mehr darum, die Schemata und Konzepte der organischen Natur zu verbessern, um sie auf bislang unbekannte Wirklichkeiten anzuwenden, es geht nun vielmehr darum, die Grundlagen des Naturzustandes insgesamt umzugestalten.

Die Beschreibung, die Nicolo Tartaglia von der Flugbahn eines Geschosses gibt, enthält durchaus einige für die Zeit übliche Vorstellungen. So unterscheidet er bei der Flugbahn einen geradlinigen Abschnitt am Anfang und einen gebogenen Abschnitt am Ende. Das erste Segment stellt eine »gewaltsame« Bewegung dar, denn das Geschoß wird von seinem natürlichen Ort fortgerissen und schreitet dabei geradlinig voran, während das zweite Segment eine »natürliche«, kreisförmige Bewegung darstellt, die beim Rückfall des schweren Körpers hin zum Schwerezentrum verläuft. Doch immer noch bleibt der »gewaltsame« Teil der Flugbahn vom »natürlichen« Teil getrennt.

In einer neuen Untersuchung des Problems[16] stellt Tartaglia fest, daß diese Flugbahn zumindest in der Theorie insgesamt eine Kurve beschreibt: und damit verwischte sich der Unterschied zwischen den beiden Arten der Bewegung, der gewaltsamen und der natürlichen; zumindest war es nun kein realer Unterschied mehr, sondern lediglich einer der Benennung. Als Galilei seinerseits das Problem untersucht, abstrahiert er völlig von dieser Unterscheidung. Er weiß, daß die Bewegung des Geschosses keine einfache, sondern eine zusammengesetzte Bewegung ist: zusammengesetzt aus zwei Wirkungen, einerseits der Neigung des Körpers, sich geradlinig fortzubewegen, und andererseits seines Gewichts, das ihn in Richtung auf den Erdmittelpunkt zieht und die geradlinige Bewegung modifiziert. Die Resultante ist eine parabolische Flugbahn. Wollte man diese Flugbahn begründen, mußte man der geradlinigen Bewegung ein Übergewicht zubilligen. Tartaglias Schüler, Benedetti, hatte sich diese Ansicht zu eigen gemacht.[17] Die Folge ist eine völlige Umkehrung der Perspektiven. Die geradlinige Bewegung eines Körpers erweist sich, ganz im Gegensatz zur gewöhnlichen Anschauung, als Prototyp der »natürlichen« Bewegung, während die Kreisbewegung, die als einfach galt, nun als Kombination von Kräften erscheint, welche den bewegten Körper in jedem Augenblick beschleunigen. Damit haben wir auch einen ersten Schritt zur Einführung des Begriffs der Trägheit. Trägheit meint zunächst einmal eine dem Körper innewohnende Kraft, die es ihm ermöglicht, jeder Veränderung, die ihn beeinflussen könnte, Widerstand entgegenzusetzen. Newton spricht von einem Widerstandsvermögen, durch das jeder Körper in seinem jeweiligen Zustand verbleibt, sei es nun im Zustand der Ruhe oder im Zustand der gleichförmig geradlinigen Bewegung. Körper, die Widerstand leisten, und Körper, die aktiv sind, das ist die neue Einteilung. Trägheit meint sodann – und Descartes ist der erste, der diesen Grundsatz in seiner Allgemeingültigkeit formuliert –, daß jeder Teil der Materie stets im selben Zustand verbleibt, sofern kein anderer Teil der Materie ihn dazu zwingt, in einen anderen Zustand überzutreten. Die schweren

Körper haben mithin keine Vorliebe für die Ruhe, für eine Rückkehr an ihren natürlichen Ort, wie es die Naturphilosophie annahm. Sie sind gleichermaßen fähig, sich unablässig in Bewegung zu halten, und keiner der beiden Zustände, weder Ruhe noch gleichförmige Bewegung, besitzt eine ontologische oder kosmische Vorzugsstellung. Bei den Maschinen ist diese Unterscheidung sekundär, wenn nicht völlig nutzlos. Allein Verzögerung oder Beschleunigung zählen; worum es geht, ist, einem Stoß oder einem Druck Widerstand zu leisten oder einen Druck bzw. einen Stoß zu produzieren. Die Körper erfahren dann eine Zustandsveränderung und reagieren in Abhängigkeit von der akkumulierten Initialenergie in einem statischen oder dynamischen Kontext. Die wesentlichen Veränderungen hängen mit der Richtung, dem Verhältnis oder der Zusammensetzung der Kräfte zusammen, die den ins Maschinensystem integrierten Teilen eigen oder äußerlich sind. All diese Veränderungen lassen sich quantitativ nach mathematischen Gesetzen formulieren. Die Tatsache, daß es sich um Erde, Wasser, Luft oder Feuer handelt, hat keine Bedeutung mehr. Die Elemente können die Materie nicht länger qualifizieren. Die ist nun homogen, und allein ihre quantitativen Parameter (Schwere, Quantität der Bewegung usw.) variieren.

In der Realität gibt es nur Gestalt, Größe, Länge usw. behaupten die mechanischen Philosophen. Die Körper sind *per definitionem* hart, fest oder weich, elastisch oder unelastisch und undurchdringlich. Die Folgen dieser Homogenisierung im qualitativen Bereich und der Differenzierung hinsichtlich Ursache oder Wirkung und der Phänomene der Reibung oder des Stoßes liegen auf der Hand: Der Unterschied zwischen Veränderungen im allgemeinen und raum-zeitlichen Bewegungen verschwendet. Veränderung reduziert sich auf Bewegung, sobald die Attribute der Elemente zu Attributen von Kräften werden: Alle physikalischen Phänomene werden damit zu mechanischen.

Durch eine allgemeine Umkehrung der Perspektive wird Veränderung zu einer besonderen Form von Bewegung, zu einer Form der universellen Bewegung, könnte man sagen, und dies nicht nur, weil keine andere als diese universelle Bewegung bekannt wäre, sondern weil sie stets dieselbe ist, gleich auf welcher Stufe sie sich ereignet. Statt die Bewegung nach Arten zu *ordnen*, das heißt die Bewegung nach je spezifischen Merkmalen zu *sondern*, bemüht man sich um deren *Zusammensetzung* und Vereinheitlichung, um so die Attribute und die Wirkungen, die sie auslösen, zu erfassen. Und was ist eine Maschine anderes als ein Mittel zur Kombination und Übertragung von Bewegungen, als eine Vorrichtung, Kräfte zu zwingen, Bewegungen hervorzubringen.

In diesem letzten Aspekt kommt ein neues Problem zum Vorschein: die Frage der Verausgabung von Kräften. Aus der Welt der Artefakte übernommen, wird diese Frage zum Paradigma der natürlichen Ordnung, deren Beständigkeit sie erklärt. Der Naturphilosoph sah in der Substanz die Einheit, die der Vielheit zugrunde lag, sah in ihr das Unveränderliche in der Veränderung. Der mechanische Philosoph interessiert sich nicht mehr für die Realität der Substanz, und zwar nicht, weil er sie ausdrücklich bestritte, sondern weil die Metamorphosen, mit denen er sich befaßt, nicht mehr solche der Elemente und ihrer Qualitäten, sondern solche der Bewegung sind. Die Koordination der Bewegungen unter der Perspektive des Verhältnisses von Antrieb und bewegtem Körper sowie der Antriebskräfte untereinander führt zu Vorstellung und Begriff der Erhaltung. Was nun durch die dynamischen Transformationen hindurch konstant bleibt, ist eine Quantität der Bewegung, eine Energiemenge. Wie wir bereits wissen, übernimmt Descartes diese Vorstellung aus dem Bereich künstlicher Systeme und macht sie als erstes Prinzip zur Grundlage seiner Welt. In dieser Welt, die einer gewaltigen Maschine gleicht, erfolgen die Ortsveränderungen von Körpern, die Übertragung von Licht, die Vereinigung materieller Massen und alle übrigen Phänomene durch Stoß. Der Stoß, der bis dahin als künstlich qualifiziert worden war, ist nun die natürliche Ursache *par excellence*. Die Gesetzmäßigkeiten des Stoßes werden in den Rang von Naturgesetzen erhoben – die ersten (freilich falschen) Naturgesetze, die jemals formuliert wurden. Das Ergebnis solcher Stöße, die Beschleunigung, erscheint als die allgemeine Wirkung, von der aus man zur Ursache zurückgehen kann, die eine Kraft ist. Damit ist die Geschwindigkeit eines Körpers keine primäre Größe mehr, sondern eine abgeleitete.

Die primären Dimensionen, in die alle Bewegungen und alle mechanischen Vorgänge eingebettet sind, sind nun Raum und Zeit. Teilbar und meßbar, ohne privilegierte Richtung, ohne eine andere Struktur, als zur Bestimmung von Bahn oder Lage der bewegten Körper und zur Mathematisierung ihrer wechselseitigen Verhältnisse erforderlich, sind der nach der Perspektive konstruierte Raum und die gleichförmige Zeit der Uhr die einfachsten Gegebenheiten, der Rahmen, in dem alle Ereignisse stattfinden.

Untersucht man die Themen, mit denen sich die großen klassischen Werke der mechanischen Philosophie befassen, so zeigt sich, daß zunächst der freie Fall, vor allem aber die Flugbahn einer Kanonenkugel, Antriebsmaschinen und Uhrwerke die wesentlichen Schemata geliefert haben, an denen sich alle Reflexion und alle experimentelle Analyse entfaltete. Gegen Ende des achtzehnten Jahrhunderts gab es nicht mehr viel im Bereich der Artefakte, was von radikaler Gegennatürlichkeit war und nicht zur Errichtung einer anderen Naturordnung diente. An die Stelle dessen, was man bis dahin gewöhnlich als Natur bezeichnet hatte, trat die *Große Mechanik*:

»Die Große Mechanik«, liest man in einem Brief Descartes' an seinen Mitarbeiter Villebressieu, den Baillet zusammenfaßt,[18] »ist nichts anderes als die Ordnung, die Gott seinem Werk, das wir gewöhnlich Natur nennen, eingeprägt hat . . .«

Die Natur ist Mechanik, aber auch die Mechanik ist Natur, ist Quelle einer Natur. Fortan ist sie die einzige Natur, welche die Menschen erkennen können, und es sind ihre Erscheinungsformen, die sie wahrnehmen und in ihrer Philosophie wie auch in ihrer Technik erforschen. Die Kausalität, die sich darin manifestiert, ist allein die Kausalität von Ursache und Wirkung. Ganz wie die Elemente in den Maschinen ineinandergreifen und die beabsichtigten Resultate hervorbringen, ohne daß dafür der Verstand und die Absichten des Menschen noch nötig wären. Der Mensch entwirft die Maschine, er stellt sie her, er setzt sie in Bewegung, aber er greift nicht in ihren regelmäßigen Lauf ein. Die organoleptischen Qualitäten der Stoffe und die Form, in die sie gebracht werden, sind nicht länger entscheidend. Von den vier Ursachen, die Aristoteles kannte, sind die drei, die der handwerklichen Tätigkeit, der Einwirkung des Wissens auf den Stoff zugehörten – *causa finalis*, *causa materialis* und *causa formalis* – verschwunden, nachdem sie entschieden bekämpft worden waren. Darauf zurückzugreifen hieße in den Augen der mechanistischen Philosophen, den Weg der Vernunft und der Erkenntnis zu verlassen. In einer durchaus normalen Verkehrung ist nun das, was einstmals den Gipfel des Wissens und den reinsten Widerschein der Realität bezeichnete und synthetisierte, zu bloßer Wortspielerei und zu einer bedauerlichen Täuschung geworden. Als Triumph der Wahrheit gilt nun, was Isaac Newton[19] mit Meisterhand als »mechanischen Rahmen der Welt«[20] entwirft. In diesem »mechanischen Rahmen« lehrt er uns:

»(a) Alle Körper sind undurchdringlich und besitzen eine ihrer Masse proportionale Anziehungskraft; diese Kraft nimmt mit dem Quadrat des Abstandes vom Körper ab, und aufgrund dieser Kraft haben Planeten und Kometen ihre Kugelgestalt.

(b) Die Sonne ist ein Fixstern, und die Fixsterne sind in großen Abständen am Himmel verstreut und bleiben in ihren jeweiligen Gebieten; sie sind große runde Körper, extrem heiß und leuchtend, und wegen der großen Menge Materie, die sie enthalten, besitzen sie eine gewaltige Anziehungskraft.«

Dieser Aufbau der Welt mit Hilfe von Kräften und Bewegungen war derart einleuchtend, daß man ihn für endgültig hielt und in dem Mann, der ihn zum ersten Mal in seiner Totalität gesehen hatte, ein glückliches Genie erblickte, denn, wie Lagranche bemerkte:

»Es gibt nur ein Universum, und es kann nur einem Menschen in der Geschichte der Welt geschehen, daß er zum Interpreten der Gesetze dieses Universums wird.«

Daher glaubte man, die mechanische Philosophie, der Isaac Newton Größe und Kohärenz verliehen hatte, werde bis ans Ende der Zeit währen. Die Natur schien eine feste Gestalt gewonnen zu haben, und die Menschheit hatte sich daran als letztgültige Realität zu halten.

Es wäre vermessen, wenn man die Geschichte der mechanischen Philosophie und die Darstellung ihrer Rolle in der Konstitution eines Naturzustandes auf die Punkte beschränken wollte, die ich hier erläutert habe. Zahlreiche andere Einflüsse haben ihre Entwicklung nachhaltig bestimmt. Ganz außer acht gelassen habe ich die zahlreichen religiösen oder sozialen Kontroversen, Polemiken und Ansätze. Übergangen habe ich auch die Abfolge der Ereignisse, in denen sich die erkenntnistheoretische Diskussion fortentwickelte, dasselbe gilt für die Entstehung der einzelnen Begriffe, für die Entdeckung der einzelnen Gesetze und für die Herausarbeitung der verschiedenen Phänomene. Ich habe mich auf die Aspekte beschränkt, die aus der Perspektive dieser Arbeit und für die reale historische Entwicklung wesentlich waren, das heißt auf die Beziehungen zwischen der Herausbildung einer natürlichen Kategorie, ihrer Abspaltung und Abgrenzung von einer anderen und der Begründung der zugehörigen Disziplinen. Auf der Ebene produktiver Funktionen wurde die Organisation dieser Disziplinen von einer Arbeitsteilung zwischen Handwerker und Ingenieur begleitet. Die »Zeichenkünste« und die »mechanische Wissenschaft« sind der unmittelbarste Ausdruck dieses Prozesses und eines neuen Verhältnisses zur Materie.

Aber vor allem die philosophischen Disziplinen liefern der Arbeit des Ingenieurs die Grundlage und sorgen für deren Entwicklung. Dies freilich nicht in dem Sinne, daß sie praktisch würden oder sich von einer kontemplativen Haltung zur Wirklichkeit loslösten, um nützlich zu werden und in jene *scientia activa operativa* einzumünden, die Bacon angestrebt hatte. Diese Haltung ist den philosophischen Disziplinen durchaus nicht eigen; sie ist auch nicht, wie man vielfach meint, kennzeichnend für den modernen Menschen. Diese Disziplinen tragen zur Grundlegung der Arbeit und der Instrumente des Ingenieurs allein dadurch bei, daß sie den zugehörigen Naturzustand hervorbringen. Jeder Aspekt dieses Zustands tritt zunächst als Element der Welt der Artefakte auf und als Schöpfung einer besonderen Gruppe von Menschen. Der Funktionsverlust dieser Gruppe und der Transfer ihrer Werke in den Kontext des Universums, das Zurücktreten des Subjekts und die autonome Ausbreitung des Objekts scheinen die notwendigen Etappen bei der Absicherung eines praktischen Wissens und seiner Anerkennung als Wissen schlechthin zu sein. Zur Unterteilung der Disziplinen in technische und wissenschaftliche und zur Abgrenzung von Philosophen und Praktikern, beide gleichermaßen auf dem Gebiete der Mechanik tätig, kommt es, damit dieser Übergang aus dem Bereich der Artefakte in den Bereich der Natur erfolgt. Dieser Übergang, den man auf das Ende des sechzehnten und auf den Beginn des siebzehnten Jahrhunderts datieren kann, ist kein Aufstieg vom Konkreten zum Abstrakten; er bedeutet vielmehr die Entstehung einer Theorie und einer Praxis, die dazu bestimmt sind, den Arbeiten des Menschen eine universelle Bedeutung zu verleihen und sie objektiv zu verankern. Die Geschicklichkeit wird zu Wissen, und die produktive Funktion erweist sich gleichfalls als selbstschöpferisch. Die Erfindung bleibt das Ziel; Messung, Experiment und Kalkül sind die bevorzugten Mittel. Die Realität, auf die sich Geschicklichkeit und Wissen beziehen, wechselt das Lager – und dies ist ein Ergebnis der »neuen Philosophie« und der Technik. Wir sehen sie in der Gestalt eines Systems, das aus Kräften und Bewegungen besteht, von quantitativen Verhältnissen beherrscht wird und Prinzipien gehorcht, deren Wirkungen voraussehbar sind. Historisch gesehen, erfolgte diese Transformation sehr rasch.

»Sehen wir nicht«, rief der Dichter John Dryden aus, »daß sich uns im Verlaufe der letzten hundert Jahre . . . fast eine neue Natur enthüllt hat?«[21]

So ging schließlich das außergewöhnliche Leben, welches das Tun erfüllt, in mehreren aufeinanderfolgenden Schritten in Aufbau und Sichtweise des Seins ein.

Zweiter Abschnitt:
Wissenschaft, Erfindung und Naturfortschritt

Siebtes Kapitel:
Das kalte und das warme Universum

I. Philosophie, Wissenschaft und das neue Verhältnis zwischen
den Naturdisziplinen

Die Ersetzung der mechanischen Natur durch die kybernetische Natur ist ein Ereignis unserer Zeit. Zu behaupten, daß beide im zwanzigsten Jahrhundert entstanden seien, wäre wahrscheinlich übertrieben, aber nicht absolut falsch. In diesem Abschnitt werde ich die Entwicklung dieses Naturzustandes und vor allem die Entwicklung der Disziplinen, die zu seiner Herstellung beigetragen haben, aufzeigen. Im einzelnen werde ich die Wandlungen im Erfindungsprozeß und dessen Beziehungen zur Reorganisation der Disziplineneinteilung untersuchen. Ich hoffe zeigen zu können, wie diese Reorganisation sich im Prinzip der natürlichen Teilung niederschlägt und daß die Art und Weise, wie die Menschen die Geschichte ihrer Natur machen, eine tiefgreifende Wandlung erfährt. Doch zunächst muß ich erklären, warum ich mich berechtigt fühle, von einer wissenschaftlichen Revolution im neunzehnten Jahrhundert, und nicht, wie man gewöhnlich glaubt, im siebzehnten Jahrhundert zu sprechen. Die Frage ist von großer theoretischer und historischer Bedeutung.

Die mechanische Natur, deren Hauptmerkmale und Eigenheiten wir untersucht haben, trat mit Verve zu Beginn des siebzehnten Jahrhunderts hervor:

»Die Philosophen des vergangenen Jahrhunderts haben ein neues Universum entdeckt«, schrieb Voltaire, »und diese neue Welt war um so schwerer zu finden, als niemand auch nur ahnte, daß sie existierte.«

In der Tat, wer hätte auch ahnen sollen, daß das organische, abgeschlossene, hierarchisch gegliederte, qualitative Universum einem unendlichen Universum Platz machen würde, in dem es keinen Unterschied mehr zwischen der sublunaren und der himmlischen Welt gab und die homogene und quantitativ verteilte Materie aus Atomen bestand, deren Bewegung ausschließlich Ortsveränderung war? Die Entdeckung dieser Maschine, oder besser: ihre Erfindung, konnte nur aus einer machtvollen Revolution in unserem Wissen und in den geistigen und physischen Reproduktionsmitteln hervorgehen. Die Naturphilosophien – um hier nur von ihnen zu reden – wurden völlig umgestürzt und machten einer »neuen Philosophie« Platz, der mechanischen Philosophie. Diese machte auch bald deutlich, worin sie sich von den alten Philosophien unterschied, nämlich nicht allein in ihrem Inhalt, sondern vor allem auch in ihren Zielsetzungen. Gegen die Systematisierung des Wissens stellte sie das Interesse an der Erfindung; den logischen Übungen zog sie die Anwendung der Mathematik bei der Behandlung der materiellen Erscheinungen vor; an die Stelle der bloßen Beobachtung setzte sie die experimentelle Methode. Die Messung von Effekten durch Instrumente, quantitative Gesetze und der Kalkül gehörten fortan zu den Elementen, die eine Theorie bestimmen und eine Praxis steuern. Die Natur wechselte das Alphabet und die Lektüre den Sinn:

»Und wäre die Philosophie das, was wir in den Büchern des Aristoteles finden«, schrieb Galilei an Fortunio Liceti,[1] »so wäret Ihr der beste Philosoph der Welt . . . Aber das wirkliche Buch der Philosophie, so meine ich, ist jenes, das uns beständig offen vor Augen liegt; aber weil es in anderen Zeichen geschrieben ist als unser Alphabet, kann es nicht jeder lesen; und die Schriftzeichen dieses Buches sind Dreiecke, Quadrate, Kreise, Kugeln, Kegel, Pyramiden und andere mathematische Figuren, die dieser Lesart ganz und gar eigen sind.«

Der Gegensatz zwischen den Büchern des Aristoteles und dem Buch der Natur, den Galilei hier so geschickt schafft, darf uns freilich nicht täuschen. Es ist üblich, die Ansichten, die man bekämpft, mit Erfahrung und Natur zu konfrontieren und dabei den relativen Charakter dieser Erfahrung und dieser Natur zu unterschlagen.[2] Wer in einen Streit verwickelt ist, der sieht sich gezwungen, seine Wahrheit absolut zu setzen. Darauf gestützt, errichtet er dann ein eigenes System von Realitäten und Erkenntnissen, und die Protagonisten der Revolution des siebzehnten Jahrhunderts wollen nichts Geringeres als eine »neue Philosophie« schaffen. Es lohnt, daran zu erinnern, daß Galilei, Descartes, Huygens oder Leibniz ganz wie Locke, Hobbes oder Spinoza in den eigenen Augen wie auch in den Augen ihrer Zeitgenossen und Nachfolger Philosophen waren. Newton glaubte, »mathematische Prinzipien« in die Naturphilosophie eingebracht zu haben, und Descartes, mit der Geometrie und der Mechanik eine eigene

Philosophie geschaffen zu haben. In den Augen aller schienen eine bislang unbekannte Naturordnung und eine Art des Philosophierens entstanden zu sein, die dieser Ordnung entsprach. Die Vorrede zur *Encyclopédie* bringt diesen Gedanken zum Ausdruck:

»Nachdem Huygens ihm den Weg bereitet hatte, erschien schließlich Newton und gab der Philosophie eine Gestalt, die sie auch weiterhin behalten dürfte.«

Die Revolution des siebzehnten Jahrhunderts war also eine philosophische Revolution, und bis zum neunzehnten Jahrhundert tritt kein Wissen mit einem anderen Anspruch auf als dem, philosophisches Wissen zu sein. Dalton veröffentlicht 1808 in Manchester seine *Chemical Philosophy* und Lamarck 1809 in Paris eine *Philosophie Zoologique*. Wenn aber der Historiker heute diese Ereignisse, die Neuerungen, die mit den Namen Galilei, Newton, Huygens verbunden sind, einordnet, so faßt er sie unter die Rubriken »Naturwissenschaft« und »wissenschaftliche Revolution«, und zugleich sieht er in ihnen das Ende der philosophischen Disziplinen und die Heraufkunft, die *magna instauratio* der naturwissenschaftlichen Disziplinen.

Woher dieser Anachronismus? Weil man nur bestimmte oberflächliche Aspekte wahrnimmt – das Vorhandensein der Mathematik und von Experimenten –, ohne zu bedenken, daß die Naturwissenschaft einerseits und die Philosophie andererseits sich nach ihren Beziehungen zu den technischen Disziplinen gliedern, nach den Verbindungen, die sie zwischen dem menschlichen und dem materiellen Pol der Natur herstellen.

Die Wissenschaft ruft direkt materielle Phänomene hervor, sie begründet unser Wissen und sichert unsere Fähigkeiten; sie enthüllt die objektiven Kräfte und verändert deren Struktur – und all dies in einem relativ autonomen Prozeß. Erst wenn dies Wissen und diese Fähigkeiten organisiert, die Gesetze und Instrumente geklärt und die Verfahrensweisen, mit denen man auf den materiellen Kreislauf einwirkt, verifiziert sind, kurz, erst wenn die Beziehungen zur Natur hergestellt sind, geben diese Raum für Anwendung, ermöglichen die für die Produktion nötigen Artefakte und führen zur Einrichtung der entsprechenden Produktionszweige. Man kann nicht von einer *Anwendung* der Wissenschaft auf Handwerk oder Technik sprechen, vielmehr von einer

Differenzierung der Verfahren und Industrien, die von der Wissenschaft ausgeht. Die Erfindungen im Bereich der Elektronik, der Chemie oder der Kernindustrie gründen auf wissenschaftlichem Wissen, das im Laboratorium oder im Studierzimmer des Theoretikers erarbeitet wurde. Das entscheidende Merkmal lautet: Schöpfung durch Wissenschaft, und nicht Anwendung von Wissenschaft.

Die Philosophie dagegen nimmt ihren Ausgang – wenngleich nicht ausschließlich – von den Künsten, gleich ob es sich nun um die Kunst des Handwerkers oder um die des Ingenieurs handelt, und versucht, durch die künstlichen Kombinationen hindurch die natürlichen Beziehungen des Menschen zur Materie zu entschlüsseln, wobei sie die so vorbereiteten geistigen und praktischen Instrumente verändert und verbessert. Ihr Ziel ist es, das Künstliche natürlich zu machen. Deshalb entgehen ihr die entscheidenden Anfänge, und sie läßt sich auf den Lauf der Welt und der Natur erst ein, wenn er bereits ein gutes Stück fortgeschritten ist und der Mensch sich daran macht, ein klares Bewußtsein davon zu entwickeln und vom konkreten, polymorphen Leben zum abstrakten, universellen Ausdruck überzugehen. Die Eule der Minerva, Symbol aller Philosophie, erwacht erst in der Dämmerung. Darin unterscheidet sich die Philosophie von der Wissenschaft, die in der Initiative bleibt und am Ursprung der Veränderungen in den von ihr geförderten und beherrschten technischen Disziplinen steht. Maurice Daumas hat völlig recht, wenn er sagt:

»Die Bedingungen der technischen Entwicklung wurden also erst sehr viel später revolutioniert, als man gewöhnlich sagt, und wenn wir eine Revolution zu datieren hätten, so könnten wir die Zeit von 1840 bis 1860 dafür auswählen und vielleicht sogar noch präziser die Zeit von 1850 bis 1860.«[3]

Angesichts jener Umwälzung, welche zur Entwicklung von Industrien auf der Grundlage von Wissenschaften führt, ist das, was man gewöhnlich als industrielle Revolution bezeichnet, in Wirklichkeit gar keine Revolution, denn sie bringt keine neue Linie hervor, keine andere als die, die bis zu ihrem Eintritt verfolgt wurde. Wenn das zutrifft, müssen wir annehmen, daß die Entwicklung, in der Wissenschaft und Technik heute begriffen sind, sich unter neuen Bedingungen vollzieht, denn es ist nicht vorstellbar, daß nur eine von beiden betroffen wären. Die Veränderung in den Beziehungen zwischen den Naturdisziplinen und den Produktionszweigen ist daher ein Zeichen für einen Wandel in ihrer allgemeinen geschichtlichen Dynamik.

Des weiteren ging der Mensch bis in die Mitte des vergangenen Jahrhunderts an die materiellen Kräfte unter zwei Perspektiven heran: einmal als besonderes Vermögen und zum anderen als Teil eben dieser Kräfte. Struktur und Aufgabenstellung der Philosophie entsprachen dieser Situation. Zunächst einmal schuf sie wie jede Disziplinengruppe die *Theorie* der objektiven Phänomene; sie erdachte die geistigen, physikalischen und biologischen Mittel, mit denen sie diese Phänomene ordnen und der Überprüfung durch Beobachtung und Experiment zugänglich machen konnte. Da sie die Aufgabe hatte, den Menschen, seinen Verstand und seine sensorischen Fähigkeiten als materielles Vermögen zu verorten und deren Wechselverhältnisse sowie unsere Besonderheit zu bestimmen, mußte sie die Gesamtheit der Theorien zu einem *System* zusammenfügen und darin die Erkenntnisweise und das menschliche Wesen allgemein berücksichtigen. Naturphilosophie und mechanische Philosophie weisen notwendig diese beiden Aspekte der Erkenntnis auf: Sie sind besondere Theorien und zugleich ein Gesamtsystem.

In dem Augenblick, da die einzelnen Menschen keine direkte Verbindung mehr zu den materiellen Kräften herstellen und ihre Eigenschaften sich nicht mehr unmittelbar mit den Eigenschaften dieser Kräfte verbinden, verschwindet auch die zweifache Anforderung der Naturdisziplinen, Theorien zu entwickeln und ihre doppelte Verpflichtung gegenüber einem gespaltenen Subjekt und einem gemischten Objekt in einem System zu begründen. In der Naturwissenschaft verschwindet der Imperativ, wonach alle Forschung in ein System münden müsse: Die theoretischen Erkenntnisse folgen den Gesetzen der Verbindung materieller Elemente, und der Mensch, der fortan Vermittler dieser Verbindung ist, beurteilt deren Bedeutung nach dem Geflecht der experimentellen, materiellen Mittel, auf die sie sich stützen oder die sie hervorbringen.

Der Bedeutungsirrtum, auf den ich hingewiesen habe, liegt auf der Hand. Der Ausdruck *scientia* wird seit dem Mittelalter häufig verwendet; das Buch Tartaglias, dieses Vorläufers der modernen Mechanik, hat den Titel: *Scientia nova*; einer der großen Dialoge Galileis handelt von *due nuove scienze*, zwei neuen Wissenschaften. Gleichwohl haben wir es hier mit einer Beutung von *scientia* zu tun, die man diesem Ausdruck schon lange gegeben hatte, nämlich einer Tätigkeit, die alle Technik und alle Kunst lenkt:

>Scientia ist die Form, die jede Disziplin prägt, in deren Rahmen die Techniken angewendet werden, die Form, durch deren Vermittlung Entwicklung und Veränderung der Techniken angeleitet werden.«(S. Ackerman[4])

Philosophie meinte etwas anderes, und es geschah durchaus mit Absicht, wenn die Wissenschaftler sich bis ins neunzehnte Jahrhundert hinein als Philosophen verstanden. Unsere Definition von Wissenschaft stimmt mit ihrer nicht überein, und ebensowenig entspricht sie der Bedeutung, die sie dem Bereich der Philosophie beilegten. Eine Begriffsuntersuchung liefert uns ein genaueres Bild. Es gibt Hinweise, daß *scientia* ein Feld beliebigen Wissens philosophischer oder nichtphilosophischer Art bezeichnete und den ihrerseits nicht streng auseinandergehaltenen griechischen Ausdrücken *episteme* und *techne* nahekam. So schrieb Savonarola:

>Die wirkliche Philosophie gliedert sich in zwei Teile, die praktische und die spekulative. Praktische Wissenschaft nennen wir jenen Zustand des Geistes, der direkt darauf ausgerichtet ist, die Operationen der Mächte jenseits des Verstandes zu lenken.«[5]

Wie man aus zahllosen Beispielen ersehen kann, waren *Wissenschaft*, *Philosophie* oder *Kunst* austauschbare Bezeichnungen, und zwar als Synonyme für den Ausdruck wie für den Begriff der Disziplin. Allenthalben zeichnet sich eine Tendenz ab, die Bedeutung des Wortes *scientia* mit den Bereichen der Künste oder der Technik zu verbinden. Der Titel eines Werkes von Nicolas Le Fevre lautet:

>Der chymischen Abhandlung erster Band zur Unterrichtung und Einführung in das Denken der Autoren, welche die Theorie dieser Wissenschaft im allgemeinen behandelt haben, zur besseren Anwendung der Mittel, die von dieser Kunst gelehrten Operationen kunstgerecht und methodisch auszuführren«, usw.[6]

Die Idee der Wissenschaft, die sich mit der Vorstellung der Disziplin im allgemeinen und unabhängig von deren empirischem oder geistigem Gehalt vermengt, bedeutet nun zunehmend jene Interferenz, jene Anwendung theoretischer, philosophischer Erkenntnisse auf technischer Ebene. Gemeint ist hier, was die Routine der Handwerker überschreitet und korrigiert, und so erscheint sie als ein *alter ego* der produktiven Fähigkeiten, als ein vollkommenes Abbild ihres abstrakten Wesens. Dies jedenfalls scheint der Ausdruck *Wissenschaft* in Wendungen wie »Akademie der Wissenschaften« und »der gegenwärtige Zustand der Künste und der Wissenschaften« zu bedeuten. D'Alemberts Formulierung ist ein Beispiel dafür:

»Theorie und Praxis stellen den wesentlichsten Unterschied zwischen *Wissenschaften* und *Kunst* dar.«[7]

Eine Unterscheidung und eine Assoziation, die jede Berechtigung verlieren, wenn die Technik nicht mehr das Produkt der Geschicklichkeit des Handwerkers oder Ingenieurs sind, sondern aus Entdeckungen hervorgeht, die ihre Quelle zugleich in Experiment und Theorie haben, wenn es nicht mehr darum geht, bestehende Künste zu organisieren und zu verbessern, sondern »neue Künste« zu schaffen. Daher bedürfen Geschicklichkeit und Instrumente nicht der Ausarbeitung eines allgemeinen Schemas und die Herstellungsverfahren keiner Erhellung durch ein Wissen, denn sie gehen von diesem Wissen selbst aus. Die Wissenschaften sind nicht länger Anwesenheit der philosophischen Methode im Bereich der Technik, noch sind die Techniken die Frucht von Fertigkeiten, die sich nach tastenden Versuchen herausbilden. Damit entfällt auch die Aufgabe der verschiedenen Zweige der Philosophie, die darin bestand, die Werke des Menschen aus dem Zusammenhang der Artefakte in den der Natur zu überführen und ein System zu erdenken. Diese Werke entstehen nun, wie wir bemerkt haben, direkt in diesem Naturzusammenhang, und die Disziplinen schaffen sich ihren Gegenstand, ohne dabei auf die Künste zurückgreifen zu müssen. Deshalb brauchen sie ihre materiellen Gesetze auch nicht wieder in den Rahmen der handwerklichen Regeln einzubringen noch von einer Realität auszugehen, deren Inhalte im Handwerk vorgeprägt wären. In diesem Sinne vermischt sich die Philosophie mit der Naturwissenschaft, denn beide operieren auf der Ebene der Naturbeziehungen, wenngleich auf unterschiedliche Art und Weise. Erst vor gar nicht langer Zeit hat der Sprachgebrauch diese Sachlage sanktioniert,[8] indem er der Wissenschaft dieselbe Würde wie der Philosophie verlieh.

Die Bedeutung dieser Erörterung liegt auf der Hand. Die Disziplinengruppen bewahren ihre Realität und Individualität nur, sofern man ihnen die Bedeutung wiedergibt, die die Geschichte ihnen verliehen hat, soweit sie ihnen überhaupt eine Bedeutung verliehen hat. Unter dieser Bedingung kann man sie mit einem Naturzustand in Verbindung bringen – die mechanische Philosophie mit der mechanischen Natur, die Naturwissenschaft mit der kybernetischen Natur –, und nur so kann man in ihren Veränderungen die Wandlungen der Naturzustände ablesen und umgekehrt. Indem ich zeigte, daß die Revolution des siebzehnten Jahrhunderts die mechanische Philosophie und nicht die Wissenschaft ankündigte und verwirklichte, habe ich dem entsprochen.[9] Es bleiben freilich die Konsequenzen daraus zu ziehen. Die Entstehung der Naturwissenschaften als Gruppe von Naturdisziplinen und der Naturwissenschaftler als Vertreter einer natürlichen Kategorie stehen in einem Brennpunkt, in dem zwei Entwicklungen zusammenfließen: Die eine wird von der natürlichen Teilung bestimmt, die andere ist eine fortschreitende Umwandlung in der Struktur der Fähigkeiten und ihrer Bildungsweise; sie bestimmt die Verschiebungen, die wir oben festgestellt haben. Beschreibung und Analyse der ersten Entwicklung wollen wir an Erkenntnissen und Phänomenen aus dem Bereich der Chemie vornehmen.

II. Medizin, chemische Künste und mechanische Künste

1. Irdische und unterirdische Welt

»Es ist eine seltsame Häufung von Zufällen«, schreibt Albert Einstein,[10] »daß fast die ganze grundlegende Arbeit über das Wesen der Wärme eigentlich von Nichtphysikern geleistet wurde, die dieses Fach nur als Liebhaberei betrachteten.«

Das ist durchaus kein Zufall, sondern ein notwendiges Ergebnis, denn es gab gar keine anderen Physiker im strengen Sinne als diese Amateure oder reisenden Professoren, die dem Publikum lehrreiche und amüsante Experimente vorführten. Darunter befanden sich zahlreiche Ärzte. Das vergißt man nur zu oft, wenn man die Entwicklung der Wissenschaft in großartigen Bildern entwirft und sich dabei aus dem konkreten und ganz speziellen Milieu der Menschen entfernt, deren Werk sie ist und für die sie nur das ist, was sie daraus machen. Bei all dieser Abgeklärtheit führt die Wahrheit des Lebens nicht mehr zur Wahrheit des Verstandes, dem weder ein tragisches noch ein ruhiges Los beschieden ist. Es bleibt nur jene tiefe Melancholie, in der die Erhebung des Geistes Gleichheit der Seelen und Mittelmäßigkeit der Existenz bedeutet, während Schöpfung den Verzicht zum Gegenstück hat, den Verzicht, der in der Wirklichkeit doch stets nur nach den Spuren anderen Verzichts sucht. Die langen Bande, die Newton mit Einstein oder Bohr, Boyle mit Lavoisier oder Curie verbinden, täuschen uns über die echten Zusammenhänge, über die zahllosen leidenschaftlichen Versuche, die Tausende von Menschen unternehmen mußten, damit diese Übergänge möglich wurden. Und im übrigen ist Newton kein Vorläufer von Einstein, noch ist Boyle ein Vorläufer von Lavoisier, wohl aber gilt das zu einem guten Teil für Paracelsus, Van Helmont, Scheele, jene Ärzte oder Apotheker, die Pionierarbeit leisteten; und es war ihr Wissen, aus dem unsere modernen Disziplinen hervorgingen.

»Vor allem die Medizin«, schrieb G. Cuvier in seinem *Rapport historique sur les progrès des sciences naturelles*,[11] »hat sich zu allen Zeiten um die Naturwissenschaften verdient gemacht . . . Vielleicht hätten wir noch keine Chemie, keine Botanik, keine Anatomie, wenn die Ärzte sie nicht gepflegt und in ihren Schulen gelehrt und wenn die Herrscher sie nicht wegen ihres Bezuges zur Heilkunst gefördert hätten.«

Die Reihe der Experimentatoren und Theoretiker, die auf so vielen Gebieten auch und vor allem Praktiker in dieser Kunst waren, läßt sich kaum aufzählen. Berthelot, Prout, Nicholson, Mayow, Stahl und Thomas Young waren Ärzte; J. B. Dumas, Dufay, Davy, Vauquelin, Klaproth und Ørsted waren Pharmazeuten; all diese Namen stehen für die Kontinuität in der Geschichte der medizinischen Disziplinen und der Geschichte der zahlreichen Zweige der Physik.

Nun ist dieses Verhältnis durchaus nicht unbekannt, man muß ihm nur die Bedeutung eines historischen Phänomens geben und es in diesem Sinne erhellen. Die Chemie spielt dabei eine besondere Rolle. Zur selben Zeit, da die Wissenschaft des Ingenieurs zur Reife gelangt und sich ins Zentrum des philosophischen Wissens stellt, also im sechzehnten und siebzehnten Jahrhundert, erreicht die Chemie gerade Rang und Stadium einer Kunst. Und das bleibt sie – wie häufig bemerkt und von den Texten der Zeit bezeugt – noch weit bis in die zweite Hälfte des achtzehnten

Jahrhunderts hinein. In den Handbüchern wird sie gelegentlich in Zusammenhang mit der Metallurgie definiert, in der Regel aber als eine der Künste, die im Dienste des Arztes und des Pharmazeuten stehen.

Gewiß kann man jeden Wissenszweig als Ast eines Baumes betrachten, dessen Wurzeln tief in das Dunkel der Zeiten hinabtauchen. Wenn wir uns dennoch an die strikte historische Bedeutung halten wollen, so müssen wir die Diskrepanz zwischen dem Aufschwung der Mechanik, die über das Stadium der Technik hinausgelangt, und der autonomen Behauptung der Chemie ins Auge fassen, die dieses Stadium zur selben Zeit erreicht. Fourcroy hat sich gegen diese falschen Genealogien gewandt und dazu aufgefordert, sich an die positiven Indizien, an die spezifischen Merkmale dieser Disziplin zu halten:

»Sie (die Chemie)«, schreibt er,[12] »ist vielleicht die einzige (Disziplin), die eine ganz und gar moderne Schöpfung ist, für die absolut keine Spuren in vergangenen Zeiten ausfindig zu machen sind und die in ihren Fakten nicht jenen langsamen Fortschritt, jenes stetige Wachstum zeigt, das der Beobachter von allen übrigen Zweigen des menschlichen Wissens kennt.«

Darum ist er auch berechtigt zu sagen:

»Was immer man vom antiken Ursprung der Chemie und von den ersten Menschen gesagt hat, die Metalle bearbeitet, hartes Gestein gehauen und poliert, Erden geschmolzen und Salze aufgelöst und kristallisiert haben, ist einem exakten und ernsthaften Geist nichts als vergebliche und lächerliche Prätention, wonach man die Elemente der Geometrie im grobschlächtigen Werk des Wilden wiedererkennen will, der Steintrümmer verwendet und ihnen eine nahezu regelmäßige Form gibt, um sie seinen Grundbedürfnissen anzupassen.«[13]

Die Sperre, die hier gegen jeden unendlichen Regreß errichtet wurde, und das Datum, das ich oben erwähnt habe, geben uns die Möglichkeit, uns nach den Umständen zu fragen, die zur Auskristallisierung der Chemie als Kunst geführt haben. Zwei Umstände halte ich für entscheidend.

Einmal gilt es, die Entwicklung der Metallurgie zu betrachten. Dank der Mechanisierung der Arbeitsmittel machte der Bergbau im fünfzehnten und sechzehnten Jahrhundert einen wirklichen Sprung nach vorne. Der Abbau größerer Mengen von Metall, die Ausbeutung tieferer Lagerstätten und die Öffnung neuer Gruben sowie eine relativ systematische Arbeitsorganisation belegen deutlich, daß einer der ältesten Berufe im Wandel begriffen ist. Die Suche nach Mineralien, ihre Bearbeitung sowie die Kenntnis ihrer Eigenschaften und Verbindungsmöglichkeiten erfordern neue besondere Fähigkeiten. Nicht nur hinsichtlich der Proben, das heißt hinsichtlich der Mengenverhältnisse, die bei der Metallbereitung zu beachten sind, sondern auch bezüglich der Kenntnis der geologischen Zeichen, die auf die Anwesenheit von Metallen schließen lassen, bildet sich langsam ein eigenständiges Wissen und Können heraus. Zugleich entstehen besondere Schulen – etwa die von den Fuggern gegründete *Bergschule*, in der auch der Vater des Paracelsus lehrte –, und die Literatur über die Erscheinungen der unterirdischen Welt, die zur selben Zeit entdeckt wurde wie Amerika, erfährt einen gewaltigen Aufschwung.[14] Die Begeisterung, welche die Entdeckung eines unbekannten Gebietes weckt, vermischt sich mit den Geldinteressen, um jene Techniken hervorzubringen, die mit den Worten Rabelais' »alle in den Schlünden der Erde verborgenen Metalle und alle Steine des Ostens und des Südens« zu entdecken gestatten. Die Vorstellungen sind noch dunkel, die Weitergabe des Wissens stößt auf Schwierigkeiten, und es fehlt noch sehr an der rechten Sprache; man muß sie erst noch erfinden. Georg Agricola weist im Vorwort zu seinem berühmten Werk *De re metallica* auf dieses Erfordernis hin:

»Allein je mehr der Wissenschaft vom Bergbau jede Feinheit der Rede fremd ist, um so weniger fein sind auch diese meine Bücher, wenigstens entbehren die Gegenstände, mit denen es unsere Wissenschaft zu tun hat, bisweilen noch der richtigen Bezeichnungen, teils weil jene Dinge neu sind, teils weil, wenn sie alt sind, die Erinnerung an die Namen, mit denen sie einst bezeichnet wurden, verschwunden ist. Deshalb war ich, was verzeihlich erscheint, gezwungen, einige Begriffe mit mehreren zusammengesetzten Wörtern zu bezeichnen, andere wieder mit neuen ...«[15]

Diese Arbeit der Beschreibung, Klassifizierung und Analyse metallurgischer Verfahren führt zur Vereinigung der beruflichen Fertigkeiten, Dialekte oder Rezepte und der Arbeitsverfahren, die es mit den Eigenschaften der Mineralien, Steine und Salze aller Art zu tun haben, zu einem Korpus, aus dem dann der Korpus der Chemie entsteht. Bevor es soweit ist – und auch als die Chemie sich bereits konstituiert hatte, profitierte die Metallurgie davon nicht vor dem neunzehnten Jahrhundert[16] –, richtet sich die

Aufmerksamkeit auf die Hilfsstoffe, die man in den Bergwerken findet oder die bei der Bearbeitung der damals im Vordergrund stehenden Metalle, Eisen und Gold, verwendet werden. Dabei handelt es sich vor allem um Quecksilber, Arsen, Antimon, um die verschiedenen Schwefelarten, um Säuren, Salze usw. Komplementärressourcen entstehen und werden verfügbar, Ressourcen an Stoffen und Wissen, deren Umfang das Aufblühen neuer Praktiken ankündigt.

In zweiter Linie ist die Erneuerung der Medizin entscheidend für die Entstehung der Chemie. Diese Erneuerung verdankt sich der Auflösung der monastischen Welt und dem Wachstum der Stadtbevölkerung. Als die Bindungen an das klösterliche Leben schwächer werden, als die religiösen und die beruflichen Funktionen sich nicht mehr miteinander vermengen und die philosophischen oder rituellen Vorschriften ihre geistige Autorität verlieren, können die Ärzte an neue Aspekte der Realität herangehen und ihre berufliche Identität wiederherstellen. Die Diskreditierung der Berufsgeheimnisse und der Niedergang der Zünfte eröffneten ihnen Entfaltungsmöglichkeiten, die sie aufgrund ihrer, den meisten Handwerkern weit überlegenen, Bildung auch zu nutzen verstanden. Als die Entwicklung erst einmal in Gang gesetzt war, bemühten sie sich, alles Wissen, das ihnen nützlich sein konnte, aus ihrer Umwelt aufzunehmen: die Hausmittel oder die Präparate der Heilkundigen, die Praktiken der Bader und die Rezepte der Kräutersammler. Der Kontakt mit den Mechanikern einerseits und den Malern oder Bildhauern andererseits machte es möglich, daß sie, gestützt auf Anatomie und Sezierkunst, nicht länger gezwungen waren, zwischen einer geschwätzigen Diagnose und einer routinemäßigen Medikation zu wählen. Der menschliche Körper wurde wieder zu einem Organismus, den man verstehen mußte und den man untersuchen konnte.

Das Wachstum der Städte zwang zu einer verbesserten Hygiene; zudem entstand eine Klientel, die sich nicht mehr mit dem überkommenen Empirismus zufriedengab. Insbesondere nach der Reformation gingen viele Hospitäler in die Hand von Laien über. Die klinische Ausbildung entwickelte sich mit dem Hospitalwesen. Auch die Kriege waren nicht unbeteiligt an dieser medizinischen Renaissance. Die Entwicklung neuer Waffen mit größerer Zerstörungskraft, insbesondere die Verbreitung der Feuerwaffen, die Größe der Armeen und ihre Organisation führten auch zu einem größeren Bedarf an Ärzten und Chirurgen. Letztere beschränkten sich in der Regel nicht auf die Heilkunst, sondern bemühten sich, auch in anderer Hinsicht nützlich zu sein. Viele praktizieren zugleich Astrologie und Pharmazie, und manche sind sogar Ingenieure. Die Suche nach einem Schutzherrn, einem Brotgeber, einer Klientel und die Rufe, die durch die Städte ergingen, führten sie beständig von einem Ort zum anderen und zwangen sie, ihre Talente in höchst polymorpher Weise auszuüben.

Solche Mobilität und die zunehmende Zahl der Berufsmediziner mußte schließlich auch zur Entdeckung und Anwendung zahlreicher neuer Medikamente führen. Der Apotheker sondert sich vom Gewürzkrämer und strebt nach Autonomie, nach der Würde eines eigenen Berufsstandes: Fast zwei Jahrhunderte dauerte es bis er dieses Ziel erreicht. Die Kenntnis der Kräuter und Grundstoffe, Zubereitung und Anwendung von Tinkturen und die Wirksamkeit der verschiedenen Metalle und Metallverbindungen, all dies wird nun sein spezifisches Arbeitsgebiet. Er kennt sich nicht nur in der Sammlung und Behandlung tierischer und pflanzlicher Produkte aus, sondern auch in der Zubereitung von Weingeist und anderen »Geistern« sowie von Destillaten aller Art und in der Herstellung von Extrakten und Verbindungen, die wir heute als chemische Verbindungen bezeichnen. Die Entdeckung Amerikas ermöglichte eine erhebliche Erweiterung der pflanzlichen Pharmakopöe: Die Extrakte aus neu entdeckten Pflanzen – Tabak, Brechwurz, Chinarindenbaum, Tee und Kaffee – werden nun zu Bestandteilen neuer Medikamente. Die Fortschritte in der Glas- und Prozellanherstellung ermöglichen nun auch eine bessere Aufbewahrung der Medikamente und ihrer Grundstoffe. Am folgenreichsten – im Hinblick auf unsere Fragestellung – war freilich die Entdeckung der Heilwirkung der Minerale. Es ist wahrscheinlich kein Zufall, wenn wir die Anwendung der Minerale in der Medizin Paracelsus verdanken, dessen Vater als Arzt in einer Bergbauschule tätig war und der selbst eine Bergmannslehre absolviert hatte.

Jedenfalls gab er den entscheidenden Anstoß zur Verwendung von Medikamenten auf Metallbasis in der Behandlung von Krankheiten.

Natürlich wäre es absurd, wollte man behaupten, Paracelsus sei der erste gewesen, der auf diese Idee gekommen ist; aber er war der erste, der ihr wirklich zum Durchbruch verhalf. Und als diese Sekundärressourcen des Bergbaus zu einem Hauptbestandteil der Medizin geworden waren, da war auch die Chemie geboren.

2. Der Schlaf der Alchimie

Ablesen läßt sich diese Entwicklung am Niedergang der Alchimie (die sich ausschließlich mit Metallurgie befaßte); sie war nicht fähig, ihre komplizierten oder nebelhaften Ziele zu verwirklichen und ihren Handlungsbereich zu erweitern. Das heißt nicht, daß ihr Geist, die Suche nach einer Transmutation der Metalle, mit einem Schlage verschwunden wäre. Bis ans Ende des achtzehnten Jahrhunderts wurde ihr Ideal auch von wirklich großen Chemikern geachtet, galt ihnen dies Ideal als unabdingbar. Ihre Rezepte und die Sprache, die sie geschaffen hatte, bestimmen in der ersten Zeit auch die ganze Chemie. Die Alchimie gehört einer Zeit an, da man die Nebenprodukte des Bergbaus noch nicht zu verwenden verstand und die dabei erworbenen mineralogischen Kenntnisse noch nicht ausreichten, um zu einer Verbesserung der metallurgischen Techniken zu führen. Aus diesem Grunde und trotz ihres – freilich durch seltsame Riten verdunkelten – Reichtums wurde sie nie zu einer wirklichen Kunst. Leonardo da Vinci zog einen treffenden Vergleich zwischen dem Alchimisten und dem Mechaniker, der nach dem Perpetuum mobile sucht: Wer an einem Tag ein Vermögen zusammenbringen will, der wird ewig in Armut leben,

»wie es auch den Alchimisten geschieht und bis ans Ende der Zeiten geschehen wird, die Gold und Silber machen wollen, und den Ingenieuren, die totes Wasser dank eines Perpetuum mobile zum Leben erwecken wollen«.

Wahrscheinlich kamen die Alchimisten aus allen Gesellschaftsklassen, aus dem Handwerk, dem Handel usw., aber wenn man einem Cornelius Agrippa von Nettesheim zugeschriebenen Diktum glauben darf, dann sind »alle Alchimisten entweder Ärzte oder Seifensieder«. Der Weg, der sich den Ärzten durch die Ausbildung in der Pharmakopöe eröffnete, entsprach gewiß nicht dem Traum vom schnellen Reichtum, dafür aber war er sicherer: der Weg der Chemie. Und im Zentrum der Chemie, als deren Hauptgegenstand, steht die Medizin oder die Pharmazie.

Um den an sie gestellten Erwartungen zu entsprechen und den Beweis ihrer Nützlichkeit zu erbringen, findet die Chemie bald Anwendung auf alle Elemente des Tier-, Pflanzen- und Mineralreichs. Feuer und Destillation gestatten es, auf diese Elemente einzuwirken und die gewünschten Eigenschaften zu gewinnen. Therapeutischer Erfolg und Experiment bieten die Bestätigung für die Richtigkeit der Verfahren und Begriffe, die man sich davon macht – eine Erkenntnisweise, in der die Eigenschaften der Körper auf die Probe gestellt werden. Bei den Anhängern dieser Kunst gewinnt der Wunsch, Heilung zu bringen, die Oberhand über die Neugier nach den Naturerscheinungen, und selbst Robert Boyle, der weder Arzt noch Apotheker war, gesteht:

»Mein Hauptziel beim Studium der Chemie ist es, die Leiden der Kranken zu lindern, denn unsere herkömmlichen Heilmittel sind ohne Zweifel unwirksam.«[17]

Umgekehrt zieht dieser Wunsch, zusammen mit dem Berufsinteresse, zahlreiche Adepten in den Bannkreis der Chemie, wodurch deren Kenntnis in der medizinischen Ausbildung obligatorisch wird; und im Maße, wie man damit seinen Lebensunterhalt verdienen kann, widmen sich auch immer mehr Menschen dieser Disziplin und beschleunigen ihre Entwicklung. Damit dieses neue Wissen weiteren Kreisen zugänglich gemacht werden kann, für die die Anwendung dieser Kunst zur täglichen Arbeit gehört, bedarf es einer klareren Sprache, einer Systematisierung der Informationen und einer Erklärung der Operationen, die dann auch eine rationale, theoretische Aufarbeitung ermöglichen. Dennoch bleibt die Chemie noch für lange Zeit ein Hilfswissen für Ärzte und Apotheker – wie die Mechanik ein Hilfswissen für Architekten und Maler war –, und im Umkreis von Pharmazie und Medizin bilden sich auch die institutionellen, theoretischen und praktischen Mittel dieser Disziplin heraus, die freilich schon zu dieser Zeit eine gewisse Eigenständigkeit besitzt. Das zeigt sich auf allen Ebenen.

Zunächst einmal im Rahmen des Berufsstandes. Überall in Europa entstehen botanische Gärten für Heilkräuter zum Zweck der medizinischen Ausbildung und der Herstellung von Medikamenten, die zu einem großen Teil aus Pflanzen gewonnen werden. Einer der ersten und berühmtesten ist der von Aldovrandi in Bologna gegründete. Seit dem siebzehnten Jahrhundert zieht man in einem botanischen Garten in Erfurt exotische Pflanzen, damit die Schüler sie und die daraus gewonnenen Drogen kennenlernen.

»Das Bestreben, den Unterricht praktisch zu gestalten«, schreibt Diepgen, »zeigt sich weiter auf dem Gebiet der Arzneimittelkunde in der Anlage botanischer Gärten. Sie gehören neben den anatomischen Theatern zu den frühesten Universitätsinstitutionen.«[18]

In Frankreich wird auf Erlaß Ludwigs XIII. ein *Jardin des Plantes Médicinales tant pour l'instruction des Écoliers en Médicine qu'autres utilités publiques* gegründet. Auf dem Gelände des Gartens des Jacques Gohorri, eines Paracelsikers und Alchimisten, eingerichtet, wurde er für nahezu zwei Jahrhunderte zu einem Forschungszentrum, in dem die meisten Wissenschaften von der organisierten Materie mit Nachdruck betrieben wurden.[19]

In enger Verbindung zur Heilkunst entwickelte sich die Chemie im Umkreis dieser Gärten oder im umfassenderen Rahmen der medizinischen Fakultäten. So versichert sich der *Jardin Royal des Plantes Médicinales* von seiner Gründung an der Dienste dreier Demonstratoren, deren Aufgabe nach dem Gründungserlaß darin besteht,

»das Innere der Pflanzen vorzuführen und alle pharmazeutischen Operationen, die gewöhnlichen wie die chemischen, auszuführen.«

Letzteres erfordert Experimente und Laboratorien. Das ganze siebzehnte Jahrhundert hindurch entstehen in fast ganz Europa spezialisierte Laboratorien: Glaubers *Institut hermétique*, das *Alchemische Laboratorium* Friedrich-Wilhelms von Brandenburg, die Laboratorien von Elias Ashmola in Oxford (1683), von J. D. Hoffmann in Altdorf (1683), von Hjärne in Stockholm (1683), von J. Becher in München usw. Eine Tradition nimmt Gestalt an, die Tradition des Laboratoriums, das sich – unter manchmal prekären und oft unzuträglichen Bedingungen – ganz dem Fortschritt einer Disziplin widmet. Hier der Lehrer Georg Stahls, Johann Becher, der sich in seiner *Physica subterranea* als einen Mann beschreibt,

»den weder Reichtum noch sichere Beschäftigung, weder Ruhm noch Gesundheit anziehen; denn dem allen ziehe ich meine chemischen Erzeugnisse vor, inmitten von Rauch, Ruß und Kohlefeuer«.

Doch das Laboratorium ist nicht nur Forschungsstätte; für die Männer vom Fach ist es auch und vor allem ein Werkzeug und ein Ort, an dem sie sich zu produktiver Tätigkeit und zu Bildungszwecken versammeln.[20] Die *Society of the Arts and the Mistery of the Apothecaries of the City of London* richtet auf korporativer Grundlage ein Laboratorium ein, das zur Herstellung »galenischer« und »chemischer« Medikamente bestimmt ist. Die Apotheker von Nantes beklagen, daß es keinen botanischen Garten und kein Laboratorium gibt, die den Meisteranwärtern die Herstellung ihres »Meisterstücks« erleichterten. Sie richten einen Gemeinschaftsgarten und ein Gemeinschaftslaboratorium ein. Noch im achtzehnten Jahrhundert ist die *Pneumatic Institution*, in der Humphrey Davy arbeitete, Ergebnis einer Spendenaktion der beteiligten Berufsstände, deren Zweck die Untersuchung der *physiologischen* Auswirkungen der Inhalation verschiedener Gase ist.

Im Maße, wie diese Zentren an Bedeutung gewannen, zogen sie nicht nur immer mehr Praktiker, Lehrer und Schüler an, sie konzentrierten auch die Mittel für Beobachtung und Experiment. Zu den Destillationsapparaten und den Gerätschaften zur Behandlung der Mineralien kommen weitere hinzu: das Thermometer, als es einsetzbar ist, und, vor allem für die Untersuchung der Eigenschaften von Gasen, das Barometer und die Vakuumpumpe.

Der Beitrag der Medizin und der Pharmazie beschränkte sich nicht nur auf die Einrichtung von Laboratorien und deren Ausstattung; beide regten auch die Forschung an, indem sie die Entwicklung bestimmter geistiger Einstellungen förderten. Besonders aufschlußreich ist hier das Beispiel Joseph Blacks, eines Professors für Chemie und Anatomie.

Zur damaligen Zeit behandelte man Blasensteine mit Kalklösung, und ein gewisser Doktor Whyte behauptete, daß die Lösung, die er aus Muschelkalk herstellte, weit wirksamer sei als die gewöhnlichen Lösungen. Black versuchte nun, ein Lösungsmittel zu finden, das nicht, wie das Ätznatron, das Gewebe der Blase angriff, und seine Experimente führten ihn zum Magnesiumkarbonat. Er stellte fest, daß Magnesiumkarbonat bei Erhitzung ein Gas freigab, während das Karbonat sich in »calciniertes Magnesium« verwandelte. Dieses wiederum verband sich mit verschiedenen Säuren zu denselben Salzen wie Magnesiumkarbonat (oder »weißes Magnesium«), die aber nicht aufschäumten. Weißes Magnesium konnte man erhalten, wenn man calciniertes Magnesium mit Natrium oder Kalium behandelte.

Black wiederholte seine Experimente nun an Kalk. Er erhielt dasselbe Gas und gebrannten Kalk, den er mit einem Alkali regenerieren konnte. Diesem Gas gab er den Namen *feste Luft*, weil Kalk oder Magnesium sie fixierten. Auch stellte er fest, daß ein Gas ebenso wie Flüssigkeiten oder Feststoffe an chemischen Reaktionen teilhaben konnten: So wurde Van Helmonts Theorie, die das Gegenteil behauptete, widerlegt und die Forschung auf diesem Gebiet kräftig stimuliert.

All diese Entdeckungen sind Voraussetzungen der Lavoisierschen Revolution, und man kann ermessen, welche Auswirkungen diese eigentlich medizinischen Interessen auf die Entwicklung der Chemie hatten. Dazu muß man sie in ihrer ganzen Tragweite erfassen und sehen, daß sie sich in eine allgemeinere Konzeption der materiellen Phänomene und der Naturordnung einfügen. Andernfalls gelangt man nur zu einer begrenzten Sicht der Kunst, der Ambitionen, die sie nährte, und der Unterstützung, die sie bot, als sie in das besondere Gebiet der herrschenden mechanischen Philosophie einmündete. Denn genau genommen ging der Horizont des Chemikers weit über die geduldige Bearbeitung der Stoffe und die gewissenhafte Beobachtung hinaus. Er, der so viele Elemente rein dargestellt und zur Verbindung mit anderen Elementen gebracht hatte, sah sein Wirkungsfeld nicht auf die praktischen Artefakte beschränkt, seine Tätigkeit ging vielmehr auf die Naturprozesse selbst und auf die Entdeckung der Naturgesetze aus. Das jedenfalls gilt von dem Augenblick an, da die Chemie sich endgültig von der Alchimie löste.

Von den beobachteten Vorgängen konnte man auf die Prozesse der Naturordnung insgesamt[21] und, so könnte man sagen, in ihrer Einheit schließen, denn die Bereiche des Belebten und des Unbelebten erwiesen sich als engstens miteinander verschränkt. Im Detail, auf der Ebene der besonderen Phänomene, ist der Chemiker manchmal Atomist, manchmal nicht. Als Ganzes betrachtet, sieht er im Universum jedoch eine einheitliche, in Entwicklung begriffene Entität mit Organisationsstadien oder -etappen, die einander ablösen. An den Anfang der Entwicklung stellt er ein oder mehrere Prinzipien oder Wurzeln, die verschiedene Kombinationen durchmachen müssen. Dieser monistischen Lehre, die vor allem eine *aufsteigende* Entwicklung impliziert, geht es – so in der *philosophischen Chemie* des Nicolas Lefèvre, um Erklärung und Verständnis des Himmels, der Meteore, der Entstehung der Mineralien und der Ernährung von Pflanzen und Tieren. Sie akzeptiert die Idee – die selbst Boyle nicht ablehnte –, daß bestimmte Metalle ganz wie Lebewesen in der Erde wachsen, und Hoffmann zum Beispiel gesteht den Planeten einen Einfluß auf das Klima, auf den menschlichen Körper und auf die Erscheinungsformen der Elemente zu. Reminiszenzen an die Alchimie, wird man sagen. Aber war es nicht so, daß eine große Zahl von Chemikern die Vorstellungen der Alchimie übernahmen, daß die Alchimie in diese Wissenschaft eindrang? Entscheidend ist, daß die Chemie eine umfassende Vorstellung von der Materie und vom Universum hat, daß sie ihre Einzelentdeckungen beständig an allgemeine Prinzipien knüpft und daher den Anspruch erhebt, auf alle Teile des Universums anwendbar zu sein. Ein Buchtitel wie der des Chemieprofessors in Uppsala: *Meditationes physico-chemicae de origine mundi* (1779), verrät manches über seine Ambitionen. Zugleich will die Chemie ihren Wirkungsbereich auf viele Künste ausdehnen. Dazu braucht man nur einen Blick auf das publizierte Werk Georg Stahls werfen, der der Chemie wohl als erster einen theoretischen Nutzen verlieh. Natürlich umfaßt es die medizinischen und pharmazeutischen Stoffe,[22] und auch Metallurgie und Farbstoffe sind enthalten.[23] Eine Beurteilung der wirklichen Qualität dieser technischen Literatur wäre ebenso interessant wie die Kritik ihrer extravaganten Hypothesen oder das Bild der materiellen Prozesse, das sie entwirft. Sie ist vor allem Ausdruck der innersten Überzeugung des Chemikers, der mit der Chemie aufkommenden Anschauungen und des Einflusses, den sie auf einen bedeutenden Teil der Künste und der Technik ausübt, deren Quelle und Synthese sie ist. Schon 1726 schrieb Réaumur:

»Die Chemie, die jenen, welche ihren wirklichen Gegenstand nicht kennen, unnütz erscheint, könnte zu einem der nützlichsten Teile der Akademie (der Wissenschaften) werden; lassen wir die Dienste, die sie der Medizin erweisen mag, beiseite und betrachten wir sie nur im Hinblick auf die Künste, denen sie gar noch größeren Nutzen bringen könnte als die Mechanik.«[24]

Diese Prophetie – denn um eine solche handelt es sich – gründet nicht nur auf den offensichtlichen Verbindungen zur Metallurgie oder zur Glasherstellung, sie entspringt auch der Möglichkeit, die meisten empirischen Verfahren und Fertigkeiten in den Bereich des Laboratoriums und des Experiments einzubringen und sie deren Methoden, Modellen und Begriffen zu unterwerfen. Nach ihren je eigenen Routinen reorganisiert und inhaltlich verknüpft, können diese empirischen Verfahren um einige allgemeine Operationen zentriert werden – Mischung, Trennung, Destillation, Gärung usw.; sie bilden dadurch Spielarten einer Kunst – der Chemie – und werden so als chemische Künste verstanden.

Das setzt voraus, daß man sie auf andere Weise vereint, durchdrungen und rekonstruiert hat. Die Aufnahme so vieler Berufszweige durch das chemische Wissen bedeutet auch die Fähigkeit, sie neu zu schaffen, sie als solche zu »zerstören« – wie Liebig sagt – und sich zugleich über sie zu erheben. Am Ende des achtzehnten Jahrhunderts besteht bereits Gewißheit über ein der Chemie vorbehaltenes Terrain, einen ihren Operationen vorbehaltenen Tätigkeitsbereich,[25] eine Besonderheit und Überlegenheit zunächst in geistiger, dann in operativer Hinsicht. Damit ist der Augenblick gekommen, sich von der Medizin zu lösen, die eigenen Ressourcen und das eigene Wissen in die Gesellschaft einzubringen und ein Bedürfnis dafür zu schaffen.

III. Der Widerstand der Mechanik

1. Die Anfänge einer neuen natürlichen Kategorie

Die Chemie und die Chemiker festigten ihre Position zum Teil neben den mechanischen Disziplinen, zum Teil gegen sie. Als letztere einen naturwissenschaftlichen und technischen Charakter gewonnen hatten, als sie die Phänomene unter dem Blickwinkel von Kraft und Bewegung und ihre spezifischen Fähigkeiten in der Anwendung von Meßinstrumenten zu sehen begonnen hatten, da mußten die im eigentlichen Sinne chemischen Wirkungen, die sich nicht auf das allgemeine Schema zurückführen ließen, gesondert betrachtet werden, zumindest, als dieses Gebiet eine gewisse Reife erworben hatte. Die einzige Einheit, die beide Bereiche noch zu umfassen vermochte, war sozialer Natur; sie resultierte aus der Gemeinsamkeit aller Berufe und Wissenszweige, die es mit Handarbeit zu tun hatten. Boerhaave, ein Gelehrter von höchster Autorität im achtzehnten Jahrhundert, hält es für angebracht, daran zu erinnern:

»Unter mechanischen Künsten sind hier jene Künste gemeint, bei denen es nötig ist, Hand anzulegen, und nicht jene Mechanik, die Teil der Physik ist und die Kräfte der Körper durch Eigenschaften erklärt, die allen Körpern gemein sind: Diese stützt sich auf die Geometrie und zieht keinerlei Nutzen aus der Chemie, während die Chemie, bei der es um die Bearbeitung und Veränderung der Körper geht, viel zur Vervollkommnung der hier in Rede stehenden Künste beiträgt.«[26]

Für diesen Bruch und diese Abgrenzung gibt es zahlreiche Anzeichen, desgleichen für die Skepsis, der die Chemie und die Chemiker begegnen. Ihr Wissen erscheint grobschlächtig und nur wenig in Übereinstimmung zu bringen mit dem Kanon der Mechanik. Mathematische Beweisführung spielt kaum eine Rolle, ihre Doktrinen werden nicht einhellig anerkannt, und ihre Sätze fließen nicht aus klaren und gesicherten Prinzipien. Fontenelle bringt wahrscheinlich eine verbreitete Ansicht zum Ausdruck, wenn er sagt:

»Der Geist der Chemie ist konfuser und verwickelter; er ähnelt eher einem Gemisch, in dem die Prinzipien miteinander vermengt sind: Der Geist der Physik dagegen ist klarer, einfacher und präziser; er geht bis auf die allerersten Ursprünge zurück, während der andere nicht bis ans Ende geht.«

Vielleicht ist man versucht, den Grund dafür im unterschiedlichen Entwicklungsstand zu sehen und sich mit dem – hinsichtlich der Ergebnisse schlagenden – Vergleich zwischen einem nahezu vollkommenen Wissen und einem Wissen, das dies weit weniger beanspruchen kann, zu begnügen. Doch das wäre unzureichend, denn es erklärte nicht, warum die Philosophen und Gelehrten dieser Zeit der Chemie trotz ihrer offenkundigen Präsenz in Praxis, Ausbildung und Akademien keine Aufmerksamkeit schenkten oder sie sogar mit völligem Desinteresse bedachten. Boerhaave weist darauf hin:

»Mit der Chemie müßt ihr euch befassen. Mit der Chemie! Was, mit einer Kunst, deren Äußeres so roh und grob erscheint, daß sie gewissermaßen jeden Umgang mit den Philosophen abgebrochen hat, ja daß sie den Wissenschaftlern unbekannt und sogar suspekt ist?«[27]

Aber rühmten die Philosophen sich nicht gerade des Umstandes, daß sie sich auf manuelle Operationen einließen, in die Werkstätten der Handwerker eindrangen, ihrem Beispiel folgten und es sogar noch besser machten als sie? Doch es liegt auf der Hand, daß eine mechanische Philosophie, die auf der Wissenschaft der Maschinen gründete und die Welt als Uhrwerk sah, in der Chemie einen Wirklichkeitsbereich erblickte, der ihr unzugänglich, fremd und, alles in allem, zufällig oder unwesentlich erschien.

Der einzige ernsthafte Versuch, mechanische und chemische Prozesse miteinander zu verbinden – die Bemühungen Robert Boyles nämlich – blieb ohne Folgen, obgleich er kein Fehlschlag war. Ein tiefer Graben trennte beide Gebiete. Emile Meyerson stellt zu Recht fest:

»Es ist im allgemeinen nicht einfach, sich klarzumachen, was die Physiker des siebzehnten und achtzehnten Jahrhunderts wirklich von den Phänomenen dachten, die wir heute als chemische Phänomene bezeichnen. Sie hatten es da mit einem kaum bekannten, man könnte auch sagen: schlecht beleumundeten Bereich zu tun, der aus einer gewaltigen Ansammlung geheimnisvoller Tatsachen bestand ... Robert Boyle ist der einzige Mann dieser Zeit, der eine Ausnahme darstellt. Er, der gleichermaßen bedeutend als Physiker und als Chemiker war, versuchte, die Vorzüge der beiden Methoden miteinander zu verbinden. Aber Boyle machte nicht Schule: Nach ihm standen Physiker und Chemiker einander ebenso fremd gegenüber wie zuvor.«[28]

Verachtung, Unwissenheit und inhaltliche Unverträglichkeit zwischen mechanischer Philosophie und Chemie kennzeichnen die Lage für mehr als zwei Jahrhunderte. Wenn man die Chemie mißversteht oder verunglimpft, wenn man ihre Sprache nicht versteht, so weil ihre Grammatik dem mechanischen Philosophen ebenso unzugänglich ist wie das Suaheli einem Franzosen oder Deutschen. Auch leben und arbeiten die Chemiker in einer Welt für sich.

»Die Chemiker«, schreibt Venel,[29] »sind ein eigenes Volk, das seine eigene Sprache, seine Gesetze, seine Geheimnisse hat und fast völlig isoliert inmitten eines großen Volkes lebt, das wenig an ihrem Tun interessiert ist und nichts von ihrem Wirken versteht.«

Aber versuchte dieses »eigene Volk« wirklich, seine Verwandtschaft mit den übrigen Wissenschaftlern aufzuzeigen und die Züge hervorzuheben, die seine Arbeit in die Nähe der herrschenden Techniken zu rücken vermochten? Die Antwort muß nein lauten. Schon in der Medizin standen sich zwei Schulen gegenüber: die Iatromechanik und die Iatrochemie. Die Iatromechanik, deren führender Kopf der italienische Mathematiker Borelli war, verstand den Körper, seine Funktionen und Dysfunktionen nach dem Modell der Maschine und ihrer Bewegung. Die Iatrochemie, die auf van Helmont zurückgeht, erklärt die Lebensphänomene mit Hilfe von Bildern, die von der Gärung, der Destillation oder von den Wirkungen der Säuren und Basen abgeleitet sind. Ganz allgemein gehen die Chemiker, wie wir gesehen haben, anders an die materiellen Prozesse heran, und auf ihrem Gebiet sind die mechanisch-mathematischen Prinzipien kaum hilfreich. Der englische Chemiker Lewis[30] bringt hier eine Überzeugung zum Ausdruck, die viele seiner Kollegen teilten:

»Die Eigenschaften der Körper sind Gegenstand zweier Wissenschaften, der *Naturphilosophie* und der Chemie. Obgleich beide in vielen Fällen so eng miteinander verwoben sind, daß man kaum Grenzen zwischen ihnen ziehen kann, scheinen sie in anderen Fällen ganz wesentliche Unterschiede aufzuweisen ... Die Naturphilosophie oder auch mechanische Philosophie scheint die Körper hauptsächlich als Ganzheiten zu betrachten ..., die mechanischen Gesetzen unterworfen und auf ein mathematisches Kalkül reduzierbar sind ... Die Chemie betrachtet die Körper als Zusammensetzungen einer besonderen Art von Materie«, deren Eigenschaften »keinem bekannten Mechanismus unterworfen sind und einer anderen Art von Gesetz zu folgen scheinen ... Offenbar ist es wichtig, diese beiden Affektionsmodi der Körper sorgfältig zu unterscheiden, denn zahlreiche Irrtümer verdanken sich der Tatsache, daß man auf den einen dieser Modi die Gesetze anwandte, die nur für den anderen Geltung haben.«

Die Materie – so der Tenor dieser Erklärungen – ist nicht dieselbe für den Mechaniker und für den Chemiker, sie wird von ihnen nicht unter derselben Perspektive gesehen. Was für den einen volle Existenz besitzt, ist für den anderen lediglich Abstraktion; was dem ersten ein allgemeines, auf alle Umstände anwendbares Gesetz, das ist dem zweiten lediglich eine besondere Regel mit begrenztem Geltungsbereich. Die Realität ist nicht dieselbe, und auch nicht die Art der Einwirkung auf diese Realität.

»Die Chemiker«, erklärte Venel,[32] »kennen kein mechanisches Agens. ... Doch nicht aus Widerspruchsgeist oder Übermut erkennen die Chemiker keine mechanischen Prinzipien an, sondern weil keines der mechanischen Prinzipien in ihren Operationen eine Rolle spielt.«

Die Entwicklung der mechanischen Technik und des Ingenieurs, die der Entwicklung der Chemie und des Chemikers vorausging, schlug sich in den meisten Berufen in dem Maße nieder, wie die Handwerker, die diese Berufe ausübten, den Rohstoffen unter Einsatz von Energie und mit Hilfe von Werkzeugen eine *Form* gaben. Dabei kam freilich auch ein Bereich zum Vorschein, der davon nicht betroffen war, der Bereich der Umwandlung von Rohstoffen nämlich, in dem die Eigenschaften eines Stoffes in die eines zweiten Stoffes überführt werden, der von anderer Qualität ist: so die Umwandlung von Fett in Seife oder von Salz in Soda. Die Ersetzung einer Substanz durch eine andere – schon vor der Entstehung der chemischen Industrie ersetzten die Apotheker organische durch anorganische Stoffe –, ihre Trennung und ihre Reinigung gehören sämtlich zu ein und derselben Kategorie von Arbeiten. Die hier entdeckten Wirkungsfaktoren unterscheiden sich von den Faktoren, die der vom Ingenieur beherrschten Technik eigen sind. Es ist daher nicht erstaunlich, wenn man so deutlich darauf hinwies, daß beide Bereiche sich nicht assimilieren ließen, daß man keine Reziprozität zwischen ihnen herstellen oder die Grenzen zwischen ihnen überschreiten konnte. Zusammen mit der Chemie gewinnt auch eine neue natürliche Kategorie Konturen; die Teilung, deren Symptome ich beschrieben habe, wird manifest.

2. Das chemische Instrument, das kalte und das warme Universum

Zwei Imperative bestimmen die menschliche Geschichte der Natur: daß Natur ist, wo das Artefakt ist, und daß die Zukunft einer Naturordnung eine andere Naturordnung ist. Sie bestimmen auch die Geschichte der Chemie und ihres Verhältnisses zur bestehenden Realität, sobald allenthalben die entsprechenden Phänomene auftauchen. Als ihr Gebiet – wenn auch unvollkommen – abgesteckt war, mußten ihre eigentümlichen Agentien und die objektiven Prozesse, deren Reich sie bildet, durch die als künstlich erachtete Vorgehensweise hindurch in das im Herzen des Werks verankerte Universum und den zugehörigen Naturzustand einmünden.

Für den Ingenieur und die Mechanik standen, bevor man die Substruktur herausarbeitete, Hebel und Zahnräder, Gewichte und Stöße, geometrische Regeln und mathematischer Kalkül für ein Universum von Kräften, wobei die übrigen Aspekte einer Welt ohne Farb- oder Temperaturveränderungen außer acht blieben: eine gewaltige und majestätische hydraulische Maschine. Aber was ist das Hauptinstrument der Chemie, die Welt, der sie sich verschreibt? Ihre alte Berufung sagt es uns: das Feuer.

»Der Chemiker ist traditionell ein ›Arbeiter des Feuers‹, und die Klärung der Natur des Verbrennungsvorgangs war der entscheidende Vorgang in der Begründung der modernen Chemie.«[33]

Bekanntlich sah van Helmont, der Begründer der medizinischen Iatrochemie, sich als einen Philosophen des Feuers,[34] und Davissons Handbuch trägt den Titel: *Philosophie der Feuerkunst oder Chemie.* Bekannt ist auch, daß in der Realität wie auch in der gemeinsamen Vorstellungswelt die Besonderheit der Arbeit des Chemikers, wie schon des Alchimisten vor ihm, darin lag, die Stoffe der Probe durch das Feuer zu unterwerfen und in einer Atmosphäre zu leben, in der alles dazu bestimmt war, eine Umwandlung der Qualitäten durch Verbrennung zu erleiden.

Die Chemiker sehen im Feuer das wichtigste Element des Universums und das wirksamste Hilfsmittel der menschlichen Operationen. Es ist *das* Attribut des Mannes vom Fach und des Menschen schlechthin; zugleich ist es das technische *Instrument*, das es vor allem zu beherrschen gilt.[35] Unter den Hilfsmitteln, die man zur Reinigung oder Darstellung einer Substanz benötigt, kommt ihm die erste Stelle zu. So schreibt Boerhaave:

»Ich beginne mit dem Feuer, ohne das keine chemische Operation abläuft oder ablaufen kann; was sich von den übrigen Hilfsmitteln nicht in dieser Allgemeinheit sagen läßt.«[36]

Praktisch mußte jede Untersuchung vom Feuer ausgehen und es zu ihrem zentralen Paradigma machen. In der Chemie schien die experimentelle Methode völlig auf den Gebrauch des Feuers gegründet, auf seinen Eingriff in die innersten Strukturen der Materie.[37]

Daraus wird auch verständlich, daß auch die erste chemische Theorie auf dem Feuer aufbaut. Was ist das Feuer? Wie wirkt es? Diese Fragen stellen sich als erstes. Die Ansichten dazu schwanken, manchmal gilt es als ein künstliches Produkt, manchmal als ein Element, das sich mit anderen Elementen verbinden kann. Wärme, Verbrennung, Licht, Verdampfung usw. waren seine sinnlichen Attribute,[38] bei denen man mit der Analyse beginnen mußte. Doch wie wird all dies erzeugt? Welche Beziehung besteht zwischen dem Feuer und seinen Attributen? Die chemische Literatur ist voll von Versuchen, dieses Problem zu klären, in dem sich so viele Annahmen aristotelischen oder atomistischen

Ursprungs vermengen. Die richtige Antwort zu finden erscheint als dringendste Notwendigkeit:

»Wenn wir uns in der Darlegung der Natur des Feuers irren«, schreibt Boerhaave,[39] »so würde dieser Irrtum sich auf alle Zweige der Physik ausbreiten, und dies, weil das Feuer, wie ich bereits bemerkt habe, in allen unseren natürlichen Herstellungsprozessen stets der Hauptagent ist.«

Auch die Lebensphänomene, die Atmung etwa, wurden in Analogie zum Feuer gesehen, und ihre physiologische Erklärung war eigentlich eine Verlängerung und Erweiterung der physikalischen Erklärung. Da sich alles um die die Verbrennung dreht, sucht die Theorie allererst sie zu erhellen, und durch sie erst klären sich auch die natürlichen Prozesse. Wir haben hier nicht den Raum, um die lange Reihe der in diese Richtung unternommenen Versuche darzustellen[40] und im Detail zu untersuchen. In der Verbrennung sieht man zugleich den Agenten, der sie hervorbringt, und das Element, das sie möglich macht, das heißt die Luft oder irgendein Gas. Uns erscheint das klar. Aber vor Georg Stahl übernahmen die Chemiker entweder die vier Elemente des Aristoteles (Erde, Luft, Wasser und Feuer), oder sie dachten sich neue aus. Wo atomistische oder mechanistische Einflüsse vorherrschten, lag der Rückgriff auf Feuerteilchen nahe. Es war Stahls großes Verdienst, mit allen Versuchen zu brechen, die von anderen Transformations- und Existenzweisen der Materie diktiert waren, und sich ganz auf die für die chemischen Vorgänge wesentlichen Erscheinungen zu konzentrieren und deren Voraussetzungen zu klären.

Das ist die eigentliche Bedeutung der Tatsache, daß er die Verbrennung in den Mittelpunkt der Chemie stellte. Sein Gedanke ist bekannt. Zunächst einmal faßt er Phänomene von so unterschiedlicher Erscheinung wie das Glühen eines Metalls und die Verbrennung organischer Stoffe in einer einzigen Klasse zusammen. Jeder Körper war mit Brennbarkeit begabt, einer Qualität, von der man glaubte, daß sie von einem Körper auf den anderen übergehe. Von da war es nur noch ein Schritt bis zu der Feststellung, daß hier der Transfer einer materiellen Substanz vorlag. Und diesen Schritt machte man, indem man sich eine besondere Substanz vorstellte, das Phlogiston, das für die Wirkungen des Feuers verantwortlich, das dessen Prinzip war. Das Phlogiston ist in den Körpern anwesend und trennt sich von ihnen während der Verbrennung; diese Loslösung erklärt dann die Veränderung der Eigenschaften des Körpers bei der Verbrennung. Seines Phlogistons beraubt, wird Schwefel zu Vitriolsäure, und an der Luft calciniertes Metall verliert sein Phlogiston und wird zu Kalk:

»Im Verbrennungsvorgang«, erklärte Stahl, »kommt das heiße, glühende Feuer machtvoll zur Wirkung: doch im Stoff der Verbindung wirkt als Ingredienz, wie man es gewöhnlich nennt, als materielles Prinzip und als Bestandteil aller Verbindungen Stoff und Prinzip des Feuers, nicht das Feuer selbst. Diesen Stoff habe ich als erster Phlogiston genannt.«

Bezüglich dieses Prinzips spielt die Luft oder ein anderes Gas die Rolle eines *»absorbens«*, denn mit ihnen verbindet es sich. Zwar stellte man durchaus eine Gewichtsveränderung bei den Körpern fest: Ein calciniertes Metall zum Beispiel wird schwerer.[41] Doch im Vergleich zu den übrigen Eigenschaften, den im eigentlichen Sinne physikalisch-chemischen Veränderungen, erscheint die Gewichtsveränderung als sekundär; sie ist kein wesentliches Indiz für die Vorgänge, die man hier am Werke glaubt. G. Stahl erklärt, man könne das Gewicht des Brennbarkeitsprinzips vernachlässigen. Die Luft und das Gas blieben gewissermaßen außerhalb der Reaktion, da soweit kein Hinweis darauf vorlag, daß sie in die Verbindung der Stoffe eingingen.

Die chemische Revolution Lavoisiers[42] erfolgte in diesem Kontext. Zentrale Bedeutung hatte dabei ohne Zweifel die Entdeckung des Sauerstoffs. Nicht weniger bedeutsam war freilich Joseph Blacks Aufweis, daß ein Gas, die »feste Luft«, sich mit einem festen Stoff verbinden konnte. Von da an war es möglich, zuzugeben, daß Luft und Gas in eine chemische Reaktion Eingang finden können und daß das Feuer lediglich das »Instrument« war, mit dem man diese Reaktion auslöste. Bei der Verbrennung hatte man es nicht mit der Herauslösung eines »Brennbarkeitsprinzips« zu tun, sondern mit der Hinzufügung eines materiellen Prinzips; kurz: Nicht das Phlogiston wurde dem Metall bei der Calcinierung entzogen, sondern es kam Sauerstoff hinzu. Eine Tatsache, die durch die Gewichtserhöhung verbrannter Körper belegt wurde. Von da an wird die Stoffmenge ein wesentliches Indiz chemischer Prozesse. Dennoch halten Lavoisier und die meisten Chemiker an der Vorstellung fest, daß es gewichtslose Körper gibt, und an der Hypothese des stofflichen Charakters des Feuers oder seiner Entsprechung, der Wärme. Gewiß sah man im Sauerstoff die »Ursache« für die Umwandlung von Säuren.[43] Doch was ist die »Ursache« der Gase? Die Wärme – der »Wärmestoff«, wie T. Bergman es ausdrückt[44] –, denn die Sättigung mit Wärme versetzt den Körper in den gasförmigen Zustand. Noch immer sind wir in einem Universum, in dem es gewichtslose Fluida gibt. Und darin liegt die bezeichnende Tatsache: Neben der mechanischen Welt, die aus schweren Körpern und Bewegungen besteht, entsteht die chemische Welt der gewichtslosen Stoffe und der brennbaren Fluida. Neben einer diskontinuierlichen Welt, in der die materiellen Festkörper die Undurchdringlichkeit zur gemeinsamen Eigenschaft haben, steht eine Welt,[45] in der Kontinuität herrscht und die Körper von privilegierten Stoffen[46] durchdrungen werden können, von der Lavoisierschen Wärme oder ganz einfach vom Feuer, »dem subtilen Stoff, der in die dichtesten Körper eindringen kann«.[47]

War der Umstand, daß man in der Wärme ein Fluidum oder einen Stoff sah, nur eine Schwäche von seiten der Chemiker? Kannten sie nicht die Cartesianische Theorie, erwarteten sie keine experimentelle Bestätigung, etwa in der Art, wie sie später Rumford lieferte? In Wirklichkeit blieb die Wärme als Bewegung, blieb der Prozeß als mechanisches Resultat jenseits ihres Horizonts und entsprach weder ihrer Erfahrung noch ihren begrifflichen Anforderungen. T. Bergman kannte die Option:

»Schon seit frühesten Zeiten hat die Natur des Feuers das Genie der Philosophen angeregt, und bis heute ist es nicht geglückt, die verschiedenen Ansichten zu diesem Thema miteinander zu versöhnen. Man hat sogar bezweifelt, ob die Phänomene, die man dem Feuer zuschreibt, von einem besonderen Stoff abhängen oder ob sie lediglich der Bewegung der Moleküle geschuldet sind, aus denen die Körper bestehen.«[48]

Als guter Chemiker – und Anhänger Stahls – weist er die Möglichkeit einer mechanischen Erklärung des Hauptagens und wichtigsten Phänomens seiner Disziplin zurück. A. Fourcroy, ein Anhänger Lavoisiers, denkt ebenso. Für ihn ist der Stoff, der die Wärme hervorbringt, der Wärmestoff, jener Körper, der zusammen mit dem Licht am weitesten im Universum verbreitet ist.[49] Deshalb protestiert er heftig gegen eine Subsumtion unter die Bewegung und hält die zugunsten dieser Vorstellung beigebrachten Beweise für wenig überzeugend.

Hier stehen also die chemischen und die mechanischen Ansichten zu einem derart wichtigen Phänomen wie der Wärme einander so klar gegenüber, wie man es nur wünschen kann; im einen Falle wird es der Welt der gewichtslosen Fluida zugewiesen, im anderen der Welt der bewegten Körper, die sich aneinander reiben und einander Widerstand entgegensetzen. Und wenn man zur Erklärung der chemischen Reaktionen – der Affinität der Körper, wie man sagte – auf ein Modell der vorherrschenden und so strengen Newtonschen Philosophie zurückgreift, so auf das Gesetz der Anziehung. Hélène Metzger bemerkt dazu,

»daß man das universelle Gravitationsgesetz für die Zwecke der Chemie abschwächte: Die Chemiker begabten die verschiedenen Substanzen mit spezifischen Eigenschaften, mit Qualitäten, die Newtons Satz keineswegs vorgesehen hatte, und erleichterten damit seine Anwendung, nahmen ihm dadurch aber auch etwas von seiner Reinheit, Homogenität und Größe.«[50]

Aber konnte es anders sein? Newtons Gesetz war in der mechanischen Philosophie das einzige Gesetz, das gerade nicht mechanisch war,[51] und die Fernwirkung bot eine Fülle von Interpretationsmöglichkeiten. Doch auch so blieb die abstrakte Übersetzung in Affinität, der Versuch, ein Modell zu schaffen, das etwas von der Schwerkraft übernahm,[52] lange ohne Widerhall.[53] Allerdings ginge man zu schnell über die Dinge hinweg, wenn man die Möglichkeiten, die Einflüsse und die Faszination außer acht ließe, die von den atomistischen und mechanischen Schemata ausging.[54] Sie boten nicht nur eine elaboriertere Sprache und ein kräftigeres Stützgerüst, sie schienen auch die Möglichkeit zu einer fruchtbareren Anwendung der Mathematik zu eröffnen. Für einen Teil der Chemiker war die mechanische Philosophie das Kriterium des Wissens, das Zeichen der vollständigen Ausbreitung einer Erkenntnisform. Aber letztlich blieb es bei Absichtserklärungen; man bringt den Wunsch zum Ausdruck, mit der höchsten Form des Wissens gleichzuziehen, von dessen Errungenschaften zu profitieren und von ihm zu lernen. Das Feuer bleibt »die erstaunlichste aller Erscheinungen«,[55] und als Rumford den experimentellen Beweis für den mechanischen Charakter der Wärme erbringt, weist man diese Erkenntnis zurück, denn

»wenn man die Tatsachen in ihrer Gesamtheit betrachtet, so sieht man sehr bald, daß die mechanische Theorie zu Folgerungen führt, die mit der Natur der Dinge wenig übereinstimmen. Wenn wir ihren Prinzipien wirklich streng folgen wollten, so müßten wir tatsächlich alle chemischen Vorgänge als eine

Folge von inneren Bewegungen betrachten. Eben diese natürliche Folgerung hat der Theorie des Wärmestoffes zum Durchbruch verholfen, da die chemischen Tatsachen sich auch nach gründlicher Untersuchung nicht aus rein mechanischen Eigenschaften ableiten ließen.«[56]

Die Koexistenz dieser beiden Zustände der »Natur der Dinge«, die Erfahrungen, auf die beide sich stützen können, und ihre jeweiligen Beziehungen zu den materiellen Mächten vervollständigen das Bild der Aufteilung in natürliche Kategorien, das ich beschrieben habe, und entsprechen der Notwendigkeit, den Umgang mit den Artefakten zu begründen.

Achtes Kapitel:
Vorboten der wissenschaftlichen Revolution

I. Die beiden Gesichter der Experimentierkunst

Obgleich die mechanische Philosophie vom Geist der Entdek-
kung beseelt war, teilte sie doch den Wunsch aller Philosophie,
Erklärungen zu bieten und das Wesen der Realitäten zu enthüllen, die sich in der Produktion – etwa des Ingenieurs – oder in der
Gesellschaft zeigen, bevor die Reflexion, die sie verkörpert, sich
einstellt. Es gehört zu den Aufgaben der mechanischen Disziplinen, alle von Ingenieuren, Optikern oder Uhrmachern vorgeschlagenen Neuheiten aufzunehmen und zu prüfen. Auf diese
Weise erweitern sie ihren Gegenstandsbereich, und zugleich vali-
dieren sie ihre Methoden. Als zum Beispiel die Dampfmaschine
Verbreitung fand, lag es nahe, sie mit anderen Mechanismen in
Verbindung zu bringen, und die Verallgemeinerung der akzeptierten Axiome führte zur Schaffung der Thermodynamik. Wahrscheinlich war dies der letzte Wissenszweig, der auf diese Weise
entstand, nämlich aufgrund der Notwendigkeit, auf das Gebiet
der Naturgrundlagen zu transponieren, was sich in der Technik
bereits fest etabliert hatte. Die Abfolge der Operationen und die
Verteilung der Funktionen waren vorausgesehen: Die von der
mechanischen Kunst ans Licht gebrachten Phänomene wurden
von der mechanischen Philosophie aufgenommen, transferiert
und dem vorherrschenden Modell angepaßt, das sowohl die
theoretische als auch die experimentelle Forschung bestimmte.[1]
Weiterhin besteht auch eine Tendenz, die ich hier allein aus *konventionellen* Gründen als die der experimentellen Philosophie bezeichne, merkwürdige Phänomene zu sammeln und Experimente
vorzuschlagen, die gleichermaßen dazu bestimmt sind, die Zuschauer in Erstaunen zu versetzen wie das Wissen zu mehren.
Dieser Tendenz geht es um Aspekte der Realität, die weder in der
Philosophie noch in der Mechanik realisiert sind, sie will neue
Horizonte eröffnen, neue Disziplinen schaffen und den For-
schungsdrang bis an die Grenzen treiben. Auch im Werk der
großen Mechaniker fehlt diese Art Denken und philosophische
Beschäftigung nicht. Auch Isaac Newton erscheint hierin janus-

gesichtig: Einerseits schreibt er die *Mathematischen Prinzipien der Naturphilosophie*, das Paradigma gesicherten Wissens schlechthin, und andererseits behandelt er in seiner *Optik* Fragen, die sich auf die unerforschten Gebiete des Lichts, des Magnetismus, der Elektrizität und der Chemie erstrecken. In einer materialreichen Studie hat J. B. Cohen[2] aufgezeigt, daß diese beiden Aspekte von zwei verschiedenen Wissenschaftlergruppen behandelt wurden – der erste Aspekt von den Mathematikern und Mechanikern, der zweite von jenen, die sich mit Experimenten zur Elektrizität und zum Magnetismus befassen. Der Unterschied war derart, daß die Arbeiten eines Benjamin Franklin, der ohne Zweifel der zweiten Gruppe angehört, folgende Kommentare auslösten:

»Ein Mann, der sich eingehend mit Newtons *Prinzipien* und den zum Verständnis dieses Buches notwendigen Wissenschaften befaßt hat, kann doch tatsächlich von Menschen hören, die Glasröhren reiben, ohne dabei die mindeste Neugier für die Folgen zu empfinden. Doch ganz besonders wohl, wenn er überzeugt war, daß Newton eine so vollständige Ernte eingebracht hatte, daß der Nachwelt nurmehr wenig einzusammeln blieb.«[3]

Derselbe Chronist fügt hinzu, Isaac Newtons großes Buch scheine

»von der heutigen Philosophenspezies nur wenig erfaßt oder verstanden zu werden«.[4]

Welche Philosophenspezies ist hier gemeint, von der man im übrigen wohl übertreibend sagt, sie handele, schreibe und denke,

»als hätte sie nie von Sir Isaac und seiner Philosophie gehört«?[5]

Wir dürfen wohl annehmen, daß hier Gilbert, Guericke, Robert Boyle und Réaumur gemeint sind, Wissenschaftler, die sich im siebzehnten und achtzehnten Jahrhundert insbesondere für den Magnetismus, für die Chemie, die Elektrizität und für die Lebensphänomene interessierten. Bei genauerem Hinsehen zeigt sich aber, daß diese Spezies sich häufig aus dem Kreis der Hersteller astronomischer Instrumente und jener Männer rekrutiert, die sich die Ausbreitung der Wissenschaften zum Beruf gemacht haben – und natürlich auch aus dem Kreis der Amateure. Im achtzehnten Jahrhundert war ein Publikum entstanden, das sich für die materiellen Phänomene und für unterhaltsame Experimente interessierte, das aber neben der Unterhaltung auch nach einer Bildung strebte, die es anderwärts nicht erlangen konnte. Handwerker, die ihr Wissen erweitern wollten, Manufakturbesitzer, die auf Neuheiten aus waren, Damen und Herren der Gesellschaft, Ärzte und Rentiers drängten sich auf den regelmäßigen Zusammenkünften, die von diesen Unternehmern auf dem Gebiet des Wissens organisiert wurden. In mehreren Klassen der Gesellschaft, insbesondere aber in der Oberklasse, fand man Geschmack am Experimentieren, an den »physikalischen Kabinetten«, wie man sie nannte. Wie die Gründer der *Royal Society of London* sich anfangs in Cafés trafen, und die Gründer der *Académie des sciences* in Privatwohnungen, so versammelte sich das neue, auf Zerstreuung und Wissen bedachte Publikum in Clubs und gründete eigens zu diesem Zweck Gesellschaften. Von diesen philosophischen Gesellschaften, die es fast überall gab, ging man dann, um das Interesse zu befriedigen und die Mußestunden in der Provinz ein wenig angenehmer zu gestalten, zur Darstellung auf Jahrmärkten über, wo – wie etwa in Saint-Germain – »Professoren der Physik« Zauberkunststücke mit Hilfe akustischer und hydrostatischer Effekte oder mit elektrischen Funken vorführten.

Die Popularität dieser Demonstratoren ist häufig beschrieben worden, die Lust am Spektakel weit verbreitet. Abbé Nollet demonstriert die Effekte der Leydener Flasche an der königlichen Garde und auch an den Mönchen eines Pariser Klosters; er stellt sie in Reihe auf und verbindet sie mit einem Eisendraht; die Entladung läßt sie alle gleichzeitig hochspringen. Auf den Treffen der *Royal Institution* in London drängen sich die Bewunderer der Chemie und Sir Humphrey Davys. Im *Lycée des arts* in Paris versuchen sich Ingenieure und Handwerker, die an Erfindungen und Entdeckungen interessiert sind, an den seltsamsten Experimenten, in denen Lust am Spiel und ernsthaftes philosophisches Interesse gleichermaßen zum Zuge kommen. Vorlesungen, ein rudimentäres Laboratorium und ein physikalisches Kabinett genügen schon. Es wäre ein schwerer Irrtum, wenn man den öffentlichen Charakter dieser Experimente und die Persönlichkeit ihrer Urheber übersähe. Historiker, für die Wissenschaft eins ist mit melancholischer Geisteskultur und akademischem Zeremoniell, finden oft nur Verachtung für die Tatsache, daß sie auf ihrem Wege auch durch solche mondänen Gesellschaften und den Jahrmarkt hindurchgegangen ist und daß zu ihren Aposteln mittellose Demonstratoren und Scharlatane zählten, die sich eher durch Ignoranz denn durch

Genie ausweisen – kurz, daß die spielerische Physik eng mit der ernsthaften Physik vermengt war und daß zahlreiche Entdeckungen im Interferenzbereich beider Bewegungen gemacht wurden. Wie dem auch sei, man darf nicht vergessen, daß eine enge Verbindung zwischen dem »Professor der Physik«, auf dem Jahrmarkt von Saint-Germain, dem Physiker in den Salons der feinen Gesellschaft und dem Physiker der *Académie des sciences* besteht und daß jeder einzelne mehrere Rollen spielt. Bevor G. F. Rouelle Demonstrator im *Jardin du Roi* wurde und Diderot, Rousseau und Turgot zu seinen Zuhörern zählen konnte, hielt er freie Vorlesungen. Abbé Nollet publizierte in den *Mémoires de l'Académie des sciences* und hielt zugleich Physikséancen für Snobs. Charles Morazé stellt zu Recht fest:

»Zwischen dieser Form höheren Handwerks und dem Wissenschaftler (in Frankreich hätte man ihn durchaus auch Philosophen nennen können) gibt es keinen grundsätzlichen Unterschied. Gewiß sind Astronomie und Mathematik bereits soweit entwickelt, daß man darin nicht durch Improvisation Kompetenz erwerben kann. Doch in Physik, Chemie und Medizin vermag der aufgeklärte Amateur oder der geschickte Handwerker mehr als der Pedant, der große Zitierer von Autoritäten und eifrige Leser überholter Elaborate.«[6]

Natürlich waren der aufgeklärte Amateur und der geschickte Handwerker es sich schuldig, Besseres zu bieten; wie hätten sie sonst ihre Zuschauer fesseln können? Neue Experimente werden oft als Attraktionen erdacht, die Aufmerksamkeit erregen sollen; eine nützliche Erfindung kann ihrem Urheber neben Ansehen auch Gewinn und Sicherheit bringen und ihm den Zugang zur Gemeinschaft der Philosophen oder Literaten eröffnen.

Die Werke dieser Zeit sind zugleich Publikationen, eine Reihe von Lektionen und ein Verbreitungsmittel, das es dem Leser ermöglicht, die beschriebenen Experimente nachzuvollziehen. Weitschweifig erklären die Autoren ihr Vorgehen und begründen damit eine Tradition, die in der wissenschaftlichen Literatur fortwirken wird, die Tradition nämlich, die Versuchsdaten und Versuchsanordnungen so genau zu beschreiben, daß jeder sie überprüfen und reproduzieren kann. In diesen Büchern findet man weniger theoretische Analysen als empirische Anweisungen über die Konstruktion und die Handhabung der Apparate, mit denen man die interessierenden Phänomene auslösen kann. Zuweilen sind solche Bücher auch das Programm einer Gesellschaft, die der Demonstrator zu gründen beabsichtigt, um seine Vorstellungen in die Wirklichkeit umzusetzen. Bryan Higgins, der Vorläufer der Atomtheorie in der Chemie, veröffentlicht

»ein Programm für chemische und philosophische Forschungen zum Gebrauch der Adeligen und Herren, die sich der Förderung der Naturerkenntnis verschrieben haben«.[7]

Die eventuellen Leser und Teilnehmer an den Vorträgen und Demonstrationen sind eingeladen, eine Subskription von fünf Guineen zu entrichten. Mit ihrer Hilfe und auf der Grundlage seines »Programms« gründet Bryan Higgins 1793 eine *Society for philosophical experiments and conversations,* die in regelmäßigen Publikationen über ihre Tätigkeit berichtet. In diesem Rahmen kommt es nicht nur zu Entdeckungen wie der des Acetamids, man erfindet auch ein *chemisches Harmonium*: Die Töne werden darin durch die Verbrennung eines Wasserstoffstrahls in einer senkrecht stehenden Glasröhre erzeugt.

Auch John Dalton übte die Tätigkeit eines Vortragsredners und Demonstrators aus und gehörte einer ähnlichen Vereinigung an, *The Manchester literary and philosophical society,* in deren Räumen er auch sein Laboratorium hatte. Auch der große J. B. Priestley hielt zur Finanzierung seiner Forschungen und zur Deckung seines Lebensunterhalts Vorträge in Nantwick (Cheshire) und kaufte zu diesem Zweck eine Vakuumpumpe und eine Elektrisiermaschine. Auch F. Hanksbee und Desarguilier verdienten ihren Lebensunterhalt auf diese Weise.

Die reisenden Demonstratoren und die Professoren der Physik oder der experimentellen Philosophie verbreiteten die neue Sicht der Realität. Ihr Wissen versteht sich als nützliches Wissen; und sie wollen dieses Wissen nicht nur vermitteln, sondern auch Geschehnisse und Prozesse enthüllen, die noch keinen theoretischen oder produktiven Ausdruck gefunden haben. Die »philosophischen Experimente«, mit denen sie sich befassen, berühren jene materiellen Mächte, die noch nicht zu den gewohnten Ressourcen der Gesellschaft zählen, insbesondere die Elektrizität, den Magnetismus und die Chemie.

Sie nutzten den Spieltrieb und die Fähigkeit der meisten Menschen zum Staunen, besaßen auch selbst eine frische Vorstellungskraft und den Willen, allzu vorbelastete Gebiete hinter sich zu lassen, und schufen so ein neues Wissen, das dem Verhältnis zum Universum eine andere Ausrichtung gab. Im Schutze dieser scheinbaren Beliebigkeit wuchern die Begriffe und Spekulationen mit überraschender Tiefe und größter Freiheit – eher Ausdruck einer Faszination angesichts der Organisation der Dinge als einer

Scheu vor dem Kontakt mit ihnen. Als wäre es ein Spiel, in dem man die materiellen Phänomene erprobt, bevor man ihre reale Existenz verifiziert und sie »ernsthaft« arbeiten läßt, riskiert man zahllose Anläufe, Entwürfe, Versuche und Wiederholungen, die das Schauspiel einer Welt wie eine Welt des Spektakels darbieten.

Der Einbruch eines Wissens, das sich als tastendes, unvollkommenes und sogar unabgeschlossenes Wissen begreift – und will –, zu einer Zeit, da die mechanische Philosophie als Modell eines integralen und reflektierten Wissens eine so ausgeprägte normative Kraft entfaltet, wird zu einer Provokation und zu einer Innovation. Durch dieses neue Wissen hindurch versucht die Philosophie nicht nur zu begreifen, was sie bislang verkannt hatte, das heißt, was man tat, ohne zu wissen warum, sondern auch, was unbekannt, das heißt: inexistent ist und jenseits der Grenzen ihrer Handlungsmöglichkeiten liegt. Nachdem ihr das gelungen war, nachdem sie die erfinderische Tätigkeit gemeistert und gestaltet hatte, wird sie nun ihrerseits von dieser Tätigkeit beherrscht und geformt. So zeigt sich die Philosophie in einem anderen Licht, nicht sosehr durch die Umsetzung und Untergliederung der existierenden Kenntnisse oder Fähigkeiten als vielmehr durch die Herausarbeitung und Gestaltung der entsprechenden Realitäten.

II. Ein neuer Philosophentyp: die Prophetie des J. B. Priestley

Die experimentellen Philosophen erscheinen so als eine neue, eigenständige Gruppe. Sie bewirken Veränderungen im Gesamtkörper einer natürlichen Kategorie, in deren Reproduktionssystem, und nehmen auch Einfluß auf die Funktion der Selbstschöpfung von Fähigkeiten und Wissen. Die produktive Funktion wird erst zuletzt verändert und neu hergestellt. Wir haben es hier mit einer anderen Reihenfolge im Auftreten der Funktionen zu tun, als es bei der Entwicklung der Beziehungen zwischen dem Menschen und den materiellen Kräften bislang der Fall war.

J. B. Priestley sieht sofort, daß hier ein wichtiges historisches Ereignis vorliegt. Als einer der Hauptakteure in einer Geschichte, deren scharfsinnigster Historiker er selbst war, nimmt er mit sicherem Blick die Strömungen wahr, die diese Geschichte durchziehen. So war es ihm möglich, die Zukunft zwar nicht vorauszusehen, wohl aber die Versprechen zum Ausdruck zu bringen, die in den neu entstehenden Disziplinen enthalten waren. Er sah, daß eine Veränderung des mechanischen Naturzustandes unvermeidlich war und daß sich bereits ein neuer Naturzustand mit neuen Akteuren kraftvoll abzeichnete.

»Wenn wir diesem neuen Licht folgen, kann es uns gelingen, die Grenzen der Physik weit über das hinaus auszudehnen, was wir uns heute vorzustellen vermögen. Neue Welten werden sich uns auftun, und eine neue Art von Philosophen wird in einem gänzlich neuen Bereich der Theorie selbst noch den Ruhm des großen Isaac Newton und aller seiner Zeitgenossen in den Schatten stellen.«[8]

Der Ton ist sicher, die Diagnose präzise. An die Stelle der bestehenden und konsolodierten Welt werden bald andere Welten treten. J. B. Priestley, Elektriker und Chemiker, sieht die Vorzeichen dieses Ereignisses, das auch seinen Newton haben wird, zur selben Zeit, da sein Zeitgenosse Lagrange, Mechaniker und Geometer, die Existenz einer einheitlichen Ordnung beklagt, deren Gesetze zu formulieren der berühmte englische Philosoph das einzigartige Glück hatte, wobei allen folgenden Generationen nur noch die Aufgabe blieb, sie zu vollenden. Der Gegensatz ist schlagend, und die Aufgabe dieser neuen Philosophen kann nicht klarer formuliert werden: die Vorherrschaft der materiellen und geistigen Mächte sichern, die sich in ihren Entdeckungen äußern. Wir haben gesehen, wer sie sind: Demonstratoren, Amateure, Verbreiter nützlichen Wissens, Experimentatoren, mit der Fähigkeit, ihr Publikum in Erstaunen zu versetzen, oder Theoretiker im strengsten Sinne des Wortes.

»In fast allen Ländern Europas«, schreibt Priestley,[9] »bieten die elektrischen Experimente inzwischen zahllosen Leuten ein Auskommen, die zuvor kaum in guten Verhältnissen lebten und es verstanden haben, die Freude am Wunderbaren bei vielen ihrer Zeitgenossen zu ihrem Nutzen zu wenden.«

Die Bedeutung des Philosophen erweitert sich in dem Maße, wie die philosophischen Gesellschaften und die Disziplinen, denen sie sich widmen, an Zahl zunehmen und den Anspruch erheben, einen höheren geistigen Rang zu erlangen, ja sogar mit den anerkannten königlichen Akademien und Einrichtungen in Konkurrenz zu treten.
Merkmal für die Zugehörigkeit zur Klasse der Philosophen ist die

Fähigkeit zur Erfindung, gleich in welchem Bereich sie sich betätigt. Bildung und die Beherrschung der Mathematik oder eines Zweiges der mechanischen Philosophie waren nicht genug für jemanden, der, nach dem Ausdruck Whewells, ein »physikalischer Philosoph« sein wollte. Deren Zahl nahm ständig zu. Die Zeitschriften besaßen einen festen Leserkreis; sie intensivierten den Austausch und verzeichneten die größeren oder kleineren Beiträge.

Wenn der Wert der Entdeckungen oberstes Kriterium ist, dann ist der hochgebildete Mann, *sit venia verbo,* ein Ignorant; mehr noch: Wenn der Philosoph diesem Kriterium entsprechen will, so muß er seine Anstrengungen auf Gebiete verlegen, die noch wenig erforscht sind und noch brach liegen. Ja, er muß gar neue Gebiete schaffen. Dem Neuerer liegt nichts daran, den Weg zu Ende zu gehen, den andere eröffnet haben, denn ein Ende gibt es gar nicht. Auszeichnen kann er sich am ehesten dort, wo er, unbeschwert von den Lasten der Vergangenheit, neue Wege beschreitet. Diese Vorstellung kommt deutlich in den Argumenten zum Ausdruck, die J. B. Priestley vorbringt, um die Erforschung der Elektrizität anzuregen:

»Vor allem auf dem Gebiet der Elektrizität bieten sich die besten Möglichkeiten, neue Entdeckungen zu machen. Hier handelt es sich um ein Gebiet, das sich gerade erst entfaltet und das keine umfänglichen besonderen Vorkenntnisse erfordert, so daß jeder, der genügend Erfahrung in der experimentellen Philosophie hat, recht bald mit den erfahrensten Elektrikern gleichziehen kann. Ja, diese Geschichte zeigt, daß manche Abenteurer ohne jede Vorkenntnis sich ebensoviel Ansehen zu verschaffen vermochten wie andere, die auf anderem Gebiet als die größten Philosophen gelten.«[10]

Diese Beschreibung des philosophischen Unternehmens gemahnt in vielerlei Hinsicht an die Feststellungen, die wir hinsichtlich des siebzehnten Jahrhunderts getroffen haben. In beiden Fällen kommt die notwendige Ungerechtigkeit gegen die Vergangenheit zum Vorschein, die Zeichen der Identität, die sich gegenüber allem, was sie verhüllen könnte, durchsetzt. Doch hier endet auch schon die Übereinstimmung. Der mechanische Philosoph protestiert gegen das Anhäufen scholastischer Bücher, weil sie eine Wand zwischen ihm und der Wirklichkeit errichten, die er nur mit Hilfe seines Verstandes erfassen zu können glaubt. Diese periodischen Autodafés, Indizien für das Aufkommen neuer Handlungs- und Denktotalitäten, sind notwendig. Wenn die Ignoranz triumphiert, macht sie aus dem Mangel eine Tugend und aus dem Tod eine Geburt. J. B. Priestley bezieht sich auf eine solche Erneuerung, auf eine solche Selektion von Wissen. Aber es geht ihm nicht um die Überwindung von Hindernissen, die das gesunde Denken zu umgehen trachtete. Er will die Büchermenschen nicht beiseite schieben. Für ihn bringt wie für viele seiner Zeitgenossen die beständige Suche nach »neuen Welten« von den Büchern ab und befreit von einer allzu eingehenden Beschäftigung mit ihnen.

Insgesamt geht das Ideal, dem man nachstrebt, ebenso auf die Veränderung der Welt wie auf deren Erkenntnis aus. Wenn Entdecken oder auf neue Art Systematisieren vorher ein Verfahren war, mit dem man den Normen zu entsprechen glaubte, so heißt nun die wirkliche Regel des Erfindens: Überwinden, was ist. Darin ist Erfindung Forschung. Die unvermeidliche Folge: selbst die Bezeichnung »Gelehrter« (savant) wird mehrdeutig. A. de Candolle hält sie schlicht für unangemessen, da sie zwei nunmehr widersprüchliche Bedeutungen umfasse:

»Bezeichnet sie nicht zwei unterschiedliche Klassen von Arbeitern, die nicht länger miteinander verwechselt oder verbunden werden können: die Klasse derer, die wissen, und die Klasse derer, die entdecken?«[11]

Um die Verwirrung zu beseitigen,

»bräuchte man ein Wort für jene, die forschen, entdecken, erfinden oder vielmehr allgemein: Fortschritte herbeiführen.«[12]

Schöpfer des Erkenntnisgegenstandes und zugleich der Erkenntnis des Gegenstandes, das ist der Philosoph, dessen Prototyp oder Prophet Priestley sein wollte, das ist für de Candolle der Gelehrte, der noch nicht die rechte Bezeichnung gefunden hat. Im Wissenschaftler sind beide vereint. Die Grundlage für den »neuen Philosophentyp« ist gelegt.

III. Die Umgruppierung der Naturdisziplinen

Das neunzehnte Jahrhundert begann mit einer Revolution im Bereich der Natur. Die Differenzierung der Schöpfer von Wissen und Fähigkeiten belegt dies. Die schnelle Folge wichtiger Entdekkungen, die Ausbreitung der Experimente und Begriffe, auf denen sie beruhen, die für die Zeit relativ große Zahl von chemischen Laboratorien oder physikalischen Kabinetten sind untrügliche Zeichen. Diderot ließ sich jedenfalls nicht täuschen:

>Wir stehen vor einer großen Revolution in den Wissenschaften. Angesichts der Neigung, die unsere Geister für die Moral, für die Literatur, für Naturgeschichte und experimentelle Physik zu hegen scheinen, wage ich vorauszusagen, daß man, noch bevor hundert Jahre vergangen sind, in ganz Europa nicht drei Geometer zählen wird.«[13]

Die richtige Vorahnung und die falsche Voraussage machen deutlich, welche Revolution er im Auge hatte: die Revolution nämlich, die von den biologischen und physikalischen Erkenntnissen ausgelöst wurde. Diesem Eindruck beständiger Erneuerung konnte man angesichts der Perspektiven, die sich durch die vielfältigen Forschungen auf dem Gebiet der Elektrizität, des Magnetismus oder der Chemie eröffneten, gar nicht entgehen.[14] Als Lagranges *analytische Mechanik* drei Jahrhunderte Mathematik und Mechanik fortführte und zum Abschluß brachte, lenkte Lavoisier die Erkenntnis der chemischen Phänomene in eine neue Richtung. Eine gewagte Vision, ein Verhältnis, dessen Auflösung man spürt, alles läßt einen eingeständigen Kontakt zur materiellen Welt vermuten:

>Mich dünkt«, schreibt Herder, »wir gehen einer neuen Welt von Kenntnissen entgegen, wenn sich die Beobachtungen, die Boyle, Boerhaave, Hales, Gravesand, Franklin, Priestley, Black, Crawford, Wilson, Achard u. a. über Hitze und Kälte, Elektrizität und Luftarten samt andern chemischen Wesen und ihren Einflüssen ins Erd- und Pflanzenreich, in Tiere und Menschen gemacht haben, zu einem Natursystem sammeln werden.«[15]

Der Enthusiasmus, den die im Gang befindlichen Veränderungen bei den Beobachtern auslösen, ihre präzisen Vorstellungen vom Inhalt dieser Veränderungen und ihre Prognosen sind von mehreren Tatsachenkomplexen inspiriert.
Zum einen hat die Chemie unbestreitbar ein wichtiges Stadium erreicht. Ihr Wissen um das innere Gefüge der Körper, die Kohärenz ihrer Doktrinen und das Schema der materiellen Mächte, das sich darin abzeichnet, heben sie über das Niveau des Handwerks und der Technik hinaus. Da seine Disziplin nun voll und ganz und im selben Sinne wie die übrigen Disziplinen ihren naturwissenschaftlichen Charakter erwiesen hat, will der Chemiker

auch an der Philosophie teilhaben, sieht er sich als Philosoph. Diese Option[16] geht freilich noch sehr viel weiter. Der Chemiker sieht in seinem Wissen die Wurzel aller objektiven Phänomene. Die ganze Physik – beziehungsweise die Philosophie, wie sie von den Engländern bis heute verstanden wird – bedarf einer Revision und muß auf anderen Prinzipien, auf chemischen Prinzipien, neu aufgebaut werden. Shaw, der englische Herausgeber Boerhaaves, erklärt:

»Die Chemie ist in ihrer ganzen Weite nichts weniger als die Naturphilosophie schlechthin.«[17]

Ohne sie bliebe Naturphilosophie nicht nur unvollständig, sondern vor allem im Irrtum befangen. Venel, den wir schon zitiert haben, schlägt in der *Encyclopédie* in dieselbe Kerbe:

»Alle Irrtümer, die das Gesicht der Physik verunstaltet haben, stammen aus dieser einen Quelle: Menschen, die nichts von der *Chemie* verstanden, geben sich den Anschein zu philosophieren und über die natürlichen Dinge zu räsonieren, die allein die Chemie, die einzige Grundlage der ganzen Physik, zu erklären vermag.«

Gewiß ein übertriebener Anspruch, doch der geistige und praktische Beitrag der Chemie und die wachsende gesellschaftliche Bedeutung derer, die über dieses Wissen verfügen, rechtfertigen ihn. Eines ist deutlich: Als die Chemie erst einmal ihre Autonomie erlangt hatte, strebte sie nicht nach irgendeinem Platz unter den philosophischen Disziplinen, sie beanspruchte den ersten Platz.

»Und ihre nun endlich unabhängige Methode muß früher oder später zur Richtschnur für mehrere Zweige der Naturgeschichte werden; sie wird nicht jener bloße Nebenzweig bleiben, als der sie so lange erschienen ist.« (A. F. Fourcroy[18])

Der Verbindungs- oder Ausbreitungsbereich für die Gemeinschaft der Wissenschaftler oder Fachleute, die Richtung der Forschung oder die philosophische Tendenz, in der die Chemiker das erwünschte Echo finden, sind virtuell vorbestimmt. Es ist das Gebiet eben jener experimentellen Philosophen, die darauf aus sind, ihre Handlungsmöglichkeiten und ihre Fähigkeit zur Schaffung neuen praktischen Wissens zu erweitern. Unter ihren Händen erfuhr die Lehre von der Elektrizität und vom Magnetismus eine bemerkenswerte Fortentwicklung und wurde zu einem relativ eigenständigen Sektor mit einer eigenen Sprache, einer eigenen

Literatur und besonderen Anwendungsmöglichkeiten. Die elektrischen Phänomene finden nun ihren Ort unter den materiellen Phänomenen. Das mag uns heute absurd oder erstaunlich erscheinen. Doch vor kaum zweihundert Jahren noch sah man in den elektrischen Effekten lediglich die Auswirkung von Reibung; sie galten daher als künstlich. Man konnte sich nicht vorstellen, daß ähnliches auch bei Körpern vorkam, die der Wirkung ihrer eigenen Gesetze überlassen waren. Das Ziel der Experimente Benjamin Franklins (und einer der Gründe für die große Beachtung, die sie fanden) war der Beweis, daß auch die Blitzentladung ein elektrisches Phänomen ist. Damit wurde auch klar, daß es sich bei der Elektrizität nicht um ein künstliches Phänomen handelt. Die Widerstände gegen diese Einsicht waren freilich zäh.[19] Natürlich regten schon die Elektrisiermaschinen und Kondensatoren – insbesondere die Leidener Flasche – zu weiteren Experimenten an, bereicherten die Ausstattung der physikalischen Kabinette und zeigten sich bald in ebenso großer Vielfalt wie die optischen oder astronomischen Instrumente. Aber die Entdeckungen Franklins gingen weiter; sie zeigten eine Lücke in der bestehenden Naturordnung:

»Galilei und Newton hatten ein System des Universums geschaffen, das sie für nahezu abgeschlossen hielten, ohne dabei die Elektrizität mehr als nur im Vorübergehen zu erwähnen.«[20]

Die chemischen und elektrischen Erkenntnisse machten die Mängel dieses Systems deutlich. Dadurch wurde schließlich die Wirklichkeitssicht der mechanischen Philosophie in Frage gestellt:

»Bisher hat sich die Philosophie vornehmlich mit den sichtbaren Eigenschaften der Körper beschäftigt«, schreibt Priestley,[21] »zusammen mit der Chemie und mit der Lehre vom Licht und von den Farben scheint die Elektrizität uns den Zugang zur inneren Struktur zu eröffnen, von der alle sichtbaren Eigenschaften der Dinge abhängen.«

All diese Zeugnisse stimmen zusammen; sie bringen eine gemeinsame Einstellung, eine Position zum Ausdruck, die von einer relativ homogenen Gruppe eingenommen wurde, von der Gruppe der Chemiker und Elektriker. Beispiele gibt es genug, von Dufay bis Priestley, Davy, Faraday oder Ørsted, Männer, die auf den beiden Wissensgebieten bedeutende Arbeit geleistet oder wichtige Entdeckungen gemacht hatten.

Die philosophische Profilierung der Chemie und ihre Verbindung mit den in Entstehung begriffenen Disziplinen der experimentellen Philosophie führen erkennbar zur Herausbildung eines Korpus von Theorien, von Experimenten und einer Gruppe von Menschen, die sie gemeinsam tragen. Diese Aggregation bringt dennoch keine Verwirrung mit sich. Sicher ist manches ungewiß. G. Cuvier etwa behandelt die Elektrizität in einem Kapitel, das der allgemeinen Chemie gewidmet ist; man kann auch sagen, daß Lavoisier die Physiker erneuert hat; all dies bildet jedoch keinen wirklichen Streitpunkt im Rahmen jenes Gebietes, dessen Konturen und dessen Neuartigkeit sich deutlich abzeichnen. Hatte man nicht die Hoffnung, ihm eine einheitliche Struktur verleihen zu können?

»Wir wollen mit der Feststellung enden«, schreibt H. C. Ørsted,[22] »daß die Chemie, um so viele neue Entdeckungen bereichert, sich nun mehrerer Kapitel der Physik bemächtigen muß, die sie entweder mit dieser Wissenschaft geteilt oder ihr völlig überlassen hat (etwa die Forschungen über Elektrizität, Magnetismus, Wärme und Licht). Vielleicht wird man auch der Entwicklung der Wissenschaft eine bessere Wendung geben, wenn man, was bisher Physik oder Chemie heißt, zu einem Ganzen vereint.«

Solange diese Hoffnung noch nicht Wirklichkeit ist, sind provisorische Lösungen erforderlich, und solche Lösungen zeichnen sich ab, als man versucht, die Mechanik in die neue Gesamtheit einzubauen. Zu diesem Zweck unterteilt J. B. Biot die Physik in zwei Teile. Der erste Teil behandelt die permanenten und allgemeinen mechanischen Phänomene. Der zweite umfaßt die Veränderungen, die durch die verschiedenen Kräfte ausgelöst werden (durch Wärme, Elektrizität, Magnetismus). Diese Aufteilung betrifft, wie man sieht, eine vor allem mechanische Disziplin, die sich mit den invarianten Grundursachen befaßt, und eine – vor allem physikalisch-chemische Disziplin, deren Aufgabe die Erforschung der variablen und zufälligen Ursachen ist.
Von diesen beiden Teilen oder Disziplinen bleibt die eine, wenngleich durchaus elaboriert, relativ stationär, die andere ungewiß, voller unzusammenhängender Materialien, aber in beständigem Fortschritt begriffen. Selbst hinsichtlich der chemischen, elektrischen und Wärmeerscheinungen ist sie ständig um Quantifizierung und Mathematisierung bemüht. Das Vorbild der mechanischen Philosophie und innere Notwendigkeiten sind in dieser

Hinsicht entscheidend. Mit Lavoisier und Coulomb dringen Gleichgewicht und quantitatives Gesetz mit Entschiedenheit dort ein, wo sie lange Zeit als unnütz galten. J. B. Richter schlägt in einer Dissertation, mit der er eine Strömung eröffnet, die sich stetig verstärken wird – *De usu matheseos in chymia* (Vom Gebrauch der Mathematik in der Chemie) – eine Methode zur Bestimmung des spezifischen Gewichts eines gelösten Stoffes oder seiner Bestandteile vor. Prouts Theorie, nach der jede chemische Verbindung Ausdruck einer bestimmten stabilen Struktur ist, die nicht von den Bedingungen abhängt, unter denen sie zustande kommt, gestattet es, Mengenverhältnisse der in Reaktion tretenden Stoffe zu berechnen und strenge Voraussagen zu machen. Eines der schönsten Monumente der Wissenschaft hat J. Fourier, ausgehend von dieser Physik, in seiner *Théorie analytique de la chaleur* (Analytische Theorie der Wärme) errichtet. Bekanntlich entwickelte er, gestützt auf Descartes, eine Theorie der Dimensionen und gab eine strenge Formulierung für die Wärmeleitung im Inneren eines materiellen Körpers. Dennoch – und das ist aufschlußreich – bleibt er weiterhin Anhänger einer stofflichen Wärmelehre.[23] Folglich ist er auch an mechanischen Wirkungen nicht interessiert und sieht keinen Zusammenhang zwischen ihnen und den Wärmephänomenen:

»Doch welches auch immer der Gegenstandsbereich der mechanischen Theorien sein mag, in keinem Fall erstrecken sie sich auch auf die Erscheinungen der Wärme. Diese bilden vielmehr eine eigene Ordnung von Phänomenen, die sich nicht durch die Prinzipien der Bewegung und des Gleichgewichts erklären lassen.«[24]

Trotz beginnender Mathematisierung besteht diese Realität weiterhin aus gewichtslosen Fluida, und das Feuer – Brennbarkeitsprinzip oder Wärmestoff – behält die Vorherrschaft. Auch die Elektrizität wird dem Feuer subsumiert und fällt unter die Regel, wonach »alle Körper, die wir mit den Sinnen erfassen, Feuer enthalten«. Dient doch die Elektrizität zur Verbrennung von gewöhnlichem »Weingeist« und auch zur Herstellung von Gemischen. Und sieht man nicht in der Elektrisiermaschine eine »Feuerpumpe«?[25]
So erscheint die Beschaffenheit der Materie, vom chemischen und vom elektrischen Standpunkt betrachtet – und damit aus der Perspektive eines großen Teils der Physik – als ähnlich. Gemein ha-

ben beide das Prinzip der Verbrennung und die Wärmewirkungen, nicht aber Bewegung und die Bestimmung von Kräften oder Geschwindigkeit. Allenthalben sieht man daher imponderable Fluida, die nicht der Gravitation unterworfen sind und sich gleichmäßig im Raum zu verteilen suchen, ohne an eine bestimmte Umgebung gebunden zu sein (»Die Elektrizität«, sagt Cuvier,[26] »gehört auch zu jenen imponderablen Prinzipien, die in der Lage sind, die Affinitäten zu verändern«). All diese Stoffe bilden, wie Henry Cavendish ausdrücklich bemerkt, eine *andere Art von Materie*:

»Man möge in Zukunft begreifen, daß ich im elektrischen Fluidum keine Materie sehe, sondern nur eine Art von Materie.«[27]

'Wie sehr sich die Wissenszweige wechselseitig befruchten, zeigt sich in den häufigen Anleihen der elektrischen Methoden bei der Chemie und umgekehrt. Auf der Ebene der Begriffe gilt dasselbe. Die Erfindung der Voltaschen Säule regt Carlisle und Nicholson sogleich zu Experimenten an, die zur Zersetzung von Wasser durch Elektrolyse führten. Davy entdeckte das Natrium und das Kalium, als er Soda- und Kalilösungen einem elektrischen Strom aussetzte. Die früheren Spekulationen Priestleys oder Ørsteds über die Gleichsetzung der elektrischen und der chemischen Kräfte und die Vorstellungen Winterls oder Ritters über die Klassifizierung der Metalle nach ihrer Oxydationsfreundlichkeit oder nach ihren elektrischen Eigenschaften gewannen dadurch an Konsistenz. In diese Linie reiht sich auch Berzelius' berühmter Versuch ein, jeder Parzelle eines Körpers zwei entgegengesetzte, aber mit verschiedenen Elektrizitätsmengen behaftete Pole zuzuweisen, wobei dann jedes Element oder jeder Teil dieses Elements als positiv oder negativ polarisiert erscheint. Davon ausgehend, glaubt er auch in jeder chemischen Verbindung ein binäres Gefüge sehen zu können, wie etwa bei jenen Salzen, die zwei materielle Bestandteile, einen positiven und einen negativen, besitzen. Danach ordnete er die Elemente in einer Reihe an, die vom Kalium als dem positivsten bis zum Sauerstoff als dem negativsten Element reicht. Wenn zwei Körper sich vereinigen, lagern sich ihre Parzellen mit den entgegengesetzten Polen aneinander und tauschen ihre freie Elektrizität aus: Die Wirkung ist dann eine Wärme- oder Lichterscheinung. Wenn man dagegen einen elektrischen Strom durch einen zusammengesetzten Körper leitet, so stellt dieser Strom bei den Bestandteilen wieder die ursprüngliche Polarität her, und das Molekül wird zerlegt. Diese dualistische Theorie steht in der Tradition Stahls und Lavoisiers – wobei das Sauerstoffprinzip das Phlogistonprinzip ersetzt und seinerseits von der Elektrizität ersetzt wird –, und ihr Ziel ist die Erklärung der Verbrennung als *zugleich* chemischer und elektrischer Vorgang.[28]

Auch wenn J. J. Berzelius traditionelle Themen aufnimmt, steht seine Konzeption doch für eine radikale und tiefgreifende Veränderung in der allgemeinsten Definition der materiellen Struktur der Welt: Die Universalität der Gravitation ersetzt er durch die Universalität der Elektrizität. Von dort gab es kein Zurück mehr, denn der Naturzustand konnte nicht so durchgehalten werden, wie er sich nun darstellte: wägbar für die einen, fluidal für die anderen, ein unablässig in Gang befindliches Uhrwerk hier, ein ewiges Feuer dort.

Neuntes Kapitel:
Die Wissenschaft der Wirkungen

I. Vergängliche Theorien

In diesem Feuer verbrennen zuerst jene Konzepte, die *ipso facto* nicht mehr zur Hypostasierung fähig sind und sich wechselseitig als Projektionswand dienen können. Die ganze Arbeit der Formulierung von Gesetzen und theoretischen Aussagen, ihre Erneuerung und die Erprobung der verschiedenen Varianten erhält zugleich eine eigene Dynamik. Man bildet Begriffe und Konzepte mit derselben Freiheit und im selben Überfluß, wie man Experimente entwirft und durchführt. Die Intensität der theoretischen Arbeit verdankt sich nicht dem hypothetischen Charakter oder der Unvollständigkeit der Theorien, sondern der ihnen zugewiesenen Funktion, die darin besteht, beständig Breschen in die gewonnenen Perspektiven zu schlagen und eine zunehmende Zahl theoretischer Versuche miteinander in Verbindung zu bringen. So nähert man sich dem Ziel, das darin besteht,

»auf neue Gesetzmäßigkeiten aufmerksam zu machen, zu neuen Experimenten anzuregen und die Wege zur Entdeckung neuer Phänomene und Gesetze zu ebnen«. (A. Einstein und L. Infeld[1])

Die aufgestellten Axiome und die Paradigmen, die sie vervollständigen, bilden dabei nicht das entscheidende Ziel der Forschung. Der Gang der Forschung ist vielmehr ständig auf neue Axiome und andere Paradigmen ausgerichtet; er zielt auf beständige Überschreitung.

Hier kommt eine Zeitdimension ins Spiel. Das Verhältnis der Theorie zur Wirklichkeit ist eines, das erst noch herzustellen ist. Keine der beiden Seiten gilt als definitiv. Bei der Theorie geht es weniger um Vereinfachung und Abstraktion als um Entwurf und Durchführung eines Programms. Die Realität ist die Verkörperung dieser Theorie und ihre Bestätigung, sobald erst einmal die Mittel zu ihrer Herstellung beisammen sind. Auch für die Elektrizität und die Physik gilt, was G. Bachelard von der Chemie sagt:

»Auf diese Weise vervielfacht und vervollständigt die Chemie ihre homologen Reihen und geht dabei so weit, aus der Natur herauszutreten und mehr oder weniger hypothetische Körper zu materialisieren, die ein erfinderisches Denken eingibt.«[2]

Das Gegenstück oder Gegengewicht zu dieser theoretischen Produktivität ist ihr *vergänglicher* und unmittelbar geschichtlicher Charakter. Wenn Gesetze und Begriffe die Aufgabe haben, die herrschende Sichtweise zu verändern und Entdeckungen zu beschleunigen, so muß man in der Tat auch damit rechnen, daß sie mit ebenso großer Wahrscheinlichkeit auch ersetzt werden und in anderen Gesetzen und Begriffen aufgehen können.

Diese potentielle Degeneration und diese absehbare Sterblichkeit begleiten alle Erkenntnis und schärfen das Bewußtsein für deren Zeitgebundenheit, für die Tatsache, daß sie ein Glied in einer Folge sind:

»Wenn wir eine allgemeine Theorie unserer Wissenschaften bilden«, bemerkt Claude Bernard,[3] »so ist nur eines gewiß, nämlich daß alle diese Theorien, absolut gesehen, falsch sind. Sie sind lediglich partielle und provisorische Wahrheiten, die wir freilich als Stufen brauchen, auf denen wir in unserer Forschung fortschreiten.«

Nichts widerspricht mehr einer Anordnung in Systemen, der Reduktion auf ein erstes und regulatives Modell allen Wissens, die auch unterstellt, daß hier letztgültige Perfektion erreicht werden kann, als diese überschwengliche Produktion von Theorien und deren nicht weniger gewisse und rasche Substitution.

Auch die Grenzen zwischen den Disziplinen können da nicht fest bleiben oder zu einem Gleichgewicht und einer statischen Bestimmung der Inhalte und ihrer wechselseitigen Beziehungen tendieren. Einer Entwicklung, die man als beständige und feste Entfaltung permanenter Prinzipien oder Modelle dachte, steht hier eine diskontinuierliche Entwicklung gegenüber, die beständig neue anpassungsfähige oder veränderbare Prinzipien und Modelle erzeugt.

»Da die Wahrheiten in den Experimentalwissenschaften nur relativ sind«, bemerkt Claude Bernard, »kann die Wissenschaft nur durch Revolutionen und die Überführung alter Wahrheiten in eine neue wissenschaftliche Form fortschreiten.«[4]

Was also für die eine Ordnung des Wissens höchstes Ziel und Zeichen von Vollendung war – die hierarchische Verknüpfung der Begriffe, die Möglichkeit, sämtliche Erscheinungen mit Hilfe einer begrenzten Zahl von Sätzen zu erklären –, das bedeutet für eine andere Ordnung des Wissens Stagnation oder Erschöpfung. In solchen Fällen gilt es, nach neuen Richtungen zu suchen, weil man sonst die Funktion des Wissenschaftlers und seines Wissens vom Tode bedroht sieht. Wie man im Bergbau nach neuen Adern suchen muß, wenn eine alte erschöpft ist, wie ein Volk neue Ressourcen auftun muß, wenn es die alten teilweise verbraucht hat, so muß der wissenschaftliche Arbeiter beständig nach neuen Wegen suchen oder Wege eröffnen, wo bislang keine waren, und auf die Möglichkeit zählen, daß solche Wege auch existieren. Der Wissenschaftler muß, wie es Humphrey Davy 1825 tat, von der Voraussetzung ausgehen, daß

»die Wissenschaft, ganz wie jene Natur, der sie angehört, nicht durch Zeit und Raum begrenzt ist. Sie gehört der Welt an, und keinem bestimmten Land noch einem bestimmten Jahrhundert. Je mehr wir wissen, desto deutlicher spüren wir unsere Unwissenheit, desto mehr auch fühlen wir, wie viele Dinge uns noch verborgen sind; in der Philosophie kann das Gefühl des Helden von Mazedonien nicht auftreten – es gibt stets neue Welten zu erobern.«

Das hätte man wohl zu allen Zeiten sagen können; doch erst im Zusammenhang dieser aufkommenden Disziplinen erhält es seine volle Bedeutung. Die mechanische Philosophie näherte sich ihrem Ideal, indem sie sich auf die Erfindung einließ. *Die Wissenschaften haben sie zu einem Element ihrer Tiefenstruktur gemacht.* Die organische Geschichtlichkeit ihrer theoretischen Arbeit und die Eigenschaften ihrer Theorien, die den Gegenstand, unser materielles Substrat, nicht nur enthüllen, sondern schaffen, sind die deutlichsten Zeichen für diese Durchdringung.

II. Die Vorherrschaft der Wirkung

Die Experimente, mit denen man die mechanischen Stoßgesetze an den Körpern verifiziert, und die Beobachtung eines unbekannten Planeten, dessen Existenz aus dem Gravitationsgesetz abgeleitet wurde, illustrieren den analytischen Charakter dieser Vorgehensweise. Das Wissen, das daraus resultiert, ist ein Tatsachenwissen, und die Methode hat die Entdeckung von Tatsachen zum Gegenstand. Diese Art, an die Wirklichkeit heranzugehen, wurde von den Mechanikern geschaffen und begründet. Die Physiker – und insbesondere die Chemiker – legten den Akzent auf eine andere Herangehensweise, in der die Phänomene sich als Wirkungen der Tätigkeit des Wissenschaftlers darstellen. So ist der Chemiker, der Wasser zu Wasserstoff und Sauerstoff zersetzt, beinahe deren Erfinder. Gaston Bachelard schrieb dazu:

»Wenn man die Bemühungen der Chemie um die Darstellung einfacher, wohlbestimmter reiner Körper geschichtlich verfolgt, so wird klar, daß man fast das Recht hat zu sagen, die moderne chemische Erfahrung schaffe die Stoffe, oder zumindest, sie gebe ihnen durch ihre Darstellung erst ihre wirklichen Attribute.«[5]

Aus dieser Sicht sind der experimentelle Eingriff und das Instrument, mit dem der Eingriff erfolgt, nicht in erster Linie konkrete und sichtbare Weisen der Darstellung eines abstrakten und unsichtbaren Grundes (die Uhr, die in sich die Gesetze der Mechanik vereinigt), noch Verfahren zur Verfeinerung und Verbesserung der Wahrnehmungsfähigkeit (das Fernrohr, das ein höheres Auflösungsvermögen hat als das Auge). Kurz, sie sind nicht die praktischen Vermittler, das handelnde oder erkennende Subjekt, das einen bereits bestehenden Gegenstand oder eine präexistente Realität erfaßt. Der fragliche experimentelle Eingriff berührt und konstituiert bis zu einem gewissen Grade den Gegenstand und die Realität, indem er sie verwandelt oder neu zusammensetzt, nachdem er die früheren Zustände zerstört hat.[6]

Das Wissen des Wissenschaftlers – ob dieser sich nun mit Chemie oder mit einem anderen Wissenszweig befaßt – führt zu völlig anderen Eigenschaften, es verleiht den Eigenschaften Gestalt, die er erdacht hat, und bringt so seine Grundtendenz zum Ausdruck, nämlich Stoffe und materielle Prozesse zu schaffen, die er dem eigenen Fundus einverleibt. Die frühere Unterscheidung zwischen natürlicher Organisation oder natürlichem Element und künstlicher Organisation oder künstlichem Element verliert ihren Grund und verschwindet. Da die geistigen und experimentellen Bemühungen nicht mehr auf die Abgrenzung des Geltungsbereichs oder auf die Wahrnehmung von Fakten, die außerhalb der Naturdisziplinen stehen, gerichtet sind, können alle diese Wirkungen nun den Disziplinen zugeschrieben und als solche erkannt werden. Im Maße, wie sie die Wirklichkeit ihres Gegenstandes direkt hervorbringen, dienen sie auch nicht mehr als Vermittler zwischen dem Menschen und etwas schon Existierendem: Ihre Rolle liegt vielmehr in der Herausbildung der Größen selbst. Die Eigenschaften eines materiellen Systems erkennen und bestimmen heißt bis zu einem gewissen Punkt sie erzeugen:

»Die Wissenschaft der Artefakte wird eindeutig zur Naturwissenschaft«, wie G. Bachelard es ausdrückt.[7]

Das führt zu der Feststellung, daß das Experiment konstitutiven, zusammensetzenden Charakter hat, daß es ein Mittel ist, um die wissenschaftliche Tätigkeit auf eine bestimmte Struktur zu lenken, eine Erweiterung unserer subjektiven Dispositionen und zugleich das Gerüst, mit dessen Hilfe man andere resultierende Strukturen erhalten und den objektiven Rahmen setzen kann. Von daher gesehen, haben wir es hier mit einer synthetischen Methode zu tun.

In der Chemie, und vor allem in der organischen Chemie, drängte sich diese Methode zuerst auf. Eine entscheidende Rolle spielten dabei einige berühmte Entdeckungen: etwa die des Harnstoffs bei der Verdampfung des Ammoniumsalzes der organischen Säure durch Wöhler. Die Reproduktion von Steinen und Mineralien im Laboratorium – insbesondere die von Marmor aus Kalkstein – stellt sich in diese Perspektive der Erzeugung identischer Eigenschaften auf der Grundlage unterschiedlicher Stoffe. Es waren allerdings zwei allgemeinere Prinzipien, mit denen man die Syntheseverfahren auf feste Grundlagen stellte. Das erste ist das Prinzip der Substitution, wonach die Ersetzung eines chemischen Elements in einer Verbindung durch ein anderes deren Eigenschaften nicht erheblich verändert. Gießt man etwas kristallisierbare Essigsäure in ein Gefäß mit trockenem Chlor und setzt das Gemisch dem Licht aus, so überziehen sich die Wände des Gefäßes nach einiger Zeit mit Kristallen; die chemische Analyse ergibt, daß diese Kristalle sich von denen der Essigsäure dadurch unterscheiden, daß sie drei Wasserstoffäquivalente weniger und drei Chloräquivalente mehr besitzen: die Trichloressigsäure. Trotz der Ersetzung des Wasserstoffs durch Chlor haben die beiden Säuren absolut dieselben Eigenschaften. Dieses auf J. B. Dumas zurückgehende Experiment fand große Beachtung, weil hier eine Verbindung entstand, die nach der Theorie, insbesondere nach der elektrochemischen Theorie des Berzelius, nicht möglich war. Tatsächlich zeigt hier ein elektrisch negatives Element, Chlor, dieselben Wirkungen wie ein elektrisch positives Element, Wasserstoff. Das Experiment führte auch zu der Überlegung, daß nicht die Elemente die Erscheinungsformen eines Körpers bestimmten und daß es nicht ausreichte, sie durch Analyse aufzufinden; es zeigte sich vielmehr die Möglichkeit, daß ihre Anordnung in einer Gesamtheit für diese Erscheinungsformen verantwortlich war und daß man sie durch Synthese reproduzieren konnte.

Das zweite Prinzip folgt aus dieser Vorstellung: Die chemischen Körper bilden chemische Familien oder Typen. Ein Typ umfaßt sämtliche Verbindungen, die auseinander durch die Substitution eines Elements oder einer Gruppe von Elementen entstehen können. Diese Idee, eine der fruchtbarsten in der Geschichte der Wissenschaft, verdanken wir dem poetischen Genie Laurents. J. B. Dumas steuerte eine prägnante Formulierung bei, und Gerhardt gab eine minutiöse Beschreibung und Klassifizierung der Typen: Wasserstoff, Salzsäure, Wasser und Ammoniak. Nun brauchte man nur noch die Bildungsgleichung eines Körpers zu kennen und den Typ, dem er zugehörte, um ihn mit Hilfe anderer Elemente, die man bereits besaß, zu erzeugen, also eine Synthese durchzuführen.

Von der Theorie der Typen und der Substitution war es nicht mehr weit bis zum Begriff der Wertigkeit, der sich vor allem aus den Ergebnissen einer Reihe von Experimenten ergab. Im Jahre 1850 gelang Frankland und Wurtz die Synthese bestimmter Kohlenwasserstoffe und A. W. Hofmann die Synthese von Aminen. Zehn Jahre später machte M. Berthelot einen entscheidenden Schritt vorwärts: Ihm gelang im Lichtbogen die Synthese von Azetylen, und zwar nicht aus bereits bestehenden Molekülen, sondern aus Elementen – aus Wasserstoff und Kohlenstoff. Aus dieser Operation eliminiert er nun vollkommen die Vorstellung, wonach eine Lebenskraft bei der Zusammensetzung der organischen Stoffe am Werk ist, eine Kraft, von der man annimmt, daß sie der Analyse entgeht. Der Chemiker sieht sich nun von einer Fessel befreit und macht sich fortan, im Vertrauen auf seine Ableitungen, anheischig, alle Stoffe, die er sich vorstellen kann, im Laboratorium zu realisieren.

»Die Kenntnis dieses (allgemeinen) Gesetzes«, schreibt Berthelot, »gestattet es, zahllose andere Wirkungen, die den ersteren aber ähneln, hervorzurufen, eine Fülle anderer Stoffe zu bilden, die entweder mit den bereits bekannten Stoffen identisch oder aber neu und unbekannt und dennoch mit ersteren vergleichbar sind. Wir haben es hier mit künstlichen Stoffen zu tun, die aber im selben Sinne und mit derselben Stabilität existieren wie die natürlichen Stoffe; nur das Kräftespiel, das erforderlich ist, damit sie entstehen, ist nicht in der Natur anzutreffen.«[8]

Experiment und Apparaturen bilden nun keinen Ausgleich mehr für Schwäche und Unvollkommenheit des Menschen, sondern für Schwäche und Unvollkommenheit der materiellen Kräfte, der Natur. Eine bedeutsame Umkehrung der Perspektiven, mit absehbaren Konsequenzen. Die Möglichkeit, Eigenschaften zu entdecken und sie auf anderen Wegen oder in anderen Zusammenhängen zu finden, zeigte sich bald in der beständigen Zunahme der verwendbaren Verbindungen. 1883 kannte man 20 000 Verbindungen, 1899 waren es 74 000, 1902 deren 100 000 und 1910 waren es bereits 144 000.[9]

J. B. Dumas, der eigentliche Begründer der synthetischen Methode, konnte schon 1840 schreiben:

»Verglichen mit den Physikern, Mechanikern und Geometern, erscheinen uns die Chemiker als die wirklichen Erfinder der Kunst des Experimentierens.«[10]

Die Behauptung klänge wohl nicht so übertrieben, wenn sie sich auf die Ausrichtung beschränkt hätte, die die Chemiker der experimentellen Methode gegeben haben, und auf ihre Eigenständigkeit oder Überlegenheit im Vergleich zu den empirischen Verfahren der Mechaniker. Tatsächlich ist sie eine Realität, eine Haltung, die großen Einfluß auf alle Wissenschaften, insbesondere auf die Physik, ausgeübt hat.

Dieser Einfluß zeigt sich nirgendwo so deutlich wie im Hochenergiebereich und bei der Anwendung der Mendelejeffschen Tafel der Elemente. Bekanntlich ordnete Mendelejeff die damals bereits bekannten 65 Elemente vom Wasserstoff bis zum Uran in einer Tafel, in der die Elemente mit ähnlichen Eigenschaften in derselben Spalte, und Elemente mit verschiedenen Eigenschaften in verschiedenen Reihen plaziert sind. Mit außerordentlicher intellektueller Kühnheit ändert er die geltenden Atomgewichte ab, damit die Elemente an die entsprechenden Stellen des periodischen Systems passen; zugleich läßt er bestimmte Stellen für noch unbekannte Elemente frei, deren Existenz er voraussagt. Das Programm, das er vorschlug, war klar; seine Tafel sollte dazu dienen, ein System der Elemente zu erstellen, die Atomgewichte unzureichend bekannter und die Eigenschaften unbekannter Elemente zu bestimmen sowie die Atomgewichte zu korrigieren.[11]

Die postulierte Korrektur der Atomgewichte erwies sich, wie spätere Experimente belegten, in vielen Fällen als berechtigt. Die fehlenden Elemente wurden gefunden, das Gallium von Lecoq de Boisbaudran, das Scandium von Lars Nelson, das Germanium von Winckler, das Rhenium von Walter und Ira Noddack.

Bis zur Entdeckung der Radioaktivität bleibt das Vorgehen ganz im Rahmen des analytischen Verfahrens. Im ersten Schritt formuliert man ein Gesetz, dem die Beziehungen zwischen deh Elementen unterworfen sind; im zweiten Schritt versucht die experimentelle Forschung das Spektrum der bekannten Stoffe zu vervollständigen und das Gesetz zu bestätigen. Die Entdeckung der Radioaktivität machte es möglich, weitere Elemente aufzufinden und die Reihe zu vervollständigen. Auf dem Wege der Synthese ging man freilich darüber hinaus. Mendelejeffs periodisches System wurde erweitert, um die wirklich neu geschaffenen »physikalischen Spezies« einordnen zu können, deren Existenzbedingungen wahrscheinlich im Universum niemals bestanden haben. Von diesen »synthetischen Elementen« gehen neben dem Technitium und dem Promethium, deren Namen schon anzeigen, welchen Ursprung sie haben, auch die Transurane vom Neptunium bis zum Lawrencium, die sämtlich radioaktiv sind, aus Kernreaktionen hervor. Neptunium entsteht aus Uran durch Hinzufügung mehrerer Neutronen, die das Atomgewicht erhöhen, ohne die Ordnungszahl zu verändern. Irgendwann jedoch entsteht ein neues Element, denn wenn die »Spezies« zu viele Neutronen enthält, verwandelt sie eines davon in ein Proton, das im Kern verbleibt, und in ein Elektron, das freigesetzt wird. Ergebnis dieser Umwandlung ist eine neue »Kernspezies« mit einer um eine Einheit höheren positiven Ladung.

Die Geschichte dieser Entdeckungen ist unzählige Male dargestellt worden; sie interessiert uns hier unter zwei Gesichtspunkten. Einerseits zeigt sie die Realität der Transmutation: Wenn man die Atomstruktur eines einfachen Körpers verändert, so kann daraus ein anderer werden. Des weiteren zeigt sich ein genetisches Verhältnis – wenn sich ein Heliumkern aus einem Poloniumkern löst, so bleibt ein Bleikern übrig. Auch die Materie ist also zur Evolution fähig, denn man kann sagen, daß die Elemente durch eine Reihe zeitlicher Transformationen auseinander hervorgehen. So können also andere Körper geschaffen werden, die sich in diese Geschichte an einer bestimmten Stelle einfügen und die Reihe, die uns vorangeht, durch eine Reihe fortsetzen, die Folge unserer Existenz ist. Andererseits erweitert sich das Prinzip des periodischen Systems, das, als es formuliert wurde, nur für ein begrenztes Spektrum physikalischer Spezies galt, nun auf sämtliche Spezies, die sich im Universum finden, jene, die vor uns waren, und jene, die wir erfunden haben. Damit zeigt sich auch, daß die experimentelle Methode in unterschiedlichem Maße bei den verschiedenen Disziplinen konstitutive Bedeutung für die Prozesse und Phänomene hat. Das synthetische Verfahren vervollständigt und validiert das analytische Verfahren – das letzte Beispiel illustriert dies zur Genüge –, und die Produkte der menschlichen Kunst verbinden sich gewissermaßen mit der Natur bis hin zur Verschmelzung.

Die Wissenschaft verleiht den Phänomenen und Konzepten materielle Realität, gleich ob die Bedingungen dafür im Universum vorhanden sind oder nicht. Die Originalität dieser Methode, die von den Wissenschaften geschaffen worden ist, steht außer Zweifel. Sie beruht auf der Möglichkeit, die Eigenschaften und die Organisation der natürlichen Strukturen zu erzeugen, bereits bestehende Strukturen in neue Kombinationen zu bringen und noch nicht existierende Strukturen zu erfinden. Mit dieser Möglichkeit der Erzeugung von Stoffen und Phänomenen verschwindet auch, wie wir an zahllosen Beispielen gesehen haben, die Kluft zwischen künstlichen und natürlichen Dingen. Zugleich verschwindet auch die Heterogenität zwischen Theorie und experimentellem Verfahren in dem Maße, wie letztere bis zu einem gewissen Punkt selbst deduktiv wird – eine Behauptung, die auf den ersten Blick paradox erscheinen mag, da das Experiment ja gerade dem induktiven Bereich zugehören soll.

Die Parallelität zwischen der experimentellen »Deduktion« und der rein begrifflichen Deduktion wird verständlich, wenn man letztere im Kontext der ersteren sieht. Doch das für sich allein erklärt noch nicht, weshalb die Heterogenität, von der ich oben gesprochen habe, verschwindet. Ich habe den Akzent mehr auf die Tatsache gelegt, daß der Experimentator seine Experimente abwandeln oder kombinieren kann, um ähnliche Resultate wie in der theoretischen Analyse zu erhalten. Wo liegen nun die Gründe für diese Konvergenz? Als das Experiment im Rahmen der mechanischen Philosophie entwickelt wurde, hatte es oft eine Beobachtung, ein Instrument (Fernrohr, Uhr usw.) zum Ausgangspunkt, deren Bildungs- und Funktionsgesetze es herauszufinden galt. Diese Beobachtungen gehen nicht notwendig auseinander hervor, sowenig, wie die Erfindung eines Instruments genetisch zur Erfindung eines anderen führt. Man kann sie daher nicht in ein kohärentes Gefüge von Verbindungen einordnen, und auch die Experimente, zu denen sie Anlaß geben, lassen sich nicht ordnen. Dagegen bilden die Experimente der verschiedenen Wissenschaften und die zu deren Realisierung entworfenen Apparate ein ausgesprochen homogenes *corpus* und befruchten sich wechselseitig. Die Entdeckung der synthetisierten chemischen Stoffe und die der Radioaktivität zeigen ein solches inneres Gefüge und eine solche Kontinuität. Von da an ist der Gang der erforderlichen Versuche oder der Phänomene, die sie entdecken sollen, zu einem großen Teil durch die Bewegung festgelegt, die sie umfaßt und in ihrer Abfolge erscheinen läßt. In diesem Sinne sind die Experimente dank der impliziten deduktiven Entwicklung in der Lage, zu denselben Phänomenen zu gelangen wie die Theorie.

Die Entdeckung des positiven Elektrons, die N. R. Hanson[12] detailliert untersucht hat, zeigt die Richtigkeit dieser Behauptung. In einer Serie brillanter Mitteilungen stellte sich der englische Physiker Dirac 1927 und 1928 die Aufgabe, die Bedingungen zu definieren, die die Prinzipien der speziellen Relativitätstheorie den durch die Wellenmechanik beschriebenen Wellen auferlegte. Die Gleichungen, zu denen er gelangte, boten ein phantastisches Bild; es zeigte sich, daß die Gesamtenergie, die die Bewegung des Elektrons bestimmte, negativ war. Das konnte nur eine Ursache haben: den negativen Charakter der Masse. Ein negatives Masseteilchen zeigte danach ein recht eigenartiges Verhalten. Einer Kraft ausgesetzt, mußte es eine Beschleunigung in der dieser Kraft entgegengesetzten Richtung erfahren. Zwei Elektronen mit negativer elektrischer Ladung und entgegengesetzter Masse stoßen sich wechselseitig im Verhältnis ihrer Ladung ab. Durch diese Abstoßungskraft wird das Elektron mit positiver Masse beschleunigt und nach rechts abgelenkt. Da das andere Elektron eine negative Masse besitzt, lenkt die Kraft, die auf es wirkt, es gleichfalls nach rechts ab, und beide bewegen sich gemeinsam mit ständig steigender Geschwindigkeit.

Diese außergewöhnliche Situation konnte niemals beobachtet werden, sowenig, wie sich Teilchen mit negativer Masse nachweisen ließen. Wenn die Elektronen jedoch bei Zusammenstößen Energie verlieren oder Strahlung emittieren, müßte ihre Energie schließlich unterhalb der angenommenen negativen Werte fallen; die meisten Elektronen müßten diese Zustände besetzen, auch wenn es nicht möglich ist, sie zu beobachten. Hier nun schlug Dirac eine gewagte Hypothese vor. Nach einem bekannten Prinzip ist es ausgeschlossen, daß zwei Elektronen denselben Quantenzustand besetzen. Wenn nun alle Zustände, in denen die Elektronen eine negative Masse besitzen, normal besetzt sind, ist es nicht möglich, daß andere Elektronen in diese Zustände gelangen. Dirac postulierte, daß der leere, aller materiellen Merkmale entkleidete Raum in Wirklichkeit ein Raum sei, in dem alle für Elektronen mit negativer Masse erreichbaren Zustände besetzt sind. Da man nie beobachtet, daß ein Elektron mit positiver Masse einen Teil seiner Energie abgibt, so daß seine Masse negativ wird, nahm Dirac die Existenz eines weiteren Teilchens an, das dieselbe Masse wie das Elektron, aber die entgegengesetzte Ladung besitzt, das heißt, ein positives Elektron oder auch Positron. Damit war dieses Teilchen auf rein theoretischem Wege entdeckt – eine der kühnsten Entdeckungen.

Die experimentelle Entdeckung erfolgte dann auf anderen Wegen durch Anderson. 1932 beobachtete dieser Physiker in einer Nebelkammer überraschende Spuren, die er nicht den Protonen zuschreiben konnte, weil sie zehnmal länger waren als die Bahn von Protonen. Man konnte kaum annehmen, daß zwei Elektronen im selben Augenblick zwei Spuren hinterlassen hätten, die wie eine wirkten. Anderson nahm deshalb an, daß es sich um ein Teilchen handelte, das von unten kam, wobei es in der Platte einen Teil seiner Energie verlor, und das in die Nähe des negativen Pols des magnetischen Transversalfeldes gelangte, von dem die Nebelkammer umgeben war. Wegen seiner Reichweite konnte es sich nur um ein Elektron handeln, allerdings um eines mit positiver Ladung.

Dieser Schluß wurde selbst von Forschern, die so wenig Vorurteile gegen Neuheiten kannten wie Bohr und Rutherford, skeptisch aufgenommen. Es handelte sich um eine rein experimentelle Entdeckung, die Robert Millikan 1935 auch als solche darstellte, als er sagte, sie sei

»ohne Anleitung durch irgendeine Theorie gemacht worden, ganz wie die Entdeckung von Bahnpaaren, deren eine positiv und deren andere negativ ist, wie sie oft beobachtet wurden«.[13]

Es blieb zu zeigen, daß das von Dirac postulierte und das von Anderson entdeckte Teilchen identisch waren; erst die Arbeiten Blacketts und Occhialinis setzten der Ungewißheit und den Kontroversen ein Ende und zeigten, daß die theoretische Deduktion keine bloße Spekulation und die Beobachtung des Experimentators keine Täuschung waren.[14]

So verbindet sich das Experiment mit der Theorie und erweitert das Feld und die Möglichkeiten der Erfindung; die Theorie ist weder Begrenzung noch Ziel des Experiments. Diese Perspektive ermöglicht es den Wissenschaften, der Diskrepanz zwischen Künstlichem und Natürlichem, zwischen dem, was Ergebnis des menschlichen Eingriffs, und dem, was es nicht ist, zu entgehen und ihre Gegenstände selbst zu erzeugen. Zugleich erlangen sie dank ihrer Fähigkeit zur Steuerung und Erzeugung von Prozessen oder Phänomenen – von Fakten oder Effekten – die Möglichkeiten, die einmal den Künsten und den Techniken vorbehalten waren. Berthelot sieht dieses neue Verhältnis, und was er über die Chemie sagt, gilt für alle naturwissenschaftlichen Disziplinen:

»Die Chemie erzeugt ihren Gegenstand. Diese der Kunst vergleichbare schöpferische Fähigkeit unterscheidet sie grundsätzlich von den klassifizierenden und historischen Wissenschaften.«[15]

In einem gewaltigen Fresko, das uns als eine Prophetie gelten kann, deren Verwirklichung wir Tag für Tag miterleben, dem Werk des Wissenschaftlers, beschreibt der französische Gelehrte die demiurgischen Aspekte dieser Schöpfung:

»Nicht damit zufrieden, alle früheren und tagtäglich in der mineralischen und organischen Welt ablaufenden materiellen Umwandlungen zu verfolgen und deren flüchtige Spuren durch die direkte Beobachtung der aktuellen Phänomene und Entitäten zu erfassen, dürfen wir heute erwarten, ohne dabei die Grenze legitimer Hoffnung zu überschreiten, daß wir die allgemeinen Typen aller möglichen Stoffe erdenken und realisieren können: Wir dürfen erwarten, daß wir alle Stoffe, die sich seit Anbeginn der Zeiten entwickelt haben, neu bilden können, und zwar unter denselben Bedingungen, nach denselben Gesetzen und mit denselben Kräften, die in der Natur bei deren Bildung zusammenkommen . . .«[16]

Was heißt das anderes, als daß die »Vernunftwesen« des Experiments und der Theorie sich beständig in Realitäten umwandeln lassen, daß wir gewissermaßen unsere Wissenschaften vervielfachen müssen, um die Wirklichkeiten zu vervielfachen, denen sie zum Leben verhelfen und denen sie vorausgehen? Das konstitutive »künstliche« Merkmal der Naturdisziplinen liegt wesentlich in dieser Fähigkeit, neue Phänomene hervorzurufen, bislang unbekannte Wissens- und Wirklichkeitsbereiche zu erzeugen und sie zu entwickeln.

Als Humphrey Davy die Möglichkeit der neuen Welten behauptete und sie in Umrissen beschrieb, da warfen sie gerade erst ihren Schatten in die Zukunft. Es war nicht klar, ob der Wärmestoff oder die Elektrizität wirkliche materielle Entitäten waren oder lediglich die verborgenen Erscheinungsformen anderer Entitäten. Wenn die Wägbarkeit als das Indiz für die Realität der Körper galt, was bedeuteten dann jene Fluida? Das Problem drängte, und ein Wissenschaftler von der Bedeutung eines Berzelius – und er war nicht der einzige – setzte all seine Erfindungskraft darein, dieses Problem zu lösen. Daneben bestand auch weiterhin die Ansicht fort, daß die physikalisch-chemischen Erkenntnisse und Experimente zwar die Wissenschaft bereicherten, aber das Bild des Universums in Verwirrung brachten und keine korrekte Erkenntnis der wichtigsten materiellen Prozesse lieferten:

»Nachdem wir nun die Stoßphänomene hinter uns gelassen haben«, schreibt G. Cuvier, »haben wir keine klare Vorstellung mehr von den Beziehungen zwischen Ursache und Wirkung.«[17]

Obgleich diese Phänomene und deren Theorien außerhalb des Kreises der gesicherten Wirkungen oder Begriffe angesiedelt waren, bildeten sie doch eine autonome Ganzheit mit wachsender Kohärenz. Über den Zusammenhang zwischen chemischen und elektrischen Faktoren bestand seit der Entdeckung der Voltaschen Säule und der Formulierung des Berzeliusschen Systems kein Zweifel mehr. Der nächste Schritt konnte nur die Fortsetzung hin zu den magnetischen Kräften sein. Ørsteds Experiment war in dieser Hinsicht ein Ereignis, das in seinen Auswirkungen kaum seinesgleichen findet. Als man erfuhr, daß der dänische Wissenschaftler eine Magnetnadel um nahezu 90 Grad aus ihrer Nord-Süd-Ausrichtung abgelenkt hatte, indem er die Drähte einer galvanischen Batterie parallel zur Nadel spannte, drängte sich sogleich der Gedanke einer Einheit der beiden »Fluida« auf. Das Experiment wurde von vielen wiederholt und löste eine Vielzahl von Arbeiten aus, deren fruchtbarste und entscheidendste wohl Ampère leistete. Als feststand, daß man mit Hilfe der Elektrizität magnetische Effekte produzieren konnte, versuchte man natürlich auch, das entgegengesetzte Phänomen hervorzubringen. Die elektromagnetische Induktion, die revolutionäre Entdeckung, die mit dem Namen Faradays verbunden ist, war das Ergebnis dieser Forschung. Der englische Experimentator fand heraus, daß ein Strom wechselnder Stärke, den man durch eine Spule aus Metalldraht leitet, in einer benachbarten Spule einen Stromstoß auslöst: Denselben Effekt erhielt man, wenn ein konstanter Strom eine bewegte Spule oder, was aufs selbe hinauskam, einen Permanentmagneten durchfloß, der neben einer zweiten Spule angebracht war. Mit diesen Experimenten klärte Faraday das Grundprinzip des Dynamos – ganz wie Ørsted das Grundprinzip des Elektromotors gefunden hatte. Diese beiden Wissenschaftler – oder Philosophen, denn so bezeichneten sie sich selbst –, die die Grundlagen für die Elektroindustrie legten und die Phänomene enthüllten, die zum Herzstück der Elektrizitätslehre werden sollten, waren – das verdient festgehalten zu werden – nach Ausbildung und Gespür Chemiker.

Doch dies sind nicht die einzigen Verbindungen, die man zwischen den »Fluida« herstellte. Faraday versucht, auch das Licht einzubeziehen. Zu diesem Zweck bringt er 1845 ein Stück Glas von länglicher Form zwischen die Pole eines starken Elektromagneten und stellt fest, daß dieses Stück Glas sich senkrecht zum Magnetfeld ausrichtet. Er wiederholt das Experiment, doch diesmal schickt er einen Strahl polarisierten Lichts parallel zu den magnetischen Kraftlinien durch das Glas hindurch. Dabei stellt er fest, daß die Polarisationsebene des Lichts sich verändert. Dieser Einfluß des Magnetismus auf das Licht führt ihn 1846 zu der Hypothese, daß das Licht aus Wellenbewegungen besteht, die sich entsprechend den Kraftlinien einstellen. Zu dieser Zeit war die Identität von Licht und Wärmestrahlung bereits erwiesen. 1880 hatte William Herschel festgestellt, daß ein Thermometer unter der Einwirkung von Sonnenlicht deutliche Veränderungen jenseits des sichtbaren Rots verzeichnete. Die Experimente, die Melloni zwischen 1830 und 1840 durchführte, zeigten, daß die Wärmestrahlung ganz wie das Licht reflektiert, gebrochen und polarisiert werden konnte. Die Fähigkeit der Elektrizität zur Auslösung von Wärmeeffekten war schon 1801 gezeigt worden, als man Schießpulver mit Hilfe eines elektrischen Stroms zur Zündung brachte.

All diese Forschungen belegen die Einheit der materiellen Faktoren und ihre Umwandlung.

Andererseits konnte man auch die Heterogenität dieser Erscheinungen mit den mechanischen Phänomenen nicht mehr mit derselben Strenge behaupten – es bestand auch nicht die Absicht, die mechanischen Phänomene aus der gesuchten Einheit auszuschließen. Die Annäherung erfolgte, als die elektromagnetische Kraft, mit der sich ähnliche Effekte wie mit der mechanischen Kraft erzielen ließen und die an deren Stelle als Antriebskraft treten konnte, in den industriellen Bereich eindrang. So entstand eine Brücke zwischen der Bewegung im allgemeinen, dem Magnetismus und dem elektrischen Strom, und man suchte nach einem gemeinsamen Maß für alle drei Phänomene. Der Weg zu deren wechselseitiger Substitution war geöffnet, und man brauchte nicht lange, um das zu bemerken.

Die zweifache Beziehung, die man nun zwischen den materiellen Kräften einerseits und den Antriebsmaschinen andererseits hergestellt hatte, regte eine Fülle von Versuchen an, dem einen angemessenen Ausdruck zu verleihen. Joules Experimente verdienen hier als erste betrachtet zu werden, denn sie sind eine gute Illustration für diese Vorstellung einer Umwandlung der Phänomene. Ausgehend von der gerade erfolgten Entdeckung der Induktionsströme durch Faraday, wollte er die Menge der mechanischen Arbeit messen, die notwendig war, um eine bestimmte Menge Strom zu erzeugen, der dann wiederum in Wärme verwandelt werden sollte. Diese Umwandlung sollte nicht direkt erfolgen, sondern über Induktionsströme. Er ist fest davon überzeugt, daß zwischen diesen Prozessen eine Verbindung besteht.

»Schaltet man einen elektromagnetischen Motor in den Stromkreis einer Batterie, so muß daraus, davon bin ich überzeugt, eine Verringerung der Wärme folgen, die von dem Äquivalent der chemischen Umwandlung hervorgebracht wird, und zwar im genauen Verhältnis der erzeugten mechanischen Kraft.«[18]

Joules Beobachtungen zeigen, daß die erzeugte Wärmemenge stets dieselbe ist, ob nun die mechanische Arbeit dazu verwendet wird, die Wärme durch Reibung zu erzeugen, oder ob sie zum Antrieb eines Dynamos verwendet wird, dessen Strom dann wiederum in Wärme verwandelt wird.

Mit anderen Worten: Er versuchte, das mechanische Wärmeäquivalent zu finden, und wir wissen, daß er darin Erfolg hatte.

Doch über die Feststellung dieser quantitativen Beziehung hinaus erregte eine allgemeinere Konzeption besondere Aufmerksamkeit. Sie war bereits von Rumford und Davy vorgebracht und partiell bewiesen worden: die Feststellung nämlich, daß die Wärme kein Stoff ist – denn ein Stoff kann nicht von einem anderen physikalischen Agenten erzeugt werden, sondern eine Bewegung. Joules Experimente bestätigten diese Hypothese vollauf und verliehen ihr eine heuristische und epistemologische Bedeutung.

Als die Waage sich solcherart deutlich auf die Seite des Kausalverhältnisses geneigt hatte, wurde es möglich, die mechanischen Prinzipien der Bewegung auf sämtliche thermischen Vorgänge zu erweitern. Unter diesen Prinzipien fand das der Erhaltung der Kräfte oder der Unmöglichkeit eines Perpetuum mobile wegen seiner Allgemeinheit besondere Beachtung. J. R. Mayer, W. Thompson und H. Helmholtz waren die ersten, die sich damit befaßten. Vor allem die Forschungen des deutschen Physikers Helmholtz zeigen mit aller Deutlichkeit die Anwendung des Newtonschen Modells auf einen Bereich, aus dem es ausgeschlossen schien. Er ging von zwei Voraussetzungen aus: (a)

Es ist unmöglich, endlos Arbeit zu akkumulieren, die das Ergebnis einer beliebigen Kombination von Körpern wäre; (b) es ist notwendig, jede Wirkung in der Natur durch Anziehungs- und Abstoßungskräfte auszudrücken, deren Stärke nicht vom Abstand zwischen den in Wechselwirkung befindlichen Punkten abhängt:

»Es bestimmt sich also endlich die Aufgabe der physikalischen Naturwissenschaften dahin, die Naturerscheinungen zurückzuführen auf unveränderliche, anziehende und abstoßende Kräfte, deren Intensität von der Entfernung abhängt.«[19]

Originell an diesen Arbeiten ist die Bedeutung, die man hier der Erhaltung beimißt, womit weniger die Invarianz der Energiemenge als die *Erhaltung der bewegenden Kräfte* gemeint ist. In der Tat kann man sich ein isoliertes System vorstellen, das nur für energetische Austauschprozesse durchlässig ist, und die Energie bestimmen, die von seinem Zustand abhängt: die innere Energie. Nach dem Erhaltungsprinzip ist die innere Energie gleich der Gesamtenergie, die mit der Systemumwelt in Form von Arbeit oder Wärme, und zwar in physikalischen, chemischen usw. Prozessen ausgetauscht worden ist. Ausgeschlossen ist dabei, daß innere Energie ohne einen Energieaustausch gewonnen wird oder verloren geht; sie kann sich also nur durch Umwandlung erhalten. Mechanische Energie zum Beispiel erhält sich nicht. Die Schwingungen eines Pendels werden langsamer, aber die Energie verwandelt sich in Wärme, und die *Gesamt*energie bleibt erhalten, wenn man die Umwandlungen von einer Energieform in eine andere in die Bilanz einbezieht. Was hier eigentlich ausgedrückt wird, ist eine Korrelation zwischen den verschiedenen materiellen Kräften. Aber diese Korrelation hätte man gar nicht behaupten können, wenn nicht eine andere Vorstellung eine tiefgreifende Veränderung erfahren hätte. Der Übergang der Elektrizität zu Wärme und Magnetismus stellte die Vorstellung, wonach diese Körper Fluida waren, auf eine rüde Probe, denn es war unmöglich, sich einen Prozeß vorzustellen, der dies hätte konkretisieren können. Die Verbindung, die man nun zwischen diesen verschiedenen Phänomenen feststellte, und die Rolle der Wärme als gemeinsamer Nenner, die nun nicht länger als Stoff gelten konnte, führte zum Niedergang der Vorstellung eines unwägbaren Fluidums. Dieses Unternehmen war die Krönung der gesamten Entwicklung der thermodynamischen Forschungen. Es blieb nicht die einzige. Genaugenommen gab das Erhaltungsprinzip keinerlei

Hinweis auf die Richtung der physikalischen Umwandlungen und auf die Rolle der Wärme, die durch nichts präzise qualifiziert war. Daß dies notwendig ist, erkennt Sadi Carnot bei der Untersuchung der Dampfmaschinen. Die Lösung ist bekannt, die er fand, als er das Axiom der Unmöglichkeit einer unendlichen Bewegung auf Wärmephänomene anwendete. Aus der Erfahrung war bekannt, daß hydraulische Motoren nur dann funktionieren, wenn das Wasser von einem höheren Niveau auf ein niedrigeres Niveau fällt; ebenso geht es bei der Wärme: Damit ein Wärmemotor funktioniert, muß die Wärme von einer höheren Temperatur zu einer niedrigeren Temperatur, von einer heißen Quelle zu einer kalten Quelle übergehen. Daraus folgt nun, daß mechanische Arbeit zwar vollständig in Wärme überführt werden kann, daß der umgekehrte Vorgang jedoch nicht möglich ist. Clausius gab diesem Prinzip eine andere Form. Die Wärme kann nicht *von selbst* von einem kalten Körper zu einem warmen Körper übergehen. Wenn ein solcher Übergang stattfindet, muß notwendig eine weitere physikalische Veränderung beteiligt sein. Die Untersuchung einer Vielzahl solcher Veränderungen ergab, daß die Energieformen dahin tendieren, sich in Wärme zu verwandeln, und daß die ursprünglichen Bedingungen oder Zustände einer materiellen Kraft sich nicht wiederherstellen ließen. Damit ist das zweite Prinzip, das die Richtung der physikalischen Prozesse bestimmt, zugleich ein Entwicklungsprinzip. Die Welt ist kein Kreisprozeß, und die Vorstellung, wonach die Bilanz der materiellen Veränderungen invariant ist, verliert jede Berechtigung:

»Als der erste Hauptsatz der mechanischen Wärmelehre entdeckt wurde, konnte man in ihm noch eine Bestätigung der erwähnten Ansicht [der Reversibilität der Umwandlungsprozesse] sehen. Der zweite Hauptsatz widerspricht dieser Ansicht jedoch ganz entschieden ... Aus ihm folgt, daß der Zustand des Universums sich mehr und mehr in eine bestimmte Richtung verändert.«[20]

Dieses theoretische Ergebnis, das die Naturordnung als eine Folge von Umwandlungsprozessen mit einer Richtung und einer Entwicklung erscheinen ließ, war zugleich ein Versprechen und ein Skandal. Ein Versprechen, denn da die unwägbaren Fluida nun eliminiert waren, drückten sämtliche Phänomene nun die Wirkung von Kräften und Bewegungen (und die Erhaltung der Energie durch die Effekte hindurch) aus; der Augenblick schien daher günstig, um die mechanischen Gesetze wieder zur wirklichen Erklärung der Welt heranzuziehen. Die Versuche dazu gehen in die Hunderte. Ihr Ziel bestand darin, die physikalischen Prinzipien wieder denen der Mechanik zu unterwerfen und die elektromagnetischen Vorgänge auf Äußerungen elastischer Körper oder auf Bewegungen viskoser Flüssigkeiten, kurz, auf Stoß, Gestalt und Bewegung zurückzuführen. Dann müßte es auch möglich sein, die verschiedenen Kräfte unter die Schwerkraft zu subsumieren und deren Gesetzen zu unterwerfen. Die Vielzahl der Disziplinen würde sich in der wiedergefundenen – und bereicherten – Einheit der mechanischen Philosophie auflösen. Trotz gegenteiliger Beweise blieb dieses Ideal ein ganzes Jahrhundert lang lebendig, und wenn man auch kaum Hoffnung hatte, es Wirklichkeit werden zu lassen, so hoffte man doch, wenigstens zu plausiblen Fiktionen zu gelangen. Wie sehr man auch hinsichtlich der Strenge Konzessionen machte und in Fragen der Epistemologie Ungeduld zeigte, das Ergebnis bestand doch nur in Sackgassen und Entmutigung:

». . . Seit die elektrischen Phänomene Teil der Wissenschaft sind«, schreibt Meyerson, »ist noch nichts formuliert worden, das auch nur von ferne als eine konsistente mechanische Theorie dieser Phänomene gelten könnte. Und das nicht etwa, weil man nicht danach gesucht hätte.«[21]

Während man sich auf der einen Seite – freilich nicht mit sonderlich viel Glück – darum bemühte, das Programm zu erfüllen, zu dem das Prinzip der Energieerhaltung den Anstoß gegeben hatte, beeilte man sich auf der anderen Seite, den Skandal in Grenzen zu halten, den das zweite Prinzip, das des Energieverlustes, und die Gerichtetheit der Umwandlung der Naturkräfte ausgelöst hatten. Die Mechanik hatte die Erscheinungen stets als reversibel definiert. Alle Körper, die eine Veränderung erfahren, müssen exakt in ihren Ausgangszustand zurückkehren können. Die Erforschung der Wärmeenergie – und in deren Erweiterung auch die der meisten physikalischen Prozesse – belegte dagegen die Tatsache der grundlegenden Irreversibilität der Veränderungen. Wie sollte man die beiden widersprüchlichen Realitäten und Konzepte miteinander vereinbaren und eine für die Mechanik so gefährliche Lage schließlich entschärfen? Und vor allem: Warum wollte man denn alle elektrischen, magnetischen und optischen Phänomene auf Gesetze zurückführen, die unmögliche Veränderungen zum

Ausdruck bringen? Um diese Probleme zu lösen, postulierte man in einer Reihe von Veröffentlichungen, die mit den Namen Maxwell, Boltzmann und Gibbs verbunden sind, daß der Aufbau der Materie die Ursache für die Irreversibilität sei. Vor allem L. Boltzmann zeigte, daß die Wärmeenergie nicht durch gewöhnliche Bewegung hervorgerufen wurde, sondern eine kinetische Energie ungeordneter Erregung darstellte und daß die Veränderung der Molekularbewegungen, die zu einem Zustand der Unordnung tendierten, am Grunde des vom zweiten Hauptsatz der Thermodynamik behaupteten Energieverlustes stand. So fand man eine provisorische Lösung für den Gegensatz zwischen den Gesetzen der *beobachteten* physikalischen Phänomene und denen der *angenommenen* mechanischen Prozesse. Bei dieser Gelegenheit kam es zu einer wirklichen Revolution; die vorgestellten Prozesse sind statistische Prozesse – man betrachtet Mittelwerte, die die auf mikroskopischem Niveau definierten Parameter auf das makroskopische Niveau umsetzen –, *und die Gesetze erhalten einen probabilistischen Charakter.* Auch das mathematische Instrumentarium erfährt eine entscheidende Veränderung, denn die Wahrscheinlichkeitsrechnung kann nun – im Gegensatz zu früheren Vorstellungen – auf materielle Wechselwirkungen angewandt werden. Die Mechanik erweist sich nun gerade dort erfolgreich, wo sie zu versagen schien, nämlich bei der Frage der Richtung physikalischer Umwandlungsprozesse. Nicht weniger deutlich ist freilich ihre Niederlage dort, wo sie gerade hoffen durfte, ihre Autorität und Allgemeinheit wiederherstellen zu können, als man den dynamischen, nichtstofflichen Charakter der Wärme bemerkte.

Und wenn das möglich gewesen wäre, mit welchem Recht durfte man darauf hoffen, da die wesentlichen Begriffe der Mechanik doch heftigen Angriffen ausgesetzt waren? Die Paradoxie liegt auf der Hand: Wie konnte man gerade zu dem Zeitpunkt auf ein Modell der Wirklichkeit zurückgreifen wollen, um die »neuen Welten« zu erklären, da man die Eigenschaften dieses Modells in Zweifel zog. Und wir haben es hier nicht mit einem geringfügigen Widerspruch in der historischen Entwicklung zu tun, wenn wir sehen, wie dieselben Männer mit größter Zähigkeit das Ziel einer Restauration der explikativen Einheit verfolgen und zugleich die Geltung des spezifischen Erklärungsrahmens ruinieren. J. C. Maxwell gibt ein gutes Beispiel dafür:

»Durch ein aufmerksames Studium der Gesetze der elastischen Körper und der Bewegungen viskoser Flüssigkeiten hoffe ich eine Methode zu entdecken, mit der wir eine dem üblichen Denken angepaßte mechanische Konzeption der elektrischen Zustände entwickeln können.«[22]

Ohne auf Details einzugehen und ohne die bereits klassischen Beschreibungen zu wiederholen, will ich hier zwei der Richtungen aufzeigen, bei deren Verfolgung die Vertiefung der elektromagnetischen Vorgänge die Grundlagen der auf Schwerkraft und mechanischen Kräften beruhenden Naturordnung erschütterte.

Die erste Richtung hängt mit dem Verständnis physikalischer Wirkungen zusammen. In der Newtonschen Philosophie betrachtet man die Körper als Aggregate materieller Punkte, die auf Entfernung und gewissermaßen augenblicklich aufeinander wirken, wobei die Lichtgeschwindigkeit im mechanischen Universum als unendlich angenommen wird. Das Milieu, in dem die Impulse wirksam werden und sich ausbreiten, kommt kaum ins Blickfeld. Gewiß gab es da einige Schwierigkeiten, doch die Gesetze wurden trotz dieser Schwierigkeiten oder vielleicht wegen ihnen anerkannt. Faraday ist der erste, der diesen Gedanken aus experimenteller Sicht vehement in Frage stellt.

Die elektromagnetische Induktion, die er entdeckte, führte ihn zu der Vorstellung, daß die Ausbreitung der Wirkung vom Milieu abhängt und daß die Umgebung einer Ladung Träger der elektrischen und magnetischen Impulse ist. Hunderte Male hatte er bemerkt, daß die zwischen Leitern induzierte Ladung in quantitativer Hinsicht von der Natur des Isolators abhing. Schnitt man diesen auf und trennte die beiden Teile, so sah man, daß auf beiden Flächen entgegengesetzte Ladungen anzutreffen waren. Und schließlich sind die Induktionslinien, wie der Entladungsfunke zeigt, gebogen. So sammelten sich die Belege dafür, daß die Umgebung, in der die elektromagnetischen Phänomene ablaufen, keine passive oder zufällige Rolle spielte. Es war nicht vorstellbar, daß die an einem bestimmten Punkt lokalisierte elektrische Kraft ohne Verzögerung auf eine andere, an einem anderen Punkt lokalisierte elektrische Kraft einwirkte. Die Wirkung der elektrischen und magnetischen Kräfte bringt vielmehr Veränderungen – Deformationen oder Transformationen – des materiellen Substrats zum Ausdruck. Deshalb bedürfen die Eigenschaften dieses Substrats besonderer Aufmerksamkeit, denn es ist der Sitz von

Prozessen, durch die die von uns beobachteten Phänomene bestimmt werden. Fernwirkungen sind schlicht und einfach unmöglich oder irreal.

Die Absichten und Spekulationen Faradays, die sich auf zahllose Experimente stützten, erhielten schließlich in den Maxwellschen Gleichungen eine mathematische Form. Diese Differentialgleichungen, die an die Stelle der auf die Newtonschen Gesetze gestützten Gleichungen treten, gehen von einer schrittweisen Ausbreitung der Ladungen und Impulse aus. Alle Größen, die darin vorkommen, beziehen sich auf ein und denselben Raum. Der Wert der Größe an einem bestimmten Ort und zu einer bestimmten Zeit hängt von dem Wert der übrigen Größen in einem unendlich kleinen Bereich um den gewählten Raumpunkt zum gegebenen oder dem unmittelbar vorausgehenden Zeitpunkt ab. Die Maxwellschen Gleichungen beschreiben die *Organisation eines Feldes,* wobei sie nicht nur die Punkte erfassen, in denen Materie und Ladung konzentriert sind, sondern auch den gesamten Raum und sämtliche Wirkungen gemäß den Postulaten der Mechanik. Die Bedeutung der Umgebung, die schrittweise Ausbreitung der Wirkung, ein neuer Typ von Gesetz – ein Strukturgesetz –, das sind die Folgen einer korrekteren Erfassung der elektromagnetischen Phänomene. Wenn die Fluida als Stoffe verschwinden – und in diesem Sinne eröffnen sie die Möglichkeit für mechanische Betrachtungen –, so kehren sie als Felder, als materielle Systeme wieder, um solche Betrachtungen unmöglich zu machen.

Die zweite Richtung, die sich zugleich entwickelte, widmet ihre Aufmerksamkeit den Grundbegriffen der Trägheit und der Masse. Deren Unveränderlichkeit bildete ein nicht zu erschütterndes Dogma der Newtonschen Mechanik. Diese Invarianz wurde in Frage gestellt, als man die chemischen Umwandlungen und die elektromagnetischen Phänomene, die an einem Körper auftreten, untersuchte. Betrachtet man ein Materieelement, das Energie aufnimmt und wieder abgibt, so stellt man in der Tat eine Veränderung seiner Masse fest. Bei der Verbindung von 2 g Wasserstoff und 16 g Sauerstoff werden $2,87 \times 10^{-12}$ erg Wärme freigesetzt; dabei erhält man nicht 18 g Wasser, wie zu erwarten wäre, sondern einen um $3,2 \times 10^{-6}$ mg geringeren Wert. Die Veränderung der Masse ist nicht zufällig, sie ist notwendig, um die Abweichungen von einem Gesetz zu verstehen, das für die Chemie ebenso wichtig ist wie Prouts Gesetz. Dieses Gesetz postuliert, daß die Atomgewichte der Körper stets ganze Vielfache derselben Quantität sind. Indessen zeigten sich im Experiment stets Abweichungen von diesem Gesetz. Die Möglichkeit, daß die Masse aufgrund von Fluktuationen der inneren Energie bei der Bildung von Atomen aus Grundelementen abnimmt, ist eine theoretische Möglichkeit, die von empirischen Feststellungen gestützt wurde, noch bevor man sie endgültig durch die Entdeckung der Radioaktivität sicherte.

Als man die Elektrizität als eine Eigenschaft der Materie begriff, mußte man auf der anderen Seite auch die Masse als ein elektrisches Phänomen verstehen. Die Erforschung der Elektronenbewegung wurde in dieser Hinsicht entscheidend. Wenn das Elektron sich gleichförmig auf einer Bahn bewegt, ist die Reaktion des erzeugten Feldes gleich Null, und hinsichtlich seiner Trägheit unterscheidet es sich vom mechanischen Standpunkt in nichts von anderen Teilchen. Das gilt freilich nicht mehr, wenn seine Bewegung entweder geradlinig beschleunigt ist oder gleichförmig, aber auf einer Kurve verläuft. Im ersten Falle wirkt das vom Elektron erzeugte Feld auf es mit einer Kraft zurück, die der Beschleunigung proportional ist und ihr entgegenwirkt. Im zweiten Fall ist die Kraft des Feldes der des Elektrons proportional und wirkt in entgegengesetzter Richtung. In beiden Fällen haben wir es mit einer elektromagnetischen Masse zu tun, die eine ist longitudinal, die andere transversal. Wie man sieht, verhält sich ein in Bewegung befindliches Elektron grundsätzlich anders, als es die Mechanik für Teilchen beschreibt, insofern es zwei Massen besitzt, das heißt auf die Einwirkungen äußerer Felder je nachdem, wie diese seine Geschwindigkeit nach Größe oder Richtung beeinflussen, reagiert. Am Ende einer ausführlichen Diskussion bemerkt P. Langevin[23], daß die Trägheit nicht mehr als allgemeine Eigenschaft der Materie erscheine, wie Newton sie verstanden hatte; sie scheine vielmehr von den elektromagnetischen Phänomenen abzuhängen:

»Seit gut zehn Jahren erscheint es daher als fruchtbarer, nach einer elektromagnetischen Interpretation der Trägheit zu suchen statt nach einer mechanischen Erklärung der Gesetze des Elektromagnetismus.«

Diese Infragestellung war ein relativ schneller Vorgang. Im Verlaufe eines halben Jahrhunderts zwangen die Akkumulation der experimentellen Daten und die Notwendigkeit, den neuen Disziplinen eine kohärente Struktur zu verleihen, dazu, den Geltungsbereich der Erkenntnisse über jene Naturordnungen immer strenger einzugrenzen, die Galilei vorausgesehen und Lagrange oder Laplace vollendet hatten. E. Meyerson[24] schreibt dazu:

»So kam es zu einer Entwicklung, in der das mechanische Element schließlich gewissermaßen im elektrischen Element aufging.«

Die Tendenzen, die in diesen Entdeckungen wirksam waren, sollten sich in ihrer ganzen Originalität und Allgemeinheit erst in der Relativitätstheorie zeigen. Die erste Mitteilung Einsteins darüber aus dem Jahre 1905[25] ist zugleich das Zeichen für die Ankunft des neuen Newton, die J. B. Priestley ungefähr ein Jahrhundert zuvor vorausgesehen hatte. In ihren Hauptzügen dürfte die Theorie bekannt sein; und es kann mir nicht darum gehen, sie hier, zumal ohne den erforderlichen mathematischen Apparat, darzulegen. Selbst wenn ich sie klar genug darstellen könnte, wären meine Kommentare allzu unvollständig – wie sie es überhaupt in diesem Teil sind, der sich gar nicht zureichend ohne Rückgriff auf jene speziellen Techniken entfalten läßt, die ich opfern mußte, um die Grenzen dieser Arbeit nicht zu sprengen.
Zunächst einmal erhält die Lichtgeschwindigkeit, die für alle physikalischen Phänomene steht, in denen eine Energieübertragung stattfindet, den Status einer *universellen Konstante*. Sodann gibt man den Begriff der augenblicklichen Übertragung eines Signals oder einer Wirkung auf. Angesichts der Existenz von Störungen der Umgebung wird die – letztlich durchaus vertraute, aber von der Mechanik abgewiesene – Idee wieder eingeführt, daß für die Ausbreitung eines Signals oder für die Fortpflanzung eines Impulses von einem Punkt zu einem anderen eine gewisse Zeit erforderlich ist. Daraus folgt nun, daß eine einheitliche Zeitmessung, unabhängig vom Bezugssystem, nicht möglich ist. Jedes System hat seine eigene Zeit, die von einem mit ihm bewegten Beobachter wahrgenommen und gemessen wird, und jeder Punkt dieses Systems besitzt Koordinaten relativ zu diesem System, die vom darin befindlichen Beobachter wahrgenommen und gemessen werden. Die Asymmetrie, die in der klassischen Mechanik zwischen einer absoluten Zeit und einem Raum bestand, der relativ zu einem Bezugssystem gedacht wurde, um eine Trägheitsbewegung unterstellen zu können, diese Asymmetrie verschwin

det, und zwar als Konsequenz aus einem zweiten impliziten Axiom: der Endlichkeit der Lichtgeschwindigkeit und deren Unabhängigkeit von einer Bewegung der Quelle.

Schon in seiner ersten Mitteilung aus dem Jahre 1905 definiert Albert Einstein die Beziehungen zwischen Masse und Energie neu; die Energie, so zeigt er, besitzt Trägheit; und die Masse ist keine Konstante, denn sie hängt von der Geschwindigkeit ab. Insbesondere zeigt er, daß die Masse eines Geschosses mit der Geschwindigkeit wächst und daß sie unendlich groß würde, wenn die Geschwindigkeit die des Lichtes erreichte. Nichts konnte aus der Perspektive der Mechanik skandalöser erscheinen als diese Behauptung und die weiteren Sätze, die daraus folgten, nämlich, daß jede Ruhemasse ein gewaltiges Energiereservoir darstellt und daß die beiden Erhaltungssätze zu einem einzigen verschmelzen, der die Erhaltung der Energie im Universum behauptet. Fortan sind Masse und Energie keine unterschiedenen Realitäten mehr, sondern bilden die zwei Aspekte eines einzigen materiellen Prozesses.

Die allgemeine Relativitätstheorie handelt von der beschleunigten Bewegung sowie von der Gravitation und erweitert die neu gewonnenen Resultate. Die beiden Theorien stellen die Konzepte, die objektiven Prozesse und die Struktur der Gesetze auf eine feste Grundlage, die die Wissenschaften im Bereich der Elektrizität, des Magnetismus, der Optik und der Wärme entwickelt hatten. Die Zeit ist vorbei, da man hoffen konnte, all diese Disziplinen auf die Mechanik zurückführen zu können, und ein Whewell schreiben konnte:

»Und wenn die Phänomene des Magnetismus und der Elektrizität uns nur zu solchen Gesetzen (der Anziehung, des Stoßes) geführt haben, so müssen die Wissenschaften, die ihnen entsprechen, als Zweige der Mechanik eingeordnet werden.«

Das Gegenteil ist der Fall; nicht oder nicht mehr der Mechanik obliegt es, alle Phänomene zu erklären; vielmehr müssen die Prinzipien, welche die Phänomene des Elektromagnetismus, der Optik oder der Strahlung beherrschen, die Grundlage liefern, von der her Stöße, Bewegungen, Anziehung und Abstoßung begriffen werden können. Eine Umkehrung hat sich ereignet: Was zu Beginn des neunzehnten Jahrhunderts einem Georges Cuvier als das Besondere erschien, ist nun das Allgemeine; was ihm als das Allgemeine erschien, ist das Besondere. L. Brunschvicg[26] hat den Gegensatz gut beschrieben:

»Laplace ging von der Newtonschen Gravitationstheorie aus, um die verschiedenen Gebiete der Physik und der Chemie gemäß der letzten Quästio der *Optik* Newtons zu vereinen. Einstein dagegen stützt sich auf Theorien, die in der Thermodynamik und in der Elektrooptik entwickelt wurden, um die Gravitationstheorie zu revidieren, zu korrigieren und in einen völlig neuen Rahmen zu bringen.«

So ist die Mechanik nicht länger die Wissenschaft, zu der alle übrigen letztlich zurückkehren, sondern lediglich ein Teil der neugeschaffenen Disziplinengruppe.

Doch diese Umwälzung steht auch noch in einer anderen Perspektive. Die Relativitätstheorie ist nicht Reflex einer letzten Realität. Die Gesetze oder Prozesse, denen Albert Einstein zum Durchbruch verholfen hat, bilden nicht den obligatorischen Rahmen, in den oder auf den alle Effekte und Gesetze integriert oder reduziert werden müßten. Zur selben Zeit nämlich entsteht aufgrund der thermodynamischen Erforschung der Strahlungsemission und -absorbtion die Quantentheorie, während die Entdeckung der Radioaktivität den Physikern die ersten Glieder jener Kette in die Hand gibt, die schließlich zu den Elementarteilchen und zu den Kernkräften führt. Die Kosmologie schließlich, bis dahin ein Gebiet reiner Spekulation, wird zu einer relativ strengen Wissenschaft und vervollständigt die Struktur jenes Naturzustandes, in dem die Umwandlung der materiellen Kräfte eine Evolution bezeichnen und eine Geschichte bilden.

Bis hierher habe ich mich ohne besondere Unterscheidungen der Ausdrücke Wissenschaft oder Philosophie bedient, um dieselbe Fächergruppierung zu kennzeichnen, und ebenso habe ich die Ausdrücke Wissenschaftler, Gelehrter oder Philosoph verwendet, um von derselben natürlichen Kategorie zu sprechen. Dabei bin ich dem Wortgebrauch der untersuchten Epochen gefolgt, und ich habe die Bedeutungsverschiebungen aufgezeigt, wenn sie einen Übergang kenntlich machen konnten. In der Mitte des neunzehnten Jahrhunderts wurde die Unterscheidung deutlicher, als man die Wende einer tiefgreifenden Veränderung wahrnahm. Es ist symptomatisch, wenn W. Whewell 1840 die Notwendigkeit äußert, die Menschen, die sich mit den Wissenschaften befassen, auch mit einem eigenen Namen zu belegen. Er schlug vor, sie *scientists* (Wissenschaftler) statt »Gelehrte« oder »Naturphilosophen« zu nennen, darin durchaus den Ableitungen ähnlich, die zur Bezeichnung »Künstler« führte.

»Wir brauchen dringend einen Namen für jene Menschen, die sich ganz allgemein mit der Wissenschaft befassen. Ich wäre geneigt, sie Wissenschaftler zu nennen.«[27]

Der Vorschlag wurde angenommen. Er kam zur rechten Zeit, um eine Reorganisation des Verhältnisses zwischen den Disziplinen wie auch zwischen den Gemeinschaften, welche die verschiedenen Formen des Wissens besaßen und anwendeten, zu symbolisieren. Die Terminologie unterstreicht ein historisches Ereignis, zeichnet eine Entwicklung nach und führt einen Wortgebrauch ein, der vorher wenn nicht unmöglich, so doch zumindest nutzlos gewesen wäre. In früheren Zeiten hätte man nicht verstanden, daß man so eine Klasse von Individuen bezeichnen könnte. Die *Encyclopédie Française ist darin kategorisch:*

»Eine Abhandlung bezeichnet man als wissenschaftlich, im Gegensatz zu einem praktischen Werk . . . Personen kann man so kaum bezeichnen.«[28]

Gebräuchlich war allein die Bezeichnung Philosoph. Die Verbreitung der von Whewell gewünschten Unterscheidung und der Widerstand, auf den sie stieß, bringen beide gleichermaßen eine offensichtliche Veränderung zum Ausdruck. Die Wissenschaften bildeten inzwischen einen in seiner Struktur eigenständigen Wissenskorpus, der dem der Philosophie gleichwertig war; der Wissenschaftler, eine umfassendere Kategorie, steht an Würde dem mechanischen oder Naturphilosophen nicht nach. Die terminologische Veränderung bringt auch eine Kluft zwischen den Wissenschaften und der Philosophie zum Ausdruck. Diese Kluft geht nicht auf künstliche Motive zurück, etwa auf die wegen der Zunahme des Wissens erforderliche Unterteilung in Wissensgebiete, auf die Einheit der Philosophie und die Zerstückelung der Wissenschaften. Die Besonderheit der Wissenschaften liegt vielmehr in der Konvergenz zweier Entwicklungen, die sie schließlich zu unabhängigen Naturdisziplinen machten. Wirksam ist hier einerseits die Entwicklung der natürlichen Teilung im Zusammenhang der Chemie, andererseits die Veränderung des Erfindungsprozesses der mechanischen Philosophie, wie sie in der elektromagnetischen Physik zum Ausdruck kommt. Ihre Konvergenz führte nicht nur zu einer Umwälzung der Erzeugungsweise der menschlichen Fähigkeiten und des Verhältnisses zur Materie, sie veränderte zugleich die Beziehungen zu den produktiven, technischen Disziplinen. Bei dieser Gelegenheit kam es auch zu einer tiefgreifenden Umgestaltung des philosophischen Vorgehens. Ich habe den Charakter dieses Prozesses bereits beschrieben: In erster Linie bemüht sie sich, die Beziehungen zur Natur auf der Grundlage der in den Techniken konkretisierten Gegenstände und Tätigkeiten zu enthüllen, zu ordnen und in eine strenge begriffliche Form zu bringen, was in anderer Gestalt als Geschicklichkeit und Instrument intellektueller oder nichtintellektueller Art erschien. In zweiter Linie – und das gilt vor allem für die mechanische Philosophie – kann man ihre Ergebnisse letztlich dazu verwenden, um die gängigen Methoden in der technischen Praxis zu organisieren und zu verbessern. Die Wissenschaften entfernen sich deutlich von dieser Haltung; sie dienen nicht mehr als Vermittler für die Philosophie und für die Kunst oder für die Technik, als Symbole für jene und als Schatten dieser. Der Wissenschaftler ist weder ein Philosoph, der durch die Daten hindurch die Gesetze der materiellen Welt zu entdecken und systematisch zu analysieren sucht, noch ein Handwerker, der von der Empirie ausgeht, um seine Operationen als Reflexe dieser Gesetze zu begreifen; er ist ein Wissenschaftler, der Phänomene untersucht und beherrscht, insofern in ihnen die materiellen Kräfte direkt zum Ausdruck kommen, und er erlegt ihnen eine Struktur auf, die je nach Erfordernis unterschiedliche Gestalten annehmen können, welche ihrerseits ebensoviele Verlängerungen der Wissenschaft, ebensoviele Wissenschaften, und wenn es sein muß, angewandte Wissenschaften sind. Darin ist sein Wissen die Krönung des inventiven Wissens, insofern nämlich dieses sich als Erzeuger von Formen und Stoffen begreift. Seine Artefakte sind direkte Vorboten natürlicher Verhältnisse, und seine Naturverhältnisse Vorspiele von Artefakten. So setzte sich die Wissenschaft, die vormals zwischen den Philosophien und den Techniken oder Künsten vermittelt hatte, an deren Stelle und wurde zur Matrix einer neuen autonomen Einheit.

Zehntes Kapitel:
Die Umgestaltung der menschlichen Geschichte der Natur durch Wissenschaft

I. Der Verfall der Technik

1. Die neuen Komplementärressourcen

Zwei Faktoren waren entscheidend für dieses Ereignis. Der erste Faktor ist ohne Zweifel das Vorhandensein von Komplementärressourcen, das heißt die Verfügbarkeit von Menschen und Rohstoffen. Das Bevölkerungswachstum ist ein herausragendes Merkmal des neunzehnten Jahrhunderts.

Während Europa um 1800 etwa 187 Millionen Einwohner zählte, lag die Zahl um 1850 bei etwa 266 Millionen. 1900 waren es bereits 401 Millionen. Dabei nahm nicht nur die Bevölkerungsdichte zu; wegen der verlängerten Lebenserwartung erhöhte sich auch der Anteil der aktiven Bevölkerung. Mangels verläßlicher demographischer Daten sind die Zahlen zwar mit Vorsicht zu betrachten, für die Tendenz gilt dies jedoch nicht. Und auch nicht für die Tatsache der Landflucht und deren Gegenstück, die Verstädterung. Nur ein Beispiel: Im Jahre 1890 lebten 11,4 Prozent der deutschen Bevölkerung in Städten mit mehr als 100 000 Einwohnern; 1910 lag der Prozentsatz bei 21,3.

Eine ähnliche Entwicklung vollzieht sich in Frankreich, wenngleich nicht ganz so schnell. Auch die Auswanderungsströme in die Vereinigten Staaten sind ein deutliches Beispiel für diese hochgradige Verfügbarkeit von Menschen. Eine Ursache für die beständige Überbevölkerung müssen wir in der Mechanisierung der Industrie sehen, die zu umstürzenden Veränderungen auf dem Lande sowie in der handwerklichen Produktion führt und einen entscheidenden Anstoß für die kapitalistische Betätigung bietet. Das Kapital bemüht sich, diese Industrie nach seinen eigenen Zwecken zu lenken, deren einer darin besteht, Handarbeit zu ersetzen, und deren anderer es ist, die Handarbeit möglichst intensiv zu nutzen. Damit schafft das Kapital eine überschüssige Arbeitskraft, eine »Reservearmee«, für die es Beschäftigung zu finden gilt, einerseits, um den potentiellen Profit daraus zu ziehen, andererseits, um den Gegenschlag der Krisen und der Arbeitslosigkeit abzuschwächen, welche die Grundlagen der kapitalistischen Gesellschaft erschüttern. Die Ressource, die diese verfügbare Arbeitskraft darstellt, bildet zugleich eine Versuchung und eine permanente Bedrohung. Eine Versuchung, weil sie zur Investition anreizt und weil die Möglichkeit, sie »arbeiten zu lassen«, wachsende Profite gewährleistet. Eine Drohung, weil die Existenz von Tausenden, ja sogar Millionen Arbeitslosen den Klassenkampf verschärft und weil der Abgang oder die Zerstörung von Händen und Köpfen die einzelnen nationalen Gruppen in der heftigen Konkurrenz um die Eroberung der Märkte schwächt.

Die Erfindungen, mit denen man das Produktionssystem verbessert, verstärken diesen Kampf und zwingen dazu, die Grenzen dieser Märkte zu erweitern; ihr ständiger Begleiter ist die Arbeitslosigkeit – die man nun als technologische Arbeitslosigkeit bezeichnet. Sie haben jedoch noch eine weitere Konsequenz: das Ungleichgewicht zwischen den verschiedenen Sektoren der Produktion. Diese Erscheinung zeigt sich am deutlichsten in jener Industrie, die für die Epoche charakteristisch ist: in der Textilindustrie. Darüber hinaus wachsen mit den zunehmenden Rohstoffmengen, die in der Industrie benötigt werden, auch die Abfälle, deren Lagerung gewaltige Kosten erzeugt und deren bloßes Vorhandensein schon einen erheblichen Gewinnverlust bedeutet. 1852 bemerkt ein Beobachter (L. F. Haber), daß

»diese Abfälle den Fabrikanten große Sorgen bereiten, weil sie in gewaltigen Mengen anfallen und man noch keine nützliche Verwendung für sie gefunden hat. In der Nähe der Sodafabriken türmen sie sich zu großen Halden, und manchmal ist es nötig, eigens Gelände hinzuzukaufen, um sie zu lagern.«[1]

Eine Produktion, die sich nach den Erfordernissen ökonomischer Rationalität und technischer Effizienz zu organisieren beginnt, bemüht sich um die systematische Ausbeutung sämtlicher Faktoren, die sie einsetzt. Das Vorhandensein gewaltiger Mengen von Nebenprodukten auf dem Gelände der Fabriken oder Bergwerke drängt die Industrie und die Ingenieure, eine profitable Verwendung dafür zu finden. Die Theoretiker zeigen Verwendungsmöglichkeiten auf, und die Doktrinäre erinnern an die Grundsätze gesunden Wirtschaftens. P. L. Simmons mahnt:

»Es gehört zu den vornehmsten Aufgaben der Industrie, eine nützliche Verwendung für ihre Abfallprodukte zu finden. Für Staub hat jemand die glückliche Wendung gefunden, er sei lediglich Materie am falschen Ort.«[2]

Die aufgeführten Motive sind nicht die einzig bestimmenden, aber sie stehen für eine Reihe von Umständen, die auch die »neuen Philosophen« für die Produktion zu interessieren vermochten. Und die zögerten nicht, sich zu engagieren. Vor allem die Chemiker machen sich nützlich, und es ist schon ein Gemeinplatz, wenn Herschel sagt, daß die Chemie mit ihren Umwandlungsprozessen

»Stoffe, die kaum einen Nutzen haben, in höchst nützliche Stoffe zu verwandeln vermag. Überall ist ihr Einfluß zu spüren, und jeden Tag erbringt sie neue Proben für die unendlichen Ressourcen, die sie noch in den unfruchtbarsten Teilen der Natur zu erschließen vermag.«[3]

Die Verwirklichung dieser Möglichkeiten hat in der Folge eine entscheidende Rolle gespielt, weil sie zu einer außergewöhnlichen Diversifizierung der Industriezweige führte.

Der zweite Faktor in der Autonomie der Wissenschaften ist gewiß die Erweiterung jener Gruppe, die zur Herausbildung »neuer Künste« fähig ist. Die Mitglieder dieser Gruppe hatten ihre Bildung oft am Rande der Medizin oder der Pharmazie und im Rahmen jener »philosophischen Gesellschaften« erworben, in denen sie dann ihrerseits als Unterhalter oder Lehrer eines neugierigen Publikums auftraten; aber sie schufen relativ abgegrenzte Disziplinen – die Elektrizitätslehre, die Physik – und annektierten die Chemie. Es wuchs das Bedürfnis nach Unterteilung und Spezialisierung wie auch nach einer erweiterten und solideren Grundlage für die eigene Tätigkeit. J. B. Priestley, ein kluger und besonnener Zeuge, bringt dies so zum Ausdruck:

»Die Gegenstände der Philosophie haben sich derart vermehrt, daß kein einzelner mehr imstande ist, die allgemeinen philosophischen Werke zu kaufen oder zu lesen. Es ist an der Zeit, den Gegenstand zu *unterteilen*, damit ein jeder Gelegenheit hat, auf dem Gebiet, für das er eine Vorliebe hegt, alles wahrzunehmen; eine solche Unterteilung käme auch all den verschiedenen Zweigen der Philosophie zugute.«[4]

Wie man sieht, zielt diese Unterteilung auf eine Verbesserung der Arbeitsbedingungen für die Wissenschaftler ab, und dies sowohl in ökonomischer wie in wissenschaftlicher Hinsicht. Da jeder nur über beschränkte Mittel und beschränkte Zeit verfügt, empfiehlt sich eine Verteilung der Aufgaben. Eine sichere Folge wird die Entwicklung der verschiedenen Zweige der experimentellen Philosophie sein und auch die Entwicklung neuer Anwendungsmöglichkeiten. J. B. Priestley – der einen nahezu politischen Blick für das Problem hat – meint, daß die Zahl der Wissenschaftler zunehmen müsse und daß sie sich die institutionellen und ökonomischen Mittel, die dazu erforderlich sind, schaffen sollten:

»Ich will nur noch einen weiteren Hinweis geben, wie ich mir vorstelle, daß man das philosophische Wissen erweitern könnte. Derzeit gibt es in den verschiedenen Ländern Europas große und wohldotierte Gesellschaften zur Förderung des philosophischen Wissens im allgemeinen. Die Philosophen sollten sich nun aber untergliedern und in kleineren Gemeinschaften zusammentreten. Die verschiedenen Gesellschaften sollten kleine Abteilungen gründen und jeweils einen Forschungsdirektor bestimmen. Jedes Mitglied soll das Recht haben, die Verifizierung von Experimenten im Verhältnis der Summe, die er zugeschossen hat, zu bestimmen, und in regelmäßigen Abständen sollten die Ergebnisse dieser Versuche veröffentlicht werden, gleich ob sie erfolgreich waren oder nicht. Auf diese Weise ließen sich die Möglichkeiten aller Mitglieder sichern und erweitern.«[5]

Diese Vorschläge enthalten nichts Revolutionäres. Aber sie bringen die Gedanken einer Gemeinschaft zum Ausdruck, die ihr Überleben und ihre Entwicklung sichern will und nach Wegen sucht, wie sie das produzierte Wissen anwenden und fortentwickeln kann. Die Lage des isolierten Amateurs ist nicht sonderlich angenehm; zudem erweist sie sich als unvereinbar mit der wachsenden Zahl von Menschen, die sich mit der Entdeckung materieller Phänomene befassen wollen, und mit den zunehmenden Investitionen in Bücher und Geräte. Allerdings kann man, wie es scheint, nicht auf sichere äußere Unterstützung hoffen noch auf ein authentisches Interesse der Gesellschaft. J. B. Priestley weiß dies wohl, wenn er schreibt:

»Die Fürsten werden sich mit dieser großen Aufgabe niemals befassen, gleich welchem Zwecke sie dient. Und in der heutigen Rasse der Kaufleute scheint der Abenteuergeist völlig verloschen zu sein. Diese Entdeckung ist ein großes Desideratum in der Wissenschaft, und wo anders kann man denn hoffen, die edle und reine Begeisterung für diese Entdeckungen zu finden, wenn nicht bei den Philosophen, bei Männern also, die nicht von den Beweggründen des politischen Verhaltens oder vom Streben nach Gewinn beeinflußt sind?«[6]

Zwar herrschen in England in vielfacher Hinsicht besondere Bedingungen. Dennoch unterscheiden sie sich nicht radikal von den Verhältnissen in den übrigen Ländern. Man geht wohl nicht fehl, wenn man sie als günstiger einschätzt – in diesem Vaterland der Revolution und des industriellen Kapitalismus, diesem Modell, dem Karl Marx soviel Aufmerksamkeit gewidmet hat. Nun interessiert sich gerade die Klasse, in der die größten Kapitalien konzentriert sind, am wenigsten für Entdeckungen – oder allenfalls ein wenig.[7] In England gelten die Möglichkeiten, welche die Wissenschaft bietet, und das in den Wissenschaftlern angelegte Potential als zweitrangig im Vergleich zu den Möglichkeiten der Technik und des Ingenieurs, die sich in vollem Auftrieb befinden. Der Historiker E. Hobsbawm stellt mit Recht fest:

»Von allen auf die Wissenschaft einwirkenden äußeren Kräften waren die ihr von den Regierungen und der Industrie gestellten Anforderungen am wenigsten bedeutsam. (...) Die größten Industrien Großbritanniens (Baumwolltextilien, Kohle, Eisen, Eisenbahnen und Schiffahrt) entsprangen der Wirksamkeit empirischer – allzu empirischer –, sich nur auf die unmittelbare Erfahrung stützender Männer. Der Held der britischen Eisenbahnrevolution, George Stephenson, war ein ›wissenschaftlicher Analphabet‹, für Maschinen aber hatte er einen sechsten Sinn; er war eher ein ›Superhandwerker‹ als ein Technologe. Alle Versuche von Wissenschaftlern, wie Babbage, ihr Wissen dem Eisenbahnwesen zur Verfügung zu stellen, oder von wissenschaftlich ausgebildeten Ingenieuren, wie Brunel, das Eisenbahnsystem rationell und nicht nur auf der Grundlage unmittelbarer Erfahrung zu organisieren, scheiterten.«[8]

Die historische Analyse bestätigt also Priestleys Feststellungen, und die Wissenschaften bleiben im Verhältnis zur Technik und zu den Anforderungen der Industrie in einer untergeordneten Position.

Nichts ist normaler als der Wunsch des Philosophen und Wissenschaftlers, seine Fähigkeiten anerkannt zu sehen und entwickeln zu können. Also versucht er, sich zu organisieren – das Plädoyer des englischen Chemikers ist ein Hinweis darauf. Und er versucht, seinen Vorstellungen in der Gesellschaft Anerkennung zu verschaffen, in der Hoffnung auf eine festere und beständigere Unterstützung: Auf diese Weise wird er schließlich ein Klima schaffen, in dem die Saat der wissenschaftlichen Disziplinen aufgehen kann. Indem er den Beweis für seine Fähigkeiten erbringt, drängt er sich einer zurückhaltenden Industrie und einer gleichgültigen Regierung auf, deren Tätigkeitsvoraussetzungen er alsbald dann seinerseits völlig umkrempelt. Die Entstehung neuer Fähigkeiten ist der entscheidende Faktor.

»Nichts fördert so sehr«, schreibt H. Sée[9] dazu, »den Zugriff des Kapitalismus auf die Industrie wie die Fortschritte des Maschinenbaus und der industriellen Anwendung der Wissenschaft, so daß die außergewöhnliche Ausbreitung der Industrie weniger dem Kapitalismus zuzuschreiben ist als der Wissenschaft, und sogar der völlig zweckfreien Wissenschaft. Das zeigt sich in Frankreich und anderswo.«

Anderswo, das sind England und Deutschland. Vor allem in Deutschland, dessen Bevölkerung in Massen emigriert und das keine so bedeutende Maschinenbauindustrie besitzt wie England, zeigen sich weniger Widerstände; dort ist man eher geneigt, auf praktisches Wissen zurückzugreifen, das dort vielleicht in höherem Maße vorhanden ist als in anderen Ländern. Auf das Wissen der Chemie vor allem, über die Campbell 1753 schreibt:

»Die Deutschen sind bei weitem die besten Chemiker Europas, und die besten Abhandlungen zu diesem Thema werden in Latein und in Deutsch geschrieben.«[10]

Der gemeinsame Druck dieser beiden Faktoren – der Komplementärressourcen an Arbeitskraft und Rohstoffen einerseits, der Ressourcen an Wissen und Fähigkeiten andererseits – schafft ungeahnte Möglichkeiten. Die Menschen, in denen diese Ressourcen verkörpert sind, verwandeln die Arbeitsverfahren und die Kommunikationsmittel, es gelingt ihnen, in die materielle Realität der bestehenden Gemeinschaft einzudringen und sie zu verändern. Sie übertragen ihre Anstrengungen auch auf einen neuen Gegenstandsbereich und machen die Anwendung physikalischer Energien und der Fähigkeiten, die sie besitzen, notwendig. Bemerkenswert ist, daß im Falle der Naturwissenschaft und der Naturwissenschaftler der Substitutionsvorgang von den materiellen Phänomenen und vom Wissen ausgeht und hin zu den Produktionsmethoden und zum praktischen Können führt, und nicht umgekehrt, wie dies bis dahin der Fall war.

2. Die angewandten Wissenschaften

Ohne Zweifel war die Verbindung der Chemie mit der Textilherstellung ein wichtiger Schritt. Er bewies die Nützlichkeit des in den Apotheken verborgenen Wissens und führte zu einer Reihe von Forschungen über die Möglichkeiten einer Wiederverwertung der Nebenprodukte und einer Reduzierung der Luftverschmutzung. Um diese Aktivitäten herum entwickelte sich eine chemische Industrie, deren Ziel die Herstellung von Schwefelsäure, Soda und Chlor war.[11]

Dennoch kann man dieser Verbindung keine entscheidende Bedeutung beimessen; das trifft eher auf die organische Chemie, auf die allgemeine Anwendung chemischer Syntheseverfahren zu. Die Arbeiten Chevreuls sind in dieser Hinsicht beispielhaft. Er zeigte, daß man Talg und Fett durch die Hinzufügung eines Wassermoleküls zu Glyzerin und zu komplexen organischen Säuren zersetzen konnte, die bei der Verbindung mit Basen Salze freisetzen konnten. Diese Entdeckung war entscheidend für die Seifenindustrie und führte zur Entwicklung einer industriellen Kerzenherstellung. In diesem Falle führte eine theoretisch sehr interessante Reaktion direkt zu einer produktiven Anwendung. Die Syntheseexperimente, in denen man komplexe Molekülgebilde aus einfachen Gebilden zusammensetzte, waren die Grundlage der Farbenindustrie, von der man durchaus sagen kann, daß sie aus der Wissenschaft und teilweise aus der Pharmazie hervorging. Bekanntlich wurde die erste Anilinfarbe, das Mauvein, bei dem Versuch, Chinin zu synthetisieren, entdeckt. Die Steinkohlenteere, aus denen man die ersten synthetischen Farbstoffe gewann, dienten zuvor zur Herstellung antiseptischer Mittel. Deren Untersuchung öffnete von Hofmann bis Kekulé den Weg für die systematische Entdeckung der Farbstoffe im Laboratorium: Fuchsin 1859, Alizarin 1868 und Indigo 1880. So entstand eine neue chemische Industrie, die unmittelbar wissenschaftlich war.

Nicht ohne Zögern trat das Kapital durch diese offene Tür. Einige Zahlen sollen genügen: 1897 exportierte England 11 000 Tonnen pflanzlichen Indigo indischer Herkunft, 1911 waren es nur noch 860 Tonnen. Deutschland dagegen, das 1897 600 Tonnen synthetischen Indigo exportierte, kam 1911 auf eine Menge von 22 000 Tonnen.

Von der Herstellung synthetischer Farbstoffe führt eine direkte Linie zur pharmazeutischen Industrie. Zunächst wurden die Farbstoffe erfolgreich in der histologischen Untersuchung von Geweben eingesetzt. Dann stellte sich heraus, daß sie Eigenschaf-

ten besaßen, die sie für die Bekämpfung bestimmter Krankheits-
erreger geeignet machten. Ein Pionier auf diesem Gebiet war Paul
Ehrlich, der Schöpfer der Chemotherapie. Seine Experimente, in
denen er nach Medikamenten suchte, mit denen man Bakterien
und Protozoen bekämpfen konnte, ohne die Gewebe dabei zu
schädigen, brachten eine wirkliche Wende.

Wenn die Chemie auch in der Textilherstellung nur Hilfswissen
bleibt, so führt sie doch zu Produktionsverfahren, die nur ihren
Methoden zuzuschreiben sind, und macht sich wegen ihrer Beherrschung aller Stoffe bald für alle Industriezweige unverzichtbar. In so unterschiedlichen Bereichen wie Bergbau, Gießereiwesen und Bauwesen leistet sie ihren Beitrag, und sogar in der Landwirtschaft, denn mit ihrer Hilfe werden Düngemittel hergestellt
und Konservierungsmethoden für Nahrungsmittel entwickelt.
Doch die Chemie ging noch weiter: Seit dem Beginn des zwanzigsten Jahrhunderts ersetzt sie zunehmend sämtliche herkömmlichen Rohstoffe – Holz, pflanzliche oder tierische Fasern, Metalle usw. – durch synthetische Stoffe.

All diese Stoffe sind das Ergebnis wissenschaftlicher Entdeckungen, die aus einer durch Experimente vorangetriebenen Erneuerung der Begriffe resultieren. Mehr noch: Bei den Temperatur-,
Geschwindigkeits- oder Druckbedingungen, unter denen die chemischen Reaktionen ablaufen, wird die Verwendung mechanischer Instrumente zunehmend schwieriger und sogar unmöglich.
Die Veränderung der Arbeitsmethoden und die Eliminierung des
direkten menschlichen Eingriffs resultieren notwendig aus der
Chemisierung des Produktionsprozesses und aus der Anwendung von Erfindungen, die der Elektrizitätslehre zu verdanken
sind.

Schon 1831 hatte Faraday gezeigt, daß die Elektrizität einen beständigen
Strom hervorbringen konnte, und 1835 wurde der erste Kleinmotor gebaut.
Er bestand aus stationären Spulen, die um eine Welle herum angeordnet waren, auf der ein Stabmagnet angebracht war. Die Welle war mit einer Reihe
von Kontakten versehen, über die die Spulen abwechselnd mit dem Strom
einer Batterie versorgt wurden, wodurch dann Magnet und Welle in Rotation
gerieten. Schon zwei Jahre später erschienen die ersten Elektromotoren für
industrielle Zwecke zum Bohren von Metall und zum Drechseln von Holz.
Mit den Erfindungen Grammes, Pacinottes und Siemens' wurde die Elektrizität schließlich voll für die Industrie nutzbar. Obwohl die Hoffnungen auf
eine chemische Elektrizitätserzeugung schnell zunichte wurden, sicherte ihre

Wirtschaftlichkeit und Möglichkeit, sie über Leitungen überallhin zu transportieren, den Erfolg.

Zu Beginn unseres Jahrhunderts bestanden herkömmliche Werkzeugmaschinen und Elektromotoren bereits nebeneinander, und letztere hatten einen Reifegrad erreicht, den E. W. Byrn mit Bezug auf die vorherrschende Technik als »mechanisch« bezeichnete.

»Im Verlaufe der letzten 35 Jahre des neunzehnten Jahrhunderts hat (der Dynamo), dieser kräftige Sprößling aus dem elektrischen Stamm, die volle Statur mechanischer Reife erlangt.«[12]

Für einen weitsichtigen Beobachter war klar, daß »Reife« hier mehr noch das Eindringen einer neuen Energie- und Bewegungsform meinte, deren Gesetze und Dynamik sich nicht auf ein bestimmtes Gebiet beschränken ließen. Die schnelle Folge der Erfindungen und der Umfang der daraus resultierenden Veränderungen machten diese Form zum direkten Erbe des mechanischen Instruments als solchem. Ein Text des großen Physikhistorikers F. Rosenberger, der die stürmische Entwicklung der Elektrotechnik miterlebte, bestätigt dies:

»Wer das Wort Elektrotechnik zuerst gebraucht und wann das geschehen, wird schwer festzustellen sein. Karmarsch in seiner Geschichte der Technologie von 1872 hat dasselbe noch nicht, und in den Lexika, die bis 1880 erschienen sind, wird man vergebens danach suchen. Jedenfalls ist die erste elektrische Ausstellung in Paris vom Jahre 1881 mit dem Elektrikercongress Taufpathe bei der Namengebung gewesen. Das Wort ist auch nicht ganz leicht zu definiren und seinem Sinne nach zu erschöpfen, denn es bezeichnet nicht, was man dem Äußeren nach vermuthen sollte, nur einen besonderen Zweig der Technik, sondern will vielmehr, seinem neuesten Anspruche nach, die *gesammte* Technik umfassen, insofern wenigstens, als die Elektricität überall leitend und umformend als ehrlicher Makler im Spiele der Kräfte auftreten soll.«[13]

Was Rosenberger hier voraussah, wurde später in vollem Umfang Wirklichkeit. Die Ausbreitung des Elektromotors veränderte die Organisation der mechanischen Maschinen und beseitigte bestimmte Arten des Energietransports, die für sie charakteristisch waren. Die Rolle der Elektrizität wird aber erst in ihrem vollen Umfang deutlich, wenn man die Entwicklung der Elektronik mit einbezieht, welche die Funktionsweise von Meßinstrumenten oder Arbeitsmitteln durch die Kontrolle der »Informationsübertragung« zwischen den verschiedenen Teilen eines integrierten Maschinenkomplexes gewährleistet. Bekanntlich wurden die grundlegenden Entdeckungen dazu auf dem

Gebiet der drahtlosen Nachrichtenübertragung gemacht. Sie beruhen auf einer Beobachtung Edisons aus dem Jahre 1883: Eine Glühbirne mit Kohlenstoffaden überzog sich mit einer schwarzen Schicht. Er beobachtete auch, daß ein Metallplättchen, welches man im Inneren der Röhre anbringt und über einen außen liegenden Galvanometer mit dem positiven Ende des Glühfadens verbindet, von einem Strom durchflossen wird, sobald man den Glühfaden aufheizt. Als J. A. Fleming im Jahre 1904 den Edison-Effekt und die Arbeiten J. J. Thomsons über die Gasentladung untersuchte, sah er Anwendungsmöglichkeiten auf dem neuen Gebiet der drahtlosen Telegraphie, auf dem Marconi dann sehr rasche Fortschritte machte. Es ging darum, einen Gleichrichter zu finden, der die Hochfrequenzschwingungen in einen Wechselstrom gleicher Richtung verwandeln konnte; dabei durften die Hochfrequenzschwingungen im Empfänger nicht wahrnehmbar sein, während der gleichgerichtete Strom einen im Empfänger hörbaren Ton produzieren mußte, der die Frequenz des Wellenzuges besaß.

Thompson hatte den Edison-Effekt aufgeklärt, indem er zeigte, daß der in einer Vakuumröhre auf Rotglut erhitzte Faden Elektronen aussendet, und Fleming sah darin die Lösung seines Problems. Er baute eine Röhre, in der er den Faden mit einem Metallzylinder (der Anode) umgab, der mit einem Kontakt versehen war, welcher zu einem dritten Pol führte. Er verband den Negativpol des Fadens mit der Anode und fand heraus, daß der Strom in dem Stromkreis, der den in hoher Frequenz aufgenommenen Strom leitete, gleichgerichtet war und im Empfänger registriert werden konnte. 1906 verbesserte Lee de Forest die Fleming-Röhre und fügte zwischen den Glühfaden (die Kathode) und die Anode eine dritte Elektrode ein, das Gitter. Aufgrund dieser Verbesserung vermochte die Triode die Signale zu verstärken und eröffnete damit die bekannten Möglichkeiten im Bereich der Funkübertragung und der Automation.

Nimmt man zu diesen Erfindungen noch die der photoelektrischen Zelle hinzu, so sieht man, wie das Elektron an die Stelle der Getriebe und Nockenwellen treten konnte, freilich mit einer weit größeren Leistungsfähigkeit, die allein durch das von ungeordneten Bewegungen hervorgerufene »Rauschen« begrenzt wird.

»Diese elektronische Supermechanik gestattete es, viele der alten Probleme, für die es in der Mechanik der beweglichen Teile keine oder nur beschränkte Lösungen gegeben hatte, auf einer neuen Grundlage wieder aufzunehmen.«[14]

Sie gestattete es auch, sich an vielen Stellen vom unmittelbaren menschlichen Eingriff freizumachen und ein autonomes Funktionieren technischer Systeme zu gewährleisten.

In dieser Entwicklung sind Chemie und Elektrizität aufs engste miteinander verknüpft. Ihr interessantestes Merkmal liegt jedoch darin, daß es unmöglich ist, industrielle und wissenschaftliche Aspekte zu trennen und ohne künstliche Abgrenzungen gesondert zu beschreiben. Zum ersten Mal in der menschlichen Geschichte besteht eine lückenlose Verbindung zwischen der Kenntnis der Gesetze eines künstlichen materiellen Phänomens und den Verfahren zur Herstellung der zugehörigen Gegenstände oder Instrumente; zum ersten Mal besteht volle Kontinuität zwischen der Schöpfung einer Naturdisziplin und der Entstehung einer Produktionsdisziplin. Linien, die in anderen Fällen parallel verlaufen oder sich allenfalls dank komplizierter Weichenstellungen einmal treffen, finden sich hier in unmittelbarer Verlängerung.

3. Die Mutation der menschlichen Arbeit

Nun erhalten nicht mehr theoretische experimentelle Disziplinen den Namen von Künsten oder Techniken – wie es etwa bei der mechanischen Philosophie der Fall war –, sondern Künste und Techniken übernehmen den Namen theoretischer experimenteller Disziplinen.

»Der Beruf des modernen Technikers ist fast unmittelbar auf den wissenschaftlichen Fortschritt zurückzuführen. Schon die Bezeichnungen der verschiedenen technischen Berufe, die es heute gibt, wie Elektrotechniker, Chemotechniker, Radiotechniker usw., zeigen, daß sie ursprünglich Zweige der Wissenschaft waren, die sich zu Zweigen der Praxis entwickelt haben.« (J. D. Bernal[15])

Diese Entwicklung verlief notwendig so. Die Wissenschaftler waren die ersten – und die einzigen –, bei denen Rat und wirkungsvolle Anleitung für die industriellen Operationen zu finden war. Als Experten, Ratgeber und Erfinder nahmen sie am Aufbau der Laboratorien und Fabriken teil, und wenn sie nicht selbst zu Industriellen wurden, zogen sie beständig die Aufmerksamkeit derer auf sich, die es werden konnten.
Als die Produktionsmethoden hinreichend entwickelt und die Entdeckungen, die dorthin führten, nicht mehr von den Besonderheiten des Produkts zu trennen waren, ging man vom Gebiet der Wissenschaft in das der Anwendung über, und es entstand

jene Gruppe von Menschen, die sich eigens mit dieser Aufgabe befaßte.

Der Unterschied[16] zwischen dieser neu entstehenden Klasse von Ingenieuren und den alten Ingenieuren ist allen Historiker aufgefallen. So schreibt etwa P. Dunsheath:

> »Bei den alten Bau- und Maschinenbauingenieuren ging die praktische Erfindung stets der theoretischen Analyse der Operationsprinzipien voraus – in der Elektrotechnik dagegen und zu einem geringeren Maße auch in der Chemie verlief die Entwicklung ganz anders.«[17]

Bis zum achtzehnten Jahrhundert schufen die Ingenieure und Techniker in einer zähen und bewunderungswürdigen Anstrengung die moderne Architektur, die Metallurgie, die Optik, die Textilindustrie, die Maschinenbauindustrie und das Transportwesen, wie wir sie heute kennen und wie sie noch lange Teil unseres täglichen Lebens sein werden – als Zeugnisse des gewaltigen Genies ihrer Erfinder. Die Entdeckungen und Erfindungen, die feinmechanischen Geräte und Antriebsmaschinen, sie alle sind das Ergebnis dieser Mechanik, die sie schufen und dem Wissenschaftler als Gegenstand der Reflexion vorgaben. Und dennoch handelt es sich trotz des Rückgriffs auf mathematische Regeln und auf die Gesetze der Mechanik nicht eigentlich um eine wissenschaftliche Industrie. In dieser ganzen Zeit beruht die gesamte produktive Arbeit fast ausschließlich auf der Geschicklichkeit des Ingenieurs in der Mechanik; die Rolle der Wissenschaften bleibt sekundär. Erst die chemischen Syntheseprozesse und die Entdeckung des Elektromagnetismus, die beide ein Werk der Wissenschaft sind, verlassen die Pfade der vorherrschenden Technik und bereiten deren Ersetzung vor.

In der Folge wird nun allerdings nicht, wie in der Vergangenheit, das Wissen des Ingenieurs zum Wissen des Wissenschaftlers – wenngleich auch dies vorkommen kann. Die Konsequenzen gehören einer neuen Ordnung an. Es entstehen neue Wissenschaften, die *angewandten Wissenschaften*. Das sind die »neuen Künste«, deren in der experimentellen Philosophie und sodann in der Wissenschaft gründender Erfindungsreichtum die Forschung beschäftigt hat. Eigentümlich für diese angewandten Wissenschaften ist die Tatsache, daß sie von den »reinen« Wissenschaften ausgehen und nicht von eingespielten Produktionsprozessen. Ihre Ausbreitung in alle Bereiche führt zum Niedergang der authentischen Techniken, das heißt der praktischen Disziplinen, die auf der Grundlage solcher Produktionsverfahren entwickelt wurden. Damit wird es immer schwieriger, wenn nicht unmöglich, den herkömmlichen Unterschied zwischen Philosophie oder Wissenschaft auf der einen und Technik auf der anderen Seite zu machen.

Gewiß beruft man sich in manchen Gebieten auf diese Einheit, um die Wissenschaft in Verruf zu bringen und sie mit Technik gleichzusetzen. Möglich ist dies, weil man die historischen Prozesse nicht kennt oder nicht berücksichtigen will, die den Raum für die Techniken eingegrenzt, wenn nicht gar beseitigt haben, und zwar zugunsten von Verfahrensweisen und Konzepten, die von den Wissenschaften erarbeitet wurden. Die Entwicklung des Produktionsapparats ist ein neueres Ereignis, das erst in dem Augenblick deutlich wurde, da die alten Maschinen den neuen elektronischen Geräten und den chemisch geschaffenen Stoffen Platz machten. In diesem Rahmen fällt es schwer, in den Ingenieuren eine gesonderte Klasse zu sehen oder sie in denselben Kontext zu stellen, in dem die Maschinen- und Instrumentenbauer standen. Wenn man analog von Elektroingenieuren oder Chemotechnikern spricht, so ist der Abstand, der sie von den Wissenschaftlern trennt, andersgeartet und geringer als der Abstand, der zwischen dem Ingenieur und dem mechanischen Philosophen bestand; vor allem aber sieht man in ihnen Wissenschaftler, die sich mit angewandter Wissenschaft befassen oder, modern gesagt, die an der »Entwicklung« wissenschaftlichen Wissens zu produktiven Zwecken arbeiten. Das gilt für ihre Ausbildung ebenso wie für ihre Funktion.

Nun hat diese Gemeinsamkeit eine zweifache Auswirkung. Einerseits wird das Verhältnis zwischen der reinen und der angewandten Wissenschaft, zwischen der Naturdisziplin und der Produktionsdisziplin mit ihrem Korrelat, dem Niedergang der Techniken, legitimiert. Andererseits stellt sich die Verbindung zwischen beiden in den Rahmen des Erfindungsprozesses, in dem wissenschaftliche Forscher und wissenschaftliche Ingenieure sich denselben Imperativen und denselben Prinzipien unterwerfen. An die Stelle der Entdeckung, die aus einer Verbesserung und einer neuen Kombination der in der Produktion bereits bestehenden Instrumente und Fähigkeiten resultiert, setzen sie die durch Theorie und Laboratorium hervorgebrachte Entdeckung.

Der Wissenschaftler nimmt heute, wie wir alle wissen, im Schöpfungsprozeß der Arbeit den Platz ein, den lange Zeit der Ingenieur innehatte. Im Gegensatz zum Ingenieur arbeitet der Naturwissenschaftler nicht hauptsächlich an der Umwandlung der bestehenden Fähigkeiten zu Maschinenfunktionen. Gegenstand seiner Aufmerksamkeit ist vielmehr die materielle Kraft selbst, sind die Beziehungen zwischen den Kräften. Genauer noch: Der alte Ingenieur geht von einem gegebenen Verhältnis, von einem direkten Austausch zwischen Mensch und Instrument aus, die er zu verbessern, zu rationalisieren und schließlich durch neue Austauschbeziehungen zu ersetzen sucht. Der Wissenschaftler geht von einer Beziehung zwischen den materiellen Kräften aus, zum Beispiel zwischen der mechanischen Kraft und der elektrischen Kraft; er schafft neue Beziehungen und bringt andere materielle Kräfte, die unter anderen Bedingungen stehen, zum Vorschein; so etwa der Chemiker, der ein synthetisches Äquivalent für ein organisches Phänomen entdeckt.

Deshalb kann man sagen, daß die Geschicklichkeit des Ingenieurs, wenngleich ihrem Inhalt nach durchaus geometrisch-mechanisch, zu einem großen Teil intuitiv, tastend und anhängig von den besonderen Umständen ist, in denen sie wirksam wird. Die Theorie der Maschinen ist sehr spät entstanden, und sie galt in der Form nie als zufriedenstellend. Der Produktionsprozeß, wie er vom Ingenieur entworfen wurde, bleibt vor allem um die Verbesserung der Produktionsmittel zentriert. Sein Programm findet er im Spektrum der bestehenden Berufe und seine Grenze im Arbeitsvermögen des Menschen, in dessen nervösen, sensorischen und motorischen Fähigkeiten. Für den Wissenschaftler dagegen ist der Produktionsprozeß nur eine Form des Prozesses der materiellen Kräfte. Sie bilden die Grundlage der Produktion, und die verschiedenen Produktionszweige sind lediglich unterschiedliche Ausprägungen derselben allgemeinen Prinzipien. Sobald die Syntheseverfahren einmal bestimmt sind, kann man sie methodisch vervielfältigen; dasselbe gilt für die physikalischen Verfahren, sobald sie erst einmal im Laboratorium auf hinreichend kleiner Stufenleiter reproduziert worden sind. So reagiert zwar der Wissenschaftler auf Anforderungen, die man an ihn stellt, aber die meiste Zeit stellt er selbst solche Anforderungen und schafft Bedürfnisse. In diesem Sinne wird er selbst an Stelle des Ingenieurs zum Symbol für die »Träger der Erfindung«, und schließt den nun veränderten Ingenieur in einen Rahmen ein, in dem er nur noch ein Element mit verminderter Bedeutung ist, während die Erfindung eine neue Bedeutung und der Wissenschaftler unangefochten die Vorrangstellung erlangt. Mit der Durchdringung und Anerkennung der Wissenschaft ist die eigentlich erfinderische Tätigkeit – Forschung und Entdeckung – nicht mehr das bloße Komplement anderer Tätigkeiten oder anderer Fähigkeiten; sie erlangt vielmehr Unabhängigkeit, zeigt ihre Kraft und *erwirbt den Status von Arbeit.*

Mit der Wissenschaft und den Wissenschaftlern, die den materiellen Grundlagen unserer Gesellschaft ihre Dimensionen und ihren Gehalt verleihen, wird die menschliche Arbeit tendenziell zur Erfindungstätigkeit.

II. Der Naturfortschritt

1. Die institutionalisierten Wissenschaften und ihre Reproduktion

Die Schöpfung dieser Form von Arbeit und ihres eigentümlichen Gehaltes stellt die Wissenschaftler vor Probleme, mit denen alle natürlichen Kategorien konfrontiert sind: die Organisation der eigenen Disziplin und die Sicherung der Reproduktion der dazu erforderlichen Fähigkeiten. Der erste konkrete Schritt in diese Richtung ist die Einrichtung der zahllosen »Gesellschaften« und Organisationen, die den Informationsaustausch fördern und über Prioritäten in der Forschung entscheiden sollen. So entstand ein Gefühl der Zugehörigkeit zu einer Gemeinschaft mit eigenen Zielen und den entsprechenden Mitteln. Die wissenschaftliche Bewegung – denn von einer Bewegung im strengen Sinne des Wortes ist hier noch eher zu reden als von Wissenschaft – nahm einen erheblichen Aufschwung, als die *Société Helvétique des Sciences Naturelles* im Jahre 1815 gegründet wurde, die dann schon bald, 1822, von der *Gesellschaft deutscher Naturforscher und Ärzte* gefolgt wurde. In England wurde zum Ausgleich für die Mängel der *Royal Society* und zum Kampf gegen deren Prinzipien die *British Association for the Advancement of Science* (1831) gegründet, die sich den anderswo begonnenen Initiativen sogleich voll anschloß.

Dieser Austausch und die Stimulierung, die man davon erwartet, vervollständigen das Bild eines Willens, die Aufmerksamkeit des Gesellschaftskörpers zu erlangen, seine Anerkennung zu finden und sein materielles Interesse am wissenschaftlichen Unternehmen zu wecken. Die Möglichkeiten einzelner Amateure waren zwar unterschiedlich, in jedem Falle aber begrenzt. Die Entwicklung dieser Möglichkeiten in den verschiedenen Bereichen setzte eine beständige Unterstützung voraus. Die Gleichgültigkeit der gesellschaftlichen Umwelt bildete ein ernsthaftes Hindernis für die Rekrutierung neuer Talente und für die Erweiterung des Personenkreises, der bereit war, sich auf Wege einzulassen, deren Ziel noch nicht erkennbar war.

»In England«, schreibt Babbage,[18] »haben jene, die sich bislang der Wissenschaft gewidmet haben, im allgemeinen keinen vernünftigen Grund, sich zu beklagen: Sie wußten oder mußten wissen, daß kein Bedarf für die Wissenschaft bestand und daß sie wenig Ehre oder zumindest wenig Gewinn einbringen würde.«

Ein Problem, das ebensoviel Aufmerksamkeit fand, war die Frage der Ausbildung angesichts des Charakters dieser Disziplinen. Man konnte sie schlechterdings nicht ausschließlich in der Werkstatt oder im Laboratorium erlernen, und die Aneignung der theoretischen Begriffe setzte ein hohes Maß an mathematischer und physikalischer Bildung voraus. Die medizinischen Fakultäten boten eine gewisse Möglichkeit zur Reproduktion der für den Naturwissenschaftler und insbesondere für den Chemiker erforderlichen Kenntnisse. Die meisten Universitäten waren ihm jedoch verschlossen, nicht nur, weil sie sich nicht für diesen Bereich interessierten, sondern vor allem, weil ihre Hauptfunktion darin bestand, Priester oder Juristen auszubilden. Die wenigen technischen Institutionen, die der Ausbildung von Ingenieuren vorbehalten waren, konnten da nur ein Palliativ, nicht aber eine wirkliche Lösung sein.
Frankreich war ohne Zweifel das erste Land, in dem ein wissenschaftliches Zentrum und ein wissenschaftliches Ausbildungswesen eingerichtet wurden, deren Kern das *Muséum d'Histoire Naturelle* bildete. Die *Ecole Polytechnique,* eine Napoleonische Gründung, organisierte Forschung und Ausbildung auf dem Gebiet der Naturwissenschaften und richtete diese auf zivile und militärische Anwendungsbereiche.

»Diese Einrichtung«, schreibt J. B. Biot,[19] »hatte eine dreifache Aufgabe: Sie sollte Ingenieure für die verschiedenen Dienste ausbilden, für eine Verbreitung aufgeklärter Männer in der bürgerlichen Gesellschaft sorgen und Talente fördern, die die Wissenschaft voranbringen konnten.«

Zum Zweck der Wissenschaftsförderung richtet man Laboratorien ein und setzt Belohnungen für Entdeckungen aus, und bald sieht ganz Europa ein Vorbild in dieser Einrichtung. Man kommt nach Paris, um sich dort anregen zu lassen, und vor allem die Deutschen ziehen großen Nutzen daraus, den größten Nutzen, kann man sagen, denn sie sind es, die schließlich die Organisation von Forschung und Lehre vervollkommnen. Außerhalb der Medizin und der Ingenieurschulen entstehen Institute und Laboratorien für Physik und Chemie. Das berühmteste und wohl auch beispielhafteste war das Institut Liebigs in Gießen (1825), das bald in Marburg (1840) und in Leipzig (1843 und 1868) nachgeahmt wurde. Eine strikte Trennung der Wissenschaften führt zu einer strengen Spezialisierung und zeitigt erhebliche Wirkungen. Regelmäßige Publikationen, das Zusammentragen von Forschungsergebnissen und Dokumenten sowie das Streben nach größtem Fachverstand – und sei es auch nur auf einem begrenzten Gebiet – prägen das Gesicht dieser Universitäten.

Doch welche Kämpfe waren nötig, welcher Klarsicht bedurfte es, um der Naturwissenschaft Anerkennung zu verschaffen und die Einsicht zu verbreiten, daß Lernende wie Praktizierende ebenso wie die Geisteswissenschaftler einer geistigen und theoretischen Vorbereitung bedurften, um die Widerstände der universitären Gruppen zu brechen und die Trägheit der dekadenten Akademien zu überwinden; welche Mühe kostete es, Verständnis dafür zu verbreiten, daß man die Ausbildung dieser neuen Gruppe nicht den Technikern überlassen durfte, denen die erforderliche Vorbildung gerade fehlte. Man mußte also etwas Neues schaffen, und das tat man auch. Durch die Verbreitung ihrer Entdeckungen[20] und durch den Einfluß, den sie auf die Industrie auszuüben begann, veränderten die Naturwissenschaften die Landschaft des Ausbildungssystems tiefgreifend und versuchten dabei nicht einmal, eine verloren geglaubte oder inexistente Einheit wiederherzustellen, sondern betonten die Andersartigkeit:

»Wohl kann es in jetziger Zeit erscheinen«, schreibt Helmholtz,[21] »als ob die gemeinsamen Beziehungen aller Wissenschaften zu einander, um deren Willen wir sie unter dem Namen einer *Universitas litterarum* zu vereinigen pflegen, lockerer als je geworden seien.«

Dieser Alleingang und diese Isolation innerhalb der Universität[22] sind der Preis für die vorangegangenen Widerstände gegen die Aufnahme der naturwissenschaftlichen oder technischen Disziplinen. Hinzu kommt eine tiefgreifende Unvereinbarkeit der Universität mit den Prinzipien, nach denen die Entwicklung des Wissens durch Erfindung und die Aneignung der erforderlichen Fähigkeiten erfolgt. Die Bedeutung dieser Veränderung, dieser Organisation der Wissenschaften, deren entschiedenste Vorkämpfer und erfolgreichsten Realisatoren die Deutschen wurden, blieb freilich der Welt nicht verborgen. Zunächst einmal durch eine wachsende geistige Produktivität. Und sodann durch die stets wachsenden Impulse an die Industrie, die mit den Ergebnissen etwas anfangen konnte – ein Umstand, der dann seinerseits die stets wachsende Zahl von Studenten rechtfertigte, die nach einer naturwissenschaftlichen Ausbildung strebten. Als diese Entwicklung ihren Niederschlag im Kampf um die Eroberung der Märkte fand, erkannte man, nicht ohne Schwierigkeiten, daß der ökonomische und politische Kampf auf den Universitäten entschieden wurde. So wurde klar, daß man sich an dem Modell, das die Naturwissenschaftler in Deutschland geschaffen hatten, orientieren mußte. Die Vergleiche, die man anstellte, belehren uns hinreichend über die Neuartigkeit, die man der Naturwissenschaft und den Naturwissenschaftlern beimaß. Der erste und offenkundigste Punkt ist die Ersetzung der traditionellen Ausbildungsmethoden, der direkten Vermittlung von Fertigkeiten vom einen zum anderen im Rahmen der Produktion. Auch die klassische Lehre, die für die technischen Berufe charakteristisch ist, erscheint unzureichend; statt dessen müssen die einzelnen eine allgemeinere Ausbildung, eine verlängerte geistige Bildung erfahren, wenn sie fähig sein sollen, die Erkenntnisse der Naturwissenschaften aufzunehmen und anzuwenden. Eine Ausbildung, wie sie vorher den geistigen Berufen vorbehalten war und die für die Menschen, welche die Armee der Arbeit bilden und die materiellen Instrumente des praktischen Lebens handhaben sollten, nicht bestimmt schien, wird nun zu einem Erfordernis für alle.

Die Ausbildung, um die es nun geht, darf sich nicht auf den Erwerb von Fähigkeiten beschränken, mit denen man lediglich die bekannten Techniken aufnehmen und den Produktionsapparat,

wie er zu einem gegebenen Augenblick existiert, funktionieren
lassen kann. Sie muß die einzelnen auch und vor allem befähigen,
neue Arbeiten zu erfinden, und das heißt, sie muß auf eine höhere
Stufe gehoben werden. Eine englische Kommission sagt dies in
aller Deutlichkeit:

>Der Engländer ist es gewohnt, nach unmittelbarem Gewinn zu suchen, und
muß erst noch lernen, daß eine verlängerte und systematische Ausbildung *bis
hin zu Methoden eigenständigen Forschens* heute eine unerläßliche Bedingung
für die Entwicklung der Industrie darstellt.«[23]

Die zweite Neuheit, die man im Zusammenhang mit der Naturwissenschaft wahrnimmt, ist die Professionalisierung der Wissenschaftler. Zwar ist es richtig, daß auch vor dieser Zeit die Ausübung der experimentellen Philosophie einer beschränkten
Gruppe recht ungewisse Existenzgrundlagen bot,[24] die häufig
durch die Ausübung einer medizinischen Tätigkeit oder eines anderen Berufes oder aber durch ein persönliches Vermögen ergänzt
wurden. Aber diese Menschen wurden nie als Chemiker oder
Physiker entlohnt oder geachtet und erfreuten sich keines der
Vorzüge, die mit der Ausübung eines bestimmten Berufes verbunden sind.[25] Das in den deutschen Universitäten eingeführte
System machte deutlich, daß die Schwelle überschritten worden
war und das von den Vorkämpfern der naturwissenschaftlichen
Bewegung gepriesene Ideal verwirklicht werden konnte, das
heißt, daß ein Fachwissen auf diesem Gebiet, dem, der es besaß,
den Lebensunterhalt, eine ökonomische Funktion und angenehme Arbeitsbedingungen sichern konnte. Als der große Maxwell schrieb, es sei

>noch manche Anstrengung nötig, bevor die Experimentalphysik in unserem
Universitätssystem Fuß fassen kann, das auch ohne sie so stetig und abgerun-
det ist«,

verbreiten sich bereits die Einsicht in die Bedeutung der organisierten Forschung für die Entwicklung der naturwissenschaftlichen Disziplinen und das Bewußtsein von der Rolle der wissenschaftlichen Erkenntnis in der Entwicklung der Industrie. Die
Ausbildung solcher Spezialisten wird nun in vielen Ländern zu
einer vordringlichen Aufgabe, und entsprechend bieten sich
ihnen auch auf ihren jeweiligen Fachgebieten Beschäftigungs-
möglichkeiten in Universitätsinstituten und Industrieunterneh-
men.

Daraus entwickelt sich nicht nur ein Berufsverständnis, sondern auch eine klare – und rigide – Definition der Qualitäten, die den Wissenschaftler ausmachen und die ihn von jenen unterscheiden, welche sich diesen Titel zu Unrecht anmaßen und daran auch nicht gehindert werden können, solange kein sozial sanktionierter Konsensus darüber besteht. Wenn jeder einzelne seinen Platz in dieser wohlgeordneten Gemeinschaft mit gemeinsamer Zielsetzung findet, lassen sich die Talente besser verteilen und die Aktivitäten so untergliedern, daß die einzelnen Gebiete vertieft werden können. Dies war das Ziel, das man anstrebte, und das man auch erreichte.

2. Die Arbeit des Erfindens

Entscheidend an diesem Ergebnis war jedoch nicht, daß die Naturwissenschaften nun gelehrt wurden und die Naturwissenschaftler Zugang zu den Universitäten erlangten, sondern daß eine regelmäßige Forschungstätigkeit etabliert und in ihrem besonderen Charakter anerkannt wurde. Denn daran konnte durchaus Zweifel bestehen, daß die Forschung zu einer eigenständigen Tätigkeit werden könnte:

»Neuen Ideen oder neuen Dingen nachzugehen wird niemals zu einem regelmäßigen oder gar einträglichen Beruf werden«,

meinte noch de Candolle,[26] aber dennoch kam es so. Als Beruf anerkannt und nicht nur zerstreut und zeitweilig ausgeübt, wurde Erfinden – oder Forschung – zur beständigen Beschäftigung für Millionen von Menschen. Während alle übrigen menschlichen Aktivitäten sich alle 40 Jahre verdoppeln, benötigen die naturwissenschaftlichen Aktivitäten nur 10 oder 15 Jahre dafür. Aus der *little science«*, die in einer Reihe isolierter Zentren gepflegt wurde, ist die »*big science«* geworden, deren Ergebnisse nicht mehr in 300 Fachzeitschriften (so viele gab es 1830), sondern in nahezu 100 000 Periodika veröffentlicht werden.

Darin zeigt sich, daß die Forschung nicht mehr zufällig voranschreitet, sondern Programmen folgt, daß sie sich Ziele setzt und deren Erfüllung mit einiger Sicherheit voraussagt. Langsam zeichnen sich auch objektive Indikatoren für ihre Effizienz ab: etwa die Anzahl der Publikationen, deren Bedeutung, Einfluß und Lebenserwartung, das heißt die Zeit, bis sie überholt sind oder in anderen Arbeiten aufgehen, und so weiter.

Forschung ist heute ein organisierter kollektiver Prozeß, der eine Vielzahl von Menschen vereint und über ein internationales Kommunikationssystem verfügt, durch deren Kanäle immer mehr Information und Entdeckungen zirkulieren. Die Anstrengungen werden konzentriert, aufgeteilt und verstärken einander, und die aufgeworfenen Probleme werden auf Wegen angegangen, die zuvor abgesteckt und diskutiert wurden. Dadurch ist die individuelle Erfindung nicht verschwunden, aber sie ist in einen Strom gegenseitiger Anregung und wechselseitigen Austauschs eingebunden, der sich von der zerstreuten Erfindungstätigkeit der vergangenen Jahrhunderte deutlich unterscheidet. Aus dieser Perspektive und weil sie eine überragende Bedeutung erlangt haben – 1960 waren nur 15 Prozent der amerikanischen Wissenschaftler in der Lehre tätig – gelten Naturwissenschaft und naturwissenschaftliche Forschung heute als Formen der Arbeit, die, wie jede andere Arbeit auch, organisiert wird, und die Menschen, die sich mit ihnen befassen, als Arbeiter, als »wissenschaftliche Arbeitskräfte«:

»Eben für diese Arbeiten (der Forschung) bedarf es der *wissenschaftlichen Arbeitskraft*, bedarf es der modernen und gut ausgestatteten Laboratorien und gewaltiger Geldmittel«,

hieß es schon 1917,[27] und auch der Ausdruck, neuerdings in seiner englischen Version: *manpower*, hat seither, obgleich schon sehr viel früher entstanden, zunehmend Verbreitung gefunden. Noch vor einem Jahrhundert wäre er eine Beleidigung gewesen, sosehr wurde Arbeit mit Tätigkeit in der Produktion gleichgesetzt, und wo die Gleichstellung des Wissenschaftlers mit dem Arbeiter schockierte, da ist sie heute gang und gäbe. Darin zeigt sich zweifellos ein Wandel der Wertvorstellungen, dem die sozialistischen Lehren nicht fremd sind. Aber all dies erfolgt vor einem objektiven Hintergrund, das heißt es ist eine Arbeit entstanden, deren Inhalt die – reine oder angewandte – Wissenschaft und deren Ziel die Erfindung ist, ganz wie der Zweck jener anderen Arbeit die Produktion war; ein erheblicher Teil der physischen und geistigen Kräfte des Menschen werden hier eingesetzt, und die Gesamtarbeit, die ein erhebliches Volumen erreicht hat, wird sozial und ökonomisch zwischen diesen beiden Formen aufgeteilt.

Darin zeigt sich, daß der Anteil der Menschen, deren Arbeit einen direkten Bezug zur Forschung hat und deren Produkt in Wissen besteht, hinreichend groß ist, um eine Wende, eine Transformation in der Zusammensetzung der verschiedenen Formen menschlicher Arbeit zu markieren. Solange diese Arbeit mit Ausbildung oder Produktion vermischt war und solange sie an den Rand der Produktion gedrängt wurde, konnte man nicht erwarten, daß sie zu einem gesonderten Sektor des gesellschaftlichen Lebens und zu einem wesentlichen Bestandteil der menschlichen Aufgaben wurde. Wie der Mensch Werkzeuge benutzte, bevor er sie herstellte, so nutzte er Erfindungen, bevor er zum Produzenten von Erfindungen wurde. Und darin liegt die Bedeutung des Übergangs vom Ingenieur zum Wissenschaftler, von der Technik zur angewandten Wissenschaft und von der mechanisierten Industrie zur wissenschaftlichen Industrie.

So wird die Arbeit des Erfindens zu einer gesonderten Arbeitsform.

3. Wissenschaftlicher und technischer Fortschritt oder der Naturfortschritt

Diese Veränderungen beeinflussen nicht nur die psychischen, biologischen und sozialen Strukturen, sondern auch die Rolle der natürlichen Teilung als wesentlichem Mechanismus unserer Geschichte der Natur. Das ist freilich nicht überraschend. Die Wirkung noch des allgemeinsten Prinzips ist an bestimmte besondere Bedingungen gebunden. Die natürliche Selektion bestimmt die Abfolge der Arten von dem Augenblick an, wo fortpflanzungsfähige Organismen auftreten. Primitive Kolloidsysteme sind der natürlichen Selektion kaum ausgesetzt. Wenn die regelmäßigen Funktionsbedingungen eines Grundprozesses verändert werden, muß er sich entweder auch verändern oder verschwinden. Natürlich entsteht der neue Prozeß, der an die Stelle des alten tritt, nicht plötzlich: Alle solche Prozesse bestehen anfangs eine Zeitlang neben dem Prozeß, den sie ersetzen.

Bei der Entstehung des Menschen gibt es daher keine Scheidung zwischen der natürlichen Selektion und der natürlichen Diversifizierung. Die natürliche Selektion greift nicht allein bei jenen Lebewesen, denen die nichthereditäre Weitergabe erworbener

Merkmale nicht möglich ist, und die natürliche Diversifizierung, die durchaus nicht auf jene Form der Weitergabe beschränkt ist, welche viele allein auf unsere Gattung beschränkt sehen wollen, kommt nicht ohne Rückgriff auf die biologische Substanz aus.

Man hat geglaubt, das Tierreich vom Menschen durch die Fähigkeit, zu lernen und das Erlernte an die nächste Generation weiterzugeben, unterscheiden zu können. Doch diese Hypothese ist durch Tatsachen widerlegt, insbesondere durch Beobachtungen, die in Japan in kleinen Affenkolonien gesammelt wurden.[28] Ein Mitglied dieser Kolonie hatte durch Zufall entdeckt, daß eine Kartoffel, die ins Wasser gefallen war, besser schmeckte; darauf begannen die Affen, die Kartoffeln vor dem Verzehr zu waschen, und dieser Brauch wurde an die Nachkommen weitergegeben: Auch die Jungtiere in dieser Kolonie waschen ihre Kartoffeln.

Andere Untersuchungen fanden ähnliche Verhaltensweisen. Daraus können wir ersehen, wie wenig wir uns auf jenes Glaubensdogma verlassen können,

»wonach die Besonderheit der Menschen gegenüber allen übrigen Arten in seiner Abhängigkeit von einer Lernphase liegt; nur beim Menschen soll die Instinktausstattung nicht zum Überleben ausreichen. In Wirklichkeit ist die Grenze zwischen dem Menschen und der übrigen Natur weit weniger klar gezogen, als man gewöhnlich annimmt. Die in Staaten lebenden Insekten, die Delphine, die Vögel, die Primaten und verschiedene andere Tiere sind ebenfalls von einer Lernphase abhängig, wenngleich nicht übersehen werden darf, daß die Lernfähigkeit beim Menschen eine größere Rolle spielt als bei den übrigen Lebewesen.« (E. R. Leach[29])

Jedenfalls hat diese Disposition auch beim Menschen lange Zeit neben manifesten organischen Veränderungen existiert. Wir wissen noch nicht genau, wie die einzelnen Menschenarten sich entwickelt haben und warum sie verschwunden sind. Wir wissen nur, daß zahlreiche Veränderungen der Hand und des Gehirns auf die Entdeckung der Artefakte gefolgt und nicht ihr vorangegangen sind.

Es steht fest, daß der *homo habilis*, der Neandertaler und der *homo rhodesiensis* lange eine ähnliche Fähigkeit zur Arbeit besaßen wie der *homo sapiens*, zumindest in seiner Anfangszeit. Wir müssen deshalb annehmen, daß die Ausdifferenzierung einer natürlichen Kategorie – der Übergang vom einfachen Räuber zum

Jäger – mit ihrer Entstehung neuer Fähigkeiten und ihrem Verhältnis zu den materiellen Kräften ein biologisches Echo erfuhr, denn die verschiedenen menschlichen Abstammungslinien sind davon geprägt. Man kann der natürlichen Selektion keinen vorgängigen unabhängigen Einfluß auf die Entwicklung des *homo sapiens* beimessen; vielmehr müssen wir sehen, daß die Wirkungen der natürlichen Selektion stets mit denen der natürlichen Teilung kombiniert sind.

Für eine lange Periode lassen sich die Wirkungen dieser beiden Prinzipien in der Evolution der Menschenarten nicht unterscheiden. Dennoch ist deutlich, daß beide am Werk sind. Die natürliche Selektion beherrscht unsere Evolution, wie sie die Evolution aller Lebewesen beherrscht. Sie brachte uns biologische Veränderungen und machte es uns dadurch möglich, in Wechselwirkung mit einer materiellen Umwelt zu *bleiben*, die uns in gewissem Maße gegeben war. Jede wichtige Veränderung in der Umwelt schlug sich notwendig in unserer inneren Organisation nieder. Die Individuen, in denen die dafür geeigneten Eigenschaften sich entwickelt hatten, konnten diese Veränderungen überstehen. Das daraus resultierende instabile Gleichgewicht, das keiner bewußten oder im voraus festgelegten Ausrichtung unterlag, garantierte eine hinreichende *Anpassung* an die Erfordernisse der sexuellen und sozialen Evolution und an die Koexistenz mit den übrigen Pflanzen- und Tierarten, bei denen sich unsere Art – darin ganz Raubtier – das Notwendige beschaffte. Die in unserer Perspektive wichtigste Folge dieser natürlichen Selektion ist die Ausstattung des menschlichen Organismus mit bestimmten besonderen Merkmalen: dem aufrechten Gang, dem beidäugigen Sehen, der Spezialisierung der Sprachorgane usw.

Die natürliche Teilung hat zu diesen Wirkungen beigetragen, sie spiegelt vor allem unsere Fähigkeit wider, den Austausch mit der Materie zu einer regelmäßigen und zielbestimmten Tätigkeit zu machen, die sich aufs engste mit unserem Wesen, der Arbeit, verbindet. Dank dieser besonderen Tätigkeitsform vermögen die Menschenarten sich nicht nur – biologisch und sozial – zu erhalten, sie erhöhen auch die Zahl ihrer Mitglieder und vergrößern ihren Lebensraum, kurz, sie zeigen ein *Wachstum*, das auf Kosten der Umgebung geht und ihr neue Formen aufzwingt. Zugleich erscheint der Mensch als besondere materielle Kraft gegenüber den anderen materiellen Kräften, die er in sein expandierendes inneres Milieu aufnimmt. Das Verhältnis zwischen diesen Kräften und der Menschheit (die ein Teil davon ist), hat reziproken Charakter. Hand und Sinne wirken wie Instrumente, aber Muskeln und Nerven sind Teil aller – belebten oder unbelebten – materiellen Formen. Bestünde diese Homogenität, diese Teilhabe, nicht, so könnte gar keine nichtmenschliche Kraft wirksam werden. Jedes Tier appelliert an unsere tierischen Fähigkeiten, jedes Werkzeug verlangt Kraft und Geschicklichkeit unserer Hände, und jede mechanische Kraft bedarf unseres Sinnesapparates. Keine dieser Kräfte ist unabhängig, noch kann sie ohne uns in der komplexen Struktur der Umwelt, deren organisierendes Element wir sind, funktionieren. Durch die natürliche Teilung reproduziert sich der Mensch nicht nur biologisch, sondern auch natürlich. Die objektiven Mächte sind Teile von uns geworden, der menschliche Organismus ist das große Buch, in das die Gesetze der verschiedenen Teile des Universums eingeschrieben sind. Niemand kann darin lesen, ohne das, was darin steht, zu verändern und zu seinen eigenen Ressourcen zu machen, um so dieses bewunderungswürdige Werk neu zu schreiben. Sinne und Muskelapparat des Menschen spielen jene Doppelrolle: Einmal sind sie eng mit den verschiedenen Kräften verknüpft – tierische Kräfte mit den Tieren, mechanische Kräfte mit den Mechanismen –, und zugleich haben sie ein eigenes Wesen, das heißt Regeln und Gesetze, nach denen sie diese Kräfte zu Teilen ihrer selbst machen. Fähigkeiten und künstliche Instrumente wirken so zusammen, um die materielle Welt in unsere Konstitution einzufügen und umgekehrt unsere Konstitution an der materiellen Welt teilhaben zu lassen. Zusammen bestimmen sie die Besonderheit dieser Bewegung, der Tätigkeit, die aus der objektiven Umwelt einen Bestandteil der Organisation und der Reproduktion der Arbeit, d. h. den *produktiven* Charakter der Arbeit, machen. So wird die Arbeit zum entscheidenden Kriterium, nach dem sich die Menschen, ihre Eigenschaften und die Art, wie sie sich in den Rahmen der natürlichen Ordnung einfügen und sie konstituieren, differenzieren.

Die neue Definition des Verhältnisses zwischen den Menschen und den materiellen Ressourcen, für die sie nun nicht mehr nur Partner, sondern auch und vor allem Vermittler sind, und die Neuverteilung ihres Wissens, das nun vor allem im Bereich der Erfindung vorherrscht, stellen radikale Veränderungen dar. Die Entstehung eines neuen Typs von Arbeit, der Arbeit des Erfindens, und die Materialisierung der schon genannten Fähigkeiten sind zugleich Folgen und Vorboten eines neuen Prozesses in der menschlichen Geschichte der Natur, den ich als *Naturfortschritt* bezeichnen werde.

Der Naturfortschritt umfaßt selbstverständlich all jene Phänomene, die man gewöhnlich als wissenschaftlichen oder technischen Fortschritt bezeichnet. Dennoch geht es mir hier nicht um bloße Terminologie: Der Begriff soll vielmehr *den ureigensten Bereich dieser Phänomene* präzisieren. Das erreichen wir nicht, indem wir die Arten und Abarten des Fortschritts – geistigen, wissenschaftlichen, sozialen Fortschritt, Produktionsfortschritt usw. – wie die göttlichen Attribute der Scholastik vermehren. Eine solche Vervielfachung müßte den Begriff nicht nur von jeder Bedeutung entleeren, sie führt auch zur Hypostasierung einer Kette von Faktoren, deren jeder als eigenständige Ursache, als Antriebskraft ohne jede Beziehung zu den menschlichen Akteuren dastünde. Dann entwickelten sich Technik, Wissenschaft oder jede andere Entität aufgrund unbekannter, faszinierender Kräfte und symbolisierten, irgendwo zwischen der Gesellschaft und einem unbestimmten, verschwommenen Geist angesiedelt, eine im Hintergrund bleibende mechanische Bewegung, die man nur mit Schicksalsergebenheit betrachten könnte.

In diesem Sinne wird Fortschritt nur von außen gesehen und allein in seinen Wirkungen erfaßt. Er ist dann das Schauspiel oder die Bilanz glücklicher Entdeckungen oder undurchsichtiger Zufälle. Wie sollte das auch anders sein, wenn die beständige Veränderung unserer objektiven Welt und ihrer nicht weniger objektiven Eigenschaften von jedem Verhältnis abgeschnitten wird, das sie als das ausweisen könnte, was sie ist: eine originäre Funktion des menschlichen Eingriffs? Aber ist es nötig, das zu sagen? Wir haben es nicht mit einem Geist zu tun, der die Techniken hervorbrächte oder zur Kenntnis nähme: Die Menschen sind es, die sie schaffen und sich aneignen. Es gibt keine Wissenschaft, kein wissenschaftliches Denken: Es gibt Wissenschaftler, die denken und Wissenschaft betreiben. Wenn wir den Hypostasierungen auf den Grund gehen, so sehen wir, daß Menschen und menschliche Beziehungen am Werk sind und daß wir uns mit ihnen zu befassen haben. Unter diesen Bedingungen läßt sich auch nicht übersehen, daß der Fortschritt ein Prozeß und ein Ergebnis ist, durch die wir auf das materielle Universum und zugleich auf das Gattungsvermögen in diesem Rahmen einwirken. Ohne Zweifel wird dieses Gattungsvermögen neu geschaffen, und dieser Schöpfung mißt man einen direkten Einfluß auf unsere geschichtliche Entwicklung bei:

»Gerade die Gegenwart – aber nicht minder die Rückschau in die Jahrtausende – läßt uns stärkstens empfinden, daß Forschung Geschichte macht, daß das Wachsen unserer Erkenntnis eine zwingende Kraft im historischen Geschehen bedeutet – und dies keineswegs nur durch Atombomben«, schreibt der Physiker Pascual Jordan.[30]

Eines ist gewiß: Ob es sich nun um Wissenschaft oder Technik oder um sonstiges zukünftiges praktisches Wissen handelt, das streng nach Disziplinen organisiert wird, ihr Fortschritt geht ganz gewiß einher mit dem Fortschritt und der Veränderung unserer Fähigkeiten und der ihnen entsprechenden Umwelt. So zeigt sich denn der spezifische Bereich, in dem sich die Folgen jedweden Fortschritts niederschlagen, deutlich ab, denn, wie Léon Brunschvicg bemerkte:

»Der Fortschritt des Wissens führt zu einem *Fortschritt der Natur* (Hervorhebung von mir), insofern die menschliche Art aus deren verschiedenen Äußerungen für ihre Bedürfnisse und Wünsche Nutzen gezogen hat.«[31]

Aber darf man hier stehenbleiben? Genügt es zur Begründung der Bezeichnung Naturfortschritt, die *Naturordnung als den wirklichen Ort des Fortschritts auszuweisen*? Gewiß nicht. Damit er als Realität, als geschichtliches Prinzip deutlich wird, muß man seinen Prozeßcharakter hervorheben.

In den Augen der meisten Menschen ist der Fortschritt eine lineare und bruchlose Bewegung, eine kumulative Entwicklung, in der weniges durch mehr, weniger Gutes durch Besseres ersetzt wird, und sein Gang gilt als irreversibel. Letztlich beschränkt sich diese verbreitete und naive Vorstellung darauf, künstliche Aneinanderreihungen vorzunehmen und einen willkürlichen Maßstab bereitzustellen, der zu abenteuerlichen Vergleichen mit der Vergangenheit berechtigt. Gemeinsam mit der Erfindung, die als einseitige Aufsummierung von Wissen und Ressourcen verstanden wird, geht sie unmittelbar daraus hervor.

Gleichwohl liegt auf der Hand, daß der Ausdruck Fortschritt mehr als bloß diese Erweiterung, diese Additivität, bedeutet, und daß sein wesentliches Merkmal woanders zu suchen ist. Wir werden ihn besser verstehen, wenn wir den Wandel des Gegebenen untersuchen: Keine Fähigkeit und kein Produkt entstehen, ohne daß im Gegenzug eine andere Fähigkeit oder ein anderes Produkt verschwinden. Bei Verhältnissen wie bei Begriffen bedeuten Neuerung und Altern, daß neue Strukturen entstehen und andere Strukturen außer Funktion gesetzt werden; wo eine Entdeckung oder eine neue materielle Kraft aufkommen, veralten andere Entdeckungen und andere Kräfte. Die Gesamtbewegung ist nicht bloß ein endloses Aufhäufen, sondern auch ein Verbinden und eine Metamorphose des bereits Bestehenden, die Konfrontation von Realitäten, die sich der Veränderung widersetzen:

»Wir denken den Fortschritt zu einfach, wenn wir ihn als bloße Akkumulation verstehen«, schrieb Raymond Aron.[32] Aber wir haben ihn nicht nur so gedacht. Wir sind auch seinen offensichtlichen Spannungen aus dem Wege gegangen, indem wir von seinen positiven Folgen sprachen, wenn etwas hinzukam, und von seinen negativen Folgen, wenn etwas unterging, ohne dabei zu versuchen, diese beiden Ereignisreihen miteinander zu verknüpfen und zu einer Einheit zu verbinden. Diese Trennung machte es möglich, die Fiktion einer ganz bestimmten – aufsteigenden und absteigenden – Entwicklung aufrechtzuerhalten, während der Prozeß in Wirklichkeit durch vollkommene Gleichzeitigkeit charakterisiert ist. Es ist deshalb falsch, wenn man den Fortschritt als beständige Ausbreitung derselben Organisation von Phänomenen, desselben natürlichen und technischen Zustandes begreift. Es ist gar nicht zu übersehen, daß der Fortschritt den Übergang von einem Zustand zu einem anderen unter Rückbildung oder Entfaltung bestimmter Aspekte darstellt und daß seine Besonderheit weniger in der Vervielfachung denn in der Überwindung von Eigenschaften besteht.

Die quantitative Bilanz ist lediglich Folge der qualitativen Bilanz – und wenn diese Bilanz unsere Einfügung in die materielle Welt zum Ausdruck bringt, so doch weniger die bloße Ausweitung als die Umwälzung dieser Integration. Eben dies geschah bei der lawinenartigen Erweiterung des wissenschaftlichen Wissens:

»Seit der ersten Hälfte des Jahrhunderts, das gerade zu Ende gegangen ist (das neunzehnte Jahrhundert), um nicht noch weiter zurückzugehen, hat die Welt ihr Gesicht auf erstaunliche Weise verändert: Die Menschen meiner Generation haben erlebt, wie neben und über der seit der Antike bekannten Natur zwar keine Anti-Physis, keine Gegennatur, wie man gelegentlich sagt, entstanden ist, sondern eine höhere und in gewisser Weise transzendente Natur, in der sich das Vermögen des Individuums durch die Transformation von bislang unbekannten – oder unverstandenen – Kräften verhundertfacht hat, die dem Licht, dem Magnetismus und der Elektrizität entstammen.«[33]

Die Herausbildung der Wissenschaften – ein Protagonist und Chronist, M. Berthelot, hat es uns soeben bezeugt – hat weniger die Grenzen des Universums verschoben als ein dem Inhalt und der Struktur nach völlig anderes Universum hervorgebracht. Die enge Verschränkung zwischen der Entstehung von Neuem und dem Verschwinden von Altem und die Gewißheit einer Erneuerung der zugehörigen menschlichen und nichtmenschlichen Eigenschaften zwingen uns, den Fortschritt als *Prozeß* zu behandeln – und nicht als bloßes evolutives Wachstum –, als eine Genese, die Geburt, Kampf und Tod umfaßt, kurz, *als Geschichte und nicht als Genealogie.* So präzisieren sich ein Begriff und ein Bündel von Tatsachen, die nicht länger zerstreut bleiben oder abgebogen werden sollten, Tatsachen, die bald dem gesellschaftlichen Ganzen einverleibt, bald abgesondert werden, die einmal zum Maßstab der menschlichen Beziehungen gemacht und ein andermal auf die bloße Verkörperung der objektiven Projektion dieser Beziehungen reduziert werden, die gelegentlich mit Erfindung schlechthin identifiziert werden und dann wiederum nur die wissenschaftliche oder technische Form von Erfindung darstellen sollen. Bringt man sie freilich mit einer bestimmten Wirklichkeit in Zusammenhang, so lassen sie sich eindeutig neben die Mechanismen stellen, die der Entwicklung unserer Fähigkeiten, unserer Ressourcen und der Produktion beider innewohnen. Indem der Naturfortschritt deren aktuelle Dynamik aufnimmt (dies jedenfalls ist der Sinn der vorgeschlagenen Sprachregelung), stellt er sich notwendig in eine Reihe mit jenen Prinzipien, welche die Gestalt der Geschichte unserer Gattung und der von ihr konstituierten materiellen Welt prägen.

4. Bislang unerforschte Phänomene

Zunächst möchte ich einen grundlegenden Gegensatz hervorheben. Der Naturfortschritt hat einen Zusammenhang zu unserer Gattung nicht nur, insofern diese ihren Fortbestand in einer gegebenen materiellen Welt zu sichern trachtet oder durch die Vereinnahmung der Kräfte dieser Welt wächst – die natürliche Selektion oder die natürliche Teilung funktionieren nicht anders –, sondern auch, insofern sie Urheber oder Kraftzentrum des Universums ist, in dem sie existiert. Was bedeutet das? Natürlich kann es nicht mehr darum gehen, in diesem Universum einen Ort zu sehen, an dem wir auf feindliche nichtmenschliche Wesen träfen, und auch kein Territorium, das wir Schritt für Schritt eroberten. Im Gegenteil, man kann mit Werner Heisenberg sagen,

»daß zum erstenmal im Laufe der Geschichte der Mensch auf dieser Erde nur noch sich selbst gegenübersteht, daß er keinen anderen Partner oder Gegner mehr findet«.[34]

Unter diesen Bedingungen ist es nicht unsere Aufgabe, einen vorgefaßten Plan auszuführen oder ans Licht zu bringen. Wie wäre das auch möglich? Auch weiterhin sind Teile der Materie in Veränderung begriffen, und einige Teile sind sogar jünger als die Menschheit, etwa die Sternhaufen, die erst vor ungefähr einer Million Jahren entstanden sind. Darüber hinaus dürfen wir annehmen, daß wir niemals in der Lage sein werden, mit bestimmten Gebieten des Kosmos in Kontakt zu treten. Damit ist klar, daß wir nicht in der *einen* Natur leben, die bereits bestanden hätte, bevor unsere Gattung entstand; stellt man in Rechnung, daß alles in beständiger Entwicklung begriffen ist, so wird deutlich, daß wir niemals in einer Welt leben werden, dessen vollständigen Bauplan wir durch unseren unablässigen Eifer entziffert hätten. In einem gewissen Maße kann der Mensch sich durchaus als Ordner und Organisator seiner Umwelt verstehen. Die Materie ist dann nicht länger das Substrat, die vorgängige Grundlage, die zur Aufrechterhaltung der Eigenschaften unserer Gattung dient, sie wird vielmehr explizit zum Ergebnis ihrer Tätigkeit. Das ist die Bedeutung der historischen Wende, die durch das Auftreten der Wissenschaft und der Wissenschaftler hervorgerufen wurde. Es entsteht eine Fähigkeit, stoffliche Qualitäten auszulösen, zu verändern oder zu schaffen. Diese Fähigkeit gestattet es, materielle Strukturen ans Licht zu bringen oder überhaupt erst zu schaffen, die ohne menschlichen Eingriff, ohne sein methodisches Vorgehen, gar nicht existierten:

»Der Forscher ist heute in der Lage«, schreibt P. Auger,[35] »im Laboratorium Bedingungen herzustellen, die ansonsten nur an unzugänglichen Orten, im

Mittelpunkt der Sterne oder tief im Erdinnern existieren oder sogar nirgendwo im Universum *natürlich* vorkommen.«

Der tiefgreifende Eingriff in die Geschichte und in den Gang der belebten und unbelebten materiellen Kräfte ist heute Wirklichkeit. Die Verlängerung der Umwandlungsreihen der Elemente in Übereinstimmung mit der Mendeljeffschen Tafel der Elemente bis hin zur synthetischen Produktion neuer Elemente zeigt dies. Und darin haben wir nur eines der zahlreichen Beispiele für diese wahrhaft umweltschöpferische Einstellung.

Worauf beruht nun dieser Wandel? Um diese Frage zu beantworten, müssen wir den Rahmen betrachten, in dem unser Verhältnis zu den Ressourcen steht. Bislang war die natürliche Reproduktion vorherrschend. Das heißt, daß jede Entdeckung oder jede Substitution, in deren Verlauf die nichtmenschlichen Mächte erkannt wurden, an eine Kette von Umsetzungen gebunden blieben, deren Modell stets die Entwicklung der menschlichen Fähigkeiten war. Genau das geschieht, wenn die Handwerker die Fähigkeiten der Ackerbauer übernehmen – sie also reproduzieren, indem der eine sie an den anderen weitergibt – oder wenn die Ingenieure sich die Fähigkeiten des Handwerkers durch die Übertragung auf die mechanischen Kräfte aneignen. Das ist freilich ganz anders geworden. Unsere Fähigkeiten – die es zu bilden, umzugestalten und zu verbreiten gilt – sind greifbarer und nicht so unmittelbar organischen Charakters. Ich habe bei der Behandlung der Materialisierung der menschlichen Fähigkeiten darauf hingewiesen, daß diese deplaziert, mobilisiert und kombiniert werden können, ohne daß man dabei ihre biologische Umsetzung oder ihre räumliche Verteilung berücksichtigt. Der Umgang mit diesen Kräften nach dem Vorbild des Umgangs mit Information entspricht dem. Damit präsentieren sich alle Elemente des universalen Wissens auf objektive Weise, und es wird möglich, sie bewußt zu speichern, zu prüfen, zu verarbeiten und zu benutzen, um ein Problem zu lösen oder um neues Wissen ganz nach Wunsch zu produzieren. Die Ausübung unserer Fähigkeiten ist nun nicht mehr ausschließlich Ausübung von etwas, das in uns festgelegt ist – wie die Kunst, Holzkonstruktionen zu bauen in der Hand des Zimmermanns – oder in der Landschaft und im Kreislauf der Umwelt beschlossen läge – wie die Arbeitsbedingungen des Bauern im Laufe vieler Jahrtausende. Es kommen Organisationen und Strukturen hinzu, in denen sich Gesetze und

Regeln niedergeschlagen haben, die sich in großem Umfang und ohne direkten Bezug zur menschlichen Konstitution sammeln und verarbeiten lassen. Mehr noch als das Buch steht der Elektronenrechner für diese Symbiose, und es ist vollkommen gerechtfertigt, wenn Rosenblith sagt:

»Die Verbindung von Mensch und Computer dürfte einem Entwicklungssprung im Nervensystem des Menschen vergleichbar sein.«[36]

Um den Unterschied zum vergangenen Zustand deutlicher herauszuarbeiten, lohnt es, auf eine andere, gleichfalls biologische Analogie zurückzugreifen. Bislang war die natürliche – oder künstliche – Selektion, also die Übertragung und Anpassung von Eigenschaften, die den Anforderungen der Umwelt entsprechen, der einzige Mechanismus, der zur Individualisierung der Arten führen konnte. Heute ist es möglich, diese Individuation durch eine Manipulation des Zellkerns herbeizuführen, das heißt, indem man die Anzahl der Chromosomen verändert, so daß er eine andere Struktur erhält und dadurch die gewünschten Mutationen ausgelöst werden. Für unsere Fächer und Disziplinen gilt dasselbe: Wir sind inzwischen in der Lage, sie neu zu gestalten, indem wir von ihrem analysierten und aufgelisteten Inhalt ausgehen und ihre wesentlichen Teile so ordnen, daß wir die erforderlichen Informationen und die notwendigen Fähigkeiten erlangen, ohne auf Zufälle angewiesen zu sein oder darauf zu warten, daß irgend jemand kommt, der diese Informationen oder Fähigkeiten besitzt.

Wissen wird von nun an von einer ersten materiellen Macht auf eine zweite materielle Macht übertragen. Diese Mächte scheinen mit einem Können begabt zu sein, das erworben, ausgetauscht, gelehrt werden kann. Die Elektrizität ist bei der mechanischen Kraft »in die Schule gegangen«, von der sie vor allem die motorischen Qualitäten übernommen hat; heute eignen sich die Kernkräfte die Fähigkeiten der elektrochemischen Kräfte an, und eine neue snythetische Materie übernimmt die Qualitäten der Widerstandsfähigkeit oder Festigkeit einer alten Materie synthetischen oder nichtsynthetischen Charakters. Es ist durchaus berechtigt zu sagen, daß diese materiellen Systeme von einer Summe von Eigenschaften abhängen, die sie untereinander reproduzieren, jedenfalls ist dies zutreffender, als wenn man behauptete, sie hingen vom Menschen ab und reproduzierten diesen. Hierin liegt ein unleugbares Zeichen von Autonomie; wir stehen vor einer Kette, in der wir als Glied nicht vorkommen und die uns nicht explizit zum Modell hat.

Daraus folgt, daß die Erfindung nicht länger eine Form von Reproduktion sein muß – dies wegen der Verknüpfung menschlicher und nichtmenschlicher Faktoren – noch eine diffuse und zufällige Bewegung, die von der zum Teil biologischen Konstitution und vom subjektiven Erwerb von Fähigkeiten und Kenntnissen abhängt. Sie wird vielmehr zu einem distinkten, eigengewichtigen und methodischen Naturprozeß. Die Arbeit, die ihr gilt, wird als solche anerkannt. Dem entspricht nicht nur eine beschleunigte Aufnahme ihrer Resultate dort, wo die Umstände dafür geeignet sind, sondern auch eine wachsende Zahl von Menschen, die an ihr teilnehmen, weil die Masse des erforderlichen Wissens proportional zunimmt. Zudem ist die Arbeit der Reproduktion als eine ihrer besonderen Ausdrucksformen untergeordnet. Was da an Fähigkeiten und Handlungsvoraussetzungen erworben und weitergegeben wird, wird dies immer weniger für lange Zeit und unter derselben Form und immer mehr unter einer veränderten Form. Die Forderung nach »lebenslangem Lernen« und das rasche Veralten der Inhalte von Wissenschaft zeugen von der Revolution, die auf diesem Gebiet eingetreten ist.

Worin besteht nun diese Vorherrschaft des Forschungsprozesses? Sichtbar wird sie vor allem in der Verteilung der Arbeit. Ein erster Teil, und zwar der wichtigste, fällt dem Wissenschaftler und dem wissenschaftlich arbeitenden Ingenieur zu. Mit Forschung, ob Grundlagenforschung oder nicht, sind beide befaßt. Im Hinblick darauf teilen sie sich ihre Aufgaben und arbeiten am selben großen Programm. Gleich ob reine oder angewandte Wissenschaft, in beiden Fällen sind die erforderlichen Kenntnisse und Fähigkeiten dieselben: allein der Kontext ist anders.

Gewiß bleibt die Spezialisierung wichtig, aber die Querverbindungen nehmen ebenso schnell zu wie die Untergliederungen. Auch wenn sie auf je eigenen Gebieten arbeiten, stehen Wissenschaftler und Praktiker der angewandten Wissenschaften in einem ähnlichen Verhältnis zu den materiellen Kräften und zu den Ressourcen, die sie gemein haben. Mehr noch, der Gegensatz zwischen Denken und Produzieren und die Barrieren zwischen Entdeckung und deren Ausbreitung schwinden.

Die wechselseitige Abhängigkeit zwischen den verschiedenen Kategorien von Arbeitern ist in der Folge enger geworden, und der einzelne qualifiziert sich im Verhältnis zu einer Informationsmenge und zu einem Wissen, die einen Korpus bilden, dessen Teile denselben allgemeinen Prinzipien zu gehorchen scheinen.

Diese Akzentverschiebung und die neue Bedeutung, die den »Wissensthemen« zukommen, bringen auf ihre Weise zum Ausdruck, was nun das Ziel eines Teils der menschlichen Bemühungen ist, und beschreiben einen ihrer wichtigsten Bereiche. *Die Fähigkeiten, die darauf verwandt werden, und die Beziehungen, die zwischen den Wissenschaftlern und den wissenschaftlich arbeitenden Ingenieuren bestehen, sind nicht mehr um die Produktion von Gegenständen, sondern ausdrücklich um die Schöpfung der Arbeit zentriert.*

Der zweite Bereich des möglichen Wissens oder der potentiellen Fähigkeiten gilt den materiellen Kräften, auf die wir regulierend einwirken, wenn sie sich wechselseitig reproduzieren, Ordnungen weitergeben oder Operationen ausführen. Wir wissen, daß diese Kräfte keine bloßen Antriebsquellen sind, daß sie vielmehr »Sensibilität« und »Urteilsvermögen« besitzen und in der Lage sind, unabhängig die komplexesten Wirkungen hervorzubringen. Ihre Aufgabe besteht nicht mehr darin, unsere Organe zu »verstärken« oder zu verlängern und als instrumentelle Prothesen zu dienen, die unseren Nerven und Muskeln angepaßt sind; mit eigenen Organen ausgestattet – die Photozelle und das elektromagnetische Gedächtnis sind Beispiele dafür –, sorgen sie für die Durchführung der meisten Beobachtungs-, Meß- oder Bewegungsaufgaben.

»Daß wir Werkzeuge benutzen, das sind wir gewohnt seit den prähistorischen Anfängen der Menschheit. Aber heute sind wir in wachsendem Maße dabei, unsere Werkzeuge gleichsam zur Selbständigkeit zu erziehen.« (Pascual Jordan[37])

Deshalb erwerben diese Werkzeuge eine ganze Reihe von Fähigkeiten, die sie voneinander oder vom Menschen »lernen«, und wenden sie weit wirkungsvoller an, als wir es vermöchten. Zudem sind sie Produktionsfaktoren, deren Arbeit eine gewisse Freiheit besitzt, und sie stellen sich mit eigenen Normen und besonderen Eigenschaften vor uns und neben uns. Die Automation im Unterschied zur Mechanisierung konkretisiert diesen Wandel.

Die Aufteilung der Fähigkeiten in ein menschliches und ein nicht-menschliches Vermögen hat eine Bedeutung, die man nicht unterschätzen sollte, weil sie einen tiefgreifenden Einfluß auf die Rolle der natürlichen Kategorien hat. Wie wir nun schon vielfach bemerkt haben, entwickelt solch eine Kategorie in ihrer Entstehungsphase das Wissen, das für neue Entdeckungen und für den Ersatz der objektiven Ressourcen erforderlich ist, die den eigenen Dispositionen entsprechen und in Übereinstimmung mit der eigenen historischen Berufung stehen. Die Kategorie, von der sie sich loslöste und auf deren Grundlage Entdeckungen und Substitutionen erfolgten, schloß sich in den Produktionskreislauf ein, und ihre Arbeit war vollständig von der Notwendigkeit bestimmt, diesen Kreislauf zu erhalten. »Träger der Erfindung« und Produzenten beschränkten sich so auf je besondere Austauschbeziehungen zur materiellen Welt und reproduzierten sich in unterschiedlichen Bereichen.

Die Naturwissenschaften und die Naturwissenschaftler schufen eine neue Art von Arbeit und veränderten unsere Fähigkeiten – und damit veränderten sie auch gründlich diese Situation. Nun geschieht alles ganz so, als beträfe die Differenzierung, die sämtliche natürlichen Kategorien betrifft, eine einzige natürliche Kategorie und autonome materielle Systeme; als umfaßte die Aufteilung, vermöge deren ein Teil der Menschheit sich auf den anderen als auf seine Ressource und seinen Rohstoff bezog, letztere primär in ihrer stofflichen und nur nebenher in ihrer menschlichen Qualität. Die erste Kategorie entwickelt einen ihr eigentümlichen Typ von Arbeit, die Erfindungstätigkeit; die zweite übernimmt vornehmlich und soweit es geht die Last der produktiven Arbeit.

Entscheidend ist hier nicht, daß menschliche Hände durch nicht-menschliche Hände und menschliche Gehirne durch Elektronengehirne ersetzt werden, sondern daß diese jeweils eine Einheit bilden und daß sie ein Wissen und eine Aufgabe übernehmen und weitergeben, welche die ihren sind und in denen sie sich hervortun. So ist unser Abstand zu den materiellen Kräften dem zu einer natürlichen Kategorie ähnlich geworden und nicht umgekehrt.

Welche Folgen hat das nun? Wir haben es mit einer Verschiebung des Gravitationszentrums der historischen Dynamik zu tun. Diese wurde früher bestimmt von der Aufteilung zwischen verschiedenen Klassen von Individuen, durch die Verdopplung der Arten und durch die Verdopplung der Beziehungen zur Wirklichkeit. Mit der Abschwächung der Teilungsauswirkungen verstärkt sich die Veränderungsspannung im *Innern* ein und derselben Klasse. So gewinnt die Interaktion innerhalb einer natürlichen Kategorie die Oberhand über die äußere Interaktion, die sich in der Wechselwirkung mit den materiellen Mächten im eigentlichen Sinne manifestiert.

Der Gegensatz zwischen denen, die Entdeckungen machen, und denen, die sie verwerten, sowie die Verteilung der jeweiligen Fähigkeiten und Disziplinen geben bereits eine Vorstellung von diesem Prozeß, der unsere Reproduktion als Gattung und unsere Integration ins Universum beherrschen wird. Wenn diese Scheidung nicht länger die Voraussetzung für die Entwicklung ihrer Fähigkeiten sein wird, dann wird die Menschheit sich als Entität mit eigenen Zielen verhalten, mit Zielen, die sie nur noch sich selbst verdankt.

»Auch in der Naturwissenschaft«, schreibt Werner Heisenberg,[38] »ist also der Gegenstand der Forschung nicht mehr die Natur an sich, sondern die der menschlichen Fragestellung ausgesetzte Natur, und insofern begegnet der Mensch auch hier wieder sich selbst.«

Wahrscheinlich besteht darin der Naturfortschritt, und wahrscheinlich verdankt er seinen Fortgang den eben aufgezählten Umständen. Ich sage: wahrscheinlich, weil ich ihn hier nur skizzenhaft untersucht habe und nicht beanspruchen kann, ihn auf den Begriff gebracht zu haben.

Dritter Teil:
Die Gesellschaft und die menschliche Geschichte der Natur

In der bisherigen Untersuchung der menschlichen Geschichte der Natur habe ich vor allem die Eigenständigkeit ihrer charakteristischen Prozesse hervorgehoben. Dabei habe ich von ihrem Verhältnis zur Gesellschaft abstrahiert; hier wollen wir diese Vorgänge nun in einer neuen Perspektive betrachten.

Zunächst einmal hat es der Naturzustand, wie wir ihn hier betrachtet haben, nicht ausschließlich mit der biologisch-psychischen Ausstattung der Gattung zu tun; er umfaßt vielmehr auch soziale Faktoren. Eine Untersuchung, die sich mit der Geschichte des Naturzustandes, seinen Regelmäßigkeiten und den zugehörigen Aktivitäten der natürlichen Kategorien befaßt, wäre nicht vollständig ohne die Analyse der entsprechenden Erscheinungen auf der Ebene der Gesellschaft. Die Gesellschaft bleibt der Schöpfung der Arbeit und den Ereignissen, die diesen Prozeß markieren, nicht äußerlich. Die Triebkräfte der Gemeinschaft führen zu den Motiven, welche die Menschheit mit der Stofflichkeit verbindet. Gewinnstreben, Machtstreben, Prestigesucht, Krieg und Rüstung, der tägliche Verkauf des Talents und die politischen Interessen, all dies bestimmt die Richtung der Forschung und steuert den Ersatz der einzusetzenden Ressourcen. Das im Sinne dieser Untersuchung Natürliche erhält einen gesellschaftlichen Ausdruck, insofern es sich notwendig den ökonomischen, ethischen, politischen usw. Prinzipien unterwirft. *Aber welche Form nimmt dieser Ausdruck an?* Diese Frage wollen wir nun theoretisch und historisch klären.

Die menschliche Natur umfaßt, wie ich gezeigt habe, alles, was mit der Genese der Fähigkeiten und Ressourcen zusammenhängt. Die menschliche Gesellschaft manifestiert sich vermittels der Gesetze des Eigentums, der Verteilung der Reichtümer und der Macht. Natur und Gesellschaft stellen zwei Beziehungsmodi zwischen denselben Größen dar und nicht die beiden Seiten ein und derselben Beziehung, der Beziehung zwischen den Menschen hier und den materiellen Kräften dort. Deshalb können wir bei der Untersuchung ihres Verhältnisses nicht auf die Hypothese einer zeitlich fixierten Diskontinuität im Prozeß des Hervortretens der Gesellschaft aus der Natur zurückgreifen, können wir die Geschichte der Gesellschaft nicht als schrittweise Aufgabe von Natur verstehen.

Es ist in der Tat schwierig, wenn nicht gar unmöglich, zu beweisen, daß das Soziale dem Biologischen folgt und nicht vielmehr einer seiner eigenen Existenzweisen. Was berechtigt denn zu der Behauptung – es sei denn, man postulierte sie aus äußeren, aus religiösen oder philosophischen Gründen –, die sozialen Gesetze lösten sich von den biologisch-natürlichen und träten an deren Stelle? Von den letzteren wissen wir und können wir lediglich sagen, daß die Menschheit von einem bestimmten biologisch-natürlichen Beziehungstyp zu einem anderen biologisch-natürlichen Beziehungstyp übergegangen ist, von einer Situation, die durch die natürliche Selektion, welche die Menschheit mit den übrigen Arten teilt, bestimmt war, zu einer Situation, die durch die natürliche Teilung charakterisiert war, welche ihr in höherem Maße spezifisch ist. Aber auch diese Situation ist nicht endgültig. Neue Beziehungen zur materiellen Welt sind in Entwicklung begriffen. Und diese neuen Beziehungen werden uns ebenso von der jetzigen Menschheit entfernen können, wie wir uns von unserer früheren Animalität entfernt haben. Nur die Verwechslung der Realität mit einer ihrer Gestaltungen erklärt, warum das Verschwinden eines Modus der natürlichen Existenz unserer Gattung gleich als Verschwinden aller natürlichen Existenz gedeutet wird. So entstand das Bedürfnis, die Entstehung des sozialen Lebens nicht durch einen Qualitätsunterschied zu rechtfertigen, was durchaus notwendig ist, sondern auch durch einen Unterschied im Ursprung, was wiederum gar nicht nötig ist. Betrachtet man sie dagegen in ihrer Gesamtentwicklung und in ihrer menschlichen Geschichte, so verschwindet die chronologische Diskontinuität und man erkennt, daß die Gesellschaft in einem kontinuierlichen Prozeß aus der Natur hervorgegangen ist und daß zwischen beiden ein beständiger Übergang besteht. Unablässig schaffen wir neue Unterschiede darin und versetzen die Grenzen. *Zu keiner Zeit ist ein Teil der Menschheit einem Naturzustand näher oder weiter von ihm entfernt, weder in der primitiven Vergangenheit noch in der hochentwickelten Zukunft.* Es ist für den Menschen nicht wichtig, seine Einzigartigkeit zu beweisen, noch erniedrigend, seine Gesellschaft und seine Natur in die Folge jener Schöpfungen einzureihen, die hier und dort im Universum von ihm oder von anderen bekannten oder noch unbekannten Arten hervorgebracht worden sind. Und wenn es keinen absoluten Anfang für die Präsenz der Gesellschaft hinsichtlich der Natur gibt, so ist es auch nicht nötig, dieser Präsenz Gleichförmigkeit zu bescheinigen. Auf solche Gleichförmigkeit läßt man sich ein, wenn man behauptet, der Mensch sei seinem Wesen nach ein »Herrscher über die Natur« und sein Gegensatz zur übrigen materiellen Welt sei unauflösbar. Aufs rechte Maß gebracht, will diese Vorstellung nur ausdrücken, daß der Austausch mit dem physikalischen Universum sich erweitert, daß die produktiven Kräfte sich vervielfachen, daß die Produktivität der Arbeit zunimmt und daß dies immer so sein wird. Die Sozialgeschichte der Menschheit brächte somit eine Beziehung zur materiellen Welt zum Ausdruck, die stets, bis auf quantitative Unterschiede, mit sich selbst identisch wäre.

Weder die Rückverweisung in eine ferne Vergangenheit noch die Einzigartigkeit seines Fortschritts werden dem wirklichen Gehalt des Verhältnisses zur Natur gerecht. Dieses Verhältnis kann nur ein historisches Verhältnis sein, denn es verknüpft die Sozialordnung mit der Naturordnung, insofern beide eine Geschichte haben. Sein Tenor verändert sich nicht, wie man glaubt, in Dimension oder Intensität, sondern in der Qualität. Deshalb muß man es auch im Hinblick auf die jeweilige Periode der historischen Entwicklung beschreiben und nicht ein für allemal.

Für die erste Epoche, die der primitiven Gesellschaften, die zugleich auch die längste Periode ist, kann man dieses Verhältnis durch zwei Hauptmerkmale kennzeichnen: durch Kollektiveigentum und durch die Teilnahme aller Mitglieder an der Produktion. Die Herrschaftsstruktur und die Verfügung über die Güter gestatten allen Mitgliedern einer bestimmten Gruppe den Zugang zu den Ressourcen dieser Gruppe. Aufgrund ihres gesellschaftlichen Charakters können diese Ressourcen auch in besonderem Maße den Männern oder den Frauen,[1] einem Clan oder dem Stamm zufallen. Keinerlei Regel verbietet freilich den übrigen Gruppen einer Gemeinschaft den Genuß der materiellen Kräfte, ebensowenig übrigens, wie sie von den erforderlichen Anstrengungen abgehalten werden. Mit anderen Worten: Wenn auch gewisse Privilegien hinsichtlich der Nutzung bestimmter materieller Reichtümer bestehen, so

»schließen diese Rechte lediglich eine Gruppe von den einer anderen Gruppe vorbehaltenen Ressourcen aus; sie schließen die andere Gruppe nicht von der Natur schlechthin aus.« (L. White[2])

Überall sind Gesellschaft und Natur ineinander verschachtelt, überall trifft man auf eine konkrete oder ideale Assimilation der sozialen Gruppierungen und der natürlichen Kategorien.[3] Wegen dieser unmittelbaren Verknüpfung und weil diese Verknüpfung so durchsichtig ist, entwickeln sich die kollektiven Institutionen nicht nach einem völlig autonomen Prinzip, das die geschichtliche Entwicklung vorantriebe. Claude Lévi-Strauss hat dieses Phänomen sehr präzise beschrieben:

»Mit einem Wort, diese Gesellschaften, die man als ›kalt‹ bezeichnen könnte, weil ihr inneres Milieu nahe dem Nullpunkt der historischen Temperaturskala liegt, unterscheiden sich durch ihre beschränkte Wirksamkeit und durch ihre mechanische Funktionsweise von den ›warmen‹ Gesellschaften, die im Gefolge der neolithischen Revolution an mehreren Stellen auf der Erde entstanden und in denen die Differenzierungen nach Klassen und Kasten vollauf genutzt werden, um Veränderung und Energie daraus zu beziehen.«[4]

Kennzeichnend für diese »Kälte«, für die Entwicklung dieser Gesellschaften, die zumeist und zu Unrecht als geschichtslos gelten, ist die Art der Hervorbringung menschlicher Fähigkeiten, der Übergang von einem Reproduktionssystem zu einem anderen, ein Prozeß, der die Beziehungen zwischen den natürlichen Kategorien verwandelt. Das »innere Milieu« erscheint stationär, denn die Beziehungen zwischen den sozialen Gruppen, insbesondere zwischen den Verwandtschaftsgruppen, zeigen eine langsame und zögernde Entwicklung. Es sieht so aus, als trieben diese Gesellschaften in einem Strom, der ihre Entwicklung bestimmte, der ihnen aber nicht eigen ist, weil er nicht interiosiert oder spezifiziert wurde. Was ließe sich anderes sagen, als daß hier das Prinzip der menschlichen Geschichte der Natur eine treibende Kraft darstellt und sich unmittelbar in der Sozialgeschichte äußert? Dies Verhältnis zwischen den beiden Existenzformen des Menschen belegte man früher einmal mit dem Ausdruck Barbarei, der auch den wilden Zustand umfaßte.[5]

Die zweite Epoche – in der wir heute noch stehen – ist durch die Trennung der natürlichen Beziehungen von den sozialen Beziehungen gekennzeichnet. Die sozialen Beziehungen – mit dem Privateigentum und dem Kampf der Klassen oder Schichten in der Gesellschaft – haben nun ihr eigenes Geschichtsprinzip. Die Tatsache selbst ist unbestreitbar. Ungewiß ist nur, wie es zur *Entstehung* des Privateigentums und zu dessen Sieg über das Gemeineigentum kommt. Wenn man die Entstehung des Privateigentums für ein entscheidendes Faktum im Leben der Menschheit hält, so weil es sich in einem Wechselspiel von Umständen durch Zufall durchgesetzt hat, denn der Zufall ist die Hebamme der Geschichte und nicht die Notwendigkeit.

Ohne Zweifel gehören zu den Voraussetzungen dieser Aneignungsform der Aufschwung des Ackerbaus und die Vergrößerung der Gesellschaft, die eine strenge Teilung der Funktionen erforderlich machte. Die Fülle der gemeinsamen Aufgaben, Verteidigung und Produktion, Rüstung und Bewässerung, Schutz und Transport der Rohstoffe, brachten ein neues Modell der sozialen Organisation hervor. Die Gruppen und Individuen, die sich mit Ackerbau oder Viehzucht befassen, delegieren die Aufgabe einer Koordination der verschiedenen Gemeinschaftsarbeiten an andere, und bald maßen sich diese Koordinatoren das Recht an, über Arbeitskraft und Vermögen der arbeitenden Schichten zu verfügen. Das Dreigestirn des Königs, des Soldaten und des Geistlichen, Hüter des Universums, des Reichtums und der Ordnung, entsteht mit dieser theokratischen oder despotischen Gesellschaftsform. Es zeigt die Geburt einer neuen Institution an, des Staates als der Macht und Vereinigung der zerstreuten Glieder eines Körpers von Gemeinschaften und Gruppierungen, die dazu aufgefordert und verdammt sind, zusammen zu leben. Dennoch bewahren in seinem Rahmen die religiösen oder weltlichen Monarchen oder Aristokraten eine produktive oder soziale Überwachungsfunktion, die dazu bestimmt ist, den Kreislauf des materiellen Austauschs realiter oder symbolisch aufrechtzuerhalten. Das Gemeineigentum behält seine Vorrechte, die Gesellschaft tritt einen Teil ihrer Produkte, ihres Landes oder ihrer Zeit ab und behält bis zu einem gewissen Punkt das Recht, zu denken, daß sie damit eine Tätigkeit für eine Gegenleistung erbringt, die der ihren komplementär ist.

Eine zweite Wurzel des Privateigentums kann man in der Entstehung des Handwerks und des Handels sehen. Der Besitz von handwerklichen Fähigkeiten und Werkzeugen erfordert andere Teilungs- und Herrschaftsmodi als der Besitz von Boden.[6] Hier ist der einzelne selbst Reichtum und Quelle von Reichtum. Die Handwerksprodukte sind wegen ihrer regelmäßigen Produktion und wegen des Einflusses auf Menge und Qualität in weit höherem Maße akkumulierbar und austauschbar als alle bis dahin bekannten Produkte. Die Konzentration, die Wanderung und die Aufteilung der handwerklichen Arbeit, die sich in den Städten, Schlössern und Dörfern niederläßt, ziehen den landwirtschaftlichen Überschuß an und begünstigen den Handel, die Bewegung von Rohstoffen und den Gebrauch von Geld. In den phönizischen oder griechischen Städten wird die persönliche, körperliche, konkrete – insbesondere politische und militärische – Hierarchie nach und nach durch ein feines und unzerreißbares Gewebe von ökonomischen und finanziellen Beziehungen überzogen, in denen der einzelne nur noch Schuldner oder Gläubiger ist. Hier ist das Eigentum nackt, entblößt vom prunkvollen Apparat der beschützenden Gemeinschaften und der königlichen Weltenschöpfer oder Katastrophenbringer. Der einzelne ist in seiner Werkstatt oder in seinem Laden praktisch isoliert; der Markt löst sich aus dem administrativen Bereich und sondert den Reichen vom Armen, den Herrn von dem, den er enteignet hat, und zwingt sie, sich auf je gesonderte Bereiche zurückzuziehen. Der aus den früheren Gesellschaftssystemen übernommene und in die Städte versetzte Staat ist nun ein Gebilde, in dem die stark individualisierten sozialen Klassen sich miteinander verbünden oder einander bekämpfen, um einen Teil der verfügbaren Güter und die Herrschaft über die Produktionsmittel zu erlangen.

Ob nun durch Eroberung oder durch Schöpfung eines besonderen, vom Handwerk hervorgebrachten materiellen Reichtums, die Entwicklung, die von der Vorherrschaft des Gemeineigentums zur Vorherrschaft des Privateigentums geht, bringt eine neue soziale Struktur hervor. Darin fügen sich die von den Geschicklichkeiten oder Ressourcen geschaffenen Beziehungen zwischen den Menschen nicht mehr in die genuinen sozialen Beziehungen, die das Eigentum schafft und die sich fortan zwischen Produzenten und Nichtproduzenten herstellen. Die Menschen, die das Schicksal der Gesellschaften lenken und deren Bild prägen, sind nicht mehr hauptsächlich mit der Produktion von Gegenständen noch mit der Hervorbringung des dazu erforderlichen Wissens beschäftigt. Der Umgang mit den materiellen Kräften, die Reproduktion und Erfindung der Arbeit werden nun zwielichtig in den Augen der nichtarbeitenden, kriegführenden oder schatzbildenden Klassen, die von der Arbeit lediglich noch das Produkt sehen wollen, das einzige, was gesellschaftlicher Reichtum zu sein scheint. Was nun die Menschen betrifft, die sich mit der Produktion befassen, so wird der Sinn ihrer Tätigkeit nicht mehr klar, weil ihr realer Zweck als bloßes Mittel verstanden wird. Man bewundert das Werk und übersieht dessen Schöpfer. Das ist die Devise einer Gesellschaft, in der der einzelne zunächst Knecht, Diener, Lohnarbeiter, Fürst oder Händler ist und nur nebenbei Bauer, Bergmann, Ingenieur oder Wissenschaftler. Der Kern der Beziehungen zum Universum zeigt sich seiner selbst entfremdet, weil man den Klassen, die diese Beziehungen herstellen, keinerlei Wert beimißt. Der Vorgang bleibt in dieser Hinsicht im Unbewußten der wirklichen Geschichte. Die Natur scheint so als Behälter von Dingen, als die Ordnung der Stoffe, in der allein das Endprodukt aufscheint, als abgeschlossenes Tableau von Gesetzen, Kräften und Merkmalen, welche diese Stoffe miteinander verbinden. Die doppelte Buchführung von Talent und Reichtum verdeckt deren Ursprung und Schöpfer und führt zu einer schismatischen Situation. Soziale Beziehungen und Naturbeziehungen entsprechen einander nicht mehr unmittelbar. Sie stellen unterschiedliche, das heißt gegensätzliche Ordnungen dar, die über je eigene Bewegungsprinzipien verfügen. Die natürliche Teilung steuert weiterhin die Produktion praktisch verwendbaren Wissens und beherrscht die Reproduktionssysteme, in denen die Menschen sich für eine bestimmte Tätigkeit qualifizieren und die verfügbaren Fähigkeiten verteilen. Aber die Sphäre von Produktion und Arbeit entfernt sich von der Sphäre des Konsums, der Muße und der Aneignung. Eine der Differenzierung nach dem Reichtum untergeordnete Differenzierung nach den Fähigkeiten und die Trennung der natürlichen und sozialen Kategorien führen zu einer Aufteilung jedes einzelnen nach Gesichtspunkten der Arbeit, des Eigentums und der Macht. Der Klassenkampf erklärt sich zur Seele der Gesellschaft. Die Folge ist die jeweilige Autonomie der menschlichen Geschichte der Gesellschaft und der menschlichen Geschichte der Natur, die einander bestimmen ohne sich einander zu offenbaren. Der Staat, die Staatsverwaltung und das öffentliche Recht gehen daraus hervor, wobei der Korpus von Rechten und Pflichten das materielle und geistige Leben reguliert. Entsprechung und Vermittlung zwischen Gesellschaft und Natur sind hier die der *Zivilisation*.

Heute können wir feststellen, wie sich durch das Erfordernis der Naturbeherrschung hindurch die Voraussetzungen einer dritten Epoche abzeichnen. Die Ereignisse, auf die ich hier anspiele, liegen auf der Ebene des Gesellschafts- wie auch des Naturzustandes. Die Reproduktionsbeziehungen, welche die kybernetische Natur erfordert, der Umfang der Fähigkeiten, die sie einsetzt, die

Bevölkerung, deren sie bedarf, und die Anpassung der biologischen Eigenschaften an völlig neue materielle Umwelten, wie sie in der kybernetischen Natur herrschen wird, all dies ist nicht mit jeder beliebigen gesellschaftlichen Organisationsform verträglich. Die Frage, welche Organisationsform für diese Beziehungen am geeignetsten ist oder daraus entstehen kann, bildet einen Brennpunkt des politischen Denkens und der politischen Praxis. Parallel dazu und nicht ohne Zusammenhang mit diesem Naturzustand zeichnen sich neue Gesellschaftssysteme ab. Dieser Umstand, den wir uns erst langsam klarmachen, zeigt sich auf zwei gewissermaßen symmetrische Weisen.

Einerseits stellt sich, falls es denn stimmt, daß ein Teil der Menschheit sich daran gemacht hat, eine klassenlose Gesellschaft zu verwirklichen, zu Recht die Frage: »Wo wird der Motor der Geschichte sein?«[7] Bislang war das der Klassenkampf; wenn dieser Kampf aber, wie man unterstellt, endet, so muß die geschichtliche Bewegung einen tiefgreifenden Wandel erfahren. Zu ihrer Fortsetzung bleibt dann – zumindest nach der Theorie – die Entwicklung der Erfindungsressourcen oder, kurz gesagt, die sogenannten Produktivkräfte, die das gesellschaftliche Gegenstück zu unserer Natur bilden. Mit der Richtung, die sich abzeichnet, das heißt mit der Schaffung eines neuen Gesellschaftstyps, erhält das Verhältnis zwischen der Sozialgeschichte des Menschen und seiner Naturgeschichte einen wesentlichen und expliziten Charakter.

Auf der anderen Seite ist das Wirken des Naturfortschritts, dieses Prinzips, das, wie wir gesehen haben, hinter der Expansion der Forschung steht, derart offenkundig, daß wir zu Recht umstürzende Veränderungen im Entwicklungsgang der Gesellschaft erwarten dürfen. Die Entwicklung unserer Fähigkeiten und Fertigkeiten erhält ein völlig neues Gewicht. Bislang sah man die Produkte der geistigen und praktischen Tätigkeit nicht innerhalb ihrer eigenen, besonderen Wirklichkeit, sondern siedelte sie entweder zu niedrig in einer Art Fegefeuer der Geschichte an, in dem sich Millionen anonymer Wesen ruhmlos abmühten, oder zu hoch, im Himmel der Ideen, wo die reichsten und schönsten Erfindungen, die unser Leben aufs nachhaltigste beeinflußt haben, nur noch ihre eigenen Schatten sind. Nun aber zeichnet sich eine radikale Wende ab, da das Höchste, die Wissenschaft, zur positiven Grundlage des Alltäglichsten wird und das soziale

Handeln sich gezwungen sieht, die Sprache der Natur zu sprechen.

Die Verbindungen zwischen Gesellschaft und Natur verleihen unserer Realität neue Umrisse, wenn man die Konvergenz der beiden Ereignisreihen, die veränderten Inhalte von Gesellschaft und Natur und die Verschiebung des historischen Gravitationszentrums, bedenkt. Ihre Dimensionen sind bekannt. Die eine ist das Entstehen eines neuen Prinzips, das unsere Naturgeschichte bestimmt. Das andere ist die fortschreitende – oder plötzliche – Sozialisierung des Austauschs mit der materiellen Umwelt, die sowohl in der Konzentration der Möglichkeiten zur Schöpfung der Arbeit außerhalb des Bereichs privater Aneignung als auch in der Infragestellung dieser Aneignungsform zum Ausdruck kommt. Diese Entwicklung bedeutet, daß der Naturprozeß – und *ipso facto* auch der Entwicklungsprozeß der Produktivkräfte – die menschliche Geschichte wieder direkt und offen bestimmt. Erfindung und Reproduktion der Fähigkeiten erlangen dabei eine ebenso grundlegende Bedeutung wie die Produktion und Distribution der Produkte. Ihr Ziel liegt nicht mehr in der Eroberung der materiellen Kräfte, sondern umfaßt eindeutig die Schaffung unserer Fähigkeiten, die Koordinierung der Disziplinen und, wie wir gesehen haben, die Herausbildung besonderer Beziehungen zwischen den Menschen. Einmal erkannt, zeigen diese Mechanismen, die, wie wir wissen, natürlich sind, die Vorzeichen eines Gesellschaftssystems, das es einzurichten gilt, um den Anreizen dieser Mechanismen zu entsprechen.

Die aufgezeigten Orientierungen – und dies ist eine begründete Hypothese und nicht bloß Prophetie – lassen die Voraussage zu, daß die Menschen ihre Gesellschaft als eine *Form* der Natur begreifen werden. Wenn das Prinzip der Naturgeschichte erst einmal als treibendes Prinzip für die ganze menschliche Geschichte eingesetzt ist, werden die sozialen Verhältnisse als *Transformationen* der natürlichen Verhältnisse erscheinen können. Und dies nicht, weil die Gesellschaft wieder geschichtslos würde, sondern weil diese Geschichte sich im direkten Zugriff auf den Austausch mit den Teilen des Universums herausbildet, an denen sie teilhat. Auch wenn es sich bislang nur um eine objektive Möglichkeit und um ein Ideal handelt, das in der Vergangenheit entstanden ist und sich dort bewährt hat, so ist es doch gerechtfertigt, in der Abfolge der Verhältnisse zwischen Gesellschaft und Natur ein neues,

mögliches Verhältnis aufkommen zu sehen: eines, das man als
»Post-Zivilisation«[8] bezeichnet hat oder das man auch, ganz konventionell, *Kultur* nennen könnte.

Barbarei, Zivilisation und Kultur bezeichnen Beziehungen zwischen der menschlichen Geschichte der Natur und der Geschichte
der menschlichen Gesellschaft. Ihnen ist nun folgende kurze Untersuchung gewidmet. Sie ist nicht frei von Werturteilen und versucht dies auch nicht zu sein. Diese Urteile sollen weder die Vergangenheit herabsetzen noch die Gegenwart überhöhen. Sie zeigen lediglich, daß angesichts der Möglichkeiten, die sich für die
Gestaltung unserer Zukunft bieten, Entscheidungen notwendig
sind, die alles bisher Gekannte und Erlebte umstürzen.

Erstes Kapitel:
Hand und Kopf. Die sozialen Äußerungs-
formen der natürlichen Teilung

I. Die organische Illusion

Das Auseinandertreten der historischen Bahnen der Gesellschaft und der menschlichen Natur in der Zivilisation folgt auf die Trennung der produktiven von den nichtproduktiven Schichten. Diese Tendenz zur Autonomie und zur Ablösung steht im Widerspruch zur Wirklichkeit, in der jede dieser Größen ihren Ausdruck in der jeweils anderen finden muß. So erhalten die Naturbeziehungen zwischen den Menschen eine soziale Bedeutung und die sozialen Beziehungen eine natürliche Physiognomie. Dies ist vor allem dann der Fall, wenn ein Teil jenes Kollektivs, dessen Aufgabe die Organisation der politischen Institutionen oder der Produktion ist, sich die geistige Arbeit als sein Eigentum und als seine besondere Tätigkeit anmaßt. Damit verweist er die Handarbeit und ihren Träger auf den entgegengesetzten Pol, wo schwere Arbeit und Unterwerfung sein Schicksal sind. Im Namen dieser Funktionsteilung zwischen jenen, die einen Verstand zum Befehlen, und jenen, die einen Körper zum Gehorchen haben, hält man es für ausgemacht, das letztere für die Bedürfnisse der ersteren zu sorgen haben. So hat sich eine klug ausgedachte und durch Gewalt gestützte Doktrin von Generation zu Generation wie eine Selbstverständlichkeit erhalten:

»Es gibt geistige Arbeiter und Handarbeiter«, schrieb schon der chinesische Philosoph Menzius. »Die geistigen Arbeiter halten die Ordnung unter den anderen aufrecht; die Handarbeiter werden in der Ordnung gehalten. Die da in Zucht gehalten werden, ernähren die anderen. Die da die Ordnung aufrechterhalten, werden von jenen ernährt. Und dies ist die Pflicht aller auf Erden . . .«

Muß man nun in dieser Funktionsteilung von »Kopf« und »Hand« eine physiologische Einteilung oder Spezialisierung sehen? Die Meinungen zu diesem Thema scheinen das vorauszusetzen. Sie sehen in der Trennung von Hand- und Kopfarbeit eine organische Einteilung, einen psychisch-biologischen Mechanismus mit bestimmten historischen Auswirkungen.

Aber hält man damit eine Metapher für eine strenge Definition und ein bloß ideologisches Postulat für eine wissenschaftliche Aussage? Nach dieser naiven Psychophysiologie ist der Kopf der Sitz der Abstraktion und die Hand das Instrument des Handelns. So kann der Kopf, von Hand und Praxis getrennt und zum Funktionieren gezwungen, Theoretiker werden. Solange die Hand ihn begleitet, wird der Fortschritt seiner abstrakten Ideationen gebremst. Müßte man da nicht auch sagen: Je mehr Metaphysik und Wissenschaft es in einer Gesellschaft gibt, desto weiter sind Kopf und Hand voneinander entfernt? Dieser grobschlächtige Materialismus führt zu höchst unsicheren Extrapolationen und hat keinerlei rationale, verifizierbare Grundlage in der biologischen Realität. Zudem ist er notwendig unhistorisch. Der Inhalt dessen, was man unter Handarbeit und was man unter geistiger Arbeit versteht, hat sich beträchtlich gewandelt, und man käme in große Verlegenheit, wenn man bestimmen wollte, welcher Anteil an den verschiedenen Arbeiten in Gesellschaft und Natur auf die Anwendung des Verstandes oder auf die Anwendung physischer Kraft entfällt. Doch was ist ihre Bedeutung? Die Möglichkeit der Unterscheidung zwischen *homo faber* und *homo sapiens* liegt weniger in der jeweiligen Individualität von Hand und Hirn als in der Besonderheit der jeweiligen natürlichen Kategorien, die mit je eigenen Fähigkeiten ausgestattet sind und den materiellen Grundlagen der Kollektivsysteme der verschiedenen Klassen angehören. Die Rangordnung und Ungleichheit, die allgemein zwischen ihren Trägern feststellbar ist, reproduzieren lediglich die wirkliche oder erwünschte Rangordnung und Ungleichheit zwischen den sozialen Klassen.[1] Insofern diese Aufspaltung eher Ausdruck einer Distanz zwischen den sozialen Gruppen als die Verdopplung realer psychophysiologischer Funktionen ist, *kann man in der Trennung von Hand- und Kopfarbeit die soziale Manifestation des Prozesses der natürlichen Teilung sehen.*

1. Ein abstraktes Modell

Der Reichtum einer Gesellschaft und einer besonderen Klasse stammt aus deren Geschicklichkeit und aus der Arbeit einer Gruppe von Menschen, die sich voll und ganz damit befaßt; ihr Aneignungsmodus spiegelt sich in der Gestaltung der ökonomischen und geistigen Verhältnisse. Die Beziehungen zwischen dem Eigentümer und seinen Sklaven, dem Feudalherrn und seinen Hörigen usw. bestimmen die Verfahren zur Organisation des Sozialkörpers und zur Bereicherung der Herren. Reichtum ist stets in bestimmten Ressourcen verkörpert, an die er geknüpft ist: Boden, Wasserläufe, Minen usw. Sein objektives Gegenstück hat er in der Geschicklichkeit, den physischen Kräften, den Routinen des Verbrauchs, der Muße und der Ausübung von Gewalt. Für die besitzende Klasse entsprechen die gesellschaftliche Form des Eigentums und dessen materielles Gegenstück der »menschlichen Natur«, sie fallen vollkommen zusammen und sichern sich wechselseitig den Bestand. Und selbst die enteignete Klasse hält treu zu diesem Arrangement, denn ihr Leben, ihre psychischen Reflexe, ihr geistiges Gleichgewicht und ihre Handlungsmöglichkeiten sind darin integriert. Betrachten wir nun das Aufkommen einer neuen natürlichen Kategorie. Anfangs ist die Arbeit, die sie neu hervorbringt, noch eng mit der bestehenden Arbeit verbunden – etwa die Arbeit des Ingenieurs mit der Arbeit des Handwerkers – und unterscheidet sich noch nicht in sozialer Hinsicht. Mit fortschreitender Entwicklung und Ausbreitung aber wird sie zur Quelle eines Reichtums, der nach eigenen Produktionsmitteln und nach einer gesonderten gesellschaftlichen Organisation verlangt.

Das erste Anzeichen dafür ist der fortschreitende Niedergang der materiellen Grundlagen des bestehenden Reichtums, die nun Gefahr laufen, jeden Inhalts entleert zu werden. Dadurch sieht sich eine soziale Klasse bedroht, die eine besondere Ordnung von Produzenten unterhielt und ihr Eigentum in einer besonderen materiellen Kraft – Boden, Kohle, Wasser usw. – verkörpert sah. Auf der andern Seite steht ihr Gegenspieler, der im Namen einer neuen materiellen Ressource, also im Namen einer anderen natürlichen Kategorie und eines anderen Verhältnisses zur Materie, handelt. Die Festigkeit ihres Universums zerfällt unter ihren Augen, und die zugehörigen Fähigkeiten versteinern und werden wertlos. Eine ganze Natur ist hier auf dem Rückzug, eine Welt geht unter. Die Bedürfnisse verändern oder verschieben sich, was einstmals voll und fest war, wird nun hohl, wird zur Hülle eines neuen festen Kerns, dessen Besitz den bisherigen Herren entgeht. Der Kampf gegen diese Auflösung ist auch ein Kampf zwischen unterschiedlichen Interessen, ein Konflikt zwischen Klassen, deren Güter sich in materiellen Ressourcen unterschiedlichen Ursprungs verkörpern – und in den Fähigkeiten, die damit verbunden sind. Die Gegensätze, die sich hier herstellen, sind unter diesen Umständen stets gegen diesen Ursprung selbst gerichtet.

Das zweite Anzeichen ist die Erneuerung der sozialen Teilung. Die Beschränkungen des sozialen Systems und das Erfordernis erhöhter Effizienz bewirken, daß ein Teil der Produzenten sich mehr mit rein ökonomischen Austauschprozessen und mit der Verteidigung der kollektiven Interessen befaßt, bevor er sich zum Herrn über die gesamte Gemeinwirtschaft macht und die Aneignung der verfügbaren Reichtümer an sich bringt. So entstand die Händlerklasse aus dem Schoß des Handwerks, dem sie die Arbeit, für den Absatz der Produkte zu sorgen, abnahm. Manchmal führt diese Spezialisierung, diese soziale Arbeitsteilung auf der Grundlage einer natürlichen Kategorie, zur Herausbildung einer neuen sozialen Klasse – der Klasse der Kapitalisten etwa –, manchmal führt sie zur Konsolidierung der betreffenden Kategorie, verbreitet die Gesetze, denen sie gehorcht, und verändert deren Gehalt. Henri Pirenne hat diese Veränderung in der Zusammensetzung für die Klasse beschrieben, die über das Kapital verfügt:

»Ich glaube, daß in jeder Periode, in die man unsere Wirtschaftsgeschichte einteilen kann, eine gesonderte Klasse von Kapitalisten existiert. Mit anderen Worten, die Gruppe der Kapitalinhaber einer Epoche geht nicht aus der Gruppe der Kapitalinhaber der vorangegangenen Epoche hervor. Bei jeder Veränderung der ökonomischen Organisation treffen wir auf einen Bruch.«[2]

Die Ursache für diese Brüche liegt im Übergang vom Handwerk zur Technik, vom Handwerker zum Ingenieur, einem Übergang, der in der hier betrachteten Geschichtsepoche das Gesicht des Kapitals prägt und Kapitalisten hervorbringt, die zunächst mit der ersten Kategorie und dann mit der zweiten verbunden sind. Im Inneren jeder Klasse bilden sich notwendig Antagonismen hinsichtlich der materiellen Kräfte, der produktiven Fähigkeiten und der Beziehungen zur materiellen Welt heraus, die dann an die Stelle der bisherigen Kräfte, Fähigkeiten und Beziehungen treten. Die Maschinen und die mechanischen Erfindungen trafen nicht nur auf den Widerstand der Handwerker, die sie ersetzten; wenn diese zu Maschinenstürmern wurden, so taten sie das in stillem Einverständnis mit den Eigentümern der von Obsoleszenz bedrohten Produktivkräfte und den romantischen Sängern einer überholten Naturordnung.

Kurz, der Aufstieg einer natürlichen Kategorie – und eines materiellen Vermögens, der Substanz des Eigentums, ihres »Gebrauchwerts«, wie Karl Marx gesagt hätte – fordert Reaktionen von seiten der sozialen Klassen heraus, deren Subsistenz oder Vermögen von anderen Mächten, von einer anderen Arbeit abhängen. Auf der anderen Seite bringt diese Kategorie Gruppen hervor, die in der Lage sind, die erforderlichen sozialen Funktionen zu erfüllen, oder sie erfährt bei jenen Gruppen Unterstützung, die in der neuen natürlichen Kategorie ein Mittel sehen, ihr eigenes Wohlergehen zu fördern und sich in die soziale Klasse zu integrieren, die da den Aufstieg zum Reichtum begonnen hat. Die natürliche Teilung erhält dann eine soziale Form, und der Gegensatz zu oder die Verbindung mit einer Kategorie von »Trägern der Erfindung« motiviert dazu, ein bestimmtes Verhältnis zur Materie als mit der Natur verträglich oder nicht verträglich einzustufen, mit der Natur, die in diesem Falle die hypostasierte Natur einer sozialen Ordnung ist, in der die oberen Schichten Gewinn und Wohlstand finden. Hand- und Kopfarbeit werden in diesem Kontext definiert. Ein Beispiel wird uns das verdeutlichen.

2. Das griechische Beispiel

Im fünften und vierten Jahrhundert vor Christus hatten Handwerker und Händler in Griechenland und insbesondere in Athen eine herrschende Position erworben. Allenthalben entfalteten sie eine intensive Aktivität und gaben der Stadt ein neues Gesicht. Mit ihnen hatte die Seefahrt eine erhebliche Bedeutung gewonnen; der Schiffsverkehr war notwendig für die Lebensmittelversorgung und für den Warenaustausch. Auch den Handwerkern bot er Verdienstmöglichkeiten. Aber das Bild ist noch nicht vollständig. Anstelle des Hopliten, eines kleinen, waffentragenden Landbesitzers, des adligen Ritters und ihrer soldatischen Werte zeugen die Händler und Handwerker von einer neuen Macht und einer neuen Strategie, die auf der Seefahrt gründen.[3] Auf politischer Ebene symbolisieren Handwerk und Handel den Sieg der Volksparteien, die Entscheidung für demokratische Verfassungen und eine festumrissene Vorstellung vom Staat. Diese Lage war explosiv. Der Konflikt zwischen Oligarchen und Demokraten, den beiden Kräften, welche die Stadt zu regieren versuchten, kam zudem auch in dem Streit um die Rolle der Flotte zum Ausdruck, in dem Streit um die Lebensform, die damit verbunden war, und um die militärischen Werte, die im Gegensatz zu den traditionellen Tugenden standen. Platon läßt hier an Klarheit nichts zu wünschen übrig:

»Dazu kommt noch der Umstand, daß Staaten, die durch ihr Seewesen mächtig sind, bei dem Punkte der Rettung nicht immer dem wackersten Kriegshelden ihre Auszeichnungen zuteilen. Wenn die Rettung durch die Kunst des Steuermanns, die Führung der Galeeren, durchs Rudern, durch eine Ansammlung von allerlei Menschengesindel bedingt wird, kann man die Auszeichnungen nicht richtig an die Einzelnen abgeben.«[4]

In dieser Meinung kommt freilich noch eine tiefere und weitere Sorge zum Ausdruck. Die radikalste Auswirkung dieses neuen Kriegsinstruments und des ihm zugrunde liegenden Reichtums ist die Schwächung des Status, der politischen Macht und des Vermögens jener Klasse, die ihren Wohlstand und ihre Würde aus dem Ackerbau bezog.[5] Die Flotte stärkt nicht nur das Geld gegenüber dem Boden, sie erhöht auch die Bedeutung des Handwerkers gegenüber den Bauern und eröffnet diesen die Möglichkeit, ihr Land zu verlassen, wodurch die Verödung freilich noch zunimmt.

Die Verteidigung der Aristokratie verbindet sich natürlich mit der Verteidigung ihrer Pfründe und der daran geknüpften Bräuche und Glaubensvorstellungen sowie der bäuerlichen Produktion und ihrer Produzenten. In ihren Augen ist die Akkumulation handwerklichen Wissens zugleich nutzlos und unmöglich. Darin kommt die Weigerung zum Ausdruck, ein Wissen zu vermehren, welches das Handwerk fördern und eine Klasse von Menschen dazu ermutigen könnte, ihre produktiven Fähigkeiten zu erweitern und zu festigen. Um eine solche Erweiterung zu verhindern, hätte Platon am liebsten Gesetze erlassen, die den Erwerb neuer Fähigkeiten verbaten. Die Konsequenzen solcher Maßnahmen wurden dabei klar gesehen, denn sie erfahren folgenden Einwand:

»Offenbar würden uns alle Künste gänzlich untergehen und könnten sich auch in Zukunft gar nicht wieder erzeugen wegen des das Forschen untersagenden Gesetzes.«[6]

Dieses Kastenregime, das die Berufsstände regelt und in ein festes Korsett zwängt, erscheint ihm geeignet, einen Zustand zu bewahren, in dem die landbesitzende Aristokratie sich frei von jeder Bedrohung fühlen kann:

»Dies ist also in einem Staate vor allen Dingen einzuführen: kein Eisenarbeiter soll zugleich Holzarbeiter sein, und kein Holzarbeiter soll sich um andere, die Eisenarbeiter sind, mehr bekümmern als um sein eigenes Geschäft, – etwa unter dem nichtigen Vorwand, er müsse eben für viele Sklaven sorgen, die ihm als Handwerker dienten, und da sei es natürlich, wenn er sich um sie mehr bekümmere; sein Einkommen aus dieser Erwerbsquelle stelle sich höher als das aus seinem eigenen Geschäfte. Nein, in unserer Stadt soll jeder einzelne bloß eine Arbeit und von dieser zugleich seine Nahrung haben.«[7]

Noch direkter wird der Angriff auf das Handwerk, wenn man es, einer alten ägyptischen Tradition folgend, die hier wieder aufgenommen wird, für untergeordnet erklärt, während Ackerbau, Kriegsführung und Pferdezucht als edel gelten. Xenophon zeigt hier eine Einstellung, die er gerne allgemein anerkannt gesehen hätte:

»Du hast Recht, Kristobulos, erwiderte Sokrates. Denn die sogenannten Handwerke sind verrufen und genießen mit Recht keine besondere Achtung. Denn sie zerrütten den Arbeitern wie den Werkführern die Körper, indem sie dieselben zum Sitzen und zum Stubenluftschlucken nötigen, manche auch verlangen, daß man den ganzen Tag beim Feuer zubringe.«[8]

Kristobulos pflichtet dem bei und fragt Sokrates, welches die ehrbarsten Künste seien. Der antwortet:

»Sollten wir uns wohl zu schämen haben, den Perserkönig nachzuahmen? Es heißt ja, daß dieser den Landbau und die Kriegskunst zu den ehrenvollsten und notwendigsten Beschäftigungen rechne und gerade diesen beiden seine ganz besondere Sorgfalt widme.«[9]

Ausgerechnet der Perserkönig, Herrscher eines despotischen Reiches, in dem kein anderes Gesetz als die eigene Willkür regiert, ein Freund des Krieges und durch Gewalt reich geworden, wird hier zum Vorbild der Stadt Athen gemacht, jener Stadt, die ihn gerade dank ihrer Kriegsflotte besiegt hat, als er Griechenland bedrohte. Bei den Thermophylen und in Plätäa machte der Heldenmut dieser Männer ihnen alle Ehre, und in Marathon grenzte ihr Lebenswille ans Erhabene. Dennoch blieb Xerxes Sieger. In Salamis aber wurde die Schlacht von der Flotte entschieden. Die

Athener hatten die Wahrheit jenes Aphorismus des Xenophanes belegt: »Denn unsere Kunst ist weit besser als die Kraft der Männer und Pferde.« Doch riefen die Zeugnisse dieser Geschichte bei Sokrates, der selbst daran teilgenommen hatte, oder bei Xenophon, der hier schreibt, nicht das Echo hervor, das man hätte erwarten können. Denn er vertritt weiterhin die alten Vorstellungen, wenn er sagt:

»Alle Gewerbe zu erlernen schien uns einerseits nicht möglich zu sein, andererseits gefiel es uns, in Übereinstimmung mit den Staaten die gemeinen Gewerbe zu verwerfen, weil sie sowohl die Körper herunterbringen, als auch die Seelen entkräften. Der unzweideutigste Beleg hiefür aber stelle sich heraus, wenn man im Augenblick, wo die Feinde ins Land dringen, die Landbauer und die Handwerker in zwei Theile sondern und getrennt von einander beide fragen wollte, ob ihnen gut dünke, das Land zu vertheidigen, oder, den Grund und Boden preisgebend, hinter den Mauern Schutz zu suchen. Denn in diesem Fall, waren wir überzeugt, würden die des Landbaus Beflissenen dafür stimmen, zur Vertheidigung zu schreiten, die Handwerker dagegen, nicht zu kämpfen, sondern ruhig bei dem zu bleiben, wozu sie erzogen sind, unbehelligt von Anstrengungen und Gefahren.«[10]

Aber steht nicht der Bauer in Wirklichkeit dem Kriegshandwerk nahe, und gilt er nicht als ein Mensch, der stets bereit ist, aufs Schlachtfeld zu eilen? Zudem ist der Ackerbau, darin dem Krieg ähnlich, kein Handwerk. Müßte man beide deshalb zu den *technai* zählen? Mit Sicherheit nicht. Die *techne* ist ein spezialisiertes Wissen; sie erfordert eine Ausbildung und verfügt über geheime Erfolgsrezepte; und da sie die Menschen in den Werkstätten festhält, verlieren diese ihre Vertrautheit mit den physischen Gefahren. Der Ackerbau dagegen bedarf keiner speziellen Ausbildung, hat keine Geheimnisse und wenn die Menschen darin unterschiedlichen Erfolg haben, so nicht, weil sie verschieden viel wüßten, sondern weil sie ein unterschiedliches Maß an Mühe aufbringen. Auch Mut braucht der Bauer, ob er nun Tiere züchtet oder den Unbilden der Witterung standhält. In all diesen Punkten kommt die Landwirtschaft dem Krieg nahe – wohl verstanden, dem aristokratischen Krieg – als einer menschlichen Praxis und Lebensform und entfernt sich vom Handwerk, vom Handel und von der Seefahrt.

In diesem ökonomischen, politischen und philosophischen Rahmen erhält die Handarbeit, die handwerkliche Arbeit eine Bedeutung, die ins Negative tendiert. Diese Arbeit verachten heißt nicht nur seine Feindseligkeit gegen den Handwerker und seine physische Tätigkeit ausdrücken; vielmehr erstreckt sich dies Ressentiment auch auf den Händler, der mit ihm einhergeht.[11] Die Bedrohung, die diese beiden Gruppen für die Aristokratenklasse darstellen, sind auf ökonomischem und politischem Gebiet spürbar: Dort liegt die Wurzel für das negative Urteil über die Handarbeit. Es sei nochmals wiederholt: Es geht nicht um *irgendwelche Arbeit*, sondern um die des Handwerkers.[12] Die Arbeit und die Routinen des Bauern werden glorifiziert, werden für edel und heilig gehalten. Gewiß, die Elogen gelten der Landwirtschaft im allgemeinen, dem universellen Wesen der Landwirtschaft, das im Boden und seinem Eigentümer personifiziert ist. Man denkt nicht an die Vielfalt der Arbeiten, an das Melken der Kühe, an die Bedienung der Mühlen, ans Abbrennen der Felder oder ans Akkern, an Tätigkeiten also, die durchaus nicht edler – oder weniger manuell – erscheinen als die Tätigkeiten des Töpfers oder des Schmiedes. Plutarch hat diese Ansicht, welche die niedrigen Künste, die Handarbeit, verurteilt, um den Adel der Muße und des Landbaus zu preisen, in vielfachen Abwandlungen dargestellt. Über Lykurg schreibt er:

»Dies war ja einer der großen und beneidenswerten Vorteile, die Lykurg seinen Mitbürgern verschafft hatte: die reichliche Muße, da es ihnen nicht gestattet war, irgendein niederes Gewerbe zu treiben.«[13]

Dies ist das Leitmotiv eines Teils des griechischen Denkens, eines Teils der griechischen Gesellschaft und dann auch des römischen Denkens und der römischen Gesellschaft. Handwerker und Händler müssen Fremde oder Sklaven bleiben, um die grundlegenden politischen oder ökonomischen Ziele zu rechtfertigen und ihnen eine ideale Bedeutung zu verleihen; das heißt, die Arbeit des Handwerkers ist der verachtete Teil der Arbeit, der von der Hand, vom Körper, ohne Verstand und gewissermaßen ohne Wissen ausgeführt wird. Im Vergleich zur quasi religiösen Tugend des Ackerbaus gelten die geschickte Anwendung der Hand und die den Sinnen auferlegte Disziplin als inferior, sind weniger mit der Erkenntnis der himmlischen Zeichen, der Gesetze und Notwendigkeiten des Krieges befaßt.

Offensichtlich zeugen diese Argumente von einer einseitigen Interpretation der Realität. Objektiv gesehen, ist die Arbeit des Bauern mindestens ebenso erhaben oder beschränkt wie die des

Handwerkers. Auch ist die Ausübung handwerklicher Tätigkeiten durchaus keine niedrige Beschäftigung, das heißt auf Sklaven beschränkt. Natürlich gibt es in Athen und Rom wie vorher in Ägypten oder Mesopotamien Sklaven, die ein Handwerk ausüben. Aber es gibt keine historische Untersuchung, die bewiesen hätte, daß diese Arbeit den Sklaven vorbehalten gewesen wäre. Deshalb darf man den Grund für die Verachtung der Arbeit weder in der Struktur der Arbeit selbst noch in den sozialen Bedingungen derer, die sie verrichten, suchen. Und finden diese nicht auch ihre Verteidiger? Auf immer bleibt der Name des Anaxagoras mit der Glorifizierung der Hand verbunden, mit der Glorifizierung der Hand als des wesentlichen Instruments der Umwandlung der menschlichen Natur und als des sichtbaren Zeichens des *nus*, dieser so tief verehrten höheren Vernunft. Obwohl Platon für die Aristokratie Partei ergreift, macht das Handwerk vom vierten Jahrhundert an entscheidende Fortschritte, und in Alexandria findet man bald die ersten Ingenieure. Der große Philosoph und Mathematiker Pappus weist die Ideen ausdrücklich zurück, die, von einer Fraktion der griechischen Philosophie systematisiert, ein großes Publikum hätten finden können:

»Die Geometrie«, schreibt er an seinen Sohn Hermodoros,[14] »verliert durchaus nichts, wenn sie eine Reihe von Künsten durch die Anwendung ihrer Erkenntnisse befördert, ja es scheint mir, daß sie durch diese Förderung der Künste würdiger und schöner wird, ganz wie es sich geziemt.«

Die Ergebnisse der geistigen Arbeit können sich so mit der im eigentlichen Sinne manuellen Arbeit verbinden. Im übrigen zeigt sich der relativ äußerliche Charakter dieses Widerstandes bei Aristoteles; obwohl er ihm zustimmt, erklärt er doch, daß jeder wirklich begabte Mensch die Arbeit seiner Hände liebt:

»Der Grund dafür ist, daß das Dasein für alle ein wählenswertes Gut und ein liebenswertes ist . . . Das Werk *ist* nun gewissermaßen der Schöpfer, sofern er wirkend ist, und deshalb liebt er sein Werk – weil er das (wirkende) Leben liebt.«[15]

Die so lebhaft proklamierte Trennung von Hand- und Kopfarbeit verweist uns also auf die Trennung der natürlichen Kategorien, insofern diese mit einer sozialen Klasse verbunden sind und den Beziehungen entsprechen, die diese Klasse zu den übrigen unterhält. Die Rechte, die aus den Eigentumsgesetzen folgen, schließen Herrn und Knecht, Besitzenden und Besitzlosen, in einen sozialen und ökonomischen Zyklus ein, in dem der eine dem anderen gegenübertritt wie die Nichtarbeit der Arbeit, der reine Verbraucher dem Produzenten oder der Leitende dem Geleiteten. In den Kämpfen, Bürgerkriegen und politischen Verhandlungen geht es um den Reichtum, und zwar ganz gleich welchen materiellen Ursprung er hat, ob er aus der Landwirtschaft oder aus dem Handwerk stammt. Parallel dazu erlangen andere Konfliktquellen Bedeutung. Neue Ressourcen stellen den Inhalt des Eigentums und dessen Dauerhaftigkeit in Frage und rufen damit neue Besitzende und neue Besitzlose auf den Plan. Wie schon bemerkt, erscheinen neben dem Aristokraten und dem Bauern der Handwerker und der Händler. Ein Verlust an politischer und ökonomischer Substanz ist die Perspektive, die den ersten beiden Gruppen vor Augen steht. Will eine Klasse diesen Substanzverlust verhindern, muß sie die »Neuarmen« geradeso wie die »Neureichen« bekämpfen, das heißt jene natürliche Kategorie, welche die materiellen Grundlagen, die Fähigkeiten und die Reproduktionsweisen der Arbeit symbolisiert, mit denen die »Neureichen« – nichts anderes als eine neue herrschende Klasse – ihr Wohlergehen und ihre Macht sichern. Der Kampf für oder gegen diese Kategorie ist eine *Form* des Kampfes zwischen sozialen Klassen. Ziel dieses Kampfes ist die Beherrschung des Naturzustandes und der Produktivkräfte, die ihn sozial zum Ausdruck bringen, und *ipso facto* die praktische und ideologische Aufrechterhaltung der staatlichen und politischen Strukturen, die diesem Naturzustand entsprechen.

II. Der Streit der Künste und der höhere Handwerker

1. Freie und mechanische Künste

In der Antike war die Geringschätzung der handwerklichen Arbeit, und zwar der feinsten wie der grobschlächtigsten, Ausdruck konkreter Bemühungen, die Ausbreitung des Handwerks zu verhindern. Die mittelalterliche Welt, in der die Landwirtschaft eine herausragende Stellung einnahm, löste sich auch nicht radikal von dieser Haltung, sondern gab ihr eine theologische Formulierung und umgab sie mit einer gewissen Aura. Zwar tolerierte sie das Handwerk und förderte es sogar, aber wirkliche Achtung empfand sie nur für das alte Dreigestirn des Bauern, des Kriegers und des Priesters (oder des Redners). Wort und Denken, beide frei von jeder Beimischung aus der Welt der Hand und der Stoffe, sind Tätigkeiten einer höheren Ordnung. In den Verästelungen jeder Grammatik gilt es, nach dem Grad der Abhängigkeit zu suchen. Eine merkwürdige Arithmetik verbindet Sprachakt und empirische Handlung, liefert die Regeln für ihre Verbindung und setzt die Kriterien, nach denen man eine Kunst den *artes mechanicae* oder den *artes liberales* zuordnet und sie für würdig oder unwürdig eines freien Mannes bestimmt. Das Mittelalter hat diese Unterschiede systematisiert und sie zu einer strengen Hierarchie der Künste und ihrer Ausübenden ausgebildet. Die *artes mechanicae,* in denen Hand und Werkzeug zur Anwendung kommen, nehmen in der Regel eine untergeordnete Stellung ein. Die *artes liberales,* die sich vornehmlich dem Wort und der Reflexion widmen, gelten als höhere Künste.[17]

So mußte der Künstler-Ingenieur, als er in der Renaissance[18] eigene Konturen gewann und sich zur natürlichen Kategorie konstituierte, seinen Ort unter den übrigen Handwerkern bestimmen, seine Besonderheit herausstellen und einen gesellschaftlichen Ausdruck[19] für sein Wissen finden, das ihn vom übrigen Handwerk abgrenzte.[20] Mit anderen Worten, diese Kategorie mußte sich durch ein für die Gesellschaft sichtbares Kriterium abgrenzen, ein Kriterium, das die Anerkennung ihrer Kunst als einer höheren sicherstellen und sogar ihre Überlegenheit gegenüber dem übrigen Handwerk zum Ausdruck bringen konnte. Dies konnte sie nur, indem sie sich den *artes liberales* zugehörig vorstellte, das heißt als eine Kunst, bei deren Ausübung das theoretische Denken eine Rolle spielt;[21] sie mußte ihre Tätigkeit als geistige Arbeit ausweisen. Nur so konnte sie auf eine normale Entwicklung ihrer schöpferischen Fähigkeiten und auf ein ausreichendes Entgelt hoffen.

Mit der Technik des Ingenieurs – und aufs engste mit ihr verbunden – erfährt eine ganze Gruppe von Künsten eine Aufwertung und wertet diese wiederum auf. Insbesondere gilt dies für Bildhauerei und Malerei. Ihr Bild muß, wie wir es schon bei der Mechanik gesehen haben,[22] grundlegend verändert werden. Für Cennino Cennini ist die Malerei noch eine manuelle Kunst:

»Die Malerei ist eine Kunst; sie verlangt Phantasie und manuelle Geschicklichkeit; sie will hinter den aus der Natur bekannten Formen neue Dinge finden und sie vermittels der Hand so ausdrücken, daß man für wirklich hält, was dies gar nicht ist.«[23]

Das ist noch die handwerkliche Einstellung des Mittelalters. Alberti, Leonardo da Vinci, Michelangelo, Dürer und alle Künstler-Ingenieure brechen mit dieser Tradition. Für sie ist die Malerei eine Erkenntnisweise, eine Kunst, die ein intellektuelles Wissen erfordert, kurz, sie gehört zu den *artes liberales*. Nicht die manuelle, materielle Tätigkeit schafft den Unterschied, sondern der Niederschlag eines besonderen Verstandes im Werk. Die Hand bedeutet keine Abwertung dieser Tätigkeit, die wissenschaftliche Erkenntnis aber wertet sie auf. Auf eine untergeordnete Stellung verweisen Werkzeug und physische Tätigkeit nur dann, wenn sie nicht zugleich auf ein hervorragendes Wissen zurückgreifen. Darum der Rückgriff auf Mathematik, auf Messung und Konstruktion nach dem Vorbild einer geometrischen Wissenschaft, die der Tätigkeit Würde verleiht. Freilich zeigen sich im Detail Widersprüche.

Leonardo da Vinci beruft sich auf das alte Einteilungsprinzip der Künste, als es ihm darum geht, die Überlegenheit der Malerei insbesondere gegenüber der Bildhauerei zu beweisen:

»Die Bildhauerei ist keine Wissenschaft, sondern eine sehr mechanische Kunst, denn wer sie ausübt, den kostet sie viel Schweiß und körperliche Anstrengung.«

Eines der Ziele seiner *Abhandlung über die Malerei* ist es, sie als freie Kunst auszuweisen, die Zeichen der sozialen Stellung zu beschreiben, die dem höheren Handwerker zustehen, und daran zu erinnern, wieviel diesen vom einfachen Handwerker trennt.

Dennoch ist Leonardo da Vinci, wie die übrigen höheren Handwerker der Renaissance, zugleich auch Bildhauer, Mechaniker, Militäringenieur usw. Deshalb behauptet er auch vehement den geistigen Charakter all dessen, was im Zusammenhang mit Instrumenten und manuellen Tätigkeiten steht:

»Und wenn du sagst, daß die wahren und anerkannten Wissenschaften von der Art der Mechanik sind, weil sie manuell verfahren, so sage ich, dies gelte auch für alle Künste von der Art der Zeichenkunst: Die Astrologie und die übrigen kommen nicht ohne manuelle Verrichtungen aus; aber zunächst sind sie geistiger Natur wie die Malerei, die im Geist des Künstlers liegt und nicht ohne manuelle Tätigkeit vollendet werden kann.«

Scheinbar vertritt er hier eine bei den Handwerkern weitverbreitete Auffassung, die auch Cennini anführt:

>Grundlage aller Kunst und Anfang aller manuellen Arbeit sind Zeichnung und Farbe.<[24]

Aber das Zeichnen ist zu einer quasimathematischen Disziplin geworden: zur Perspektive. Deren Anwendung erfordert ein vertieftes Wissen und eine ganze Reihe von Vorbereitungen, von Urteilen geometrischer Art sowie von Messungen, so daß die manuelle Ausführung schließlich nur noch den Abschluß bildet. Die Bedeutung des Ausdrucks >geistig< variiert freilich. Wer die Überlegenheit der Ingenieurskunst in der Bedeutung sähe, die dem Wort und dem reinen Denken darin zukommen, der würde das Wesen der Geschicklichkeit des Ingenieurs und sein Interesse für die materiellen Phänomene, für Mathematik und Erfindung verkennen. Das geistige Element wird durch die Disziplin des Zeichnens vertreten. Francesco di Giorgio Martini verknüpft das Schicksal der freien Kunst mit der Qualität des Zeichnens. Wenn er auch einen gewissen mechanischen, manuellen Aspekt zugesteht, so insistiert er doch auf ihrer Nützlichkeit:

>Und wenn man sie (die Zeichenkunst) bei uns auch für niedrig und den übrigen mechanischen Künsten unterlegen hält, so muß man doch sehen, wie nützlich und notwendig sie in allen menschlichen Werken, in der Erfindung, in der Erklärung von Begriffen, in der Praxis und in der Kriegskunst ist . . .<[25]

Mit einer Beharrlichkeit, die Wiederholungen nicht fürchtet, finden die Ingenieure stets dieselben Argumente, um zu beweisen, daß ihre Geschicklichkeit geistigen Charakters ist, und um jene Gegenargumente zu entkräften, die auf Instrumente, Gleichungen und manuelle Fertigkeiten verweisen. Das Ergebnis ist eine völlige Umkehrung: Eine Kunst oder eine Disziplin, die ohne die Hand auskommen,[26] ohne die Hand, die ein mechanisches Instrument führt, sollen nun der Aufmerksamkeit nicht wert sein und keinerlei Gewißheit bieten können. Wo diese Verbindung zustande kommt, ist vom niederen Charakter manueller Tätigkeit nicht mehr die Rede. B. Lorini mahnt die für die Kriegsführung Verantwortlichen, die dem Vorurteil verfallen sind und die Zeichenkunst mit Geringschätzung betrachten zu können glauben:

>Wer die Zeichenkunst verachtet und sagt, sie sei das Werk von Mechanikern und Menschen niederen Standes, der ist ohne jeden Zweifel in einem tiefen

Irrtum befangen und darum notwendig auch in seiner Kriegsführung unvollkommen.«[27]

Die Bezeichnung »mechanisch« wird langsam zu einem Ehrentitel, der eine solide und ruhmreiche Vergangenheit aufweisen kann. Wer diesen Titel trägt, kann sich, auch wenn er einem höheren gesellschaftlichen Stand angehört, der Ausübung dieser Kunst rühmen[28] und zum Beleg die – neu interpretierte – Geschichte anführen. Der Ingenieur Jacques Besson wendet sich folgendermaßen an François d'Hastings:

»Edler Herr, wenn ich bei meiner Unbedeutendheit die Kühnheit besitze, Euren erlauchten Namen mit irgend etwas, das von mir kommt, in Verbindung zu bringen, so scheint dies erst recht ein schwerer Fehler und unentschuldbar zu sein, zumal die Bezeichnung ›Mechaniker‹, mit der man die Urheber der in diesem Buch beschriebenen Arbeiten belegt, durchaus den Inhalt des Werkes trifft. Was nun den letzten Punkt angeht, so werden alle, die wissen, daß das Wort ›Mechanik‹ aus dem Griechischen stammt (und dort nichts andres als einen Erfinder oder Hersteller von Maschinen und Vorrichtungen benennt, deren Verwendung sich auf alle Lebensbereiche in Kriegs- und Friedenszeiten bezieht), diese ausgezeichnete Wissenschaft (und ich sage ganz bewußt: Wissenschaft) nicht nach den gängigen Vorstellungen, sondern nach der Wahrheit beurteilen werden.«[29]

So also kann sich die Bezeichnung Mechanik, von der man sagte, sie stamme von »moechus«, Bastard, auf eine hochgeschätzte griechische Tradition stützen, und alle die Stereotype, die daran geknüpft sind, als Gemeinplätze abtun. Es wird nun zur Gewohnheit, sich auf diese Tradition zu berufen und sich zum Abkömmling der großen Ingenieure von Alexandria und Syrakus zu erklären, wobei man die äußerst populären Äußerungen Plutarchs zu seinem Nutzen wendet. Archimedes, Heron, Archytas, das sind die großen Genies, unter deren Schirmherrschaft man sich begibt und deren Werk man fortsetzt. Die Würde der Mathematik wird zur Würde der Ingenieurswissenschaft schlechthin. Die Künste sind nicht länger frei oder mechanisch, sondern mathematisch und erfinderisch – oder nicht. Die alte Dichotomie wird einstweilen außer Kraft gesetzt, und das Universum selbst kann nun mit eigenen Händen arbeiten. Der Siegeszug einer neuen Arbeit wie auch einer neuen Geistigkeit und die Konstitution neuer materieller Grundlagen drängen sich einem Teil der Gesellschaft auf, die Antagonismen verlieren ihre Festigkeit.[30]

2. Schlußbemerkung

Wenn die Ingenieure ihr Recht auf Eigenständigkeit beweisen, neue Ressourcen und eigene Talente entwickeln und die Gesellschaft zwingen wollen, sie zu akzeptieren, so erfordert all dies einen unablässigen Kampf gegen die Mächte, die ihnen Widerstand bieten. Einerseits ist dies der enge Rahmen der Handwerkszünfte mit ihren Reglementierungen und tiefverankerten Bräuchen, welche die Aktivität und die Reproduktionsweise der Mechaniker behindern.[31] Auf der anderen Seite die abgeteilte und hierarchisierte Welt der Feudalgesellschaft, die in ihnen einen Handwerkszweig sieht, sie auf eine subalterne Stellung fixiert und ihnen die Möglichkeit einer unabhängigen gesellschaftlichen Existenz verweigert. Die Annäherung an die »freien« Künste gestattet es, den Gehalt des eigenen Könnens aufzuwerten und ein nicht wieder aufzuhebendes Kriterium für den Bruch mit dem gesamten Handwerk bereitzustellen. Zugleich schafft sich der Ingenieur eine Stellung in der Gesellschaft; es gelingt ihm, sich auf einem Niveau zu integrieren, das seinen Erfordernissen und den Diensten, die er bietet, entspricht. So stellt die Trennung von Kopf und Hand einen ökonomischen Ausdruck der Beziehungen zwischen natürlichen Kategorien dar und trägt daher zur Betonung ihres Klassencharakters bei. Aus dem bloßen Unterschied wird sozial sanktionierte und konsolidierte Ungleichheit. Der Einschnitt, der seinen Ursprung in der natürlichen Teilung hat, wird nicht im Verhältnis zu dem jeweiligen materiellen Bereich gesehen – der Ingenieur im Verhältnis zu den unbelebten Kräften und der Handwerker im Verhältnis zum Rohstoff –, er wird vielmehr auf die hierarchische Ordnung der Sozialstruktur übertragen.

Umgekehrt – und deshalb habe ich hier das griechische Beispiel angeführt – gibt sich eine Klasse, die im Kampf um ihren Reichtum zugleich auch für die zugrunde liegende Produktivkraft kämpft, einen natürlichen Inhalt. Ihr geht es darum, die kollektiven Beziehungen, die ihre Macht garantieren, zu stärken, und diese Beziehungen haben eine bestimmte Interaktion mit den materiellen Kräften, eine bestimmte Reproduktionsweise der Arbeit zur Voraussetzung. Jede Veränderung zieht ihr den Boden unter den Füßen weg und vernichtet die objektiven Grundlagen ihrer Existenz. In Hand- und Kopfarbeit manifestiert sich der Antagonismus zwischen einer sozialen Klasse und einer anderen sowie der Gruppe von Produzenten, aus der letztere durch soziale Arbeitsteilung hervorgegangen ist. Umgekehrt geht die Teilung der natürlichen Kategorien in diesen Antagonismus als einer seiner Teile ein und übernimmt dessen Merkmale. Dort ist sie dann als solche nicht mehr erkennbar, ist gleich zweifach verschleiert, einmal, insofern die Beziehungen zwischen den natürlichen Kategorien als Beziehungen zwischen sozialen Klassen erscheinen, und zum anderen, insofern umgekehrt die Beziehungen zwischen den sozialen Klassen als Beziehungen zwischen natürlichen Kategorien auftreten. Sozialisierung einerseits und Naturalisierung andererseits tendieren dahin, den trennenden Abstand zu verkleinern. Auch schiebt sich diese Kluft zwischen die geistige und die manuelle Arbeit, spaltet, was als Einheit unmittelbar sichtbar ist, und schafft so den Eindruck, als handelte es sich wirklich um Körper und Geist, Hand und Kopf. Dadurch erscheinen zwei heterogene Beziehungen als homogen – die sozialen Beziehungen und die auf die biologische Dimension reduzierten natürlichen Beziehungen – und zwei homogene Beziehungen als heterogen, nämlich die der natürlichen Kategorien einerseits und der sozialen Klassen andererseits. Der Klassenkampf erscheint dann als natürliche Teilung und die natürliche Teilung als Klassenkampf. Dadurch spinnen sich noch feinere Fäden zwischen denen, die Eigentum und Reichtum meinen, und denen, die Stoff und Talent meinen; die Herren der Gesellschaft betrachten sich als Herren der Natur. Doch die sich da solcherart benachteiligt finden, haben stets einen Trost, denn auch die Herren waren vormals Knechte, und nach ihrem Sieg werden auch die Knechte Herren sein.

Seiner falschen organischen Aura entkleidet, ist dies die Bedeutung des Gegensatzes von Hand- und Kopfarbeit. Er ist Ausdruck der Teilung der natürlichen Kategorien in einer Reihe von Gesellschaften, die ein unabhängiges historisches Prinzip entwickelt haben. Daher seine Bedeutung und daher auch jene Einheit zwischen der Geschichte unserer Natur und der Geschichte der Gesellschaftsordnungen, die vom Klassenkampf beherrscht werden.

Zweites Kapitel:
Die Herrschaft über die Gesellschaft
und die Eroberung der Natur

I. Der natürliche und der politische Körper

Die Juristen des Königtums waren zu dem Schluß gekommen, daß der König zwei Körper habe: einen natürlichen und einen politischen Körper. Sein natürlicher Körper war sterblich; er war dem Verfall und den Krankheiten des Alters und allen Zufällen ausgesetzt, die einem einzelnen Organismus zustoßen können. Sein unsichtbarer, unberührbarer politischer Körper dagegen war unverletzlich, wenn er die Geschicke des Reiches lenkte und für das »Gemein«wohl sorgte.[1] Diese Fiktion ist ein Symbol für die Autonomie der sozialen Beziehungen von den natürlichen Verhältnissen, ganz wie die Trennung von Kopf und Hand auf indirekte und unscharfe Weise die wechselseitige Abhängigkeit dieser Verhältnisse zum Ausdruck bringt. In ihrer Feinstruktur präsentiert uns diese Fiktion darüber hinaus eine Reihe von hierarchisch abgestuften sozialen Ordnungen, von denen die einen das Recht auf Genuß, die anderen die Pflicht haben, diesen Genuß zu ermöglichen, wobei die ersteren dazu bestellt sind, zu herrschen und zu konsumieren, während die anderen zum Gehorchen und zum Produzieren bestimmt sind. Der Geist strömt auf einem Pol zusammen, der Stoff zieht sich auf den anderen zurück. Die Hierarchie und der Gegensatz, die daraus resultieren, sind zugleich auch Hierarchie und Gegensatz von sozialem und natürlichem Universum. Diese Verdopplung der Sphären und ihres jeweiligen Wissens ist eine Errungenschaft der Zivilisation – und nicht die einzige. In diesen Ordnungen richtet die obere Klasse ihre Anstrengungen direkt auf die Beherrschung der Aneignungsinstrumente und des Staates, die untere Klasse auf die Arbeit und die ihr entsprechenden Ressourcen. Die Künste und Wissenschaften, die für die erste Klasse entscheidend sind, wenden sich an die verschiedenen Aspekte der Gesellschaft; die Künste und Wissenschaften, die der zweiten vorbehalten sind, haben es vor allem mit der materiellen Welt zu tun. Diese Tatsache verdient Beachtung: Die zivilisierten Gemeinschaften kennen zwei Arten von Disziplinen, zwei Bildungssysteme, deren eines sich auf Gesellschaft, das andere sich auf Natur bezieht. Mehr denn politische oder religiöse, wissenschaftliche oder technische Produkte sind die Bildungseinrichtungen Ausdruck der Lage und Intention sozialer Gruppen. Die Bedeutung dieses Ausdrucksverhältnisses wird beständig unterschätzt; sie sind wenig bekannt und noch weniger untersucht, weil sie auf eine besondere Realität verweisen. Dennoch sollten wir uns mit dieser Realität befassen, denn in ihr scheinen sich die tiefsten Spuren einer Entwicklung abzuzeichnen. Vor allem können wir darin den privilegierten Charakter eines Wissens beobachten und uns klarmachen, daß die Menschen stets auf unterschiedlichen Wegen für die Gesellschaft oder für die Natur erzogen und ausgebildet wurden. Cicero schreibt in *De officiis*:

»Was daher bei leblosen Dingen und was bei Nutzung und Behandlung von Tieren nützlich ist für das Leben der Menschen, das wird durch mühevolle Künste zugeteilt, der Menschen Eifer aber, der rasch zur Hand und bereit ist zur Mehrung unserer Dinge, wird durch hervorragender Männer Weisheit und Tüchtigkeit geweckt.«

Die Vorzugsstellung, die allem eingeräumt wird, was die herrschende Klasse berührt, verleiht auch den Beziehungen einen privilegierten Charakter, die sich an die ökonomischen und politischen Interessen sowie an die Rationalität der damit verbundenen Tätigkeit knüpfen. Die von den materiellen Ressourcen hervorgebrachten Züge und die Reproduktion der Talente finden sich in die unteren Bereiche verwiesen, da sie sich auf die untersten Stufen des Staates beziehen. Von den beiden Kriteriengruppen, durch die sich die Menschheit abstrakt von den Tieren unterscheidet – und in der Realität die Menschen untereinander –, Eigentum und Sprache einerseits, Geschicklichkeit und Arbeit andererseits, wird die erste in den Vordergrund und die zweite in den Hintergrund geschoben. Die Gruppe der Herrschenden will den Menschen sozial und politisch, so wie er ihn ausschließlich für berufen und fähig hält, ihn zu verkörpern – Verfeinerung der Sitten, Fähigkeit zur Kommunikation oder zur Ausübung von Herrschaft usw. Nur die Beziehungen dieser Gruppe zu den verschiedenen Teilen der Gemeinschaft verdienen Interesse. Der Rest, das heißt vor allem die Beziehungen zwischen den »Trägern der Erfindung« oder einfach zwischen Menschen, die ihre Fähigkeiten nutzen –

also die natürlichen Beziehungen –, muß aus dem Bewußtsein ausgeschlossen werden. All das gehört zur Ausstattung einer Menschheit, die niemals im Vordergrund steht und die auf den Bereich der ihrer Ziele unbewußten Anstrengungen beschränkt bleibt. Die Kluft, welche die Gesellschaft von der Natur trennt, hat, wie man sieht, keine geheimnisvollen Ursachen: Es ist dieselbe Kluft, die auch die Klassen der Gesellschaft voneinander trennt.

II. Die Beherrschung der Gesellschaft

1. Das Wissen von der Natur, das Wissen von der Gesellschaft und die Wissenschaft der Macht

Die Herstellung des sozialen und politischen Bezuges stellt in der Tat eine Neuerung dar. Sie bringt einen Bruch mit jenen Gesellschaften zum Ausdruck, in denen die Verwandtschaftsbeziehungen und lokale Gemeinschafts-, Arbeits- oder Aneignungsverhältnisse vorherrschten. Der Gesellschaftskörper sieht sich nun als ganzer verantwortlich für seine Angelegenheiten, für seine Entwicklung und seine Geschichte. Diese Entdeckung lehrt ihn die Notwendigkeit, angemessene Fähigkeiten für die Probleme, auf die er trifft, und für die Prozesse, die ihm eigen sind, zu entwickeln. Zugleich ermöglicht es der Antagonismus der Klassen, die jeweils die andere zu ihrem Mittel zu machen suchen, einem jeden, eine gewisse Distanz einzunehmen und sich quasi objektiv mit der Analyse der politischen, ökonomischen u. ä. Probleme oder mit der Schaffung von Herrschafts- oder Verteidigungsinstrumenten zu befassen. Die unmittelbarste Folge dieser zweifachen Autonomie der Gesellschaft gegenüber der Natur und gegenüber ihrer eigenen früheren Form ist die Individuierung der sie betreffenden Kenntnisse. Soweit die griechische Philosophie paradigmatischen Charakter besitzt, sieht man auch bei ihr diesen Entwicklungsgang. Zunächst versucht sie, den umfassenden Begriff einer natürlich-sozialen Gesamtordnung zu entwickeln. Die naturphilosophischen Schriften sind zugleich politische Pamphlete. Elemente, die uns heterogen erscheinen, werden in einen direkten Zusammenhang gebracht und verbinden sich zu einer kaum lösbaren Einheit.[3] Noch die Idee des Kosmos stammt aus einer bestimmten Vorstellung von Gemeinschaftsleben[4] und zeigt, auf das Universum übertragen,[5] wie es etwa in den Schriften des Anaximander geschieht, eine vollkommene Kontinuität zwischen dem sozialen Rahmen und den materiellen Phänomenen.[6] Der beständige Übergang zwischen beiden ist auch für das Denken des Heraklit und des Pythagoras charakteristisch, und Jamblich erklärt letzteren zum Begründer der politischen Kunst,

»wenn er behauptet, daß unter den seienden Dingen nichts Unvermischtes anzutreffen sei: die Erde enthält ein Teil Feuer, das Feuer ein Teil Wasser, und die Elemente ein Teil Luft. Und ebenso ist Ehre mit Unehre vermischt, das Rechte mit dem Falschen, und bei den übrigen Dingen steht es entsprechend.«

Doch trotz dieses Eindrucks von Kontinuität und Einheit lehrt der Blick in die Geschichte, daß

»nicht die Einheit von Natur und Gesellschaft herzustellen die Philosophie aufgerufen war, sondern deren Trennung«.[7]

In Wirklichkeit wird hier eine Philosophie, die zunächst die sozialen Beziehungen und die Naturbeziehungen des Menschen in einer Sicht vereinte und Fähigkeiten betrachtete, die beiden Bereichen gemein waren, zu einer Philosophie, die eine klare Unterscheidung trifft zwischen den Dingen, die im Zusammenhang mit der Gestaltung des sozialen und politischen Lebens stehen, und den Dingen, die den Austausch mit der materiellen Welt betreffen. Sie sanktioniert eine Spezialisierung in Weisheit und Tugend oder in den Künsten, die durch Vererbung und Eigentum gestützt wird. Selbst zu einer Spezialisierung auf Arbeit und Nichtarbeit geworden, trifft sie eine Unterscheidung zwischen Gesellschaft und Natur, wobei sie der einen das Wort zur Mitgift gibt und der anderen das Ding läßt. Wo sind nun die Gründe für diese anfängliche Einheit und deren Auflösung zu suchen? Mit Sicherheit in der Stadt, die in ihren Anfängen jene Merkmale bewahrte, die sie aus den traditionellen Lebensweisen übernommen hatte. Die Ionier gründeten die Stadt bekanntlich entweder durch eine Kolonisierung, deren entscheidendes Ziel die Besetzung von Land war, durch die Vereinigung mehrerer Gemeinschaften zu einer einzigen oder durch die Unterwerfung widerstreitender Fraktionen oder Klassen unter ein gemeinsames Interesse. Hier treffen wir auf eine ganz neue Art von Gesellschaft, eine bis dahin unbekannte Form der Assoziation. Die Adligen haben ihren Einfluß verloren, die Hopliten – kleine bäuerliche Landbesitzer – ihre Position gefestigt; die städtischen Klassen hatten sich etabliert, und die ländliche Welt mußte sich darauf einrichten: Das ist der Schlüssel für ein ursprüngliches Gleichgewicht. Die Reichen sehen sich gezwungen, ihre Macht zu teilen – Klein- wie Großbauern integrieren sich in die Stadt –, ihren Machthunger zu zügeln und das Volk als Partner und politische Kraft anzuerkennen. Die Demokratie ist in dieser Hinsicht gleichermaßen militärisch und sozial. Maßlosigkeit und Ungleichheit werden als Feinde des Zusammenlebens denunziert, als Feinde des Modus vivendi der Gemeinschaft. Jeder Klasse und jedem einzelnen ist eine Grenze gesetzt, deren Überschreitung die Harmonie der Stadt zerstört. Die Stadt schafft ihren Kult und ihre Religion für sämtliche Bürger, die nun als ähnlich und sogar als im Prinzip gleich gelten.[8] In Wirklichkeit bleibt diese Gleichheit freilich eine proportionale, hierarchische Gleichheit und erstreckt sich in keinem Falle auf die Sklaven. Nicht mehr der Erlaß eines Königs, die Willkür einer Klasse oder der Brauch stehen im Zentrum des menschlichen Universums, sondern Gesetz oder Vertrag.

Vor allem in Athen, wo diese Entwicklung sehr deutlich hervortritt, definiert sich die Stadt, insbesondere im sechsten Jahrhundert, als »gemischte« Stadt. Die Reform des Klisthenes stellt einen Kompromiß zwischen dem alten Stammesprinzip, das die Stellung des Bürgers in der Stadt nach den Verwandtschaftsbeziehungen bestimmt, und der neuen Lage her, die aus der Existenz von Berufen und aus einer Lokalisierung der politischen und kommerziellen Aktivitäten resultiert. Die Verteilung der Bürgergruppen erfolgt fortan nach ausschließlich territorialen Gesichtspunkten: Zehn Stämme vereinen Stadt und Land, Reich und Arm, Handwerker und Bauern, Aristokraten und Händler. Die Kraftlinien fließen in einem einzigen Zentrum zusammen, dessen Zweck es ist, das so aus den verschiedenen Fraktionen des Gesellschaftskörpers geschaffene Gemisch zu sanktionieren. Diese Ordnung ist eine menschliche Ordnung, ein gemeinschaftliches Werk, das auf Solidarität und Gegenseitigkeit gründet.

Doch diese Ordnung ist nur eine Phase in der Entwicklung der Stadt, sie sucht zu einer Einheit zu verbinden, was sich nach Aristoteles nicht verbinden läßt,[9] nämlich Armut und Reichtum. Die innere Bewegung dieser Entwicklung und dieses Widerspruches führt notwendig zur Zerstörung des so sorgfältig eingestellten

Gleichgewichtes.[10] Die Stadt wird zum Mittelpunkt für Handwerk und Handwerker. Die Händler setzen sich durch und prosperieren. Ihr Einfluß wächst, und das Geld dringt in die Adern ein, in denen das Blut des Gesellschaftskörpers zirkuliert. Mit dem Geld wird das Eigentum mobil und die zwischenmenschlichen Beziehungen erhalten einen Mittler, der ein abstraktes Zeichen ist. Die bodenbesitzende Aristokratie sieht ihre Vormachtstellung in Frage gestellt, und zwar nicht nur durch den Bauern, sondern auch durch den Handwerker und insbesondere durch den reichen Händler.[11] Die Beziehungen zwischen den Klassen wandeln sich, desgleichen die Zugangswege zu den höheren Staatsämtern.[12] Die Einheit schwindet angesichts der Unterschiede. Der Besitzer von Mitteln gewinnt Oberhand über die Gemeinschaft der Zwecke, der Bürger über die Stadt. Die Stadt, so sieht es Hippodamos,[13] Architekt und Theoretiker der Politik – der erste, wie man sagt –, ist eine diversifizierte Stadt, in der Handwerker und Händler, Soldaten und Bauern, politische Verwaltung und ökonomische Organismen auseinandertreten und je eigene, abgegrenzte Einheiten in einem Teil des sozialen Raumes, einem eigenen Viertel, bilden. Die »reine« Stadt tritt an die Stelle der »gemischten« Stadt, Zwietracht an die Stelle von Eintracht. Der innere Friede wird von Bürgerkrieg,[14] vom Kampf der Klassen und Fraktionen überflutet; das Reich ist da, die alte *polis* löst sich auf. Mit ihr verschwindet auch das alte Verhältnis von Gesellschaft und Natur. Die politische Sphäre erhält eine außergewöhnliche Autonomie und trägt noch zur Vertiefung der sozialen Differenzen bei.[15] In einem Staat, der das gesamte Leben der Bürger regelt, wird die Macht zu einem eigenständigen Tätigkeitsobjekt. Wer sie erlangen will, wer andere beherrschen, eine Versammlung überzeugen und die öffentlichen Angelegenheiten verwalten will, der benötigt eine besondere Ausbildung und eine genaue Doktrin, wie die bürgerliche Welt organisiert werden muß. Gibt es eine dem politischen Leben eigene Kunst? Die in den sozialen Konflikten mobilisierten Menschen wollen es so. Die beteiligten Klassen, die der Händler und der Handwerker oder die der Adligen und die der Bauern, haben ihre eigenen, ihren Interessen entsprechenden Vorstellungen über die Form der Gesellschaft und über die Gruppe, die sie lenken soll. Kann man die politische Kunst lehren, oder besitzt der Oligarch sie allein durch Geburt? Welches ist die beste Verfassung für die Stadt? Das sind die Fragen, die in diesem Augenblick aufkommen. Doch tiefer noch schneiden die Leugnung des gesellschaftlichen Seins des Produzenten und das Verbot, das man gegen die produktive Tätigkeit des Bürgers ausspricht, ins Lebendige ein und verschieben den Horizont eines jeden. Charakteristisch für ihre Koexistenz wird nun, daß sie einander einen Mangel signalisieren. Die Einheit des physikalischen und des sozialen Raumes sowie der Erkenntnis von natürlicher und sozialer Ordnung mit der Gesamtheit der dazu erforderlichen Fähigkeiten zerfällt im Zeitalter des Perikles,[16] nachdem sie zuvor im Zeitalter Solons hergestellt worden war.

Die philosophische Theorie folgt diesem Strom und zeigt die beiden Ordnungen auf. Die geistige Anschauung verzichtet auf Einheit. Jeder Bereich muß seine Probleme selbst lösen, indem er eine eigene Sprache und eigene Reflexionsmethoden entwickelt.

»Und der Unterschied, der so mehr oder weniger bestimmt in der Praxis zwischen den Bürgern im eigentlichen Sinne und der produktiven Klasse gemacht wurde, findet sich in noch weitergehender Fassung auch in der Theorie.« (C. L. Dickinson[17])

Die Sophisten schaffen als erste eine Kunst der Politik als gesonderte Disziplin. Wie der Schuhmacher lernt, Schuhe zu machen, so kann auch der Bürger lernen, eine Versammlung zu beherrschen, einen Gegner zu überreden, seine Parteigänger zu einen und auch dem Staat Gesetze zu geben. Auch Bürger sein ist eine Art Beruf, weil man für seine Teilnahme am öffentlichen Leben belohnt wird. Die sophistische Pädagogik setzt die des Handwerkers fort, in der sie ihr Vorbild und ihre Rechtfertigung findet. Aber sie beschränkt sich nicht auf die Übung von Wort und Gestik. Sie befaßt sich auch mit allen Tätigkeiten, die für den ökonomischen und politischen Bereich typisch sind. Wie könnte es auch anders sein, da doch der Athener, der zu einem Staatsamt kommt, fähig sein muß, ein Schiff auszurüsten, Truppen in den Krieg zu führen und Verträge zu schließen? Durch die politische Kunst erwirbt er eine besondere Fähigkeit, zu der die Verwaltung der Stadt, der Besitz von Mitteln zur Beherrschung von Menschen und die Kenntnis der Erfordernisse der Gemeinschaft als ganzer gehören.

Dennoch ist es kein Sophist, sondern Platon, der die Konsequenzen aus der Autonomie des politischen Universums zieht und jener auf der Individualität der Klassen und ihrem Gegensatz gegründeten Gesellschaft ihren tiefen philosophischen Ausdruck verleiht. Er meint damit der Aristokratie die geistigen Mittel an die Hand zu geben, die sie für die neuen Umstände benötigt. Für ihn besteht die Stadt aus Bürgern und Nichtbürgern; die Bürger – die nicht Produzenten sind – leben einzig der Pflege der politischen oder militärischen Tugend; die Nichtbürger, die Handwerker vor allem, sind Fremde oder Produzenten. Die Gruppe, die sich der Muße, der Macht und der Weisheit erfreut, wird in die höheren Regionen des aufblühenden Wissens erhoben; die Gruppe, die arbeitet, findet sich aller Vorrechte beraubt,[18] so auch des Rechts auf die Leitung der Stadt.

»Das Grundprinzip der platonischen Politik«, bemerkt Emile Durkheim,[19] »liegt also darin, daß die untere Klasse radikal von den beiden anderen abgesondert werden muß, anders gesagt, daß das Wirtschaftsorgan aus dem Staat verwiesen werden muß und keine Verbindung mit ihm besitzen darf.«

Darin liegt durchaus kein Paradox. Wir wissen, wie präzise Platon von den Berufen und den Handwerkern spricht und wie genau er den Sinn der handwerklichen Arbeit begriffen hat. Doch nichts, was nur in irgendeinem Zusammenhang mit ihren Bemühungen, ihren Schöpfungen und ihrer Intelligenz steht, findet Gnade vor seinen Augen. Für ihn ist all das des Menschen unwürdig und verächtlich für den Bürger; nur Sklaven oder Fremde können sich damit abgeben. Wer ein Handwerk ausübt, schließt sich damit unmittelbar aus dem Kreis der Tugend aus und sinkt auf den untergeordneten, nichtmenschlichen Stand des Werdens und des Zufälligen. Die Arbeit zeitigt diese verhängnisvolle Konsequenz, weil sie mit dem politischen Recht, mit der Weisheit und mit dem Grundprinzip der Gattung überhaupt unverträglich ist.[20] Man erinnere sich, daß in der vorausgegangenen Epoche die durch Geschicklichkeit geleitete und nach den Regeln der Kunst gelehrte Arbeit gerade den Übergang von der tierischen zur menschlichen Welt und die Entstehung des Menschen markiert hatten. In einer wirklich radikalen Umkehrung soll diese Arbeit nun ganz im Gegenteil die menschliche Welt auf das Niveau der nichtmenschlichen Welt herabwürdigen, und an ihrer Stelle, in derselben Differenzierungsfunktion, erscheint die politische Weisheit, erscheint das Wissen, das sie ausmacht. Es ist durchaus keine Platitüde, wenn Aristoteles sagt, der Mensch sei ein gesellschaftliches Tier. In seinen Augen tritt hier ein neues Kriterium an die erste Stelle, setzt sich von allen übrigen ab oder stellt sie in den Schatten. So überdeckt und verdrängt das Subjekt der Gesellschaft das Subjekt der Natur, welches im materiellen Universum wirkt, denn es ist zugleich dessen Herr und sieht sich als dessen Quintessenz. Die Philosophie hat in dieser Sicht die Aufgabe, die Elite, das Personal für Politik und Verwaltung, auszubilden und die Pflichten zu bestimmen, die zur Erhaltung des Gesellschaftskörpers erforderlich sind. Die Schaffung der Akademie, jener hohen Schule des philosophischen Denkens, entspricht diesem Ideal:

»In der Tat zeigt sich«, schreibt P. M. Schuhl,[21] »daß die Akademie in einem ihrer wesentlichen Aspekte eine Ausbildungsstätte für politische Wissenschaften war, die gleichermaßen auf Praxis wie auf Theorie zielte.«

Ganz wie die Schüler der Sophisten machten sich die Schüler dieser Schule mit der intimen Kenntnis des menschlichen Verhaltens, mit den Bedürfnissen, die sie zu stillen suchen, den Leidenschaften, denen sie ausgesetzt sind, und den Idealen vertraut, die sie begeistern. Die Möglichkeit, schwache Argumente stark zu machen und Begriffssysteme zu errichten, mit denen sich die soziale Praxis begründen ließ, verkörpert sich in einer rhetorischen oder philosophischen Wissenschaft. Der zureichende Grund wird zur Grundlage der Entscheidung und der Tätigkeit auf gesellschaftlicher Ebene. Unwissenheit ist verheerend, ist der Keim des sicheren Zerfalls einer Partei oder einer Stadt – gemeint ist natürlich die Unwissenheit des Herrn, denn die der unteren Klassen ist erwünscht und wird gefördert.

Diese geistigen Innovationen haben durchaus nichts, wie man gewöhnlich annimmt, mit dem Unterschied der Philosophie vor und nach Sokrates zu tun[22] und bilden keinesfalls »eine Reaktion zugunsten des Humanismus«,[23] den Übergang von einer kosmosbezogenen zu einer menschheitsbezogenen Vorstellung, von einem um die äußere Welt zentrierten zu einem auf unser inneres Leben zentrierten Denken. Ihre wesentlichen Dimensionen und ihre Interessen sind die Dimensionen und Interessen des Philosophen, dessen Rolle sich aufspaltet[24] und sich auf gesellschaftlicher Ebene etabliert. Zumindest sieht Aristoteles es so, wenn er schreibt:

»Manche halten es für das wichtigste, wenn die rechten Bestimmungen über das Vermögen getroffen sind, denn um des Vermögens willen, sagen sie, schritten alle zum Aufruhr.«[25]

Um dieser Beschäftigung, die einen voll in Anspruch nimmt, gerecht zu werden, wendet man sich ganz auf sich selbst zurück, auf die Stadt und auf jenen Kreis authentischer Existenz, den man dem Kreis des künstlichen, materiellen Lebens entgegenstellt. Jede der beiden Formen der Wirklichkeit ist Gegenstand eines besonderen Zweiges der Philosophie und bildet gewissermaßen eine soziale und natürliche Ideologie. Sie stellen keine zerfallene, zerrissene Totalität dar. Rekonstituiert, umfaßt jede eine Art von Geschicklichkeit, einen Wissenstyp und besondere Disziplinen. An einem bestimmten Punkt in der Entwicklung der Gesellschaften entstanden, und nicht mit der Stadt, sondern als diese in Teile zerfiel, und gekennzeichnet vom Gegensatz der Klassen, bleibt ihre Dichotomie konsubstantiell mit dieser Konfrontation, bis sie schließlich als unverlierbares Merkmal unserer Intelligenz und unserer Gattung erscheint. Unsere Wissenschaften setzen diese Spezialisierung fort, ganz wie unsere Gesellschaften deren Gründe. Was diese Persistenz bedeutet, soll nun näher betrachtet werden.

2. Die zwei Gesichter des Humanismus

Die Organisation und Erziehung der »berufsmäßig« mit Politik Befaßten – der Beamten, Theologen, Würdenträger, Ideologieverwalter, Notablen, Offiziere usw. –, die Ausbildung von Spezialisten zur Manipulation der Menschen, die Verkündung von Gesetzen und die Rechtfertigung von Gewalt gehören zu den dringendsten Aufgaben, denen Staaten und Gesellschaften sich widmen mußten. Noch dringlicher wurden diese Aufgaben, als die Gesellschaften sich in Klassen aufspalteten und der Krieg, der seinen externen Charakter nur verlor, um zum Bürgerkrieg zu werden, eine beständige Ausrichtung erfuhr. Ob diese Eliten nun vollständig jener Klasse angehörten, die an den Hebeln der Macht stand, oder ob sie nur deren ausführende Organe bildeten, ihre Funktionen entsprechen in jedem Falle einer allgemeinen Notwendigkeit:

»Jeder Herrschaftsbetrieb, welcher kontinuierliche Verwaltung erheischt, braucht einerseits die Einstellung menschlichen Handelns auf den Gehorsam gegenüber jenen Herren, welche Träger der legitimen Gewalt zu sein beanspruchen, und andererseits, vermittels dieses Gehorsams, die Verfügung über diejenigen Sachgüter, welche gegebenenfalls zur Durchführung der physischen Gewaltanwendung erforderlich sind: den personalen Verwaltungsstab und die sachlichen Verwaltungsmittel.« (Max Weber[26])

Diese Bedürfnisse lösten eine außergewöhnliche Kette von Entdeckungen aus – zum Beispiel die der Schrift. In den Despotien etwa war sie ein wunderbares Mittel, um ein Verzeichnis über die Besitzungen des Königs und seiner Genossen aufzustellen; die Priester und Adligen konnten mit ihrer Hilfe ihre Untertanen besser lenken. Da sie zeitgleich mit der Unterwerfung entsteht, gilt sie als Spezialwissen einer Gruppe von Menschen, die im Schatten der Herren lebt und diesen hilft, die anderen zu knechten; und noch in der Eleganz des Stils kommt letztlich doch der Machthunger zum Vorschein. Die Brahmanen, Bonzen, Mandarine, Lamas, Bischöfe in Indien, Japan, China, Tibet und im mittelalterlichen Europa finden in der Schrift, dem Symbol ihrer Funktion, einen Schutz und eine Stellung, die ihre Fähigkeiten in den Dienst des Ruhms und der Habgier stellen, bevor sie der Philosophie oder der Wissenschaft zugute kommen. Ihre Buchführung der Verbindlichkeiten setzt eine starre Hierarchie voraus, eine Welt, die sich starr und statisch will und deren System jeden einzelnen und jeden Ausschnitt der Realität in eine Ordnung eingebunden sieht, die für alle Ewigkeit unwandelbar feststeht. Die Unruhe der einzelnen, die Leidenschaften, die Mühen und die Triebe der Menge sind nur Erscheinungen, über denen die Herrschergewalt als Wesen thront. Unter diesen Umständen entwickelt sich ein Wissen, das es sich zur Aufgabe macht, die Zeichen dieser erstarrten Welt zu entschlüsseln und die Regeln des den Akteuren auferlegten Spiels zu formulieren oder zu interpretieren; es lehrt den Gesellschaftskörper nicht, zu handeln, sondern sich selbst zu überleben. Dieser Humanismus der Mandarine hat zum Gegenstück jenen »demagogischen« Humanismus, wie ihn die Griechen verstanden.[27] Seinen Anfang nahm dieser Humanismus, der den Fürstenschreibern und der Schrift den Rücken kehrte, auf den öffentlichen Plätzen, wo die verschiedenen Gruppen und Interessen aufeinandertrafen. Diese Anfänge sind ganz und gar mit der Arbeit des Wortes verknüpft, mit der Athenischen *paideia*, die in den Augen des Isokrates und nach dem Vorbild der entsprechenden Philosophie »das Studium der Bürgerpflichten« ist. Die Rhetoren, Wort- und Überredungskünstler, erfüllen eine Funktion, die in einer Demokratie, in der

Wahlverfahren existieren und Verhandlungen üblich sind, eine notwendige Aufgabe sind. Zur notifizierten Ordnung müssen das gesprochene Wort, der Aufruf und die Argumentation hinzutreten. Die Stille des Zeichens ist nicht mehr angebracht, wo der Aufruhr des Wortes vonnöten ist, und die Sprache, die nun die Absichten einer Klasse oder einer Partei zum Ausdruck bringt, drängt den Geist in die Aktualität der Rede, die sich in lautstarkem Echo fortsetzt. Daß diese Demagogen-Strategen, für die Perikles[28] das großartigste Beispiel ist, daß diese Redner eine ganz bestimmte Rolle in der Stadt zu spielen hatten, ist bekannt. Sie sind verantwortlich für die von der Versammlung angenommenen Anträge und stehen den Verwaltungsbeamten gleich, welche die Gesetzesvorlagen einbringen. Wenn die hohen Amtsträger gewählt werden, hängt die politische Stellung eines einzelnen oder einer Partei von seiner oder ihrer Geschicklichkeit ab, die Wähler zu beeinflussen. Hinter dieser Geschicklichkeit steckt freilich die Überzeugung, daß die Welt nicht stillsteht, sondern zu beständigem Wandel verurteilt ist und daß der Mensch, auch wenn ihm die Antriebe hinter seinem Handeln nicht bewußt sind, dennoch unzweifelhaft deren Subjekt bleibt.

3. Die Erziehung der politischen Elite

Dieser Kunst der Rhetorik oder der Politik liefern alle übrigen nur Material, das als Substrat für die Überredung dienen, den Aufbau der Rede erleichtern und die Konversation ausstatten kann. Der Gebildete oder der Staatsmann pflegt sie nicht um ihrer selbst willen, sondern der Materialien, Formeln und Beispiele wegen, die er daraus entnehmen kann. Das wird sehr gut in Rom deutlich, wo die »freien Künste« sich herausbildeten. Die griechische Philosophie mit ihren *technai* und *epistemai* wird als wertvolles Hilfsmittel angesehen,[29] nicht aber als Disziplin, die einen eigenen Wert besäße. Die römischen Schriftsteller kompilieren sie nur so weit, wie sie ihnen zur Ausbildung der Patrizier, ihrer Juristen und ihrer Dichter dienlich erscheinen.[30] Für sie haben die Homerischen Epen oder die Abhandlungen des Aristoteles denselben Erkenntniswert. Beide sind Bestandteil jener »geistigen Kultur«, die sie, gefällig aufbereitet und unterhaltsam, ohne die Aufmerksamkeit zu erlahmen, ausschmücken:

»Ein Mann von Bildung war in Rom gern bereit, die abstrakten Disziplinen der Griechen zu diskutieren – sofern sie gerade Mode waren –, aber er wollte nur die wichtigsten Elemente, ohne die Feinheiten und ohne allzugroße Anstrengung.« (W. H. Stahl[31])

Der einzige Bereich, in dem solche Anstrengung geduldet wurde, war das Gebiet der höflichen oder feinsinnigen Sprache, der eleganten Prosa. Das griechische Ideal war auch, freilich durch die Gestalt hindurch, die das römische Patriziat ihm verliehen hatte, Vorbild für die modernen Geisteswissenschaften. Die Kontinuität ist deutlich:

»Ich will lediglich sagen«, schreibt P. O. Kristeller,[32] »daß der Humanismus der Renaissance als eine charakteristische Phase dessen zu verstehen ist, was man als die rhetorische Tradition der westlichen Kultur bezeichnen könnte. Diese Tradition geht auf die griechischen Sophisten zurück und ist bis heute sehr lebendig . . .«

Eben um diese Tradition wieder mit neuem Leben zu erfüllen, machte sich die Renaissance der lateinischen Literatur vor fünfhundert Jahren, jene Rückkehr zur Antike, daran, ein lange verschüttetes Wissen wiederzugewinnen.[33] Das Studium der Geschichte und die Erforschung der aus der Antike stammenden politischen oder ökonomischen Dokumente erhellten die aktuellen Probleme der neuen Handelsstädte, die sich außerhalb der Welt der Kirche und des Feudalismus Institutionen geben und Menschen heranbilden mußten, die in der Lage waren zu regieren[34] und ihre Interessen zu vertreten. Und weil hier ein ganz neues bürgerliches Leben entstand, waren das gesellschaftliche Sein und der soziale Charakter des Menschen die zentralen Themen des humanistischen Denkens. Politisches Handeln und Gespräch – »Wissen beginnt im Gespräch und endet im Gespräch«, sagte Stephano Grozzo –, Zweck und Hauptbeschäftigung des neuen Patriziats, schienen das irdische Wesen der Menschheit auszuschöpfen,[35] während ihr transzendentes Wesen sich in der Theologie oder sogar in der Dichtung offenbarte.[36]
Die Humanistenkaste, wie man sie genannt hat, erbrachte die Leistungen, die notwendig waren, um zu einem exzellenten Gebrauch der sprachlichen Möglichkeiten zu gelangen und diese Fähigkeit jenen zu vermitteln, die in den Dienst der Stadt oder des Fürsten traten.[37] Politius erinnert mit Nachdruck an die überragende Stellung des Rhetorikers, wenn er fragt:

»Was kann es Nützlicheres und Fruchtbareres geben, als wenn du deine Mit-
bürger durch Worte dazu überredest, die Dinge zu tun, die dem Wohl des
Staates dienen, und sich jener Dinge zu enthalten, die ihm schaden?«

Um diese Aufgabe und um die Sprache herum kommt es zur
Erneuerung oder Konstituierung der freien Künste, jener Disziplinen, die nach Seneca »eines freien Mannes würdig« sind. Neben der Übung der dem Bürger nötigen Tugenden oder Laster
erfordern sie eine ebenso große Beherrschung der Mittel zur Aufrechterhaltung der sozialen Beziehungen, wie sie der Handwerker bei seinen Handbewegungen und beim Erkennen der Mate-
rialeigenschaften benötigt. Das ist der Zweck dieser Künste des
Redens – der Poesie, der Grammatik, der Geschichte –, und darauf beschränken sie sich.[38] In einer Gesellschaft, in der neben den
großen juristischen oder moralischen Theorien Kommunikation,
brillantes Auftreten »in der Gesellschaft«, diplomatische Korrespondenz und Geschichtsschreibung zu den Hauptaufgaben der
höheren Ränge zählen, bilden die Regeln des Schreibens und die
Ordnung der Teile des Diskursuniversums den Kern allen Wissens:

»Die Gelehrsamkeit«, schrieb Johannes von Salisbury,[39] »ist die Frucht der
Lektüre, des Studiums und der Meditation. Darum ist klar, daß die Grammatik, die am Grunde aller Gelehrsamkeit steht, gewissermaßen den Samen (der
Tugend) in die natürliche Welt pflanzt, nachdem die Gnade den Boden bereitet hat.«

Ganz wie der Mandarin die Kalligraphie lernte und hochschätzte,
so machte sich der Humanist, der Nachfolger der mittelalterlichen Rhetoriker (dictatores) und der Mönchstheologen, mit der
Syntax vertraut und erhob deren Besitz zu seinem größten Ruhmestitel. Die Schriften und Briefe Coluccio Salutatis, der ein
Schüler Petrarcas war, oder Leonardo Brunis, beides Wortführer
der Florentiner Kanzleien, zeugen von diesem Raffinement in der
Vorstellung von Rede, gleich ob sie sich an ihresgleichen wenden
oder den Faden einer politischen Streitschrift spinnen. Ob Haus-
lehrer oder Universitätsprofessor, Großkaufmann oder Kanzlei-
sekretär, Politiker oder Hofphilosoph, jeder, der seine Amt-
spflichten oder zeremoniellen Funktionen würdig erfüllen will,
muß sich mit dieser hohen Kunst der Grammatik und Rhetorik
vertraut gemacht haben.
Auch unsere parlamentarischen Demokratien und konstitutionel-

len Monarchien haben diese humanistische Tradition, deren Reichtum uns noch heute blendet, bei der Ausbildung ihrer hohen Funktionsträger in Politik und Staatsverwaltung beibehalten. Noch heute ist sie Teil jener klassischen höheren Bildung, die als Rekrutierungskriterium für jene Menschen dient, die über die besonderen Interessen im Rahmen des Staates und über das richtige Funktionieren der gesellschaftlichen und wirtschaftlichen Mechanismen wachen sollen. Und wäre da ein anderes System denkbar? Denn, wie Henri Marrou schreibt:

> »Wenn es darum geht, nicht nur eine kleine Gruppe höherer Chargen auszubilden, sondern die gesamte Elite einer Gesellschaft, hält man sich wohl besser an ein konkreteres Niveau der schönen Literatur, an die mittleren Bereiche der allgemeinen Ideen und Gefühle, wie sie die klassische Tradition vermittelt und in denen sie den Kernbereich einer allen Gebildeten gemeinsame Kultur erblickt.«[40]

Es war nicht meine Absicht, hier eine Geschichte zu schreiben, die in jedem Falle länger und komplexer sein müßte, ich wollte lediglich durch Vor- und Rückgriffe an den Rahmen erinnern, in dem die Spezialisierung der Sprache und der Schrift jenen Gliederungsvorgang bezeichnet, in dessen Verlauf sich eine Gruppe von Menschen abgrenzt, die sich mit der Politik, der Ideologie und den Angelegenheiten der Gesellschaft »im Hauptberuf« befassen (der Ausdruck stammt von Max Weber). Diese Gruppe grenzte sich von den übrigen Fraktionen der Gemeinschaft ab, um bald im Namen einer besonderen Klasse, bald im Namen des Staates zu sprechen. Um die Wirksamkeit ihrer Techniken zu erhöhen und die Probleme, die sich ihr stellen, lösen zu können, muß sie das Wissen über den Gegenstand, mit dem sie es zu tun hat, vertiefen – und dieser Gegenstand ist die Gesellschaft. Bestimmung, Veränderung und Legitimation der Sozialordnung führen zu einem Verständnis der inneren Triebfedern und allgemeinen Prozesse, die dahinterstehen. Dank ihrer Vertrautheit mit den Ereignissen und Aktionen können die Historiker und Gelehrten, die Kanzlisten und Philosophen, Zeugen und Teilnehmer, diese für alles in ihrer alltäglichen Welt aufmerksamen Geister, die Gegebenheiten klären und deren Gesetze ermitteln. Den Pamphletisten oder Sprechern, die Geschicklichkeit in der Verschleierung oder theoretischen Durchdringung der Großtaten, der Verbrechen oder Hintergedanken ihrer Herren erworben haben, ist die Wahrheit zugänglich, weil sie gerade diese Wahrheit bald zu enthüllen, bald zu verbergen haben. Kriegsführung und Friedenserhaltung, bei denen sie als Diplomaten, Militärs, Parteigänger oder Tribunen beteiligt sind, schärfen ihren Willen, Doktrinen aufzustellen, Regeln zu folgen und eine Gesamtschau zu entwickeln. Die Erfassung der ökonomischen, psychologischen und politischen – d. h. der Kunst zugehörigen – Dimensionen gehört zu den Aufgaben von Beratern, Erziehern, Ideologen oder Funktionären, die von den Mitgliedern der einander folgenden politischen Eliten wahrgenommen wurden. Jurisprudenz, Philologie sowie die Kenntnis der »freien« Künste und der Ökonomie tragen dazu bei, den Wert jenes obersten Ziels, dem alles untergeordnet ist, zu bestimmen: der Regierung.

Die Regierung der Gesellschaft entfaltet sich auf all diesen Ebenen und sieht sich als Werk der Intelligenz, insofern sie gänzlich der Verantwortung von Menschen überlassen ist, die durch ihre Klassenzugehörigkeit, ihre Fähigkeiten und ihren Willen auf den Weg der Muße und der Macht geführt werden. Unter diesen Umständen erscheint der Gesellschaftszustand nicht als äußere Gegebenheit, als ein glücklicher Zufall, der nicht von den Absichten derer, die daran teilhaben, abhängt, sondern als das Ergebnis eines *Tuns*, auf das alle Leidenschaften gerichtet sind und das notwendig alle Energien des sozialen Organismus absorbiert. Vormachtstellung und Überleben hängen von der eingesetzten Kraft und Geschicklichkeit ab; Leben oder Tod einer Klasse, eines Staates sind der Einsatz, der beständig erneuert werden muß. Um den Ausgang dieses Spiels zu bestimmen, wird alles eingesetzt, Wissen und Bildung, Institutionen und Ideologien, die Waffen der Zerstörung und die Waffen des Geistes.

Die Rationalität, die man hier zu verwirklichen hofft – insbesondere in jenen Klassen, deren Hauptbeschäftigung die Erweiterung ihrer Macht war und die bis dahin die Charta der gesellschaftlichen Ideale aufgestellt hatte –, diese Rationalität nimmt auch das geschärfte Bewußtsein jener Kluft zwischen den Handlungsmöglichkeiten und dem notwendigen Gang der Geschichte in sich auf, die es zu schließen gilt. Der Rest bleibt unberührt, dem Nichts oder der bloßen Stofflichkeit überlassen, denn diese offen ausgeübte oder verschleierte Regierung gilt allein als Ausdruck des ganzen menschlichen Wesens und als Grundlage seiner gesellschaftlichen Existenz.

III. Die äußere Natur

1. Eine untergründige Pädagogik

In der Präferenz für *sciencia* und in der Spezialisierung der einen auf die soziale Ordnung und der anderen auf die natürliche Ordnung kommt eine Tendenz zum Ausdruck, die vielfältige Gestalten annimmt. Für meine Zwecke reicht es, sie bei jenen aufzuweisen, die sie am unmittelbarsten in die Praxis umgesetzt haben. Die Humanisten von gestern und heute kümmern sich wenig um die »äußere« Welt, in der sie einen untergeordneten Tätigkeitsbereich sehen, den sie gern jenen überlassen, die sich durch Geburt oder Geschmack dafür eignen. Wo die Suche nach den »Geheimnissen der Natur« ihnen als sublime Tätigkeit erscheint, da geschieht dies nicht wegen deren Besonderheiten oder wegen des möglichen Nutzens für die Menschheit, sondern insofern sie darin Nahrung für ihre Spekulation und Träumerei zu finden vermögen.[41] Der Weg, der dahin führt, der Vorgang, der dem zugrunde liegt, und die Menschen, die sich damit befassen, zählen nicht. Ihre Ausdrucksmöglichkeit bleibt beschränkt und ihr Werk wie ihre Geschichte bleiben anonym.

Das Ausbildungssystem ist danach gestaltet. Spaltung ist sein Normalzustand. Sorgfältig unterscheidet man zwischen der Ausbildung, die den zukünftigen Bürgern, welche sich ihrer Rechte voll erfreuen, den Regierenden oder den Staatsdienern, gebührt, und der Ausbildung, die für die Produzenten und die übrigen Klassen der Gesellschaft erforderlich ist. »Erziehung« im eigentlichen Sinne wurde genaugenommen sogar identisch mit der ersten Art von Ausbildung. Ihr galt der weitaus größte Teil der Anstrengungen, und sie lieferte auch die pädagogischen Techniken und setzte Kriterien für die Bildung des Menschen, des *homo humanus* im Gegensatz zu dem, der sich nicht ausschließlich mit den höheren Dingen beschäftigte. Natürlich schließt das Curriculum dieser Erziehungsform alle Stoffe aus, die sich auf die natürliche Welt beziehen, oder unterstellt sie einzig dem Zweck, den Geist zu bilden. Andernfalls kehrt sie der produktiven Arbeit und der Wissenschaft der Materie entschlossen den Rücken. Wirft nicht der große Petrarca den Ärzten vor, sie befaßten sich einzig mit Fragen der Natur, in denen der Mensch nicht vorkäme? Bedeutet er ihnen nicht, sie seien nichts als niedrige Mechaniker? »Was vermag schon der Unselbständige und der ehrlose Künstler?« schreibt er. Oder in derselben *Invectiva contra medicum quemdam*:

>»Geh deinem Beruf nach, Mechaniker, sage ich, wenn es geht, heile die Körper; wenn nicht, bring sie um und laß uns den Lohn für dein Verbrechen zahlen. Aber wie kannst du es wagen, in unerhörtem Frevel die Rhetorik unter die Medizin zu stellen, die Herrin unter die Dienerin, eine freie Kunst unter eine mechanische?«

Wir wissen, daß diese Ärzte, gegen die hier mit solcher verbalen Gewalt abgezogen wird, sich zugleich mit Forschung und Mathematik, mit dem Bau von Instrumenten und der Herausgabe von naturphilosophischen Werken befassen. Und dennoch übernehmen sämtliche Humanisten Petrarcas Argumente, und alle sehen sich veranlaßt, dessen Angriffe zu wiederholen. Das Thema ist stets dasselbe: Das Wissen über die materielle Welt kann zwar dem Gespräch Nahrung geben, für das Leben ist es aber nutzlos. Leonardo Bruni sagt:

>»Es hat hohen theoretischen Wert, aber keine Bedeutung für das Leben: Die andere Philosophie ist gewissermaßen ganz die unsere.«

Und die ist zugleich auch die Philosophie der Gesetzeskundigen, der Juristen, die die Interessen der Stadt und ihrer Herren und die von ihnen erlassenen Gesetze vertreten. Der Streit zwischen Ärzten und Rechtsgelehrten im fünfzehnten Jahrhundert ist in dieser Hinsicht sehr aufschlußreich. Die Juristen sehen die Überlegenheit ihrer Disziplin in der Tatsache begründet, daß sie wie die Kriegskunst für die ganze Gesellschaft Bedeutung hat, während die übrigen Wissenschaften jeweils nur für begrenzte Bereiche wichtig sind.

>»Die Kriegskunst dient dem öffentlichen und allgemeinen Wohl, die Wissenschaft dagegen nur besonderen Interessen.«[42]

Deshalb beansprucht der Jurist den Titel »*signore*«, während der Arzt nur irgendein Handwerker, ein Meister unter den vielen Meistern der übrigen Handwerkszweige ist:

>»Die Ärzte sind in der Tat nur Meister, ganz wie die Schuhmacher, Wäscher, Arbeiter, Maurer und ein Großteil der Handarbeiter, so daß die Medizin ebenso niedrig steht wie diese Berufe.«[43]

Die Ärzte können nicht leugnen, daß sie ihre Aufmerksamkeit auf jene materiellen Phänomene richten, die einen eindeutig sekundären und untergeordneten Tätigkeitsbereich bilden. Wenn allein das politische Leben, das Leben der Menschen, die sich mit der Gesellschaft befassen, deren Wert kultivieren und deren Schwächen rechtfertigen, Bedeutung in den Augen derer hat, die aufgrund ihrer Stellung daran teilhaben, wird natürlich alles übrige aus dem Bereich der wesentlichen Interessen verdrängt. Da muß man schon ein plebejischer Philosoph sein, um sich den Disziplinen zu widmen, die würdig genug sind, um von den Großen anerkannt zu werden, und Ermolao Barbaro entlarvt ausdrücklich die Sünde dieser »plebejischen Philosophierer, die Philosophie und Beredsamkeit voneinander trennen«.

Das Studium der Geschichte und des Rechts, die Entwicklung von Rhetorik und Grammatik, kurz: alles, was der Gesellschaft – der guten Gesellschaft – Prosperität verspricht und es ihr ermöglicht, sich in der Gewißheit ihres ewigen Fortbestandes zu wiegen, gilt als wertvoller denn das Studium der materiellen Gesetze, die aus der Erfahrung gewonnen, von Irrtümern gefährdet und ungewiß sind. Der Florentiner Kanzlist Coluccio Salutati hat das in seinem *De nobilitate legum et medicinae* vor. Die Bruderschaft, der er angehört, und die Lehre, die er vertritt, sind getragen von nostalgischen Gefühlen für eine durch Kontemplation und Gespräch gereinigte Menschheit, die sich von allen materiellen und äußeren Zufällen gelöst hat, und sehen mit Bedauern, wie die Integrität des Menschen durch die Verfolgung gewöhnlicher und produktiver Tätigkeiten schwindet. Deshalb trachtet man auch nicht, das Getrennte zu vereinen, sondern sucht im Gegenteil nach Hierarchie und Absonderung. Natürlich darf man durchaus bei Gelegenheit die meteorologischen, mechanischen oder astronomischen Phänomene erforschen, man darf sie aber nicht zu seiner ausschließlichen Beschäftigung machen, denn sie haben keine wesentliche Bedeutung. Es ist verständlich, daß diese Ansicht, die bis in unsere Tage fortdauert, sich weigert, die Würde jener Menschen anzuerkennen, die ein Wissen akkumulieren, das sowenig Bedeutung für die Seele und die Gesellschaft der Mächtigen hat, und daß man sich bemüht, sie auf ihren Platz zu verweisen. Das war das Los der Ärzte am Ende des Mittelalters und auch das Schicksal der Wissenschaftler bis zum Beginn dieses Jahrhunderts.[44] Darauf weist Thomas Merton hin:

»Die Wissenschaftler galt es am Gängelband zu halten. Ein Premierminister äußerte einmal: ›Wir müssen den Wissenschaftlern auf die Finger klopfen und sie hindern, nach oben zu gelangen‹, und ein Staatssekretär schickte regelmäßig Memoranden, in denen es hieß: ›Es widerspricht den Regeln guter Verwaltung, Wissenschaftlern einen Sitz neben höheren Staatsbeamten einzuräumen.‹ Am schlimmsten war wohl jenes Kabinettsmitglied, das erklärte: ›Am besten gefällt mir an den Wissenschaftlern, daß sie ein Team bilden, so braucht man wenigstens nicht ihre Namen zu kennen.‹«[45]

Da ist es kaum erstaunlich, daß man sich um ihre Ausbildung und um die Ausbildung aller, die sich mit Handwerk, Künsten und Techniken befaßten, lange Zeit nicht gekümmert hat. Natürlich reglementierten die Staaten die Dauer der Lehrzeit und die Voraussetzungen für den Zugang zu einem Beruf. Bis vor gar nicht langer Zeit jedenfalls legte man in diesem Bereich kein großes Gewicht auf Pädagogik. Bauern, Handwerker und Ingenieure bewegten sich in ihren eigenen Bereichen und sorgten für die Produktion von Gütern und die Reproduktion der Arbeit. Der junge Bauer erwarb sein Wissen auf dem Hof, der Lehrling und sogar der angehende Ingenieur in der Werkstatt. Die »nützlichen« Künste gingen außerhalb jener großen Strömungen ihren Weg, mit denen sich die herrschenden Eliten der Menschheit befaßten, und erschienen nur selten als deren Werk und in deren Verantwortung stehend. Der Antagonismus, der zwischen diesen beiden Ausbildungsrichtungen wegen ihrer Inhalte und wegen des ihnen beigelegten Rangs bestand, wurde zu einer Eigenschaft der menschlichen Natur hypostasiert. Der große Historiker und Gelehrte W. Jäger bemerkt:

»Der Gegensatz zwischen den beiden Bildungsvorstellungen (der sozialen und der wissenschaftlich-technischen) zeigt sich durch die ganze Geschichte hindurch, denn er ist ein Grundzug der menschlichen Natur.«[46]

Um dieses »Grundmerkmal« zu bewahren, wurden große Anstrengungen unternommen. Die gehobenen Bildungsinhalte wurden den Kindern eingetrichtert, die sie im Blick auf die Positionen, die sie einmal in der Gesellschaft einnehmen sollten, verdienten; sie wurden vor allem aber all jenen vorenthalten, die durch eine niedere, produktive Beschäftigung voll ausgelastet sein würden. Als im achtzehnten Jahrhundert – um nur diese nicht allzulang zurückliegende Zeit zu betrachten – deutlich wurde, daß die Ausbildung der Ingenieure eine wichtige Aufgabe war, daß die Industrie Wissenschaftler brauchte und daß schließlich auch der Arbeiter ein Minimum an Wissen benötigte, um sich in die Produktion einzugliedern,[47] kam es in Europa zu einer tiefgreifenden Bewußtseinskrise. Die traditionell verankerte Unwissenheit geriet mit dem wohlverstandenen Interesse der Industrie und den Erfordernissen des Marktes in Konflikt. In einer ersten Reaktion wies man den Gedanken, die arbeitenden Klassen oder auch nur jene Teile, die sich mit den mehr technischen Aufgaben befaßten, in den normalen Ausbildungskreislauf einzubeziehen, mit aller Entschiedenheit zurück. Dann entwickelte man jene Schulen, die ausschließlich für Technik und Wissenschaft bestimmt waren und die keine Möglichkeit boten, sich in den Künsten der Gesellschaft und der Politik auszubilden. Einer Intelligenz, die den unsrer Gattung unterlegenen Geschöpfen so nahekam, stand es nicht an, allzuviele Dinge zu wissen:

»Die Erziehung«, schrieb einer dieser um das öffentliche Wohl besorgten Männer,[48] »steht, wie wir gesehen haben, in einem engen Zusammenhang mit der Phase der Anpassung oder der Abhängigkeit. Wie die niederen Tiere sich schneller entwickeln als der Mensch und deshalb auch früher das Stadium einer vollkommenen Anpassung erreichen, so haben auch unter den Menschen jene, die eine niedere Form von Intelligenz besitzen, im Rahmen ihrer engen Verhältnisse eine schnellere geistige Entwicklung als jene, die einer höheren Art angehören. Deshalb erreichen diese Menschen das Stadium der totalen Anpassung und damit auch jenes Stadium, in dem sie innerhalb ihrer beschränkten Weise selbständig werden, in einem früheren Alter. Deshalb ist weitere Ausbildung für sie nicht nötig – oder auch gar nicht möglich.«

In Frankreich wurden Stimmen laut, die sich ganz entschieden gegen die *Ecoles Centrales* wendeten und sie des Atheismus und der Geringschätzung gegenüber den höheren Bildungsgütern bezichtigten. Im Jahre 1824 erklärte eine Kommission des Abgeordnetenhauses die *Ecoles des Arts et Métiers* für politisch gefährlich und *nutzlos*. Die dort gelehrten Stoffe seien für das Funktionieren des Staates und für die Erhaltung von Ordnung und Religion nicht notwendig.[49] Dem Baron Dupin erschien die Kritik der Kommission fragwürdig; interessant sind die Gründe:

»Daß man die Schulen, in denen gewisse politische, moralische oder historische Theorien gelehrt werden, für gefährlich hält, ist leicht verständlich. Ich frage mich aber, wieso Arithmetik, Geometrie, Mechanik, Zeichnen, Physik und Chemie gefährlich sein können?«[50]

Hier nun die Argumente, zu denen man Zuflucht nahm, um die Aufnahme der naturwissenschaftlichen Fächer in das organisierte Ausbildungssystem zu erreichen. Lyon Playfair bemerkt am *Ende des neunzehnten Jahrhunderts*:

»Wenn jemand es wagt, die Notwendigkeit einer verbesserten Ausbildung in unseren höheren Schulen zu behaupten, so hält man ihn für einen Erziehungsdemokraten oder für einen Barbaren, der die Anmut der schönen Literatur unter dem Stiefel der vulgären Mechanik zermalmt.«[51]

Unter diesen Bedingungen konnte die Pädagogik für den Bereich der produzierenden Tätigkeiten sich nur auf die unmittelbaren Berufsanforderungen beschränken. Und auch nachdem sie widerwillig akzeptiert war, vermochte sie kein großes Prestige zu erwerben.

»Vor fünfzig oder sechzig Jahren – das heißt zu Beginn des zwanzigsten Jahrhunderts – lernten die Kinder in den Schulen nur wenig von der Wissenschaft, mit Ausnahme derer, die sich auf Wissenschaft spezialisierten, während die klassischen Sprachen Pflichtfach waren. Dieses System scheint keine schwerwiegenden Folgen für die damalige Zeit gehabt zu haben, weil die meisten damaligen Entdeckungen jedem, der mit einer mittelmäßigen Intelligenz begabt war, in einfachen Worten erklärt werden konnten: Unglücklicherweise gilt dies heute nicht mehr. Die Staatsbeamten und Politiker rekrutierten sich hauptsächlich aus Leuten, die eine klassische höhere Bildung in Literatur und Geschichte genossen hatten, und mit wenigen Ausnahmen verachteten diese die Wissenschaftler, die sie gern als Spießer und kulturlose Barbaren abtaten.«[52]

Barbaren sicher deshalb, weil sie nicht die einzige Bildung, die dieses Namens würdig war, genossen hatten, jene nämlich, in der sich durch beständige Übung die Routinen der klassischen Bildung forterhielten. Der Tenor dieser Vorstellungen, die nichts von ihrer Aktualität verloren haben, ist jedermann vertraut. Hier interessieren uns nur ihre Bedeutung und ihre Folgen. Ausbildung, das heißt die vielgelobte Weitergabe der Talente, setzt die Existenz zweier gegeneinander abgegrenzter und ungleich entwickelter Wege für die Ausbildung der einzelnen im Hinblick auf ihre Beziehungen zum anderen und zum Universum voraus. Was die Produkte der Arbeit angeht, so lehrt der erste Weg deren Gebrauch und der zweite deren Entdeckung und Herstellung. Nach einer Lehre, die bis auf Platon und Aristoteles zurückgeht, gilt der Benutzer mehr; er besitzt die Kompetenz, um den Rahmen zu bestimmen, in dem die produktive und schöpferische Tätigkeit sich entfaltet. Aber es liegt auf der Hand, daß diese Sicht der Produkte äußerlich bleibt. Die Arbeit wird hier nur in ihrem Ergebnis gesehen, die Natur in ihren Elementen. Die Metalle, die Wasserläufe, die Böden, die Haustiere und die Talente, die daran geknüpft sind, scheinen gewissermaßen kostenfrei dazusein, sind Produkte des Instinkts oder des Zufalls, und anscheinend hat niemand sie systematisch geschaffen. Alle Vorgänge, die es mit der Vermehrung des materiellen Reichtums zu tun haben, alle Beziehungen zwischen den Menschen, die nicht unter die Eigentums- und Machtverhältnisse fallen – die natürlichen Beziehungen –, laufen gesondert ab und scheinen keine Tätigkeit oder Reflexion zu erfordern, die sich allein mit ihnen befaßte. Doch wenn diese natürlichen Beziehungen nicht als menschliche und nicht als soziale Beziehungen, wenn sie als jenseits menschlichen Tuns stehend erscheinen, so weil man dieses Tun auf die sozialen und politischen Verhältnisse zusammengezogen und alles übrige, soweit die Interessen es zuließen, den unteren Schichten überlassen hat. Die unteren Schichten standen der Natur nahe, und die Natur war ihr Ort; in dem, was in ihr wirksam war, galt sie gewissermaßen als Repräsentant des Nichtmenschlichen, gebildet freilich nach dem Vorbild dieser Schichten selbst. Obwohl die Arbeit, ihre Reproduktion und ihre Erfindung unsere objektive Grundlage bildet, verweisen die herrschenden Werte sie ins Reich der Mittel. Und wenn man in der Folgezeit dann erklärt, die Welt sei fremd und leer geworden, sie habe allen menschlichen Gehalt verloren, so weil man sich außerhalb dieser Welt gestellt hat, weil die im Bewußtsein eingegrabenen Vorstellungen auf der Mißachtung eines ganzen Teils unserer Existenz beruhen, vor dem man die Augen verschloß und den man als nutzlos erachtete, als man ihn jenseits der Grenzen jener Ordnungen stellte, die das Verhalten der Gesellschaft bestimmten.

2. Eine rhetorische Figur: die Eroberung der Natur

Inzwischen hat sich die Situation verändert und der Kontrast ist deutlich spürbar. Die Ursachen sind bekannt: zunächst die Vergesellschaftung des Produktionsapparates und dann die sprunghafte Entwicklung von Wissenschaft und Forschung. Das vergangene Jahrhundert erlebte beides zugleich. In den Fabriken wurden Millionen von Menschen konzentriert und bildeten, ihres Bodens oder ihrer Berufe beraubt, die gewaltige Armee der Industriearbeiter. Mit jedem Fortschritt im Maschinenbau und mit der Akkumulation der unbelebten Energien, die zugleich einen Teil der Handarbeit überflüssig machte, kamen immer größere Mengen von Arbeitern in ein und derselben Fabrik zusammen. Durch den Austausch stimuliert und von der Konkurrenz gedrängt, mußten sich die verschiedenen Zweige des industriellen Prozesses beständig weiter aufgliedern und nach neuen Kombinationsmöglichkeiten suchen. Die wechselseitige Abhängigkeit aller Teile dieses Ganzen – eine Abhängigkeit in technischer wie auch in ökonomischer Hinsicht – erreichte einen bis dahin unbekannten Allgemeinheitsgrad. Das Wachstum der Städte, die Intensivierung der Kommunikation, die Mobilität der einzelnen, der hohe Erregungszustand, den die kapitalistische Profitsucht schuf, und der »Lebenskampf« führten zu einer Verdichtung der sozialen Beziehungen. Im staatlichen Leben gewannen die industrielle Produktion und die ökonomischen Konflikte eine herausragende Stellung, die sie bis heute nicht verloren haben. Nichts vermochte dem allgemeinen Gesetz zu entgehen, noch konnte die Gemeinschaft ihre neuen Dimensionen verlieren. Zugleich strukturierte sich die Naturwissenschaft und wurde zu einem fruchtbaren Gebiet, auf dem jederzeit unbekannte Produktivkräfte zum Vorschein kommen konnten. Mit ihr wurde Erfindung zu einem regelmäßigen, systematischen und beständigen Forschungsprozeß. Keine Nation konnte sie mehr ignorieren, wenn sie nicht Gefahr laufen wollte, politisch und wirtschaftlich in Bedeutungslosigkeit zu versinken. Umgekehrt wälzten die wissenschaftlichen Entdeckungen beständig die Produktionsverfahren und Produktionszweige um und beeinflußten unablässig die Beziehungen zwischen den Nationen. Auch im Inneren jedes Landes veränderte sich der Inhalt der sozialen Klassen, denn jede neue Ressource und jedes neue Wissen machen bestimmte bestehende Ressourcen oder Kenntnisse bedeutungslos und mit ihnen die Menschen, die sie besitzen. Abgrenzungen und Aufgliederungen, die lange Zeit bestanden hatten, verloren ihre Festigkeit und vermochten sie nie mehr zu erlangen. Auch die Ausbildungseinrichtungen und -prinzipien wurden in diese Bewegung hineingerissen. Nicht nur, weil mit der Naturwissenschaft die Universitäten und Hochschulen, »Bastionen der klassischen Bildung«, gezwungen wurden, die Notwendigkeit der Veränderung einzugestehen, sondern auch, weil alle ihre Ziele einer Revision unterworfen wurden. Sie, deren Zweck es war, das Wissen und seine Umverteilung zu erhalten, sahen sich nun gezwungen, es zu erneuern. Wo sie bislang nur zu Politik und Verwaltung und, wie die Gesellschaft überhaupt, nicht zur Produktion, zur Industrie hingeführt hatte, mußte sie sich nun auch diesem Zweck öffnen. Ja mehr noch, das neue Ausbildungsziel trat nach und nach an die Stelle des alten und gewann die Oberherrschaft. Eine tiefgreifende Revolution! Auguste Comte sah sie in ihrer ganzen Tragweite voraus:

> »Schon ist alles bereit für diese große Revolution. Das Wissen über die Natur ist endlich, für alle sichtbar, zum wichtigsten Gegenstand der Lehre geworden und wird dies in immer stärkerem Maße sein.«[53]

Auch wenn diese Voraussage Auguste Comtes und vieler seiner Zeitgenossen noch nicht ganz verwirklicht ist und wenn die vorausgesehene Revolution noch nicht alle ihre Phasen durchlaufen hat, so sind die Bedingungen für ihre Vollendung doch schon sichtbar. Die Grenzen, die man der Gesellschaft und ihrer Steuerung beilegt, sind im Schwinden begriffen, und der Schwung, den man der heftigen und siegreichen Eroberung der Natur unterstellt, ist inzwischen eine rhetorische Figur. Die Asymmetrie zwischen den unterstellten Antrieben des gesellschaftlichen Tuns und den sogenannten natürlichen Gegebenheiten zerfällt. Das unterschiedliche Maß an Aufmerksamkeit, das man den politischen und ökonomischen Verhältnissen einerseits und den übrigen Verhältnissen andererseits zukommen läßt, hält einer Konfrontation mit der allgemeinen Praxis nicht stand. Nun treten die Prozesse, durch die sich die Talente herausbilden, und die Disziplinen, die den Austausch mit dem materiellen Universum sichern, in den Vordergrund und beherrschen die Bühne. Unsere Beziehungen zu ihnen und die Notwendigkeit, sie zu reproduzieren und zu erfinden, obgleich sie an und für sich natürlich sind, bedürfen nun selbst der Steuerung, ganz wie es bei den sozialen Beziehungen der Fall war und ist. Die Geschichte der Gesellschaften, die einem unabhängigen Prinzip folgten, und die Geschichte der sozialen Klassen, die es sich zum Ziel machten, die diesem Prinzip entsprechenden Instrumente zu entwickeln, kann die Geschichte unserer Natur nicht länger ins Reich toter Stofflichkeit verweisen.

Im Schoße dieser Stofflichkeit offenbart sich ein Leben, das Leben jener Gruppen, deren Aufgabe es ist, diese Stofflichkeit zu gestalten und ihre Eigenschaften heraustreten zu lassen. Daraus erwächst ein äußerst ernstes Problem, dessen Lösung für die Menschheit ebenso wichtig ist wie einstmals die Notwendigkeit, die Beziehungen in der politischen Gemeinschaft zu erfassen und zu beherrschen. Und wie man früher einmal fragte, welches die beste Stadt sei oder welche Stadt am besten den Erfordernissen der vorhandenen Kollektivkräfte entspräche, müssen wir uns heute fragen, welcher Naturzustand der beste oder unserer historischen Situation am angemessensten ist.

Die Wesensmerkmale der Zivilisation – die Autonomie der Gesellschaftsordnung, der Gegensatz zwischen Gesellschaftsordnung und Naturordnung, das Recht, das Wesen des Menschen zu bestimmen – sind nun durch die realen Umstände in Frage gestellt, die eben dieses Erfordernis hervorgebracht hatten.

Drittes Kapitel:
Die Ausbeutung der Sachen

I. Die Herrschaft über die Natur

Jedem ist wohl klar, wie revolutionär jener Gedanke Saint-Simons war, wonach in Zukunft an die Stelle der Ausbeutung des Menschen durch den Menschen die Ausbeutung der Natur treten sollte. Die Geschichte würde nicht länger die endlose Folge der menschlichen Verbrechen, seiner Unwissenheit, seines Elends und seiner Täuschungen sein, sondern eine Kette von Eroberungen im Reich des Wissens und der Technik. Ganz von diesen nützlichen Aufgaben beansprucht und von der Verschwendung befreit, die in der Unterwerfung eines Menschen unter den anderen liegt, würde der Gesellschaftskörper auch von den Bürgerkriegen und dessen parasitären Organen, der Armee, der Diplomatie und dem Handel, befreit. So träte an die Stelle der Herrschaft über die Gesellschaft – als Beherrschung der Menschen – die Herrschaft über die Natur – als Beherrschung der Sachen.

Doch wo wäre letztere anzusiedeln? Ihr Rahmen kann nur die Beherrschung der Sachen, der Bereich der materiellen Kräfte sein. Doch diese Kräfte, Voraussetzungen und Ergebnisse des Handels, gestatten keinen direkten, ausschließlichen Zugriff. Sie sind aufs engste mit unserem Wissen und unseren Fähigkeiten verknüpft, die allein bewegende Qualitäten besitzen und greifbar sind. Tatsächlich wissen wir, daß Überfluß und Mangel an physischen Ressourcen sich proportional zum Überfluß und Mangel an den zugehörigen Fähigkeiten verhalten: Erstere lassen sich nur erlangen, wenn letztere vorhanden sind. Deshalb sind die Funktion der Disziplinengruppen, der Einfluß der Fähigkeiten und die Gesetze ihrer Entwicklung zu berücksichtigen. Deshalb muß man diese Disziplinen und Fähigkeiten steuern, sie und die Menschen, die sie repräsentieren, zum eigentlichen Ziel unseres Eingriffs ins Universum machen, statt auf tote und völlig undurchsichtige Objekte einwirken zu wollen.

Vorbild ist hier nicht jenes Modell, das die Akkumulation der Elemente der materiellen Welt und die Unterwerfung ihrer Energien predigt. Auch geht es nicht mehr um den »Sieg über die Materie«, um das Sammeln von Phänomenen, um die Akkumulation materieller Reichtümer, die eingefangen und unserer Verfügung unterstellt würden wie die sozialen Reichtümer, die in den Banksafes eingeschlossen oder in den Produktionsmitteln eines Unternehmens angelegt sind. Wenn man dagegen sieht, daß jeder Ausschnitt der Materie auch einen Ausschnitt aus der Geschicklichkeit, aus der Wissenschaft oder aus der Kunst enthält, so erkennt man auch, daß die Entstehung oder Zerstörung physischer Substanzen und die Entstehung oder Zerstörung von Fähigkeiten ein und dasselbe sind und daß man die einen nicht ohne die anderen unterwerfen und nutzbar machen kann. Diese auf historischer Erfahrung basierenden Beobachtungen gehen auch aus dem Begriff des Naturzustandes hervor, sofern man darin eine Verbindung zwischen dem menschlichen und dem materiellen Pol der Natur, eine Verknüpfung der materiellen oder inventiven Ressourcen mit einem System der Reproduktion des Arbeitsvermögens sieht. Wer die Entwicklung eines solchen Naturzustandes steuern will, der muß den ihn konstituierenden Prozeß steuern, das heißt die Schöpfung der Arbeit und des zugehörigen Wissens.

Die Probleme, auf die man bei der Vergrößerung der verfügbaren Rohstoffmengen stößt, und die Umwege, auf denen man zur Formulierung der zugehörigen Prinzipien gelangt, sind nicht das Ziel all unserer Tätigkeiten. Das Vorhandensein von Wissen und Fähigkeiten, ihre Struktur und ihre Verknüpfung erweisen sich als der wirkliche Angelpunkt unserer Beziehungen zur Umwelt und unter uns Menschen. Deshalb geht es nicht sosehr darum, die Welt der Gegenstände zu erweitern, um sie den verschiedenen Zielen anzupassen, sondern darum, die Entwicklung unserer Möglichkeiten als Subjekt dieses Prozesses zu fördern und sie zu realisieren. *Die Natur beherrschen heißt daher nicht die Dinge beherrschen, indem man ihre Eigenschaften enthüllte, sondern die Arbeit beherrschen, indem man deren Fähigkeiten entwickelt.*

Gehen wir noch einen Schritt weiter. Wenn die Beherrschung der Gesellschaft sich auf einen Ort und auf spezifische Tätigkeiten – Produktion, Konsumtion – sowie auf bestimmte Gruppen – soziale Klassen, politische Eliten – bezieht und wenn die Beherrschung der Natur nicht auf dem abstrakten Niveau des unmittelbaren Zugriffs auf die Totalität der Phänomene und der zugehörigen Instrumente verbleiben kann, wo liegt dann der Ansatzpunkt für letztere? Die Antwort liefern die Theorie und die konkrete Situation. Es handelt sich um jene Mechanismen, die zwischen den menschlichen sowie nichtmenschlichen Mächten – der Reproduktion, der Erfindung – und den natürlichen Kategorien vermitteln.

Das hat man schon vor langer Zeit begriffen, wenn auch auf Umwegen. Die Reglementierung der Herstellungsverfahren, Auswanderungsverbote für Wissenschaftler oder qualifizierte Arbeiter in bestimmten Berufen und die Geheimhaltung von Erfindungen – ebenso wie die Zunftordnungen – zeigen deutlich, daß diese Maßnahmen über ihren sozialen Sinn hinaus auch dazu bestimmt waren, ein bestimmtes Reproduktionssystem der natürlichen Kategorien, ein bestimmtes Verhältnis der Menschen zu ihrer Umwelt aufrechtzuerhalten.

Wegen des beschränkten Umfangs der Verfahren zur Entwicklung unserer Fähigkeiten war es zu den Zeiten, die wir hier besprochen haben, nicht notwendig, eine besondere Steuerungsmethode zu entwickeln, die zugleich auch als Steuerungsmethode in der Herausbildung der Naturordnung gedient hätte. Zwei Umstände tragen dazu bei, daß eine solche Methode heute in Umrissen erkennbar wird und daß man nun mit besonderer Sorgfalt betrachtet, was im bisherigen Lauf der Geschichte nur in Ansätzen und in verdeckter Form angelegt war.

Zunächst einmal gilt dies für die Autonomie und den systematischen Charakter dieser Prozesse. Entdeckung und Weitergabe von Wissen ist nun kein Nebenprodukt, keine Nebentätigkeit im Rahmen des Produktionsapparates und des Erziehungssystems mehr; vielmehr haben wir es hier mit einer deutlich abgehobenen Ganzheit zu tun. Wegen ihrer Intensität und Kontinuität ist die Erfindung nicht mehr das Ergebnis eines zufälligen Vorgehens. Die Forschung, die Forschungsindustrie, enthält sie zu einem großen Teil, und die Reproduktionsweise der Fähigkeiten innerhalb oder außerhalb dieses Bereichs und insbesondere in Schule und Hochschule sucht nach einer neuen Einheit. Eine Vermengung zwischen der Sphäre, in der die Produktion von Dingen erfolgt, und der gerade erst herausgebildeten Sphäre der Schöpfung von Wissen und Arbeit ist nicht mehr möglich. Letztere wird als gesonderte Sphäre erkannt; die wirtschaftlichen und geistigen Investitionen in diesen Bereich haben in den meisten Gesellschaften inzwischen eine Bedeutung erlangt, die der Investition in Produktionsmittel gleichkommt oder sie sogar übertrifft. Nachdem diese Schwelle in der Größenordnung wie auch im Rhythmus der Aktivität überschritten ist, werden Reproduktion und Erfindung sich ihrer Ziele und ihrer Individualität bewußt und verlangen nach einer eigenen Organisation, nach einer eigenen Politik.

Des weiteren wird die Entwicklung der Arbeit für immer mehr Menschen zur wichtigsten oder einzigen Beschäftigung. Darin liegt eine bedeutende Verschiebung des Lebensrahmens, denn der Mensch bewegt sich hier nicht mehr in einer festen und abgeschlossenen Welt von Objekten, sondern in einem Bereich von Informationen, die es zu kombinieren, zu ordnen und in Wissenschaften oder Fachgebieten zu kristallisieren gilt. Zweifellos beginnt damit eine Epoche, in der ein ständig wachsender Anteil der Arbeit darauf verwendet wird, eben diese Arbeit hervorzubringen, und zwar als Ziel und nicht mehr nur als Mittel. Auf diese Weise tritt der Mensch zunehmend aus der Produktion heraus und gibt seine Rolle als deren Hauptfaktor auf; an die erste Stelle setzt er solche Tätigkeitsbereiche, die sich direkt auf den Austausch mit der Materie, auf die explizite Herausbildung der Naturordnung beziehen – Bereiche, die vorher marginalen, unproduktiven oder »zufälligen« Charakter hatten.

Es muß nicht eigens betont und auch nicht mit Statistiken belegt werden, daß die rasche Abfolge und der Umfang der Erfindungen die Entwicklung der Wissenschaften und Praktiken zu deren Weitergabe gefördert haben und daß sie von den meisten von uns größeres Wissen und daher auch eine längere Ausbildungszeit verlangen. All dies trägt dazu bei, immer weitere Teile der Gemeinschaft für die Prozesse zu interessieren, welche die Tätigkeit der Menschheit im Universum kanalisieren. Aus dieser Sicht erweisen sich Institutionen und Prinzipien zur Steuerung dieser Prozesse als äußerst wichtig.

Nachdem wir die Ansatzpunkte – Reproduktion und Erfindung – und die Gründe bezeichnet haben, welche die Beherrschung der Natur differenzieren und sie zu einer wirklichen sozialen Arbeitsteilung machen – das heißt die Autonomie dieses Prozesses, die Zeit und der Umfang an menschlichen Energien, die man ihnen widmet –, ist nun auch die Richtung ihrer Veränderung zu kennzeichnen. Diese Veränderung scheint uns, im Lichte des bisher

Gesagten, nicht allein von der Existenz einer Gesellschaft abzuhängen, die sich, nachdem sie sich selbst in die Gewalt bekommen hat, ihrer Ziele bewußt geworden ist und ihre Konflikte zu lösen vermochte, nun der äußeren Welt zuwendete, um sie systematisch zu unterwerfen. Tatsächlich hat ja jene »umfassendere Natur«, von der Saint-Simon spricht, nicht nur die Konsequenz, daß eine größere Menge von Wissen, Fähigkeiten und Kräften zur Verfügung steht, sondern auch, daß bestimmte Gruppen sich dieses Wissen und diese Fähigkeiten aneignen, während sich andere Gruppen ihres Wissens und ihrer Talente beraubt sehen, weil diese veralten. Alles, was Auswirkungen auf die Beziehungen zum materiellen Universum und auf den Modus ihrer Herstellung hat, berührt *auch* die Beziehungen, welche die Menschen untereinander herstellen, insofern sie ihre Fähigkeiten entwickeln und reproduzieren und dabei auch ihre Beziehungen innerhalb der natürlichen Kategorien, aber auch die Beziehungen zwischen den Kategorien verändern.

Dieser Veränderungsprozeß verleiht auch der Beherrschung der Natur eine neue Richtung. Bislang fanden sich die Menschen aufgeteilt; deshalb konnten sie kaum behaupten, den Prozeß der Schöpfung der Arbeit und allgemeiner der Schöpfung des Gattungsvermögens lenken zu können. Jede Gruppe jener »Träger der Erfindung« verfolgte eine eigene Tendenz, die den Tendenzen anderer Gruppen widerstreiten konnte. Der Weg des Bauern unterschied sich von dem des Jägers, der des Ingenieurs von dem des Handwerkers. Eine harmonische Ausrichtung und Lenkung des Reproduktionssystems war mit dessen Grundprinzip, mit der realen Struktur dieses Systems, unvereinbar. Das Wissen entwickelte sich zu langsam, um in seiner Gesamtheit überblickt und nach wohlbestimmten Linien entwickelt zu werden. Da dieses Wissen zudem aufs engste an die menschlichen Organismen gebunden und zum allergrößten Teil in biologischer Form fixiert war, konnte es als Gegenstand erfinderischer Aktivität nur dann erscheinen, wenn die Menschheit eine ihrer Gruppen von sich absonderte und dem Bereich der Sachen und Rohstoffe zuschlug.

Die Erweiterung des Erfindungsprozesses und die Beschleunigung der daran ablaufenden Austauschvorgänge machten es möglich, dort eine Rationalität einzuführen, wo zuvor nur Improvisation und Zufall geherrscht hatten. Zugleich werden die Arbeit, das zugrunde liegende Wissen und die erforderlichen Fähigkeiten in Informationsspeichern, Instrumenten und Büchern, angesammelt. Die Distanz, die erforderlich ist, um die Arbeit zum Gegenstand zu machen und in ihren verschiedenen Kombinationen zu erproben, muß nicht mehr, wie früher, als Abstand zu einer menschlichen Gruppe realisiert werden, in der sie verkörpert ist. Diese Distanz ist nun in der Materialisierung, in der unabhängigen, in nichtmenschlicher Gestalt vorliegenden Existenz des größten Teils des Gattungsvermögens gegeben. Die Ersetzung der natürlichen Teilung durch den Naturfortschritt[1] – eine Entwicklung, die mit dem Auftreten der Naturwissenschaft und des Naturwissenschaftlers verbunden ist – erfolgt in einem Augenblick, da diese Phänomene an Bedeutung gewinnen und die divergierenden Entwicklungen sich abschwächen. Die fortan obligatorische Assoziation all derer, die am kybernetischen Naturzustand teilhaben, macht es auch möglich, diesen Naturzustand zu beherrschen.

Die Konsequenz dieser Entwicklung ist die Beseitigung auch der dritten Ungleichheit, der Ungleichheit der Talente. Dieses Ziel hatte bisher eher philanthropischen Charakter; heute ist das anders: Heute entspricht dieses Ziel bestens den objektiven Umständen. Und dies sowohl aus historischer als auch aus aktueller Sicht. Unter historischer Perspektive gilt: Solange diese Ungleichheit fortbestand – unter anderem in Gestalt der hierarchischen Unterscheidung von Hand- und Kopfarbeit –, solange die Menschen sich nach der Art, wie sie ihre Fähigkeiten entwickeln, unterscheiden, statt sich darin aufs engste miteinander zu verbinden, kann die vorausgesagte Veränderung in der Beherrschung der Natur sich nicht voll verwirklichen. Denn dabei geht es nicht primär um die Beherrschung der Sachen, um die Beherrschung des äußeren Universums, sondern in erster Linie um die Menschen.

Quantitativ gesehen, scheint die zunehmende Nutzung der potentiellen Fähigkeiten des Menschen ein gebieterisches Erfordernis zu sein. Man sieht ein,[2] daß sie verkümmern und sich verlieren, wenn man sie nur in den oberen Bereichen von Gesellschaft und Produktion sucht. Schon die Menge des bestehenden Wissens und der existierenden Fähigkeiten ist so groß, daß die Zahl derer, die damit umgehen, nicht länger beschränkt werden kann.

Das in allen Schichten einer Gesellschaft verbreitete Genie läßt

sich fruchtbar machen, und seine Wirkungen lassen sich vervielfachen, wenn man es auf einem höheren Niveau pflegt. In dem
Dreieck, das die regelmäßige Erneuerung des Wissens alle zehn
Jahre, das quasi autonome Funktionieren der materiellen Systeme
und die Zunahme der Forschungstätigkeit bilden, verschiebt sich
der Akzent. Jene Menschen, die im Kreis der wenig qualifizierten
Tätigkeiten mit langsamer Entwicklung – häufig als manuelle Tätigkeiten eingestuft – verbleiben, bleiben auch unterhalb der
Schwelle der erwünschten Effizienz:

»Wer ausschließlich oder wesentlich mit seinen Händen arbeitet, der wird
immer unproduktiver.« (A. Halsey[3])

Was einstmals hohes Ansehen genoß, als Fähigkeiten und Ressourcen nur nebenher entwickelt wurden, neben den verschiedenen routinierten Produktionstätigkeiten nämlich, und als die Erfindung ein sporadischer und partieller Vorgang war, gilt heute
als Verlust von Talenten, als mangelnde Ausnutzung der für die
Entwicklung neuer Talente verfügbaren Energien.
In diese Perspektive stellt sich auch die zunehmende Beseitigung
jener Ungleichheit, die einem bestimmten System der Verteilung
der Fähigkeiten zum Austausch mit dem materiellen Universum
eignet. Entgegen allem, was man lange darüber gesagt und geglaubt hat, gelangt eine Gesellschaft nicht zu einer höheren Ordnung, zum Vollbesitz ihrer Mittel, zur Beherrschung ihres
Schicksals, wenn sie sich darauf beschränkt, die Ungerechtigkeit
im Bereich des Reichtums und der politischen Herrschaft zu beseitigen, sondern erst in dem Maße, wie sie die Ungleichheit im
Besitz von Wissen abbaut, das heißt, wenn ihr Interesse am Fortschritt des Wissens nicht sosehr durch die Notwendigkeit bestimmt ist, die Mittel des Bedürfnisbefriedigung zu vermehren
und deren Verwendung so zu gestalten, daß zukünftige Generationen von ihnen leben können, als vielmehr durch den Abbau
der Hierarchie unter den menschlichen Fähigkeiten. Ist dies nicht
auch die beste Möglichkeit, von den sich bietenden Reichtümern
Gebrauch zu machen? Die Tatsache, daß diese Hierarchie und die
ihr zugrunde liegende Disparität als Verschwendung möglicher
Talente und als Zeichen unfruchtbarer Investitionen erscheinen,
unterstreicht die Notwendigkeit, sie abzubauen und dadurch das
subjektiv Wünschbare mit dem objektiv Bestimmenden in Einklang zu bringen. Das ist Inhalt und Motiv des schon früh er-

kannten Übergangs von der »Ausbeutung des Menschen durch den Menschen« zur »Ausbeutung des Bodens durch die Industrie«.

Und das ist zugleich der Übergang zu einem Zustand, der die Herstellung von Sachen in den Vordergrund stellt, zu einem Zustand, in dem die Entwicklung des Menschen und seiner Fähigkeiten an erster Stelle steht. Angestrebt wird hier weniger die Fähigkeit zur Akkumulation eines äußeren Wissens und Vermögens als vielmehr der Wille, die Beziehungen zwischen den Menschen zu gestalten und ihre Zugehörigkeit zu einer natürlichen Kategorie zu bestimmen. Letztlich sucht die Menschheit in der Natur nicht ihr materielles *alter ego*, sondern sich selbst zu beherrschen und dieser Natur die Dimensionen einer Realität, in der sie sich bestätigt, und nicht eine Abstraktion zu geben, in der sie negiert ist. Daß dieses Bedürfnis schon vor mehr als einem Jahrhundert – und in indirekter Form – zum Ausdruck gebracht worden ist, nimmt der darin enthaltenen Idee nichts von ihrer revolutionären Bedeutung. Inzwischen hat die Zeit die Wahrheit dieser Idee bestätigt und es uns ermöglicht, ihre Voraussetzungen und Folgen besser zu erkennen.

II. Die Gesellschaft – Form der Natur

Die Prämissen eines Naturzustandes, den die Menschen bewußt steuern, scheinen damit beisammen. Das Verhältnis zwischen der Gesellschaft und diesem Naturzustand wird durch drei Tatsachenkomplexe bestimmt: (1) Die Naturprozesse erweisen sich explizit als aktive Grundlage der Gemeinschaftsaktivitäten; (2) die Entwicklung der Arbeit und des Wissens wird vergesellschaftet; und (3) der Einfluß der sozialen Faktoren macht sich offen erkennbar in den natürlichen Faktoren geltend.

Diese Tatsachen kommen auch in der Funktion zum Ausdruck, die der Mensch gegenüber Gattungen erfüllt, und allgemein im Umgang mit unseren Ressourcen und unserer Umwelt. Die Größe der materiellen Systeme, mit denen wir es nun zu tun haben, spitzt auch das Problem der *Anzahl* und das der *Bilanz* zu, das heißt die Frage unserer eigenen Bevölkerungsentwicklung und das Problem des Gleichgewichts zwischen den verschiedenen

Tier- sowie Pflanzenarten und den verfügbaren materiellen Kräften. Ihre Abhängigkeit untereinander und von uns hat beträchtlich zugenommen. Veränderungen des Klimas und der Bodenqualität, die erweiterte Anwendung physikalischer und chemischer Mittel zur Beeinflussung der Lebensprozesse von Tieren und Pflanzen, die erdweite Kommunikation – und vielleicht auch bald die von einem Planeten zum anderen –, all dies führt zu Erschütterungen und erfordert die Einrichtung von Mechanismen, die den Fortbestand der Organismen sichern[4] und den Menschen die Möglichkeit geben, ihre biologische und soziale Existenz zu erhalten. Die Menschen sind zu einer *geologischen Kraft* mit *erheblicher Wirksamkeit* geworden, deren Größenordnung sich nach dem Umfang des dabei eingesetzten theoretischen und praktischen Wissens bemißt. Die Verfügung über den Raum, die Berechnung der Reserven an Rohstoffen und Energien und die Vorausschätzungen für deren Erschöpfung oder Ersetzung verweisen auf den biomorphen Charakter der menschlichen Tätigkeit, den keine Gesellschaft mehr unterschätzen darf.

Das schlägt sich auch deutlich in den Methoden der gesellschaftlichen Produktion und Befriedigung von Bedürfnissen nieder. Jahrtausendelang hatten sich diese Methoden in einem relativ engen Rahmen quantitativer und qualitativer Anpassung der Arbeit an die Bedürfnisse gehalten. Die mechanisierte Industrie und insbesondere deren kapitalistische Organisationsweise störten dieses Quasigleichgewicht, indem sie Konsumtion und Austausch zu Instrumenten der Nachfrageerhöhung und Marktausweitung machten. Mit der Entstehung der Wissenschaft und ihrem Eindringen in diesen Bereich wurde klar, daß die Anwendung der Arbeitskraft und die Menge der Konsumgüter von der Erfindungstätigkeit abhängen, die ja die Möglichkeit zur Hervorbringung von Ressourcen und Wissen erst schafft. Die Vielfalt der Produkte und die Produktivität der gesellschaftlichen Bemühungen haben ihre Quelle in den verschiedenen Wissenschaften und in der Dichte ihrer Entdeckungen. Die Erfordernisse von Produktion und Konsumtion finden ihren Ausdruck in dem Zwang zu beständiger Erneuerung der Fähigkeiten. Zentrum und Motor der elementaren Mechanismen des Gemeinschaftslebens haben sich dadurch verschoben, und das ist eigentlich gemeint, wenn man den technischen Fortschritt preist. Kurz gesagt, die Gesellschaft zeigt realiter und bringt bewußt zum Ausdruck, daß der gesamte Bereich der gesellschaftlichen Reproduktion eine Fort- und Umsetzung unserer natürlichen Selbstschöpfung ist.

Parallel dazu symbolisiert der objektive, materielle Teil des industriellen Apparats – Instrumente, Maschinen, technische Formen – nicht mehr das Reich der Artefakte gegenüber dem Reich der Natur. Innerhalb dieses Apparates entstehen vielmehr autonome automatische Systeme,[5] die in sich abgeschlossen sind und den übrigen »natürlichen« Systemen (im üblichen Sinne des Wortes) als ebensoviele besondere Realisierungen nahekommen und damit die Gruppe dieser Systeme erweitern. Ist diese Kontinuität erst einmal gefestigt und generalisiert, so bedeutet Produktion nicht mehr die Extraktion von Reichtümern aus einem nicht-menschlichen (das heißt natürlichen) Umfeld durch den Menschen, sie ist vielmehr dadurch bestimmt, daß sie eben dieses Umfeld, diese Ordnung vertieft. Zugleich erfordert die Karte der wesentlichen Bereiche, zwischen denen wir unsere Bemühungen und unsere Interessen aufteilen und von denen wir die bedeutsamsten Ergebnisse erwarten, eine Umgestaltung, die inzwischen bereits begonnen hat und sich nur noch verstärken kann. Bislang begnügte man sich zur Reproduktion des gesellschaftlichen Reichtums im eigentlichen Sinne damit, die Produktionsmittel und die Konsumgüter zu schaffen, indem man die dafür erforderlichen technischen Formen und Arbeitsmittel bereitstellte. Investitionsgüter- und Konsumgüterindustrie waren dabei scharf voneinander abgegrenzt.

Diese Praxis wird man fortan aufgeben müssen. Unterhaltung und Entwicklung der materiellen Ressourcen sowie die Entdeckung und Verbreitung des Wissens mit allem, was zu dessen natürlicher Reproduktion gehört – Verfahren zur Verbreitung von Information, Ausbildungseinrichtungen –, treten nach und nach an die erste Stelle, während die Unterteilungen im industriellen Bereich – Schwerindustrie, Leichtindustrie usw. – in den Hintergrund gedrängt werden. Es ist sogar möglich, daß die Industrie nicht mehr nach dem Modell der Armee gestaltet wird, sondern unter dem Einfluß von Wissenschaft und Wissenschaftlern nach dem Modell der Schule, das derzeit für die Entwicklung von Talenten charakteristisch ist:

»Wissenschaft«, schreibt G. Bachelard,[6] »besteht nur durch eine permanente Schule, und diese Schule muß die Wissenschaft gründen. Dann werden die gesellschaftlichen Interessen endlich umgekehrt: die Gesellschaft wird für die Schule dasein und nicht die Schule für die Gesellschaft.«

Tatsächlich sieht es so aus, als müßte die Gesellschaft zur Fortführung von Produktion und Konsumtion offen die Verantwortung für Gang und Fortbestand der materiellen Welt, der Biosphäre und der zugehörigen Gattungseigenschaften übernehmen. Wenn die Kette irgendwo reißt, so reißt damit auch das komplexe Netz, das der Mensch allenthalben mit seinen Werken geknüpft hat. *Die sozialen Prozesse sind weder Matrix noch Filter der Naturprozesse, sondern deren Verlängerung und Vermittlung.* Die Gemeinschaft bezieht daraus das Verteilungsprinzip für ihre Energien: Auf die eine Seite stellt sie notwendig Produktion und Konsum, auf die andere Seite, ebenfalls verbunden, Erfindung und Reproduktion – auf die eine Seite also die Industrie, auf die andere die Forschung. Daraus können wir ersehen, daß die Forschung aufs engste die Industrie und ihr Funktionieren bestimmt: Jeder Bruch müßte zu Stagnation oder Rückschritt führen. *In diesem Sinne bilden Erfindung und Reproduktion die aktive und spezielle Grundlage des gesellschaftlichen Handelns.*

Sie sind es noch in einem anderen Sinne. Tatsächlich zeigt die Entwicklung der Arbeit gleichfalls einen vollkommen sozialisierten Charakter, und zwar sowohl unter dem Blickwinkel der Organisation, als auch unter dem der Investitionen und der Ergebnisse. Aus diesem Grunde zeichnet sie sich auch deutlich im gesellschaftlichen Bereich ab. Diese Feststellung bedarf keiner längeren Begründung. Dennoch wollen wir zu Illustrationszwecken das Beispiel der reinen oder angewandten wissenschaftlichen Forschung anführen. Diese Forschung wird von Teams geleistet, die in einem engen Kommunikationszusammenhang stehen. Im Umkreis der physikalischen Apparaturen, der Teilchenbeschleuniger, Computer usw. sind nicht nur Dutzende von Physikern oder Mathematikern beschäftigt, sondern auch Ingenieure und Wissenschaftler aller Art vom Elektroniker bis zum Logiker, vom Maschinenbauingenieur bis zum Biologen. Ein extremes Ausmaß erreicht dieses Phänomen in der Raumfahrt: An Entwicklung und Abschuß eines Satelliten oder einer Rakete sind Tausende von Personen und eine Vielzahl von Fachgebieten beteiligt – von der Chemie bis zur Medizin, von der Astronomie bis zur Mikrophysik, von der Kybernetik bis zur Optik usw.

Aufgrund ihrer Größe und ihrer Herkunft können die Investitionen nur gesellschaftlich sein. Die öffentlichen Haushalte sind nicht nur bei der Ausbildung gefordert, sie beteiligen sich auch an der Finanzierung der meisten wirklich wichtigen Erfindungen. Die Gründe dafür sind leicht zu nennen. Die Mittel, die erforderlich sind, um ein theoretisches Forschungsprojekt und die zugehörigen Experimente zu finanzieren, gehen weit über die Möglichkeiten des einzelnen hinaus und übersteigen oft auch die Finanzkraft eines Unternehmens. Zugleich machen die Ausbildungskosten und der Umfang der davon betroffenen Bevölkerung eine gemeinschaftliche Finanzierung erforderlich, und dies um so mehr, je umfangreicher das Wissen und je weiter es entwickelt ist.

Forschung und Ausbildung bedürfen langer Vorbereitung, bevor die Früchte reifen. Zwei oder mehr Jahrzehnte sind erforderlich, um einen Techniker oder Wissenschaftler heranzubilden, und eine oder mehrere Generationen müssen sich abmühen, bevor ein Problem gelöst oder ein Verfahren ausgereift ist. Dabei ist der ganze Vorgang mit zahllosen Zufälligkeiten belastet, die man kaum vorhersehen kann. Die Kosten gehen dadurch weit über die üblichen Fristen von Rentabilitätsberechnungen hinaus und lassen sich nicht mehr im Hinblick auf den Gewinn oder die Produktivität eines bestimmten Industriezweiges berechnen. Wollte man diese Begrenzungen hinnehmen, so hieße dies, die Zukunft der Gesellschaft zugunsten aktueller Interessen zu verspielen:

»Wenn man die Grundlagenforschung ausschließlich Firmen überließe, die unabhängig voneinander und marktbezogen operierten«, schreibt der Wirtschaftswissenschaftler R. Nelson,[7] »so würden die Gewinnaussichten nicht so viele Ressourcen auf die Grundlagenforschung ziehen, wie es gesellschaftlich wünschenswert ist.«

Und dies ganz einfach deshalb, weil Substanz und Nutzen des Entwicklungsprozesses menschlicher Fähigkeiten nicht angeeignet werden können. Es ist nämlich nicht nur unmöglich, sie zu kaufen oder zu verkaufen, man kann sie auch nicht so fixieren, daß sie das Kapital vergrößern.[8] Deshalb haben die Besitzer privater Mittel, die bestellten Hüter des Privateigentums, kein Interesse, einen großen Teil ihrer Mittel in diese Entwicklungtätigkeit zu investieren. Täten sie es und ergriffen sie dabei die nötigen Maßnahmen, um sich die volle Nutzung der Ergebnisse zu sichern – Aneignung der Forschung, Nichtverbreitung der Entdekkungen –, so würden sie den Prozeß verlangsamen und ihren Kosten stünden geringere Erträge gegenüber, als dies bei staatlichen Ausgaben in entsprechender Höhe der Fall wäre. Da die Bedingungen der Hervorbringung und Entwicklung von Wissen so beschaffen sind und da die Gemeinschaft sich in so hohem Maße an dessen Förderung beteiligt, müssen wir davon ausgehen, daß der Gemeinschaftsanteil des Eigentums zunehmen und die Zusammensetzung des Eigentums dadurch eine Veränderung erfahren wird.

So sieht man, daß in der Entwicklung der Arbeit Form und Inhalt im Begriff sind zusammenzufallen. Ihr Inhalt war stets gesellschaftlich, insofern ihre Aneignung – wie ich ausgeführt habe – stets gesellschaftlich erfolgte. Personen oder Gruppen können sich den Gewinn daraus nur zufällig oder ephemer aneignen. Dagegen blieben die Aufnahme von Fähigkeiten und Wissen sowie die Bemühungen um deren Systematisierung oder Erweiterung – die Form der Reproduktion und der Erfindung – bis zum Beginn dieses Jahrhunderts strikt individuell. Und dies sowohl unter dem Blickpunkt der Organisation wie unter dem der Investitionen. Der einzige Lohn des Erfinders war der Ruhm, sein einziges Erfolgsmittel das Opfer, seine größte Sorge Mißerfolg oder Diebstahl; und darum waren Entdeckungen Früchte des Zufalls und Heldentaten.

Der Gegensatz zwischen natürlichen und gesellschaftlichen Prozessen – erstere haben eine individuelle Form und einen sozialen Inhalt, letztere eine soziale Form und einen individuellen Inhalt –, der bis vor kurzem noch so lebendig war, ist im Schwinden begriffen. Die Vergesellschaftung der Naturprozesse läßt zwei Erfordernisse deutlicher und intensiver hervortreten. Einerseits die Erfordernisse der Gesellschaft, denn sie setzt hier direkt einen Teil ihres Reichtums ein und schafft sich die nötigen Institutionen, um eine strenge Kontrolle ausüben und zu Entscheidungen gelangen zu können. Die Zahl der Kommissionen, Ministerien und Verwaltungseinrichtungen, die sich mit der wissenschaftlichen Forschung befassen, nimmt beständig zu. Die industrielle und ökonomische Konkurrenz führt zu einer Fülle direkt anwendbarer Entdeckungen und beschleunigt deren Entwicklung. Die militärischen Sorgen der Großmächte oder derer, die davon träumen, haben der Forschung ihren Stempel aufgedrückt, den Zufluß gewaltiger Geldmengen ausgelöst und das Interesse der staatlichen Organe auf den gewöhnlichen Gang der Entwicklung von Wissen gelenkt. Dabei hat sich freilich gezeigt, daß diese Ehe zwischen militärischem Denken und politischer Begehrlichkeit, zwischen Säbel und Reagenzglas, auf den heftigen Widerstand gerade jener gesellschaftlicher Gruppen gestoßen ist, die heute von dieser Umlenkung der Mittel und der Ziele betroffen sind.

Das zweite Erfordernis ist das der Einfügung in den Naturzustand, in dem man nun kein kontingentes Band erblicken kann, dem wir zu entkommen suchten, da wir uns – im Gegenteil – auf tausenderlei Weise dahin geführt sehen. Die Gesellschaft ist daher nicht im Begriff, aus der Natur herauszutreten, sondern deren Inneres zu werden. Und man ließe sich von Worten täuschen, wenn wir in der natürlichen Seite unserer Existenz die biologische Verlängerung unserer Glieder sähen und sie nach dem Grade der Intelligenz oder Zerebralität bemäßen – die trotz ihrer vertrauten Gestalt abstrakt bleiben, weil sie den Prozeß der Selbstschöpfung und seine Implikationen außer acht lassen. Die Kontinuität zwischen diesem Prozeß und der gesellschaftlichen Reproduktion markiert eine Entwicklung, die eine neue Epoche eröffnet.

Die Gesellschaft läßt zwar nicht von ihrer historischen Arbeit ab, aber sie verzichtet darauf, sie auf die Kristallisierung ihrer Strukturen hin auszurichten: Die Beziehungen, in denen sie zum Ausdruck kommt, verlieren ihre Festigkeit, ihre Stofflichkeit, ihre Fähigkeit, die Permanenz der Interessen, des Verhaltens und der Situationen aufrechtzuerhalten. So stößt sich der Fetischismus der Gemeinschaften, die eine ihrer Gestalten hypostasieren, bereits an den Kräften, die sie andernorts hervorbringen und von denen sie in Frage gestellt werden. Und dieser Widerspruch wird sich noch verstärken. Lange haben die Menschen bei der Revolutionierung ihrer Naturordnung unbewußt und mit zahlreichen Umwegen ihre Gesellschaftsordnung revolutioniert. Nun, da dies zu Bewußtsein gelangt und in die Praxis eingebracht ist, erschüttert es die Gesellschaften, die sich endgültig als abgeschlossene Systeme zu etablieren suchen.

Dagegen konstituiert erst ein stetiges Band, das die Kommunikation zwischen den wichtigsten Lebensbereichen ermöglicht und deren wechselseitige Abhängigkeit aufzeigt (da sie unser Werk sind und wir ihr Subjekt) erst *die Gesellschaft als Form der Natur*. Daraus folgt, daß Gesellschaft und Natur nicht mehr als zwei gesonderte Welten erscheinen können; beides sind vielmehr unterschiedliche Arten, die Tätigkeit des Menschen zu lenken – die eine sichert die materiellen Ressourcen, fördert und verteilt unsere Fähigkeiten; die andere lenkt die Akkumulation und Distribution des Reichtums gemäß der gesellschaftlichen Befriedigung der Bedürfnisse. Zu diesem Ziele ergänzen die Beherrschung der Gesellschaft und die Beherrschung der Natur einander.

Schluß

I. Für eine neue Wissenschaft:
die politische Technologie

1. Das fehlende Glied

In einem eindringlichen, programmatischen Aufsatz stellt André Haudricourt fest:

»Die Technologie, die Wissenschaft der Produktivkräfte, ist noch weit davon entfernt, als eigenständige Wissenschaft anerkannt zu werden und den Platz einzunehmen, den sie verdient.«[1]

Gewiß ist es nötig, die Produktivkräfte als unabhängige Größe genauestens zu untersuchen. In Verbindung mit dem sogenannten »wissenschaftlichen Fortschritt« sollen sie die Entwicklung der Gesellschaft bestimmen und erklären. Wie kann man glauben, eine Gesellschaft sei fähig, ihre Geschichte zu beherrschen und die aufeinanderfolgenden Phasen ihrer Entwicklung vorauszusehen, wenn gerade die Kausalketten dieser Entwicklung jeder gesicherten theoretischen Erkenntnis entgehen? Welche Bedeutung soll man denn der vorgeblichen Beherrschung der Natur beilegen, wenn man unterstellt, daß unsere Beziehungen zu ihr kontingent sind, und wir über ihren Inhalt so gut wie nichts wissen. Meint Beherrschung hier lediglich die Akkumulation der materiellen Kräfte und der Informationen über das Universum? Solche Beherrschung hat es immer gegeben, und sie wird erst mit unserer Gattung verschwinden. Wer sich weigert, darin nach einer Regelmäßigkeit zu suchen, die dem aus unserem Austausch mit der materiellen Welt entstehenden Vermögen eigen ist – woraus zugleich der Antrieb entspringt, das spezielle Wissen darüber zu schaffen –, der verurteilt sich dazu, die Entwicklung der Gesellschaft und der Menschheit im ungewissen zu belassen. Um gegen diese hartnäckige Weigerung anzugehen, um ein ausschließlich auf ökonomische und soziale Beziehungen gerichtetes Interesse zu bekämpfen und um einen Mangel auszugleichen, empfiehlt sich die Erforschung der Produktivkräfte. Gewiß umfassen die Produktivkräfte ein weites Spektrum materieller Techniken.

Dennoch ist jedes Instrument, jeder Gegenstand mit einer Folge von Gesten und Reflexen verknüpft, die ihnen aufs engste entsprechen. Um die Bedeutung dieser physiologischen und psychischen Verkettungen zu unterstreichen, hat Marcel Mauss den Ausdruck »Techniken des Körpers« geprägt.[2] Sie bilden die wirkliche Textur eines Werkstoffes, eines Werkzeugs, einer Sache. Zwischen der Bewegungsorganisation, der Verbindung von Körperhaltungen und der Handhabung eines Pfluges oder einer einfachen Maschine besteht eine kontinuierliche Kette:

»Die Analogie zwischen der Evolution der Lebewesen und der Entwicklung der Techniken läßt sich sehr weit treiben, ohne zu Paradoxa zu führen, wenn man nur sieht, daß der Gegenstand nur mit dem Skelett der Wirbeltiere oder der Muschelschale vergleichbar ist. Ganz wie der Naturforscher versucht, die Weichteile des Tieres, Muskeln und innere Organe, zu rekonstruieren, so muß man den Gegenstand mit all den menschlichen Gesten umgeben, die ihn hervorbringen und funktionieren lassen.« (A. Haudricourt[3])

Jenseits der Geste und der habitualisierten Muskelbewegung stehen auch der Kalkül oder der Blick, das Rezept oder das Gesetz, das Verstandes- oder das Wahrnehmungsschema und die Natur- oder Produktionsdisziplin, die sie gemeinsam organisieren. Die Klassifizierung der Techniken setzt die Klassifizierung ihrer jeweiligen Disziplinen und die Erforschung ihrer historischen Ursprünge ebenso voraus wie die Analyse ihrer Hybridbildungen, das heißt ihrer Reproduktion und ihrer Erfindung oder ihrer Verbreitung. Nicht das Produkt der Technik, sondern die Produktion der Technik und allgemeiner noch die des Wissens – der Künste oder Wissenschaften – bilden das Ziel der »Wissenschaft der Produktivkräfte«. Mit einem Wort: Ihr Gegenstand ist weniger die Kristallisierung der Arbeit in Gestalt von Artefakten als die *Schöpfung der Arbeit*. Und die wurde, wie A. Haudricourt mit Recht bemerkte, bislang nur unter dem Blickwinkel der ökonomischen und sozialen Strukturen untersucht:

»Was nun lange die Einführung dieses Gesichtspunktes in die Technologie verhindert hat, ist der untergeordnete Status solcher Untersuchungen in der universitären Optik des neunzehnten Jahrhunderts. Die zahlreichen Arbeiten zur ›Geschichte der Arbeit‹ oder zur ›Geschichte der arbeitenden Klassen‹ waren weit mehr um die Geschichte der Produktionsweisen als um die Geschichte der Produktivkräfte zentriert.«[4]

Wenn sich uns heute eine andere Optik aufzudrängen scheint, warum sollten wir dann den früheren Gesichtspunkt den »universitären« Vorstellungen des neunzehnten Jahrhunderts zurechnen und nicht den Realitäten dieser Zeit? Ebenso wie die Geschichte der Gesellschaft und der Ökonomie tritt die Geschichte der Natur und der Technologie zu ihrer Zeit in den Vordergrund, um die herangereiften Fragen zu beantworten. Es ist nicht so, daß der »Widerstand der Universität« eine Wand zwischen das neunzehnte und das zwanzigste Jahrhundert geschoben hätte – es sind die Probleme, die sich grundlegend gewandelt haben und ein anderes, außerhalb der überkommenen Zusammenhänge stehendes Wissen erfordern.

Der Aufschwung der Wissenschaften, die Macht, die sie verleihen, und die Zukunft, die sie bestimmen, wie auch die Verantwortlichkeit, die sie uns auferlegen, stehen nun im Mittelpunkt der Tätigkeit und des allgemeinen Bewußtseins. Dort findet sich heute das konkrete Material der Produktivkräfte. Sie zu erfassen, erweisen sich die gebräuchlichen Vorgehensweisen als unzureichend. Wenn man die Wissenschaft in ihren verschiedenen Zusammenhängen analysiert – hinsichtlich der Ideen in der Geschichte der Philosophien oder in der Geschichte der Wissenschaften, hinsichtlich der Auswirkungen (wirtschaftliche Rentabilität, Ausbildungssystem oder Wertsystem usw.) in Soziologie oder politischer Ökonomie –, so geht man an ihrer Originalität vorbei. Eine solche zwischen Denken und Handeln aufgespaltene Analyse, die sich einmal an die Suche nach Wahrheit und ein andermal an die Gier nach Reichtum hält, ermöglichte weder die Ausarbeitung einer einschlägigen Praxis noch die Entstehung einer Theorie, die den Interessen der Wissenschaft treibenden Menschen entspräche. Die Realität hat recht mit ihren Einteilungen, und die Stellung, welche die Wissenschaft im geistigen und politischen Leben der Nationen einnimmt, zwingt die verschiedenen Untersuchungsarten, sich einander anzunähern und die Wissenschaft positiv zu erfassen.

Die exakte Beschreibung der Produktion wissenschaftlicher Erkenntnisse ist in Anfängen bereits geleistet. So untersucht man etwa die Ausbreitung, den Einfluß und die Zunahme der Zeitschriftenartikel in den verschiedenen Wissenszweigen. Auch die Anzahl der Wissenschaftler und die Bedingungen, unter denen sie arbeiten, sind Gegenstand vielfältiger Forschungen. Des weiteren hat die statistische Analyse der Erfindungen und der Publikationen auf theoretischem und experimentellem Gebiet belegt, daß die mathematischen Naturgesetze die Entwicklungsrichtung einer Wissenschaft bestimmen konnten. So scheint die Verteilung der wissenschaftlichen Arbeiten nach Bereichen oder Ländern der Kurve von Zipf zu folgen. Diese Kurve, die eine Konstanz des Produkts aus Häufigkeit und Rang eines Aktes, eines Signals usw. unterstellt, wurde auf die Beschreibung der hierarchischen Verteilung der Größe von Städten, der Wörter einer Sprache usw. angewendet. Es wurde gezeigt, daß die quantitative Zunahme der Publikationen in Physik oder Chemie ein exponentielles Wachstum aufweist. So bringen Erfindungen neue Erfindungen hervor, und die Wissenschaft produziert ständig mehr Wissenschaft. Aus diesen Untersuchungen lassen sich noch weitere Schlüsse ziehen. So etwa, daß die Anzahl der kompetenten Wissenschaftler wie das Quadrat der Anzahl der außergewöhnlich begabten Wissenschaftler zunimmt, von denen fast die Hälfte aller Artikel auf dem untersuchten Fachgebiet stammt. Nimmt man zu den Wissenschaftlern noch die Ingenieure und alle übrigen Mitarbeiter hinzu, so stellt man fest, daß die Investitionen in Wissenschaft wie das Quadrat der Anzahl der zu einem bestimmten Zeitpunkt tätigen Wissenschaftler wachsen. Die meisten dieser Verteilungen sind freilich nützliche Vereinfachungen der realen Phänomene; wichtig ist aber, daß sie mit den verfügbaren quantitativen Informationen übereinstimmen. Daraus kann man schließen, daß die Produktion wissenschaftlichen Wissens einer strengen Analyse zugänglich ist:

»Ich glaube«, schreibt D. J. de Solla Price,[5] »wir haben jetzt die theoretische Grundlage für diese Untersuchung der Wissenschaft gelegt.«

Aufgrund seiner Ergebnisse schlägt de Solla Price eine bislang noch unbenannte und kaum definierte »Wissenschaftswissenschaft« vor, über deren Notwendigkeit allerdings kein Zweifel besteht. Das politische Gewicht der Entscheidungen im Bereich der wissenschaftlichen Forschung, die Rolle, die den Wissenschaftlern, ihrer Ausbildung und ihren Entdeckungen bei der Schaffung staatlicher Einrichtungen zukommt, machen eine solche Wissenschaftswissenschaft erforderlich. Die Entstehung eines Forschungsbereichs, der zugleich präzise und fruchtbar ist, zieht geistige Energien an, die darin einen neuen Weg zur Lösung von

Problemen sehen, welche der Geschichte von Wissenschaft und Technik sehr vertraut sind. Die Ähnlichkeit mit der Erforschung ökonomischer Prozesse ist frappierend:

»Der wesentliche Unterschied zwischen der Analyse der Wissenschaft und der der Wirtschaft liegt in der Größe der Parameter.«[6]

Die hier signalisierte Parallelität vermag die ersten Schritte jener Disziplin anzuleiten, um deren Schaffung es hier geht. Die Ähnlichkeit der Resultate in mathematischer Hinsicht bietet zudem eine gewisse Sicherheit und weist einen methodologischen Weg. Die hier festgestellten Isomorphien sind ebenso hilfreich für den Fortschritt der Erkenntnis, wie es die Analogie zwischen Newtons Gesetz der Schwerkraft und Coulombs Gesetz der magnetischen Anziehung war. Wenn diese Ähnlichkeiten auch die Formulierung der nötigen Hypothesen erleichtern, so ersetzen sie freilich nicht eine eigenständige empirische und theoretische Analyse, denn sie leisten keinen Beitrag zum Verständnis der spezifischen Phänomene. Die Feststellung der Analogie zwischen Newtons und Coulombs Gesetz konnte zwar den Boden für weitere Arbeit bereiten, führte aber nicht zu einem wirklichen Verständnis der magnetischen oder elektrischen Phänomene. Wer auf der Ebene formaler Äquivalenzen verbleibt, der läuft Gefahr, die heuristische Funktion einer Wissenschaft und deren spezifische Auswirkungen auf die konkrete Existenz der Menschen zu vernachlässigen. Jedes Wissensgebiet sucht zuallererst einmal, die eigenen Fragen zu beantworten; es kann sich nicht darauf beschränken, Bestätigung in Ähnlichkeiten mit anderen Wissenschaften zu finden, statt das zu betonen, was es selbst an Individuellem und Eigenständigem hat. Die »theoretischen Grundlagen« dieser Disziplin sind daher nicht gesichert, solange die Konzepte, die historischen Prinzipien und der Wirklichkeitsbereich, dem die systematische Untersuchung der Entwicklung der Wissenschaften – oder der Techniken – zugehört, nicht bestimmt und die Ziele lediglich durch Vergleich ausgewiesen sind:

»Unser Fachgebiet«, schreibt D. J. de Solla Price,[7] »versucht für die wissenschaftliche Welt das zu sein, was die Ökonomie für die Welt des Handels geleistet hat.«

Es liegt auf der Hand, daß die Ökonomie sich nicht ausschließlich mit dem »Handel« befaßt. Sie interessiert sich vor allem für die

Produktion, für die ökonomischen Faktoren und die Dynamik der Gesellschaftsstruktur. Ebenso sind die Wissenschaft und die Technik, die den Gegenstand des neuen Fachgebiets bilden, nicht nur eine Ansammlung von Experimenten oder Theorien noch auch eine bestimmte Anzahl von Zeitschriftenaufsätzen oder Zeitschriften. Die Experimente und Theorien bringen sich nicht wechselseitig hervor, sowenig wie Aufsätze neue Aufsätze produzieren. Letztlich haben wir es mit Gruppen von Menschen zu tun, die über bestimmte Codes verfügen, die eine gewisse Menge von Talenten und Informationen einsetzen und dabei Beziehungen untereinander herstellen. Von den Absichten und Regeln her, die das Handeln dieser Gruppen leiten, wird auch die Fülle der Theorien und Zeitschriftenartikel wie auch der Sinn ihrer Zunahme verständlich. Sie ist Ausdruck der Veränderlichkeit der materiellen Welt, der Menschen, die an ihr teilhaben, und nicht der Erweiterung eines Universums aus Papier und Gedanken. *Liegt es nicht auf der Hand, daß die Gemeinschaften durch Wissenschaft und Forschungsindustrie nichts anderes tun, als ihren Nutzen zu mehren, ihre Bedürfnisse zu befriedigen und ihre Neugier zu stillen? Der Naturzustand ist unmittelbar zielgerichtet, und auf ihn nehmen die wissenschaftlichen und technischen Disziplinen Einfluß.*

Um die Analogie mit der politischen Ökonomie abzurunden, müßte die »Wissenschaftswissenschaft« sich mit diesem Naturzustand als ganzem befassen und nicht nur mit seinen Manifestationen. Losgelöst von diesem Kontext, könnte sie nur die Perspektive jener Gruppen übernehmen, welche die Fähigkeiten und das Wissen zu bloßen Instrumenten des Reichtums und der Macht reduzieren, könnte sie nur eine Hypostasierung, eine verdinglichte Totalität zu ihrem Gegenstand machen, statt deren authentisches Leben zu enthüllen. Wer eine streng pragmatische Haltung einnimmt, der kann nicht erwarten, daß die neue Wissenschaft irgend etwas an den bestehenden Routinen ändert; ihre Aufgabe beschränkte sich dann darauf, diese Routinen zu korrigieren, anzupassen und zu extrapolieren. Ja mehr noch: Um Anerkennung zu finden, müßte sie ihre kritische Funktion aufgeben und sich den Normen beugen, denen die meisten Disziplinen unterworfen waren, als sie noch nicht bestand. Und was wäre dann ihr Beitrag zum bereits Bestehenden? Wie könnte sie die wirkliche Weite ihres Gegenstandes erfassen, der fundamentale Optionen mit weitgehenden ethischen und gewiß auch politischen Folgen umfaßt? Genau darin liegt letztlich ihre Rechtfertigung. Das Licht, das sie auf eine Seite der Geschichte werfen kann, die wir nun nicht länger erleiden, sondern selbst machen sollten, geht weit über die Dienste hinaus, die sie einer beschränkten Gruppe von Funktionären und Verwaltern öffentlicher und privater Angelegenheiten erweisen könnte. Es geht also nicht darum, sich auf eine Wissenschaft des Kalküls und der theoretischen Instrumente zu beschränken, deren Zweck die bessere Verwaltung der aus ihrem ureigensten Rahmen herausgelösten und zu bloßen Mitteln degradierten naturwissenschaftlichen oder produktiven Disziplinen wäre. Diese Gefahr droht der »Wissenschaftswissenschaft« um so mehr, als sie mit der Zeit das Bedürfnis verspüren könnte, sich von ihren einseitigen Verbindungen zur Ökonomie zu lösen, um sich der Epistemologie – der Theorie der wissenschaftlichen Erkenntnis und des technischen Wissens – wie auch der Biologie anzunähern, da diese uns die Gesetze der Bevölkerungsentwicklung, der Einheit von Organismus und Umwelt oder der Vererbung lehrt. Ihre Aufgabe, die Erforschung der alten Produktivkräfte – Handwerk, Technik, Philosophie – wie auch der modernen – Grundlagenwissenschaften oder angewandte Wissenschaften – führt sie auf diesen Weg. In der Mendelejeffschen Tafel der Wissenschaften vom Menschen ist ihr Ort bereits verzeichnet.

Nach ihrer Entdeckung muß nun ihr Inhalt präzise gefaßt werden. Die *politische Technologie*, wie ich sie nennen möchte, wäre die Wissenschaft unseres Naturzustandes und der Prozesse, die ihn schaffen. Ihr Gegenstand wäre die gleichzeitige Entwicklung der materiellen Kräfte und der menschlichen Gattung in ihrem Verhältnis zu diesen Kräften. Sie umfaßte damit die inneren, qualitativen Aspekte, wie sie sich im täglichen Leben und in der Gliederung der organisierten Disziplinen manifestieren, sowie die äußeren, quantitativen Aspekte des beständigen Umgangs des Menschen mit dem Universum. Ziel dieser Wissenschaft kann gewiß auch die Kenntnis offen zugänglicher Merkmale sein: etwa die Zahl der Wissenschaftler, die quantitative Zunahme der Patente oder die Herkunft einer neuen Theorie. Aber der spezielle Bereich der politischen Technologie wird sich nicht in der Analyse dieser allgemeinen Parameter sowie der geistigen und praktischen Abfolge der Entdeckungen in Wissenschaft, Technik, Kunst und

Philosophie beschränken; ihr Gegenstand ist vielmehr der Selbst-schöpfungsprozeß einer Naturkategorie.

Um den Tatsachen gerecht zu werden, ist also eine Revolution im Denken erforderlich. Daß ich ausgerechnet die Naturordnung zum Gegenstand einer als Technologie bezeichneten Wissenschaft machen will, scheint schlecht zu den allgemein akzeptierten Vorstellungen zu passen. In Wirklichkeit liegt auch darin kein Skandal – oder jedenfalls nicht mehr.[8] Inzwischen sehen wir die konstitutive Rolle der menschlichen Tätigkeit, die sowohl in der Massenwirkung der Gattung als auch in den Veränderungen, die sie in der Biosphäre produziert, präsent sind. Das pflanzliche und tierische Leben entwickelt sich unter neuen Bedingungen, die zu tiefgreifenden Veränderungen führen:

»Die Oberfläche unseres Planeten steht vor einer gewaltigen Umwälzung«, bemerkt W. I. Vernadsky.[9] »Ein turbulenter Ausbreitungsprozeß ist zur Zeit in der Biosphäre im Gange, und man darf erwarten, daß dieser Prozeß bald gigantische Ausmaße annimmt.«

Die in dieser Studie dargelegten Beweise und die empirische Erkenntnis, daß das menschliche »Tun« eine Spielart des universellen Geschehens ist, führen zu einer Auflösung der festumrissenen Grenzen: Künstliche Technik und Natur erweisen sich beide als Modalitäten dieses universellen Geschehens.

Indessen kommt der Technologie, der Wissenschaft von unserer Naturordnung und ihrer Geschichte, das Beiwort *politisch* ebenso zu wie der Ökonomie, der Wissenschaft von der Gesellschaft und ihrer Geschichte. Dieses Beiwort steht ja für den Gedanken, daß die Ökonomie ihrem allgemeinen Gehalt nach nicht bloß die Beschreibung und analytische Klassifikation der industriellen Verfahren, ihrer Produkte und ihrer Faktoren ist. Die Technologie ist mit Sicherheit eine politische Wissenschaft, insofern ihr Inhalt und ihre Ziele zu den wesentlichen Aktivitäten der modernen Gesellschaften zählen. Wenn auch die Ausbildung, die Förderung der Talente, die Erfindungen und die Vervielfältigung der materiellen Kräfte bis zum zwanzigsten Jahrhundert als ebenso spontan galten wie der Wechsel der Jahreszeiten und die Eklipsen des Mondes, so gilt dies für die Zukunft nicht mehr. All diese Erscheinungen, in denen es um die Kommunikation mit der materiellen Welt geht – Wissenschaftsförderung, Reproduktion des Wissens, Entdeckung von Produktionsverfahren und Rohstoffen oder Endprodukten –, erhalten systematischen Charakter und werden als Ergebnisse erkennbar. Ihre genaue Untersuchung ist ein gleichermaßen praktisches wie logisches Erfordernis. Seit mehreren Dezennien sind wir in der Lage, den Umfang der natürlichen Faktoren (Rohstoffe, Energien, Bevölkerungen, Fähigkeiten usw.) zu einer gegebenen Zeit zu messen. Wir können im voraus den Bedarf einer Nation an »Händen« und »Köpfen« abschätzen. Unsere Sensibilität in diesem Punkt hat beträchtlich zugenommen, und wir werden uns zunehmend bewußt, daß die materiellen Möglichkeiten des Erdballs begrenzt, aber auch ersetzbar sind. Wenn die Gesellschaft verpflichtet ist, die Entwicklung dieser Phänomene zu steuern, so hat sie indessen auch die Aufgabe, den Gesetzen, die diesen Phänomenen eigen sind, zu folgen und sich ihrer Struktur anzupassen. Die Beherrschung der Naturprozesse hängt ebenso davon ab wie die der Gesellschaft. Im Grunde bedeutet dies, daß die Produktion der Talente an die erste Stelle gesetzt wird. Nun lassen sich diese Talente aber auch mit den größten Investitionen nicht nach Belieben hervorbringen. Es bedarf schwieriger, langwieriger Kombinationen, deren Ausgang doch stets unvorhersehbar bleibt. Dabei gilt es, die Chancen, daß ein seltenes Ereignis eintritt, zu maximieren. Wollte man hier ein Programm aufstellen, so hätte das die Folge, daß man die Aufmerksamkeit, die man den am wenigsten wahrscheinlichen, aber wünschenswertesten Entdeckungen zukommen ließe, einschränkte und einem Realitätsbereich, der beständiger Veränderung unterworfen ist, Normen auferlegte. Das Plansystem, das zur Beseitigung der Widersprüche des Marktes oder der Gesellschaft empfohlen wird, brächte Wirkungen mit sich, die den erhofften Effekten gerade entgegengesetzt wären. Die gesellschaftlichen Institutionen und ihre Spezialisten müssen sich ganz wie Agrargenetiker verhalten. Sie wissen nämlich, daß willkürliche oder einem vorgefaßten Modell entsprechende genetische Kombinationen ihnen verwehrt sind. Ihre Arbeit besteht vielmehr in der geduldigen Entwicklung von Regeln und Strategien, mit denen sie eine pflanzliche oder tierische Varietät, die in einem Gebiet zu irgendeiner Zeit auftritt, erkennen und behandeln können.

Für die Erzeugung von Fähigkeiten und Fertigkeiten sind ähnliche Strategien nötig. Zunächst einmal müssen diese Strategien es ermöglichen, in der Fülle der Informationen gewissermaßen die

»Informationsvarietäten«, nach denen man sucht, ausfindig zu machen. Nachdem man den Wert des gewonnenen Wissens oder der gewonnenen Verfahren zu beurteilen gelernt hat, bedürfte es sodann eines besonderen Könnens und geeigneter Maßnahmen, um sie zu erhalten und ihre Ausbreitung zu fördern oder zu beschleunigen. Ähnliche Strategien hätten es den Menschen in der Vergangenheit ermöglicht, zu unterscheiden, was sie lange vermengten – Metall und Stein zum Beispiel – oder sich direkt und ohne Verzug mit einer Klasse von Erscheinungen zu befassen. Solange die Elektrizität als künstlicher Effekt galt – bis Benjamin Franklin das Gegenteil bewies –, wurde sie nicht zum Gegenstand theoretischer und experimenteller Untersuchungen gemacht.

Die politische Technologie könnte diesen Mangel beheben, sobald sie sich als Wissenschaft von den Ressourcen begreift, wie die politische Ökonomie die Wissenschaft von den Reichtümern ist. Die Reflexion über diese Ressourcen blieb bislang äußerst beschränkt, da es am geistigen Anreiz und an der nötigen Rechtfertigung fehlte. Von der Forschung der naturwissenschaftlichen Disziplinen ausgeschlossen und als nur zählende, vollkommen ahistorische und nicht experimentelle Wissenschaft ist sie allein an der Erhaltung oder Inventarisierung der Rohstoffe und Energien interessiert. Ihre politische Qualität, der Umstand, daß sie es mit der Beherrschung der Natur zu tun hat, wurde übersehen. Aber ob natürlich oder sozial, das Verhältnis des Menschen zur Materie und zu seinesgleichen muß jene Rationalität gewinnen, die ihm heute noch fehlt. Dies ist der Grund für die Bemühungen um eine neue Wissenschaft und erhellt die Bedeutung, die ich der politischen Technologie beimesse.

2. Das Programm der politischen Technologie

Zur Abgrenzung eines wissenschaftlichen Forschungsfeldes gehört auch eine Karte, auf der die Phänomene, Faktoren und Probleme verzeichnet sind, die geklärt werden müssen, bevor weitere Fortschritte möglich sind. Diese Vorgaben weisen die Richtung, in die sich die Forschung bewegen muß. Zunächst werde ich deshalb zeigen, welche Bedeutung der politischen Technologie aus der Sicht der Gesellschaft zukommt. Sodann werde ich die Gegenstände aufführen, mit denen sie es zu tun hat.

Als es zur Herausbildung einer Wissenschaft von der Gesellschaft und ihrer ökonomischen Prozesse kam, stellte sich die Frage, ob die Technik und das Wissen oder allgemeiner: das »geistige Kapital«, zu deren Gegenstandsbereich gehörten oder nicht. Die Unmöglichkeit, exakte Maße für diese Faktoren anzugeben, die unterschiedlichen Zwecksetzungen der ökonomisch-sozialen Handlungsträger einerseits, der technischen oder wissenschaftlichen Handlungsträger andererseits, das Mißverhältnis zwischen dem systematischen Charakter der Bemühungen im Bereich der Produktion und dem uneinheitlichen, zerstreuten Charakter der Anstrengungen im Bereich von Forschung und Erfindung führten schließlich – durchaus berechtigt – dazu, daß man diese »immateriellen Güter« aus der sozialen oder politischen Ökonomie ausschloß.

Mit bemerkenswerter Beharrlichkeit wurde alles, was in Zusammenhang mit der Entstehung unserer Fertigkeiten, mit der Verbesserung des Wissens und mit der darin investierten Arbeit steht, aus dem Kreis der zwischen den sozialen Klassen verteilten Güter und der Motive für die Herstellung wechselseitiger Beziehungen verbannt. Die geistigen, materiellen und technischen Faktoren gelten als Residuen, ihre Wirklichkeit und ihre Analyse gehen über die Grenzen der Wissenschaft von den ökonomischen und sozialen Strukturen hinaus. Dort faßt man sie in der Regel als »externe Ökonomien«. Diese »Ökonomien« sind einesteils kostenlos, anderteils können sie kaum zum Gegenstand permanenter Ausbeutung gemacht werden. Kostenfreiheit meint hier, daß ein Produzent einem anderen eine Dienstleistung erbringt,

»ohne daß ihm dadurch eigens Kosten entstehen, noch daß er diese Dienstleistung absichtlich erbringt«.[10]

Eine externe Ökonomie liegt vor, wenn jemand z. B. Blumen pflanzt, ohne dabei die Absicht zu haben, mit dieser Veränderung der Flora die Bienenhaltung eines benachbarten Imkers zu ermöglichen; oder wenn durch Aufforstungen in einer Region die Niederschlagsmengen steigen und dadurch bessere Anbaubedingungen für Weizen entstehen. Wie wir sehen, hat diese Art Ökonomie es mit der Veränderung der Biosphäre, unserer natürlichen Existenz, zu tun; deshalb spricht man gelegentlich von der »Schaffung einer Atmosphäre«, man könnte aber ebensogut auch »Schöpfung von Natur« sagen. Diese Schöpfungen sind kostenlos wie Luft, Wasser und die übrigen materiellen Faktoren, und zwar selbst dann, wenn der Mensch an ihrer Erzeugung teilhat. In ihrer Ausbreitung werden auch die technischen Verfahren zu diesen Elementen, über die jeder verfügt, gezählt. Ihre Effekte gehen so sehr über ihre Kosten hinaus und ihre Wege sind so verwickelt, daß jede Rentabilitätsberechnung ungenau bleiben muß und letztlich nutzlos ist.

Fügen wir noch hinzu, daß Umfang und Verbreitung von Ressourcen einen bedeutenden Einfluß auf die Produktivität einer Wirtschaft haben, so wird deutlich, wie wichtig diese sogenannten externen, nicht bezahlten und nicht appropriierbaren Ökonomien für die Entwicklung der Gesellschaft sind. Aus deren Perspektive und nach deren Gesetzen lassen sie sich freilich weder vollständig beschreiben noch wissenschaftlich analysieren. Dazu müßte man den positiven, spezifischen Gehalt zumindest jener Ökonomien bestimmen, die aus dem Umgang des Menschen mit der Materie und aus der Verteilung der Talente unter den Menschen resultieren. An anderer Stelle[11] haben wir gesehen, daß der Inhalt dieser »externen Ökonomien« dem unserer Natur nahekommt. Wie man sieht, zeichnet sich die neue Wissenschaft nicht nur durch die Aufnahme von Konzepten aus, die in die Dunkelzone der politischen Ökonomie verwiesen sind, sie befaßt sich vielmehr mit Dingen, die über die politische Ökonomie hinausgehen und sie ergänzen.

Die Entwicklung der politischen Technologie ist unerläßlich für die Untersuchung der beiden wesentlichen Mechanismen des gesellschaftlichen Lebens: der Krisenmechanismen und der Wachstumsmechanismen. Bei den Krisenmechanismen geht es um das Ungleichgewicht zwischen Produktion und Konsumtion sowie zwischen den Zyklen von Beschäftigung und Arbeitslosigkeit; bei den Wachstumsmechanismen geht es um das Wachstum der Produktionsmittel, um die Erweiterung der Märkte, um die Entwicklung der Bedürfnisse und um die zugehörigen Investitionen. An ihrem ökonomischen und sozialen Charakter kann kein Zweifel bestehen; ihre Erklärung bewegt sich daher hauptsächlich in diesem Bereich. Jeder Versuch, sie ganz oder zum größeren Teil auf zufällige oder natürliche Ursachen und nicht auf die in einer Gesellschaft herrschenden Verhältnisse zurückzuführen, kann nur zu Verwirrung führen. Dennoch darf man nicht verkennen – und man hat dies auch nicht übersehen –, daß Faktoren, die man als exogene Faktoren bezeichnet, einen erheblichen Einfluß auf diese dynamischen Vorgänge haben. Erfindungen, wissenschaftliche oder technologische Veränderungen, die Entdeckung neuer Ressourcen und die Entwicklung neuer Fähigkeiten bestimmen gleichermaßen Krise und Wachstum je nach der Konjunktur und den sozialen Strukturen, in denen sie erfolgen. Die Dampfmaschine führte zum Niedergang der Manufaktur, die dann durch die Industrie ersetzt wurde; die Entdeckung der Kunststoffe wirkte wie ein Peitschenhieb auf die Industrie der chemischen Produkte. Die »exogenen Faktoren« oder die »Gaben der Natur« haben in gesellschaftlicher Sicht keine einheitlichen Auswirkungen, und ebensowenig lassen sie sich in dieser Hinsicht differenzieren. Zwei qualitativ deutlich unterschiedene Erfindungen oder Ressourcengruppen können, unter ökonomischer Perspektive betrachtet, absolut identische Auswirkungen zeitigen. Aus diesem Grunde und weil man ihre Gesetze und ihre Bedeutung nicht kennt, werden sie in der Erforschung der ökonomischen Entwicklung – und der Akkumulation des Kapitals – als Konstanten oder als willkürliche Parameter behandelt.

»Wenn er (der Ökonom) Probleme des Wachstums und der Entwicklung untersucht, so wird er häufig aus praktischen Erwägungen heraus ein bestimmtes technisches Niveau oder eine bestimmte Entwicklungsrate unterstellen, ohne weiter auf deren Bedeutung einzugehen.«[12]

Ob diese Parameter nun für die Produktivkräfte, für den Stand der industriellen Verfahren, für die materiellen Ressourcen oder für den technischen Fortschritt stehen –, daß man sie allein unter quantitativen Gesichtspunkten betrachtet, rechtfertigt sich aus den Bedürfnissen der Theorie, aber man kann die Frage ihrer Bedeutung nicht ewig beiseite lassen. Ganz im Gegenteil: Nur ein Verständnis der »exogenen Faktoren«, ihrer Gesetze und der zugehörigen Prozesse kann dazu beitragen, dieses Stadium der Verwendung von Indizes zu überwinden, von denen man immerhin mit Gewißheit weiß, daß sie, auch wenn sie zum Teil nichtökonomischen Charakters sind, hinreichend ausgeprägte Eigenschaften besitzen, um eine Analyse zu verdienen. Erst wenn diese Eigenschaften bekannt sind, lassen sich die Krisen- und Wachstumsphänomene rational erfassen, läßt sich das Verhältnis der Natur zur Gesellschaft erhellen. Bislang hat man sie nur aus der Perspektive begrenzter gesellschaftlicher Interessen betrachtet, nicht aber an sich. Die Ökonomie hat die »Gaben der Natur« lange unbeachtet lassen können, ganz wie die Mechanik die elektrischen oder chemischen Kräfte außer acht ließ. Als diese Kräfte aber auf den Plan getreten waren und die mechanischen Kräfte oder die Schwerkraft sich neben sie in das Spektrum der physikalischen Kräfte einreihten, wurden neue Generalisierungen erforderlich, und es entstand eine neue Wissenschaft von der Energie, vom Raum und von der Zeit, die auf neuen Prinzipien gründete. Die Gestalt, welche die – für uns natürlichen – Mechanismen der Erfindung und der Reproduktion angenommen haben, erfordert wahrscheinlich eine ähnliche Umarbeitung.

Wenn wir uns auf den Standpunkt des Naturzustandes und seiner geschichtlichen Herausbildung stellen, läßt sich das Spektrum der Phänomene, denen die politische Technologie ihre ganze Aufmerksamkeit widmen muß, leicht beschreiben. An erster Stelle stehen die *Prozesse*, die das Nervensystem und den Kreislauf dieses Zustandes bilden: Erfindung und Reproduktion. Die meisten Untersuchungen und Theorien konzentrieren sich auf deren psychologischen Aspekt – zum Beispiel auf die charakteristischen Merkmale des Erfinders oder des Ausbildungsprozesses usw. –, statt den Akzent auf das wirklich Wesentliche an diesen Phänomenen zu setzen, auf den Umstand nämlich, daß wir es hier mit Tätigkeiten zu tun haben, die seit den Uranfängen unserer Gattung Tag für Tag millionenfach wiederholt worden sind, daß sie je besondere menschliche Gruppen ins Spiel bringen, daß ihre Gesetze nichts anderes als die Gesetze der Erzeugung der menschlichen Fähigkeiten im Verlaufe ihres Austauschs mit der äußeren Welt sind.

In zweiter Linie sind die *Faktoren*, die es zu betrachten gilt, die Ressourcen und die Bevölkerung, der allgemeinste Ausdruck dessen, was man gewöhnlich mit Boden und Arbeit meint. Diese als natürlich geltenden Produktionsfaktoren wurden zwar gesehen, nicht aber systematisch untersucht. Zudem muß man berücksichtigen, daß sie an einen bestimmten Naturzustand gebunden sind. Jede Ressource entspricht einem Wissen, das eine bestimmte Gruppe von Menschen besitzt. Die Bevölkerung findet ihren Ausdruck nicht in der Anzahl der Individuen, sondern in einer Organisation, einer Struktur von Kategorien und Subkategorien, von Individuen, die über bestimmte Fähigkeiten verfügen. Die Schöpfung von Fähigkeiten – nicht der einzige, wohl aber der wichtigste Faktor – ermöglicht das Wachstum der Gesamtbevölkerung. Die Menschen werden unverzichtbar und produktiv, wenn sie über Talente verfügen; umgekehrt führt das Vorhandensein einer großen Zahl von Individuen zur Nutzung von Fähigkeiten, die sonst verfallen würden. Auch in diese Richtung bedarf die Korrelation zwischen dem Wissen, den Disziplinen und der Bevölkerung mit ihren Variationen einer wissenschaftlichen Vertiefung. Der Einfluß der Bevölkerung auf den Prozeß der Schöpfung der Arbeit ist so offenkundig, daß man die Gesetze ihrer Entwicklung untersuchen müßte, statt sich mit einer rein genetischen und statistischen Demographie zu begnügen. Ohne Zweifel sind die Beziehungen zwischen den genetischen Merkmalen der Gattung und der Reproduktion ihrer Fähigkeiten wie auch die Zahl der Individuen, die davon betroffen sind, durchaus wichtig, wenn es darum geht, Stellung und Zukunft der Menschheit im Universum zu bestimmen. All diese nichtökonomischen Perspektiven sind bedeutsam.

Das Verhältnis zwischen den Ressourcen und der Bevölkerungsentwicklung bedarf auch einer historischen Untersuchung. So erscheinen die materiellen Ressourcen in der mechanischen Natur nicht allein als Mittel, als technische Formen des Wissens, sondern auch als Elemente der Reproduktion des Wissens eines Teils der Menschen und mithin auch der Reproduktion dieser Menschen selbst. Umgekehrt gehören die Menschen – genauer gesagt, die Arbeiter, die nur über ihre Körperkraft verfügen – relativ eindeutig zu den materiellen Kräften. Das zeigt, daß Ressourcen und Bevölkerung in ihrer Interdependenz, also vor allem qualitativ und nicht nur quantitativ verglichen werden müssen, wenn man die Gesetze und Mechanismen ihrer Entwicklung begreifen will. Dieser Vergleich läßt sich durch eine genauere Analyse der technischen Formen, der Berufe, der Rohstoffe, der Disziplinen, der Produktionsverfahren und ihrer Ergebnisse abstützen. Eine Anatomie, oder vielmehr eine klassifizierende Zerlegung ähnlich der in der Biologie praktizierten, könnte den Weg zu einer Physiologie eröffnen, die uns ein weit vollständigeres und noch ungeahntes Bild der Faktoren und Elemente zeichnete, aus denen die Ressourcen und die Bevölkerung bestehen, und die Verbindungen zwischen ihnen aufzeigte. Bislang begnügt man sich damit, die Energiereserven aufzuzählen und die Bevölkerungsexplosion vorauszuschätzen, ohne dabei zu bemerken, daß eine

Voraussage, die diese Bezeichnung wirklich verdiente, die strukturellen Veränderungen berücksichtigen müßte, und daß das bloße Zählen dieser Reserven und dieser Explosion recht armselig bleibt, solange man den Faktor Geschicklichkeit–Wissen nicht in die Einheit Ressourcen–Bevölkerung aufnimmt und die historisch wie qualitativ unterschiedlichen Merkmale beider erkennt. Die Extrapolationsmethode muß theoretisch begründeten und auf die wirklichen Prozesse bezogenen Gesetzen Platz machen.

Im gleichen Zuge liefert die politische Technologie einen Rahmen und eine neue Bedeutung für die Geschichte der Wissenschaften, der Künste, der Philosophie und der Technik, ohne Zweifel auch für die allgemeine Geschichte der Erziehung, wie auch für die der wissenschaftlichen Gesellschaften,[13] also für die Geschichte der Bildung der menschlichen Gattung aus eigener Kraft und nach spezifischen Zielsetzungen. Diese verschiedenen Geschichten haben bis heute nur marginale Bedeutung gehabt. Zum einen bieten sie eine – manchmal vernachlässigte und oft nur periphere – Ergänzung zur Analyse und zur Geschichte von Gesellschaft und Ökonomie. Zum anderen behandelt man sie lediglich als Übungsterrain für Philosophie und Ästhetik oder als Stoffreservoir für deren Konstruktionen. Sie gelten als Hilfswissenschaften im strengen Sinne des Wortes und dienen Zwecken, die ihnen *per definitionem* äußerlich sind. Ihre Stellung in Lehre und Forschung ist in dieser Hinsicht ein untrügliches Zeichen. Gewiß muß jede Geschichte unserer Naturdisziplinen weiterhin Licht auf die Gesellschaft und auf die Entwicklung unseres Geistes im allgemeinen werfen. Dennoch können diese Beiträge weder den zureichenden Grund für die Entwicklung der Disziplinen bilden noch eine unabhängige Erkenntnis jener Realität ersetzen, die sie zum Ausdruck bringen und von der sie ausgehen: der menschlichen Geschichte der Natur.

Die Analysen, an denen die Geschichte der Wissenschaft, der Künste, der Technik und der Philosophie teilhaben muß, sind von entscheidender Bedeutung für die Zukunft des Menschen. Sie müssen über das Stadium des Sammelns und der Monographie, des Streits um Priorität oder den Einfluß eines Autors auf den anderen hinauskommen und sich Begriffe und Methoden schaffen, mit denen die Gesamtbewegung faßbar wird, in der die Menschen als Gruppen und natürliche Kategorien ebenso Platz finden wie die Ideen. Die zerstreuten Glieder und isolierten Größen dieser Entwicklungen finden zusammen, sobald man ihnen ein gemeinsames und autonomes Ziel setzt. Warum sucht man nicht nach dem Verhältnis zwischen der Bevölkerungsentwicklung und der Wissenschaftsentwicklung, zwischen der Reproduktionsbzw. Verteilungsweise der Talente und der Struktur einer Disziplinengruppe? Warum stellt man keinen Zusammenhang her zwischen einem System der Reproduktion von Fähigkeiten, das als Verbindungsglied zwischen den natürlichen Kategorien dient, und dem zu einer bestimmten Zeit bestehenden System der Wissenschaft, der Technik und der Künste? Warum sollte man sich nicht mit dem Einfluß befassen, den das Verhältnis zwischen Gesellschaft und Natur auf den Kontext ausübt, in dem die Teilung der Disziplinen erfolgt? Was die Sozialgeschichte seit ihrer Entstehung im neunzehnten Jahrhundert begonnen hat, das kann die menschliche Geschichte der Natur jetzt vollenden: Begriffe und Methoden schaffen und die bislang zerstreuten Teile zusammenfügen. Der dynamische Charakter der politischen Technologie erfordert das; Geschichtsschreibung und Geschichtstheorie würden dann unmittelbar in den Geist unserer Naturordnung und in dessen Beherrschung einmünden. In der Geschichte suchen wir nicht nach Weisheit; es geht uns vielmehr um das Leben. Und in der Gegenwart soll sie uns nicht den letzten Augenblick der Vergangenheit vor Augen führen, sondern den ersten Moment der Zukunft. Die historische Perspektive sollte nicht die Perspektive dessen, was schon tot ist, sein. Das gilt für die Wissenschaft, die Künste, die Philosophie und die Technik geradeso wie für alle Dinge, die uns zutiefst betreffen.

Neben den Wissenschaften, die sich mit unserer Gesellschaft befassen, hat eine Wissenschaft von unserer Natur Funktion und Platz. Vom Geist der Zeit hervorgebracht, verleiht sie dieser Zeit einen Geist. So bereitet sie einer authentischen Anthropologie den Weg, einem Wissen um das, was für den Menschen wesentlich ist, einer Anastomose des natürlichen und des sozialen Subjekts.

II. Zweierlei Bildung oder eine einzige?

Unter den Gegenständen, die der Technologie einen politischen Charakter verleihen, nimmt das Verhältnis zwischen der Wissenschaft und der Menschheit, also das von Natur und Gesellschaft, eine wichtige Position ein. In der Tat hat sich neben der, wie man dachte, einzigen Bildung, eine zweite Art von Bildung etabliert, der man weder geistigen Wert noch Gewicht in der Realität absprechen kann. Diese Bildung, die sich auf die Naturwissenschaft stützt, hat ein eigenes Verfahren entwickelt und hält den Geisteswissenschaftlern einen Spiegel vor, in dem sie sich kaum wiedererkennen. Sie sehen darin nur eine ihrer von alters her überkommenen Besonderheiten, doch diesmal entschieden als Minderwertigkeit und Todsünde entlarvt, nämlich ihre Ignoranz bezüglich des Naturzustandes.

In den Augen der Geisteswissenschaftler dagegen sind die Naturwissenschaftler Eindringlinge, Mitglieder einer Gruppe von Emporkömmlingen in den eng begrenzten Kreisen der Macht und der Erhabenen. Sie, die an die Stelle des Handwerkers und des Ingenieurs getreten sind, die die Schöpfung der Arbeit und die Produktion lenken, sie verdienen auch die Verachtung, mit der man ihre Vorgänger bedachte. Welchen Wert ihre Entdeckungen auch haben mögen, Naturwissenschaften und Naturwissenschaftler bleiben in die Sphäre der äußeren Welt eingeschlossen; man verweigert ihnen das Recht, sich als Träger eines Wissens zu bezeichnen, das unserem wahren Wesen entspricht:

»Wie sehr die Naturwissenschaftler auch danach streben, das Wissen zu erweitern und das Los des Menschen zu verbessern, so verfolgen sie doch Ziele und Ideen, die dem Menschlichen fern sind.«[14]

Fern vom bewußten Denken der letzten Ziele des Menschen, sind die Naturwissenschaftler nur blinde Instrumente im Dienste ihrer Herren. Diese Ausgrenzung der sozialen Fähigkeiten, diese Gleichgültigkeit gegenüber den Auswirkungen, welche die wissenschaftlichen Entdeckungen für die kollektive Existenz haben können, erstaunen. Daher auch das Unverständnis, das Desinteresse und die Verachtung für die geisteswissenschaftlichen Disziplinen und für die Sozialwissenschaften, die sich mit ihren Erfahrungen kaum zu befassen scheinen. Und das gilt unabhängig vom Gesellschaftssystem, dem sie angehören:

»Um die Gefahren einer solchen Sichtweise aufzuzeigen, genügt es, die Einstellung jener Wissenschaftler in der UdSSR, die die Sozialwissenschaften für zweitrangig halten, mit der identischen Einstellung ihrer Kollegen im kapitalistischen Bereich zu vergleichen. Demselben Irrtum verfallen, kümmern sie sich nicht um die Frage, welchen Zielen und Interessen die Reaktoren und Computer dienen, die sie bauen.«[15]

Kurz: Zahlreiche Barrieren verhindern eine Integration der Naturwissenschaften und der Naturwissenschaftler in den allgemeinen Strom, Barrieren, die wir unbedingt abbauen müssen.

Diese zerstreuten Glieder, die zusammengenommen sicher einen harmonischen Organismus bilden könnten, bieten ein faszinierendes Schauspiel. Ein wenig Weisheit, denkt man, könnte die Antagonismen überbrücken. Es läge im Interesse aller. So wäre der Geisteswissenschaftler an den Schöpfungen beteiligt, deren Bereich die Natur und deren Gegenstand die Arbeit ist. Umgekehrt hätten die Naturwissenschaftler und wissenschaftlichen Ingenieure Zugang zu den Geisteswissenschaften und könnten den beschränkten Horizont ihres Spezialgebiets überschreiten. Mit etwas mehr Interesse für die Spiele der Politik und der Lenkung der Gesellschaft – Spiele, die in ihren Augen oft belanglos erscheinen und doch so entscheidend sind – würden sie fähig, den Sinn und den Wert ihres Wissens zu erkennen. Der Humanismus wäre durch die Realität, der Naturalismus durchs Ideal legitimiert; beide dienten dem Menschen, denn das Modell eines vollständigen Individuums und eines versöhnten Verstandes schüfe Frieden, wo Zwietracht, und Fülle, wo Mangel herrscht. Solche Vorstellungen stehen hinter den Maßnahmen, von denen man sich die Wiederherstellung des Gleichgewichts verspricht. Die meisten dieser Vorstellungen beziehen sich auf das Erziehungssystem und auf die Reorganisation der Disziplinen. Vor allem verspricht man sich von ihnen, daß sie die Kommunikationswege zwischen den Bereichen der sozialen und der Naturerkenntnis, zwischen den Künsten und der Technik öffnen. Hier obläge es der »Wissenschaftswissenschaft« und der Geschichte – der Geschichte der Gesellschaft, der Geschichte der Wissenschaft und der Techniken –, eine Vermittlerrolle zu spielen und den Dialog zu ermöglichen, nachdem sie die Gesprächspartner wieder auf dem Gebiet der Bildung zusammengebracht hätten. Die Integration literarischer und geisteswissenschaftlicher Studien ins wissenschaftliche Ausbildungsprogramm und die Aufnahme naturwissenschaftlicher Informationen in die geisteswissenschaftliche Ausbildung könnte dann den Erfolg dieser Scharnierwissenschaft zwischen den beiden Erkenntnisbereichen sichern.

Es wird kaum nötig sein, die Illusionen aufzuzählen, mit denen dieser angestrebte Mittelweg gepflastert ist. Vor allem sehe ich darin das Zeichen eines von den Umständen diktierten Umhertastens, während der entscheidende Punkt anderswo liegt. Insbesondere in dem Griff nach dem wahren Wesen jener Produkte der vorgestellten Fähigkeit, die den geistigen Raum einnehmen, den jede Gruppe der Utopie vorbehält. Betrachten wir nochmals das Problem des Antagonismus zwischen den Wesensbereichen. Wie wir wissen, ist dieser Antagonismus nur die Fortsetzung der Konflikte und der Hierarchie einer Gesellschaft, deren Motor die ungleiche Verteilung von Reichtum und Macht ist. Daraus resultiert eine tiefe Kluft zwischen jenen, die den staatlichen Apparat, die Ideologien und die zugehörigen Vorstellungen erzeugen, und jenen, die eine Produktionsfunktion erfüllen und sich an der Schöpfung der für die kollektive Subsistenz nötigen Fähigkeiten beteiligen. Die Vorherrschaft der klassischen Bildung bringt in diesem Zusammenhang die Vorherrschaft einer sozialen Schicht und insbesondere einer Herrschaftsweise zum Ausdruck, die der Situation entspricht. Diese Herrschaftsweise verlangt von ihren direkten oder indirekten Herren oder Dienern kaum die Kompetenz zum Austausch mit der materiellen Welt noch einen regelmäßigen Kontakt mit den Menschen, die diesen Austausch aufrechterhalten. Die Kluft, die wir im Erziehungssystem festgestellt haben, bringt lediglich die große Entdeckung der Zivilisation zum Ausdruck: die Trennung der Naturbeziehungen von den sozialen Beziehungen, die Aufspaltung der Menschen entlang der Demarkationslinie dieser Beziehungen. Niemand hat das Gefühl, Teil dessen zu sein, was beiden Bereichen gemein ist, während das gemeinsame Los aller darin besteht, lediglich ein Teil zu sein, beständig neben und außerhalb der Einheit zu stehen; die Einheit wiederum ist abgeschnitten von ihren Teilen, liegt über oder unter ihnen, und die so verdeckte Gesamtbewegung ist gleichsam annulliert.

Im Lichte der historischen Erfahrung ist die Versöhnung der naturwissenschaftlichen und der sozialwissenschaftlichen Disziplinen keine akademische Frage, sondern – und das war sie stets – eine politische. Genauer gesagt, ein zweifaches Problem, das es mit der Zusammensetzung des politischen Körpers und dessen Kompetenzen einerseits und mit den Bedingungen und Zielen einer Politik andererseits zu tun hat, die dem Verhältnis zwischen der Sozialordnung und der Naturordnung gerecht wird. Wenn heute eine Lösung dringend erforderlich ist, so weil die jeweiligen Seiten dieser Beziehung und die Beziehungen selbst unverkennbar Veränderungen erfahren.

Wie nicht anders zu erwarten, steht die Position der Naturdisziplinen und der natürlichen Kategorien, insbesondere die der Naturwissenschaften und der Naturwissenschaftler, auf dem Spiel. Deren Lage und Fortschritt wird nicht mehr, wie bei den Handwerkern oder Ingenieuren, bei den Naturphilosophen oder bei den mechanischen Philosophen, vom Prozeß der Teilung bestimmt. Zum ersten Mal braucht eine natürliche Kategorie tatsächlich nicht mehr andere Menschen als ihren Stoff oder ihr Instrument zu betrachten. Auch kann sie auf die Verdopplung verzichten, die daraus folgte und jeden der Teile dazu zwang, sich selbst vermöge einer subjektiven Projektion zu bestätigen – der göttliche Uhrmacher oder Demiurg an Stelle des menschlichen Uhrmachers oder Demiurgen. In dieser Perspektive, in der die Selbstprojektion als Korrelat zur Negation des anderen aufgehoben wird, gewinnt der Naturwissenschaftler die Möglichkeit, seine Ziele und seine Handlungsweisen zu zeigen, ohne sie über Gebühr zu verkleiden. Das ist seine wichtigste Erfindung: Der Mensch führt nicht die Anweisungen einer ihm äußerlichen Naturordnung aus, er ist vielmehr Autor dieser Dekrete und das anerkannte Subjekt der Naturordnung. Diese Situation findet kein Echo in unserer sozialen Organisation, in der der Naturwissenschaftler zum Objekt degradiert wird und Institutionen unterworfen ist, die ihn zum Instrument von Reichtum und Macht machen. Die Widersprüchlichkeit seiner Situation tritt klar hervor: Überall ist er gesucht, und nirgendwo hat er eine entscheidende Stimme, außer wenn es um Schmeichelei geht oder darum, sich der Etikette der Knechtschaft zu beugen; er macht eine Geschichte, die nicht als menschliche Geschichte verstanden wird, sondern als deren verkehrtes Bild, als Unmenschlichkeit der Geschichte.

Dieser Gegensatz würde keine wesentliche Rolle spielen und man sähe darin keine allgemeinen Erfordernisse, die in der Lage sind, die Struktur der Institutionen zu bedrohen, wenn es sich nicht um eine umfangreiche, konzentrierte Gruppe handelte, die durch ihre tägliche Arbeit und ihre intellektuelle Vorbereitung zum vollen Bewußtsein ihrer Funktion gelangte. Man nimmt an, daß neunzig Prozent aller Wissenschaftler, die jemals existiert haben, heute leben. Für die Zukunft rechnet man damit, daß zwanzig Prozent der aktiven Bevölkerung sich mit Grundlagenforschung oder angewandter Wissenschaft befassen werden. Die Ansicht, die Lord Balfour zu Beginn dieses Jahrhunderts über die Naturwissenschaftler äußerte, wird nicht ewig gültig sein:

»Sie sind dabei, die Welt zu verändern, und sie wissen es nicht. Die Politiker sind nur das Steuer – die Wissenschaftler aber der Motor.«

Wenn diese Macht sich erst einmal als Motor weiß und will, so wird es ihr nicht mehr freistehen, sich in Neutralität und Enthaltung zu flüchten; sie ist durchdrungen von der Verantwortung, die sie für die von ihr geschaffene Zukunft besitzt, und von der Bedeutung der Aufgaben, die sie erfüllt. Sie kann nicht anders, als eine Tradition und eine politische Sphäre zu zerstören, deren eingestandenes Ziel es ist, sie herabzusetzen oder auszuschließen, und sie muß versuchen, eine neue Tradition zu schaffen, deren Quelle sie selbst ist. In der Naturwissenschaft wird eine fast direkte Interferenz mit sämtlichen materiellen Prozessen sichtbar. Die Voraussage der Ergebnisse dieser Interferenz, die Fähigkeit, ihre Erforschung und die der Ressourcen zu steuern und eine Strategie dafür zu entwickeln, sind Merkmale, die nun allgemein erkannt werden. Die wahre Gefahr liegt nicht im Kontakt mit den materiellen Kräften, sondern im Verlust dieses Kontaktes. Schwierigkeiten liegen nicht darin, daß diese Kräfte uns fremd oder wir ihnen fremd wären, sondern darin, daß die konkrete Interdependenz als Entfremdung erlebt wird. Nichts widerspricht der Praxis mehr als die vorgebliche Autonomie der sozialen Sphäre, als die Fähigkeit, die man ihr beimißt, das eigene Schicksal rational zu lenken, ohne sich dabei fest in der Natur zu verankern. Normen und Institutionen, die diese Überzeugung aufrechterhalten wollen, lösen sich eine nach der anderen auf:

»Wir müssen dahin gelangen«, schreibt ein kompetenter Beobachter,[16] »das Individuum als ein kooperierendes Element der Gesellschaft zu betrachten und die Gesellschaft selbst als Teil eines in Bewegung befindlichen natürlichen Systems. Das wäre dann auch, so meine ich, ein Schritt vorwärts auf dem Wege zur Weisheit.«

Diese Weisheit ist unverträglich mit einer Herrschaftsweise, die sich langsam herausgebildet hat, um das Verhalten der Menschen ausschließlich im Sinne ihrer sozialen Interessen zu lenken. Sie ließe sich wohl kaum auf das Vorgehen reduzieren, durch das die Funktionäre mit ihrer klassischen Bildung und als Mitglieder einer Gesellschaft in der Gesellschaft dekretieren, was der Wissenschaft und ihren Entdeckungen nottut. Es bedeutet auch keinen Schritt vorwärts auf dem Wege zur Weisheit, wenn man es eben diesen Funktionären überläßt, die Bedeutung der Werke und des spezifischen Wissens über die materielle Welt festzulegen, deren Prinzip und Gang ihnen fremd sind. Das betrifft vielmehr in erster Linie die Wissenschaftler, wenn es darum geht, die Richtung der Bemühungen und Investitionen zu bestimmen.

Daraus wird deutlich, daß die Voraussetzungen und Dimensionen der erwünschten Annäherung zwischen Naturwissenschaften und Geisteswissenschaften, zwischen naturwissenschaftlichen Disziplinen und sozialwissenschaftlichen Disziplinen, sich nicht auf eine bloße Umgestaltung der Lehrpläne reduzieren läßt. Auch durch moralische oder philosophische Verurteilung der Dualität der Bildung oder durch die Verdammung ihrer verheerenden Konsequenzen und noch weniger durch den Versuch, deren Bedeutung auf die Universität zu begrenzen, können jene, die davon betroffen sind, hoffen, wieder auf den Weg der Einheit zu finden. Im Gegenteil, sie lösen das Problem noch etwas mehr von der Realität los. Wenn man die Geisteswissenschaftler anregt, einige Bruchstücke der Naturwissenschaften aufzunehmen, und die Naturwissenschaftler dazu bewegt, den Geisteswissenschaften ein wenig Aufmerksamkeit zu schenken, so verdeckt man mit scheinbar unschuldigen Reden den eigentlichen Gegenstand der Kritik, die Gesellschaft, und die entscheidenden Faktoren für deren wirkliche Erneuerung. Eine solche Erneuerung setzt zweifellos voraus, daß jene, die Funktionen hinsichtlich der Naturordnung ausüben, von den hier erörterten Widersprüchen frei sind. Eine ebenso wichtige Aufgabe liegt darin, den politischen Körper und die erforderlichen Qualitäten der Individuen noch zu definieren, damit sie in der Lage sind, die Institutionen, an denen sie teilhaben, zu verwalten. Ihre gemeinsame Berufung ist es vor allem, daß sie sich in die Geschichte ihrer Natur integrieren, und zwar nicht, weil wir ihr Ende erlebten oder weil wir frei von ihren Notwendigkeiten wären, wie behauptet wird, sondern weil sie eine Phase durchläuft, in der ihre Struktur und unsere Verpflichtungen ihr gegenüber deutlicher hervortreten. In dieser Folge ist die politische Technologie keine Disziplin, die zwischen entfernten Bereichen des Wissens vermittelte; sie konstituiert vielmehr das Wissen, mit dem die Menschen ihr gemeinsames Schicksal lenken und – durch die Vorausbestimmung ihrer Entwicklung – die nachfolgenden Phasen herbeiführen können. Obwohl diese Perspektive noch nicht voll ausgereift ist, vermag sie bereits jetzt hinreichende Motive beizubringen, um die nötigen Fähigkeiten zur Organisation des sozialen Lebens hervorzubringen, ohne dieses Leben von den Gesetzen abzukoppeln, die es mit der materiellen Welt verbinden, also die Fähigkeit, sie gemeinsam zu beherrschen. Es ist notwendig, nach einer eigenständigen Lösung für diese Lage zu suchen, in der die Sozialordnung sich als Form der Naturordnung erweist und nicht als ihr entgegengesetzte Entität. Die Geschichte kennt beide nicht isoliert, und der Ehrgeiz, sie gesondert zu beherrschen, hat keine Grundlage. Beide sind derselben Bewegung unterworfen; was die eine bewegt, der Naturfortschritt, das hat auch Einfluß auf ihre Beziehung. Der Naturfortschritt besitzt keinen eigenen Antrieb, er ist kein Automatismus mit vorbestimmtem Ablauf, der eine relativ unabhängige Zielsetzung besäße. Andererseits ist er auch nicht Sache von Sozialingenieuren, diesem hypostasierten Phantasma eines Spiels ohne Protagonisten. Wir wissen vielmehr, daß er das Feld und die Resultante menschlicher Beziehungen ist.

Wichtige Gruppen machen dies zum Gegenstand eines politischen Kampfes, und die Chancen einer Verwirklichung sind nicht mehr nur ferne Hoffnung, sondern ein realisierbares Ziel. Aber um wirklich dahin zu gelangen, können diese Gruppen sich nicht damit begnügen, eine andere Gesellschaft zu wollen, eine sozialistische Gesellschaft an Stelle der kapitalistischen, eine höher entwickelte Gesellschaft an Stelle einer weniger entwickelten. Sie müssen auch einen anderen Typ von Gesellschaft wollen, eine Gesellschaft, die fähig ist, sich ein Programm zu geben und sich selbst als Gegenstand der Erfahrung zu nehmen, das heißt, Formen zu schaffen, die ihre Verbindung zum Naturzustand und zur eigenen Dynamik zum Ausdruck bringen. Mit anderen Worten, sie müssen eine Gesellschaft anstreben, die fähig ist, die sozialen Prozesse und Beziehungen mit den natürlichen Prozessen und Beziehungen zwischen den Menschen im Gleichgewicht zu halten und deren wechselseitigen Austausch zu ermöglichen.

Die Umgestaltung der Herrschaft des Eigentums und die Reduzierung der dritten Ungleichheit, der der Talente, erfordern not-

wendig auch eine Revision der Funktion des Staates. Ein Fremd-
körper in der bürgerlichen Gesellschaft, zwingt er jede Tätigkeit
unter seine Normen, unter seine Macht, und erkennt nur solche
Initiativen als wertvoll an, die ihm zugute kommen. Über die
übrigen Gruppen spannt er das Segel seiner Vernunft, das Netz
seiner Funktionäre, seiner Militärs und Lohnschreiber. Im Staat
perpetuiert sich ein Zwang, der verschwinden könnte, wenn die
Überzeugung, die Albert Einstein mit Millionen Menschen teilte,
Gestalt annähme:

»Ich bin überzeugt, daß es nur eine einzige Möglichkeit gibt, um diese schwerwiegenden Mißstände zu beseitigen, nämlich die Einrichtung einer sozialistischen Gesellschaft und eines Bildungssystems, das auf soziale Ziele ausgerichtet ist.«[17]

Und Lenin formulierte denselben Gedanken noch eindeutiger:

»Solange es einen Staat gibt, gibt es keine Freiheit. Wenn es Freiheit geben
wird, wird es keinen Staat geben.«[18]

Wie wir wissen, ist das Verschwinden des Staates auf begrifflicher
Ebene an die Errichtung der Herrschaft über die Natur gebunden. Nach den Theorien, die ich hier dargelegt habe, führt die
Sozialisierung des Privateigentums – die als Bedingung für das
Verschwinden des Staates gilt – nicht, wie man meint, dazu, daß
die Menschen einen direkten Zugriff auf das Universum erlangen,
es macht vielmehr die sozialen und natürlichen Beziehungen zwischen den Menschen transparenter. So gesehen, ist der Staat nicht
zum Verschwinden verurteilt, er muß sich vielmehr radikal wandeln, darf nicht länger Instrument und Hüter der bürgerlichen
Gesellschaft sein, sondern muß zum Vehikel für die Herstellung
einer Kommunikation zwischen der natürlichen und der sozialen
Seite unserer Beziehungen werden. Das folgt aus der Tatsache,
daß die Beherrschung der Natur und die Beherrschung der Gesellschaft beide, im Gegensatz zur üblichen Ansicht, Herrschaft
über Menschen sind. Wer in der gesellschaftlichen Herrschaft Gerechtigkeit und Freiheit verwirklichen will, muß sich notwendig
mit der Beherrschung der Natur befassen, da sie unsere Integrität
und unsere Universalität gewährleistet. Die Menschheit sieht sich
in dieser Hinsicht gleich zweifach eingebunden: in die Natur und
in die Gesellschaft.
So muß jede kollektive Kraft, wenn sie heute die soziale Frage

lösen will, deren Programm bereits im letzten Jahrhundert formuliert wurde, auch die Frage der Natur in ihre Aktivitäten einbeziehen. Eine Kritik der Gesellschaft, die nicht zugleich Kritik ihres Verhältnisses zur Natur und der Tätigkeit des Menschen zur Konstituierung beider wäre, bliebe unvollständig. Die Widersprüche, von denen die Wissenschaftler heimgesucht werden, die Trennung von Hand- und Kopfarbeit und die Gegensätze, die darin enthalten sind, machen uns dies in ihren Wirkungen deutlich.

Nichts von alledem kommt in den Forschungen zum Vorschein, die es sich zur Aufgabe machen, die Bildung zu gestalten. Sie appellieren hauptsächlich an Faktoren, die eher bei Unterordnung und Kontrolle in die Schule gegangen sind als bei Kreativität und Freiheit. Wesentlich freilich sind nicht diese Formeln, die von getrennten Abteilungen ohne erkennbaren wechselseitigen Zusammenhang sprechen und die unter Titeln daherkommen wie: Freizeit und Arbeit, Allgemeinbildung und Spezialausbildung, Vereinigung von Hand- und Kopfarbeit, Ergänzung der Naturwissenschaften durch Kunst oder auch Versöhnung des naturwissenschaftlichen Wissens mit dem sozial- oder geisteswissenschaftlichen Wissen.

Wie sollte die geforderte Einheit auch möglich sein, solange die Menschen nicht ihre Ziele und Mittel selbst bestimmen, solange sie sich von Wortführern sagen lassen, was das Wahre, Schöne, Gute sei? Und wie sollte uns diese Einheit auch anders denn als abstrakt und lebensfern erscheinen, wenn die Voraussetzungen und Folgen in ihrer Verwirklichung jenseits der Mittel gesehen werden, die diese Verwirklichung erst ermöglichen?

Jedes Mitglied der Sozialordnung muß die Gelegenheit haben, im eigenen Namen zu sprechen, damit es das, was es schafft, auch für sich schafft; das wird dann geschehen, wenn Arbeit, Literatur, Wissenschaft und Kunst keine Instrumente mehr sind, deren Zweck von außen festgelegt wird, sondern wenn jene, die sie sich zum Ziel setzen, sie auch als Mittel entwickeln. Kurz, wenn der Gesellschafts- und der Naturzustand es ihren Subjekten gestatten, sich als solche auszudrücken und zu kommunizieren. Auch wenn diese Phase noch nicht erreicht ist, so erweist sie sich doch allenthalben als notwendiger Endpunkt einer Entwicklung, in der die Stellung des einzelnen in der Gesellschaft mit seiner Stellung als Produzierender und Erfindender übereinstimmt:

»Talente und Besitz dürfen nicht länger voneinander getrennt werden.«
(Saint-Simon[19])

Das ist die Voraussetzung von Bildung, die Lage einer Menschheit, die sich weder verdoppelt noch in Teile aufspaltet, um im materiellen und im sozialen Universum zu handeln. Umrisse und Inhalt dieser Lage beschreiben zu wollen, wäre ein ebenso vergebliches Unterfangen wie der Versuch, ihr Bild aus den zerstreuten Teilen zusammenzusetzen. Nichts weist darauf hin, daß dies den Beginn eines übermenschlichen Abenteuers bedeutete, aber wir müssen uns auch hüten, darin die Verkörperung einer flachen, ruhigen, harmonischen Welt zu sehen, einer Zeit nach dem Jüngsten Tag, in der alle Fragen ihre Antwort gefunden hätten. Es ist vielmehr, wie ich bereits gesagt habe, der Entwurf einer anderen Art, an diese Probleme heranzugehen und sie zu lösen.

Alle diese Folgerungen ergeben sich aus der Untersuchung der menschlichen Geschichte der Natur und ihres Verhältnisses zur Gesellschaft. Ich habe versucht, so maßvoll wie möglich zu beschreiben, was wir nach meiner Ansicht über den Gang der Menschheit lernen können und über die Bedeutung, die sich daraus für eine Reihe von geläufigen Praktiken und Tendenzen ergibt, die von der Erziehung bis zur Politik, von der Herrschaft des Eigentums bis zur Struktur des Wissens reichen. Eine eigene Wissenschaft wird alledem mehr Nachdruck verleihen.
Es mag sein, daß die konkreten Perspektiven, die ich aufgezeigt habe, recht fern erscheinen; doch diese Ferne ist nur relativ, sie hängt von unserer kollektiven Anstrengung ab und nicht vom Urteil des einzelnen. Wie jede Theorie, bietet ihre Theorie hinsichtlich der Vergangenheit, die sie notwendig gemacht hat, eine gewisse Sicherheit, während sie hinsichtlich der Zukunft, in der sie Realität werden soll, eher auf Vermutungen angewiesen ist. In diesem Sinne ist sie zugleich ein kritisches Instrument und Vorbereitung zum Handeln. Weder im einen noch im anderen Fall erhebt sie allerdings den Anspruch, ein Ergebnis vorauszusagen, das sich notwendig einstellen wird. Es geht hier nicht um Glauben, sondern um Wissen. Wenn man eine Theorie beurteilt, vergißt man oft, daß die Phänomene, mit denen sie es zu tun hat, sich nur selten selbst enthüllen, wie es in der Astronomie der Fall ist, wo Le Verrier mit Hilfe der Newtonschen Gleichungen die Exi-

stenz eines Planeten ableiten konnte, der daraufhin auch beobachtet wurde. Wir müssen uns damit abfinden, daß in der Regel nur Erfahrung und die Vervollkommnung der Instrumente die Entdeckung von Körpern oder Prozessen ermöglichen, die theoretisch postuliert wurden, aber ohne diese Erfahrung keine Individualität erlangen würden und gewissermaßen nicht existierten. Die Verifizierung eines chemischen oder physikalischen Satzes wartet nicht auf das spontane Erscheinen von Tatsachen: Sie ist die Frucht ihrer Erforschung und Materialisierung. Warum sollte es bei der Erkenntnis der menschlichen Phänomene anders sein? Wenn sie lebendig sind und nicht nur Ideen, wenn sie die Praxis von Gemeinschaften betreffen und nicht nur die Träume eines abstrakten Geistes, wenn ihr Entwicklungsgang nicht die Enthüllung eines verborgenen Wesens, sondern geduldiges Tun und die Herbeiführung des Ereignisses ist, dann begreift ihr Theoretiker ihre Bewegung und seine Sprache in dem Bewußtsein, daß allein die menschliche Gattung als höchster Experimentator der Voraussage seiner Theorie auch die Macht der Realität zu geben vermag.

Princeton und Paris, 1962-1967

Anmerkungen

Das Naturproblem

1 *Science,* 125 (1957), S. 146.

2 *La nouvelle revue internationale,* 10 (1964), S. 91.

3 A. Ferguson, *An Essay on the History of Civil Society,* London 1767 (dt.: *Abhandlung über die Geschichte der bürgerlichen Gesellschaft,* Jena 1923, S. 258).

4 *Les principes du marxisme-léninisme,* Moskau 1961, S. 381.

5 H. C. Wallich, *The Cost of Freedom,* New York 1960 (dt.: *Was uns die Freiheit kostet,* Frankfurt a. M. 1962, S. 135).

6 »Wir können ruhig folgern, daß das Wachstum rascher erfolgt, wenn wir ein wenig Ungleichheit dulden.« Ebenda, S. 143.

7 G. H. Schwabe, »Über Rückwirkungen der technischen Zivilisation auf den Menschen«, in: *Studium generale,* 15 (1962), S. 497.

8 »Ich frage also, warum eine willkürliche menschliche Einrichtung, die sie geradesogut auch nicht hätten schaffen können, nicht sollte verändert werden können, ohne daß dadurch die Ordnung der Natur zusammenbräche.« G. de Mably, *Doutes proposés aux philosophes économistes,* Den Haag 1768, S. 6 f.

9 A. G. van Melsen, *Science and Technology,* Pittsburgh 1961, S. 291.

10 J.-P. Sartre, *Critique de la raison dialectique,* Paris 1960 (dt.: *Kritik der dialektischen Vernunft,* Reinbek 1967, S. 75).

11 E. Faure, *Œuvres complètes,* Paris 1964, Bd. III, S. 624.

Erster Teil, erstes Kapitel

1 »Das Wort *Natur* gehört wohl zu den vieldeutigsten Ausdrücken im Wortschatz der europäischen Völker . . . Die Autoren, die es verwenden, sind sich dieser Vieldeutigkeit im allgemeinen nicht bewußt und wechseln gern unbewußt zwischen den verschiedenen Bedeutungen.« A. O. Lovejoy, *Primitivism and Related Ideas in Antiquity,* Baltimore 1935, S. 12.

2 D. Diderot, »De l'interprétation de la nature«, *Œuvres,* Bd. II, Paris 1875 (dt.: »Gedanken zur Interpretation der Natur«, in: *Philosophische Schriften,* Berlin 1961, Bd. 1, S. 467).

3 »Der Mensch ist aus einem eigenartigen Stoff gemacht; zu einem Teil gehört er der Natur an, zu einem anderen nicht; er ist natürlich und steht außerhalb der Natur; in gewisser Weise ist er ein ontologischer Kentaur, der mit der

einen Hälfte in die Natur eingetaucht ist und sie mit der anderen überschreitet.« J. Ortega y Gasset, *History as a system*, New York 1961, S. III (Vorwort zur amerikanischen Ausgabe, im Original und in der deutschen Übersetzung nicht enthalten).

4 A. Gramsci, *Il materialismo storico e la filosofia di Benedetto Croce*, Turin 1966, S. 28.

5 G. Friedmann, in: ders. (Hrsg.), *Villes et campagnes*, Paris 1953, S. 402.

6 M. Heidegger, »Die Frage nach der Technik«, in: *Jahrbuch Gestalt und Gedanke*, hrsg. von der Bayrischen Akademie der schönen Künste, München 1954, S. 54.

7 R. Caillois, *Esthétique généralisée*, Paris 1962, S. 8.

8 K. Marx, »Ökonomisch-philosophische Manuskripte« (1844), in: *MEW*, Ergänzungsband, Schriften bis 1844, erster Teil, Berlin 1973, S. 516.

9 In Ermangelung eines Naturbegriffs, der den Menschen umfaßte, legt man ihm eine besondere, eine technische Natur bei: »Die Automatisierung verleiht ihnen (den industriellen Systemen) eine Autonomie, die sie in die Nähe der natürlichen Systeme rückt. Zweifellos sind sie von einer technischen Natur abhängig. Aber ist die nicht auch eine Natur? Und ist sie als Gegenstand bäuerlicher Arbeit nicht schon lange eine bearbeitete, eine zweite Natur? Ist der Mensch als Schöpfer nicht selbst zu einer Natur geworden, die der großen Natur autonom gegenübertritt?« P. Naville, *Vers l'automatisme social?*, Paris 1963, S. 40.

10 »Wir kennen ja die Natur nur durch das Medium menschlichen Erlebens.« C. F. von Weizsäcker, *Die Geschichte der Natur*, Göttingen 1954, S. 12.

11 P. Rossi, »Les arts mécaniques et la science nouvelle«, in: *Arch. Europ. de Sociol*, 4 (1963), S. 222.

12 W. Heisenberg, *Das Naturbild der heutigen Physik*, Hamburg 1955, S. 21.

13 A. Gramsci, *Il materialismo storico*, a.a.O., S. 161.

14 C. A. Helvetius, *De l'esprit*, Lüttich 1774 (dt.: *Philosophische Schriften*, hrsg. v. Werner Krauss, Bd. 1, *Vom Geist*, Berlin und Weimar 1973, S. 96).

15 G. Boas, *Essays on Primitivism and Related Ideas in the Middle Ages*, Baltimore 1948.

16 G. Friedmann, *Villes et compagnes*, a.a.O., S. 401.

17 M. Planck, »Die Einheit des physikalischen Weltbildes«, in: *Vorträge und Erinnerungen*, Stuttgart 1949, S. 49.

18 Zu einer ähnlichen Kritik an den herrschenden Konzeptionen in der Wissenschaftsgeschichte siehe Th. S. Kuhn, *The Structure of Scientific Revolutions*, Chicago 1963, Kap. VIII (dt.: *Die Struktur wissenschaftlicher Revolutionen*, Frankfurt a. M. 1967, S. 110-127).

19 Der Übergang von einem Naturzustand zum anderen und die Koexistenz zweier Naturzustände werfen bei den derzeit vorherrschenden Konzeptionen einen logischen Widerspruch auf: den Widerspruch zwischen der postulierten Einheit der Natur und der realen Pluralität der Naturen. Gewöhnlich löst man

diesen Widerspruch, indem man die eine Seite für »künstlich« erklärt und die andere zur Norm des Natürlichen erhebt. Bei der Trennung von Bauer und Handwerker galt dann die Welt des Bauern als natürlich, die des Handwerkers wurde als künstlich zurückgewiesen. Später ist es dann der Ingenieur, der im Verhältnis zum Handwerker als Repräsentant des Künstlichen, Unnatürlichen dasteht. Das historische Phänomen wird geleugnet und seine Bewegung durch eine Folge von Einschnitten zwischen den natürlichen und den künstlichen Dingen ersetzt.

20 Diese Schlüsse stimmen mit einer fest verwurzelten Überzeugung überein, wonach die Natur keine Geschichte hat, weil der Mensch nicht in sie verwickelt ist. Komplementär dazu wird dem Menschen jede Verknüpfung mit der Natur abgesprochen, weil die Geschichte – welche Geschichte? kann man fragen – *per definitionem* eine Besonderheit des Menschen ist. (»Der Mensch hat nicht Natur, sondern er hat ... Geschichte.« J. Ortega y Gasset, *Geschichte als System*, Stuttgart 1952, S. 71.) Die dualistische Entgegensetzung von Natur und Geschichte reduziert jedes Problem auf die leere Platitude von Wortpaaren: Materie – Geist, Körper – Seele, außen – innen usw. Der Reichtum der realen Beziehungen wird der Ausgeglichenheit eines Diskurses geopfert, der den Tod der Gedanken durch das vorgebliche Leben der Worte überdeckt.

21 »Der Mensch ist in der Tat ein geschichtliches Wesen, aber er kann das sein, weil er aus der Natur hervorgeht, denn die Natur selbst ist geschichtlich.« C. F. von Weizsäcker, *Die Geschichte der Natur*, a.a.O., S. 9

Erster Teil, zweites Kapitel

1 »Ich verwende hier den Begriff *Schöpfung*, weil der Ausdruck *Produktion*, den ich sonst vorgeschlagen hätte, bereits in einem anderen Sinne benutzt wird.« J. Rae, *Statement of Some New Principles on the Subject of Political Economy*, London 1894, S. 15.

2 »Das Einzige, was man aufgespeichert und im voraus produziert nennen könnte, ist die Geschicklichkeit des Arbeiters. Wenn die Arbeitsgeschicklichkeit des Bäckers, des Schlachters, des Viehzüchters, des Schneiders, des Webers usw. nicht vorher geschaffen und aufgehäuft wäre, so könnte man auch nicht die Waren bekommen, die jeder von ihnen produziert.« Th. Hodgskin, *Labour Defended Against the Claims of Capital*, London 1825 (dt.: *Verteidigung der Arbeit gegen die Ansprüche des Kapitals*, Leipzig 1909, S. 39).

3 F. Perroux, »La conquête spatiale et la souveraineté nationale«, in: *Diogène*, 39 (1962), S. 5.

4 K. Boulding, *Knowledge as a Commodity*, 1961, S. 2.

5 R. Godson, *A Practical Treatise on the Law of Patients for Inventions*, London 1840, S. 106.

6 »Man muß allerdings sehen, daß die Wissenschaftler, die ihre Theorien ›entdecken‹, sie eigentlich ›erfinden‹.« *The Rate and Direction of Inventive Activity, Economic and Social Factors,* Princeton 1962, S. 20.

»Die Wissenschaftler sollen Entdeckungen, die Ingenieure Erfindungen machen. Das gilt freilich nicht einmal annäherungsweise. Der amerikanische Kontinent wurde nicht von Wissenschaftlern entdeckt, sondern von Seeleuten und Abenteurern. Die Infinitesimalrechnung wurde zwar erfunden, aber nicht von einem Ingenieur.« F. Machlup, *Production and Distribution of Knowledge in the United States,* Princeton 1962, S. 163.

7 Mit dem Ausdruck *Ressource* möchte ich hier den *materiellen Reichtum* bezeichnen, während *Reichtum* dem *sozialen Reichtum* vorbehalten bleiben soll.

8 J. B. Say, *Traité d'économie politique,* Paris 1803, S. 346.

9 E. Levasseur, *Du rôle de l'intelligence dans la production,* Paris 1867, S. 34.

10 N. W. Senior, *Political Economy,* London 1854, S. 59.

11 E. Levasseur, *Du rôle de l'intelligence dans la production,* a.a.O., S. 45.

12 J. S. Mill, *Principles of Political Economy,* London 1862 (dt.: *Grundsätze der politischen Ökonomie,* Bd. 1, Jena 1921, S. 32).

13 S. von Pufendorf, *Vom Natur- und Völcker-Recht,* Frankfurt 1711, zweiter Teil, S. 6.

14 J. Hobson, *The Evolution of Modern Capitalism,* New York 1912, S. 26.

15 Die Produktivkräfte haben einen ähnlichen Inhalt wie die Natur in den ökonomischen Lehren. Sie sind Kombinationen aus materiellen Elementen und dem mit seiner Geschicklichkeit ausgestatteten Menschen. Statt jedoch als passive Substanzen oder kontingente Elemente des Reichtums zu erscheinen, stellen sie das physikalische menschliche Milieu dar, das aufgrund seiner aktiven Funktionen einen erheblichen Einfluß auf die soziale und historische Realität hat. Die Produktionsverhältnisse bezeichnen dagegen nach der marxistischen Terminologie den Modus der Aneignung von Arbeit und die Gesamtheit des ideologischen Überbaus. Sie lassen sich nicht auf die Produktivkräfte zurückführen. »Dialektik der Begriffe Produktivkraft (Produktionsmittel) und Produktionsverhältnis, eine Dialektik, deren Grenzen zu bestimmen und die realen Unterschiede nicht aufhebt.« (K. Marx, »Einleitung zur Kritik der Politischen Ökonomie«, Berlin 1971, S. 257.) Der »reale Unterschied« beruht zu einem großen Teil auf der Tatsache, daß die Produktivkräfte nicht entscheidend durch die sozialen Gesetze des Eigentums bestimmt sind, während die Produktionsverhältnisse diese Gesetze verkörpern. Ich denke, diese Differenz läßt die Doppelrolle des Menschen deutlicher hervortreten: Er ist gesellschaftliches und zugleich natürliches Subjekt, einerseits Agent der Produktion, des Austauschs und der Distribution von Reichtümern, andererseits Schöpfer der Arbeit, ihrer Ressourcen und mithin Produktivkraft. Wenn die Parallelität zwischen Gesellschaft und Natur, zwischen

Produktionsverhältnissen und Produktivkräften – die Naturordnung, aus gesellschaftlicher Sicht betrachtet – begründet ist, so folgt daraus,

– daß die menschliche Geschichte der Gesellschaft eine Gestalt und Umsetzung der menschlichen Geschichte der Natur ist;

– daß die Dialektik von Produktionsverhältnissen und Produktivkräften nichts anderes als die Dialektik dieser beiden geschichtlichen Bewegungen ist;

– daß es ohne ein erweitertes Wissen um die menschliche Geschichte der Natur keine vertiefte Kenntnis der Entwicklung der Produktivkräfte geben kann.

16 H. F. Storch, *Cours d'économie politique*, Paris 1823, Bd. III, S. 342.

17 »Wenn also, wie ich behaupte, das umlaufende Kapital nichts weiter ist als gleichzeitig geleistete Arbeit und das stehende Kapital nichts weiter bedeutet als gelernte Arbeit, dann muß jedem einleuchten, daß alle jene (. . .) ungeheuren Verbesserungen in der Lage des menschlichen Geschlechts, die im allgemeinen dem Kapital zugeschrieben worden sind, tatsächlich in der *Arbeit* und in den Kenntnissen und Fertigkeiten, die die Arbeit belehren und anleiten, ihre Ursache haben.« Th. Hodgskin, *Verteidigung der Arbeit*, a.a.O., S. 75 f.

18 J. B. Say, *Traité d'économie politique*, a.a.O., S. 85.

19 J. S. Mill, *Grundsätze der politischen Ökonomie*, Bd. 1, a.a.O., S. 63.

20 W. Firey, *Man, Mind and Land*, Glencoe (Ill.) 1960, S. 10.

21 Der große Ökonom J. Schumpeter sieht einen deutlichen Unterschied zwischen Erfindung und wirtschaftlicher Innovation: »Die Funktion des Durchführens neuer Kombinationen und die der Erweiterung unserer Erkenntnis, die Funktion des Unternehmers und die Funktion des Erfinders, sind ganz verschiedene Dinge. Der Unternehmer ist weder prinzipiell selbst Erfinder (. . .), noch ist er der Handlanger und Ordonnanzoffizier des Erfinders, so daß der Erfinder der eigentliche Unternehmer wäre.«
J. Schumpeter, *Theorie der wirtschaftlichen Entwicklung*, Leipzig 1912, S. 178.

22 »Während der einzelne sich in der Regel bereichert, indem er einen größeren Teil des bereits bestehenden Reichtums aneignet, erhöhen die Nationen ihren Reichtum, indem sie Güter produzieren, die zuvor nicht existierten. Die beiden Prozesse unterscheiden sich darin, daß der eine *Aneignung*, der andere *Schöpfung* ist.« J. Rae, *Statement of Some New Principles* . . ., a.a.O., S. 12.

23 In diesem Kapitel habe ich nur von der kapitalistischen Gesellschaft gesprochen, aber die Argumente lassen sich verallgemeinern, und wir werden das später auch tun.

1 G. Bruno, *Della causa, principio ed uno,* 1548 (dt.: *Von der Ursache, dem Prinzip und dem Einen,* hrsg. und übers. von A. Lasson, Leipzig 1923, S. 94).

2 H. Focillon, *La vie des formes,* Paris 1964, S. 51.

3 »Die verschiedenen Arten der *techne* waren für Protagoras charakteristische Funktionen der Gattung Mensch, wie die Angriffs-, Flucht- und Verteidigungsmittel charakteristische Funktionen der Tierarten sind. Wenngleich bildbar, sind sie dennoch unsere Natur.« A. Espinas, *Les origines de la technologie,* Paris 1897, S. 200.

4 V. G. Childe bemerkt ganz zu Recht, daß die Reproduktion der Arbeit in der Epoche, die der hier betrachteten vorausgeht, kein wirklich autonomer Prozeß war: »Tatsächlich lernt jedes Kind, und sei es nur durch Nachahmung und Spiel, die einfachen Grundtechniken des Feuermachens, des Jagens, des Sammelns, des Bauens und Fertigens mit der Hand, ganz wie es Sprechen, Laufen, Schwimmen und sich Waschen lernt.« »Science in the Preliterate Societies and the Ancient Oriental Civilisations«, in: *Centaurus,* 3 (1953), S. 16.

5 B. Gille, »Les développements technologiques en Europe de 1100 à 1400«, in: *Cahiers d'Histoire mondiale,* III (1956), S. 95.

6 R. G. Collingwood, *The Idea of Nature,* Oxford 1945, S. 8.

7 A. Cournot, *Traité de l'enchainement des idées fondamentales,* Paris 1877, Bd. I, S. 132.

8 K. Frohme, *Arbeit und Kultur,* Hamburg 1905, S. 56.

9 R. Boyle, *An Inquiry into the Received Notion of Nature,* London 1783, S. 372.

10 T. Powell, *Human Industry, or a History of Most Manual Arts,* London 1661, S. 25.

11 »Die Natur ist kein Organismus mehr, sondern eine Maschine; das heißt, Veränderungen und Prozesse sind nicht länger teleologisch, sondern kausal bestimmt.« R. G. Collingwood, *The Idea of Nature,* a.a.O., S. 103.

12 »Man kann sagen, daß sich der Begriff Natur in das eine Wort Arbeit fassen läßt.« K. Frohme, *Arbeit und Kultur,* a.a.O., S. 10.

13 H. Arendt, *Vita activa,* Stuttgart 1960, S. 135.

14 »Auch wenn man die Eitelkeit der Zeit gebührend berücksichtigt, darf unsere Generation durchaus von einer ›chemischen Revolution‹ sprechen.« J. Brady, *Organization, Automation and Society,* Los Angeles 1961, S. 202.

15 P. Auger, *Les tendances actuelles de la recherche scientifique,* Paris 1961, S. 22.

16 N. Wiener, *Cybernetics,* New York 1949 (dt.: *Kybernetik,* Düsseldorf und Wien 1963).

17 J. Diebold, *Automation,* New York 1952 (dt.: *Die automatische Fabrik,* Nürnberg 1954).

18 »In der dritten Phase (der Phase der Steuerung und der Integration) sind die Maschinen *automatische, selbststeuernde* Prozesse, die somit auch die operativen und kontrollierenden Funktionen des menschlichen Verstandes übernommen haben. In dieser Phase kommt dem Feed-back eine besondere Bedeutung zu. Die Arbeitsmaschine oder die Gruppe von Maschinen und die Steuerungseinheit müssen als Ganzheit, als ein einziges dynamisches System betrachtet werden; die Maschine kann nicht länger als rein mechanisches Aggregat gelten.« A. Dorogov, »The Development of Machines in History«, in: *Actes du XXe Congrès Inter. d'Hist. des Sc.,* 1959, S. 202.

19 A. Touraine, in: *Histoire générale du travail,* Paris 1962, Bd. IV, S. 27.

20 H. Alfuen, *Cosmical Electrodynamics,* Oxford 1950.

21 A. Friedman, »Über die Krümmung des Raumes«, in: *Zeitschr. f. Physik,* Jg. 1922, S. 377.

22 O. Struve, *Stellar Evolution,* Princeton 1940; H. Bondi, *Cosmology,* Cambridge 1952.

23 F. G. Watson, *Between the Planets,* Cambridge (Mass.) 1956.

24 J. Singh, *Great Ideas and Theories of Cosmology,* New York 1961.

25 A. C. Crombie, »Some Reflections on the History of Science and its Conception of Nature«, in: *Annals of Science,* 6 (1948), S. 56.

26 L. Brunschvicg, *Les âges de l'intelligence,* Paris 1934, Bd. I, S. XIV.

27 W. I. Vernandsky, »Problems of Biogeochemistry«, II, in· *Transac. of the Connect. Acad. of Arts and Sci.,* 35 (1944), S. 491.

28 Die Untersuchung, die ich hier vorschlage, legt das Gewicht auf die Originalität der Entwicklung der Naturdisziplinen, eine Originalität, die mit dem Prozeß und der Abfolge der Naturzustände zusammenhängt. Sie stellt uns vor eine klar geschiedene Alternative:

– Entweder lassen sich die Wissenschaften, Künste und Philosophien, die unsere natürliche Existenz umfassen, ohne größere Umwege auf den als wesentlich geltenden ökonomischen und sozialen Bereich zurückführen und meine Vorstellung von der menschlichen Natur und ihrer Geschichte verliert ihre Berechtigung,

– oder die Herausbildung dieser Disziplinengruppen verweist grundlegend – aber nicht ausschließlich, weil die Gesetze des Denkens und der Gesellschaft stets mit im Spiel sind – auf die Geschichte der Natur.

In jedem Falle besteht eine erhebliche Dissymmetrie. Wenn man den ersten Determinismus definiert, bezieht man sich auf etwas Präzises: auf die Ökonomie, den Krieg, die Politik und deren als bekannt unterstellte Gesetze. Die »interne« Determinierung findet dagegen keine konkrete Resonanz und ist bislang kaum erforscht worden. Es ist nur ein Aphorismus, der die Möglichkeit schafft, von einer internen Kausalität zu sprechen, wo eine externe Kausalität noch nicht gefunden ist. Letztlich kann man so mangelnde theoretische Durchdringung überspielen und die Vorrangstellung der Gesellschaft retten. Schwierigkeiten, die dabei auftreten, und einige andere, bereits genannte Überlegungen rechne ich als Argumente zugunsten der zweiten Möglichkeit der oben dargestellten Alternative. Auch wenn sie sich nicht vollständig mit der Wirklichkeit deckt und die Wirklichkeit ihr nicht auf Anhieb genau entspricht, kann sie eine fruchtbare Hypothese sein.

Erster Teil, viertes Kapitel

1 M. Bloch, »Les transformations des techniques comme problème de psychologie collective«, in: *Journal de Psychologie*, 41 (1948), S. 112.

2 Ebenda.

3 Ebenda, S. 113.

4 M. Mauss, »Les techniques et la technologie«, in: *Journal de Psychologie*, 41 (1948), S. 76.

5 L. S. B. Leakey, *Olduvai Gorge, 1951-1961*, London 1965.

6 J. Napier, »The Evolution of the Hand«, in: *Scientific American*, 1965, 207, S. 157.

7 W. Etkin, »Social Behavior and the Evolution of Man's Mental Faculties«, in: M. F. Ashley Montagu (Hrsg.), *Culture and the Evolution of Man*, New York 1962, S. 146.

8 V. G. Childe, *What Happened in History*, London 1942 (dt.: *Stufen der Kultur*, Stuttgart 1955, S. 34).

9 S. Clegg, *Architecture of Machinery*, London 1852, S. 2.

10 »Dieses menschliche Vieh umfaßte durchaus auch gebildete Menschen, Ärzte, Wissenschaftler, Künstler, Kleriker und Handwerker neben Prostituierten und Arbeitern.« V. G. Childe, *De la préhistoire à l'histoire*, Paris 1964, S. 307.

11 »Die Übernahme einer neuen Technik fällt leichter, wenn dazu keine neue Körperhaltung erforderlich ist; Veränderungen am Werkzeug oder an dessen Handhabung treffen dagegen auf Gewohnheiten, die sich nur schwer verändern lassen.« A. C. Haudricourt und M. J. Brunhes-Delamare, *L'homme et la charrue*, Paris 1957, S. 33.

12 A. Leroi-Gourhan, »Les premières sociétés agricoles«, in: M. Daumas (Hrsg.), *Histoire générale des techniques*, Paris 1962, Bd. I, S. 55.

13 M. Daumas, in: ders. (Hrsg.), *Histoire générale des techniques*, a.a.O., S. IX.

14 V. G. Childe, *The Prehistory of European Society*, Baltimore 1958 (dt.: *Vorgeschichte der europäischen Kultur*, Hamburg 1960, S. 12).

Erster Teil, fünftes Kapitel

1 Paris 1902 (dt.: *Über die Teilung der sozialen Arbeit*, Frankfurt a. M. 1977).

2 V. G. Childe, *Vorgeschichte der europäischen Kultur*, a.a.O., S. 63.

3 C. Bettelheim, *Planification et croissance accélérée*, Paris 1964, S. 125.

4 Ebenda, S. 112.

5 Ebenda, S. 113.

6 Ebenda.

7 E. Durkheim, *Über die Teilung der sozialen Arbeit*, a.a.O., S. 416.

8 C. Bouglé, »Revue générale des théories récentes sur la division du travail«, in: *Année sociologique*, 6 (1901-1902), S. 82.

9 E. Zilsel, »The sociological Roots of Science«, in: *The Amer. J. of Sociol.*, 47 (1942) (dt.: »Die sozialen Ursprünge der neuzeitlichen Wissenschaft«, in: ders., *Die sozialen Ursprünge der neuzeitlichen Wissenschaft*, Frankfurt a. M. 1976, S. 57).

10 B. Gille in: A. C. Crombie (Hrsg.), *Scientific Change*, London 1963, S. 311.

11 »Alles Geld, das ich nur irgend erübrigen kann und mir oft genug vom Munde absparen muß, stecke ich in meine Arbeit; und wenn auch das Wissen, das ich mit Gottes Gnade durch diese Bemühungen erworben habe, erwerbe und noch erwerben werde, meinem Namen Ehre machen wird, so investiere ich doch allen Erlös in zukünftige Entdeckungen, und all das zum Nutzen einer undankbaren Generation: Oft verschulde ich mich, um das Lebensnotwendige und die nötigen Gegenstände zu erlangen, und ich nehme einen leeren Magen in Kauf, um Entdeckungen in der Medizin zu machen.« G. Starkey, *Nature's Explication and Helmont's Vindication*, London 1657, S. 224.

12 J. Bellers, *Proposals for Raising a College of Industry*, London 1696, S. 18.

13 F. Machlup, »Can There be to Much Research?«, in: *Science*, 128 (1958), S. 1321.

14 M. Daumas, in: ders. (Hrsg.), *Histoire générale des techniques*, a.a.O., Bd. I, S. X.

15 M. Godelier, *Rationalité et irrationalité en économie*, Paris 1966, S. 284 ff.

16 J. G. D. Clark, »New World Origins«, in: *Antiquity*, 14 (1940), S. 128.

17 G. Schmoller, »La division du travail étudiée du point de vue historique«, in: *Revue d'Economie politique*, 3 (1889), S. 589.

18 K. A. Wittfogel, »Die natürliche Ursache der Wirtschaftsgeschichte«, in: *Archiv f. Sozialwiss. u. soz. Pol.*, 67 (1932), S. 483.

19 G. Bruno, *Spaccio della bestia trionfante*, Paris 1584, S. 166.

Zweiter Teil, erstes Kapitel

1 H. Diels, *Antike Technik*, Leipzig 1920, S. 26.

2 W. Nestle, *Vom Mythos zum Logos*, Stuttgart 1942, S. 15.

3 A. Kaleman, *Die Quellen der Kunstgeschichte des Plinius*, Berlin 1898.

4 A. Bonnard, *D'Antigone à Socrate*, Paris 1964, S. 274.

5 P. Bise, »Hippodamos von Milet«, in: *Arch. f. Gesch. der Philos.*, 35 (1923), S. 13-42.

6 D. R. Dicks, »Thales«, in: *Class. Quart.*, 9 (1959), S. 294-309.

7 B. Snell, »Die Ausdrücke für den Begriff des Wissens in der vorplatonischen Philosophie«, in: *Philol. Untersuchungen*, 29 (1924), S. 87.

8 B. Gille, *Les ingénieurs de la Renaissance*, Paris 1964 (dt.: *Ingenieure der Renaissance*, Wien und Düsseldorf 1968, S. 311 ff.).

9 K. Maynard, »Science in Early English Literature, 1550 to 1650«, in: *Isis*, 17 (1932), S. 97.

10 »Was die Griechen von den übrigen Völkern unterscheidet, ist die Tatsache, daß die Künste schon sehr früh unter den Einfluß bemerkenswerter Individuen kamen, die ihnen einen neuen Anstoß und eine neue Richtung gaben. Doch dadurch wird nicht der ständische Charakter der Kunst zerstört, sondern eher noch verstärkt. Die Zunft wird zu dem, was wir als ›Schule‹ bezeichnen, und der Schüler tritt an die Stelle des Lehrlings. Das ist eine entscheidende Veränderung. Eine abgeschlossene Zunft mit ihren offiziellen Meistern ist ihrem Wesen nach konservativ, während eine Gruppe von Schülern, die sich um ihren verehrten Meister scharen, die stärkste progressive Kraft ist, die wir kennen.« J. Burnet, *Early Greek Philosophy*, 4. Ausg., S. 29.

11 M. J. Finley, *The Ancient Greeks*, London 1963, S. 118.

12 M. N. Tod, »Sidelights on Greek Philosophers«, in: *J. of Hell. Studies*, 77 (1957), S. 141.

13 »Es ließe sich leicht zeigen, daß der Ausdruck *techne* dem alten Sprachgebrauch vertraut war, während ›Philosoph‹ und ›Philosophie‹ erst im Gefolge des Platon'schen Werkes gebräuchlich wurden.« L. Bourgey, *Observation et expérience chez les médecins de la collection hippocratique*, Paris 1953, S. 35.

14 Platon, *Protagoras*, 311B (hier zitiert nach: *Sämtliche Werke*, Köln und Olten 1967, S. 60).

15 W. Nestle, *Vom Mythos zum Logos*, a.a.O., S. 491.

16 W. Jaeger, *Paideia*, Berlin 1954, Bd. III, S. 291.

17 Man könnte geneigt sein anzunehmen, ich wollte die Überlegenheit des Produzenten über den nicht Produzierenden oder die Einheit von Wissenschaft oder Philosophie und Technik oder Kunst beweisen. Mein Ziel ist ein ganz anderes: Es geht darum, die Modalitäten zu erhellen, in denen die menschliche Gattung die Koordinaten ihrer Natur konstituiert.

18 Siehe auch Th. S. Kuhn, *Die Struktur wissenschaftlicher Revolutionen*, a.a.O.

19 P. Frank, »Lettre«, in: *Daedalus*, 87 (1958), S. 160.

20 R. Dugas, *Histoire de la Mécanique au XVIIe siècle*, Neuchâtel 1954, S. 13.

21 H. Lloyd-Jones (Hrsg.), *The Greeks*, New York 1962, S. 123.

22 L. Edelstein, »Motives and Incentives for Science in Antiquity«, in: A. C. Crombie (Hrsg.), *Scientific Change*, a.a.O.

23 J. R. Forbes, in: C. Singer (Hrsg.), *A History of Technology*, Bd. II, Oxford 1957, S. 603.

24 M. Clagett, *Greek Science in Antiquity*, New York 1955, S. 22.

25 J. D. Bernal, *Science in History*, London 1954 (dt.: *Wissenschaft*, Reinbek 1970, Bd. 1, S. 10).

26 J. E. Heide, »Die Bedeutungsverhältnisse von φλοσοφεα und Philosophie«, in: *Philosophia Naturalis*, 7 (1962), S. 144-156.

27 P. O. Kristeller, »The Modern System of Arts«, in: *J. of Hist. of Ideas*, 12 (1951), S. 498.

28 G. Drachmann, *Ktesibios, Philon and Heron*, Kopenhagen 1948, S. 15.

29 P. Tannery, *Mémoires scientifiques*, Bd. X, S. 203.

30 Den Unterschied zwischen den Naturwissenschaften und der Philosophie, insbesondere der mechanischen, werde ich am Beginn des zweiten Abschnitts dieses Teils, im siebten Kapitel, herausarbeiten.

31 L. Edelstein, »Motives and Incentives . . .«, a.a.O., S. 25.

32 W. H. Stahl, *Roman Science*, Madison 1962, S. 7.

33 G. Dumézil, *L'héritage indo-européen à Rome*, Paris 1949, S. 65.

34 Diese Sicht hat natürlich direkte Implikationen auf erkenntnistheoretischer Ebene, weil Wissenschaft, Philosophie und Technik hier weder ein Subjekt projizieren noch ein Gegebenes reflektieren oder enthüllen, sondern unsere Fähigkeiten und die Eigenschaften der materiellen Welt konstituieren. Man darf auch nicht glauben, es handele sich allein um praktische Wirkungen, denn sowohl theoretische als auch praktische Funktionen finden sich hier bestimmt. Auf die epistemologischen Implikationen, die man zu gewärtigen hat, will ich hier allerdings nicht eingehen; sie sollen den Gegenstand einer späteren Studie bilden.

Zweiter Teil, zweites Kapitel

1 P. Francastel, *Art et technique*, Paris 1956, S. 52.

2 »Und so kann man sagen, daß der gute Ingenieur ein universaler Mensch ist.« B. F. Bélidor, *La science des ingénieurs*, Paris 1729, S. 2.

3 B. Gille, »La came et sa découverte«, in: *Techniques et civilisations*, 1954, Bd. III, S. 8 f.

4 »Untersucht man die mittelalterliche Technik nach den darin angewendeten technischen Verfahren, so sieht man mit einigem Erstaunen, daß sich das Mittelalter von der Antike nur durch eine weiter fortgeschrittene Mechanisierung und durch die Entwicklung bestimmter chemischer Verfahren unterscheidet.« B. Gille, ebenda, S. 76.

5 P. Usher, *An Introduction to the Industrial History of England*, Boston 1920, S. 29.

6 M. Weber, *Wirtschaft und Gesellschaft* (1922), Tübingen 1972, S. 792.

7 B. Gille, »Le moulin à eau, une révolution technique médiévale«, in: *Techniques et civilisation*, Bd. III, a.a.O., S. 1-15. P. Usher, *A History of Mechanical Inventions*, Cambridge (Mass.) 1954.

8 L. White Jr., *Medieval Technology and Social Change*, Oxford 1962 (dt.: *Die mittelalterliche Technik und der Wandel der Gesellschaft*, München 1968).

9 N. Pevsner, »The Term ›Architect‹ in the Middle Ages«, in: *Speculum*, 17 (1942), S. 549-562.

10 V. Mortet und P. Deschamps, *Recueil de textes relatifs à l'histoire de l'architecture*, Paris 1929, Bd. II, S. 291.

11 »Bei einem solchen Ausbildungssystem geht das in einer Generation erworbene Wissen oft bei der Weitergabe an die nächste Generation verloren und wird dann manchmal später wiederentdeckt.« W. B. Parsons, *Engineers and Engineering in the Renaissance*, Baltimore 1939, S. 179.

12 »Wenngleich diese Wanderschaft zahlreiche Gründe hatte, waren die beiden wichtigsten doch die Lehre und der ökonomische Druck.« R. und M. Wittkower, *Born under Saturn*, New York 1963, S. 44.

13 »Als direkter Nachfahre von Taccola stellt Francesco di Giorgio den echten Typus des Ingenieurs der Renaissance dar. Von der Bildhauerkunst herkommend, wird er bald Bronzegießer und Geschützhersteller und damit auch Militäringenieur. Diese Tätigkeiten führten ihn zu den mechanischen Problemen, für die die Menschen dieser Zeit so sehr aufgeschlossen waren.« B. Gille, *Ingenieure der Renaissance*, a.a.O., S. 172.

14 A. R. Hall, *The Scientific Revolution*, New York 1954.

15 P. della Francesca, *Prospectiva pingendi*, hrsg. von C. Winterberg, Straßburg 1899, S. I.

16 F. Saxl, *Lectures*, London 1957, Bd. I, S. 116.

17 B. Lorini, *Delli fortificazioni*, Venedig 1597, S. 196.

18 L. B. Alberti, *I dieci libri dell'architettura*, Venedig 1546, Vorwort.

19 E. Zilsel, »Die sozialen Ursprünge der neuzeitlichen Wissenschaft«, a.a.O., S. 57.

20 »Ein Ingenieur ist um so vollkommener in seiner Kunst, je mehr er es versteht, die mathematischen Grundsätze anzuwenden, die von den Malern, Steinmetzen, Bronzegießern, Zimmerleuten, Militäringenieuren und all denen erlernt werden, die bei ihrer Arbeit Lineal, Zirkel und Gnomon benutzen, Werkzeuge, ohne die zahlreiche Werke gar nicht auszuführen sind.« S. Münster, *Rudimanta mathematica*, Basel 1523. Vgl. J. Gimpel, »Sciences et techniques des maîtres maçons du XIIIe siècle«, in: *Techniques et civilisations*, a.a.O., Bd. II, S. 147-152.

21 Guidobaldo del Monte, *Mechanicorum Libri VI*, Pesaro 1577.

22 Der mittelalterliche Künstler hatte sich in erster Linie mit der Tradition und erst in zweiter mit der Objektenwelt auseinanderzusetzen gehabt – mit dem *exemplum* mehr als mit dem ›Vorbild‹.« E. Panofsky, *Meaning in the*

Visual Arts, New York 1957 (dt.: *Sinn und Deutung in der bildenden Kunst,* Köln 1975, S. 299).

23 »Die individuellen Künstler, die sich zu dieser Zeit von der Masse der Handwerker abzusondern begannen, waren – und das ist durchaus bezeichnend – eben jene, die sich vornehmlich für wissenschaftliche und technische Probleme interessierten.« F. Antal, *Florentine Painting and its Social Background,* London 1957, S. 376.

24 R. und M. Wittkower, *Born under Saturn,* a.a.O., S. 11.

25 P. Frankel, »The Secret of the Medieval Masons«, in: *Art. Bull.,* 27 (1945), S. 46-61.

J. S. Ackerman, »›Ars sine scientia nihil est‹, Gothic Theory at the Cathedral of Milan«, in: *Art. Bull.,* 31 (1949), S. 84-111.

26 G. Beaujouan, »Calcul d'expert, en 1931, sur le chantier du dôme de Milan«, in: *Le Moyen Age,* 69 (1963), S. 555-563. E. Panofsky, »An explanation of Stornaloco's Formula«, in: *Art. Bull.,* 27 (1945), S. 61-64.

27 J. S. Ackerman, »›Ars sine scientia nihil est‹...«, a.a.O., S. 102.

28 »Die Ingenieure der Antike scheinen mir nicht viel geforscht zu haben. Sie verbesserten und erweiterten die überkommenen Verfahren; Innovation ist bei ihnen selten. Im Grunde waren sie Architekten, Baumeister, aber keine Ingenieure.« A. Koyré, *Etudes d'histoire de la pensée philosophique,* Paris 1961, S. 304.

Zweiter Teil, drittes Kapitel

1 A. G. Keller, »A Byzantine Admirer of ›Western‹ Progress: Cardinal Bessarion«, in: *Cambr. Hist. J.* XI (1955), S. 343-348.

2 »Das bedeutendste Werk der Mechanik oder der Mechaniker sind die Maschinen.« J. Leupold, *Theatrum machinarum generale,* Leipzig 1724, S. 2.

3 L. Thorndike, »Marianus Jacobus Taccola«, in: *Arch. Int. His. Sc.* VIII (1955), S. 7-26.

4 F. di Giorgio Martini, *Tratato di Architettura civile e militare,* hrsg. von C. Saluzzo, Turin 1841, Bd. I, S. 152.

5 L. B. Alberti, *I dieci libri dell'architettura,* a.a.O., S. 214.

6 B. Lorini, *Delli fortificazioni,* a.a.O., S. 62.

7 A. de Ville, *La fortification ou l'ingénieur parfait,* Amsterdam 1672, S. 17.

8 S. Stevin, *The Principal Works,* Amsterdam 1955, Bd. I. S. 469.

9 »Die Zeichenkunst ist Grundlage und Theorie dieser beiden Künste.« L. Ghiberti, *I Commentarii,* hrsg. von Schlosser, Berlin 1912, S. 5.

10 »Das technische Zeichnen ist das Alphabet des Ingenieurs; ohne es wäre er nur ein Handarbeiter, mit ihm aber zeigt er, daß er auch einen Kopf hat.« J. Nasmyth, *Autobiography,* London 1883, S. 125.

11 F. di Giorgio Martini, *Tratato di Architettura ...*, a.a.O., S. 152.

12 P. della Francesca, *De prospectiva pingendi*, a.a.O., S. 31.

13 F. di Giorgio Martini, *Tratato die Architettura ...*, a.a.O., S. 127.

14 E. Panofsky, *A. Dürer*, London 1945 (dt.: *Das Leben und die Kunst Albrecht Dürers*, München 1977).

14a A. Dürer, »Unterweisung der Messung« (Nürnberg 1525), in: *Schriftlicher Nachlaß*, Berlin o. J., S. 160.

15 L. Olschki, *Geschichte der neusprachlichen wissenschaftlichen Literatur*, Bd. I, Leipzig 1919.

16 »Wir werden eine Abhandlung über die Architektur schreiben.« L. Ghiberti, *I Commentarii*, a.a.O., S. 51.

17 A. Manesson-Mallet, *Les travaux de Mars*, Paris 1685.

18 F. Blondel, *L'art de jeter les bombes*, Paris 1683.

19 B. F. Belidor, *Architecture hydraulique*, Paris 1737.

20 »Die Erfindung (des Buchdrucks) nimmt einen wichtigen Platz in der Geschichte der Technik ein; sie steht in einem engen Zusammenhang mit der im Verlaufe des Mittelalters stetig anwachsenden Zahl der höheren Handwerker.« J. D. de Solla Price, *Science since Babylon*, New Haven 1962, S. 50. M. Boas, »Hero's Pneumatica: A Study of its Transmission and Influence«, in: *Isis*, 40 (1949), S. 38-48.

21 M. Clagett, »Archimedes in the Middle Ages«, in: *Osiris*, 10 (1952), S. 587-618.

22 »Mir geht es nicht allein um die Größe eines Werkes; ich suche in jedem Bauwerk auch nach der Kunstfertigkeit und dem Erfindungsgeist, die darin stecken.« L. B. Alberti, *I dieci libri ...*, a.a.O., S. 213.

23 H. Zeising, *Theatri machinarum*, Leipzig 1612, S. 3.

24 F. O. Preager, »Brunelleschi's Inventions and the Renewal of Roman Masonry Work«, in: *Osiris*, 9 (1940), S. 455-554.

25 L. B. Alberti, *I dieci libri ...*, a.a.O., Vorwort.

26 »Der mechanische Geist erwirbt Wissen um der Erfindung und der Organisation willen.« J. Alsted, *Encyclopedia*, Herborn 1630, S. 1861.

27 C. Dupin, *Effets de l'enseignement populaire*, Paris 1826, S. 15.

28 D. Barbaro, in: Vitruvius, *L'architettura*, Venedig 1641, S. 40.

29 G. Ceredi, *Tre discorsi sopra il modo d'alzar acqua da'luoghi bassi*, Parma 1567, S. 8.

30 Ebenda, S. 97.

31 Guidobaldo del Monte, *Mechanicorum Libri VI*, a.a.O., Vorwort.

32 M. Daumas, *Les instruments scientifiques au XVIIe et au XVIIIe siècles*, Paris 1953, S. 14.

33 P. Ceredi, *Tre discorsi ...*, a.a.O., S. 6.

34 J. Alsted, *Encyclopedia*, a.a.O., S. 1681.

35 J. Powell, *Human Industry, or a History of Most Natural Arts*, London 1661, S. 85.

36 Die Maschinenstürmer bringen den Widerstand der Arbeiter gegen die

neue Technik zum Ausdruck. Dabei stießen diese Strömungen sehr oft auf Sympathie bei den Kapitalisten. Vgl.: E. J. Hobsbawm, »The Machine Breakers«, in: *Past and Present*, 1 (1952), S. 57–70.

37 J. D. Bernal, »Science, Industry and Society in the Nineteenth Century«, in: *Centaurus*, 3 (1963), S. 145.

38 T. Burns, »The Social Character of Technology«, in: *Impact of Science on Society*, 7 (1955), S. 155.

39 J. W. Hudson, *The History of Adult Education*, London 1851.

40 J. Beckmann, *Beiträge zur Geschichte der Erfindungen*, Leipzig 1783–1803.

J. Beckmann, *Anleitung zur Technologie oder zur Kenntnis der Handwerke, Fabriken und Manufakturen . . . nebst Beiträgen zur Kunstgeschichte*, Göttingen 1780.

W. F. Exner, *J. Beckmann*, Wien 1878.

E. O. von Lippmann, *Beiträge zur Geschichte der Naturwissenschaften und Technik*, Berlin 1953, Bd. II, S. 201.

41 J. H. M. Poppe, *Geschichte der Technologie*, Göttingen 1807.

Zweiter Teil, viertes Kapitel

1 A. Koyré, *From the Closed World to the Infinite Universe*, Baltimore 1957 (dt.: *Von der geschlossenen Welt zum unendlichen Universum*, Frankfurt a. M. 1969).

2 Siehe das siebte Kapitel im zweiten Teil dieses Buches.

3 J. M. Le Blond, *Logique et méthode chez Aristote*, Paris 1939, S. 330.

4 A. C. Crombie, *Robert Grosseteste and the Origins of Experimental Science*, Oxford 1953.

5 S. Moscovici, »Signification de la mécanique prégaliléenne à la Renaissance«, in: *Saggi su Galileo*, Florenz 1968.

6 A. C. Crombie, *Robert Grosseteste . . .*, a.a.O., S. 66.

7 Diese Tatsache läßt sich nicht ausschließlich auf soziologische Faktoren zurückführen. Der aufkommende Kapitalismus interessiert sich mehr für den Handel als für die Produktion, und seine Investitionen in die Alaungewinnung, also in die chemische Industrie, wie man heute sagen würde, sind eher größer als die Aufwendungen für die Erfindung von Maschinen. Die Schifffahrt regte die Herstellung astronomischer Instrumente und die Forschung auf dem Gebiet der Astronomie an. Aber keiner der großen Künstler oder Ingenieure hat einen aktiven Beitrag zur Verbesserung der Schiffskonstruktionen oder zu den Problemen der Schiffahrt im allgemeinen geleistet. Und was die durchaus bedeutenden Schulen in Spanien und Portugal betrifft, die sich intensiv mit diesen Fragen befaßten, so waren sie keine technischen oder philosophischen Zentren von Rang.

8 P. O. Kristeller, »Humanism and Scholasticism«, in: *Byzantion*, 17 (1944-1945), S. 373.

9 G. de Santillana, »The Role of Art in the Scientific Renaissance«, in: M. Clagett (Hrsg.), *Critical Problems in the History of Science*, Madison 1959, S. 34.

10 Ebenda, S. 39.

11 Für diese Überschneidung zwischen den Bereichen des neuen Philosophentyps und des Ingenieurs gibt es viele Beispiele. Einerseits trifft man auf die Bereitschaft des Mechanikers, dem Philosophen gleichgestellt und als solcher betrachtet zu werden. Zeising (a.a.O., S. 21) erhebt diesen Anspruch ganz deutlich: »Wir haben gezeigt, daß die Mechanik ihre wirklichen Grundsätze der Mathematik und der Naturphilosophie entnimmt. Daraus kann man schließen, daß die Erfinder solcher Maschinen nicht ungebildet, sondern sehr geschickt sind; und deshalb wurden auch die Erfinder dieser kunstvollen Dinge zu den Philosophen gerechnet.« Andererseits scheint die Tatsache, daß ein Gelehrter oder mechanischer Philosoph als Mathematiker bezeichnet wird, zu genügen, um ihn den Ingenieuren zuzuschlagen. Als Louvois an Christian Huygens schreibt und ihn dabei als Mathematiker bezeichnet, entrüstet sich dessen Vater: »Ich dachte nicht, daß ich Handwerker unter meinen Kindern hätte. Er (Louvois) scheint ihn für einen Festungsingenieur zu halten.« Und John Wallis konnte rückblickend schreiben: »Die Mathematik galt damals bei uns nicht als akademisches Fach, sondern als ein mechanisches.«

12 M. Clagett, »Some General Aspects of Physics in the Middle Ages«, in: *Isis*, 39 (1948), S. 29-44.

13 B. Baldi, *In mechanica Aristotelis problemata exercitationes*, Mainz 1621.

A. Piccolomini, *In mechanicas quaestiones Aristotelis, paraphrasis*, Rom 1547.

14 H. Monantholius, *Mechanica Graeca*, Paris 1599.

15 G. du Guevara, *In Aristotelis mechanicas commentarii*, Rom 1627, S. 12.

16 Ebenda, S. 15.

17 Ebenda, S. 5.

18 Siehe C. Pedretti, »Leonardo on Curvlinear Perspective«, in: *Bibl. d'Humanismes et Renaissance*, 25 (1963), S. 85.

19 J. B. Benedetti, *Diversarum speculationum mathematicarum et physicarum liber*, Turin 1585, S. 298.

20 R. Descartes, *Von der Methode*, Hamburg 1960, S. 6.

21 Ders., *Die Prinzipien der Philosophie* (1644), Hamburg 1955, S. 245 f.

1 R. Descartes, *Die Prinzipien der Philosophie*, a.a.O., S. XXXI f.

2 Ders., *Geometrie* (1637), Darmstadt 1969, S. 113 f.

3 G. Galilei, *Œuvres*, a.a.O., Bd. X, S. 233.

4 R. Descartes, *Œuvres*, Paris 1902, Bd. VI, S. 83.

5 Ebenda, S. 211.

6 »Zweifellos paart sich in Huygens der Geometer mit einem Mechaniker im praktischen Sinne des Wortes . . .« R. Dumas, *La mécanique au XVIIe siècle*, a.a.O., S. 283. Nein, er paart sich nicht, vielmehr ist er zu dieser Zeit der Inbegriff des mechanischen Philosophen.

7 Robert Hookes *Micrographia* (hrsg. von R. T. Gunther, Oxford 1938) gehört gleichfalls zu dieser Gruppe von Werken, die von einem Instrument ausgehen und darum herum organisiert sind.

8 Ch. Huygens, *Horologium oscillatorium*, Paris 1673, S. aii verso.

9 G. Galilei, *Œuvres*, a.a.O., Bd. II, S. 155.

10 siehe S. Moscovici, »Notes sur le *De Motu tractatus* de Michel Varro«, in: *Revue d'histoire des sciences*, XI (1958), S. 108-129.

11 Ch. Huygens, *Œuvres complètes*, Bd. XVIII, Den Haag 1934, S. 250.

12 P. Rossi, *I Filosofi e le mecchine*, Mailand 1962, S. 49.

13 G. Leibniz, *Neue Abhandlungen über den menschlichen Verstand*, Wiesbaden 1959, 2.Bd., S. 383.

14 R. Descartes, *Von der Methode* (1637), Hamburg 1960, S. 3.

15 G. Leibniz, *Philosophische Schriften*, hrsg. v. C. J. Gerhardt, Berlin 1822, Bd. VII, S. 183.

16 »Descartes sucht nach einer *ars inveniendi*, er legt eine Propädeutik des Erfinders vor; Leibniz – und das ist durchaus etwas anderes – sucht nach einem Schlüssel zur *ars inveniendi*, er schafft eine *ars combinatoria*.« Y. Belaval, *Leibniz, critique de Descartes*, Paris 1960, S. 34.

17 G. Leibniz, *Philosophische Schriften*, a.a.O., Bd. VII, S. 25.

18 »Denn wer nur an einer Sache arbeitet, entdeckt selten etwas Neues, weil sein Gegenstand rasch erschöpft ist; doch wer zahlreiche unterschiedliche Dinge untersucht und kombinatorisches Genie besitzt, von dem darf man viele neue Zusammenhänge und nützliche Dinge erwarten. Wenn die Menschen sich an eine solche Zusammenstellung der bereits bekannten Entdekkungen machen, so werden darin neue Entdeckungen in allen Wissenschaften und Techniken im Keim enthalten sein.« Ebenda, S. 309.

Noch ein Schlag: Das Modell des kombinierenden Genies ist das *Ingenium* des Ingenieurs. Ist er doch *per definitionem* ein »universaler« Handwerker, der die verschiedenen Künste kombiniert und seine Entdeckungen aufgrund der von ihm durchgeführten Analogiebildungen und Übertragungen macht. Zugleich aber befaßt er sich mit einer bestimmten Art von Erfindungen, mit solchen nämlich, die es mit Mechanismen zu tun haben. Daher der Doppelcharakter seiner Erfindungskunst: Sie ist zugleich kombinatorisch und mechanisch.

19 »Diese Methode ähnelt nun denjenigen handwerklichen Techniken, die keiner Unterstützung durch andere bedürfen, sondern selbst an die Hand geben, wie man ihre Instrumente herstellen muß!« R. Descartes, *Regeln zur Ausrichtung der Erkenntniskraft* (1701), Hamburg 1973, S. 51.

20 G. Leibniz, *Philosophische Schriften*, a.a.O., Bd. VII, S. 69.

21 Der Urheber eines Experiments galt als dessen »Erfinder«. »Dieses Experiment wurde von Torricelli erfunden.« J. Glanvil, *Essays on Several Important Subjects*, London 1676, S. 27.

22 E. Torricelli, *Opere*, Ausg. Faenza 1919-1944, Bd. III, S. 186.

23 S. Moscovici, *L'expérience du mouvement*, Paris 1967.

24 K. von Fritz, »The Discovery of Incommensurability by Hippasus of Metapontium«, in: *Annals of Math.*, 46 (1945), S. 247.

25 G. Galilei, *Œuvres*, a.a.O., Bd. VI, S. 340.

26 R. Descartes, *Von der Methode*, a.a.O., S. 51 f.

27 I. Newton, *Correspondence*, Bd. I, Cambridge 1959, S. 96, Brief vom 6. Februar 1671/2 an Oldenburg.

28 Ebenda, S. 96 f.

29 I. Newton, *Correspondence*, Bd. II, Cambridge 1960, S. 79, Brief vom 18. August 1676 an Oldenburg.

30 Ebenda, S. 80.

31 Ebenda, S. 104, Brief vom 13. Oktober 1676 von Lucas an Oldenburg.

32 Ebenda, S. 184, Brief vom 28. November von Newton an Oldenburg.

33 Ebenda, S. 185.

34 Ebenda, S. 191, Brief vom 23. Januar 1677 von Lucas an Oldenburg.

33 W. A. Heidel, *The Heroic Age of Science*, Baltimore 1933, S. 72.

36 S. Moscovici, »Sur l'incertitude des rapports entre expérience et théorie au XVIIe siècle. La loi de Baliani«, in: *Physis*, I (1960), S. 14-43.

37 G. Galilei, *Opere*, Bd. II, a.a.O., S. 607.

38 E. Taylor, *The Mathematical Practitioner of Stuart England*, Cambridge 1954.

39 Brief Descartes' an Plempius vom 3. Oktober 1637, in: *Œuvres*, Bd. I, a.a.O., S. 411.

40 G. Galilei, *Opere*, Bd. VI, a.a.O., S. 347 f.

41 Ebenda, S. 348.

42 S. Stevin, *The Principal Works*, a.a.O., S. 519.

43 R. Descartes, *Regeln . . .*, a.a.O., Regel 14, S. 133 f.

44 Ebenda, S. 139.

45 Ebenda, S. 139 f.

46 Ebenda, Zusatz zu Regel 4, S. 173.

47 »Und die Regeln, nach denen diese Veränderungen eintreten, nenne ich Naturgesetze.« R. Descartes, *Œuvres*, Bd. II, a.a.O., S. 37.

1 V. Harris, *All Coherence Gone*, Chicago 1949; B. Willey, *The Seventeenth Century Background*, Cambridge 1934; M. H. Nicholson, *The Backing of the Circle*, Evantson (Ill.) 1950.

2 J. Donne, *Anatomy of the World: First Anniversary*, London 1611.

3 L. Brunschvicg, *L'expérience humaine et la causalité physique*, Paris 1949, S. 139 ff.

4 »Der vorbedachte Weltplan (der im *nus* repräsentiert ist, S. M.) ist ein der rationalen Physik des 5. Jahrhunderts würdiger Gedanke. Er paßt in eine Zeit, die in allen Bereichen des Daseins der *techne* eine entscheidende Bedeutung beimißt und sie auch in der Natur findet. Die Konstruktion der schöpferischen Wirbelbewegung ist der kunstvolle Mechanismus, durch den Anaxagoras wie andere Zeitgenossen die Welt sich formen lassen.« W. Jaeger, *Die Theologie der frühen griechischen Denker*, Suttgart 1953, S. 186.

5 F. Verantii, *Machinae novae*, Venedig 1617, S. 1.

6 P. Francastel, »Naissance d'un espace: mythes et géométrie au Quattrocento«, in: *Revue d'Esthétique*, 4 (1951), S. 1-45.

7 »Feststeht jedenfalls, daß der Gedanke einer Homogenität des Raumes zuerst in den bildenden Künsten aufkam und dann in Physik und Mathematik Eingang fand.« G. C. Argan, »The Architecture of Brunelleschi and the Origin of Perspective Theory in the Fifteenth Century«, in: *J. of. Warb. and Court. Inst.*, 9 (1946), S. 100.

8 G. Galilei, *Opere*, Bd. II, a.a.O., S. 607.

9 D. Gioseffi, *Perspectiva artificialis*, Triest 1957; E. Panofsky, »Die Perspektive als ›symbolische Form‹«, in: *Vorträge der Bibliothek Warburg (1924/25)*, Leipzig und Berlin 1927; wiederabgedruckt in: *Aufsätze zu Grundfragen der Kunstwissenschaft*, hrsg. von H. Oberer und E. Verheyen, Berlin 1964.

10 M. Varro, *De Motu tractatus*, Genf 1584 (nicht paginiert).

11 E. Torricelli, *Opere*, a.a.O., Bd. II, S. 25.

12 Brief vom 23. November 1646, in: *Œuvres*, a.a.O., Bd. IV, S. 575.

13 »So hört Gott in einem entscheidenden Sinne auf, das höchste Gut zu sein, und wird zum gewaltigen Erfinder von Maschinen, auf dessen Macht man nur noch zur Erklärung der Entstehung der Atome zurückgreifen muß.« E. A. Burtt, *The Metaphysical Foundations of Modern Physical Science*, London 1915, S. 90.

14 »Es handelt sich hier lediglich um die Ersetzung eines Wortes durch ein anderes, aber diese beiden Worte verkörpern ganz verschiedene Denkrichtungen ... Kepler will, wie er es an anderer Stelle ausdrückt, die Natur nicht mehr *instar divini animalis* (als ein göttliches beseeltes Wesen), sondern instar horologii (als ein Uhrwerk) sehen.« E. J. Dijksterhuis, *Die Mechanisierung des Weltbildes*, Heidelberg 1956, S. 345.

15 J. Kepler, »Mysterium cosmographicum«, 2. Auflage (1621), in: *Opera*

omnia, hrsg. von Ch. Frisch, Frankfurt und Erlangen 1858-1871, Bd. 1, S. 176.

16 N. Tartaglia, *Quesiti et inventioni diverse*, Venedig 1546.

17 F. Rosenberger, *Geschichte der Physik*, Braunschweig 1882-1890; E. Wohlwill, »Die Entdeckung des Beharrungsgesetzes«, in: *Ztschr. f. Völkerpsychologie und Sprachwiss.*, XIV (1914-1915).

18 R. Descartes, *Œuvres*, a.a.O., Bd. I, S. 213.

19 M. Boas und A. R. Hall, »Newton's ›Mechanical Principles‹«, in: *J. of. the Hist. of Ideas*, 20 (1959), S. 167-178; L. Bloch, *La philosophie de Newton*, Paris 1908; I. B. Cohen, »Newton and Recent Scholarship«, in: *Isis*, 51 (1960), S. 489-514.

20 A. R. Hall und M. B. Hall (Hrsg.), *Unpublished Scientific Papers of Isaac Newton*, Cambridge 1962, S. 167.

21 J. Dryden, *The Works*, London 1892, Bd. XV, S. 293.

Zweiter Teil, siebtes Kapitel

1 G. Galilei, *Opere*, a.a.O., Bd. XVIII, S. 295.

2 P. Rossi bemerkt, wie häufig man sich im siebzehnten Jahrhundert auf Natur und Erfahrung beruft, aber er stellt durchaus zu Recht fest: »Welches Wissen und welche Bildung berufen sich nicht auf irgendeine Art von Natur und Erfahrung?« P. Rossi, »Les arts mécaniques et la science nouvelle«, in: *Arch. Europ. de Sociol.*, 4 (1963), S. 223.

3 M. Daumas, »Le mythe de la révolution technique«, in: *Revue d'histoire des sciences*, 16 (1963), S. 300.

4 J. S. Ackerman, »On scientia«, in: *Daedalus*, 94 (1965), S. 15.

5 J. Savonarola, *Opus perutile*, Venedig 1542, S. 4.

6 Paris 1660.

7 D'Alembert, *Discours préliminaire*, 1751 (dt.: *Einleitung zur Enzyklopädie von 1751*, Hamburg 1955, S. 73).

8 »Der Begriff ›Wissenschaft‹ hat sich seit der Renaissance ganz erheblich gewandelt, und erst vor einer Generation ist er in unserem Wortschatz an die Stelle des Ausdrucks ›Naturphilosophie‹ getreten.« R. P. Stearns, »The Scientific Spirit in England in Early Modern Times«, in: *Isis*, 34 (1943), S. 293.

9 Die mangelnde Unterscheidung von Philosophie und Wissenschaft und die Konvention, die wissenschaftliche Revolution in das sechzehnte Jahrhundert zu legen, haben zur Folge:

(a) das Ausbleiben von Forschungen zum Aufkeimen der Wissenschaft im vergangenen Jahrhundert. »Zu den erstaunlichen Lücken in der Wissenschaftsgeschichte gehören Untersuchungen über das Wachstum der Wissenschaft im neunzehnten Jahrhundert.« J. Cohen, in: M. Clagett (Hrsg.), *Critical Problems in the History of Science*, a.a.O., S. 357.

(b) den Mangel an spezifischen Rahmenbegriffen zur Analyse der Wissenschaftsgeschichte: »Der Wissenschaftshistoriker geht an die Physik des neunzehnten Jahrhunderts nur mit größter Vorsicht heran. Hier hat er es mit einer großen Geschichte zu tun, vielleicht gar mit der größten auf seinem Gebiet. Doch er weiß weder so recht, wie er sie erzählen soll, noch ob er sie genau kennt.« Ch. Gillispie, *The Edge of Objectivity*, Princeton 1960, S. 352.

(c) das Fehlen eines Gesamtblicks auf die Wissenschaften und ihre wirkliche Tragweite. »Der gravierendste Mangel der Wissenschaftsgeschichte, der den Historiker am stärksten entmutigt, liegt darin, daß er im allgemeinen keine Vorstellung davon besitzt, wie die Wissenschaft seit gut hundert Jahren funktioniert hat.« D. J. de Solla Price, *Science since Babylon*, a.a.O., S. 52.

10 A. Einstein und L. Infeld, *Die Evolution der Physik*, Hamburg 1956, S. 40.

11 Paris 1810, S. 331.

12 A. F. Fourcroy, *Système des connaissances chimiques*, Paris im Jahre IX, Bd. I, S. 1.

13 Ebenda, S. 11.

14 P. Delaunay, in: R. Taton, *Histoire générale des sciences*, Paris 1958, Bd. II, S. 120.

15 G. Agricola, *Vom Berg- und Hüttenwesen*, München 1977, S. XVII.

16 F. S. Taylor, *A History of Industrial Chemistry*, London 1957, S. 174 ff.

17 R. Boyle, *Works*, London 1725, Bd. I, S. 104.

18 F. Diepgen, *Geschichte der Medizin*, Berlin 1949, Bd. I, S. 272.

19 J. P. Coutant, *L'enseignement de la chimie au Jardin des Plantes médicinales*, Cahors 1952, S. 13.

20 W. H. Armytage, »The Royal Society and the Apothecaries«, in: *Notes and Rec. of the Roy. Soc. of London*, II, 1 (1954), S. 22-38.

21 R. Hooykaas, »The Discrimination between ›Natural‹ and ›Artificial‹ Substances and the Development of Corpuscular Theory«, in: *Arch. Int. Hist. Sc.*, I (1948), S. 640-651.

22 *Materia medica* (1728), *Fundamenta Chymico-Pharmaceutica generalia* (1721).

23 *Metallurgia pyrotechniae docimasie metallicae fundamenta* (1700), *Ars tinctoria fundamentalis* (1703).

24 R. A. de Réaumur, in: B. Maindron, *L'Académie des Sciences*, Paris 1888, S. 104.

25 H. Guerlac, »Some French Antecedents of the Chemical Revolution«, in: *Chymia*, 5 (1959), S. 99 ff.

26 H. Boerhaave, *Eléments de chymie*, Paris 1756, Bd. I, S. 189.

27 Ebenda, S. XXX.

28 E. Meyerson, *Identité et réalité*, Paris 1951, S. 179.

29 *L'Encyclopédie*, 1753, Bd. III, S. 408.

30 Zitiert bei J. R. Partington, *A History of Chemistry*, London 1962, Bd. II, S. 763.

31 P. Duhem, *Le mixte et la combinaison chimique*, Paris 1902.

32 *L'encyclopédie*, a.a.O., S. 415.

33 F. S. Taylor, *A History of Industrial Chemistry*, a.a.O., S. 101.

34 H. M. Leicester, *The Historical Background of Chemistry*, New York 1956, S. 105.

35 B. Rumford, *Essays*, Bd. II, London 1798 (dt.: *Kleine Schriften*, Bd. II, Weimar 1799, S. 4).

36 H. Boerhaave, *Eléments de chymie*, a.a.O., S. 268.

37 A. F. Fourcroy, *Système des connaissances chimiques*, a.a.O., S. 137.

38 H. Metzger, »Newton et l'évolution de la théorie chimique«, in: *Archeion*, 9 (1928-1929), S. 51.

39 H. Boerhaave, *Eléments de chymie*, a.a.O., Bd. II, S. 3.

40 Ich denke vor allem an die Arbeiten von Jean Roy und John Mayow, deren Beitrag zur Entwicklung der modernen chemischen Theorie ganz entscheidend war. Diese Zusammenhänge sind von vielen Chemie-Historikern untersucht worden, und wenn sie auch noch nicht völlig gesichert sind, so sind sie doch weitgehend bekannt.

41 H. Metzger, *La philosophie de la matière chez Stahl*, Brüssel 1925.

42 H. Guerlac, »The Origin of Lavoisier's Work on Combustion«, in: *Arch. Int. Hist. Sc.*, 12 (1959), S. 113-135; H. E. Fierz-David, *Die Entwicklungsgeschichte der Chemie*, Basel 1945.

43 A. Ladenburg, *Histoire du développement de la chimie*, Paris 1909.

44 T. Bergman, *Traité des affinités chimiques*, Paris 1788, S. 186.

45 Auch Descartes und Newton dachten an »subtile Stoffe«, aber sie gründeten die Beschreibung der Phänomene und die Existenz der Gesetze nicht so darauf, wie die Chemie es tat.

46 Der Wärmestoff wurde zu den einfachen Substanzen gezählt: »Die Substanzen der ersten Klasse sind fünf an der Zahl: das Licht, der Wärmestoff, die Luft, die zunächst dephlogistierte Luft, dann lebendige Luft genannt wurde, das brennbare Gas und die phlogistierte Luft.« de Morveau, Lavoisier u. a., *Méthode de nomenclature physique*, Paris 1787, S. 30.

47 Der Ausdruck stammt von J. H. Winkler, *Institutiones mathematico-physicae experimentis*, Leipzig 1738, S. 516.

48 T. Bergman, *Traité des affinités chimiques*, a.a.O., S. 185.

49 A. F. Fourcroy, *Système des connaissances chimiques*, a.a.O., S. 121.

50 H. Metzger, *Newton, Stahl, Boerhaave et la doctrine chimique*, Paris 1930, S. 57.

51 Ebenda, S. 52.

52 C. Berthollet, *Essai de statistique chimique*, Paris 1803.

53 L. Meyer, *Die modernen Theorien der Chemie*, Berlin 1883, S. 3.

54 Dazu insbesondere J. Dalton: »Die wahrscheinlichste Ansicht hinsichtlich der Natur der Wärme besagt, daß es sich dabei um ein elektrisches Fluidum von großer Feinheit handelt, dessen Teilchen sich wechselseitig abstoßen, von allen übrigen Körpern aber angezogen werden.« *A New System of Chemical Philosophy*, Manchester 1808, S. 1.

55 H. C. Ørsted, *Recherches sur l'identité des forces chimiques et électriques*, Paris 1813, S. 75.

56 Ebenda, S. 197.

Zweiter Teil, achtes Kapitel

1 »Doch trotz dieses Gefühls einer Einheit lag der Unterschied zwischen den mathematischen Wissenschaften, die vor allem deduktiv verfuhren und sich mit der unbelebten Materie befaßten und in denen sich die Hauptprobleme dieser Zeit stellten, sowie jenen Wissenschaften, in denen die Mathematik noch keine wichtige Rolle spielte und die vor allem auf Beobachtung und Induktion beruhten – der Chemie in diesem Entwicklungsstadium und den Lebenswissenschaften –, auf der Hand.« M. d'Epinasse, »The Decline and Fall of Restoration Science«, in: *Past and Present*, 14 (1958), S. 71.

2 J. B. Cohen, *Franklin and Newton*, Philadelphia 1956.

3 Zitiert bei Cohen, ebenda, S. 317.

4 Ebenda, S. 318.

5 Ebenda, S. 414.

6 C. Mozaré, in: R. Taton, *Histoire générale des sciences*, a.a.O., Bd. II, S. 429.

7 London 1776.

8 J. B. Priestley, *The History and Present State of Electricity*, London 1767, S. XIII.

9 Ebenda, S. 547.

10 Ebenda, S. XI.

11 A. de Candolle, *Histoire des sciences et des savants*, Genf 1873, S. 29.

12 Ebenda.

13 D. Diderot, *Œuvres complètes*, Paris 1875, Bd. II, S. 11.

14 C. A. Becquerel, *Résumé de l'histoire de l'électricité et du magnétisme*, Paris 1858.

15 J. G. Herder, *Ideen zur Philosophie der Geschichte der Menschheit* (1784-1791), Darmstadt 1966, S. 55.

16 J. Black, *Lectures on the Elements of Chemistry*, Edinburgh 1803, S. 5.

17 J. B. Cohen, *Franklin and Newton*, a.a.O., S. 223.

18 A. F. Fourcroy, *Système des connaissances chimiques*, a.a.O., S. XLIII.

19 »Das Vorurteil war so fest verwurzelt, daß man sogar noch einen Teil des neunzehnten Jahrhunderts hindurch an den Ausdrücken ›natürliche Elektrizität‹ und ›künstliche Elektrizität‹ festhielt.« J. B. Cohen, *Franklin and Newton*, a.a.O., S. 281.

20 Ebenda, S. 285.

21 J. B. Priestley, *The History and Present State of Electricity*, a.a.O., S. XIII.

22 H. C. Ørsted, a.a.O. S. 257.

23 J. Fourier, *Théorie analytique de la chaleur*, Paris 1822, S. I.

24 Ebenda, S. II.

25 W. Watson, *Experiences et observations*, Paris 1748, S. 128.

26 G. Cuvier, a.a.O., S. 56.

27 J. C. Maxwell (Hrsg.), *The Scientific Papers of the Hon. Henry Cavendish*, Cambridge 1921, Bd. I, S. 34.

28 J. J. Berzelius, *Essai sur la théorie des proportions chimiques et sur l'influence chimique de l'électricité*, Paris 1819, S. 70.

Zweiter Teil, neuntes Kapitel

1 A. Einstein und L. Infeld, *Die Evolution der Physik*, a.a.O., S. 54.

2 G. Bachelard, *La formation de l'esprit scientifique*, Paris 1938 (dt.: *Die Bildung des wissenschaftlichen Geistes*, Frankfurt a. M. 1978, S. 50).

3 C. Bernard, *Introduction à l'étude de la médecine expérimentale*, Ausg. Paris 1940, S. 59.

4 Ebenda, S. 67.

5 G. Bachelard, *Le pluralisme cohérent de la chimie moderne*, Paris 1932, S. 56.

6 A. F. Fourcroy, *Système des connaissances chimiques*, a.a.O., S. XLII.

7 G. Bachelard, *Le pluralisme cohérent . . .*, a.a.O., S. 69.

8 M. Berthelot, *La synthèse chimique*, Paris 1876, S. 273 f.

9 A. Kirmann, *La chimie d'hier et d'aujourd'hui*, Paris 1928, S. 48.

10 J. B. Dumas, *Leçons sur la philosophie chimique*, Paris 1840, S. 4.

11 D. Mendelejeff, *Die periodische Gesetzmäßigkeit der chemischen Elemente*, Leipzig 1895, S. 65.

12 N. R. Hanson, *The Concept of Positron*, Cambridge 1963.

13 Zitiert bei Hanson, ebenda, S. 136.

14 Ebenda, S. 135.

15 M. Berthelot, *Science et philosophie*, Paris 1886, S. 64.

16 Ebenda, S. 66.

17 G. Cuvier, a.a.O., S. 7.

18 P. Joule, *The Scientific Papers*, London 1884, Bd. I, S. 120.

19 H. Helmholtz, *Über die Erhaltung der Kraft*, Berlin 1847, S. 6.

20 Zitiert bei E. Meyerson, *Identité et réalité*, a.a.O., S. 297.

21 Ebenda, S. 58.

22 J. C. Maxwell, *The Scientific Papers . . .*, a.a.O., Bd. I, S. 188.

23 P. Langevin, *L'inertie de l'énergie et ses conséquences*, Paris 1913.

24 E. Meyerson, *Identité et réalité*, a.a.O., S. 109.

25 A. Einstein, »Zur Elektrodynamik bewegter Systeme«, in: *Ann. der Physik*, 17 (1905).

26 L. Brunschvicg, *L'expérience humaine et la causalité physique*, Paris 1949, S. 420.

27 W. Whewell, *Philosophy of the Inductive Sciences*, London 1840, Aphorismus XVI.

28 Artikel *Scientifique*, Bd. XIV, S. 789.

Zweiter Teil, zehntes Kapitel

1 L. F. Haber, a.a.O., S. 23.

2 P. L. Simmons, *Waste Products*, London 1875, S. 3.

3 J. F. Herschel, *Discours sur l'étude de la philosophie naturelle*, Paris 1834, S. 60.

4 J. B. Priestley, *The History and Present State of Electricity*, a.a.O., S. XIV.

5 Ebenda, S. XV.

6 Ebenda, S. XVII.

7 »Es gab zwar viele intelligente, fortschrittliche und sogar gebildete Industrielle, die sich in die Versammlungen der neugegründeten *British Association for the Advancement of Science* (Britische Gesellschaft für den Fortschritt der Wissenschaft) drängten, aber es wäre falsch, diese als typische Vertreter ihrer Klasse betrachten zu wollen.« E. Hobsbawm, *The Age of Revolution*, London 1962 (dt.: *Europäische Revolutionen*, Zürich 1962, S. 373).

8 Ebenda, S. 555 f.

9 H. Sée, *Histoire économique de la France*, Ausg. Paris 1951, S. 296.

10 Zitiert bei J. H. Clapham, *Economic Development of France and Germany (1815–1914)*, Cambridge 1963, S. 103.

11 J. Kolb, *Sur lévolution actuelle de l'industrie chimique*, Lille 1883, S. 3.

12 E. W. Byrn, *The Progress of Invention in the 19th Century*, New York 1900.

13 F. Rosenberger, *Geschichte der Physik*, a.a.O., Bd. III, S. 790 f.

14 P. Auger, *Recherches et chercheurs scientifiques*, Paris 1964, S. 21.

15 J. D. Bernal, *Wissenschaft*, a.a.O., Bd. 1, S. 46.

16 »Im Unterschied zu anderen Zweigen dieses Berufsstandes, die aus dem Bemühen erwachsen, praktischen Bedürfnissen zu entsprechen, ist die Erfindungsgabe auf elektrischem Gebiet Ergebnis von Forschungen, die durchgeführt wurden, um praktische Anwendungsmöglichkeiten für Entdeckungen zu finden, die ihren Ursprung zu einem großen Teil in den Naturwissenschaften haben.« J. K. Finch, *The Story of Engineering*, New York 1960, S. 360.

17 P. Dunsheat, *A History of Electrical Engineering*, London 1962, S. 9.

18 Ch. Babbage, *Reflections on the Decline of Science in England*, London 1830, S. 23.

19 J. B. Biot, *Essai sur l'histoire générale des sciences*, Paris 1802, S. 59.

20 H. Helmholtz, *Populäre wissenschaftliche Vorträge*, Braunschweig 1865, Erstes Heft, S. 23.

21 Ebenda, S. 3.

22 »Ich habe um so mehr Veranlassung, die Frage nach dem Zusammenhange der verschiedenen Wissenschaften hier zu erörtern, als ich selbst dem Kreise der Naturwissenschaften angehöre, und man die Naturwissenschaften in neuerer Zeit gerade am meisten beschuldigt hat, einen isolirten Weg eingeschlagen zu haben und den übrigen Wissenschaften, die durch gemeinsame philologische und historische Studien unter einander verbunden sind, fremd geworden zu sein.« Ebenda, S. 6.

23 D. S. L. Cardwell, *The Organisation of Science in England*, London 1957, S. 4.

24 G. Haines, *German Influences upon English Education*, London 1957, S. II.

25 »In England ist Wissenschaft kein Beruf. Die sie betreiben, werden kaum als Klasse anerkannt.« »Die Ausübung einer wissenschaftlichen Tätigkeit ist in England kein eigenständiger Beruf, wie es in vielen anderen Ländern der Fall ist. Aus diesem einfachen Grunde bleiben ihr auch all jene Vorteile vorenthalten, die ansonsten mit den freien Berufen verbunden sind.« Ch. Babbage, *Reflections on the Decline of Science in England*, a.a.O., S. 8 und S. 10.

26 A. de Candolle, *Histoire des sciences et des savants*, a.a.O., S. 92.

27 E. Grandmougin, *L'enseignement de la chimie industrielle en France*, Paris 1917, S. 62.

28 S. Moscovici, *La société contre nature*, Paris 1972.

29 E. R. Leach, »Culture and Social Cohesion. An Anthropologist's View«, in: *Daedalus*, 94 (1965), S. 24.

30 P. Jordan, *Forschung macht Geschichte*, Frankfurt a. M. 1954, S. 8.

31 L. Brunschvicg, *L'expérience humaine et la causalité physique*, a.a.O., S. 591.

32 R. Aron, *Introduction à la philosophie de l'histoire*, Paris 1957, S. 125.

33 M. Berthelot, in: L. Brunschvicg, *L'expérience humaine* . . ., a.a.O., S. 590.

34 W. Heisenberg, *Das Naturbild der heutigen Physik*, Hamburg 1955, S. 17.

35 P. Auger, *Recherches et chercheurs scientifiques*, a.a.O., S. 15.

36 W. A. Rosenblith, »On Some Social Consequences of Scientific and Technological Change«, in: *Daedalus*, 90 (1961), S. 507.

37 P. Jordan, *Forschung macht Geschichte*, a.a.O., S. 58.

38 W. Heisenberg, *Das Naturbild der heutigen Physik*, a.a.O., S. 18.

Dritter Teil, Einführung

1 E. E. Evans-Pritchard, *The Position of Women in Primitive Societies and Other Essays*, London 1965.

2 L. White, *The Evolution of Culture*, New York 1959, S. 256.

3 »Bei beiden Perspektiven (beim Kastensystem und bei den totemistischen Gruppen) muß man zugeben, daß das System der sozialen Funktionen dem System der natürlichen Arten entspricht, die Welt der Lebewesen der Welt der Objekte.« C. Lévi-Strauss, *La pensée sauvage*, Paris 1962 (dt.: *Das wilde Denken*, Frankfurt a. M. 1973, S. 150).

4 C. Lévi-Strauss, *Race et histoire*, Paris 1953, S. 42 (das Zitat wurde aus dem Original neu übersetzt, da die deutsche Übersetzung, *Rasse und Geschichte*, Frankfurt a. M. 1973, den Gedankengang etwas zu frei wiedergibt, d. Übers.).

5 Die Ausdrücke »barbarisch« und »zivilisiert« benutzt man gewöhnlich zur Charakterisierung von Bräuchen, Techniken oder Denkweisen. Nach der hier vorgestellten Auffassung sind Bräuche, Techniken und Denkweisen das gemeinschaftliche Resultat des sozialen und des Naturzustandes als eigenständiger Größen und transformieren sich wechselseitig. Daher ist es gerechtfertigt, wenn man diese Bezeichnungen zur Qualifizierung der *Beziehungen* zwischen diesen Zuständen und ihrer Einheit verwendet.

6 G. Dumézil, »Métiers et classes fonctionelles chez les divers peuples indoeuropéens«, in: *Annales*, 13 (1958), S. 716-724.

7 F. Cohen, *Le destin des classes sociales en U.R.S.S.*, Paris 1960, S. 40.

8 K. Boulding, *The Meaning of the 20th Century*, New York 1965, S. 22.

Dritter Teil, erstes Kapitel

1 »So ist denn die Vorstellung, wonach das Denken das letzte und höchste Ziel der Natur sei, zu einer Rationalisierung für die bestehende Klassenteilung geworden. Die Unterteilung der Menschen in denkende und nichtdenkende wurde zu einem Werk der Natur erklärt. Tatsächlich ist sie identisch mit der Teilung in Arbeiter und solche, die sich Muße leisten können.« J. Dewey, *Experience and Nature*, London 1929, S. 119.

2 H. Pirenne, »The Stages in the Social History of Capitalism«, in: *Amer. Hist. Rev.*, 19 (1914), S. 494.

3 »Die Demokratisierung des Staates schien vor allem bedingt durch die Verlagerung der athenischen Wehrmacht auf die See. Im Hinblick auf die Gefahr hatte die antidemokratische Opposition von Anfang an auf die Erhaltung der agrarischen Basis des Gemeinwesens Wert gelegt.« G. Prestel, *Die antidemokratische Strömung im Athen des 5. Jahrhunderts*, Breslau 1939, S. 28.

4 Platon, *Die Gesetze*, 707A, a.a.O., Bd. III, S. 325 f.

5 A. Zimmern, *The Greek Commonwealth*, New York 1961, S. 230.

6 Platon, *Der Staatsmann*, 299C, a.a.O., Bd. II, S. 801.

7 Platon, *Die Gesetze*, 846D, a.a.O., Bd. III, S. 500 f.

8 Xenophon, *Oekonomikus oder Über die Haushaltungskunst*, IV, 2, hier zitiert nach der Übersetzung von A. Zeising, Stuttgart 1866, S. 25 f.

9 Ebenda, IV, 4, S. 26.

10 Ebenda, VI, 5-VI, 7, S. 34.

11 »Im klassischen Griechenland und in Rom gibt es ein weiteres Kriterium, durch das man ehrenwerte Arbeit von verachtungswürdiger Tätigkeit scheidet: Alles Lob gilt der bäuerlichen Arbeit; Handwerk und Handel trifft eine nahezu einhellige Verachtung.« A. Aymard, »L'idée de travail dans la Grèce archaïque«, in: *J. de Psychol.*, 41 (1948), S. 43.

12 Die Verachtung der Handarbeit ist *buchstäblich* Verachtung der handwerklichen Arbeit. In Ionien und Kleinasien bezeichnet man den Handwerker als *cheirmas*, worin die Idee eines Menschen zum Ausdruck kommt, der seine Hände zu gebrauchen, zu beherrschen versteht. In Attika wird dieses Wort nicht verwendet, hier spricht man pejorativ von *banausos*, ein Wort, das Handwerker bezeichnet, die mit den Techniken des Feuers vertraut sind. Siehe dazu P. Chantraine, »Trois noms grecs de l'artisan«, in: *Mélanges Auguste Diès*, Paris 1956, S. 41-47.

13 Plutarch, *Große Griechen und Römer*, zitiert nach der Übersetzung von K. Ziegler, Zürich 1954, Bd. I, S. 156.

14 Pappus, *Collections mathématiques*, Ausg. Bourges 1933, S. 814.

15 Aristoteles, *Nikomachische Ethik*, IX, 7, 1168a, hier zitiert nach: *Werke*, hrsg. von H. Flashar, Bd. 6, Berlin 1979, S. 205.

16 H. Schopper, *De omnibus illiberalibus mechanicis artibus*, Frankfurt a. M. 1574.

17 E. Garin, *Le dispute delle arti nel quattrocento*, Florenz 1947.

18 »Die soziale Antithese von mechanischen und liberalen Künsten, von Händen und Zunge, beeinflußte alle intellektuelle und berufliche Tätigkeit in der Renaissance.« E. Zilsel, »Die sozialen Ursprünge der neuzeitlichen Wissenschaft«, a.a.O., S. 56.

19 »Mit ihren neuen wissenschaftlichen Methoden ausgestattet, begannen sie (die Bildhauer, Maler und Architekten), ihre Überlegenheit gegenüber den einfachen Handwerkern geltend zu machen, und versuchten, eine bessere soziale Stellung zu erreichen.« A. Blunt, *La théorie des Arts en Italie de 1450 à 1600*, Paris 1963, S. 75.

20 Ebenda, S. 76.

21 L. Salerno, »Seventeenth Century English Literature on Painting«, in: *J. of the Warb. and Court. Inst.*, 14 (1951), S. 234-258; O. J. Gordon, »Poet and Architect«, in: *J. of the Warb. and Court. Inst.*, 12 (1949), S. 152.

22 Siehe das dritte und vierte Kapitel im zweiten Teil.

23 C. Cennini, *Traité de peinture*, Ausg. 1843, S. 30.

24 Ebenda, S. 32.

25 F. di Giorgio Martini, *Tratato di Architettura . . .*, a.a.O., Vorwort.

26 E. Panofsky, »Artist, Scientist, Genius«, in: *The Renaissance, a Symposium*, New York 1953.

27 B. Lorini, *Delli fortificazioni*, a.a.O., S. 32.

28 Ebenda, S. 196.

29 J. Besson, *Théâtre des instruments mathématiques et mechaniques*, Lyon 1758, Vorwort.

30 T. Garzoni, *La piazza universale de tutti le professioni del mondo*, Venedig 1587, S. 24.

31 »Der Streit um die liberalen Künste bildete den theoretischen Aspekt des Kampfes der Handwerker um eine bessere soziale Position. Der praktische Aspekt dieses Kampfes war der Kampf gegen die überkommene Zunftordnung, in der die Künstler ein Hindernis für sich sahen.« A. Blunt, *La théorie des Arts en Italie* ..., a.a.O., S. 85.

Dritter Teil, zweites Kapitel

1 E. Kantorowicz, *The King's Two Bodies*, Princeton 1957.

2 Cicero, *Vom rechten Handeln*, 2, 17, Ausg. Zürich und Stuttgart 1953, S. 153.

3 F. M. Cornford, *From Religion to Philosophy*, Cambridge 1914, S. 51 ff.

4 E. Laroche, *Histoire de la racine Nem en grec ancien*, Paris 1946.

5 W. Kranz, »Kosmos als philosophischer Begriff frühgriechischer Zeit«, in: *Philologus*, 93 (1938), S. 340 ff.

6 J. P. Vernant, *Les origines de la pensée grecque*, Paris 1962, S. 102.

7 C. Kahn, *Anaximander and the Origin of Greek Cosmology*, New York 1962, S. 192.

8 G. Vlastos, »Isonomia«, in: *Amer. J. of Phil.*, 74 (1953), S. 337-366.

9 Aristoteles, *Politik*.

10 V. Ehrenberg, *The Greek State*, New York 1960.

11 A. French, *The Growth of the Athenian Economy*, London 1964.

12 M. Clerc, *Les métèques athéniens*, Paris 1893.

13 M. Lévêque und P. Vidal-Naquet, *Clisthène l'Athénien*, Paris 1964.

14 G. Glotz, *Histoire ancienne*, Bd. III, S. 20.

15 T. A. Sinclair, *A History of Greek Political Thought*, London 1959, S. 118.

16 »Wer die Polis als das untersucht, was sie ist, als Gemeinwesen nämlich, der wird schnell zu dem Schluß kommen, daß schon das Zeitalter des Perikles, das zugleich das Zeitalter des Anaxagoras und der ersten Generation der Sophisten war, den Beginn der inneren Auflösung der Polis markiert.« V. Ehrenberg, »When Did the Polis Rise?«, in: *J. of. Hell. Stud.*, 57 (1937), S. 147.

17 C. L. Dickinson, *The Greek Way of Life*, New York 1961, S. 37.

18 »In Platons *Staat* basiert das elementare Staatswesen auf dem Bedürfnis (369C), aber im Maße, wie das Gebäude zum Abschluß kommt, wird deut-

lich, daß es das Los des Ökonomischen ist, beherrscht zu werden; die Produzenten werden radikal von den Kriegern und von den Philosophen getrennt.« P. Vidal-Naquet, »Economie et société dans la Grèce ancienne«, in: *Arch. Europ. de Sociol.,* II (1965), S. 138.

19 E. Durkheim, *Le socialisme,* Paris 1928, S. 43.

20 »Man kann sagen, Platons gesamtes Werk sei von politischen Fragestellungen durchzogen und daß die Probleme, die wir bislang betrachtet haben – das Problem des Dialogs, das Problem der philosophischen Bildung, Kriterium und Mittel der Erziehung einer Elite –, letztlich nichts anderes als politische Probleme sind.« A. Koyré, *Introduction à la lecture de Platon,* Paris 1962, S. 83.

21 P. M. Schuhl, »Platon et l'action politique de l'Acedémie«, in: *Rev. d'Et. Grecques,* 59-60 (1946-1947), S. 2.

22 J. Kirchensteiner, *Kosmos. Quellenkritische Untersuchungen zu den Vorsokratikern,* München 1962.

23 W. K. C. Guthrie, *The Greek Philosophers,* New York 1960, S. 63.

24 K. Joel, *Geschichte der antiken Philosophie,* Tübingen 1921, S. 700. »Tatsächlich war der Streit zwischen Physik und Ethik weitaus bedeutsamer. Seit dem Ende des fünften vorchristlichen Jahrhunderts nahm er die Heftigkeit eines wahren Kampfes der Sokratischen Philosophie an, die die Naturphilosophie, welche Athen von Ionien geerbt hatte, zu verdrängen suchte.« O. Gigon, *Les grands problèmes de la philosophie antique,* Paris 1961, S. 25.

25 Aristoteles, *Politik,* 2. Buch, 4. Kap., hier zitiert nach der Übersetzung von E. Rolfes, Hamburg 1958, S. 49.

26 M. Weber, »Politik als Beruf«, in: ders., *Gesammelte Politische Schriften,* Tübingen 1958, S. 497.

27 P. Girard, *L'éducation athénienne,* Paris 1891.

28 M. Finley, »Athenian Demagogues«, in: *Past and Present,* 11 (1962), S. 3-24.

29 »Philosophie und *eruditio* waren (in Rom – und eigentlich überall) die Mägde der Regierungskünste mit ihren zahlreichen Facetten.« W. H. Woodward, *Studies in Education during the Age of Renaissance,* Cambridge 1906, S. 9.

30 »Die römische ›Philosophie‹ ist rein politisch. In einer vorwiegend bäuerlichen Gesellschaft besteht kein sonderlich großes Interesse für die Kunst. Man kann nicht sagen, die Römer hätten sich mehr für die Praxis, die Griechen mehr für die Theorie interessiert. In Wirklichkeit interessierten sich die Römer durchaus für eine Theorie der Verwaltung und der Regierung, die ihrer sozialen Praxis entsprach, und sie haben sie auch geschaffen. Ciceros Werk und das Werk der Juristen zeugen davon.« W. H. Stahl, *Roman Science,* a.a.O., S. 96.

31 Ebenda, S. 66.

32 P. O. Kristeller, *Renaissance Thought,* New York 1961, S. 11.

33 E. Garin, *L'umanesimo italiano,* Bari 1964.

34 E. Cassirer, *Individuum und Kosmos in der Philosophie der Renaissance,* Leipzig und Berlin 1927; H. Baron, *Humanistic and Political Literature in Florence and Venice,* Cambridge (Mass.) 1955.

35 A. V. Martin, *Soziologie der Renaissance,* Stuttgart 1932.

36 G. Saitta, *Il pensiero italiano nell'umanesimo e nel Rinascimento,* Bologna 1949-1951.

37 »Aber obgleich die Humanisten sich als geistige Führer des Volkes verstanden, blieb ihr Wort zunächst doch nur den Auserwählten, den Fürsten und ihren Söhnen, vorbehalten; jenen, die sich den niederen Künsten und Berufen widmeten, blieb es fremd.« G. Toffanin, *Storia dell'umanesimo,* Bologna 1950, Bd. II, S. 211.

38 »Die rhetorische Ausbildung, die zweifellos größere Bedeutung besaß als die philosophische, umfaßte allenfalls Rudimente der Wissenschaft, denn alles, was darüber hinausging, galt als unnütz. Was man als freie Kunst bezeichnete, führte nur an die Schwelle der Wissenschaft, aber nicht darüber hinaus.« L. Edelstein, »Motives and Incentives for Science in Antiquity«, in: A. C. Crombie, *Scientific Change,* a.a.O., S. 31.

39 J. von Salisbury, *Metalogicon,* Ausg. Berkeley 1962, S. 64.

40 H. Marrou, *Histoire de l'éducation dans l'antiquité,* Paris 1948, S. 305.

41 L. Thorndike, *Science and Thought in the 15th Century,* New York 1929.

42 E. Garin, *Le dispute delle arti nel quattrocento,* a.a.O., S. 97.

43 Ebenda, S. 89.

44 G. Foote, »The Place of Science in the British Reform Movement: 1830-1850«, in: *Isis,* 42 (1951), S. 18.

45 T. Merton, »Science and Invention«, in: *New Scientist,* 430 (1965), S. 377.

46 W. Jaeger, *Paideia,* a.a.O., S. 3.

47 A. Léon, *Histoire de l'éducation technique,* Paris 1956, S. 89.

48 F. Ware, *Educational Foundations of Trade and Industry,* London 1901, S. 116.

49 C. Dupin, *Avantages sociaux de l'enseignement public appliqué à l'industrie,* Paris 1814, S. 14.

50 Ebenda, S. 16.

51 L. Playfair, *Science in its Relation to Labour,* London 1883, S. 20.

52 T. Merton, »Science and Invention«, a.a.O.

53 A. Comte, *Opuscules de philosophie sociale,* Ausg. Paris 1883, S. 232.

Dritter Teil, drittes Kapitel

1 Siehe das zehnte Kapitel des zweiten Teils.

2 »Wahrscheinlich ist der Prozentsatz der Kinder, die von Natur aus mit höheren Fähigkeiten begabt sind, in den arbeitenden Klassen geringer, als es

bei den Kindern von Personen der Fall ist, die eine höhere soziale Position ererbt haben. Da aber die mit Handarbeit beschäftigten Klassen vier- bis fünfmal so groß sind wie alle übrigen Klassen zusammengenommen, ist es durchaus nicht unwahrscheinlich, daß die Hälfte der in einem Land geborenen natürlich Begabten diesen Klassen angehören. Und ein großer Teil dieser Begabung bleibt mangels Gelegenheit ungenutzt. Nichts ist dem Wachstum des gesellschaftlichen Reichtums so abträglich wie diese Verschwendung, die eine Begabung niedriger Herkunft sich in niedriger Arbeit verausgaben läßt.« A. Marshall, *Principles of Economics*, London 1961, 5. Ausg., S. 111.

3 A. Halsey, *Education, Economy and Society*, Glencoe (Ill.) 1961, S. 18.

4 R. Carson, *Printemps silencieux*, Paris 1963.

5 Siehe das dritte Kapitel im ersten Teil.

6 G. Bachelard, *Die Bildung des wissenschaftlichen Geistes*, a.a.O., S. 362.

7 R. Nelson, »The Simple Economics of Basic Scientific Research«, in: *J. of. Polit. Econ.*, 67 (1957), S. 304.

8 »In der Tat gibt es einen grundlegenden Widerspruch zwischen den für eine effiziente Grundlagenforschung notwendigen Bedingungen – geringer oder kein Druck auf die Leitung der Forschung, freie und vollständige Verbreitung der Forschungsergebnisse – und der völligen Aneignung der aus der Förderung eines Forschungsprojekts erwachsenden Gewinne in einer Konkurrenzwirtschaft.« Ebenda, S. 305.

Dritter Teil, Schluß

1 A. Haudricourt, »La technologie, science humaine«, in: *La Pensée*, 115 (1964), S. 28.

2 M. Mauss, *Sociologie et anthropologie*, Paris 1950 (dt.: *Soziologie und Anthropologie*, München und Wien 1975, Bd. II, S. 199-220).

3 A. Haudricourt, »La technologie, science humaine«, a.a.O., S. 31.

4 Ebenda.

5 D. J. de Solla Price, *Little Science, Big Science,* New York 1963 (dt.: *Little Science, Big Science. Von der Studierstube zur Großforschung*, Frankfurt a. M. 1974, S. 66).

6 Ebenda.

7 Ders., *Science since Babylon*, a.a.O., S. 128.

8 »Lassen wir diese nichtssagenden Worte. Der Mensch auf der einen Seite, die Maschine auf der anderen? Nein, und auch nicht der Mensch und die Natur oder die Technik und die Natur. Wo wäre sie denn zu finden, die ›natürliche‹ Natur?« L. Febvre, »Les techniques, la science et l'évolution humaine«, in: *Europe*, 47 (1938), Nr. 185, S. 498.

9 W. I. Vernandsky, *Problems of Biogeochemistry*, Bd. II, Newhaven (Conn.), 1943, S. 488.

10 M. Flamant, »Concepts et usages des ›économies externes‹«, in: *Rev. d'Econ. Pol.*, 74 (1964), S. 96.

11 Siehe das zweite Kapitel im ersten Teil.

12 F. Machlup, *The Production and Distribution of Knowledge in the United States*, Princeton 1962, S. 4.

13 R. E. Schofield, »Histories of Scientific Societies«, in: *History of Science*, 2 (1963), S. 70-83.

14 B. Blandshend, *Education in the Age of Science*, New York 1960, S. 175.

15 *La Nouvelle Critique*, Mai 1964, S. 150.

16 Siehe das dritte Kapitel im dritten Teil.

17 A. Einstein, *Why Socialism*, New York 1963, S. 11.

18 W. I. Lenin, *Staat und Revolution* (1917), Berlin 1948, S. 100.

19 C. H. de Saint-Simon, *Réorganisation de la société européenne*, Paris 1814, Bd. I, S. 200.

Sachregister

suhrkamp taschenbücher wissenschaft
Wissenschaftsforschung

202/1/4.89

suhrkamp taschenbücher wissenschaft
Wissenschaftsforschung